Thank
感谢折磨你的人

秦泉 ◎ 主编

汕头大学出版社

图书在版编目(CIP)数据

感谢折磨你的人 / 秦泉主编. —汕头：汕头大学出版社，2014.2(2015.6重印)

ISBN 978-7-5658-1180-7

Ⅰ.①感… Ⅱ.①秦… Ⅲ.①成功心理–通俗读物 Ⅳ.①B848.4-49

中国版本图书馆 CIP 数据核字(2014)第 028041 号

感谢折磨你的人　GANXIE ZHEMO NI DE REN

总 策 划	杨建峰
主　　编	秦　泉
责任编辑	宋倩倩
责任技编	黄东生
装帧设计	松雪图文　王　进
印刷监制	高　峰　苏画眉
出版发行	汕头大学出版社
	广东省汕头市大学路243号汕头大学校园内　邮政编码:515063
电　　话	0754-82904613
印　　刷	北京德富泰印务有限公司
开　　本	889mm×1194mm　1/16
印　　张	26.25
字　　数	550 千字
版　　次	2014年2月第1版
印　　次	2015年6月第2次印刷
定　　价	59.00 元

ISBN 978-7-5658-1180-7

发行/广州发行中心　通讯邮购地址/广州市越秀区水荫路56号3栋9A室　邮政编码/510075
电话/020-37613848　传真/020-37637050

版权所有，翻版必究
如发现印装质量问题，请与承印厂联系退换

敬启

本书在编写过程中，参阅和使用了一些报刊、著述和图片。由于联系上的困难，我们未能和部分作品的作者(或译者)取得联系，对此谨致深深的歉意。敬请原作者(或译者)见到本书后，及时与我们联系相关事宜。联系电话:010-84853028 联系人:松雪

前 言
PREFACE

　　英国的王尔德说过:"世界上只有一件事比被人折磨还要糟糕,那就是从来不曾被人折磨过。"人生充满磨难,折磨无处不在。折磨是上天送给你的馈赠,感恩则是你对世界的馈赠。"天将降大任于斯人也,必先苦其心志,劳其筋骨,饿其体肤,空乏其身,行拂乱其所为,所以动心忍性,增益其所不能。人恒过,然后能改;困于心,衡于虑,而后作;微于色,发于声,而后喻。"既然磨难是具有重大意义的,懂得感谢折磨你的人,是一种真正的智慧。

　　爱一个爱你的人,那是理所当然的;恨一个让你憎恨的人也是一件很简单的事。但是爱一个让你厌恶的"仇人",那并不是一件轻易能做到的事。

　　人们往往把被折磨看作是难以忍受的事情,那是一种苦痛,一想起折磨就心中戚戚,而引起这一切的人就必定惹人厌烦。我们都知道这样一个故事:美国的草原上有成群结队的野狼,它们骁勇善战,狡诈残忍,温顺可怜的羊群总是被狼群血腥围捕。于是有人心生恻隐之心,捕杀驱赶了大批狼群,致草原里的狼几乎绝迹。狼没了但是羊群的数量却比之前大大减少,羊开始大批量地生病,草原上的草也被啃食殆尽,最后不得不又引进狼群,才改善了羊群和草原的状况。大自然奉守"物竞天择,适者生存"的法则,这一"竞"字蕴藏着无尽的智慧玄妙。生活中我们往往在背后咒骂着对手,因为他们总会让我们受到打击,承受压力,内心紧张而沉重。其实,我们应该暗自庆幸自己有强大的对手的存在,正是有了他们,才让我们孜孜不倦地全力以赴,不断进步、强大。我们反而应该感谢他们,感谢他们让我们可以完善自我。

　　再者,人生不可能一帆风顺,失败和挫折其实一点都不可怕,正是有了这些才使得我们得到了经验和教训,才让我们成长。如果人生一路顺利,那也许我们只会成为平庸的人。虽然你可能会遭受精神上的压力,生活上的刺痛,但人生就是一次又一次的蜕变,唯有经历各种各样的折磨,才能历练出成熟与美丽,抹平这些生活的尖刺,才能让我们的心灵回归平静。"经一番挫折,长一番见识;容一番横逆,增一番气度。"当今社会无处不存在竞争,那些成功的人都是通过竞争脱颖而出,不单单是爱他们的人的帮助,更是对手的鞭策让他们走得更为长远。有一句话非常流行:很多时候,将我们送上领奖台的并不是朋友，而是我们的对手；很多时候，促使我们一点点走向成功的，并不是细心呵护我们的人，而是时常折磨我们的人。正是他们，使我们变得更加勇敢、坚强和强大。

　　罗曼·罗兰说过："从远处看，一个人的不幸、折磨还很有诗意呢！一个人最怕庸庸碌碌地度过一生。"人的一生何其短暂，要活就应该活得精彩！学会用感谢的心情看待那些折磨过你的人，如果你正确面对了，那么他们给你的便是生活的恩赐，胜利的法宝！酸甜苦辣是生活的滋味，对于热爱生活的人来说，它从来就不吝啬于给予，请以一颗感恩的心，来接纳生活的恩赐。生命中的每个折磨你的人都给了你一个清理自己、充实自己，向更高更远的方向一往无前的机会。

　　你只有感谢曾经折磨过自己的人或事，才能体会出短暂而又有风险的人生的意义；你只有懂得宽容自己不可能宽容的人，才能看到自己心中的辽阔，从而能重新认识自己。本书立足于感恩，通过深入浅出的方式，甄选最经典的励志故事，剖析最实用的人生哲理。以生动的事例从心态、生活、事业、工作、爱情、亲情、交际、财富、竞争等方面详细阐述了"感谢折磨你的人"这一人生处世大智慧，教会读者面对折磨自己的人时，不是在愤恨、抱怨中自暴自弃，更不是以牙还牙地报复，而是真正做到感谢折磨你的人，铸造你的完美人生。

目 录
CONTENTS

第一篇 要有一颗坚强而宽容的心

第一章 直面折磨与苦难 ………………………………………… 2
- ◎经历浮沉,生命才能散发芬芳 …………………………………… 2
- ◎抓住机会,用苦难磨炼自己 ……………………………………… 3
- ◎苦难,是未来人生的本钱 ………………………………………… 4
- ◎苦难只是单音符,快乐才是人生主旋律 ………………………… 5
- ◎梅花香自苦寒来 …………………………………………………… 7
- ◎屈辱是一种力量 …………………………………………………… 9
- ◎每个人都会遇到折磨人的"魔鬼" ……………………………… 10
- ◎逃避问题并非好办法 …………………………………………… 12
- ◎忍得羞辱,成就大事 …………………………………………… 13
- ◎报复不是重塑关系的良方 ……………………………………… 15
- ◎苦难是必须面对的问题 ………………………………………… 17
- ◎每一次丢脸都是一种成长 ……………………………………… 19
- ◎被批评不是什么坏事 …………………………………………… 20
- ◎生气不如争气,翻脸不如翻身 ………………………………… 21
- ◎畏首畏尾会让你的人生不断倒退 ……………………………… 22
- ◎萎靡不振只会让你更加沉沦 …………………………………… 23
- ◎用积极的行动去改变你的现状 ………………………………… 24
- ◎摆脱厄运的办法是不向它低头 ………………………………… 25

第二章 不要抱怨别人 …………………………………………… 27
- ◎与其抱怨,不如提升自己 ……………………………………… 27
- ◎抱怨的牺牲者是自己 …………………………………………… 28
- ◎抱怨就是往你鞋子里倒沙子 …………………………………… 29
- ◎抱怨会吞噬你的激情 …………………………………………… 31
- ◎接受已无法更改的事实 ………………………………………… 33
- ◎成功需要的是坚持不懈而非抱怨 ……………………………… 36

- ◎ 不去抱怨公平不公平 … 38
- ◎ 根治抱怨的良药是感恩 … 40
- ◎ 抱着享受的心态来追求目标 … 41
- ◎ 与其抱怨,不如努力 … 43

第三章　让情绪控制在自己手中 … 45
- ◎ 不合理的观念造成不良情绪 … 45
- ◎ 情绪控制带来和谐与成功 … 47
- ◎ 控制情绪才能得到真正的快乐 … 49
- ◎ 良好的情绪源于正确的思考 … 50
- ◎ 情绪化让你坏事 … 51
- ◎ 正确疏导自己的愤怒 … 52
- ◎ 处理好自己的烦躁情绪 … 54
- ◎ 学会以幽默解嘲 … 55
- ◎ 不要拿别人出气 … 57
- ◎ 有意识地去克服悲痛 … 59
- ◎ 悔悟与自责也应适可而止 … 60

第四章　剔除贪婪,知足常乐 … 62
- ◎ 放弃是一种智慧 … 62
- ◎ 学会放弃,懂得驾驭自己 … 63
- ◎ 世界并不完美,人生当有不足 … 65
- ◎ 学会惜福是一种睿智 … 67
- ◎ 幸福是珍惜现在所拥有的 … 69
- ◎ 过度贪婪,注定自食恶果 … 70
- ◎ 解除自己身上贪婪的枷锁 … 71
- ◎ 把握现在更有意义 … 72
- ◎ 人生的快乐不在于拥有得多,而在于计较得少 … 73
- ◎ 放低幸福的标准,从生活的细微处求得快乐 … 75
- ◎ 知足常乐 … 76
- ◎ 随遇而安也是一种美 … 78
- ◎ 放下包袱,你会快乐一生 … 81
- ◎ 有舍才能有得 … 82
- ◎ 用比较减少心中的烦恼 … 84
- ◎ 快乐是个角度问题 … 85
- ◎ 吃亏就是占便宜 … 86
- ◎ 甩掉虚荣,你的生活会更美丽 … 88

第五章　心态决定命运 … 89
- ◎ 心态好坏决定人生优势 … 89
- ◎ 用乐观的眼光看待一切 … 90
- ◎ 好心态产生自信 … 91

目录

◎秉持阳光心态,成就美好未来 ··· 93
◎笑对人生 ··· 95
◎好心态都是修炼出来的 ··· 96
◎人生始终有两种选择 ··· 102
◎修出一颗平常心 ··· 103
◎用笑脸去迎接生命中的每一个人 ·· 104
◎学会享受生活 ··· 105
◎积极态度的积极作用 ··· 106
◎快乐是一种美德 ··· 109
◎得之淡然,失之坦然 ··· 110
◎走出"顾影自怜"的怪圈 ··· 111

第六章　海纳百川,有容乃大 ··· 115
◎宽容是一种智慧 ··· 115
◎宽恕是化解仇恨的良药 ··· 117
◎生气是用他人的过错惩罚自己 ·· 119
◎宽广的心胸是被包容撑大的 ·· 123
◎宽恕别人,就是赦免自己 ··· 124
◎学会包容,摒弃怨恨 ··· 125
◎宽容聚众义,大度集群朋 ··· 127
◎豁达地对待伤害过你的人 ··· 128

第七章　用心交流,理解折磨你的人 ······································ 132
◎与人交往,贵在"交心" ··· 132
◎无端的猜疑是对友谊的伤害 ·· 133
◎保持和气,与人为善是人生快乐的秘诀 ······························· 134
◎倾听是一种法宝 ··· 135
◎沟通是消除矛盾的良方 ··· 138
◎换位思考是成功者的智慧 ··· 140
◎原谅那些无心伤害你的人 ··· 141
◎化干戈为玉帛 ··· 142
◎面对误解,我们可以选择沉默 ·· 143

第二篇　超越折磨你的人

第一章　靠别人不如靠自己 ··· 146
◎靠天靠地不如靠自己 ··· 146
◎自助者,天必助之 ·· 147
◎人,要靠自己活着 ·· 148
◎靠责任感安身立命 ··· 149
◎最重要的是要认清自我 ··· 150

- ◎ 不要随意贬低自己 …………………………………………………… 153
- ◎ 只有自己才能拯救自己 ……………………………………………… 154
- ◎ 天行健,君子以自强不息 …………………………………………… 156
- ◎ 感谢贫穷,让你学会自强 …………………………………………… 158
- ◎ 善于借鉴他人的成功经验 …………………………………………… 159
- ◎ 缺陷也可能是有利条件 ……………………………………………… 161
- ◎ 坚守自己,不轻信,别盲从 …………………………………………… 162

第二章 做好你自己 ………………………………………………………… 165
- ◎ 诚信是做人之本 ……………………………………………………… 165
- ◎ 尽心尽力做好每一件事 ……………………………………………… 167
- ◎ 真诚是世间最宝贵的财富 …………………………………………… 168
- ◎ 反省是一面镜子 ……………………………………………………… 169
- ◎ 要经常自我反省,自我修正 ………………………………………… 171
- ◎ 命运掌握在自己的手中 ……………………………………………… 173
- ◎ 为自己的人生负责 …………………………………………………… 173
- ◎ 别把梦想带进坟墓 …………………………………………………… 174
- ◎ 不要自我设限 ………………………………………………………… 175
- ◎ 自信是成功的首要因素 ……………………………………………… 177
- ◎ 确定自己的人生目标 ………………………………………………… 178
- ◎ 制订现实可行的计划 ………………………………………………… 179
- ◎ 发现自己的长处并不懈努力 ………………………………………… 181
- ◎ 走自己的路,让别人说去吧 ………………………………………… 182
- ◎ 坚持自己的梦想 ……………………………………………………… 183
- ◎ 别让旁人决定你的一生 ……………………………………………… 184
- ◎ 学会欣赏自己 ………………………………………………………… 185
- ◎ 不要为难自己 ………………………………………………………… 187
- ◎ 做真正的自己 ………………………………………………………… 189
- ◎ 做自己想做的人 ……………………………………………………… 190
- ◎ 不要拿别人做镜子 …………………………………………………… 191

第三章 不要被折磨你的人打败 ………………………………………… 193
- ◎ 学会下定决心 ………………………………………………………… 193
- ◎ 跌倒了要有勇气站起来 ……………………………………………… 195
- ◎ 在坎坷的路上,留下坚实的脚印 …………………………………… 195
- ◎ 任何时候都不要放弃希望 …………………………………………… 197
- ◎ 知难而上是解决问题的最好手段 …………………………………… 198
- ◎ 奇迹多是在对逆境的征服中出现 …………………………………… 199
- ◎ 精神不倒,就不会被困难压倒 ……………………………………… 201
- ◎ 挫折是打不败信心的 ………………………………………………… 202
- ◎ 让劣势变为优势 ……………………………………………………… 203

◎从困境中看到璀璨的阳光 ………………………………………… 205
◎接受别人反对的声音 ……………………………………………… 206
◎从哪里跌倒,就从哪里爬起来 …………………………………… 207
◎跌倒的地方也有风景 ……………………………………………… 208
◎在绝境中寻找生机 ………………………………………………… 209
◎最好的总会到来 …………………………………………………… 211
◎再战一回合 ………………………………………………………… 212
◎多些谋略与果断 …………………………………………………… 214
◎再苦再难,也不要自暴自弃 ……………………………………… 216
◎信念是免费的,人人都可以获得 ………………………………… 217
◎坚持是成功前的状态 ……………………………………………… 218
◎在"低人一等"中蓄积"高人一等"的能量 …………………… 220

第四章　释放压力,激发潜能 …………………………………… 222
◎压力能够激发潜力 ………………………………………………… 222
◎压力是助我们奋起的东风 ………………………………………… 223
◎自我激励,走出人生的低谷 ……………………………………… 225
◎为自己减刑 ………………………………………………………… 227
◎摆脱压力,轻松生活 ……………………………………………… 228
◎压力是生活的必然,负重更要前行 ……………………………… 230

第五章　面对折磨,正确选择 …………………………………… 232
◎选择比努力更重要 ………………………………………………… 232
◎有些事情你必须等待 ……………………………………………… 234
◎把重要的事情放在第一位 ………………………………………… 235
◎权衡人生利弊,明智地选择和取舍 ……………………………… 237
◎放长线钓大鱼 ……………………………………………………… 240
◎痛快地扔掉自己的"情绪包袱" ………………………………… 241
◎放下吧,以退为进 ………………………………………………… 242
◎有所不为才能有所为 ……………………………………………… 243
◎给生命更多希望 …………………………………………………… 245
◎你不可能让所有人都满意 ………………………………………… 246

第六章　让勇气战胜怯懦 ………………………………………… 248
◎适当冒险＋勇气＝成功 …………………………………………… 248
◎敢想一尺,敢做一丈 ……………………………………………… 250
◎勇于突破自我才能走出困境 ……………………………………… 251
◎大胆决断,果断行动 ……………………………………………… 252
◎"大胆"才能走运 ………………………………………………… 254
◎恐惧是人类自身最大的敌人 ……………………………………… 256
◎战胜恐惧,就能步步向前 ………………………………………… 258
◎排除恐惧,肯定自己 ……………………………………………… 259

◎ 鼓起勇气跨出第一步 ·········· 260
◎ 勇于面对人生中的逆境 ·········· 262
◎ 要敢于向"不可能"发出挑战 ·········· 263

第七章　靠智慧和勤奋战胜折磨你的人 ·········· 264
◎ 靠智慧穿越生命的迷雾 ·········· 264
◎ 知识就是力量 ·········· 265
◎ 及时为自己"充充电" ·········· 267
◎ 在行动中寻找方法 ·········· 268
◎ 灵感是长期辛勤劳动的结果 ·········· 269
◎ 不要等着天上掉馅饼 ·········· 272
◎ 勤者可成事,惰者可败事 ·········· 273

第八章　忍耐是成功之前的蛰伏 ·········· 275
◎ 为了大目标,受点委屈没什么 ·········· 275
◎ 不要寄希望于一举成功 ·········· 277
◎ 忍耐带来成功 ·········· 278
◎ 耐心地做你现在要做的事 ·········· 280
◎ 忍是人生的最高境界 ·········· 281
◎ 能忍受非常之辱,只因拥有大抱负 ·········· 282
◎ 在忍耐中坚强,在坚强中成长 ·········· 283
◎ 既要会隐忍,又要能奋发 ·········· 285
◎ 承受住嘲笑,忍得了屈辱 ·········· 286
◎ 告别愤怒,友善地对待他人 ·········· 287
◎ 多一些务实,少一些浮躁 ·········· 290
◎ 忍小辱才能做大事 ·········· 291
◎ 被别人承认需要一个过程 ·········· 293
◎ 有耐心才能钓到大鱼 ·········· 294

第九章　抓住机遇,超越他人 ·········· 297
◎ 不放弃万分之一的成功机会 ·········· 297
◎ 精心准备才有机遇 ·········· 298
◎ 机会往往是靠自己捕捉来的 ·········· 300
◎ 冒险带来机遇 ·········· 301
◎ 怎样把握机遇 ·········· 305
◎ 在信息中寻找机遇 ·········· 306

第三篇　感谢折磨你的人

第一章　对人常怀感恩之心 ·········· 310
◎ 懂得感恩,生活就会变得更美好 ·········· 310
◎ 获得荣誉后记得跟身边的人分享 ·········· 312

- ◎感他人之恩,责自身之过 ……………………………………………… 313
- ◎感恩的心是快乐的源泉 ………………………………………………… 314
- ◎感激父母的理解和关爱 ………………………………………………… 316
- ◎教师是人生路上的引导者 ……………………………………………… 318
- ◎患难之处见友情 ………………………………………………………… 320
- ◎感谢爱人,给她幸福 …………………………………………………… 322
- ◎对我们的孩子说声谢谢 ………………………………………………… 323
- ◎感谢给予我们工作的人 ………………………………………………… 324
- ◎感谢同事无私的支持和帮助 …………………………………………… 325
- ◎感恩员工是一种管理的秘诀 …………………………………………… 327
- ◎感谢客户的挑剔和抱怨 ………………………………………………… 329
- ◎感谢折磨你的人,他们让你进步 ……………………………………… 330
- ◎常怀感恩之心 …………………………………………………………… 331

第二章 爱的折磨朝向幸福 …………………………………………… 333
- ◎家人的折磨是你成长的营养品 ………………………………………… 333
- ◎孩子是天使,不是你们烦恼的开始 …………………………………… 334
- ◎"废话"是夫妻感情的润滑剂 ………………………………………… 336
- ◎认识真正的爱情,能使你避免痛苦的煎熬 …………………………… 337
- ◎"吵"出幸福来 ………………………………………………………… 339
- ◎避免过多的指责 ………………………………………………………… 340
- ◎家是讲情的地方,不是讲理的地方 …………………………………… 341
- ◎相爱就是给彼此自由 …………………………………………………… 343

第三章 折磨你的人会磨炼你的意志 ………………………………… 345
- ◎痛苦的折磨能带来收益 ………………………………………………… 345
- ◎感谢打压你的人,让你懂得什么是百折不挠 ………………………… 346
- ◎厄运可以让你重获新生 ………………………………………………… 347
- ◎成功者在他人打击中自强,失败者在他人打击中沉沦 ……………… 349
- ◎失败让我们变得坚强 …………………………………………………… 350
- ◎意志比才干更重要 ……………………………………………………… 352

第四章 懂得欣赏折磨你的人 ………………………………………… 354
- ◎学会欣赏别人 …………………………………………………………… 354
- ◎欣赏别人是一门学问 …………………………………………………… 355
- ◎欣赏你的对手,他就是风景 …………………………………………… 357
- ◎一切从友善开始 ………………………………………………………… 358
- ◎放下标准,用心去爱别人 ……………………………………………… 360
- ◎算计别人就是算计自己 ………………………………………………… 362
- ◎摈弃猜疑,迎来友谊 …………………………………………………… 364

第五章 对折磨你的人要谦虚 ………………………………………… 366
- ◎谦虚是开启成功之门的金钥匙 ………………………………………… 366

- ◎锋芒不可太露 …… 367
- ◎低头认输是一种重要能力 …… 368
- ◎谦卑者其实最高贵 …… 370
- ◎愉快地接受他人的忠告 …… 372
- ◎用柔弱保全自己 …… 373
- ◎谦逊就像跷跷板 …… 374
- ◎放下架子天地宽 …… 375

第六章 感谢折磨你的人,他增进了你的心智 …… 378
- ◎感谢否决你的人,加强了你的进取心 …… 378
- ◎做人要善良,但不能不分伪与诈 …… 379
- ◎职场也有"宫心计",提防小人背后使坏 …… 381
- ◎换位思考,站在领导角度想问题 …… 383
- ◎善于隐匿,谨防自己沦为"炮灰" …… 385
- ◎藏巧于拙,低姿态是最佳的自我保护之道 …… 387
- ◎暴露缺点并非坏事 …… 388
- ◎宁可得罪君子,也不要得罪小人 …… 390
- ◎与上司抢风头,无异于自毁前程 …… 392

第七章 感谢折磨你的人,他和你竞争双赢 …… 395
- ◎感谢你的竞争对手 …… 395
- ◎没有永远的敌人,只有永远的朋友 …… 397
- ◎感谢你的敌人,他是你前进的动力 …… 398
- ◎与其痛恨不如寻找他身上的优势 …… 401
- ◎跟高手对弈,才能变成高手 …… 402
- ◎化干戈为玉帛,巧妙化敌为友 …… 403
- ◎与其你死我活,不如合作双赢 …… 404

第一篇
要有一颗坚强而宽容的心

第一章 直面折磨与苦难

经历浮沉，生命才能散发芬芳

一位大学者说过："苦难是一所学校，真理在里面总是变得强有力。"

一位屡屡失意的年轻人不远万里来到一座名刹，慕名寻到老僧慧圆，沮丧地对他说："人生总不如意，活着也是苟且，有什么意思呢？"

慧圆静静地听着年轻人的叹息和絮叨，最后吩咐小和尚说："施主远道而来，烧一壶温水送过来。"

少顷，小和尚送来了一壶温水，慧圆抓了茶叶放进杯子里，然后用温水沏了，放在茶几上，微笑着请年轻人喝茶。杯子冒出微微的水汽，茶叶静静地浮着。年轻人困惑地询问："宝刹怎么是温水泡茶？"

慧圆笑而不语，年轻人喝一口细品，不由摇摇头："一点儿茶香都没有。"慧圆说："这可是闽地名茶铁观音啊！"年轻人又端起杯子品尝，然后肯定地说："真的没有一丝茶香。"

慧圆又吩咐小和尚说："再去烧一壶沸水送过来。"少顷，小和尚便提着一壶冒着浓浓白气的沸水进来。慧圆起身，又取过一个杯子，放进茶叶，倒沸水，再放在茶几上。年轻人俯首看去，茶叶在杯子里上下沉浮，丝丝清香不绝如缕，让人望而生津。

年轻人欲去端杯，慧圆作势挡开，又提起水壶注入一线沸水。茶叶翻腾得更厉害了，一缕更醇厚、更醉人的茶香袅袅升腾，在禅房里弥漫开来。慧圆如是注了六次水，杯子终于满了，那绿绿的一杯茶水，端在手上清香扑鼻，入口沁人心脾。

慧圆笑着问："施主可明白，同是铁观音，为什么茶味迥异？"

年轻人思忖着说："一杯用温水，一杯用沸水，冲沏的水不同。"

慧圆点头说："用水不同，则茶叶的沉浮就不一样。温水沏茶，茶叶轻浮水上，怎会散发清香？沸水沏茶，反复几次，茶叶沉沉浮浮，最后释放出四季的风韵：既有春的幽静、夏的炽热，又有秋的丰盈和冬的清冽。世间芸芸众生，又何尝不是沉浮的茶叶呢？那些不经风雨的人，就像温水沏的茶叶，只在生活表面漂浮，根本浸泡不出生命的芳香；那些栉风沐雨的人，如同被沸水冲沏的茶，在沧桑岁月里几度沉浮，才有那沁人的清香。"

人生路漫漫，充满了鲜花，也充满了荆棘；充满了幸福，也充满了痛苦。不测是时时刻刻都存在的，学业的失意、疾病的折磨、自信的受损、亲人离去的悲痛……我们在踏上人生路途的时候就该明白前途的坎坷。要接受温润的春和赤烈的夏,就必须接受清冷的秋和寒冽的冬,正像茶叶一样,我们要坦然面对沉浮,让生命散发芳香……

那些不经风雨的人,就像温水沏的茶叶,只在生活表面漂浮,根本浸泡不出生命的芳香;那些栉风沐雨的人,如同被沸水冲沏的茶,在沧桑岁月里几度沉浮,才有那沁人的清香。

世间很多事情都是难以预料的,亲人的离去,生意的失败,失恋,失业……打破了我们原本平静的生活,以后的路究竟应该怎么走?我们应当从哪里起步,这些灰暗的影子一直笼罩在我们的头上,让我们裹足不前。

难道生活真的就这么难吗?日子真的就暗无天日吗?其实,并不是这样的。在这个世界上,为何有的人活得轻松,而有的人却活得沉重?因为前者拿得起,放得下;后者是拿得起,却放不下。很多人在受到伤害之后,一蹶不振,在伤痛的海洋里沉沦。只得到而不失去的事情是不可能有的,而一个人在失去之后,就对未来丧失信心和希望,又怎么能在失去之后再得到呢?人生又怎能过得快乐幸福呢?

生活中有各种各样我们想不到的事情,其实这些事情本身并不可怕,可怕的是我们无法从这件事情所造成的影响中抽身出来,尽早地以最新、最好的状态投入到下一件事情中,哪怕我们现在身无分文,但我们可以从身无分文起步,一点一滴地打拼。磨砺到了,腾飞的翅膀就会变得坚硬,也就能够翱翔于天地之间了。

只得到而不失去的事情是不可能有的,而一个人在失去之后,就对未来丧失信心和希望,又怎么能在失去之后再得到呢?人生又怎能过得快乐幸福呢?

智者寄语

那些不经风雨的人,就像温水沏的茶叶,只在生活表面漂浮,根本浸泡不出生命的芳香;那些栉风沐雨的人,如同被沸水冲沏的茶,在沧桑岁月里几度沉浮,才有那沁人的清香。

抓住机会,用苦难磨炼自己

对于一个人来说,苦难确实是残酷的,但如果你能充分利用苦难这个机会来磨炼自己,苦难就会馈赠给你很多。

人生不会是一帆风顺的,任何人都会遇到逆境。从某种意义上说,经历苦难是人生的不幸,但同时,如果你能够正视现实,从苦难中发现积极的意义,充分利用机会磨炼自己,你的人生将会得到不同寻常的提升。

我们可以看看下面这则故事:

> 由于经济破产和从小落下的残疾,人生对格尔来说已索然无味。
>
> 在一个晴朗的日子里,格尔找到了牧师。牧师现在已疾病缠身,去年脑溢血彻底摧残了他的健康,并遗留下右侧偏瘫和失语等症,医生断言他再也不能说话了。然而仅在病后几周,他就重新练习讲话和行走,并最终和正常人一样讲话和行走。
>
> 牧师耐心听完了格尔的倾诉,说:"是的,不幸的经历使你心灵充满创伤,你现在生活的主要内容就是叹息,并想从叹息中寻找安慰。"他闪烁的目光始终燃烧着格尔,"有些人不善于抛开痛苦,他们让痛苦缠绕一生直至幻灭。但有些人能利用悲哀的情感获得生命悲壮

感谢折磨你的人

的感受,从而对生活恢复信心。"

"让我给你看样东西。"他向窗外指去。那边矗立着一排高大的枫树,在枫树间悬吊着一些陈旧的粗绳索。他说:"60年前,这儿的庄园主种下这些树护卫牧场,他在树间牵拉了许多粗绳索。对于幼树嫩弱的生命来说,这太残酷了,这创伤无疑是终身的。有些树面对残忍现实,能与命运抗争,而有一些树消极地诅咒命运,结果就完全不同了。"

他指着那棵被绳索损伤已枯萎的老树说:"为什么那棵树毁掉了,而这一棵树已成绳索的主宰而不是其牺牲品呢?"

眼前这棵粗壮的枫树看不出有什么疤痕,所看到的是绳索穿过树干,几乎像钻了一个洞似的,真是一个奇迹。

"关于这些树,我想过许多。"他说,"只有体内强大的生命力才可能战胜像绳索带来的那样终身的创伤,而不是自己毁掉这宝贵的生命。"沉思了一会儿后,他又说:"对于人,有很多解忧的方法。在痛苦的时候,找个朋友倾诉,找些活干。对待不幸,要有一个清醒而客观的全面认识,尽量抛掉那些怨恨情感负担。有一点也许是最重要的,也是最困难的:你应尽一切努力愉悦自己,真正地爱自己,并抓住机会磨炼自己。"

在遇到挫折困苦时,我们不妨聪明一些,找方法让精神伤痛远离自己的心灵,利用苦难来磨炼自己的意志。尽一切努力愉悦自己,真正地爱自己。我们的生命就会更丰盈,精神会更饱满,我们就可能会拥有一个辉煌壮美的人生。

智者寄语

对于一个人来说,苦难确实是残酷的,但如果你能充分利用苦难这个机会来磨炼自己,苦难就会馈赠给你很多。

苦难,是未来人生的本钱

人的一生中会遇到各种各样的苦难。正如一位智者所说的:"没有苦难的人生不是真正的人生。"一个人只有经过困境的磨砺,才能焕发出生命的光彩。沿着岁月的河道,我们回溯到几千年前的印度,无数先哲们在几千年前的雾山上,用瑜伽的朴素方式苦苦修习一种心性和智慧的通透,来印证生命的不凡,让人读懂了苦难的真义。其实,当我们仔细地去品味诸如蚌病生珠、万涓成河、蛹化成蝶的生命故事时,我们的心灵会在刹那间被一种战胜苦难的神奇力量击中。

高耸的大树,其挺拔的身姿是在与狂风暴雨的搏斗中磨砺出来的;精良的斧头,其锋利的斧刃是在铁匠手中经千锤百炼打造出来的。古今中外都存在一个不容忽视的现实:顺境中的人往往"苗而不秀""秀而不实"。那是因为"温室"里的幼苗禁不起风吹雨打。所以,一帆风顺的人生肯定不是完整的人生,因为缺少了苦难,就缺少了生活的磨炼,也缺少了积累人生无价财富的机会。

俗话说,火石不经摩擦就不会迸发出火花。同样,人若不遭遇苦难,生命之火就不会有火焰的灿烂。因为苦难并不可怕,它可以磨炼人的意志,可以给人信心、毅力和勇气。正如《真心英雄》里唱的那样,"不经历风雨,怎么见彩虹"。是啊,不曾跌倒的人不会知道跌倒的滋味,更不会知道跌倒了该如何爬起来。对于一个人来说,苦难确实是残酷的,但如果你能充分利用苦难这个机会来磨炼自己,苦难会馈赠给你很多东西。要知道,勇气和毅力正是在这一次次的跌倒又爬起来的过程中增长的。

由此看来,经历苦难并不是一件坏事,相反,它是成功的人生所必经的阶段。可以说,苦难是一种财富,是未来人生的本钱。

著名汽车商约翰·艾顿出生在一个非常偏远和闭塞的小镇,父母早逝,他的姐姐靠帮人家洗洗衣服、干干家务获得的微薄收入将他抚育成人。可是自从姐姐出嫁后,姐夫将他撵到了舅舅家,苛刻的舅妈规定正在读书的约翰·艾顿每天只能吃一顿饭,还得收拾马厩、剪草坪。

后来,约翰·艾顿有了工作,但他依然租不起房子,有一年多的时间都是在郊外一处废旧的仓库里睡觉……

但是,正因为这样的苦难,锻炼了约翰·艾顿的品质,在苦难中他学会了坚韧,获得了毅力,终于凭借自己的努力走上了成功之路。

可见,苦难,在这些不屈的人面前,会化为一种礼物,一种人格上的成熟与伟岸,一种意志上的顽强和坚韧,一种对人生和生活的深刻认识。

苦难本是生命旅途中一道不可不观的风景。苦难是竖立在现实和未来之间的一扇纸糊的门,只要你敢于捅破它,前方便一路坦途。苦难是蹲在成功门前的看门犬,怯弱的人逃得越急,它便追得越紧;苦难是火焰熊熊的炼狱,灵魂在苦难中涅槃,就会显露出金子般的成色……四季轮回,既然有春天的葱茏,也就有秋天的落叶,既然有夏天的繁盛,也就有冬天的飘零。我们没有理由不接受苦难,没有理由不善待苦难。

智者寄语

苦难宛如天边的雨,说来就来,你无法逃避,无法退却,苦难又似横亘的山,赶也赶不跑,你只有跨越,只有征服。生命中所有的艰难险阻都是通向人生驿站的铺路石。

苦难只是单音符,快乐才是人生主旋律

在艰难中咬紧牙关,就能够在痛苦中盼来新的晨曦。

亚里士多德说,生命的本质在于追求快乐。可见,快乐才是我们人生的主旋律。没有不快乐的人生,只有不肯快乐的心灵。正是因为很多乐观的人都善于控制自己的情绪、乐观面对困境,才没有被困难压倒,用"心"为自己制造一个幸福的天堂,让自己活在快乐之中。

英国有一个天性乐观的人,他从不拜神,这令神非常生气,因为神的权威受到了挑战。

他死后,为了惩罚他,神便把他关在很热的房间里,7天后,神去看望这位乐观的人,看见他非常开心。神便问:"身处如此闷热的房间7天,难道你一点也不辛苦?"乐观的人说:"待在这间房子里,我便想起在公园里晒太阳,当然十分开心啦!(英国一年难得有好天气,一旦天晴,人们都喜欢去公园晒太阳)"

神不开心,便把这位快乐的人关在一间寒冷的房间里。7天过去了,神看到这位快乐的人依然很开心,便问他:"这次你为什么开心呢?"这位快乐的人回答说:"待在这寒冷的

感谢折磨你的人

房间,便让我联想起圣诞节快到了,又要放假了,还要收很多圣诞礼物,能不开心吗?"

神不开心,又把他关在一间阴暗又潮湿的房间里。7天又过去了,这位快乐的人仍然很高兴,这时神有点困惑不解,便说:"这次你能说出一个让我信服的理由,我便不为难你。"这位快乐的人说:"我是一个足球迷,但我喜欢的足球队很少有机会赢。但有一次赢了,当时就是这样的天气。所以每遇到这样的天气,我都会高兴,因为这会让我联想起我喜欢的足球队赢了。"

最后,神无话可说,只得给了这位快乐的人自由。

其实,在工作和生活中,很多事情也是这样,乐观的情绪总会带来快乐而明亮的结果,而悲观的心理则会使一切变得灰暗。

命运不会吝啬于给我们苦楚,可是如果我们保持有乐观的心态,那么即便是有再多的苦楚,我们也能将其掩埋在微笑之下。

钟爱东,百亩鱼塘的主人,被评为省"巾帼科技兴农带头人"。

从一名普通的下岗女工到身价千万的养殖大王,已届不惑之年的钟爱东仍然勤劳淳朴。事业几经起落,她说,横下一条心,没有过不去的坎儿。

1997年1月1日,是钟爱东不能忘却的日子,这一天,本以为捧上"铁饭碗"的她下岗了。在这家工厂工作了近20年,还成了厂里的"一把手",钟爱东说,她把全部的心血、最好的青春年华,都给了工厂,甚至没有时间照顾年幼的孩子,"当时觉得,心里有什么东西被人硬掰了下来",钟爱东说,那天,她哭了。

下岗后,她接到的第一个电话,是花都区妇联打来的,她说,就是这个电话,在最艰难的时候教会她"用笑容去迎接困难"。钟爱东在当厂长的时候就经常与周围的农民接触,知道养殖水产有赚头,看准这一点,她拿出了仅有的2000元"箱底钱",又东奔西走借了些钱,一咬牙承包了200亩低洼田,资金不够,就赚一分投入一分,滚动式周转。几年下来,她天天"泡"鱼塘、搞技术,终于把200亩低洼田变成了水产养殖地。钟爱东说,那时鱼塘就是她全部的生活了,她每天早上都要花一个小时绕池塘走上一圈。

钟爱东没想到,生活中的第二次打击来得这么快。1997年5月8日,是钟爱东伤心的日子,那一天,一场大洪水淹没了她刚刚兴旺的鱼塘,站在堤坝上,看着不断上涨的洪水一点点吞没了鱼塘,钟爱东绝望地回了家。"哪里跌倒就从哪里爬起来。"钟爱东说,这是当时丈夫说的唯一一句话,倔强的她这次没有流泪。她开始带着工人挖塘、养苗,引进新技术、新鱼种,被洪水淹没的鱼塘一点点"回来"了。

钟爱东成了远近闻名的英雄,鱼塘越做越大,还办起了企业。多年的艰难经营,养鱼为生的钟爱东对技术情有独钟:一个没有创新、没有新产品的企业,就像脱了水的鱼。

钟爱东有个温暖的四口之家,她说,在最困难的时候,家人的支持成了她的精神支柱。"当初好多次想到放弃,是他们帮我挺过了难关。"屡经磨难,钟爱东说最重要的是要学会如何看待失败,"下岗、失败都不可怕,路是自己走出来的,认定目标走下去,一定会成功。"

生命,有起有落,有悲有喜,起伏不定,但是太阳却依然光亮,月亮仍然美丽,星星依旧闪烁……一切的一切仍旧是那么和谐,而生命,依然会有着更绚烂的色彩亟待我们去开发,明天,总是美好的,只要我们有心,在艰难中咬紧牙关,就能够在痛苦中盼来新的晨曦。但是如果不及时调整,只是一味地忧虑下去,折磨自己,那么事情也不会发生任何显著的改变。

智者寄语

命运不会吝啬于给我们苦楚,可是如果我们保持有乐观的心态,那么即便是有再多的苦楚,我们也能将其掩埋在微笑之下。

梅花香自苦寒来

人生路上,有顺境,也有逆境。对某些人来说,逆境是学校,厄运是老师。逆境能激发一个人的斗志,把他蕴藏的潜力尽情地释放,把逆境演变成他奋发进取的力量。"自古英雄多磨难,从来纨绔少伟男",说的就是这个道理。

但厄运并非总是财富,正如巴尔扎克所说:"世界上的事情永远没有绝对的,结果完全因人而异。苦难对于天才是一块垫脚石,对于能干的人是一笔财富,对弱者是一个万丈深渊。"

的确,你无法改变昨天的事实,但你今天的人生态度决定了你明天的人生轨迹。

一个渔村里有一位老人,老了,经不住海里的风打浪颠,就守候着海滩,窝在泥屋子里熬鹰。等鹰熬足了月,他就能获取钱财了。他住在海边一座新搭的泥屋子里。泥屋的苇席顶上,立着一灰一白两只雏鹰。疲惫无奈的日子孕育着老人的希望。灰鹰和白鹰在屋顶待腻了,就钻进泥屋里来。老人左手托灰鹰,右手托白鹰,说不清到底最喜欢哪一个。

熬鹰的时候,老人很狠心,对两只鹰没有一点感情。他想将它们熬成鱼鹰。他用两根布条分别把两只鹰的脖子扎起来,饿得鹰嗷嗷叫了,他就端出一只盛满鲜鱼的盘子。鹰们扑过去,吞了鱼,喉咙处便鼓出一个疙瘩。鹰叨了鱼吞不进肚里又舍不得吐出来,憋得咕咕惨叫。老人脸上毫无表情。他先用一只手攥了鹰的脖子拎起来,另一只大手捏紧鹰的双腿,头朝下,一抖,再把攥了鹰的脖子的那只手腾出来,狠拍鹰的后背。鹰的嘴里不舍地吐出鱼来。

就这样反反复复熬下去。

海边天气说变就变。海狂到了谁也想不到的地步,老人住的泥屋被风摇塌了,等老人明白过来已被重重地压在废墟里。灰鹰和白鹰抖落一身的厚土,钻出来,嘎嘎叫着。灰鹰如得到了大赦似的钻进夜空里。白鹰没去追灰鹰,而是围着废墟转圈,悲哀地叫着。

老人被压在废墟里,喉咙里塞满了泥,喊不出话来,只拿身子一拱一拱。聪明的白鹰瞧见老人的动静,便俯冲下来,立在破席片上,忽闪着双翅,刮动着浮土。不久后,老人便看到铜钱大的光亮。他凭白鹰翅膀刮拉出来的小洞呼吸活了下来。后来又是白鹰引来村人救出了老人。老人看着白鹰,泪流满面。

大半天后,灰鹰皮沓沓地飞回来了。老人重搭泥屋,继续熬鹰。但看见白鹰饿得咕咕叫的样子,老人开始心疼了。他开始给白鹰手下留情,关键时解开白鹰脖子上的红布带子,小鱼就滑进白鹰肚里去了。对于灰鹰,老人没气没恼,依然用原来的熬法,但到了关口却比先前还狠。一次,他给灰鹰脖子上的绳子扎松了,小鱼缓缓在灰鹰脖子里下滑,他发现了,便狠狠拽起鱼鹰,一只手顺着灰鹰脖子往下撸,一直撸出鱼才停手,灰鹰惨叫着。白鹰瞅着,吓得不住地颤抖。

半年后鹰熬成了。熬鹰千日,用鹰一时。老人神气地划着一条旧船出征了。白鹰孤傲

感谢折磨你的人

地跳到最高的船木上,灰鹰有些恼,也跟着跳上去,被白鹰挤了下去。不仅如此,白鹰还用嘴啄灰鹰的脑袋。灰鹰反抗却被老人打了一顿。可是,到了真正逮鱼的时候,白鹰就蔫了。灰鹰真行,按照主人的嗯哨儿扎进水里,不断叼上鱼来,喜得老人笑开了花。可白鹰半晌也逮不上鱼,只是围着老人抓挠。老人很烦地骂了一句,挥手将它扫一边去了。白鹰气得咕咕叫,很羞愧。灰鹰开始嘲弄白鹰。老人慢慢地就对白鹰态度冷淡了。白鹰逮不上鱼,生存靠灰鹰,于是灰鹰在主人面前取代了白鹰的地位。

后来,白鹰受不住了,在老人脸色难看时飞离了泥屋。老人不明白白鹰为何出走,从黄昏到黑夜,他都带着灰鹰找白鹰,招魂的口哨声在野洼里起起伏伏,可是仍没找到白鹰。老人胸膛里像塞了块东西堵得慌,他知道白鹰不会打野食儿。

一日傍晚,老人在村里一片苇帐子里找到了白鹰。白鹰死了,是饿死的,身上的羽毛几乎掉光了,肚里被黑黑的蚂蚁掏空了。老人的手抖抖地抚摸着白鹰的骨架,默默地落下了老泪。

此时,灰鹰正雄壮地飞在空中。

不经一番寒彻骨,哪得梅花扑鼻香。要想成为一个有作为的人,就要有吃苦的准备。人总是在挫折中学习,在苦难中成长的!让我们记住:雄鹰的展翅高飞,是离不开以前的跌跌撞撞的!

上帝有一天心血来潮,来到他所创造的土地上散步,看到农田里的麦子结实累累,感到非常开心。上帝本来以为他并不会被认出来,因为这个世界上的人已经很久很久没有见过上帝了。想不到的是,一个在麦田里的农夫轻易地就认出他来。农夫趋前向上帝请安,说:"仁慈的上帝呀!您终于来了。这五十年来,我没有一天停止祈祷,企盼着您的降临,您终于来了!"

上帝说:"五十年来,你都在祈祷,到底是在祈求什么呢?"

"我总是在祈求风调雨顺,祈祷今年不要有大风雨,不要下雪,不要地震,不要干旱,不要有冰雹,不要有虫害。可是不论我怎么祈祷,却总是不能如愿。"农夫说。

上帝回答:"我创造世界,也创造了风雨,创造了干旱,创造了蝗虫与鸟雀,我创造的是不能如人所愿的世界。"

农夫跪下来,吻上帝的脚乞求道:"全能的主呀!可不可以在明年允诺我的请求,只要一年的时间,不要风,不要雨,不要烈日与灾害,别人的田我不管,能不能给我一年的时间?"

上帝说:"好吧!明年如你所愿。"

第二年,农夫的田地里果然结出许多麦穗,由于没有任何狂风暴雨、烈日与灾害,麦穗比平常多了一倍,农夫兴奋不已,欢喜地等待丰收的那一天。

到了收成的时刻,奇怪的事情发生了,农夫的麦穗里竟然没有结出一粒麦子。

农夫找到了上帝,问道:"仁慈的上帝,这是怎么一回事,是不是搞错了?"

上帝说:"我没有搞错任何事情,一旦避开了所有的考验,麦子就变得无能了。对于一粒麦子,努力奋斗是不可避免的,风雨是必要的,烈日是必要的,蝗虫是必要的,它们可以唤醒麦子内在的灵魂;人的灵魂也和麦子的灵魂相同,如果没有任何考验,人也只是一个空壳罢了。"

一粒麦子,尚离不开风雨、干旱、烈日、虫灾等挫折的考验,对于一个人,更是如此。

有人说过,人的脸型就是一个"苦"字,天生就该受尽各种苦难。此言不谬。想,人之一生,在自己的哭声中临世,在亲人的哭声中辞世,中间百十年的生涯,无时无刻不在与艰难、困苦、疾病、灾祸打交道。

假如人生没有磨难，其本身就是一种灾难。长期生活在一顺百顺、无忧无虑的环境中，淘汰不了劣者，筛选不出强者，人类就不会进化，社会也不会向前发展。而我们每个人认真审视自己的内心，总会发现，点燃自己灵魂之光的，往往是一些当时被认为磨难和困苦的境遇或事件。一个完美的人生，真的需要历练。

所以，从某种意义上不得不说："苦难"是上帝赐给人类最好的礼物！

丘吉尔在自传中这样写道："苦难是财富还是屈辱？当你战胜了苦难时，它就是你的财富；可当苦难战胜了你时，他就是你的屈辱。"

智者寄语

你战胜了苦难并远离了苦难，只有在这时，苦难才是值得骄傲的一笔人生财富，才是你人生中经过历练后的飞翔！

屈辱是一种力量

有一天，一名男子站在纽约街头，拿出一个约有两块砖头大小的无线电话拨出了他的第一个电话："是乔治先生吗？我现在正用一部便携式无线电话跟您通话……"这个人就是手机的发明者马丁·库帕。当时，他是美国摩托罗拉公司的工程技术人员。接听电话的是曾经拒绝给他机会并羞辱过他的人。

到底是怎么回事呢？这事说来话长——

如今天一样，很多年前，美国的就业形势就非常严峻，毕业生找不到工作是司空见惯的事情。库帕作为就业大军中的一员，当他寻觅很久依旧未能找到一份合适的工作后，他决定去一家专门研究无线电的公司碰碰运气。

该公司的老板叫乔治，在无线电研究领域颇有建树。库帕也是一位无线电爱好者，从小就崇拜他，并希望有朝一日能像乔治一样，在无线电领域取得巨大的成就。于是，他来到乔治的公司，一方面希望能得到一份工作，另一方面希望跟乔治学到一些东西。

然而，当他敲开对方的办公室门后，正在忙着研究无线电话（也就是我们今天普遍使用的手机）的乔治未等库帕自我介绍完就粗暴地打断了他，用不屑的眼神打量了库帕一番，问道："你是哪一年毕业的？干无线电多久了？"听闻库帕只是个刚毕业的大学生，仅仅对无线电也感兴趣，没有任何工作经验后，他觉得面前这个不知天高地厚的年轻人简直幼稚极了，于是态度粗暴、语气轻蔑地说道："我看你还是出去吧，我不想再见到你，也请你不要再浪费我的时间！"

原本忐忑不安的库帕此时彻底地平静了下来，他说道："先生，我不计报酬，哪怕给您当个助手都可以。我知道您现在正在研究无线移动电话，我从小就对这个感兴趣，说不定能帮您一点忙呢？"

这一次乔治已经不想再多说什么了，他坚决地下了逐客令。一番艰难的争取并未换来对方的认可，反而遭到白眼和羞辱后，库帕说道："乔治先生，总有一天您会正眼看我的！"不久后，库帕便在美国摩托罗拉公司找到了一份工作，并且借助这个平台开始了他的"复仇"工作。

最终，库帕先于乔治研究出了无线移动电话——手机，而马丁·库帕这个名字一夜间也红遍世界各地。当记者问起"如果当初乔治接受了你，你们研究出手机，那么功劳是不是就是乔治的了？"库帕的回答却出乎所料，他说道："如果他当时接受了我，我们也许永远也研究不出手机。正因为他拒绝了我，而且带着如此不屑的态度和轻蔑的语气，是他掐断了让我继续向他学习的念头，使得我另辟蹊径，并奋不顾身地投入到研究中，而当我下定决心一定要让他对我刮目相看后，我也就向成功迈进了一步。事实上，我要感谢乔治，是他的侮辱给了我力量，使得原本成功的欲望并不强烈的我有了如此鲜明而有力的奋斗目标。如果没有他给的屈辱，也许这会儿我可能安于某个角落，过一天算一天呢！"

是的，屈辱是一种力量，只要我们真的在乎自己的面子、尊严，就一定会把从他人那里受到的屈辱转化成力量，一股让自己变得强大、超越对方、获得成功的力量。正是有了他们对你的践踏、侮辱和诋毁，你内心沉睡的成功欲望才被激醒，让你的奋斗目标更清晰，并以超越对方、让别人对自己刮目相看为终极目标。

人都有一种惰性，喜欢找借口，并常常只是渴望成功，而不是为成功付出行动。于是，很多人一生都碌碌无为。但是，当自己的人格被践踏，尊严受到侮辱，好胜心被人泼冷水、脊梁骨被人踩在脚下后，原本存在于体内，但一直处于沉睡状态的能量就像炸药遇上了星火一样，瞬间爆发，并以山崩地裂之势将你推向一个全新的自我。既然成功的能量被唤醒，你就再也没有理由懒惰，你会以超乎寻常的状态儿近疯狂地投入到自己希望取得成功的事物中。似乎洗涮屈辱的唯一出路就是在别人认为自己不行的地方取得巨大成功。

当然，也有一些人，当他们受到屈辱或者被人践踏后，会怨天尤人，抑或逆来顺受，破罐破摔，到最后将自己的大好人生毁灭在别人的态度中。也有一些人，将屈辱换来的力量转化成邪恶，以报复或者以牙还牙的手段泄愤。然而很不幸，这样的行为毁灭的不光是别人，还有自己。

可以说，屈辱是一种力量，也是一种指引。到底是指引你走成功的阳光大道，还是复仇的羊肠小道，你自己要慎重选择！

智者寄语

屈辱是一种力量，只要我们真的在乎自己的面子、尊严，就一定会把从他人那里受到的屈辱转化成力量，一股让自己变得强大、超越对方、获得成功的力量。

每个人都会遇到折磨人的"魔鬼"

同事不厌其烦地向你讲述她平淡生活中的鸡毛蒜皮；当你第二次向邻居抱怨他家那狂吠的狗时，他竟挂断了电话；明知你下了岗，甚至还有可能要面临房屋出售的困境，堂兄弟们却还在向你炫耀他们的新度假屋……

难相处之人就是这样折磨着我们，他们磨光我们的精力，扰乱我们的心境。威力小时，他们会给我们带来烦恼；威力大时，他们则会让我们陷入悲痛中。我们可以反抗、可以抱怨、还可以挣扎，偶尔也会取得成功，但大多时候却是在做无用功。很多心理医生都已开设一项服务，即为如何对付难相处之人提供建议。这是因为，我们每个人都至少会遇到一个这样难缠的人，可能是你的老板，也可能是你的邻居，或是你的亲戚。

虽然人际关系中的困难总是难在不同之处，但主旋律是一样的。人总会给自己以外的人带来痛苦，几千年如一日。《圣经》中就讲述了很多关于人们彼此伤害的故事。我们每遇到一个难相处之人，就等于面临着一次人生的困境。

当你与一个难相处之人斗争时，记住，你不是一个人。在你之前，很多人已经加入了类似的斗争；就在现在，很多人也在与你并肩作战。此外，还要记住，你将来还会遇到更多难相处之人，因为，你无路可逃。

这些难相处之人折磨人的方式各不相同。横行霸道的人善用权势恐吓；阴险小人自己倒是表现得和蔼可亲，却总是喜欢在背地里放冷箭；假装博学多闻的人总以为自己是对的；性急的人点火就着……难相处之人的类型还真是列也列不完，可用来形容他们的词语也是数不胜数，包括色彩鲜明的和不宜刊登的。

难相处之人可以是陌生人、邻居、老师、神职人员、工作伙伴、亲戚或配偶。与他们的相遇可能是短暂的不愉快，也可能是终身的悲哀。

这些人会让我们觉得悲哀。他们拒绝公平地对待我们，或是嘲笑我们、无视我们、让我们失望、伤我们自尊、夺走我们的东西、欺骗我们、虐待我们或背叛我们。

我们热衷于谈论这些人，常常会在咖啡店和治疗室里谈起他们，还会上电台的谈话节目去讲述关于他们的故事。有些人会辱骂他们，有些人则只是在寻找一只愿意聆听他们倾诉的耳朵。但是，几乎所有人都渴望能得到一些建议。

这些人让我们遭受了极大的痛苦，让我们沮丧、气愤或是气馁。我们中的有些人只会生闷气，有些人却筹划着如何报复。有时候，我们只会因失意而放声尖叫。

但是，不管每次境遇有多困难，它们都有一个共同点：每次我们遇到一个难相处之人时，我们都会产生一种不舒服的情绪反应。

对难相处之人的定义看起来很简单。所谓难相处之人就是那些言行能够引起别人讨厌或不愉快情绪的人。

因此，无论是谁，无论他（她）正在如何对待我们，难相处之人就是让我们产生一些我们不愿产生的感觉的人。

对于谁比较难相处，而谁又不构成困扰，不同的人有不同的答案。假设山姆不喜欢在看电影时讲话的人，他会对这类人讨厌至极，以至于觉得应该用甘草鞭子将他们绑起来，再用变味的爆米花和半空的饮料瓶砸他们。他会很乐意看到所有在看电影时喋喋不休的人被带进一间暗室，让一群穿着制服的引座员用强光手电筒逼着"安静下来"，直到他们发誓再也不在看电影时讲话。

然而，对于萨莉来说，喜欢在看电影时讲话的人并不怎么对她构成干扰。上大学时，她喜欢去看校内电影，为的就是和其他志同道合的同学一起朝着屏幕大喊大叫。她喜欢听到别人带有厌倦语气的评论。对她来讲，光看电影实在无趣，要是能听到身后的人对其中人物、对白或情节做出七言八语的评论就另当别论了。

在这两个案例中，面对同一种行为，山姆和萨莉做出了截然相反的反应。莫非只有当事人才能看出（或听出）谁是难相处之人？

从这种观点出发，我们便可以开始理解，为什么有人做的事会让人觉得他并不难相处。按照我们之前下的定义，当我们因对方的行为而产生不愉快的情绪时，我们将其称为难相处之人。

将注意力集中在这种显而易见的导致我们痛苦的原因上实属自然而然的事情。但是，这却是一种注意力的分散。我们应该将真正的注意力放在自己身上，着重于自己的感觉和自己对难相处之人的行为所做出的反应。我们要问问自己,为什么我会有如此激烈的反应。

智者寄语

在与难相处之人打交道时,我们要立足于一个重要的出发点,即关注自己内心的变化,而不要只关注难相处之人在做些什么。

逃避问题并非好办法

在面对难相处之人时,我们的第一个选择是忽视困难、避免对它们的讨论、假装它们从未发生,并扼杀我们内心产生的一切感觉。

很多人每天都在这样做。这是他们赖以生存的唯一方法。有些人在这方面做得很出色,以至于逃避和拒绝成了他们处理人际关系问题的主要手段。曾经有这样一个女人,她在和丈夫吵完架以后的六个月里没与他说过一句话,但这期间,她却一直同他生活在一个屋檐下。

在某种特殊情况下,逃避是可取的,如果一个人并不期待永久性的改善某种困难关系,而且以不作为的方式来处理这种情况完全符合逻辑,且改善这种关系是一件不可能的事,那这个人就没理由做无谓的尝试。

不幸的是,导致人们选择逃避的绝望感通常是过去的残留物,而不是当下的指示剂。如果,在成长的过程中,一个人的需求没有得到满足,也没受到足够的关爱,他(她)很可能会认为,现在这个世界会以和过去一样的方式做出回应。因此,他(她)会更倾向于逃避交际中遇到的问题,因为他(她)会自然而然地认为努力也无济于事。

解决这一问题的诀窍就是,放开过去,全心全意处理此时此刻的新问题。当然,说起来容易做起来难。

以逃避应对难相处之人是没用的,有两个基本原因。首先,人与人之间的问题不会不治而愈;什么都不做的话,问题只会持续得更久。其次,问题总是挥之不去,它们会一直萦绕在我们心头。

有时候,这些受压抑的感觉会体现在我们的行为上。我们可能会暴饮暴食、沉溺于赌博、买很多我们根本不需要的东西或超出自己经济负荷的东西、喝酒甚至吸毒,因为有人给我们造成了伤痛,而我们却不愿意去处理这些负面情绪。

有时候,这些受压抑的感觉会用我们的身体来证明它们的存在。在讲习班上,老师带领大家做过一种需要闭上眼睛的练习。在做这项练习时,人们能够体验到身体对关系问题的感觉——如肩膀的紧绷、颈部肌肉的疼痛或胸部的憋闷等,对很多人来说,这通常是第一次。事实上,这些身体上的反应一直都在,只是人们通常不会把它们与对困难关系的那些未解决的感觉联系在一起,直到这个练习触发了这种联系。

我们可以斗胆将这一观念再深入一步。医学界已对精神与身体之间的关系做了足够的研究,并从统计学角度将受压的情感与很多疾病联系在了一起。相关研究表明,癌症、心脏病以及其他很多"无声的杀手"都与消极的情绪状态有关。

在一种情况下,什么都不做是行得通的,那就是当双方都需要一个冷却期。有时候,当情绪过于激动时,在采取行动前先冷静一下倒不失为明智的选择。但是,在这类情况下,我们并不是在逃避或拒绝困难,而是有意识地做出了选择,实际上是在以不变应万变。

因此，如果是形势所需，偶尔什么都不做也可能是个好主意。但大多时候，在面对难相处之人时，这并不是一个十分明智的选择。

智者寄语

逃避与别人之间的问题仅仅意味着你在给自己制造更多的问题。

忍得羞辱，成就大事

提起维克多·格林尼亚教授，人们自然就会联想到以他的名字命名的格氏试剂。无论哪一本有机化学课本和化学书籍里，都有关于格林尼亚的名字和格氏试剂的论述。但是，你可知道这位伟大的发明者曾走过一段曲折的道路？

1897年5月6日，维克多·格林尼亚出生在法国瑟儿堡的一个有名望的资本家家庭，他的父亲经营一家船舶制造厂，有着万贯资财。在格林尼亚青少年时代，由于家境的优裕，加上父母的溺爱和娇生惯养，使得他在瑟儿堡整天游荡，盛气凌人。他没有理想，没有志气，根本不把学业放在心上，整天梦想着能当上一位王公贵人。

然而，在一次午宴上，一位刚从巴黎来瑟儿堡的波多丽女伯爵竟然不客气地对他说："请站远一点！我最讨厌被你这样的花花公子挡住视线！"这句话如同针扎一般刺痛了他的心，要知道由于他长相英俊，瑟儿堡年轻美貌的姑娘，都愿意和他谈情说爱。一开始他为这句话而自卑、疯狂、偏执，不久他就醒悟了，开始悔恨过去，产生了羞愧和苦涩之感。从此他发奋学习，发誓要追回过去浪费掉的时间，而每当灵魂和肉体麻木的时候，他就用这句话来刺痛自己。后来，他离开了家庭，并留下一封信，上面写道："请不要探询我的下落，容我刻苦努力地学习，我相信自己将来会创造出一些成就来的。"

维克多·格林尼亚来到里昂，拜路易·波韦尔为师，经过两年刻苦学习，终于补上了过去所落下的全部课程。后来他又进入里昂大学插班就读。在大学期间，他的刻苦赢得了有机化学权威菲利普·巴尔的器重，在巴尔的指导下，他把老师所有著名的化学实验重新做了一遍，并准确地纠正了巴尔的一些错误和疏忽之处。终于，在这些大量的平凡实验中格氏试剂诞生了。

格林尼亚一旦打开了科学的大门，他的科研成果就像泉水般地涌了出来。基于他的伟大贡献，瑞典皇家科学院授予他1912年度诺贝尔化学奖。此时，他突然收到波多丽女伯爵的贺信，信中只有一句话："我永远敬爱你。"

人生坎坷，不可能尽如人意。如果你不能接受一次嘲笑，将会受到别人更多的挑剔和攻击。行走于世，如果你不能忍一时之痛，甚至人身的攻击或侮辱，那么你的痛苦将是长久的。只有忍得了羞辱，才能够成就大事。

其实，人生的各种境遇，都是我们学习的功课。一个人用什么样的心态面对自己所处的环境，这就要看他"忍辱"的功夫做得够不够。在佛经里，"忍辱"的含义是丰富而又深刻的。一般人受到冤屈挫折，心理上总是愤愤不平，难压心头之火；然而，正因为愤恨难消，痛苦煎熬也如影随形、挥之不去，最终受累的还是自己。如果借着打击来锻炼自己的心智，甚至把打击你的人看成来感化你的菩萨，谢谢他给你锻炼自己、提升自己的机会，心里没有怨恨这个恶魔的纠缠，痛

感谢折磨你的人

苦自然会远离你。

茶陵郁山主是守端禅师的师父,有一天骑驴子过桥,驴子的脚陷入桥的裂缝,他摔下驴背,忽然感悟,当场赋诗一首:"我有神珠一颗,久被尘劳羁锁。今朝尘尽光生,照见山河万朵。"

这首诗守端很喜欢,并铭记在心。有一天,他去拜访方会禅师。

方会问他:"茶陵郁山主过桥时跌下驴背突然开悟,我听说他做了一首诗,你记得吗?"

守端听此不禁暗暗得意并不假思索地完整地背诵出来。等他背完了,方会却大笑一阵,就起身走了。守端很是费解,想不出是为什么。翌日清晨,他就赶去见方会,问他为什么大笑。

方会问:"你见到昨天那个为了赚钱而逗人乐的江湖卖艺之人了吗?"

"我见到了。"

方会说:"你连他们的一点点都比不上呀。"

守端听了吓了一跳说:"大师此言怎讲?"方会说:"他们喜欢人家笑,你却怕人家笑。"守端听了,刹那间顿悟了。

羞辱,可以成为浇灭一个人理想之火的冰水,也可以成为鞭策一个人发奋成功的动力。要知道受辱是坏事,但也能变成好事。心理学家认为:人有三大精神能量源——创造的驱动力,爱情的驱动力,压迫、歧视的反作用驱动力。羞辱就是一种精神上的压迫,它像一根鞭子,鞭策你鼓足勇气和力量,奋然前行。

卡哈生于西班牙的一个乡村,早年像山猫一样的顽皮。父亲以行医为业,只顾给乡亲们解除病痛,却疏于管教自己的孩子。一次卡哈行为不轨,被警察拘留三天,让父亲感到丢尽颜面,难消心头的愤怒。没过多久,卡哈又因骚扰女同学被学校除名。这一回父亲怒不可遏,恨不得一闷棍将他打死。

慑于父亲的威严,卡哈不敢回家,只好跟随一位修鞋匠远走他乡。在外浪荡了一年,也没混出个人样来,乃至滋生了回归的念头。不料到家一看,父亲已不在人世,显然是被他气死了,母亲带病给人做劳役,过着苦不堪言的日子。经历了这些变故和刺激,卡哈并没有迷途知返,还是一副玩世不恭的样子。

即使是冥顽不化的人,心中也有自己的所爱。从情窦初开时起,卡哈就悄悄喜欢上邻居的一位女儿,渴望和她在一起,幻想着与她共坠爱河。一天她正同别人聊天,卡哈故意从她面前走过,以期引起她的注意。出乎意料的是,对方根本就没把他放在眼里,还充满鄙夷地数落说:"玩世不恭的人都是懦夫!"

一句带刺的羞辱之言,出自梦中情人之口,对卡哈来说不啻一枚重磅炸弹。一连好几天,他吃不下饭睡不着觉,头脑中一片空白。如同从噩梦中猛然惊醒,他开始反省自己,重新审视自己。从深切的痛苦中他领悟到,要改变自己的形象,必须先改变生活的态度。他庄重地向母亲表示,自己渴望继续读书,将来要仿效父亲做个好医生。

经过刻苦努力,卡哈终于以全校第一的成绩考上萨拉格萨大学,成为一名贫寒免费生。年仅25岁,他就被母校聘为首席解剖学教授。后来在探索的道路上,他揭示了人脑的神经结构,被誉为脑神经医学的鼻祖。此外,他还为世界奉献了《卡哈医典》,并于1906年获得诺贝尔医学奖。

记得一位先哲说过,一个人无论怎样学习,都不如他在受到羞辱时学得迅速、深刻、持久。

羞辱使人学会思考,体验到顺境中无法体会到的东西;它使人更深入地去接触实际,去了解社会,促使人的思想得以升华,并由此开辟出一条宽广的成功之路。善于从羞辱中学习,实在是成就业绩的一个重要因素。

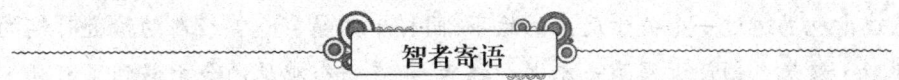

羞辱使人学会思考,体验到顺境中无法体会到的东西;它使人更深入地去接触实际,去了解社会,促使人的思想得以升华,并由此开辟出一条宽广的成功之路。

报复不是重塑关系的良方

想要报复的心理总是存在的,古今中外皆如此。在被人冤枉的人中,鲜有人连一丁点儿想要报复的想法都没有。那么,当然有人会把他们的想法付诸行动。遗憾的是,他们中有些人的故事上了晚间新闻。

基本上,人们选择报复是出于三种动机:让自己好受些、传递一种信息和避免进一步的伤害。

报复常常被当作清理不需要和不愉快情绪的主要手段。例如,如果有人对我们撒了谎、背叛了我们或是侮辱了我们,我们就会产生一些挥之不去的痛苦感觉,我们会迫切地想要处理掉它们。这时,报复仿佛就成了转化这些让人无法忍受的感觉的一种途径。在极大的程度上,报复的确能令一个人感觉好受些。虽然有点遗憾,但对于很多人来说,看到别人遭到报应是一件令人高兴的事情。德语中甚至还有一个专门用于形容这种情况的词汇,即 schadenfreude,有"幸灾乐祸"之意。

然而,问题在于,通过报复产生的快感只是暂时的,而且是一种错觉。随着时间的过去,只要我们还有良心,我们的感觉就会变得更糟。通过不当的行为来获得持续的安宁是件很困难的事情。

报复的第二种动机是为了向对方传递一种信息。信息的内容要看传出者的愤怒程度。通常,这种信息就类似于"哎哟!疼,你这个……你自己也尝尝吧!"这种情况下,报复是最有效的,能够让对方自食苦果。我们则会暗自希望他们能认识到自己的错误,然后对自己的所作所为表示出诚心诚意的悔恨之意。

我们都知道,这样的事情难得发生。最多,在体会到我们给他们造成的痛苦时,难相处之人可能会意识到自己曾经给我们造成的痛苦。问题在于,他们根本不在乎我们是否痛苦。如果他们在乎,他们当初就不会做出让我们恨不得把他们扔到窗外的事情。

报复需要技巧,否则我们的第二个动机得不到满足。就第一种动机而言,只要能刺痛对方,我们就能感觉好一点。当然,这种做法只对我们中的部分人有效,因为他们相信,看到对方痛苦,自己的痛苦才会消失。但是,如果想要以一种既诙谐又不太下流且带些讽刺意味的方法来报复,以便能够传递出适当的信息,而不会永久性地毁掉这段关系,我们还真是要有一定的创造力。

有一个女孩在一家工程公司做事,故事的主角是她的一位男同事。这个人不停地给她写一些内容粗俗且让人厌烦的情书。她的投诉并没有得到关注和重视。于是,她采取了一

感谢
折磨你的人

种更为简单的处理方式。当看到那位男同事正在与老板谈话时,她径直地走向了他,然后带着甜美的微笑将一打情书递给了他,并对他说:"我想你把它们落在我桌上了。"从那以后,那位男同事再也没骚扰过她。

巴瑞卡也描述过一个关于反击的故事,同样十分精彩。曾经在约翰逊时期的白宫工作过的莉斯·汉米尔顿最近写了一本书。之后,她在一个鸡尾酒会上遇到了阿瑟·施勒辛格(美国史学家)。后者对她说:"莉斯,我喜欢你那本书,谁帮你写的?"莉斯·汉米尔顿回答道:"很高兴你能喜欢它,阿瑟,谁读给你听的?"

然而,我们中的大多数人并不像他们那么机智。当难相处之人射出各种毒物时,我们的舌头常常像打了结一样,等到过后才能想起自己刚才想说或想做的事,但那时,一切都太晚了。

报复的第三个动机是为了避免进一步的伤害。有些令人讨厌的人在得到惩罚之前是不会停止他们的刁难行为的。这种情况下,报复会让他们知道,任何的进一步侵犯都会让他们付出代价。

尽管如此,即使报复只是一种预防策略,事情也有可能会出错。就像药物一样,报复也有副作用。首先,这种报复可能会升级。如果被报复的人决定反击,双方就会陷入不断扩大的暴行循环中。当今世界上最难以调和的几大冲突(如中东地区和巴尔干半岛地区的冲突)就是在历史上反反复复的复仇行为的基础上演变而来的。

其次,报复可能会造成永久性的伤害。被报复弄得伤痕累累的关系可能永远都得不到恢复,这就是为什么那些报复者打算与之老死不相往来的原因。报复根本不是重塑一段关系的良方。

因此,在我们能对难相处之人做出的所有反应中,报复是否是一种可行的做法呢?答案取决于报复是否能以最佳的方式满足导致它发生的每一个动机。如果我们的主要动机是为了治愈个人的痛苦,那么,除了给这个世界带来更多的痛苦,我们应该还可以找到更好的方法。

那么,如果我们的主要动机是为了传递信息呢?这要求实施报复的人要具备足够的技能,他(她)想出的这个策略要既能达到预期效果,又不会阻断退路,同时也不会过于残酷。通常,进入谋划阶段的人都已经非常愤怒,以至于他(她)根本无法考虑清楚自己的报复行为会带来的后果,等到他(她)冷静下来并考虑清楚时,报复的欲望也就冷下来了。就算有人能够镇定地策划出一种适当的报复方式,也难保对方就一定能接收到他(她)想传递的信息。也许,他只把这个报复者当作一个白痴。报复不仅在处理情绪方面起不到什么作用,它在传递信息方面同样做不了什么贡献,是一种不直接、无效而又不留余地的处理方式。

那么,用报复去阻断凶恶行为的做法可取吗?要反击吗?如果可能,最好的办法还是通过现有的法律和社会渠道取得增援,而不要自己去追击对方。有一些既定的方法是可以被用来回应伤害行为的。例如,对待工作中的问题,你可以去找人力资源部门,或向政府机关投诉;而在对待私人恩怨时,你可以向仲裁或法律部门寻求帮助。

无论何时,暴力都是不可取的。比方说,一个人受到了袭击,他有绝对的权力去避免类似事件的再次发生,只要他首先想到的是警察,而不是报复。冤冤相报是有风险的,而且是危险的。然而,政府机关和法院做出的处理也有不尽如人意的时候,所以有人会采取以暴制暴。

我们最好能把那些报复想法看作是需要我们去抵抗的诱惑。从心理学角度讲,靠对报复的幻想消遣一下是有益于健康的,但也只能是幻想一下——一旦我们将它们付诸实践,我们就越过了警戒线。当我们产生想要报复的欲望时,我们并不是非要实施它不可,而是可以审视一下这种欲望,看看它揭示了我们自身的什么问题。我们为什么如此气愤?我们的尊严受到了怎样的践踏？有什么秘密或羞于见人的东西被揭露出来了吗？

我们想要报复是因为我们想要拿回被难相处之人拿走的东西。而我们的幻想的性质会告诉我们这东西是什么。

关于报复的幻想是无害的。报复本身则纯粹是一种自私的行为，完全是为了满足一己私欲。它可以让人觉得好过一些，却要别人为此付出代价。报复并不能帮助我们提高敏感性和交流能力，或让我们更多地去关爱别人，也不能为构建一个更美好的社会做出任何贡献——我们的法律体系就是专门为取代私人报复行为而设的。

也许，最好的报复方式就是，利用难相处之人搅起的这些感觉来了解自己和提高自己。当临街的小霸王抢走你儿子的午餐费时，带上你儿子一起去报个武术班；当你的同事在上司面前大进谗言时，报个晚间课程，用最新的网络销售技巧给你老板留下深刻的印象。

乔治·赫伯特（英国诗人）在17世纪讲过一句话至今依然适用：活得好就是对敌人最好的报复。

智者寄语

活得好就是对敌人最好的报复。

苦难是必须面对的问题

苦难是每个人生命中必须经历的事情，敢不敢于挑战苦难也是必须面对的问题。一些人由于缺少挑战苦难的信心，而导致对生命的放弃，许多自杀者几乎无一例外。因此，人生一世要想超越苦难，就必须具有强大的信念，就要相信生活中没有迈不过去的坎，这种信念会使人们一辈子受用不尽。

班纳德是一位德国老人，在风风雨雨的人生中他共遭受了150多次磨难的洗礼，这个世界上最倒霉的人同时也成了世界上最坚强的人。

在他出生13个月时，便摔伤了后背，而后又跌断了一只脚，再后来爬树时伤了四肢；一次骑车时，忽地一阵大风，把他吹了个人仰车翻，膝盖受了重伤；14岁时掉进了垃圾堆差点窒息；一次，一辆汽车失控，把他的头撞了一个大洞，血如泉涌；还有一次他在理发店中坐着，突然一辆飞驰的汽车驶了进来……

在最为倒霉的一年中，他竟遇到了17次意外事故。

但是更令人惊奇的是，老人依旧健康地活着，而且心中充满了自信。的确，在历经了150多次生命中磨难的洗礼后，还有什么可怕的呢？因为生活中没有迈不过去的坎，愈挫愈奋才会愈坚强，愈难愈弃只会愈悲绝。生活的磨难可以磨炼我们的意志，也可以让我们更坚强，如果能够顽强地面对坎坷，笑对人生，那么还有什么能够阻挡我们达到自己的目标呢？

看到了班纳德的达观与顽强、快乐与幸福，有谁还会抱怨命运不公，有谁还会怨天尤人呢？大自然让人们在奋斗的过程中不断成长、壮大与进步，这个过程是痛苦的经验或是深刻的体验，要视一个人的态度而定。森林中最能争夺养分的树木才能成为参天大树，久经风雨才能成为栋梁之材。在乡村，我们常常能够看到那些木材商们，在砍伐了树木后，总是将它放在露天的空地

感谢折磨你的人

上任凭风吹雨打。因为它们受过磨难而不腐朽，就会有足够的力量抗拒最沉重的负担。

具有强大信念的人，是生活中的幸运者，因为他们从小养成了良好自信的心理。这种心理让他们充分相信自己，能够承受各种考验、挫折和失败。敢于争取最后的胜利，这种信念，使他们一辈子受用不尽。

斯蒂芬孙，英国蒸汽机车发明家。他的父亲是一名蒸汽机司炉工，母亲是一个普通的家庭妇女。他们全家8口人，靠父亲的一点工资生活，日子过得十分艰难。为了减轻家庭的负担，斯蒂芬孙8岁就去放牛了。斯蒂芬孙从小就对那轰隆隆转动的机器有莫大的兴趣。每当去煤矿给父亲送饭，他总是围着机器看个不停。他憧憬着自己长成了一个大人，像父亲那样操作着巨大的蒸汽机。放牛的时候，他喜欢捏泥巴。他捏的既不是兔子、小狗这类动物，也不是锅、碗、瓢、盆这类炊具。他捏的是机器，是蒸汽机的模型，其中也有锅炉、汽缸、飞轮。

14岁那年，斯蒂芬孙真的当上了一名见习司炉工。能亲自操作机器，他很高兴。但光是操作，又觉得不过瘾。他脑子里老是琢磨着：这机器是怎么转动起来的？它的内部是什么样的？有一天，别人都下班回家去了，他却说要留下来擦洗机器内部的灰尘。蒸汽机被他拆开了，他把所有的零件都仔细观察了一遍，但装配起来却不是那么容易了。他忙乎了好半天，才勉强把蒸汽机安装好。回家的路上，他老是提心吊胆，担心这机器明天转不了。谁知道第二天一发动，那台蒸汽机比平时转得还要好。他经常这样拆拆装装，对机器的结构熟悉透了。

不久，斯蒂芬孙产生了自己制造机器的愿望。由于他没有文化，无法画出设计草图，就用泥巴做成机器模型，仔细琢磨。他感到没有文化很难进行创造发明，于是，在17岁时他便报名读夜校，从小学一年级开始读起。斯蒂芬孙每天晚上都和七八岁的儿童坐在一起上课。他像羊群里的骆驼、鸡群里的仙鹤那么突出。

"嘻嘻，戆大！"

"嘿嘿，笨蛋！"

从夜校的教室外面，常常传来这样的讥笑声。他们讥笑这位"大学生"并没有在念大学，却是在念小学。

然而，斯蒂芬孙不怕羞，不怕讥笑，甘愿坐在小学生之中，从头学起。

斯蒂芬孙白天要到矿上上班，为了多挣些钱养家糊口，休息时间还要替人家修理钟表、擦皮鞋，每天累得筋疲力尽。可是到了晚上，斯蒂芬孙总是第一个进教室，专心听讲，埋头学习。放学以后，别人都睡了，他还在昏暗的灯光下复习功课、做作业。

经过几年苦读，斯蒂芬孙终于甩掉了文盲的帽子，并掌握了机械、制图等有关知识。从此，斯蒂芬孙便插上了起飞的翅膀，飞翔在创造发明的天空中。

生活中没有迈不过去的坎，生活历练了斯蒂芬孙的毅力，培养了他的自信心，使他产生必须成功的信念。

智者寄语

人生的磨难可以强化人们的精神和意志，迫使我们向前，引导我们通过逆境的考验，最终获得成功。

每一次丢脸都是一种成长

我们曾经听说过很多在"丢脸"当中不断成长最终取得了巨大成就的人,英语口语教父李阳就是其中之一。

李阳从英语不及格到成为世界上有名的英语教师,从不敢接电话、不敢和陌生人说话到成为全球著名的中英文演讲大师;从一个自卑的人到成长为千万人学习的榜样;李阳创造了一个个奇迹,而在激励别人的时候,他总是喜欢说,我们要为热爱丢脸的人喝彩!

中国传统英语教学存在"不敢开口、不习惯开口"的两大心理障碍及怕丢脸、怕犯错误的心理陋习,李阳极力鼓励他的学生大声说英语。他认为疯狂英语的第一步就是要突破不敢开口、害怕丢脸的心理障碍。他说:"我特别喜欢犯错误丢人,因为犯的错误越多,取得的进步就越大。如果你想一辈子不犯错误,那么结果只有一个。当你80岁的时候,你仍然只会对人讲一句:'My English is very poor',朋友们,请大家暂时把脸皮放进口袋里,尽管大声去说吧!重要的不是现在丢脸,而是将来不丢脸!"于是,"I enjoy losing my face.(我热爱丢脸。)"就成了李阳和广大英语学习者的行动口号。

别怕犯错误丢脸,因为你犯下的错误越多,学到的知识和经验就越多,你进步的可能性就越大。可是,传统观念里,人们总是为保住自己的颜面而努力,甚至于有些人,为了面子问题丢失了性命也在所不惜。

公元前206年,项羽占有楚魏东部九郡之地,自封为西楚霸王,又违背先入关中者为关中王的前约,改封先入关中的刘邦为汉王,刘邦心中非常不快。

项羽的谋臣亚父范增知道刘邦的不满,也知道他一定会东山再起,于是建议项羽找借口杀掉刘邦。

项羽就把刘邦找来,准备封刘邦为汉中王,他若去,一定有储备实力、自封为王之心;若不去,正好可以杀死他。

刘邦听说项羽召见,虽然明知此去凶多吉少,但是又不能公然抗命不去,便在心中盘算着怎样应对这场智斗。刘邦来到殿前,恭恭敬敬地伏在地上,谦恭的样子使项羽异常受用,当即放松了警惕,就对刘邦放行了。刘邦谢恩退出大殿,急忙回到自己的营地,稍加打点,便率军急匆匆地向巴蜀进发。他决心以巴蜀偏塞之地为依托,招兵买马,养精蓄锐,待力量充实了,再还三秦,谋取天下。项羽闻知刘邦率军已向巴蜀进发,才感到范增所言极是,立即派季布带三千人马前去追赶,然而为时已晚。

后刘邦广纳贤才,休兵养士,最终在众贤士的帮助下,使得不可一世的西楚霸王自刎乌江,统一天下。

只因一句"无颜见江东父老",项羽舍弃了自己的性命,自刎乌江。可见,面子问题一直是中国人的软肋,无数的英雄志士都为了面子问题而纠结。

可是,人的一生,谁又能保证不犯错?谁又能一次面子都不丢呢?如果你想逃避丢脸而一辈子不犯错,那么结果只有一个:当你白发苍苍的时候,你仍然什么都不会,因为你什么都不曾尝试去做。

感谢折磨你的人

民谚云：要了脸皮，饿了肚皮。有时害怕丢一次脸，就是白白让出了一条路。所以，不要害怕丢脸，更不应该躲避"丢脸"的历练，而应该拿出自己的勇气，勇敢面对一次又一次的挫折，让自己在一次又一次的"丢脸"当中成长起来。

别怕犯错误丢脸，因为你犯下的错误越多，学到的知识和经验就越多，你进步的可能性就越大。

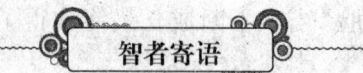

智者寄语

不要害怕丢脸，更不应该躲避"丢脸"的历练，而应该拿出自己的勇气，勇敢面对一次又一次的挫折，让自己在一次又一次的"丢脸"当中成长起来。

被批评不是什么坏事

被日本国民誉为"练出价值百万美金笑容的小个子"、美国著名作家奥格·曼狄诺称之为"世界上最伟大的推销员"的推销大师原一平最初是一家保险公司的年轻推销员。他虽然每天都在勤奋工作，但收入仍少得可怜，为了省钱，他甚至不吃午餐、不搭电车。

一天，这位年轻人来到一家名叫"村云别院"的佛教寺庙，被请进庙内后，他与寺庙住持吉田相对而坐，接下来便口若悬河、滔滔不绝地向这位老和尚介绍起投保的好处来。

老和尚一言不发，很有耐心地听他把话讲完，然后平静地说："听完你的介绍之后，丝毫不能引起我投保的意愿。"年轻人一下子泄了气。

老和尚接着又说："人与人之间，像这样相对而坐的时候，一定要具备一种强烈吸引对方的魅力，如果你做不到这一点，将来就没什么前途可言了。"

年轻人哑口无言。

老和尚又说了一句："小伙子，先努力改造自己吧……"

接下来，年轻人组织了专门针对自己的"批评会"，每月举行一次，每次请5个同事或投了保的客户吃饭。为此，他甚至不惜把衣物送去典当。目的只为让他们指出自己的缺点。

"你的个性太急躁了，常常沉不住气……""你有些自以为是，往往听不进别人的意见，这样很容易招致大家的反感……""你面对的是形形色色的人，你必须要有丰富的知识，你的常识不够全面，所以必须加强自身修养，以便能很快地与客户寻找到共同的话题，缩短彼此间的距离……"

一次次"批评"使这个年轻人像一条成长的蚕，随着时光的流逝悄悄地蜕变着。到了1939年，他的销售业绩荣膺全日本之最，并从1948年起，连续15年保持全日本销量第一的好成绩。

可见批评并不一定都是坏事，善于接受别人的批评和建议的人才能取得成功。一个人，如果不能坦然面对别人的批评，不知道接受别人的意见，最终只会跟成功"挥泪错过"。

乔治在纽约郊外著名的卡瑞月湖度假村工作。

一个周末，乔治正忙碌不堪时，服务生端着一个盘子走进厨房对他说："有位客人点了这道油炸马铃薯，他抱怨切得太厚。"

乔治看了一下盘子,发现跟以往的油炸马铃薯并没有什么不同,但他还是按客人的要求将马铃薯切薄些,重做了一份请服务生送去。

几分钟后,服务生端着盘子气呼呼地走回厨房,对乔治说:"我想那位挑剔的客人一定是生意上遭遇困难,然后将气借着马铃薯发泄在我身上,他对我发了顿牢骚,还是嫌切得太厚。"

乔治在忙碌的厨房中也很生气,从没见过这样的客人!但他还是忍住脾气,静下心来,耐着性子将马铃薯切成更薄的片状,之后放入油锅中炸成诱人的金黄色,捞起放入盘子后,又在上面撒了些盐,然后第三次请服务生送去。

没多久,服务生又端着盘子走进厨房,但这回盘子里空无一物。服务生对乔治说:"客人满意极了,餐厅的其他客人也都赞不绝口,他们要再来几份。"

这道薄薄的油炸马铃薯从此成了乔治的招牌菜,后来他又将马铃薯换成了洋芋片,并发展成各种口味,今天这道菜已经成为地球上不分地域人种都喜爱的休闲食品了。

乔治的成功,关键在于他在面对批评的时候,不是满腹牢骚,抱怨别人,而是能忍住怨气做好自己的工作,让顾客满意。一次一次的改进,不仅满足了顾客,同时也成就了自己的事业。

成功的人,所具备的素质就是当有人对自己不满意时,不是去抱怨别人,而是积极努力地完善自己。

智者寄语

批评并不一定都是坏事,善于接受别人的批评和建议的人才能取得成功。

生气不如争气,翻脸不如翻身

有些人总是容忍不了自己受委屈。一旦他们觉得自己吃亏了,就容易引起很大的情绪波动。于是,有一些人会暗自发牢骚,向朋友倾诉自己所受的委屈,甚至在心理上开始排斥那个欺负他的人,发誓不再跟那个人有任何来往。也有一部分人,会冲上去跟对方理论,宁可抓破脸,也要让对方明白自己的不满,并且让他看到自己的强烈抗议,让他知道自己并没有那么软弱。

其实,在你冲上前去理论的一刹那,你已经在生活的棋局上输了一盘。生活在一个圈子里的人,怎么可能不产生矛盾?他或者看轻你了,说话难为到你了,但是你不是一定要打破鼻子抓破脸的。生气不如争气,把自己的由对方引爆的情绪看作是一种向上的动力,让他们看看,他们的做法是错的,让他们自己去悔悟,往往要比你自己冲上去更加有效果。

很多人大概都知道,陈鲁豫毕业找工作的时候,曾经接受过一个机场广播电台的面试,可是当她出现在面试官面前时,面试官一直在摇头,似乎在说,这样又瘦又小的形象怎么可能当主持人?陈鲁豫明白了对方的意思,也没说什么,默默地走开了。可是,若干年后,陈鲁豫以其独特的主持风格,在凤凰卫视闯出了一片天。

大多数女性朋友都喜欢看周星驰的电影,都会为周星驰电影的搞笑路线而惊叹不已。可是,周星驰自己却说,人生都是从小人物开始的。一本书里这样写道:

……没有导演看重外形瘦弱另类的周星驰,因为观众的鲜花与掌声只献给美女与英雄。失落之余,他转行做儿童节目主持人,一做就是4年,他以独特的主持风格获得孩子们的喜欢。但是当时却有记者写了一篇《周星驰只适合做儿童节目主持人》的报道,讽刺他只会做鬼脸、瞎蹦乱跳,根本没有演电影的天赋。这篇报道深深地刺伤了周星驰,他把报道贴在墙头,时刻提醒和勉励自己一定要演一部像样的电影。于是重新走上了跑龙套的道路,虽仍要忍受冷眼与呼来唤去,仍是演那些一闪而过的小角色,但他紧紧抓住每次出演的机会,拼尽全力展示最独特的自己,就像一束一束的瑰丽焰火冲向漆黑的夜空。一年之后,也就是1987年,他在真正意义上参演了第一部剧集《生命之旅》,虽然差不多还是跑龙套,但是终于有了飞翔的空间。从此,他开始用一身小人物的卑微与善良演绎自己的人生传奇……

如今红遍海峡两岸的SHE也曾经去过一个剧组试镜,可是还没怎样开始,剧组的主创人员已经全盘否定了她们的表演。在演绎路上,也许SHE走得艰辛,可是在歌唱事业上,她们却发展成了华语区最红的女子组合,身价过亿。

谁的人生都会有波折,没有一个人可以说,我的人生之路是平坦的。但是,你该怎样面对你的人生?面对那些否定你或者看轻你的人,冲上去理论无疑是最肤浅的行为。就学学陈鲁豫、周星驰、SHE,在经历了别人的轻视时,在承受了人生的冷遇时,生气不如争气,翻脸不如翻身。你说我不行,我偏要让你看看,我是可以的,我能行!

所以,生气不如忍下这口气对自己更有利,翻脸不如适时弯曲对自己更有利,这是不言自明的。在弯曲时不忘积极进取,当显示出强者的实力时,自然会赢得别人的高看、尊重。

智者寄语

在经历了别人的轻视时,在承受了人生的冷遇时,生气不如争气,翻脸不如翻身。

畏首畏尾会让你的人生不断倒退

也许,躲在安乐窝里会感觉到暂时的安全。然而,风雨是每个人都必须经历的。逃避的人,最终会被暴风雨掀翻安乐的小窝,独自在风雨中瑟瑟发抖。

一个人越是畏首畏尾,不敢冒风险,其风险就会越大;越是敢于冒风险,他的风险率反而越低,成功率自然越高。

从前,有一个农夫,他有很大的一块地。

在播种的季节,有人问他:"你种了麦子吗?"

农夫回答说:"没有,我担心天不下雨。"

那人又问:"那你种了棉花吗?"

农夫回答说:"也没有,我害怕虫子把棉花吃掉。"

最后,那人又问:"那你打算种点什么呢?"

农夫说:"什么也不种,我要确保安全。"

到了收获的季节,当别人都满载而归的时候,农夫的地里还是一片荒芜。

据说,很多水陆两栖的小动物都是后天自己学会游泳的,而非天生。本来,小鸡也可以在水中生活的,可是,小鸡的祖先不敢冒风险。

有一次,小鸡看到伙伴们都在水里戏水,也很想和它们一起玩,但它自己不会游泳,它就问小猪:"小猪,我可以游泳吗?"

小猪说:"那可不行,学游泳可不是闹着玩的,弄不好会有危险,还是不学的好。"

小鸡听了,转身就走。看到小鸡要走,小鸭问:"怎么又不学了?"

小鸡说:"我怕被淹死。"

小鸭说:"不会的,你看我们这么多学游泳的,不都没出事嘛,来,我教你。"

小鸡听小鸭这么一说,又想学了。刚要下水,被小狗看见了,小狗说:"学游泳有什么用,要是出了事可就晚了,不会游泳的多着呢,又有什么关系呢?"

小鸡一听,就又不学了。于是从此鸡就不会游泳。

转眼到了第二年,那个夏天雨下得很大,大雨冲进了小鸡的房子,小鸡不会游泳,眼看着有危险,小鸭正巧游过这里,就把小鸡救了出来。小鸭对小鸡说:"这回你尝到的不是会游泳的危险,而是不会游泳的危险。"

现实生活中有很多这样的人,总是害怕做事时会遇到各种各样的风险,于是就什么都不做,到头来,既没有了生存的技能,也没了生存的本钱。他们害怕受苦和悲伤,结果自然是遇到了更大的痛苦与悲伤。毕竟,苦难并不会因为你的躲避而错过你。我们只有学会改变、接受、成长才能在风险来临之际,勇敢地拿出真本领,与命运搏击,这样才能成为真正的强者。

那些被自己的畏缩态度所束缚的人,就像是丧失了自由的奴隶。一个不愿意冒风险的人,不敢有所主张,因为他们害怕被扣上愚蠢的帽子,遭到别人耻笑;他们不敢否认,因为害怕自己的判断失误;他们不敢向别人伸出援手,因为害怕一旦出了事情被牵连到;他们不敢暴露自己的感情,因为害怕自己被别人看穿;他们不敢爱,因为害怕要冒不被爱的风险;他们不敢希望,因为害怕要冒失望的风险;他们不敢尝试,因为要冒着可能失败的风险……这种种可能会遇到的风险,让那些胆小的人畏首畏尾,举步维艰,他们茫然四顾,不知道自己的出路在何方,殊不知,人生中最大的冒险就是不冒风险,畏首畏尾只会让自己的人生不断倒退。

当危险到来的时刻,流泪和躲避都是没有用处的,只有坚强面对才是唯一出路。但愿,那些害怕风险的人,不再学鸵鸟的掩耳盗铃,遇到危险时把自己的头插到沙土中获得心灵的解脱。而是时刻准备着去坚强面对,因为困难和风险也是一个欺软怕硬的主儿,不是有那么一句话吗:"困难像弹簧,你弱它就强。"

智者寄语

当危险到来的时刻,流泪和躲避都是没有用处的,只有坚强面对才是唯一出路。

萎靡不振只会让你更加沉沦

萎靡不振终归是于事无补的,以积极的心态来应对不幸的事才能收到良好的效果。

通常说来,我们是无法控制不幸的事在我们头上发生的。不过,我们对于发生不幸的事的反应是可以控制的。

假如我们被人欺骗,我们决不能因此萎靡不振。否则不但于事无补,还对身体十分有害。萎靡不振就好像是一种麻醉品,把麻醉品储存在体内比在物体表面危险更大!

那么,如何对付人生遇到的各种不幸呢?智者的做法是:把苦恼、不幸、痛苦等看作是人生

感谢折磨你的人

不可避免的一部分。当他们遇到不幸时,会不断地对自己说:"这一切都会过去。"

这样做是很有好处的。因为只要不断燃着希望的灯火,就不怕难以忍受的黑暗。

从前,有一个小盲人跟着老盲人学弹琴,他们弹着琴弦,相互搀扶着四处流浪。

小盲人问老盲人:"师傅,我们的眼睛还有复明的希望吗?"

"当琴弦弹断到1000根时,我们的眼睛就可以复明。"

可老盲人一生只弹断了999根琴弦,就去世了。

他没有见到光明。

小盲人沿着老盲人指点的道路继续走下去,岁月让他变成老盲人。老盲人也带了一位同样的小盲人,他给小盲人讲述了同样的信念。

终于有一天,老盲人拼尽力气弹断了第1000根琴弦。小盲人激动地问道:

"师傅,你看到光明了吗?"

可老盲人眼前仍然一片漆黑,师傅生前的预言没有实现,可老盲人醒悟了过来,他对小盲人说:

"我看见了光明,那就是希望的光明。"

老盲人悟到的,你是否也悟到了呢?

成功始于觉醒,心态决定命运!这是今天的伟大发现,是成功心理学的卓越贡献。成功心理、积极心态的核心就是主动意识,或者称作积极的自我暗示。反之也一样,消极心态,就是经常在心理上进行消极的自我暗示。

如果你坚持认为和肯定你是一个无足轻重的人物,是"一个尘世上的可怜虫",不如其他人,那么,一段时间以后,你就会真的相信这一切。

如果你坚定地宣布自己完全有能力实现你决意实现的伟大、崇高的人生目标,那么,这种充分自信的心态,就使得你的思想积极主动,极富创造力。这种心态就会有助于而不是不利于你所渴望的事情,就会促进而不是阻碍破坏你所渴望的事情。

智者寄语

萎靡不振终归是于事无补的,以积极的心态来应对不幸的事才能收到良好的效果。

用积极的行动去改变你的现状

遇到困难,与其痛苦地哀叹,不如放松心情,想办法解决问题。

一个人,倘若总是处在痛苦、压抑、烦躁的心态之中,那么,即使不得癌症,无疑也会疾病缠身;然而,如果一个人以积极的心态去对待疾病,哪怕是绝症,那么,他心灵的无穷潜力也会被激发出来,从而坦然接受现实,并努力地改变它,以至发生医学奇迹。

京城某肿瘤医院近来接连死了两个癌症患者,这使医院的气氛显得压抑而沉重。许多住院病人情绪低落,有的茶饭不思,有的不肯打针吃药。负责这些病人的主治医生很着急,连忙向心理医生求助。

心理医生做了细致深入的调查,他发现很多病人都认为癌症是绝症,无药可治,故此伤心失望。于是,心理医生针对他们消极的心理编了一套"不必伤心"的劝说词:

"癌症并非不治之症。患了癌症有两种可能:一种是早期患者,一种是晚期患者。早期患者可以根治,你不必伤心。晚期患者也有两种可能:一种是经过治疗可以治愈,一种是一时未能治愈但还能活上几年。可以治愈的当然不必伤心,能够再活几年的也有两种可能:一种是今后随着医学技术的发展可使症状缓解,存活期延长;一种是到时确实医治无效而死。存活期延长的不必伤心,医治无效嘛……不必伤心,因为你已经死了,还有什么可伤心的呢?"

听到这里,病人们"扑哧"一声笑了起来。于是,笼罩在病房里的阴霾就这样被驱散了。

很多时候,我们就是因为钻牛角尖,把问题想得太悲观而看不到其积极的一面,从而增加了不少烦恼。与其痛苦地哀叹,不如放松心情,想办法解决问题。

曾经有这样一个故事——战争中,敌机把家园炸成了废墟。许多人在那里痛哭流涕,悲痛欲绝,而唯有一个男子,默默地从废墟中捡出一块砖,又一块砖,放到一边——这是重建家园所需要的。他的行动影响了众人,大家不再哭泣,也默默地捡起来。

不错,生活中我们会遇到许多次低潮,忧愁会成为生命中一时难以承受之重。要祛除这沉重,达观安然的哲学态度是一剂良方。另一剂良方就是行动,行动可以有效地转移你的注意力。用行动去积极地改变你的现状,行动会使你找回自信和力量,行动也会直接产生实际成果,从而更加鼓舞你。

一帆风顺只能是人们心中一种美好的期待。"人世难逢开口笑,不如意事常八九。"忧愁烦恼,作为自然的心理反应,在所难免,但切不可沉溺其中。人需要尽快调整心态和情绪,采取积极的行动来改变已遭破坏的生活。当你从困境中走出来,再回头看时,会发现当初似乎要压垮你的困难,不过是一片乌云而已。你会庆幸自己及时地调整了心态,采取了行动。不然,你可能还在那里唉声叹气,而境况依旧,甚至更糟。

总之,在挫折面前你应有的态度是:驱散忧愁的乌云,坦然地应对生活中的一切变故。

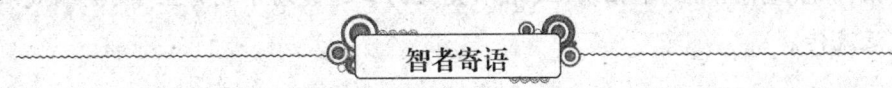
智者寄语

忧愁烦恼,作为自然的心理反应,在所难免,但切不可沉溺其中。人需要尽快调整心态和情绪,采取积极的行动来改变已遭破坏的生活。

摆脱厄运的办法是不向它低头

当你遭遇厄运的时候,坚强与懦弱是成败的分水岭。摆脱厄运的办法是不向它低头。

一个生命能否战胜厄运、创造奇迹,取决于你是否赋予它一种信念的力量。一个在信念力量驱动下的生命即可创造人间奇迹。

公元前100年,苏武受汉武帝之命,以中郎将的身份为特使,拿着汉武帝亲手交给他的"旄节",与副使张胜以及助手常惠和百余名士兵,携带着送给单于的礼物,护送以前扣留下来的全部匈奴使者回匈奴去。

当苏武在匈奴完成任务准备返汉时,一件意外的事情发生了。前些时候投降匈奴的汉使卫律有个部下叫虞常,想要谋杀卫律归汉。这个虞常在汉朝时与张胜私交甚好,就把整个计划跟张胜说了,张胜赠送钱物以示支持,没想到虞常的计划还没实施就泄露了。苏武

感谢折磨你的人

因张胜而受牵连,他怕受审公堂给汉朝丢脸,想拔刀自杀,被张胜、虞常制止。虞常受审,经受不住酷刑供出了张胜,因为张胜是苏武的副使,单于命令卫律去叫苏武来受审,苏武不愿受辱,又一次拔刀自杀,被卫律抱住,夺下刀来,但苏武已受重伤,血流如注,晕死过去。

苏武视死如归,单于佩服他的勇气,希望苏武能够投降为他效力,早晚派人来问候,企图软化苏武。但苏武不肯屈服。

苏武恢复健康后,单于命令卫律提审虞常和张胜,让苏武旁听,在审讯过程中,卫律当场杀死虞常以此威胁张胜。张胜胆怯跪下投降,卫律又威胁苏武,并举起宝剑向苏武砍来,苏武面不改色地迎上前去,卫律看软化、威胁都不能使苏武屈服,就报告单于。

单于听说苏武这样坚强,就更加希望苏武投降。他下命令把苏武囚禁在一个大窖里,不给一点吃喝。这时天上正下着大雪,苏武就躺在那里,嚼着雪团和毡毛一起咽进肚里,几天以后,仍顽强地活着。

单于一计不成,又命令人把苏武迁移到北海没有人烟的地方,让他独自放牧公羊,说是等公羊生子才让他归汉。在荒无人烟的北海,苏武白天拿着汉朝的旌节放羊,晚上握着它睡觉。没有口粮,他就挖掘野鼠洞里藏的草籽充饥。单于又派人劝降,并告知他母亲已死,兄弟自杀,妻子改嫁,儿女下落不明、死活不知的消息,想以此达到动摇他的信念的目的,但又一次被他斩钉截铁地拒绝了。

苏武在荒凉酷寒的北海边上,忍饥挨饿、受尽苦难,但仍以坚强的毅力,度过了漫长的、艰苦的岁月。

一直到公元81年的春天,经几度交涉,苏武、常惠等9人才终于回到了久别的首都长安。

苏武出使的时候,是个40岁左右的壮汉,他在匈奴过了19年非人的生活,归汉时已是个须发皆白的老人。

后来,苏武坚忍不屈、不怕磨难、永不失节的事迹轰动了朝野上下,被编成歌曲在人民中间广泛流传。

从自杀到顽强地活下来,苏武的所作所为都是在逆境中向敌人显示大汉朝人的一种尊严。两次自杀是怕大堂受审给祖国丢脸,说明他根本就是个将生死置之度外的刚强汉子。后来又在极其恶劣的非人生活条件下坚持了19年之久,却是在向敌方示威:我虽无力反抗,但我决不投降。

他抱定了"我顽强地活给你看"和"不回汉朝,死不瞑目"的信念,克服所有的困难,承受着非人的折磨,终于坚持到返家归国。

坚定的信念创造了奇迹。他在不可能的条件下生存了19年,实现了自己的夙愿。

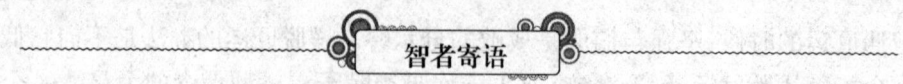

智者寄语

一个生命能否战胜厄运、创造奇迹,取决于你是否赋予它一种信念的力量。一个在信念力量驱动下的生命即可创造人间奇迹。

第二章　不要抱怨别人

与其抱怨,不如提升自己

许多人抱怨自己为单位辛苦工作,为公司立下"汗马功劳",却一直得不到老板的赏识,蜗居在平凡的岗位上,似乎永远也得不到提升。其实细细思考,自己是不是在自己的岗位上持续努力,为组织带来恒久的效益了呢?在如今这个竞争激烈的年代,如果不主动升值就意味着不断贬值,那么等待你的不是升职,而是被淘汰的命运。如果躺在过去的"功劳簿"上,只是沉浸在过去成功的喜悦之中,"晋升"势必彻底与你无缘。

对于任何一个员工来说,对自己所处的职位抱怨不已是没有任何作用的。其实我们不应该将精力放在"自己没有升职"上,而应该将注意力集中在"为什么自己没有升职"上,找到自己的缺点,给自己一个准确的定位。当我们不再为现状而一味抱怨,而是为将来的"提升"做好准备工作时,我们的升职之路将会展现无限光明。

奥尼斯初进戴尔公司的时候只是一名普通的业务员,后来一步一个脚印,由业务员成长为公司的市场部经理,随后又成为公司的市场总监。奥尼斯究竟是如何一步一步成长起来的?让我们看看他从一个市场部经理成长为市场总监的过程吧。

在成为公司的市场部经理之后,奥尼斯很快就对自己的工作有了一个正确的定位:

在企业的营销过程中,市场部经理的位置十分重要,一个优秀的市场部经理,在很大程度上能够协助市场总监完成营销战略任务。奥尼斯认为一个优秀的市场部经理必须具备以下四种基本素质:

(1)具有营销策划的能力。
(2)具有品牌策划的能力。
(3)具备产品策划的能力。
(4)具有对市场消费态势潜在性的分析能力。

后来,奥尼斯又认真研究了大多数公司对市场部经理的更高要求,他觉得自己应该在目前的能力基础上进一步学习,以提高自己的工作能力。

首先,他从掌握各项营销政策入手进行学习,因为他过去从事的是广告策划工作,对营销政策知之甚少。其次,他又开始不断强化自己的执行力,因为他发现自己对于公司营销推广的整个过程监控实施的力度都很差。最后,奥尼斯认识到自己的市场应变能力很差,缺乏市场销售过程的锤炼和亲身的市场销售体验,这是他在工作中最大的软肋。

有了这些深刻而全面的认识之后,奥尼斯开始逐步提升自己的业务素质。他首先对自身这些软弱的因素进行弥补,先让自己成为一名优秀、称职的市场部经理。后来他又用了三年的时间来亲身体验营销实践。与此同时,奥尼斯又学习了丰富的组织管理知识、全面的法律知识和财会知识,因为这些知识在工作的时候很有用处。当然了,修炼对团队的掌控能力也是奥尼斯学习的一个重要方面,如果控制不了下属团队,那么一切都是空谈。

通过几年的认真学习和实践锻炼,奥尼斯终于如愿以偿地成了公司的市场总监,他为公司的市场营销工作创造了极大的成效。

奥尼斯成长的例子告诉我们,工作中每一步台阶都需要相应的能力与之相匹配,让自己的能力升值,给老板一个提升你的理由。

也许你还在抱怨自己劳苦功高却职位低下,但是却对现在的环境视而不见!据统计,25周岁以下的从业人员,职业更新周期是人均一年零四个月。为公司创造的功劳永远只能代表自己的过去,只有不断为公司创造业绩,才能为自己赢得升职的机遇。

企业永远都选择最优秀的员工,并不会为了照顾某一位老员工而提升他。一些人面对自己职业上的停滞,他们更多的是埋怨企业没能给他们职位提升的空间,这种思维是不对的。要突破这种职业停滞期,我们要学会"自我革命",只有不断地突破自我,才能够不断成长。

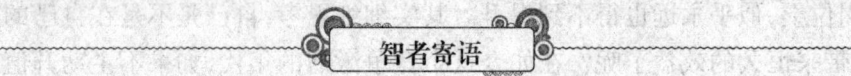
智者寄语

工作中每一步台阶都需要相应的能力与之相匹配,让自己的能力升值,给老板一个提升你的理由。

抱怨的牺牲者是自己

有位哲人说:"这个世界上最多的'东西'不外乎两种:穷人和抱怨,而且两者之间存在着鸡和蛋的关系——贫穷(抱怨)孕育了抱怨(贫穷),抱怨(贫穷)又孵化了贫穷(抱怨)。人们越穷越抱怨,越抱怨越穷。"这句话虽然有失偏颇,但也有一定的道理:我们之所以抱怨,就在于我们认为抱怨能为我们带来某些好处,比如同情、认可和优越感。但就像哲人说的那样,事实上我们不仅"越抱怨越穷",还会由于抱怨招致一连串的麻烦。到头来,我们反倒成了抱怨的最大受害者。

先说说抱怨与同情。生活中,有相当一部分人有过抱怨自己的身体不舒服的经历,但是这些人却并非真的生病,而是因为他们知道,"病人"的角色能让他们获得附带的好处。抱怨可以赢得同情,但是这里有一个度的问题,如果你认定抱怨一定会赢得他人的同情,无疑是大错特错。最典型的例子就是鲁迅先生笔下的祥林嫂。

祥林嫂一生坎坷,两任丈夫都因病去世,儿子也惨死狼口,为了排解心中的痛苦,她逢人便讲儿子的死和自己的悲惨遭遇,逐渐被乡里人所厌恶,甚至远远地见到她便躲开。再后来,连东家鲁四老爷也厌恶她,先是不让她插手祭祀,后来一怒之下将她赶出鲁家。流落街头的祥林嫂,很快便结束了她贫穷、艰难的一生。

虽然我们并不能据此说是抱怨害死了祥林嫂,毕竟真正造成这一悲剧的是万恶的封建制度,但是我们至少可以从侧面看出,一味地抱怨非但换不来同情,反而会招人反感。而且同样是祥林嫂,在她没有抱怨以前,她是颇受鲁家和众人喜欢的。可见,还是及早放弃抱怨为妙。

接下来再说说抱怨与认可的关系。

一位招聘经理曾经说过这样一段话:"每次面试,我都会问应聘者'你为什么离开上一家公司',之所以问这个问题,是想正面了解他对以前自己所在公司的评价,如果他说他以前的公司多么多么不好,有这样那样的问题,那么不管这个人有多么优秀,我也不会录用他。因为我相信,那些整天喜欢抱怨的人,肯定一事无成!"

当然了,企业中的抱怨者远远不止那些已经离开的人。当公司利益与个人利益发生冲突时,各种"声音"立即会从各个角落传来! 有的人虽然口头不说,但他们会立即用行动来发泄自己的不满,比如偷奸耍滑、钻空子等,反正绝不会任劳任怨。这样一来,工作必然是一塌糊涂,抱怨和被抱怨自然在所难免。这样的人,往往也会很快出现在其他公司的招聘经理面前。

所以,试图通过抱怨别人或抱怨环境以期得到他人的认可,其实是最不明智的做法。也许有的环境确实不太适合你,但是与其抱怨,你还不如选择离开;当你选择留在这里的时候,就应该为它而努力。唯有高度的敬业和忠诚,才有可能改变环境和他人对你的看法,实现企业和个人的双赢。否则,即便是自己创业,这种恶习也会给你带来各种不利影响,甚至直接从根本上导致你与成功无缘。

还有一种人的抱怨动机,源自于他们认为抱怨对方可以使自己显得更为优秀。我们常说的"贬低别人等于变相地抬高自己",说的就是这个道理。然而我们同样知道,人不是"抬"高的,无论你把对方贬得有多低,你仍然是你,跟他有多高多低,甚至跟有没有他,都没有必然的联系。更何况当我们在抱怨别人的某些缺点时,就是在暗示我们自己没有这一缺点,但就能据此认为我们就比对方优秀吗? 显然不能,或许我们真的没有这一缺点,但人无完人,我们甚至有更致命或者更不堪入目的缺点。所以说,这种抱怨的背后不是为了掩饰什么,就是自夸或吹牛,而这样的人,通常都是一些没有安全感、不能明确自我价值的人。他们的抱怨,无形中向人们传递出了"自己是受害者"的信息,而这样一来,往往会招致更多的加害者,随之而来的,自然是更多的怨天尤人。

也许有人会问,我用抱怨来惩罚那些伤害我的人,把他搞臭,这总可以了吧? 仍然不行。抛开那些人在不在乎不说,从一开始你就走偏了,与其用抱怨让彼此两败俱伤,我们为何不通过正当的途径去解决问题、达到目的呢? 而且那样的话,我们与小人何异? 或许导致我们被人伤害的原因就在我们自己身上。

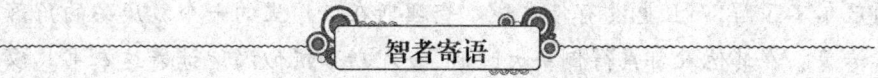

智者寄语

抱怨的本质源自于人们想通过抱怨得到什么,但无论从哪一方面来说,抱怨都会让你得不偿失,后悔不迭。所以,聪明的你应该考虑用其他途径去实现自己的目标。

抱怨就是往你鞋子里倒沙子

抱怨就是往鞋子里倒沙子。正像法国思想家伏尔泰说的那样:"使你疲惫的不是远方的高山,而是你鞋子里的沙。"你若烦恼,烦恼则更多;你若抱怨,抱怨则更多。

抱怨的人总是以为自己经历了世上最大的困难,他忘记了听他抱怨的人也同样经历过这

感谢
折磨你的人

些,只是感受不同。不必抱怨,抱怨有什么用呢?不会因为你的抱怨,老板就会给你加薪晋爵;不会因为你的抱怨,老板就会转变态度由原来的不喜欢你而变得喜欢你;不会因为你的抱怨,周围的同事就完全变成你喜欢的人,更不会因为你的抱怨,别人从此就会对你好起来。

所以你必须得明白抱怨无济于事,现实绝不会因为你的牢骚满腹而发生改变。为什么老是跟自己过不去呢?为什么不想想自己应当怎样在既定条件下,发挥自己的主观能动性去改变呢?

在法国北部的一个小山村里,住着一户人家,这户人家很贫穷,只有夫妻二人是壮年劳动力,其他的不是老人就是孩子,而且那位老人——丈夫的父亲、孩子们的祖父,已经90多岁了,得了一种病,生活几乎不能自理,所以家中每天都必须有人来照顾他。因为家中的条件艰苦,所以3个孩子都很懂事。他们常常会在父母外出劳动的时候照看年迈的祖父,或者去采一些蘑菇给家里人吃。

查理斯是这户人家里最小的一个孩子,虽然年龄小,但是他很懂事,知道怎样可以为家里人分忧。一天,查理斯和哥哥出去捡蘑菇,姐姐留在家里照看祖父。这一次,查理斯和哥哥捡回了很多又大又丰满的蘑菇,够家里人吃几顿了。等他们回到家以后,姐姐负责做饭,哥哥去拾柴,而查理斯则负责叫回在烈日下工作的父母。看到孩子们已经炖好了一锅蘑菇,父母很高兴。母亲要先给祖父喂饭,依照惯例,还是父亲和几个孩子先吃饭,可是查理斯不知又跑到哪里去玩了,所以今天只有哥哥姐姐和父亲一起吃饭。

就在一顿饭刚刚吃到一半的时候,祖父、父亲、哥哥和姐姐分别感到胃里难受得厉害,母亲急忙去寻找村里的一位大夫,路过邻居家里时又委托邻居帮自己找回小儿子查理斯。正在和村里的小伙伴们一起玩游戏的查理斯被邻居叫回家时,他看到当地的一位乡村大夫正摇着头告诉母亲,所有的人都已经无法救治了,祖父、父亲还有哥哥和姐姐都因为吃了有毒的蘑菇而死去。村里其实早有过这样的事情发生,但是查理斯从来没有想到过这样的事情居然会发生在自己家。而且让他一下子就失去了四位亲人。

母亲几乎要崩溃了,但是看到年幼的查理斯,她想:自己必须要好好地活下去。就这样母子二人相依为命。到了查理斯13岁的时候,城里有人来招工,查理斯谎称自己已经16岁,然后就来到了城里,那个城市正是巴黎。

到了巴黎,一起来的孩子们才知道,他们干的工作有多么辛苦——每天几乎要工作16个小时以上,条件很艰苦,而且工资还很少。尽管如此,但查理斯也只能在这里干下去,因为他对巴黎不了解,而且也没有什么钱。查理斯在工厂里的一个放废品的角落里发现了一本医学专著。在其他人都累得倒头大睡时,查理斯如饥似渴地读着这本书。以他的文化水平,这本书的很多地方读起来很难懂,但是查理斯却像着了迷一般,一有空就捧着书看。渐渐地,查理斯居然成了这里小有名气的小医生。

正在他决定要在医学道路上发展时,他得到了从家乡传来的消息:母亲得病身亡了。母亲的去世让他感到痛苦极了,他觉得上天对他太不公平了。正在他感到灰心的时候,他偶然在一本书中看到了美国著名作家华盛顿·欧文说过的一段话:"如果有人总是抱怨自己的天赋被埋没的话,那通常都是推辞,是那些慵懒的人和意志不坚定的人在公众面前故作姿态而已……"

这句话一下子激励了他,查理斯又振作起来。他在日记中这样写道:"所有对世界的抱怨都是不公正的。我从来没有见到一个真正被埋没的天才。一般情况下,是那些失败者自己的错误导致了他们的霉运。"

查理斯果然没有失败。几年之后，他成为巴黎最有名的医生，凭借高超的医术赢得了崇高的威望。

查理斯在一次又一次的困难面前没有抱怨，而是积极主动地去挑战生活中的一切困难。

智者寄语

丢掉抱怨，清空你鞋子里的沙子，才能在人生之路上走得更远！

抱怨会吞噬你的激情

激情是工作的灵魂，甚至就是工作本身。当你满怀激情地工作，并努力使自己的老板和顾客满意时，你所获得的利益会增加。

抱怨是激情的天敌，一个整天抱怨的人是不可能充满激情地做事的，而一个做事富有激情的人是拒绝抱怨的。在他们的眼里，没有悲观，没有退缩。他们就像准备出征的战士，时时刻刻准备以饱满的热情投入战斗。

激情就是将内心的感觉表现出来，把全身的每一个细胞都调动起来的力量。激情可以融化一切，它源自于人的内心，而不是虚伪的表象。激情使人充满魅力和感染力。

在所有伟大成就的取得过程中，激情是最具有活力的因素。每一项改变人类生活的发明、每一幅精美的书画、每一座震撼人心的雕塑、每一首伟大的诗篇以及每一部让世人惊叹的小说，无不是激情创造出来的奇迹。最好的劳动成果总是由头脑聪明并具有工作激情的人完成的。

无论是谁，心中都会有一些热忱，而那些渴望成功的人们的内心世界更像火焰一样熊熊燃烧，这种激情实际上是一种可贵的能量，用你的火焰去点燃别人内心热忱的火种，那么你又向成功迈向了一大步。

著名人寿保险推销员弗兰克·贝特格在他的自传中，向我们充分诠释了这一点："在我刚转入职业棒球界不久，我就遭到了有生以来最大的打击——我被开除了，理由是我打球无精打采。老板对我说：'弗兰克，离开这儿后，无论你去哪儿，都要振作起来，工作中要有生气和热情。'这是一个重要的忠告，虽然代价惨重，但还不算太迟。于是，当我进入纽黑文队时我下定决心，一定要成为最有激情的球员。"

"从此以后，我在球场上就像一个充足了电的勇士。投球如此之快、如此有力，以至于几乎要震落内场接球同伴的手套。在烈日炎炎下，为了赢得至关重要的一分，我在球场上奔来跑去，完全忘了这样很容易中暑。第二天早晨的报纸上赫然登着我们的消息，上面是这样写的：'这个新手充满了激情，感染了我们的小伙子们。他们不但赢得了比赛，而且看来情绪比任何时候都好。'那家报纸还给我起了个绰号叫'锐气'，称我是队里的'灵魂'。三个星期以前我还被人骂作'懒惰的家伙'，可现在我的绰号竟然是'锐气'。"

"于是我的月薪从25美元涨到200美元。这并不是我球技出众或是有很强的能力，因为我在投入热情打球以前，对棒球所知甚少。除了'激情'还有什么能使我的月薪在十天内竟上升700%呢？"

"退出职业棒球队之后，我去做人寿保险推销工作。在十个月令人沮丧的推销之后，我被卡耐基先生一语惊醒。他说：'贝特格，你毫无生气的言谈怎么能使大家感兴趣呢？'我

感谢
折磨你的人

决定以我打球的激情投入到做推销员的工作中来。有一天,我进了一个店铺,鼓起我的全部热情试图说服店铺的主人买保险。他大概从未遇到过如此热情的推销员,只见他挺直了身子,睁大眼睛,一直听我把话说完,最终他没有拒绝我的推销,买了一份保险。从那天开始,我真正地展开推销工作了。在12年的推销生涯中,我目睹了许多的推销员靠激情成倍地增加收入,同样也目睹了更多人由于缺少热情而一事无成。"

弗兰克·贝特格在事业上有所成就,与其说是取决于他的才能,不如说是取决于他的激情。凭借激情,他在烈日当空的酷热中超常发挥;凭借激情,他说服了自己的客户,最终创造出不凡的成就。

一个人如果仅仅是勉强完成职责,那么,他做起事来就会马马虎虎,稍遇困难就会打退堂鼓。很难想象这样的人能始终如一地、高质量地完成自己的工作,更别说他能做出创造性的业绩了。如果你不能使自己的全部身心都投入到工作中去,你就难以得到成长和发展的机会,无论做什么,只可能使自己沦为平庸之辈。

只有在热爱工作的前提下,才能把工作做到最好。一个人在工作时,如果能以火焰般的热忱,充分发挥自己的特长,那么即便是做最平凡的工作,也能成为优秀的员工;如果以冷淡的态度去做,哪怕是最高尚的工作,也不过是个平庸的工匠而已。

激情是不断鞭策和激励人们向前奋进的动力,对工作充满高度的激情,可以使你不畏惧现实中所遇到的重重困难和阻碍。可以这么说,激情是工作的灵魂,甚至就是工作本身。当你满怀激情地工作,并努力使自己的老板和顾客满意时,你所获得的利益也就会增加。而工作中最巨大的奖励不只是来自财富的积累和地位的提升,而是由激情工作带来的精神上的满足。

满腔热情工作的员工,是最受企业欢迎的员工。从来没有什么时候像今天这样,给满腔热情的年轻人提供了如此多的机会!这是一个年轻人的时代,各种新兴的事物,都等待着那些充满激情而且有耐心的人去开发。各行各业,人类活动的每一个领域,都在呼唤着满怀激情的工作者。

不要畏惧激情,如果有人愿意以半怜悯、半轻视的语调称你为狂热分子,那么就让他这么说吧。一件事情如果在你看来值得为它付出,如果那是对你能力的一种挑战,那么,就把你能够发挥的全部激情都投入到其中去吧,至于那些指手画脚的议论,则大可不必理会。成就最多的人,从来不是那些半途而废、冷嘲热讽、犹豫不决、胆小怕事、毫无激情的人。

激情只能是从内燃烧,而不是从外促进。对于工作的激情要靠自己发掘,自己的工作士气要由自己负责,天下没有任何一家机构或者任何一个人能够为你承担这个责任。

几乎每个人在初入职场时,由于新鲜感和为了让自己更快地适应工作,都曾对工作充满激情。一旦新鲜感消失,工作驾轻就熟,激情也就往往随之湮灭了。一切开始平平淡淡,昔日充满创意的想法消失了,每天的工作只是应付。既厌倦又无奈,不知道自己的方向在哪里,也不清楚究竟怎样才能找回曾经让自己心跳的激情。自己在老板眼中也由"前途无量"的员工变成了"比较称职"的员工。

有时,压力也是人们失去工作激情的原因之一。职场上的人士承担着巨大的有形或者无形压力,同事之间的竞争、工作方面的要求,以及一些日常生活的琐事,无时无刻不在禁锢着你的心灵。在种种压力的禁锢之下,无精打采、垂头丧气和漠不关心扼杀了你对事业的激情。从热爱工作到应付工作,到抱怨工作,再到逃避工作,若任其发展,你的职业生涯会遭到毁灭性的打击。

但是,如果你在周五早上和周一早上一样精神振奋;如果你和同事、朋友之间相处融洽;如果你对个人收入比较满意;如果你敬佩上司和理解企业文化;如果你对企业的产品和服务引以为豪;如果你觉得工作比较稳定;只要对以上任何一个问题,你的回答中有一个"是"字,你就要对自己说:"我完全可以恢复工作激情。"

激情是不断鞭策和激励人们向前奋进的动力,对工作充满高度的激情,可以使你不畏惧现实中所遇到的重重困难和阻碍。

接受已无法更改的事实

不要为打翻的牛奶而哭泣。面对已经发生的、已经无法更改的事情,即使我们再不情愿,我们也要接受它,而且也只能接受它。只有接受现实,我们的心中才不会继续冲突、挣扎;只有接受现实,我们才不会继续浪费心理能量,我们的心才会平静;只有接受现实,我们才会产生感恩心态,我们才能找到人生的快乐。

著名哲学家威廉·詹姆斯曾充满智慧地告诫我们说:"要乐于承认事情就是这样的情况。"他还说:"能够接受发生的事实,就是能克服随之而来的任何不幸的第一步。"

在荷兰首都阿姆斯特丹一间15世纪老教堂的废墟上刻着这样一行字:"事情是这样,就不会是别样。"

在漫长的生命岁月中,我们一定会碰到一些令人不快的情况,它们既是这样,就不可能是别样。我们要么把它们当作一种不可避免的情况加以接受,并且适应它;要么就让不满、抱怨和忧虑来毁了我们的生活,甚至最后可能会弄得精神崩溃。

面对已经发生的事情,抱怨、指责没有任何意义,只会引起别人的轻视与怨恨。下面这个故事,就发人深省。

连续下了几天小雨了,这天,又下起了瓢泼大雨。

这时候,在一个村里的大街上,一个浑身被淋得湿透的人,一手叉着腰,一手指着天空,高声大骂:"老天呀,你怎么不长眼啊!你已经连续下几天雨了,把我的屋子弄漏了,粮食也发霉了,柴草也弄湿了……我连干衣服也没有了,我该咋活呀?"

这时,一位老人发话了:"喂,你在干什么?湿淋淋地站在雨中骂天,要是让老天爷知道了,一定会被你气死,那时就再也不敢下雨了,到时候看你咋活?"

这位骂天的人不服气地说:"哼!天才不会生气呢,它根本听不见!"

老人说:"你明明知道天听不见,为什么还在这里淋着雨骂天呢?"

骂天的人无言以对……

老人说:"与其在这里骂天,不如为自己撑起一把雨伞,上房去把屋顶修好,去邻居家借点干柴草,把衣服烘干,粮食烘干,好好吃上一顿饭。"

那人红着脸回家去了。

这个故事说明,怨天尤人徒劳无益,只会白白浪费时间和精力,并且强化自己的负面情绪。在遇到不如意的事情的时候,如果我们换个思维,改变一下心态,尝试着接受它,然后再改进它,那么结果就会是另一番样子。

感谢折磨你的人

在美国，有位军官接到命令，要他前往靠近沙漠的地方驻防。那里的生活条件非常差，这位军官不想让新婚的娇妻跟他一起吃苦。但是妻子一定要跟去。他在靠近印第安人村落的地方找了一间栖身小木屋，这里白天酷热难耐，风一年到头吹个不停；更要命的是旁边住的都是不懂英语的印第安人，双方无法交流。日子一长，妻子觉得极其无聊，她就给母亲写信，诉说自己的苦恼。

母亲很快回信了，在信中意味深长地告诉女儿："有两个囚犯从狱中往窗外望，一个看到的是天上的星星，一个看到的是地上的泥巴。"新娘看完信，若有所悟，便对自己说："那我就自己去寻找那些星星吧。"

从此这个新娘接受了现实，尝试着在生活中寻找快乐。她改变了以往的生活方式，走出屋外，与周围的印第安人交朋友，并请他们教她怎样织布和制陶。开始印第安人对她心存戒心，可过了一段时间后，印第安人发现，这个白种女人的确待人和善，于是他们也对她真诚相待。她还开始研究起沙漠里的动物与植物，后来成了一名沙漠专家，还写了一本有关沙漠的专著。

生活就像在大海上航行，不知什么时候会遭遇风暴，不知哪里会涌出另一股暗流。如果我们能接受这些出乎意料的现实，顺着风向，可能绕一些道，却也会达到目的。如果一味抗拒，认为最直的路线就是最好的路线，坚强地挺着，那么在波涛汹涌的大海上，我们就会白白地牺牲自己，或者到达目的地时已经精疲力竭。

为了最终实现自己的愿望，也为了整个过程放松自己，我们应该承认生活的法则同自然的法则一样，接受而不是抗拒。我们应该对自己能够控制什么、不能够控制什么进行理性评估，对于我们不能控制的事情或者已经发生的事情，坦然接受，然后才能有平静的心态，而只有心里平静了我们才能发挥精神的力量。

英国史学家卡莱尔费尽心血，经过多年的努力，总算完成法国大革命史的全部文稿，他将这本巨著的原件送给他的朋友米尔阅读，请米尔批评指教。

隔了几天，米尔脸色苍白浑身发抖地跑来，他向卡莱尔报告一个悲惨的消息。原来法国大革命史的原稿，除了少数几张散页外，已经全被他家里的女佣当作废纸，丢入火炉化为灰烬了。

卡莱尔非常失望，因为这部法国大革命史是他经过多年呕心沥血才撰写出来的。当初他每写完一章，就随手撕掉了原来的笔记，所以没有留下来任何记录。

卡莱尔没有怨天尤人，他知道抱怨除了为自己增加烦恼外，没有任何好处，他很快就接受了现实，并决心从头再来。

第二天，卡莱尔重振精神，又买了一大沓稿纸。他后来说："这一切就像我把笔记簿交给小学老师批改时，老师对我说：'不行，孩子，你一定要写得更好些！'"

我们现在读到的法国大革命史，是卡莱尔重新写的。

无独有偶，在我国也发生过一件类似的事。

明末清初，我国曾经有一个叫谈迁的人，费了27年的工夫，在54岁时写成了一本历史巨著《国榷》，可令他万万没想到的是，在一天夜里，他刚刚写好的书稿被人偷走了。

谈迁同卡莱尔一样，面对如此打击，没有消沉，没有气馁，而是默默地接受了现实，并从头再来。又费了10年之功，谈迁终于再次完成了他的巨著。

卡莱尔和谈迁的故事足以说明，接受现实才是成功之道，因为只有接受已不可能改变的现实，我们心中才会平静，从而发挥出坚韧、执着等精神的力量。

人生的意义在于快乐,而接受现实是我们每一个人得到快乐的前提。因为不能接受现实的人要么痛苦、消沉、颓废、放纵,要么指责、抱怨,要么自轻自贱,而绝不可能笑口常开。鲁迅先生笔下的祥林嫂就是一个不能接受现实的典型,最后落得个凄惨的结局。唯有能接受现实的人才会心平气和,才会露出会心的笑容,而不管他是高贵或卑贱。

读了下面这个故事,您也许会和我一样感动。

几年来,每天黄昏,在一座小桥上,都会看到丑陋但却开心的一家三口人。

一个男人每天总是推着木推车,他那丑陋的女人坐在车上,怀里搂着他的儿子(断定是他的儿子,因为小男孩那副丑相简直就是女人的翻版),她周围是破箱子、破胶带、草席、水桶、饼干盒、汽车轮子等,大包小包拉拉杂杂地把她那起码二百磅的身子围在中心。那男人龇牙咧嘴地推着车子,黄褐色的头发湿淋淋地贴在尖尖的头颅上,打着赤膊,夕阳下的皮肤红得发亮,半长不短的裤子松垮垮地吊在屁股上。

每次木推车上桥时,男人的裤子就掉下来,露出半个屁股,男人都快累死了,那胖女人却坐得心安理得,常常还优哉游哉地吃着雪糕呢!铁棍似的又黑又亮又结实的手臂里的小男孩时不时把母亲拿雪糕的手抓过去咬一口,母子俩在木推车上争着吃,脸上尽是笑。

女人笑得眼睛更小、鼻更塌、嘴巴更大。她的脸有时可能搽了粉,黑不黑,白不白,有点灰有点青,粗硬的卷发让风吹得在头顶缠成一团,而后面的瘦男人就看得那么开心,天天推着木推车,车上的肥老婆天天坐在那儿又吃又喝。

有一次不知咋的,木推车不听话,直往桥脚下一棵椰子树冲去,男人直着脖子拼命拉,裤子都快全掉下来了,木推车还是往椰子树一头撞去,女人手中的碎冰草莓撒了她和小男孩一头一脸。让人看着咬着嘴唇也会笑出声来。

谁知那男人一手丢了木推车,望着车上的母子两人大笑不止,女人一边抹去脸上的草莓,一边咒骂,一边跟着笑,夕阳也不忍下山了。

看着这一家三口笑得死去活来,任何人都可能跟着他们肆意地大笑一场。

什么男的讲风度、女的讲气质,什么人生的理想、生活的目标,什么经济基础、创业、成功。这一家三口,男人是捕鱼郎,女人是摆地摊的小贩,快快乐乐地出海捕鱼,快快乐乐地赶集摆地摊,然后跟着夕阳回家。

丑成那样,穷成那样,又有什么关系呢?人家不也照样快乐吗?

故事中的一家三口之所以那样快乐,是因为他们接受了现实,他们对生活满足,男人不嫌女人又肥又丑,女人不嫌男人又瘦又穷。他们虽然不懂什么大道理,但从他们的表现可以看出来,他们非常知足。而有很多家财万贯、声名显赫的人却这山望着那山高,一点也高兴不起来,因为他们还没学会接受现实。

我们绝对可以控制的东西仅有一样,那就是我们的思想和态度!在人类所知道的一切事实中,这是最重大和最令人鼓舞的事实!你不能控制事情的发生,但你可以控制对事情的看法;你不能控制已不可更改的事实,但你可以控制自己的态度。从在你身上及周围发生的不幸事件中找出对你成长有益的成分是你心灵应做的首要工作,接受已不可更改的事实是使自己心灵平静并产生力量与智慧的前提。

汽车大王亨利·福特说过:"碰到我没办法处理的事情,我就让他们自己解决。"罗马的哲学家依匹托塔士也说:"快乐之道无他,就是我们意志力所不能及的事情,不要去忧虑。"

当然,接受现实并不等于听天由命,并不是说我们不做努力。不论在什么情况下,只要还有一点挽救的机会,我们就不能放弃;可当常识告诉我们,事情已不可避免,也不可能有任何转机,或者干脆已经发生时,我们就要平心静气地接受现实,而且也只能接受现实,因为只有接受现实你的心灵才会平静,才会生发出改变现实的力量。

智者寄语

人生的意义在于快乐,而接受现实是我们每一个人得到快乐的前提。因为不能接受现实的人要么痛苦、消沉、颓废、放纵,要么指责、抱怨,要么自轻自贱,而绝不可能笑口常开。

成功需要的是坚持不懈而非抱怨

那些获得成功的人都知道,进步是一点一滴不断地努力得来的。例如,房屋是由一砖一瓦堆砌而成的;足球比赛的最后胜利是由一次一次的得分累积而成的;商店的繁荣也是靠着一个一个的顾客创造的。所以每个重大的成就都是一系列的小成就累积而成的。

西华·莱德先生是个著名的作家兼战地记者,他曾在1957年四月号的《读者文摘》上撰文表示,他所收到的最好忠告是"继续走完下一段路"。文中写道:

"第二次世界大战期间,我跟几个人不得不从一架破损的运输机上跳伞逃生,结果迫降在缅印交界处的树林里。当时唯一能做的就是拖着沉重的步伐往印度走,全程长达140千米,必须在八月的酷热和季风所带来的暴雨侵袭下,翻山越岭长途跋涉。

"才走了一个小时,我一只长筒靴的鞋钉扎了另一只脚,傍晚时双脚都起泡出血。我能一瘸一拐地走完140千米吗?别人的情况也差不多,甚至更糟糕。他们能不能走呢?我们以为完蛋了,但是又不能不走,为了在晚上找个地方休息,我们别无选择,只好硬着头皮走完下一段路……

"当我推掉其他工作,开始写一本25万字的书时,心一直定不下来,我差点放弃一直引以为荣的教授尊严,也就是说几乎不想干了,最后我强迫自己只去想下一个段落怎么写,而非下一页,当然更不是下一章。整整六个月的时间,除了一段一段不停地写以外,什么事情也没做,结果居然写成了。

"几年以前,我接了一件每天写一个广播剧本的差事,到目前为止一共写了2000个。如果当时签一张'写作2000个剧本'合同,一定会被这个庞大的数目吓倒,甚至把它推掉,好在只是写一个剧本,接着又写一个,就这样日积月累真的写出这么多了。"

"继续走完下一段路"的原则不仅对西华·莱德很有用,当然对你也很有用。
能否多坚持一分钟,是人才和平庸之徒的分水岭。
请看下面的西点军校课堂上的一个传统故事。

考克斯从西点军校毕业后,他到空军服役,成为了一名飞行员。那是一次冬季飞行,考克斯突然感到飞机上比自己想象的要热一些。

考克斯开的飞机上的除冻器是将空气从热的发动机带出来——这和汽车上刚好相反。这些空气通过一个弯曲的加热管道然后以很高的温度喷向座舱,尽管其中混杂了周围的空气,但它还是使座舱越来越热,远超过你能忍受的程度,所以你不能让除冻器运行时间超过你想要的时间。

不久,考克斯注意到座舱越来越热,他伸手过去想关掉开关,但是他发现它已经是关闭状态。

系统出故障了，无论考克斯怎样做，都有越来越多的热空气奔向驾驶舱，没有办法控制温度。那时，他们正飞行在恶劣的冬日风雪中——暴风、大雪、冰雹等等，外面情况险恶，里面还有一个更大的问题，热浪在座舱中肆虐，他却毫无办法。

考克斯发信号给控制台，解释自己的处境，他决定不飞原定的目的地密歇根，而是尽快返回他们起飞的地方。考克斯找到一个安全的区域，在控制台的允许下做低空飞行。那样他就可以尽快用掉燃料而返航（飞机带着满满的燃料在结冰的跑道上降落是很危险的，因为冰上的高速降落会将飞机超重的部分抛出去。那时还有大约4吨燃料要用完）。那时节所有的热气涌入座舱，热得考克斯几乎无法进行思考。

降到低空后，考克斯做了个270°大旋转，并做了一些技巧动作来加快耗掉燃料。点燃后燃器，而后将它关掉，同时又将油门推回到后燃器位置，这样燃烧器不会再点燃，但多余的燃料会从尾管中源源不断地排出去。这可能是"最差"的卸掉燃料的方法了。

突然座舱充满了烟雾，考克斯的双眼开始流泪。除冻器也受不了高温，开始燃烧。考克斯快要脱水了！那时他真想将驾驶舱顶篷"弹"掉来逃离热气，但恶劣的天气仍会使无顶篷的飞机着陆危险不堪，因而座舱的炼狱继续着。飞机的燃料耗得差不多了，考克斯和要着陆的机场联系，想直接飞回机场。人人都知道这很危险，因而考克斯征求地面控制台的意见。

地面控制台告诉考克斯，由于机场风雨突然反向，着陆必须和平常的方向相反。他们正匆忙计算一些数据，当时还无法给他一些降落的信息。考克斯的眼睛开始刺痛，眼泪已让他无法看东西了，幸运的是呼吸还没有问题，最后，地面控制台开始指引他降落。考克斯什么也看不见，云雾几乎笼罩着地面，他们让考克斯从最小倾斜度降落，那样如果低空没有云层的话，可以再兜一圈重试。考克斯冲出了云层，但前方却没有跑道。跑道在他左边300米处，一切危险都到齐了，本不应该发生的都在今天来了。

考克斯把操纵杆向前推，飞机上升，又飞回了云层。

"让我们告诉你如何做，"地面控制台说道，"我们来告诉你同时转向及转多少度角，以及何时离开。"考克斯仔细按照他们的指引去做。他在风雪中如瞎子般盲目飞翔着，祈祷来自地面的声音能让自己从云层中钻出来，出来时一个长而美的跑道能够正好展现在自己的面前。第二次，恰好考克斯飞到一个云层开裂处，他能看见了——否则只好重来——穿过云层，他能分辨出自己所处的位置，很好，这次他只是偏右了50米，他立即向左转了个70度的大弯……好了，这次正对着跑道。

但是此时，考克斯已经快到跑道的尽头了，如果他试着降落的话，到跑道尽头处飞机肯定还会有很高的速度——这不是个太好的主意。

这时，考克斯想起了自己在西点军校学到的这样一句话："如果你没有选择的话，那么就勇敢地迎上去。"除了将飞机拉起来盘旋一圈后再来一次，他别无选择。再试一次是很危险的，因为有很多细小的东西要校对，那一刻，考克斯毫无遗漏地照控制台发给自己的指引去做。现在有个好现象，就是座舱开始变凉快了，因为除冻器已经报销了。但此时，考克斯又陷入燃料耗尽的困境中，他开始后悔放掉了那么多燃料，他只剩下再来一次的燃料。他呼叫："如果此次我还不成功的话，给我指定一个人烟稀少的区域，我将跳伞。"

考克斯又来了一次，这次，当他还在云层中时，控制台就告诉他太靠左了，于是，他又向右转了一些。

但是控制台又重复道："你太靠左了，立即向右转！"考克斯还是看不到跑道。但基于两次右转尝试,他想:"我可能已经到了正确位置,凭感觉我不想再改变位置了。"

很多时候我们都要决定是听取别人的建议还是相信自己的感觉。考克斯飞快地做了选择。一旦做完选择,他就会面临三个结果:5秒钟内,他可能在跑道上,可能在降落伞上,还可能死去。考克斯当然选择降落在跑道上。毫无疑问,他根本就不想跳伞。

当考克斯冲出云层时,跑道正摆在他面前。飞机着陆了,就在考克斯将飞机停下来时,发动机自动熄火了,燃料已用尽了。

回过头来看看,如果这期间考克斯沉浸在浪费时间和精力来抱怨该死的情况的话,他会毁了自己和飞机。幸运的是,考克斯没有抱怨,而是泰然处之。

此后,每当困难和低沉时,考克斯总是对自己说:"是的,这难道比那次空中遇险还要糟吗?当然不!我想如果那时我能挺过来,什么事我都会挺住的。"

智者寄语

如果你没有选择的话,那么就勇敢地迎上去,多坚持一会儿。

不去抱怨公平不公平

公平是什么,不公平又是什么?这是一组非常深刻、非常微妙的哲学命题。在这里,我们抛开那些深奥的大道理,只说说公平或者不公平与抱怨或者不抱怨的关系。

先看一个有关公平的故事:

美国的布鲁金斯学会多年来以培养世界上最杰出的推销员著称于世。该学会有一个传统,那就是每期学员毕业时,会给他们出一道最能体现推销员实战能力的实习题。

在尼克松当政时期,曾经有一位学员成功地把一台微型录音机卖给了尼克松总统。为了奖励他,学会赠给了他一只刻有"最伟大的推销员"的金靴子。但是在接下来的26年时间里,却再也没有人能够获此殊荣。

最有意思的是,在克林顿当政时期,学会居然给学员们出了这样一道难题:请把一条三角裤推销给现任总统。

后来克林顿卸任,布什走马上任,学会的实习题也有所改变:请把一把斧子推销给布什总统。

由于之前26年时间里无数前辈都无功而返,许多学员都放弃了角逐金靴奖的机会。他们抱怨说,这个任务并不比推销三角裤简单,因为现任总统根本不需要斧头,即使需要也用不着亲自购买。

直到2001年,一位名叫乔治·赫伯特的推销员的出现,才再次打破了这一推销极限。然而,用乔治·赫伯特自己的话说,他却没花多少工夫。他说:"我认为把一把斧子推销给布什总统是完全有可能的,因为总统在得克萨斯州有一个农场,里面有许多树。于是我给他写了一封信,信中说:'总统先生,有一次我有幸参观了你的农场,发现里面长着许多大树,有些已经枯死了。我想您一定需要一把斧头。眼下我这里正好有一把非常适合砍伐枯树的斧头,如果您有兴趣的话,请按这封信上的地址给予回复。'后来,他就给我汇来了买斧头的钱。"

曾经有记者这样问过布鲁金斯学会的负责人：26年的时间里，学会培养了数以万计的推销员，也造就了数以百计的百万富翁。难道说他们的能力真的不如乔治·赫伯特吗？为什么不把金靴奖发给他们？换言之，布鲁金斯学会不公平。对此，该负责人回答道："这只金靴子之所以没有授予其他的学员，是因为我们一直想寻找这么一个人，这个人不因有人说某一目标不能实现就放弃，不因某件事情难以办到而失去自信。"

在乔治·赫伯特成功之前，布鲁金斯学会的每一个会员都有机会赢得金靴奖，这就是公平！当乔治·赫伯特将那把斧头成功地推销给布什总统后，他就赢得了金靴奖，这也是公平！与此同时，他的成功有力地证明了这样一个哲理：很多我们自认为难以做到的事情，并不见得真的难以做到，是因为我们失去了自信和积极的进取心，才使得有些事情愈发显得难以做到。人类的通病，就是轻而易举地将某些事情用"不可能"简单化，这也是成功路上的最大障碍，如果不能打破这种精神牢笼，把对梦想的憧憬化成奋斗的动力，这辈子你可能真的与成功无缘了。

所以，每一个成功路上的竞赛者都应该立即为自己制订一个明确的目标，知道自己要的是什么，并用热切的渴望、积极的行动去实现它，而不是一味地去抱怨世界的不公。因为世事没有绝对的公平，一味地追求公平只会让人心理失衡；一味地为了公平而争斗，只会让我们舍本逐末，失去更多。更何况，又有谁会在意一个失败者的抱怨呢？

再看一个不公平的故事：

大学毕业后，柳玫去一家公司应聘信息员职位，一路上过关斩将，终于到了老板面试这一关。谁知那位老板只是和她简单地交谈了几句，看了看她的简历，就说："对不起，我们不能录用你——你连自己的简历都保管不好，我们怎么放心把工作交给你呢？"

原来早上临出发时，柳玫走得急，一不小心碰翻了茶杯，溅湿了简历，再重做一份已经来不及了，她只好带着那份留有水渍、皱巴巴的简历前来应聘，谁知问题就出在了这上面。

这能怪谁呢？回家后，柳玫没有丝毫抱怨，没有埋怨那个老板小题大做，她只是非常认真地用钢笔抄写了一份简历，并给那家公司的老板写了一封信，信中写道："贵公司是我心仪已久的单位。您对我的近乎苛刻的要求，正反映了贵公司在管理上的认真与严谨，精益求精，这也是贵公司长久以来保持兴旺发达的原因所在。我一定铭记您的教诲，在今后的工作中尽心尽责，一丝不苟。"柳玫发自肺腑的话语，详略得当的简历，以及娟秀清丽的笔迹，让对方眼睛一亮，当即打电话通知她第二天来公司报到。

柳玫的做法无疑是正确的，因为她在遇到不公正的待遇后，首先想到的不是抱怨老板的不近人情，而是立刻采取补救措施，为自己制造新的机会。因此，不要抱怨你受到的不公平对待，"存在就是合理的"，你所受到的待遇是有它"存在"的背景、条件和原因的。一个失败的人，自身肯定会有欠缺的地方。与其抱怨别人，不如改变自己，你自己改变了，一切都有可能改观。

所以说，世界上永远没有绝对的公平或不公平。如果不能摘下个人感情的有色眼镜，保持端正的心态，用潇洒豁达的人生态度去生活，那么你将永远找不到公平，永远活在抱怨的天空下。更何况，公平不公平对每个人来说真的那么重要吗？我们真的需要那些所谓的公平吗？谁都无法否认，在很多时候，公平不公平其实并不重要。让人们耿耿于怀、愤愤不平的所谓公平，不过是人们进行争斗的借口，或者说是"抱怨症"患者的偶尔发作而已。

智者寄语

如果不能摘下个人感情的有色眼镜，保持端正的心态，用潇洒豁达的人生态度去生活，那么你将永远找不到公平，永远活在抱怨的天空下。

感谢折磨你的人

根治抱怨的良药是感恩

永远怀着感恩的心是一种人生态度,它是根治抱怨和牢骚满腹的良药,也是决定你能否成功的关键。

在我们的周围,随处都可见到"牢骚族"或"抱怨族"。他们每天轮流把"枪口"指向除自己之外的所有人,他们抱怨这个,批评那个,而且,从上到下,从里到外,很少有人能幸免。他们的眼中看到的处处是毛病,因而时时都能看到或听到他们的批评和怒气。

在公司,你总能听到,或者自己也这样说:

"我到公司这么多年了,按理说,没有功劳也有苦劳,为什么一直升不上去?一定是领导看我不顺眼!"

"你别看某某外表老实,其实也不是什么好东西,最喜欢在别人背后放黑枪,专打小报告,却偏得上司的喜欢。"

当抱怨成为你的一种习惯时,这种恶习的力量足以摧毁你的前程。

1972年,新加坡旅游局给当时的总理李光耀打了一份报告,大意是说:我们新加坡不像埃及有金字塔,不像中国有长城,不像日本有富士山,不像夏威夷有十几米高的海浪,我们除了一年四季直射的阳光。什么名胜古迹都没有,要发展旅游事业,实在是巧妇难为无米之炊。

李光耀看过报告,非常气愤。据说,他在报告上批了这么一行字:你想让上帝给我们多少东西?阳光,有阳光就够了!

后来,新加坡利用那一年四季直射的阳光,种花植草,在很短的时间里发展成为世界上著名的"花园城市",旅游收入连续多年列亚洲第三位。

相比于旅游局员工只知道抱怨的心态,总理李光耀更懂得感恩,因为懂得感恩,才能利用上天赐予的条件为新加坡迎来"花园城市"的美誉。旅游局相关领导的仕途之路恐怕只会越走越窄,因为没有哪位领导人会对只知道一味抱怨的人产生什么好感。一个不懂得感恩的人,又怎么可能办好事情呢?唯有懂得感恩,才可能替自己开拓宽广的人生。

有位普通职员李杰在谈到她被破例派往国外公司考察时说:

"我和另一个同事虽然同样都是研究生毕业,但我们的待遇并不相同,他职高一级,薪金高出很多。庆幸的是,我没有因为待遇不如人就心生不满,而是认真做事。

"当许多人抱着多做多错、少做少错、不做不错的心态时,我尽心尽力做好每一项工作。我甚至会积极主动地找事做,了解主管有什么需要协助的地方,事先帮主管做好准备。因为在我上班报到的前夕,父亲告诫我三句话:'遇到一位好领导,要忠心为他工作。假设第一份工作就有很好的薪水,那你的运气很好,要感恩惜福;万一薪水不理想,就要懂得跟在领导的身边学功夫。'

"我将这三句话牢牢地记在心里。自己始终坚持这个做事原则。即使起初位居他人之下,我也没有计较。但一个人的努力,别人是会看在眼里、记在心上的。在后来挑选出国考察学习人员时,我是唯一一个资历浅、级别低的办事员。这在公司里是极为罕见的现象。"

是的，与其抱怨，不如怀着一颗感恩的心去实干。如果你能每天怀抱着一颗感恩的心去工作，在工作中始终牢记"拥有一份工作，就要懂得感恩"的道理，你一定会成为出类拔萃的员工。

永远怀着感恩的心是一种人生态度，它是根治抱怨和牢骚满腹的良药，也是决定你能否成功的关键。

感恩是一切生命美好的基础。感恩是生活中的大智慧，能使我们感受到生活的美好，能保持我们的积极、健康、阳光的良好心态。怀有感恩之情，对别人、对环境就会少一份抱怨和挑剔，多一份欣赏和感激。

感恩，是一种美好的情感，是事业上的原动力和内驱力，是人的高贵之所在。感恩将使你的心和你所企盼的事物联系得更紧，感恩将使你对生活、对一切美好事物持有坚定的信念，从而一生被美好的事物包围。常怀感恩之心，我们便能够生活在一个感恩的世界，这个世界一定是非常美好的，我们的人生也会变得更加美好，就如故事中的阿进一样。

从一个人成长的角度来看，心理学家普遍认同这样一个规律：心改变了，态度就跟着改变；态度改变了，习惯就跟着改变；习惯改变了，性格就跟着改变；性格改变了，人生就跟着改变。愿感恩的心改变我们的态度，愿诚恳的态度带动我们的习惯，愿良好的习惯升华我们的性格，愿健康的性格收获我们美丽的人生。

智者寄语

感恩将使你的心和你所企盼的事物联系得更紧，感恩将使你对生活、对一切美好事物持有坚定的信念，从而一生被美好的事物包围。

抱着享受的心态来追求目标

生命之帆不会永远顺风顺水，一时的苦难和挫折在所难免。用乐观、积极的心态重新审视你的人生吧，你会发现：只要心灵充满阳光，世界就会变得阳光明媚！

生活犹如一张无边的网，充满着剪不断、理还乱的事。健康的心灵恰似一道无形的屏障，为我们阻隔着生活中的纷纷扰扰，让我们轻松向前。

打开心灵之门，勇敢地追求属于自己的成功和幸福吧，这才是人生最神圣的使命！

不管我们的生命多么卑微，不管生活给予我们的资源多么匮乏，只要信念不灭、执着依旧，就能让平凡的生命绽放出美丽的花朵！

心态决定命运，这句话一点儿不假。以悲观、消极的心态面对人生，得到的只会是失败和忧伤；只有以乐观、积极的心态努力生活的人，才会得到幸运之神的垂爱。

生活是千变万化的，没有恒久不变的真理，更没有一成不变的规矩。勇于打破常规，机智灵活地应对各种问题，才能化不利为有利，永远立于不败之地。

希望是生命存在的根本，一旦丧失了希望，人生就会变得暗淡无光，失败、贫穷和疾病也许会将我们置于艰难困苦的境地，但只要心中还有希望，生命就一定会重放光彩！

在这个世界上，有许多用常理无法解释的事情被人们称为"奇迹"。然而，对那些创造奇迹的人来说，奇迹不过是坚定的信念和乐观的态度自然而然形成的一种结果罢了。

最不能激发人的两个字就是"随便"，它意味着你混混沌沌、随遇而安，既缺乏奋斗的方向，也没将命运把握在自己的手中。持有"随便"态度的人不但不会成功，还会不知所终。所以，在

感谢折磨你的人

选择奋斗方向时,一定要准确地把握好自己的喜好和追求,努力为自己争取机会,没有人随随便便就能成功。

世上没有两片相同的树叶,更没有相同的两个人,哪怕是孪生姐妹,在性格、经历等方面也会有所不同。满怀信心、勇敢地面对生活吧!无论什么时候,都不要轻易地否定自己,因为你是世上独一无二的!

乐观者在灾难中看到希望,悲观者在希望中看到灾难。如果你无法改变生命的历程,何不改变一下生活的态度呢?换一种心情看世界,也许你就会看到温暖和希望。

只要有希望,我们就能坚定地走下去。不管路途有多么遥远、坎坷,希望是我们的精神支柱,伴随我们前行。

成功最大的喜悦不是成功本身,而是在过程中克服种种困难、体验峰回路转的那份欣喜。这也是大多的成功者不喜欢过多谈论成功本身,而常常去回味遇到的挑战、磨难以及自己心情起落等的原因。所以,追寻目标的过程中,我们要抱着一种"享受"的心态。

人生其实就是一次最有意义的探险。当我们为追求一个目标艰苦跋涉的时候,面对重重困难,精力和信心会被消磨,甚至觉得目标总是遥不可及。此时,只要紧盯目标,坚持每天往前走,每天有所进步,成功自会悄悄降临你的身边。

人生从来不曾完美过,有缺憾、有痛苦才是真实的人生。如果人生太完美、太顺利了,反而会成为一种束缚,让我们觉得生活索然无味。

人生中,有些重要的机会的确只有一次,比如诚信、比如生命,一旦错过了、失去了,便永远不会再有。因此,当机会降临时,我们必须全力以赴,好好把握。

自信是成功的向导,一个缺乏自信的人就如同一只在黑夜里摸索前进的羔羊。世界上最优秀的人其实就是你自己,只有相信自己、肯定自己,才能一步一步走向成功。

生活就如同品茶,只有那些不怕苦、不怕涩,耐心品味的人才能品尝到生活的甘甜。如果一尝到苦味就烦躁不安甚至轻言放弃,那他永远也尝不到幸福的滋味。

任何时候,灾难和希望、机遇和挑战都是并存的,能否从灾难中看到希望、从挑战中看到机遇,关键在于你自己。不同的看法带来不同的结果,成就不同的命运。

生命是一个漫长而又短暂的过程,起点是"生",终点是"死"。这个过程充满了成功、幸福和快乐,也包含着失败、痛苦和忧伤。但无论如何,我们还是应该耐心等待,仔细体会。因为一个个"等待"的过程串联起来,就是我们的一生。

也许你无法改变生存的环境,但你完全可以改变自己的心态。心态变了,对生活的认识、对生命的体悟也会跟着改变。拥有良好心态的人,即使身处荒凉的沙漠中,也能找到美丽的繁星。

谁要是不会爱,谁就无法理解生活,也无法从中获取更多。

幸运并不偶然,它是对敢于追求幸福的勇敢者的嘉奖。

世间并没有真正意义上的障碍,有的只是不同的心态、不同的路径。人有时候应该像水一样前进,如果前面是座山,就绕过去;如果前面是平原,就漫过去;如果前面是张网,就渗过去;如果前面是道闸门,就停下来,等待时机。平面时两点之间的直线最短;而实际生活中,更多的时候却是"曲线"最短。

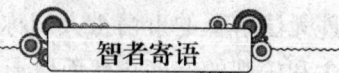

智者寄语

心态决定命运,这句话一点儿不假。以悲观、消极的心态面对人生,得到的只会是失败和忧伤;只有以乐观、积极的心态努力生活的人,才会得到幸运之神的垂爱。

与其抱怨，不如努力

如果你放下了抱怨，选择了努力，那么成功的机会不久便会站在你的门口。

一位伟人曾说："有所作为是生活中的最高境界。而抱怨则是无所作为，是逃避责任，是放弃义务，是自甘沉沦。"不论我们遭遇到的是什么境况，光是喋喋不休地抱怨，不仅于事无补，还会把事情弄得更糟，而这绝不是我们的初衷。

有一个小药店的店主，一直想找一个能干一番事业的机会。每天早晨他一起来，就希望自己今天能够得到一个好机会。然而，很长时间过去了，他认为的机会并没有出现。对此，他抱怨不已，他认为自己有干大事业的本事，却没有干大事业的机会。生活中的大部分时间里，他并不是去研究市场，而是经常在花园里进行所谓的"散心"，而他经营的小药店也因此门庭冷落了。

在现实生活中，像这个店主一样的人不在少数。他们看见别人的成功无形中便会生出点嫉妒，并且在这种嫉妒之余，常常还会妄自菲薄，总以为别人的工作才是最好的，而自己呢？自己总是看不到什么希望。他们总是把别人的成功归之于运气好，于是，他们也梦想着好运能早一天降临到自己的头上来。

后来，这个药店的店主战胜了自己这种消极的态度，而他接下来的所作所为，我们可以将其视为榜样。那么，他是怎么做的呢？他的办法其实很简单：无论什么人，不管他们的地位是高还是低，这个店主都主动去和他们接触。

有一天，他这样问自己："我为什么一定要把自己的希望、自己未来的奋斗目标寄托在那些自己一无所知的行业上呢？为什么不能在自己现在相对熟悉的医药行业干出一番大事业来呢？"

于是，他下定决心改变自己以前的那种怨天尤人的心态，就从自己的药店做起，他把自己的这一事业当作一种极为有趣的游戏，以此来促进生意的发展。他用那种发自内心的热情告诉别人，他是如何尽量提高服务质量使顾客满意，以及他对药店这一行业有多么大的兴趣。

"如果附近的顾客打电话来要买东西，我就会一面接电话，一面举手向店里的伙计示意，并大声地回答说，'好的，赫士博克夫人，二十片安眠药，一瓶三两的樟脑油，还要别的吗？赫士博克夫人，今天天气很好，不是吗？还有……'我尽量想些别的话题，以便能和她继续谈下去。

"在我和赫士博克夫人通电话的同时，我指挥着伙计们，让他们把顾客所需要的东西以最快的速度找出来。而这时负责送货的人，脸上带着笑容，正忙着穿外衣。在赫士博克夫人说完她所要的东西之后不到一分钟，送货的人已带着她所需要的东西上路了。而我则仍旧和她在电话中闲谈着，直到等她说，'呵，瓦格林先生，请先等一等，我家的门铃响了。'

"于是我笑了笑，手里仍拿着话筒。不一会儿，她在电话中说，'喂，瓦格林先生，刚才敲门的就是你们的店员，他给我送东西来了！我真不知道你怎么会这么快，简直是太不可思议了。我打电话给你还不过半分钟呢！我今天晚上一定要把这件事告诉赫士博克先生。'

感谢折磨你的人

"因为我这里有优质的服务,过了不久,几条街以外的居民也都舍近求远地跑到我们店里来买药了。以至于后来城里好多别的药店老板都跑到我这儿来取经,他们不明白,为什么偏偏我的生意会做得这样好。"

这便是查尔斯·瓦格林成功的方法,也正是这一方法,使得他的小药店生意兴隆,其分店几乎在全美遍地开花,以前所未有的速度迅速地占领了美国医药业的零售市场。在当时的美国医药零售业中,他的公司拥有的分店数量及其规模占全国第二,并且他的事业还在继续健康地发展着。

智者寄语

如果你放下了抱怨,选择了实干,那么机会不久便会站在你的门口。

第三章　让情绪控制在自己手中

不合理的观念造成不良情绪

许多人都懂得要做情绪的主人这个道理，但一遇到具体问题就总是知难而退："控制情绪实在是太难了"，言下之意就是："我是无法控制情绪的"。别小看这些自我否定的话，这是一种严重的不良暗示，它真的可以毁灭你的意志，使你丧失战胜自我的决心。还有的人习惯于抱怨生活："没有人比我更倒霉了，生活对我太不公平。"抱怨声中他得到了片刻的安慰和解脱："这个问题怪生活而不怪我。"结果却因小失大，让自己无形中忽略了主宰生活的职责。所以要改变一下对身处逆境的态度，用充满信心的语气对自己坚定地说："我一定能走出情绪的低谷，现在就让我来试一试！"这样你的自主性就会被启动，沿着它走下去就是一番崭新的天地。要成为自己情绪的主人，输入自我控制的意识是开始驾驭自己的关键一步。

曾经有个中学生，不会控制自己的情绪，常常和同学争吵，老师批评他没有涵养，他还不服气，甚至和老师争执。老师没有动怒，而是拿出词典逐字逐句解释给他听，并列举了身边大量的例子，他嘴上没说，却早已心悦诚服。从此他有了自我控制的意识，经常提醒自己，主动调整情绪，自觉注意自己的言行。就在这种潜移默化中他拥有了一个健康而成熟的情绪。

其实调整、控制情绪并没有你想象的那么难，只要掌握一些正确的方法，就可以很好地驾驭自己。在众多调整情绪的方法中，你可以先学一下"情绪转移法"，即暂时避开不良刺激，把注意力、精力和兴趣投入到另一项活动中去，以减轻不良情绪对自己的冲击。

史佳高考落榜了，看到同学接到录取通知书时深感失落，但她没有让自己沉浸在这种不良情绪中，而是幽默地告别好友："我要去避难了。"然后出门旅游去了。风景如画的大自然深深地吸引了她，辽阔的海洋荡去了她心中的郁积，情绪平稳了，心胸开阔了，她又以良好的心态走进生活，面对现实。

可以转移的活动很多，你最好还是根据自己的兴趣爱好以及外界事物对你的吸引力来选择，如各种文体活动、与亲朋好友倾谈、阅读研究、琴棋书画等。总之，将情绪转移到这些事情上来，尽量避免不良情绪的强烈撞击，减少心理创伤，也有利于情绪的及时稳定。

情绪的转移关键是要主动及时，不要让自己在消极情绪中沉溺太久，立刻行动起来，你会发

感谢
折磨你的人

现自己完全可以战胜情绪,也唯有你可以担此重任。

一般人都能自觉地调整心态,较好地适应社会。但也有少数人由于持有一些不合理的观念,在遇到重大挫折时往往会一蹶不振,严重的甚至不能正常工作学习,给自己和亲戚朋友带来很多麻烦。归纳起来,这些不合理的观念主要有三类:

第一类是绝对化的要求。有些人总是从自己的意愿出发,认为事情应该这样、必须这样。比如"我必须获得成功""别人必须很好地对我"等。

一个大学女生因为几门考试不及格被学校劝退,情绪非常不好。她母亲解释说:上大学之前她学习一直很刻苦,成绩也不错,可是上了大学就一年不如一年了。原来,该女生在上大学后仍然沿用高中的学习方法,书上的每一个字她都要读得清清楚楚、明明白白,她认为学习就应该不放过任何一个小问题。由于大学老师一节课最少讲几十页书,还布置学生在课后阅读大量参考书。别人大都提纲挈领地复习重点,而她却是一个字一个字地精读。结果虽然一天到晚抱着书本,还是跟不上老师的进度,成绩越来越差。如果她能早点认识到自己观念上的错误,改变学习方法,那么说什么也不会落到最后只能退学的地步。

第二类是过分概括化,也就是以偏概全、以点盖面。当然,说出这些词我们都知道是不合理的信念,但有时往往意识不到自己的想法正具有这种特征。

琼斯在儿子死后每天不停地责备自己:"我为什么不早点把儿子送医院呢?……"就是这种思维的写照。她认为儿子的死完全是自己造成的结果,从而把自己全盘否定,见着人只会絮絮叨叨。

其实,生活中这种例子比比皆是。成绩差的学生往往被定义为坏学生,老师和家长很少能发现他们身上的闪光点。谈恋爱时也容易犯这种错误,有的女孩仅仅因为对方留了点胡子,就认定他流里流气、心术不正。生意人很善于抓住人们这种心理,商品的包装越来越花哨,因为人们自然而然地认为,包装好,质量肯定就好。电视上曾报道过有些所谓中外合资的名贵药剂和几角钱一袋的简装药剂成分完全一样。

第三类是糟糕至极,即认为一件事情的发生会非常可怕、非常糟糕,是一场灾难,于是,整日愁眉苦脸、自责自问而难以自拔。这常常是与人们对自己、对他人及对周围环境的绝对化要求相联系而出现的。当他认为"必须""应该"的事情没有发生时,就无法接受这种现实,以致认为糟糕到了极点。前面提到的女大学生,她认为自己必须读完大学,所以在学校劝退时难以接受,坚决不离开宿舍,觉得一旦退学,这辈子就完了,没有出路了。她看不到许许多多没有上过大学的人照样过得很充实、很愉快。

我们每一个人都应该经常反省自己,特别是受到挫折时,更要反省自己有没有上述各种不合理的观念存在。如果有,那么就用合理观念代替不合理的观念。这样一来,情绪自然会由消极变为积极了。其实,客观事物的发生、发展都是有一定规律的,不可能按某一个人的意志去运转。对于某个具体的人来说,他不可能在每一件事情上都获得成功,所以我们最好少用"绝对""必须"这类字眼。同样,用一件事或几件事来评价一个人的做法也是非常武断的,是一种"理智上的法西斯主义"。不管是对自己还是对别人,我们最好是客观地评价他的行为和表现,而那种认为某事的发生会糟糕至极的观点更是杞人忧天,因为毕竟"金无足赤,人无完人"。我们常常是在没发生时焦虑万分,而真正发生了就发现没有什么大不了的,白白虚惊一场。其实早点告诉自己"天无绝人之路",把忧虑的工夫用来做充分的准备岂不更好!

当然,道理说来都很简单,要想真正做到并不是一件容易的事,它需要我们反复跟自己斗争,用"理性的我"战胜"非理性的我"。

我们每一个人都应该经常反省自己,特别是受到挫折时,更要反省自己有没有上述各种不合理的观念存在。如果有,那么就用合理观念代替不合理的观念。

情绪控制带来和谐与成功

成功是全方位的,它包括情绪的愉悦、身体的健康、家庭的幸福、经济的独立以及良好的人际关系等。不管任何人,不管他拥有多少金钱、多高的社会地位、多么大的知名度,如果他本人没有学会调节情绪、控制感受,如果他不能从所谓的成功中得到快乐,那他就不能算真正的成功。即使勉强算是成功,那他的成功也没有意义。试想一下,一个整天面无表情,到哪里都板着面孔的人,就算他拥有全世界,那又有什么意义呢?

自古以来,成就大业的人都是情绪控制的高手。俗话说:将军额头能跑马,宰相肚里能撑船,意思也就是说像将军、宰相这样的顶级成功人士都具有开阔的心胸,能容忍别人,能很好地控制自己的情绪,不会轻易被别人所激怒,不会被别人牵着鼻子走。

相反,如果你整天为鸡毛蒜皮的小事而生气,条件反射般地对别人的刺激做出剧烈的反应,那么你哪里还能有精力、有心思去干大事?你哪里还有心情搞好工作呢?

20 世纪 60 年代早期的美国,有一位很有才华曾经是大学校长的人,竞选美国中西部某州的议会议员。此人资历很高,又精明能干,博学多识,非常有希望赢得选举的胜利。

但是,一个很小的谎言散布开来:3 年前,在该州首府举行的一次教育大会上,他跟一位年轻的女教师"有那么一点暧昧的行为"。这其实是一个弥天大谎,他尽可以不理不睬,可这位候选人却不能控制自己的情绪,他对此感到非常愤怒,并竭力为自己辩解。

由于按捺不住对这一恶毒谣言的怒火,在以后的每次集会中,他都要站起来极力澄清事实,证明自己的清白。

其实,大部分选民根本没有听到或过多地注意到这件事,但是,现在人们越来越相信有那么一回事了。有人借机反问:"如果你真是无辜的,为什么要为自己百般辩解呢?"

如此火上浇油,这位候选人的情绪变得更坏,他声嘶力竭地在各种场合为自己辩解,以此谴责谣言的传播者。此地无银三百两。这更使人们对谣言信以为真。最悲哀的是,连他的太太也开始相信谣言了,夫妻之间的亲密关系消失殆尽。

最后,他在选举中败北,从此一蹶不振。

这位候选人确实不是一位真正的成功者,因为他明显缺乏控制自己情绪的能力,他钻入了牛角尖,过分地关注了那他本不该关注的事,他被别人牵着鼻子走,他的所作所为,正是谣言制造者所想要的,实际上,他被别人控制了。

一个真正的成功者,应该能进退自如地控制自己的情绪,泰然自若地面对各种刁难,最起码,不能轻易上别人的当,被别人所控制。

古代有个尤翁,他开了个典当铺。

有一年年底,他忽然听到门外有喧闹声,就出门查看,原来门外是一位穷邻居。他不解地问自己的伙计怎么回事,站柜台的伙计对尤翁说:"他将衣服押了钱,空手来取,不给他,他就破口大骂。有这样不讲理的人吗?"

门外那个穷邻居仍然是气势汹汹,不仅不肯离开,反而坐在当铺门口。

尤翁见此情景,从容地对那个穷邻居说:"我明白你的意图,不过是为了过年关。这种小事,值得一争吗?"于是,他让伙计找出那些典当之物,挑出紧要的几件还给穷邻居。

尤翁说:"天冷了,先把棉袄拿回去御寒吧。"又拿出一件道袍说:"这件给你拜年用。其他的东西不急用,可以先留在这里。"

当天夜里,这个穷邻居在别人家里服毒自杀了。

原来,穷邻居同那家人打了一年多的官司,因为负债过多,不想活了。本想敲诈尤翁一笔,结果尤翁妥当的处理方法使他不忍心加害,于是就转移到了另外一家。

事后有人问尤翁,怎么好像尤翁先知先觉一样。尤翁回答说:"凡无理挑衅的人,一定有所依仗。如果在小事上不克制、忍耐,那么灾祸就会立刻到来了。"

故事中的尤翁的确是个情绪控制的高手,他没有傻乎乎地、条件反射般地对别人的挑衅做出过激反应,而是冷静地分析,睿智地判断,依靠智慧轻易化解了一起灾难。

实际上,就算没有尤翁这么聪明,只要懂得控制情绪,就可以化解很多不必要的冲突,就可以架起沟通与理解的桥梁,帮助自己搬开脚下的石头。

有一位顾客从一家食品店里买了一袋食品,打开一看,都发霉了。他怒气冲冲地找到营业员:"你们店里卖的是什么东西,都发霉了!你们这不是拿顾客的健康开玩笑吗?"

几位顾客闻声而来。营业员却面带笑容,连声说:"对不起,对不起。没有想到食品会坏,是我们工作失误,非常感谢您给我们指出来,您是退钱呢还是换一袋?"面对诚恳的微笑,顾客还能说些什么呢?

反观现在国内外的很多企业,有的甚至是一些大企业,出了质量问题之后却一味地搪塞辩解,不愿诚恳道歉,结果往往弄得鸡飞蛋打,甚至声名狼藉。

能控制情绪就能坦然面对人生挫折。

能很好控制自己情绪的人,必然经常处在乐观、自信、积极上进等良好情绪状态,即使遭到人生的挫折,他们也能坦然面对,不会因此而怀疑自己的能力。

麦特·毕昂迪是美国知名的游泳选手,1988年代表美国参加奥运会,被认为极有希望继1972年马克·史必兹之后再夺七项金牌。但毕昂迪在第一项200米自由泳比赛中竟屈居第三,第二项100米蝶泳比赛中原本领先,到最后一米硬是被第2名超了过去。

许多人都以为,两度失金将影响毕昂迪的后续表现,却没想到他在后五项比赛中竟连连夺冠。对此,宾州大学心理学教授马丁·塞利格曼并不感到意外,因为他在同一年的早些时候,曾为毕昂迪做过乐观影响的实验。

实验方式是在一次游泳表演后,毕昂迪表现得很不错,但教练故意告诉他得分很差,让毕昂迪稍作休息再试一次,结果更加出色。而参与同一实验的其他队友却因此影响了成绩。

由此可见,毕昂迪的成功绝非偶然,因为他善于控制自己的情绪,乐观、自信,不会轻易地被别人的评价所左右,而这种心理素质是在事业上取得成功的人所共有的特质。

相反,不善于控制自己情绪的人,可能会因为一点不如意或小挫折而闷闷不乐,从而在关键时刻难以发挥正常水平,换句话说,这种人就算做出一些成绩,那也有很多侥幸的成分。

莫娜在某届运动会上被公认为夺冠人选,她进场时引起了大家的欢呼,她很高兴地向大家挥手致意。

不料,这时她被台阶绊了一下,摔倒了。

面对如此多的观众,莫娜感到十分没面子,心里产生一种羞愧的感觉,直到进入比赛,她还没有从羞愧的情绪里走出来。结果,她没有发挥出自己应有的水平,比赛成绩远远落在其他队员的后面。

像莫娜这种对小挫折耿耿于怀的人,即使取得了好成绩,那也是她运气好,那也是侥幸成功,因为她还没学会坦然面对挫折,她还没学会控制自己的情绪。

善于控制和调节情绪的人,能够在不良情绪产生时及时消灭它、化解它,从而最大限度地减轻不良情绪的影响。

要想在事业上取得真正的成功,离开了良好的情绪控制是不可能的。

控制情绪才能得到真正的快乐

不管任何人,也不管他做了任何事,做这些事情的动机或者目的都可以归结为两点:追求快乐或者逃避痛苦。这两点还可以往一块归纳,那就是:我们人生中所做的一切事,只有一个最终目的——寻找快乐,拥有愉悦的情绪和感受。所以,可以这样说,我们每个人一生中都只是在干一件事:寻找并得到快乐。实际上,早在两千年前,亚里士多德就指出:"快乐是生命的意义,也是人存在的全部目标和终极目的。"

用错误的方法寻找快乐得不偿失。

仔细地想一想,你就会发现,你所做的每一件事,都是为了这么一个共同的目的。试想一下,有哪件事能逃离这个最终目的的控制呢?可以说,快乐的情绪和感受是我们每个人的终生追求。

令人遗憾的是,由于我们基本上都没有经过情绪及行为控制训练,不知道如何使用正确的方法寻找快乐,结果,在这方面很多人犯下了不可挽回的错误——他们主观地、想当然地、自以为是地用错误的方法寻找快乐,到头来才发现,快乐没有得到,得到的却都是痛苦,有的甚至是一生中都摆脱不掉的痛苦。我们知道,很多人靠吸烟、酗酒、赌博、无节制的上网、纵欲、疯狂购物甚至吸毒来得到快乐,这种所谓的快乐其实根本算不上是快乐,这只不过是一种暂时的躲避方法,用外力来麻醉自己,或是借助昙花一现的快感来逃避所谓的不快乐。可到最后才发现,快乐没有得到,坏习惯却养成了,瘾戒不掉了,整日痛苦不堪,如行尸走肉一般。

有的人一天会吸两包、三包甚至四包香烟,有的人喝起酒来不要命。有人说有一次吃饭他喝了12瓶啤酒,真可谓醉生梦死;有的人一上赌场就眼红,一切都会置于脑后,曾有报道说有一个大陆官员一天就在澳门的赌场里输掉了几千万元人民币,让很多港澳阔佬都瞠目结舌;很多人上起网来昏天黑地,有个学生在接受记者采访时说,他曾有一次连续在网吧里泡了七天七夜,实在困极了就趴在电脑桌上睡一会儿;更有甚者,为了那片刻虚无缥缈的、梦幻般的"快乐",连命都不准备要了,竟去吸食、注射毒品。

感谢折磨你的人

这些看似不用付出多大代价就能得到的、用金钱可以买到的、来自外在的快乐,刚开始时,好像没有多大害处,容易让人麻痹并掉以轻心,殊不知,不知不觉中就上瘾了,等意识到危险的时候,已经太晚了。剑桥大学心理学专家尼克·贝利斯博士说:"任何人都可以选择喝酒甚至吸毒来忘却烦恼,但是这些东西带来的快感转瞬即逝,而且事后会让你感到更加痛苦。"

人生有如乘着橡皮舟在大河上漂流,当你留恋于两岸的湖光山色而纵情享乐的时候,却不知道危险常常紧随其后,当有朝一日发现所乘之舟漂到瀑布边缘的时候,再想弃舟登岸为时已晚,只好在满脸惊恐和手忙脚乱中摔下深渊!倘若在人生的上游就能及早采取行动,不放纵自己的情绪和行为,灾祸就会在不知不觉中被化解。

人作为地球上最聪明的、最有智慧的动物,在染上各种坏习惯之前,事实上早就知道这种习惯是不好的、有害的,可在生理欲望及好奇心的驱使下,在从众心理的指引下,在空虚心灵的默许下,仍然执迷不悟,我行我素。可以说,很多人染上坏习惯是心甘情愿的,没有人强迫他们,没有人引诱他们,是他们自己管不住自己,自己控制不住自己的情绪及行为。

很多人想靠不劳而获得到快乐,想靠抓住眼前的能用金钱买到的东西使自己快乐,结果是不但没有得到快乐,反而得到一大堆痛苦。痛苦的根源在于不知道如何寻找真正的快乐。

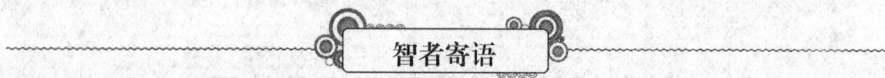
智者寄语

要想寻找真正的快乐,就要付出一定的代价;要想得到真正的快乐,就要学习获得快乐的方法,也就是说要学习情绪控制的方法。

良好的情绪源于正确的思考

良好的情绪是事业成功和生活快乐的基础,而正确地思考则是良好情绪的基础。因此要想获得事业成功和生活快乐就要控制你的情绪,而要控制你的情绪就要先控制你的思考。遗憾的是,很多人一生都没有学会正确地思考,所以只能让情绪控制自己,而不是由自己控制情绪。

每个人都拥有无穷无尽的潜能,只要你愿意努力,只要你愿意学习,任何人都可以学会正确地思考问题,轻松地选择成功者所应具备的情绪和状态,从而激发自己的潜能,使自己的生命焕发出绚丽的光彩。

"塞翁失马"的故事里那位聪明的边塞老人不因大家所认为的坏事而悲伤,不因大家所认为的好事而狂喜,始终保持心灵的平静,无疑是一位能正确思考问题的智者。智者由于能正确地思考,所以才能始终保持心灵的平静,而愚者则条件反射般的一会儿因失马而悲,一会儿因得马而喜,心中始终难以平静。

在匆忙和躁动不安的生活中,在芸芸众生都在为生存而激烈竞争、不断争斗的时候,我们仍可以看到一些有条不紊、从容不迫的人,他们像日月的运行那样坚定地迈向自己的目标。他们给我们一种力量,一种平静的感受和一份自信。他们知道如何正确地思考,他们懂得自信、快乐和心灵平静的秘密。

这种超常的自我控制能力能使一个人最大限度地发挥他的力量——精神的力量。自我情绪控制是迈向成功的第一步,且每个人都可以获得这种能力。

很多人因为不能正确地思考,所以整天被恐惧、忧虑、愤怒、怨恨等负面情绪所控制,这样不但会一生一事无成,而且整个生命过程也被弄得混乱不堪,在给别人带去痛苦的同时,自己的一生也都在吞咽思维混乱的苦果。

学会正确地思考,使自己能随时随地进入乐观、自信、进取、从容的情绪状态之中,从而带来事业的成功和快乐而美好的人生。学会正确地思考,不要再让自我毁灭的情绪占据我们的心灵,哪怕是一时一刻。

假如一个人能自由掌控自己的情绪,能瞬间抛弃负面情绪,迅速将自己调整到一个生活和事业的成功者所需要的良好心境之中,那么这个人肯定前途不可限量,想不成功都难。

现实生活中,不管是亿万富翁还是街头乞丐,不管是帝王将相还是平民百姓,不管是红得发紫的明星还是广大的影迷、歌迷、球迷,每个人都会遇到情绪问题的困扰,每个人都需要学习控制自己的情绪。情绪控制能力好的人能很快走出负面情绪的阴影,而无法控制自己情绪的人则成为负面情绪的俘虏,甚至会造成心理疾病。诺贝尔文学奖获得者海明威、川端康成,著名影星梦露、张国荣,我国台湾著名作家三毛不都自杀了吗?假如他们能学习到自我情绪控制、自我心态调整的方法,或许这样的悲剧就可以避免。

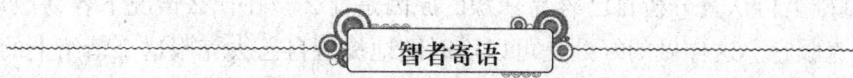

智者寄语

人们总是认为——江山易改、本性难移,但是现代心理学、成功学研究发现,实际上人人都拥有巨大的潜能,你只要动用那么一点点潜能,学习一些情绪控制技术,你就可以把自己的情绪控制到令自己都不可思议的地步,你随时可进入自信、乐观、振奋、进取的巅峰情绪状态。

情绪化让你坏事

安东尼·罗宾斯说过:"成功的秘诀就在于懂得怎样控制痛苦与快乐这股力量,而不为这股力量所反制。如果你能做到这点,就能掌握住自己的人生,反之,你的人生就无法掌握。"

很多时候,坏事的不是你的能力或智慧,而是你没有控制住自己的情绪。因为,控制好了情绪,做事才能游刃有余,才能扫清通往成功之路上的障碍。

北京时间2006年7月10日凌晨,世界杯决赛在德国柏林奥林匹克球场进行,法国与意大利向冠军发起最后的冲击。比赛刚开始6分钟,马卢卡就为法国队创造了一个宝贵的点球,齐达内以一记巧妙的"勺子"命中点球,将比分改写为1:0,第18分钟意大利人马特拉齐头球扳平比分。

在加时赛下半场第3分钟时场上忽然出现混乱,齐达内失去冷静,突然一头顶在马特拉齐胸口上,后者顺势倒地,使比赛陷入中断。冲突前,不知马特拉齐对齐达内说了些什么,激怒了这位足球艺术大师。主裁判与助理裁判简单交流之后,出示红牌将齐达内罚出场外,就这样,这位享誉世界的足球艺术大师以这种令人遗憾的方式结束了他最后的比赛。

在齐达内为球迷带来的精彩表演中,人们也能时不时地见到他脾气暴躁的一面。1998年世界杯小组赛上,齐达内就曾踩踏沙特球员,后又因为在欧洲冠军杯比赛中用头恶意顶撞对手被罚禁赛5场,而这些还仅仅是齐达内鲁莽行为中的两例而已。

足球场上言语的挑衅司空见惯,齐达内应该用头把球送进意大利的球门,而不是撞向对方的身体。他头脑发热做出的让人匪夷所思的举动,不仅使他以这种令人遗憾的方式告别最后的比赛,也让本来占据优势的法国队陷入少一人的被动局面,最终痛失世界杯冠军。

由此可见,在成功的路上,最大的敌人其实并不是任何外部的条件或是没有机会,而是缺乏掌控自己情绪的能力。愤怒时,不能制怒,使身边的家人朋友望而却步,无法进一步与你沟通;消沉时,放纵自己,把许多稍纵即逝的机会白白浪费。

成就大业的人,都知道一个千古永恒的秘诀:弱者任思绪控制行为,强者让行为控制思绪。想要在生活中更幸福、在工作上更顺心、在事业上更如意,首先要做一个能够掌控自我情绪的人,从而在理性思维的指导下明是非、知进退,甚至把坏事变成好事。

如何改掉情绪化的缺点呢?

1. 要承认自己情绪上的弱点

生活中,每个人都有他的强项和弱点、长处和短处,但不一定都能很好地认识到自己的弱点或是短处。情绪世界中也是一样,为此我们一定要认识自己情绪世界中的弱点和短处,不要回避或视而不见。有的人容易暴躁,而且一旦爆发就控制不住自己。怎么办?就要承认自己有这个毛病,在此基础上再认真分析自己容易暴躁的原因是什么?在什么情况下容易激动?然后选择一些方法去克服它。这样做的好处是可以随时随地提醒自己去克服这个情绪上的弱点。

2. 要放松自己的心情

当发觉自己的情绪激动起来时,为了避免立即爆发,可以有意识地转移话题或做点儿别的事情来分散自己的注意力,把注意力转移到其他活动上,使紧张的情绪松弛下来。这样不仅能放松情绪,还能让你做事更加理性,更容易使你获得成功。

3. 要学会正确评价身边的人和事

有很多情绪化行为是因为不能正确认识、对待社会上存在的各种矛盾,不能处理人与人之间的矛盾。所以学会全面观察问题,从多个角度、多种观点进行多方面的观察,并能深入到现实中去就显得更加重要和有意义。这样能使我们发现原来发现不了的意义和价值,使自己乐观一点;还会增加我们克服困难的勇气,增加自己的希望、信心,即使遇到严重挫折也不会气馁,不会打退堂鼓。

凡事多一些理性思考,少一些任性臆测,你就能把不良情绪这个魔鬼关在牢笼里,战胜那些企图摧毁你的力量。总之,领悟了情绪变化的奥秘,对于自己千变万化的情绪,你就不会再听之任之。做人不情绪化,做事才能按部就班、圆圆满满,这样才能掌握自己的命运,成就辉煌的事业。

情绪是个顽皮的孩子,当你有办法控制它的时候,它就会为你的成功添砖加瓦;但是如果你放任它的话,它就会给你制造很多麻烦,甚至阻挡你前进的步伐。你要控制好自己的情绪,让你的行为控制你的情绪,而不是让情绪控制你的行为。

智者寄语

成就大业的人,都知道一个千古永恒的秘诀:弱者任思绪控制行为,强者让行为控制思绪。

正确疏导自己的愤怒

生活的每一天并不会时时受到那些繁杂的琐事所困扰,但一定会因一些烦琐的小事而影响心情。轻易击垮人们的并不是那些看似灭顶之灾的挑战,往往是那些微不足道的极细微的小事,它左右了人们的思想,改变了原来的意志,最终让大部分人一生一事无成。

愤怒在某些情况下是一种自然的反应,但并不是在每一种情况中都要如此反应。我们所处的社会是靠彼此的合作和帮助才得以维持的。我们必须经常控制某些直觉的情感。重要的是,我们要承认别人与自己都有情绪存在——但是我们不能拿它当借口,每次有什么感觉,就毫无考虑地发泄出来,这样做只是徒劳,有时还会得不偿失,没有任何意义。

一位刚毕业的大学生,花费了很大精力找到了一个海上油田钻井队的对口工作。在海上工作的第一天,领班要求他在限定的时间内登上几十米高的钻井架,把一个包装好的漂亮盒子送到最顶层的主管手里。他拿着盒子快步登上高高的狭窄的舷梯,气喘吁吁、满头是汗地登上顶层,把盒子交给主管。主管只在上面签下自己的名字,就让他送回去。他又快跑下舷梯,把盒子交给领班,领班也同样在上面签下自己的名字,让他再送给主管。

他看了看领班,犹豫了一下,又转身登上舷梯。当他第二次登上顶层把盒子交给主管时,浑身是汗,两腿发颤,主管却和上次一样,在盒子上签下名字,让他把盒子再送回去。他擦擦脸上的汗水,转身走向舷梯,把盒子送下来,领班签完字,让他再送上去时他有些愤怒了,他看看领班平静的脸,尽力忍着不发作,又拿起盒子艰难地一个台阶一个台阶地往上爬。当他上到最顶层时,浑身上下都湿透了,他第三次把盒子递给主管,主管看着他,傲慢地说:"把盒子打开。"他撕开外面的包装纸,打开盒子,里面是两个玻璃罐,一罐咖啡,一罐咖啡伴侣。他愤怒地抬起头,双眼喷着怒火射向主管。主管又对他说:"把咖啡冲上。"年轻人再也忍不住了,"啪!"他一下把盒子扔在地上,"我不干了!"说完,他看着扔在地上的盒子,感到心里痛快了许多,刚才的愤怒全释放了出来。这时,这位傲慢的主管站起身来,直视他说:"刚才让您做的这些,叫作极限训练,因为我们在海上作业,随时会遇到危险,所以要求队员身上一定要有极强的承受力,承受各种危险的考验,才能完成海上作业任务。可惜,前面三次你都通过了,只差最后一点点,你没有喝到自己冲的甜咖啡。现在,你可以走了。"

有时,你的愤怒情绪将会阻止你干不好事情。成大事者是不会让愤怒情绪所左右的。在关键时刻不能让你的怒火左右情感,不然你会为此付出惨痛的代价。在现实生活中,也不乏因盛怒而身亡者。俗话说:"一碗饭填不饱肚子,一口气能把人撑死。"人因怒而死亡的事屡见不鲜。承受痛苦压抑了人性本身的快乐,但是成功往往就是在你承受常人承受不了的痛苦之后,才会在某个方面有所突破,实现最初的梦想。可惜,许多时候,我们总是差那一点点,因为一点点的不顺而怒火中烧,这也正是很多年轻人的缺陷,正如上例,一点小事都承受不了,最后的结果只能是丢了自己的第一份工作。

"人生一世,草木一春",短短的几十年人生,何不让自己活得快活一点,潇洒一点,何必整天为一些鸡毛蒜皮的小事生闲气呢?如果遇到中伤或误解的事,气量大一点,装装糊涂,别人生气我不气,一场是非之争就会在不知不觉中消失,你也落得潇洒,而等到最终水落石出,人家还会更加敬重你这个人。

宋朝初年一位名叫高防的名将,他的父亲战死沙场,他16岁时被澶州防御使张从恩收养,后来做了军中的判官。有一次,一个名叫段洪进的军校偷了公家的木头打家具,被人抓获。张从恩见有人在军队偷盗公物,不觉大怒。为严肃军纪,下令要处死段洪进以警众人。在情急之时为了活命的段洪进编造谎言,说是高防让他干的。本来这点事也不至于犯死罪,张从恩对其的处理有些过头,高防是准备为其说情减罪的,但现在自己已被他牵连进去，失去了说话的机会，还让自己蒙上不白之冤，能不气吗？但转念一想，军校出此下策也是出于无奈，想到凭自己与张从恩的私交，应承下来虽然自己名誉受损，但能救下军校的性命也是值得的。所以张从恩问高防是否属实，高防就屈认了，结果军校段洪进果然免于一死，可张从恩从此不再信任高防，并把高防打发回家。高防也不做任何解释，便辞别恩人独自离开了。直到年底，张从恩的下属彻底查清了事情真相，才明白高防是为了救段洪进一命，代人受过。从此张从恩更信任高防，又专程派人把他请回军营任职。云开雾散之后，高防不但没有丧失自己的生存空间，而且获得了更多人的尊重。

现实生活中，让人生气的事是随时可能发生的，但作为一个有头脑的冷静的人，为了更好地、安宁地生活和工作，理智地处理各种不愉快，就需要控制愤怒，如果不忍，任意地放纵自己的感情，首先伤害的是自己。如对方是你的对手、仇人，有意气你、激你，你不忍气制怒，保持头脑清醒，就容易被人牵着鼻子走，中了人家的计，到头来弄个得不偿失的下场，比如三国时的周瑜就是一例。所以孔子云："一朝之忿，忘其身以及其亲，非惑欤？"言下之意即因一时气愤不过，就胡作非为起来，这样做显然是很愚蠢的。愤怒，体现的是理性的不健全。愤怒到极限时，最容易导致理性的丧失，说出本来不该说的话，做出本来不该做的事。所以要学会控制自己的情绪，不要轻易发怒。

如果你是一个易于愤怒却不善于控制的人，建议你不妨设立一本愤怒日记，记下你每天的愤怒情况，并在每周作一个小总结。这样，就会使你认识到：什么事情经常引起你的愤怒，了解处理愤怒的合适方法，从而使你逐渐学会正确地疏导自己的愤怒。

智者寄语

现实生活中，让人生气的事是随时可能发生的，但作为一个有头脑的冷静的人，为了更好地、安宁地生活和工作，理智地处理各种不愉快，就需要控制愤怒，如果不忍，任意地放纵自己的感情，首先伤害的是自己。

处理好自己的烦躁情绪

一位商业助理满怀忧愁回到家中，整个工作日她一直忙乱、苦恼、充满攻击性，并且随时准备发怒。当她这样停止工作回到家里时，也就带回了残余的攻击心、困顿、匆忙与忧虑。对于丈夫和家里人，她特别容易发怒。虽然在家里绝不可能解决工作中的问题，但她还是一直想着办公室里的事。

情绪的紊乱会造成失眠。很多人休息的时候都带着未解决的难题上床，他们在心理和情绪上仍然想要处理事情，而这时却又是最不适宜做事的。

白天我们需要各种不同的情绪和心理。与老板、顾客交谈时，你需要不同的心情，在你和生气的或爱发脾气的顾客交谈之后，你必须改变一下自己的心情，才能和下一个顾客交谈。否则，一种情况里的情绪搅和在另一种情况里，是不适于处理其他问题的。

一个大公司发现他们的一个助理莫名其妙地以粗野、生气的口气接电话。这个电话恰巧是打到公司正在举行的一个重要会议上的，那时这位助理正处在困境和敌意之中。不用说，她那生气与敌意的如棒槌击打一般的口气使打来电话的人吃了一惊，公司的人对这位助理的行为火冒三丈。当然,也给她自己带来了麻烦。针对这件事,这家公司规定:以后所有的助理在接电话以前,必须先暂停五秒钟,并且要微笑一下。

情绪的紊乱还会引起意外事件。追查意外事件起因的保险公司及其代理人发现,很多车祸的发生都是由于情绪的紊乱。如果一个司机和他的妻子或者老板发生了口角,如果他在某些事上遭到了挫折而离开,那他很可能会发生车祸。他把不适当的情绪搅和在驾驶上,他并不是在生其他司机的气,而好像是刚从梦中醒来,而梦中的他正在生着很大的气。他自己也知道发生在他身上的已经过去,可他还在生着气。事情不过就是如此而已。

恐惧和生气一样,也有类似的情绪紊乱作用。关于这一点,你应该了解一种真正有益的事情,就是友善、安宁、平静以及镇定。正如我们说过的,在完全轻松、安静、泰然的状态下,一个人不可能感到恐惧和愤怒,也不可能感到焦急不安。因此,你不妨时时清理情绪,这样可以去掉以前的坏情绪,同时,使镇定、平静、安宁的情绪融合到你马上要参加的一切活动中。

这样做的效果是显而易见的。

还有一种不合适的反应会引起烦恼、不安与紧张,那便是对不存在的东西进行情绪反应的坏习惯。这种东西,只是存在于你的想象之中。

我们许多人不会对实际环境中的小刺激做过分的反应,而却在想象中虚构出稻草人,并且在自己的心理图像里做情绪的反应。老是想:也许会发生这种情况,要不就是那种情况,要是发生了我该怎么办呢?自找麻烦却不自知。飞行跳伞教练发现,那些在舱门处停留太久的人,往往再也不敢跳下去了,因为他们已被自己过于丰富的想象吓坏了!你要知道:你的神经系统无法分辨出真正的经历或想象出来的经历。

就你的情绪来说,对忧虑图像的适当反应就是完全不去理睬它。在情绪上,你要分析你的环境,认识那些存在于环境里的真实物,然后自然地进行反应。为了要做到这一点,你必须全心全意地关注现在所发生的事,要全神贯注。这样你的反应一定是恰当的,而对于虚构的环境,你就不会有时间去注意了。

智者寄语

你不妨时时清理情绪,这样可以去掉以前的坏情绪,同时,使镇定、平静、安宁的情绪融合到你马上要参加的一切活动中。

学会以幽默解嘲

林肯是美国历届总统中最幽默的一位。一天,他不得已出席在伊利诺伊州布罗明顿召开的报纸编辑大会,会上他发言指出,他自己不是一个编辑,所以他出席这次会议是很不相称的。

为了说明他这次会议最好不出席的理由,他顺便给大家讲了一个有关他自己的小故事:

"有一次,我在森林中遇到一个骑马的妇女。我停下来往旁边让路,可她也停了下来,目不转睛地盯着我的脸看。她说:'我现在才相信你是我见到过的最丑的人了。'

"我说:'你大概讲对了,但是我又有什么办法呢?'

感谢折磨你的人

"她说：'当然先生的这副丑相是没有办法改变的,但你还是可以待在家里不出来嘛!'"

大家都为他的谦逊和幽默哑然失笑。

现实生活中有不少人善于运用幽默的语言行为来处理各种关系,化解矛盾,消除敌对情绪。他们把幽默作为一种无形的保护伞,使自己在面对尴尬的场面时,能免受紧张、不安、恐惧、烦恼的侵害。幽默的语言可以解除困窘,营造出融洽的气氛。

在某一年的晚会上,当时还是中央电视台节目主持人的杨澜,正满面春风地向舞台上走去,不料没看清脚底,被什么东西绊了一下,一下子跌倒在地,所有的人都愣住了,只见杨澜面带笑容地爬起来,掸掸礼服上的土,开玩笑地说了句:"这一跤摔得实在不够专业。"众人听了也都哄然大笑,一个尴尬的场面就这样被轻松化解了。

在一次奥斯卡的颁奖典礼上,一位刚刚获奖的女演员准备上台领奖,也许是因为太兴奋、太激动了,她被自己的晚礼服长裙绊了脚,摔倒在舞台边上。全场都静默了,因为还从来没有人在这样全球直播的盛大的晚会上跌倒过。她迅速地起身,从主持人手中接过奖杯,发布获奖感言时,她真挚而感慨地说:"为了走到这个位置,实现我的梦想,我这一路走得艰辛坎坷,甚至有时跌跌撞撞。"机智、真诚的话语使她成为那个晚上最耀眼的明星。

是的,每个人都难免跌倒,如果跌倒了,就不要再懊恼、后悔、自责了,那都于事无补,不如迅速而坚强地站立起来,同时别忘了利用你的聪明、智慧,自我解嘲、自我调侃一番,也许你会因祸得福而获得更多的鼓励、欣赏与掌声,你的"危机"也会迎刃而解。

自我解嘲是好莱坞的一大传统。出身好莱坞的里根也常常采用同样的自我嘲讽手法。自我解嘲有时很奏效,笑声使人们驱散了认为里根好斗并起劲地干蠢事的那种印象。把昂贵的战争机器拿来开玩笑,能抵消人们对庞大的国防预算的批评。里根说:"我一直听到有关订购B-1这种产品的种种宣传。我怎么会知道它是一种飞机型号呢?我原以为这是一种部队所需的维他命而已。"

还有一次,里根总统访问加拿大,在一座城市发表演说。在演说过程中,有一群举行反美示威的人不时打断他的演说,明显地显示出反美情绪。里根是作为客人到加拿大访问的,加拿大的总理皮埃尔·特鲁多对这种无理的举动感到非常尴尬。面对这种困境,里根反而面带笑容地对他说:"这种情况在美国是经常发生的,我想这些人一定是特意从美国来到贵国的,可能他们想使我有一种宾至如归的感觉。"听到这话,尴尬的特鲁多禁不住笑了。

美国心理学教授特鲁·赫伯认为,幽默形成力量的最高、最佳层次。他说,到达了这一层次,"一切的问题和困扰都会自行削弱,从而达到抚慰人心的效果"。事实也是这样,逃避嘲讽并不是超脱,还需要得到超脱的是我们那种受狭隘自尊心理束缚的"一本正经"。笑自己长相上的缺陷、笑自己干得不太漂亮的事情,只会使你变得富有人情味。据说,美国一家公司的总裁,专门雇用那些善于制造快乐气氛、并能够自我解嘲的人。他说:"这样的人能把自己推销给大家,让人们接受他本人,同时也接受他的观点、方法和产品。"

"百年人生,逆境十之八九"。在人生的旅途上,并非都是铺满鲜花的坦途,反而要常常与不如意的事情结伴而行。诸如考试落榜、工作解聘、官职被免、疾病缠身、情场失意等,常常会使人愤愤不平,叹息不止,产生强烈的失落感。有的人甚至一蹶不振,情绪低沉,心情抑郁,精神反常,心理上长期处于沮丧、懊悔、消沉、苦闷、忧伤的状态,不但影响工作情绪和生活质量,而且有害于身心健康。实际上许多不如意的事,并非由于自己有什么过错,有时是自己力量所不及,有时是客观条件不允许,有时是"运气不佳",有时甚至纯属天灾人祸。在这种情况下,如果面对现实,及时调整心态,"提得起,放得下,想得开",来点自我解嘲,就能化解矛盾,平衡心理,使自己从苦闷、烦恼、消沉的泥潭中解脱出来,情绪"由阴转晴",迎来万紫千红的"艳阳天"。

当别人嘲笑你时,你的怒不可遏、你的如临深渊只能引来更深的嘲弄。最适合平息风波的方法就是跟别人一起笑。自嘲,既是自谦,又是自信。它不同于自轻自贱,更不同于自诩自大。阿Q从来不自嘲,他总是嘲笑别人,但终归受到嘲弄的还是他自己。当你学会了如何自嘲时,你会发现,自己已经掌握了制造快乐、摆脱困境以及维护尊严的能力。

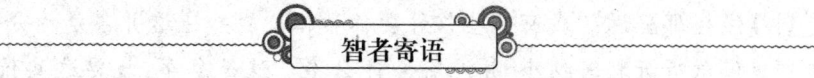

智者寄语

当别人嘲笑你时,你的怒不可遏、你的如临深渊只能引来更深的嘲弄。最适合平息风波的方法就是跟别人一起笑。

不要拿别人出气

老板毕先生对公司的事务不满意。他举行了一次集会并在会上说:"同仁们,现在我们必须组织起来,你们有人上班迟到,有人下班早退,甚至没有对工作的神圣责任感。现在,我以公司董事长的身份重整一切。从现在开始,如果每个人都能好好处理工作,并尽最大的努力,就会有一个很有前途的公司出现。"

像许多人一样,毕先生的意图是好的,但是几天以后在乡村俱乐部的一次午餐中,他看报看得太入迷了,以至忘了时间。等他意识到时,大为吃惊,几乎把咖啡杯摔掉。他叫道:"啊!我的天!我非得在十分钟内赶回办公室不可。"他跳起来,冲到停车场,迅速跳进汽车内把车开走。他在公路上将车开得几乎飞了起来,因而被交通警察开了超速开车的罚单。

毕先生真是愤怒到了极点。他对自己抱怨说:"今天真是活该有事。我是一位善良、守法的公民,这个警察居然跑来给我一张罚单。他该做的是去抓罪犯、小偷与强盗,不应当找纳税公民的麻烦。我汽车开得快并不表示不安全。真是可笑!"

他到办公室时,为了转移别人的注意,就把销售经理叫进来会谈。他很生气地问一件销售案是否已经定案了。销售经理说:"毕先生,我不知道在哪儿出了什么差错,我们丧失了这笔生意。"

现在,你就可以想象毕先生是多么烦乱了。他愤怒地对销售经理喊道:"你不知道吗?我已经付你18年薪水了!现在我们终于有一次机会做大生意,它能使我们扩大生产线,而你到底做了什么呢?你把它弄吹了。让我告诉你,你最好把这笔生意争回来,否则我就开除你。你在这里待了18年,并不表示你有终生雇用合同。"啊,他真是太烦乱了。

再看看这位销售经理的情形吧。他走出毕先生的办公室,气急败坏地抱怨说:"真是没事找事。18年来我一直为公司卖力,我负责拉所有的生意,公司靠我才经营下去。毕先生是一个傻瓜,公司少了我就会停顿。现在仅仅因为我失去一笔生意,他就恐吓要开除我。岂有此理!"

销售经理嘴里仍然嘀咕不停。他把秘书叫进来问:"今天早上我给你的那五封信打好了没有?"她回答说:"没有。难道你忘了,你告诉我希拉的客户服务第一优先吗?所以我

感谢
折磨你的人

一直在做那件事。"销售经理冒火起来说:"不要找任何卑鄙的借口。"他指责道:"我告诉你,我要这些信件赶快打好,如果你办不到,我就交给其他人去做。你在这里待了7年并不表示你有终生雇用合同。这些信今天要寄出去,不得有误。"啊,他也变得烦乱了。

请继续看这位秘书的情形。她用力关上销售经理办公室的门,并对自己抱怨说:"真是烦透了。7年来我一直尽力做好这份工作,几百小时的超时工作却从未有一文加班费,我比其他三个人做得更多,我使公司团结在一起。现在就因为我无法同时做两件事情,他就恐吓要开除我。岂有此理!"

她走到接线生那里说:"我有一些信件要你帮忙。我知道这并不是你分内的工作,但你除了坐在那里偶尔听听电话以外,并没有做什么事。这是急事,我要这些信件今天就寄出去。如果你无法办到,最好让我知道,我会叫别人做。"啊,她变得烦乱了。

请再看接线生的情形吧。她大发脾气。"这真是从何说起?"她说,"我是这里最努力的职员,且待遇最低,我要同时做4件事,每次他们进度落后时,总要找我帮忙,真是不公平。要我帮忙还用这种态度,真是开玩笑!如果没有我,公司的事情早就停顿了。再说他们也没有办法用两倍的薪水找到任何人来接替我的工作。"她把信件打出来了,但是她做的时候心里很不是滋味。

她回到家时仍在发怒。进了屋子,她猛地关上门,并直接进入孩子的小房间。她看到的第一件事情是,她12岁的儿子正躺在地板上看电视,第二件事情是他的短裤破了一个大洞。在极度愤怒之下她说:"我告诉你多少次放学回家后要换上你的游戏服。我供养你,送你到学校念书,还要做全部的家务,已经被折磨得要死。现在你必须到楼上去。今天你的晚饭就别吃了,以后三个星期不准看电视。"啊,她也变得烦乱了。

现在,再看看她12岁的儿子的表现。他走出小房间说:"真是莫名其妙。我正在替她做一些事情,但是她不给我机会解释到底发生了什么事。"大约就在这时候,他的猫走到前面。小孩重重地踢了它一脚,并说:"你给我滚出去!你这臭猫。"

显然,猫可能是这一连串事件中唯一无权改变事件的对象,这使我们想起一个简单的问题:毕先生为什么不干脆直接从乡村俱乐部走到接线生家里去踢那只猫?

让我们看看各种情况的一系列反应吧。你对幽默有什么反应?对微笑有什么反应?对你赞许的人有何表示?当你做成一笔生意或人们对你有礼貌时,你有什么反应?对一个美丽的女子,或一位很有礼貌的侍者,你有何反应?我敢打赌你会高兴,报以微笑,并且有礼貌;我敢打赌你会感谢所有这些事情,它们会使你成为一位友善的人。你明白,任何人在这些情况下都会做出合理的反应。

当某人冒犯你时,你是否会立刻反唇相讥呢?当身后的汽车司机猛按喇叭,而此时交通堵塞,两边车辆大排长龙,你该怎么办?你是否会走下汽车,板起面孔,拳头相向呢?当你的太太或丈夫向你发泄不满时,你会有什么反应呢?

你对消极事物的反应,大体上决定了你生命的成功和快乐与否。

大街上的游民、社区领导者、学生、百万富翁与模范母亲,在许多方面都相同,每一个人都会面临挫折、痛心、失望、沮丧与失败。成就不同是因为对生活的消极面反应不同而产生的必然结果。一般人的反应是说出"可怜我",并借酒消愁。成功的人碰到相同或更大的问题时却有积极的反应,寻求问题好的一面,结果变得更坚强、更成功。我们无法预知生活的各种情况,但是我们能以态度来适应它,这就是态度控制。

在许多情况下,有人冒犯你时,你会了解到那是有人踢了他的"猫"的缘故。你要知道它跟你并不相干。更重要的是你要学习如何对消极的事物做出积极的反应。

下次有人冒犯你的时候,你要笑着说:"哦,今天是否有人踢了你的猫?"如果你能这样,就可以推广运用,但最好稍加变化。当生人或不怎么熟的人毫无理由地发牢骚(你是无辜的)时,要笑着对他说:"我有一个特别的问题要问你,今天是不是有人踢了你的猫?"这会带来不同的反应,但是记住此时你稳操胜券了。这意味着你已能对消极的事情做出积极的反应了,并且能以愉快的态度去面对不愉快的事情。你也许会觉得其他人并不值得你如此和善地对待他们,你可能是对的,但是做出积极的反应对你是最好的。

成功的人碰到相同或更大的问题时却有积极的反应,寻求问题好的一面,结果变得更坚强、更成功。我们无法预知生活的各种情况,但是我们能以态度来适应它,这就是态度控制。

有意识地去克服悲痛

几乎所有的人都会在生活中遇到或大或小的"不幸"。然而更不幸的是,很少有人知道该怎样做,才能帮助他们度过这些个人生活中的不幸遭遇。

悲痛常常被人们误解,一些人不知道克服痛苦需要时间,而具体时间的长短决定于所受损失的具体情况。

亲人因病而慢慢死去或婚姻逐渐恶化,这些所引起的悲痛都是在预料中的。遭此不幸者的悲痛历程在亲人实际离去以前很久便开始了,而亲人离去后情绪的骚乱却可能只有几个星期或几个月。

如果死亡突然降临,或者人们被迫面对一些不可预料的悲剧,诸如可怕的车祸之类,那么,悲痛会持续一年或更长的时间。需要清楚的是:悲痛不是一种心理疾病,只有很少的时候才会发展成病。失眠、焦虑、恐惧、愤怒,身心被悲哀的思想所占据,这些都会使你有"近于疯狂"的感觉。实际上,其中的每一种情绪都是悲痛过程中很正常的一部分,懂得这一点是很重要的。

在悲痛的最初阶段,人们常常徘徊于镇静或哀伤之间。人们不相信所发生的事情并感到迷惑。渐渐地,抑郁、悲痛占据了心胸,而这将影响一个人今后几个月的生活。

一切都会成为悲痛的提醒物,丧失了配偶的人会注意每一对手拉着手的夫妇。幸福的人仿佛到处都是,被孤立的感觉更加强烈了。假如你不幸流产了,那么街上的每个小孩都像是在和你说话。

悲伤的人们考虑自己超过考虑任何别的事情。他们会躲避一些熟悉的朋友和地方,直到随着时间的流逝,他们对那些痛苦的提醒物变得不再那么敏感。

人们需要以各自不同的方式度过不幸时期。下面的几点建议可供借鉴:

1. 从事一些能够排解悲痛的活动

对大多数人来说,同自己的知心朋友谈话是排解和医治悲痛行之有效的方法。事实证明,自我封闭只会加剧你的痛苦。友情可以医治心灵创伤,信仰和信念也是使你摆脱哀伤的一种强大力量。先前喜爱的工作或别的活动也会帮助你战胜痛苦,而工作有着巨大的治疗价值。明确自己对他人应承担的义务,你便会发现自己内在的力量,因而增强信心和勇气。切记,你不可过分怜惜自己,不可让哀伤永远迷漫你的心胸,这样,你的生活就会渐渐抹去悲哀的泪影,一切都会明朗、正常起来。

2. 强迫自己有规律地做些事

如果你一定要留在家里,那么就为自己列个时间表,按时间表有规律地生活,尽管开始时你只能做些小事情。如洗洗衣服、买点水果,或做一次长途散步。在心情抑郁时进行体力活动是困难的,但这对你心灵恢复到愉悦状态却是非常有益的。甚至你也可以在玩纸牌、音乐会、电影或一本有趣的书中找到慰藉。你应该逼迫自己做些事,直到正常的生活秩序重新建立起来。

在不幸时期,一些自我照顾行为同样是很有帮助的。临睡前洗个热水澡;把餐桌布置得漂亮些,即使一个人吃饭时也这样;天气好时到外边晒晒太阳;买一束鲜花,这些小事都会使你觉得轻松愉快些。

3. 把目光放在未来

有些时候,能够使我们生活下去的只是这样一种能力,即人类能够将一些有害或丑陋的东西转化为一种积极而有价值的东西。

作为纳粹集中营的囚犯,维克多·福兰克的经历是十分令人激动和鼓舞的,福兰克的家人在一次大屠杀中都被杀害了,然而,他仍然找到了支撑自己活下去的力量。

当法西斯暴行施加到他身上时,福兰克坚定地抱着一个理想,这理想给了他力量。他想象自己在战后站在一个班级的学生的面前,正在给学生们讲述关于在不幸中能够发现幸福的意义。福兰克决定忍受令人恐怖的一切,而这些将来会变成很有价值的东西。引用了一位哲学家的话,福兰克自豪地宣告:"不幸没能毁灭我,却使我变得更坚强。"

罗伯特·哈罗德·卡什诺在他的畅销书《当不幸降临到善良的人们》一书中告诫我们:我们不应该总是把眼光落在过去和痛苦上。不应该总是自问:"为什么不幸偏偏降到我头上?"代替这话的应是面向未来的问题:"既然这一切已经发生,我应该做些什么?"

悲痛常常被人们误解,一些人不知道克服痛苦需要时间,而具体时间的长短决定于所受损失的具体情况。

悔悟与自责也应适可而止

在这个世界上,谁都难免会犯错误,即使是四条腿的大象,也有摔跤的时候。人要想不犯错误,除非他什么事也不做,而这恰好是他最基本的错误。

反省是一种美德。对自己所做的错事,知道悔悟和责备自己,这是敦品厉行的原动力。不反省不会知道自己的缺点和过失,不悔悟就无从改进。但是,这种因悔悟而对自己的责备应该适可而止。在你已经知错、决定下次不再犯的时候,就是停止后悔的最好时候。然后,你就应该摆脱这悔恨的纠缠,使自己静下心去做别的事。如果这悔恨的心情一直无法摆脱,而你一直苛责自己,懊恼不止,那发展下去,就可能形成一种病态了。

你不能让病态的心情持续,如果任其发展下去,就会使精神遭受太多的折磨。

所以,当你知道悔恨与自责过分的时候,要相信自己能够控制自己。告诉自己:"赶快停止对自己的苛责,因为这是一种病态。"为避免病态的进一步加深,要尽量使自己摆脱它的困扰。这种自我控制的力量是否能够发挥,决定一个人的精神是否健全。

人人都可能做错事。做了错事而不知悔改,那是坏人;知道悔改,即为好人。所谓放下屠刀,立地成佛。过去的既已无可挽回,那么只有以后坚决行善即可以补偿。

每个人都有缺点,这是为什么我们要受教育的缘由之一。教育使我们有能力认识自己的缺点并加以改正,这就是进步。在随时发现自己的缺点并随时改正之外,更要注意建立自己的自信,相信自己的自尊。

有人一旦犯了一点小小的错误,就觉得自己样样不如人,因为自责而产生自卑,由于自卑,而更容易受到打击,经不起小小的挫折,受到外界一点点的轻侮,都会痛苦不已。

一个人缺少了自信,就容易对所处的环境产生怀疑与戒备,即所谓"天下本无事,庸人自扰之。"

面对这种"无事自扰"的心境,最好的方法是加强自己各方面的修养,勤于做事,使自己因有进步而增加自信,因工作有成绩而增加对前途的希望,不再对以前做无益的回顾。

进德与修业,都能建立一个人的自信心和荣誉感,这样对自己偶尔的小错误、小疏忽,就不致过分苛责,更易于从悔恨中发挥积极的力量。

自尊心人人都有,但没有自信做基础,就会使人变为偏激狂傲或神经过敏,以致对环境产生敌视与不合作的态度。要满足自尊心,只有多充实自己,使自己减少"不如人"的可能性,而增加对自己的信心。

做好人的愿望当然值得鼓励,但不必"好"到一切迁就别人,凡事委屈自己。更不能希望自己好到没有一丝缺点,而一旦发现缺点就拼命"修理"自己。一个健全的好人应该是该做就做,想说就说。如果自己偶有过失,也能潇潇洒洒地承认:"这次错了,下次改过就是。"不必把一个污点放大为全身的不是。

智者寄语

人总是人,人有要求完美的愿望,但也有犯错误的可能。只有犯了错误不肯悔改才是耻辱。犯了错误不能摆脱自责和不肯悔改,是对自己的虐待和对社会的干扰。

第四章 剔除贪婪，知足常乐

放弃是一种智慧

我们的心像钟摆一样在得失之间摇摆。但你要知道，其实放弃是一种智慧。

在我们的人生旅途中，时时刻刻都在面临放弃和被放弃。但你必须明白，并不是所有的探索都能发现鲜为人知的奥秘，并不是所有的跋涉都能抵达胜利的彼岸，并不是每一滴汗水都会有收获，并不是每一个故事都会有美丽的结局。因此，我们应该学会放弃，明白这点，也许你就会在失败、迷茫、愁闷、痛苦时，找到平衡点，找回自己的人生坐标。

贪婪是大多数人的毛病，有时候只抓住自己想要的东西不放，就会为自己带来压力、痛苦、焦虑和不安。往往什么都不愿放弃的人，结果却什么也没有得到。

放弃是一种智慧。尽管你的精力过人，志向远大，但时间不容许你在一定时间内同时完成许多事情，正所谓："心有余而力不足。"就如把眼前的一大堆食物塞进嘴里，塞得太满，不仅肠胃消化不了，连嘴巴都要撑破了！所以，在众多的目标中，我们必须依据现实，有所放弃，有所选择。

一位精神病医生有多年的临床经验，在他退休后，撰写了一本医治心理疾病的专著。这本书足足有1000多页。书中有各种病情描述和药物、情绪治疗办法。

有一次，他受邀到一所大学讲学，在课堂上，他拿出了这本厚厚的著作，说："这本书有1000多页，里面有治疗方法3000多种，药物10000多样，但所有的内容，只有四个字。"

说完，他在黑板上写下了"如果，下次"。

医生说，造成自己精神消耗和折磨的全是"如果"这两个字，"如果我考进了大学""如果我当年不放弃她""如果我当年能换一项工作"……

医治方法有数千种，但最终的办法只有一种，就是把"如果"改成"下次"，"下次我有机会再去进修""下次我不会放弃所爱的人"……

钱钟书在《围城》中讲过一个十分有趣的故事。天下有两种人，譬如一串葡萄到手后，一种人挑最好的先吃，另一种人把最好的留在最后吃，但两种人都感到不快乐。先吃最好的葡萄的人认为他拿的葡萄越来越差，把好的留在最后吃的人认为他吃的每一颗都是葡萄中最坏的。

原因在于，第一种人只有回忆，他常用以前的东西来衡量现在，所以不快乐；第二种人刚好与之相反,同样不快乐。

为什么不这样想,我已经吃到了最好的葡萄,有什么好后悔的;我留下的葡萄和以前相比,都是最棒的,为什么要不开心呢?

这其实就是生活态度问题,它决定了一个人的喜怒哀乐。

如果一生不懂得去选择也不懂得去放弃,那一辈子就永远也没有快乐。

漫漫人生路,只有学会放弃,才能轻装前进,才能不断有所收获。一个人倘若将一生的所得都背负在身,那么纵使他有一副钢筋铁骨,也会被压倒在地。在人生的关键时刻,懂得放弃小利益,不为小恩小惠所动,这绝对是一本万利的。当然,用自己的利益做赌注,即使再小,也不是任何人都愿意去做的,这就要求我们要有长远的眼光,要敢于下注。

有一个聪明的年轻人,很想在一切方面都比他身边的人强,他尤其想成为一名大学问家。可是,许多年过去了,他的其他方面都不错,学业却没有长进。他很苦恼,就去向一个大师求教。

大师说:"我们登山吧,到山顶你就知道该如何做了。"

那山上有许多晶莹的小石头,煞是迷人。每见到他喜欢的石头,大师就让他装进袋子里背着,很快,他就吃不消了。"大师,再背,别说到山顶了,恐怕连动也不能动了。"他疑惑地望着大师。"是呀,那该怎么办呢?"大师微微一笑:"该放下而不放下,背着石头咋能登山呢?"

年轻人一愣,忽觉心中一亮,向大师道了谢走了。之后,他一心做学问,进步飞快……

其实,人要有所得必要有所失,只有学会放弃,才有可能登上人生的极致高峰。

在电影《卧虎藏龙》中有这样的一个场景,男女主角坐在一个凉亭之中,背景是一片翠绿的竹林,凉风徐徐地吹来,一片与世无争的怡然自得。之中有一句对白是这样说:"我的师父常说,把手握紧里面什么也没有,把手放开,你得到的是一切!"

生活并不是一帆风顺的,很多时候我们需要学会放手,放手不代表对生活的失职,它也是人生中的契机。然而学会放手要比学会紧握更难得,因为那需要更多的勇气。

总的来说,放弃是一种睿智,是一种豁达;放弃是金,是一门学问,放弃是对美好事物发展的又一个开始,是新的起点,是错误的终结。它不盲目,不狭隘。放弃,对心境是一种宽松,对心灵是一种滋润,它驱散了乌云,它清扫了心房。有了它,人生才能有爽朗坦然的心境;有了它,生活才会阳光灿烂。所以,朋友们,把包袱卸下,放开你心里的风筝线,不要让风筝把心带走,让你的心和风筝一样自由地翱翔!别忘了,在生活中还有一种智慧叫"放弃"!

智者寄语

生活并不是一帆风顺的,很多时候我们需要学会放手,放手不代表对生活的失职,它也是人生中的契机。然而学会放手要比学会紧握更难得,因为那需要更多的勇气。

学会放弃,懂得驾驭自己

在现实生活当中,我们常常因为不懂得放弃,因为所谓的固执、不肯放手,而不得不面对许多无奈的痛苦,其实这些让我们身陷其中而无法自拔的困境,貌似无法解脱,实际上在我们懂得

感谢
折磨你的人

了放弃的艺术之后，一切都会变得豁然开朗起来。

两个贫苦的樵夫靠着上山捡柴糊口。有一天在山里发现两大包棉花，两人喜出望外，棉花价格高过柴薪数倍，如果将这两包棉花卖掉，足可供家人一个月衣食无忧。当下两人各自背了一包棉花，便欲赶路回家。

走着走着，其中一名樵夫眼尖，看到山路上扔着一大捆布，走近细看，竟是上等的细麻布，足足有十多匹之多。他欣喜之余，和同伴商量，一同放下背负的棉花，改背麻布回家。

他的同伴却有不同的看法，认为自己背着棉花已走了一大段路，到了这里丢下棉花，岂不枉费自己先前的辛苦，坚持不换麻布。先前发现麻布的樵夫见屡劝同伴不听，最后只得背起麻布，继续前行。

又走了一段路后，背麻布的樵夫望见林中闪闪发光，待近前一看，地上竟然散落着数坛黄金，心想这下真的发财了，赶忙邀同伴放下肩头的麻布及棉花，改用挑柴的扁担挑黄金。

他同伴仍是那套不愿丢下棉花，以免枉费辛苦的论调，甚至还怀疑那些黄金不是真的，劝他不要白费力气，免得到头来一场空欢喜。

发现黄金的樵夫只好自己挑了两坛黄金，和背棉花的伙伴赶路回家。走到山下时，无缘无故下了一场大雨，两人在空旷处被淋了个湿透。更不幸的是，背棉花的樵夫背上的大包棉花，吸饱了雨水，重得完全无法再背得动，那樵夫不得已，只能丢下一路辛苦舍不得放弃的棉花，空着手和挑金的同伴回家去了。

有一位登山队员去攀登珠穆朗玛峰。经过奋力拼搏，攀爬到7800米的高度时，他感到体力支持不住，于是断然决定停了下来。当他讲起这段经历时，朋友们都替他惋惜：为什么不再坚持一下呢？为什么不再咬紧一下牙关，爬到顶峰呢？

他从容地说："不，我最清楚自己了。7800米的海拔是我登山能力的极限，所以我一点儿也不感到遗憾。"

人的能力终究是有限的，每个人都有自己做不到的事。相信自己做不到的事，就是做不到，坦然处之，不会觉得自己低人一等，更不会影响自信心。做自己能做的事情是一种勇气，放弃自己做不到的事情是一种智慧。

一只鹬伸着长长的嘴巴在湖边悠闲地行走着，突然它眼睛一亮，发现前面有一只肥肥的蚌正张开蚌壳在晒太阳，那肥而嫩的蚌肉在阳光的照耀下十分诱人，于是鹬就不顾一切地冲上前去，用长嘴一下就啄住了蚌肉。然而，蚌也不是省油的灯，只见它忍住疼痛，猛地将蚌壳收紧，把鹬那长长的嘴死死地夹住，就这样，它们谁也不让谁，拼着性命僵持在一起。这时，一个老渔翁刚好从这里经过，说了声："下酒菜有了。"轻易地将鹬和蚌收入囊中，扬长而去。

这是有名的"鹬蚌相争，渔翁得利"的成语故事。

在这个故事中，我们很容易得知：鹬和蚌之所以成了渔翁的下酒菜，就是因为它们过于执着，它们的思维已成定式，谁都舍不得放弃而造成的。

人亦如此，有时较之物类更是固执。执着于名与利，执着于一份痛苦的爱，执着于幻美的梦，执着于空想的追求。数年光华逝去，才嗟叹人生的无为与空虚。适当的放弃何尝不是一种正确的选择。

人非圣贤，孰能无过？出现失误与过错在所难免，一时的失误与过错不能代表我们将来也会出现失误与过错，不能也不会依此来评价我们的将来和一生，大可不必记在心里，负罪内疚。

否则,只会束缚我们的手脚,禁锢我们的思想,影响我们的工作积极性、主动性和创造性而碌碌无为。这种失误与过错,我们更要舍得放弃。

莎士比亚说过:"最大的无聊是为了无聊而费尽辛苦。"历史上曾有许多人热衷于永动机的制造,有的甚至耗尽了毕生的精力,却无一成功。达·芬奇也曾是狂热的追求者之一,然而一经实验他便断然放弃,并得出了永动机是根本不可能存在的结论,他认为那样的追求是种愚蠢的行为,追求"镜花水月"的虚无最后只能落得一场空。

如果一个人执意于追逐与获得,执意于曾经拥有就不能失去,那么就很难走出患得患失的误区,必将会为达到目的而不择手段,甚至走向极端。为物所累,将成为一生的羁绊。"执着就能成功"或许曾经是无数人的励志名言,不错,在岁月的沧桑中背负着这份执着,有过成功也有过失败,尽管筋疲力尽、伤痕累累却不曾放弃。直到岁月在艰难中踽踽而行,蹉跎而逝,才蓦然发现现实的残酷是不允许我们有太多奢望,所谓的执着也不过是碰壁之后一份愚蠢的坚持。于是,我们开始反思,一个人注定不可能在太多领域有所建树,要学以致用,要根据自己的实际,不能不顾外界因素和自身的条件而头脑发热,草率行事,要清楚追求的目的是什么?为了心中那座最高的山,痛定思痛后我们依然要选择适时放弃,放弃那些能力以外、精力不及的空想,放弃那些不切实际的目标,在惋惜之余得到最大的解脱,同时发现幼稚的激情已被成熟和稳健所代替,生命因之日渐丰腴起来,谁说这样的放弃不是一种明智?

凡此种种,都需要我们舍得放弃,把过去的成绩与失误统统忘掉,并迅速转入新的生活,在工作中重新激发创业的激情与壮志,重塑创新精神,提高创造能力,为自己明天事业的兴旺发达增砖添瓦。

执着地追求和达观的生活态度从来就不是矛盾的。所谓"有所不为,才能有所为""退一步海阔天空""山重水复疑无路,柳暗花明又一村"这些都恰恰道出了前人在有限的生命里面对无限的大千世界时的感悟。

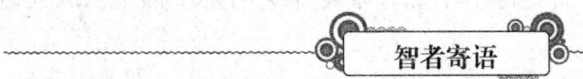
智者寄语

舍得放弃,说到底是一个人真正属于了自己,真正懂得了如何驾驭自己。

世界并不完美,人生当有不足

有户人家有两个儿子。当两兄弟都成年以后,他们的父亲把他们叫到面前说:"在群山深处有绝世美玉,你们俩都成年了,应该做探险家,去寻求那绝世之宝,找不到就不要回来。"两兄弟次日就离家出发去了山中。

大哥是一个注重实际、不好高骛远的人。有时候,发现的是一块残缺的玉,或者是一块成色一般的玉,甚至是奇异的石头,他都统统装进行囊。过了几年,到了他和弟弟约定的汇合回家的时间。此时他的行囊已经满满的了,尽管没有父亲所说的绝世完美之玉,但造型各异、成色不等的众多玉石,在他看来也可以令父亲满意了。

后来弟弟来了,两手空空一无所得。弟弟说:"你这些东西都不过是一般的珍宝,不是父亲要我们找的绝世珍品,拿回去父亲也不会满意的。"

弟弟说:"我不回去,父亲说过,找不到绝世珍宝就不能回家,我要继续去更远更险的山中探寻,我一定要找到绝世美玉。"

感谢
折磨你的人

哥哥带着他的那些东西回到了家中。父亲说:"你可以开一个玉石馆或一个奇石馆,那些玉石稍一加工,都是稀世之品,那些奇石也是一笔巨大的财富。"

短短几年,哥哥的玉石馆已经享誉八方,他寻找的玉石中,有一块经过加工成为不可多得的美玉,被国王御用作了传国玉玺,哥哥因此也成了富翁。

在哥哥回来的时候,父亲听了他介绍弟弟探宝的经历后说:"你弟弟不会回来了,他是一个不合格的探险家,他如果幸运,能中途有所悟,明白至美是不存在的这个道理,是他的福气。如果他不能悟,便只能以付出一生为代价了。"

很多年以后,父亲的生命已经奄奄一息。哥哥对父亲说要派人去寻找弟弟。

父亲说,不要去找,如果他经过了这么长的时间都不能顿悟,这样的人即便回来又能做成什么事情呢?世间没有纯美的玉,没有完美的人,没有绝对的事物,为追求这种东西而耗费生命的人,何其愚蠢啊!

追求完美,是人类自身在渐渐成长过程中的一种心理特点或者说一种天性。应该说,这没有什么不好。人类正是在这种追求中,不断完善自己,使得自身脱去了以树叶遮羞的衣服,变得越来越漂亮,成为这个世界万物之精灵。如果人只满足于现状,而失去了这种追求,那么人大概现在还只能在森林中爬行。我们对事物总要求尽善尽美,愿意付出很大的精力去把它做到天衣无缝。

但是,世界上根本就不存在任何一个完美的事物。为了心中的一个梦而偏执地去追求,却全然不顾你的梦是否现实,是否可行,从而浪费掉许许多多的时间和精力,最终只能在光阴蹉跎中悔恨。世界并不完美,人生当有不足。没有遗憾的过去,就无法链接人生。对于每个人来讲,不完美的生活是客观存在的,无须怨天尤人。

不要再继续偏执了,给自己的心留一条退路,不要因为自己的一时之错而埋怨自己,不要因为不完美而恨自己,不要因为不完美而觉得不幸福。看看那些活得幸福快乐的人,他们没有一个是十全十美的。

完美往往只会成为人生的负担,人绷紧了完美的弦,它却可能发不出声来。那些懂得爱自己、宽容别人的人,才是生活的智者,才更容易活得幸福。

世界并不完美,人生当有不足。没有遗憾的过去,就无法链接人生。因为残缺,生活才变得完整。

有一只木车轮因为被砍下了一角而伤心郁闷,它下决心要寻找一块合适的木片重新使自己完整起来,于是离开家开始了长途跋涉。不完整的车轮走得很慢,一路上,阳光柔和,它认识了各种美丽的花朵,并与草叶间的小虫攀谈。当然也看到了许许多多的木片,但都不太合适。终于有一天,车轮发现了一块大小形状都非常合适的木片,于是马上将自己修补得完好如初。可是欣喜若狂的轮子忽然发现,眼前的世界变了,自己跑得那么快,根本看不清花儿美丽的笑脸,也听不到小虫善意的鸣叫,车轮停下来想了想,又把木片留在了路边,自个儿走了。

有时失也是得,得即是失。当我们有所失去的时候,生活才更加完整。从这个故事中,我们也可以渐渐体会到,许多苦恼的根源来自人们心中的一个误解:必须做到尽善尽美,才能获得别人的好感。当人们踏上追寻完美的不归之路时,生活便渐渐变成了专门为他们捕捉过失的陷阱。所以我们总是因怀疑自己做得不够好而愧疚、担心,担心爱我们的人会因此对我们感到失望,结果却适得其反。

人们当然要为其既定的目标积极努力,但无论怎样的生活都不会是一块无瑕的玉,环境的变化往往出乎你的意料。谁又能随时应付自如？精神分析学家戴维·柏恩斯在他书中提到过一位著名律师的故事。这名大律师非常担心在办案时犯错误，因为他害怕会因此失去同事们对他的尊敬。当他无法摆脱和控制这种情绪而向同事们讲出来后，令他惊异的是，无论他是否做错什么，同事们都和他更亲近了，因为他们能够将他当作普通人看待。

世界上绝对完美的东西是不存在的，因为每个人的视角都不一样，每个时代的人的审美也都不一样，所以什么是美，怎样才算美？在每个人心中都有着不同的天平，所以，我们就更无须事事追求完美，追求让每个人都满意。让所有人满意是不可能的事情，为此伤神也是极其没必要的。

只有努力养成平常心，才能达到精神世界的完整。这样我们才能勇敢地突破自我能力的局限，勇敢地去实现梦想，不因失败而气馁。由此我们便可触摸到平日所无法感知的那种完整了。生活不像游戏里的拼字小蜜蜂，无论已经拼对了多少个，只要错了一个就要被取消游戏资格。生活更像一个NBA赛季，即使最优秀的队伍也要输掉一些场次，而实力最弱的队伍也会打出自己绝妙的高潮，大家的目标就是争取赢的场次多于输的场次。

智者寄语

过失与遗憾也是人生的一部分，学会接受它，我们就会在生活的轨道上自由地"滚动"，并懂得欣赏生活。

学会惜福是一种睿智

学会惜福，珍惜并享受自己所拥有的，也是一种睿智。

有位哲人曾说："不要迷失了你的眼睛，珍惜你现在所拥有的生活是最重要的。"

的确是这样。羡慕别人的生活毫无意义，因为你看到的别人的幸福生活并不一定是你想象的那样，也许他们也正在羡慕你的生活。所以，不要在属于你的幸福的门前徘徊，要知道，你目前的生活才是最适合你的。

一只饿了很久的狼独自在路上行走着，他已经好几天没有吃到东西了，因为那些看门狗实在是太尽职尽责了。这时，狼遇到了一只狗，这只狗因为得到了充足的食物，外表看上去毛色发亮，强壮而精神。

狼有了一肚子的气："你们这些狗，凭什么就过得比我好呢？"它很想冲上去和这条狗打上一架，把它撕成碎片。可是狼知道自己现在一点力气都没有，如果进行争斗，它很有可能会吃亏。

于是，它装作友好地走上前去，和这条狗攀谈起来。它夸赞狗长得很有福相。狗得意地回答道："其实你也可以和我一样的，这取决于你自己，只要你离开树林，到人类的家里去打工，你就会过上天堂般的生活。看看你的那些同类，它们在树林里生活得多么像乞丐呀！它们一无所有，得不到免费的食物，一切都得靠自己去争取，你和我走好了，你会发现你的命运就此改变了。"

狼问道："那我都需要做什么呢？"

狗说："很简单，只要你赶走主人不喜欢的人，奉承家里的成员，用一些小伎俩讨主人的

感谢折磨你的人

欢心就行。这样你就可以得到各种残羹剩饭,还有很多美味的骨头。"

狼听到这些,觉得狗的生活简直是太幸福了,于是它决定跟着狗回家。在半路上,狼忽然注意到狗的脖子上掉了一圈毛,狼问道:"这是怎么回事?"

狗平淡地回答道:"哦,没什么,只不过是拴我的项圈磨掉了我的毛而已。"

狼停住了:"你要被拴着是吗?也就是说你不能自由地跑来跑去?"

"是的,但这没什么。"狗回答道。

"这关系太大了,我宁肯不要你的那些美味佳肴,也不愿意用我的自由交换。"狼说完,就头也不回地跑掉了。

这故事虽然说的是狼与狗,中心问题也就是肉骨头和自由,但它给我们的启示却不只是这些。

两位多年未见的老朋友,一位在一家工厂做普通工人,另一位开着8家连锁店,老友相见,自是有很多的感慨。

工人对老总说:"你老兄混得好啊,如今是要什么有什么。"言下之意不免带着点自叹不如和悲凉。

老总笑着说:"老弟,我说我过得并不舒服,你可能不信吧?"

工人瞪直了眼睛:"你是不是有点身在福中不知福哇,整天吃的是山珍海味,周围都是漂亮小姐和高科技人才,到哪里都是前呼后拥,你还说自己不舒服?"

老总笑着说:"那好吧,你就和我在一起待上几天试试吧!"

到了第三天,工人主动提出要回家了。老总再三挽留,工人真诚地说:"本以为你的生活很舒服,可现在你要和我换我还不干呢。"

原来,这两天,工人和老总寸步不离。老总一天要接数十个电话,两天时间,有十几个小时是在飞机上度过的,余下的时间是处理公司的各种事务。夜里十二点钟,还在陪客户吃饭,唱卡拉OK。到了第二天凌晨,一个电话就把人叫醒,新的一天又开始了。所以,工人受不了了,他觉得老总还没有他幸福。至少他可以自由支配自己的时间,至少他有充足的休息时间。

无独有偶,李小姐非常羡慕嫁入豪门的好友郑太太,看到好友穿金戴银奢侈消费的时候,自己总是生出一些怨恨来,为什么我就没有那个命呢?直到有一天,郑太太向她哭诉丈夫的不忠、婆家人的刁难、一个人独守空房的时候,她才发现,原来自己有丈夫陪伴,有幼子相偎,这种幸福也是令富豪们眼热的呀!

通过以上的故事,我们应该明白这样一个道理:学会珍惜,学会辩证地看问题是很重要的。很多时候,我们看到的,我们羡慕的,都是别人表面上的生活,却没有看到这些风光背后的辛酸和苦涩。

所以,请不要再埋怨你的工资太少,不要再埋怨你的丈夫不会赚钱,不要再羡慕别人的香车美女,不要再羡慕大款们挥金如土。因为你不用付出他们那样的代价。而你目前所拥有的平凡生活却正是他们求之不得的。

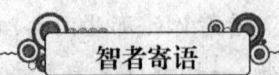

智者寄语

学会惜福,珍惜并享受自己所拥有的,也是一种睿智。

幸福是珍惜现在所拥有的

幸福不是去追求还想要的,而是珍惜现在所拥有的。如果你还在为你没有鞋子而烦恼,就想想那些没有脚的人吧!

每个人拥有一些东西,同时,他们又想要一些东西。有的人在尽情地享受他们拥有的东西,有的人努力拼搏去争取他们想要的东西。

人生有两个目标:第一是享受拥有的每一种东西;第二是得到想要的东西,尽力去争取。更多的人属于第二种人,他们知道如何争取,却忘记了珍惜、体会和享受已经拥有的。

有一天中午,一个小姑娘坐在公园的长椅上哭泣。

"可爱的孩子,你为什么哭呢?"一位中年男子走过来问她。

"我没有鞋穿,恐怕在冬天我会被冻死。"小姑娘近乎绝望地大哭起来,"冬天就要来了,夏天不穿鞋很凉快,秋天不穿鞋尚且可以忍受,可是冬天没有鞋怎么办呢?"

"可是,我幸运的孩子,你会得到保佑的,因为在这之前,上帝正忙着照顾那些没有脚的人。"小姑娘停止了哭泣,因为她看到面前的这个人坐在一个轮椅上——一场车祸夺去了他的双脚。

什么是幸福?

幸福恐怕就是一个女孩因为她没有鞋子而哭泣,直到她看见一个没有脚的人。

其实,人世间很多烦恼都是因为欲望而起,欲望使我们没有珍惜现在所拥有的,却一味追求我们所没有的,最终弄得自己疲惫不堪。

还有人把他们拥有的和追求到的东西和别人攀比,因而陷入"比上不足"的自卑、嫉妒和不平。他们不曾认真体会自己拥有的幸福——抱怨父母不理解自己,却不知道庆幸父母还健在;唠叨孩子调皮、不争气,却不知道为自己健康活泼的孩子而骄傲;总觉得自己的爱人没有别人的好,却很少去想,有这么一个人把一生的幸福交给自己是一种怎样的信任。

也许你认为,幸福是那些还没有到来的票子、车子、房子和妻子,他们也为此身心疲惫地去拼命,似乎永无止境。他们眼中只有那些所谓的幸福,看不见已经拥有的一切,更不用说去享受那一切。然而,事实是,幸福不是去追求还想要的,而是珍惜现在所拥有的。

真正对幸福敏感的人擅长数数——他们不计算已经失去的东西,而是只数现在拥有的东西。

这个算术虽然很简单,却蕴涵了享受人生的智慧。

朋友,清点清点你现在拥有的东西吧。它们多么珍贵啊!

要是你还在为你没有鞋子而烦恼,就想想那些没有脚的人吧!

智者寄语

幸福不是去追求还想要的,而是珍惜现在所拥有的。如果你还在为你没有鞋子而烦恼,就想想那些没有脚的人吧!

感谢折磨你的人

过度贪婪,注定自食恶果

舍弃并不意味着我们将失去,相反,正是因为舍弃,我们才能更好地生活。

人生在世,总会有面临多种诱惑之时,这个时候,我们一定要头脑清醒,要学会有选择地舍弃。如果过于贪心,梦想着鱼和熊掌可以兼得,那么,最终的结果一定是不堪重负,不但达不到目的,反而会失去现有的一切。

有这样一则寓言故事,颇值得我们深思。

一头死去的大象静静地躺在幽僻的恒河边,正巧被一只出来寻觅食物的豺看见了。豺高兴地想:"哇,我今天运气真好。"

它快步来到大象身边,并用力朝着象鼻咬了一口,但是象鼻硬得就像根木头,豺生气地破口大骂:"这是什么鬼玩意儿,居然咬不动。"

于是,它回头去咬象耳,没想到还是咬不动,转到象的腹部仍然咬不动,它东咬一口,西咬一口,大象的全身几乎都咬遍了,仍然没有一个可以被咬下一口的部位。

它哀怨地说:"怎么办,我快饿死了,怎么没有一个地方咬得动呢?"

最后,它找到了大象的屁股,再次用力一咬,这回居然咬动了,而且咀嚼起来就像刚刚活捉的小羊的肉,既松软又可口。

这会儿豺开心地自言自语说:"这才像样,看来大象身上最柔软可口的地方,只有这里了。"

只见贪吃的豺,从大象的屁股开始,不断地往里头钻食。

它从屁股吃到了象肚,当它吃完象的内脏,喝了几口象血之后,便舒服地躺在象肚里睡觉。

它醒来时,想了想:"照理说,该出去了。可是这么大的一头象我怎么能放弃呢?不如就待在里面吧!这样整头大象就都是我的了。"

就这样,豺在象肚里舒舒服服地住了下来。

只是它没料到,在烈日的照射下,大象的尸体开始紧缩,特别是送入空气的肛门处,已经越缩越小。

终于有一天,当豺醒来时,象肚里居然一片漆黑。其实在这之前象肚里的肉质早就变硬,象血也早已枯竭了,但是已经安逸于象肚里的豺,一点也不介意,直到伸手不见五指时,它才警觉到大事不妙了。

豺发现出口不见了,它感到万分惊恐,不停地在象肚里东突西窜,又撞又踢,只是不管它怎么撞,就是撞不出一个逃生的小门。

直到有一天,天空下了一场大雨,象尸因为浸泡在雨水中,全身开始发胀,不久肛门口也松开了,透进了一点微光。

豺看见这点微光,开心地来到肛门口:"得救了!"

只见它用力地冲向出口,终于拼了命地钻了出来。只不过,因为用力过猛,它身上的毛居然全被象皮给磨光了。

它逃出象肚,立即奔到河边喝水解渴,这才从河的倒影中,发现自己居然全身光秃秃的。豹叹了口气:"唉,都怪我太贪心了,现在弄成这副德行,怎么见人呢?"

现实生活中,有许多人都像故事里的豹一样,无法控制自己的贪念,最后落入了陷阱。很多人都因为贪得无厌的习惯而堕落,他们为了满足贪欲铤而走险,最终做出了让自己后悔不已的事。这,实在是很可悲的事情。

从前,有一个帮老财主家放羊的男孩,偶然发现了一座金光闪闪的宝库。他不急不忙地将羊赶回老财主家,又如实地将这一天的发现告诉了财主。财主一把将他拉到身边,急切地问藏金子的宝库在哪里。男孩把藏金子的宝库的大体位置告诉了老财主,老财主马上命令管家与手下直奔男孩放羊的那座山,他还担心男孩在说谎,便让男孩为他们带路。

财主很快见到了那座藏金的宝库,高兴得不得了。他想:这下我可发大财了。他赶忙将金子装进自己的衣袋,还让一起进来的手下猛拿。就在他们把小男孩支走,准备带走所有金子的时候,洞里的神仙发话了:"人啊,别让欲望负重太多,天一黑下来,山门就要关了,到时候,你不仅得不到半两金子,连老命也会丢在这里,别太贪婪了。"

可是财主哪里听得进去,他想这个山洞这么空阔,且又那么坚硬,不会一下消失的。拥有了这些金子,出去后我不就是大富翁了吗?于是财主不停地搬运,非要把金山搬走不可。不料,一阵轰隆隆的雷声响起后,山洞全被地下冒出的岩浆吞没了,财主再也没能出去。

如果财主能稍微控制一下自己的贪念,他就可以成为大富豪,一生吃喝受用不尽,但他却未能做到这一点,终于在贪得无厌心理的驱使下丢掉了性命。

有人可能觉得财主太愚蠢,但事实上,生活中也有很多"财主式"的人物。他们在生活中养成了贪得无厌的习惯,因此做出许多令自己后悔的事。

随着社会的不断进步,物质生活越来越富足了,于是一些人开始追求着更高的物质享受,住上了楼房想着别墅,开上了轿车想着吉普,天天进出酒楼还觉得不够档次,要顿顿鱼翅燕窝……

适当地追求物质生活的品质并没有错,在能承受的范围内可以有一定的提高。但是千万不可效仿那个贪婪的老财主,面对种种诱惑,什么都想要,什么都想得到,最终的结果会是,你不但无法享受,反而会为这种贪婪所累。

这种现象在当今社会早已是屡见不鲜,单看政界那些纷纷落马的腐败贪官们就知道过度贪婪造成的悲剧了。它不但会使人迷失方向,更有甚者,会使人滑向罪恶的深渊。

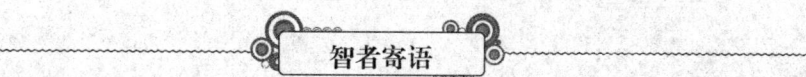

智者寄语

人生在世,总会有面临多种诱惑之时,这个时候,我们一定要头脑清醒,要学会有选择地舍弃。如果过于贪心,梦想着鱼和熊掌可以兼得,那么,最终的结果一定是不堪重负,不但达不到目的,反而会失去现有的一切。

解除自己身上贪婪的枷锁

作为一个人,只有不做金钱的奴隶,才能看护好自己的生命。一个明智的人,生活过得可能比穷人还要简单,因为贫穷常常是智慧的土壤,它能助人洞悉生活的平淡,自古以来"成由勤俭败由奢"。我们也许改变不了世界,但我们至少可以从自己身上解除贪婪这道枷锁。

战国中期著名的思想家、道家的代表人物庄子轻视高官厚禄,追求逍遥自在。楚威王听说庄子有才干,派了使臣,带了千金重礼,聘他为相。

他对楚国使臣说:"千金是很贵重的礼物,卿相是尊贵的职位,我这样的人怎么担当得起呢。你难道没有看到祭祖用的牛吗?人们养它几年,然后给它披上绣花的衣服,送进太庙,杀了祭祀。到这时候,它即使想做一头自由自在的小牛,难道还有可能吗?你快走吧,不要玷污我,我宁可在污秽的小河中自得其乐,却不愿受国君的管束。我要终身不做官,以实现我的志向。"

许多身处逆境的人,磕磕绊绊,但靠自己的努力最终还是走向了成功,而另一些人往往被眼前的利益所诱惑,迷失了前进的方向,终身与成功无缘。在这个世界上,人是最容易被毁掉的动物,因为在人的一生中,充满了许多诱惑——金钱的魔力,地位的荣耀,名誉的光环等,它们中的任何一种,只要在人的身上滋生蔓延开来,都足以使生命的火焰减弱或熄灭。然而人又是最不容易被毁掉的动物,因为人有理智和良知,有爱和向往,有意志和判断力,它们犹如养料一样滋养着人、激励着人。在你的一生中,你的生命是否能光芒四射,绚丽多彩,关键是看你对人生的态度。

君子爱财,取之有道。得到的欣然接受,失去的坦然放手,名利如此,一切都如此。在收获与付出、得到与失去、喜悦与惆怅之间,收放自如。卡耐基说:"为所有而喜,不为所无而忧。这种习惯比收入千镑还好。"

其实,人生只是一段平平常常的旅程,有些人常常不满足,是因为贪婪,是因为他们忘记了平常的生活所蕴含的美好和珍贵。对生活,他们经常只有吞咽而无咀嚼,只是经过而不回眸,而真正的人生是一种对纷繁诱惑的超越,对生命的透彻领悟,以及一种内心坦荡明朗的境界。

淡泊名利的人容易给人一种不能大胆追求、没有远大理想的感觉。其实他们踏实沉稳地走完每一段路,对自己的事业、生活总有一个适合于自己的现实计划;而贪婪的人永远不会满足,永远会对一些无关紧要的东西表示出义愤填膺,永远觉得自己在受委屈。活得太苦太累,活得暗无天日。

智者寄语

作为一个人,只有不做金钱的奴隶,才能看护好自己的生命。

把握现在更有意义

一天,有源禅师来拜访慧海禅师,请教修道用功的方法。他问慧海禅师:"和尚,您也用功修道吗?"

慧海禅师回答:"用功。"

有源又问:"怎样用功呢?"

慧海禅师回答:"饿了就吃饭,困了就睡觉。"

有源有些不解地问道:"如果这样就是用功,那岂不是所有人都和禅师一样用功了?"

慧海禅师说:"当然不一样。"

有源又问:"怎么不一样?不都是吃饭、睡觉吗?"

慧海禅师说:"一般人吃饭时不好好吃饭,有种种思量;睡觉时不好好睡觉,有千般妄想。我和他们当然不一样。"

这个禅宗故事指出了把握现在的重要性。而在现实生活中,很多人很少生活在现在,他们总是将时间和精力浪费于瞻前顾后这件事上。

一位智者曾说,这个世界上一大半的悲剧是因为人们的瞻前顾后而造成。这些喜欢瞻前顾后的人不但像故事中的禅师所说的那样,吃饭时不好好吃饭,睡觉时不好好睡觉,在其他时候他们同样喜欢让自己沉溺于各种痴心妄想之中,例如在工作时不好好工作,在恋爱时不好好恋爱,在娱乐时不好好娱乐。这使得他们总是在"得不到"和"已失去"两种痛苦状态间摇摆不定,并抱怨自己的人生毫无乐趣。

一位西方哲学家无意间在古罗马城的废墟里发现一尊"双面神"神像。

这位哲学家将双面神仔细打量了一番,感到很奇怪,因为他自恃学贯古今,却对这尊神像很陌生,于是恭敬地问神像:"请问尊神,你为什么一个头,两副面孔呢?"

双面神答道:"这两副面孔各有用途,一副面孔用来察看过去,一副面孔用来瞻望未来,这样我才能既记取教训又憧憬未来。"

"可是,你用哪副面孔来注视最有意义的现在呢?"先哲问。

"现在?"双面神茫然。

先哲说:"过去是现在的逝去,未来是现在的延续,你既然无视现在,即使对过去了若指掌,对未来洞察先机,那么,又有什么意义呢?"

双面神听了若有所思。突然,双面神号啕大哭起来。原来,也就是因为没有把握住"现在",罗马城才被敌人攻陷,他也因此被视为废物,被人丢弃在这废墟中的。

卡耐基曾经说过:"人要生活在今天的密封舱里,就是要人专心过好当下的生活。因为过去的已经过去,仅仅回忆是没有什么意义的。同时,人也不能总担心未来的事情,因为未来总是不确定的,我们所担心的事情多半不会发生。"这样讲并非是说过去和未来毫无意义,但是过去、未来如果同现在不能建立联系的话,它们的意义的确不大。过去的意义就在于它为我们现在的生活提供指导,它能让我们看得更清楚。未来的意义也是为我们的现在树立目标,现在的所有努力都是围绕将来的目标。只有这样的联系,才能使我们的过去、现在和未来都有意义。

智者寄语

人要生活在今天的密封舱里,就是要人专心过好当下的生活。因为过去的已经过去,仅仅回忆是没有什么意义的。同时,人也不能总担心未来的事情,因为未来总是不确定的,我们所担心的事情多半不会发生。

人生的快乐不在于拥有得多,而在于计较得少

为人处世时,不免有形形色色的矛盾、烦恼,如果斤斤计较于每一件事,那生命无疑就成为了累赘,且充斥了悲剧色彩。

人们常说:人生的快乐不在于拥有得多,而在于计较得少。仔细考虑一下,这句话实在是再明智不过的了。为人处世,不免有形形色色的矛盾、烦恼,如果斤斤计较于每一件事,那生命无疑就成为了累赘,且充斥着悲剧色彩,只有放下心中的纷扰,不再计较外物的得失,包容他人的

感谢折磨你的人

过失,拥有一个豁达、通透的心境,才能让生命更加充实,让人生更加从容。

1945年3月,罗勒·摩尔和其他87位军人在贝雅S·S318号潜艇上。当时雷达发现有一支驱逐舰队正往他们的方向开来,于是他们就向其中的一艘驱逐舰发射了三枚鱼雷,但都没有击中。那艘驱逐舰也没有发现他们。但当他们准备攻击另一艘布雷舰的时候,那艘布雷舰突然掉头向潜艇开来——可能是一架日本飞机发现了这艘潜艇,用无线电告诉了这艘布雷舰。

他们立刻潜到水下约50米的地方,以免被日方探测到,同时也准备好了深水炸弹,他们在所有的船盖上多加了几层栓子。3分钟之后,突然天崩地裂。6枚深水炸弹在他们的四周爆炸,他们直往水底——深达90米的地方潜去,他们都吓坏了。

按常识来说,如果潜水艇在不到160米的地方受到攻击,深水炸弹在离它6米之内爆炸的话,那么这艘潜艇几乎就是在劫难逃了。罗勒·摩尔吓得不敢呼吸,他在想:"这回完蛋了!"在电扇和空调系统关闭之后,潜艇内的温度升到近40度,但摩尔却全身发冷,牙齿打战,身冒冷汗。15小时之后,攻击停止了,显然是那艘布雷舰的炸弹用光以后就离开了。

这15小时的攻击,对摩尔来说,就像有1500年之久。他过去所有的生活都一一浮现在眼前,他想到了以前所干的坏事以及所有他曾担心过的一些很无聊的小事。他曾经为工作时间太长、薪水太低、升迁机会太少而发愁;他也曾经为没有钱买属于自己的房子、没有钱买部新车子、没有钱给妻子买好衣服而忧虑;他非常讨厌自己的老板,因为这位老板常给他制造麻烦;他还记得每晚回家的时候,自己总感到非常疲倦和难过,常常为一点小事跟自己的妻子吵架;他也为自己额头上的一块儿小疤发愁过。

摩尔说:"多年以来,那些令人发愁的事在我看来都是大事,可是在深水炸弹威胁着要把我送上西天的时候,这些事情又显得那么荒唐、渺小。"就在那时候,他向自己发誓,如果他还有机会见到太阳和星星的话,就永远永远不会再忧虑。在潜艇里那可怕的15小时里所学到的东西,比他在大学读了4年书所学到的都要多得多。

我们可以相信一句话:人生中总是有很多的琐事纠缠着我们,但是我们不能与这些琐事斤斤计较,因为心胸狭窄是幸福的天敌。

在非洲大草原上,有一种极不起眼的动物叫吸血蝙蝠。它身体很小,却是野马的天敌。这种蝙蝠靠吸食动物的血液生存。在攻击野马时,它常附在马腿上,用锋利的牙齿极其敏捷地刺破野马的腿,然后用尖尖的嘴吸血。无论野马怎么蹦跳、狂奔,都无法驱逐这种蝙蝠。蝙蝠却可以从容地吸附在野马身上,落在野马头上,直到吸饱吸足,才满意地飞去。而野马常常在暴怒、狂奔、流血中无可奈何地死去。动物学家们在分析这一问题时,一致认为吸血蝙蝠所吸的血量是微不足道的,远不会让野马死去,而野马的死亡是由它暴怒的习性和狂奔所致。

与野马类似,生活中,击垮众人的,有时并不是那些看似灭顶之灾的挑战,而是一些微不足道的、鸡毛蒜皮的小事。如果人们把大部分时间和精力无休止地消耗在这些鸡毛蒜皮的小事之中,最终就会一事无成。生活要求人们不断地清点,看看忙忙碌碌中,哪些是重要的,是必要的,哪些是不重要的,或者无须劳神去忙的,然后,果断放下那些无益的事情,不去理它们。

智者寄语

人生中总是有很多的琐事纠缠着我们,但是我们不能与这些琐事斤斤计较,因为心胸狭窄是幸福的天敌。

放低幸福的标准,从生活的细微处求得快乐

不要把幸福的标准定得太高,生命中的任何一件小事只要你细心品味过,可以说都与幸福有关。因为无论怎样,幸福都只是一种感觉而已。

有个哲学家不小心掉进了水里,被救上岸后,他说出的第一句话是:呼吸空气是一件多么幸福的事。

空气,我们看不到,也很少人想看到。但失去了它,你才发现,我们不能没有它。后来那位哲学家活了整整100岁。临终前,他微笑着宁静地重复那句话:"呼吸是一件幸福的事,换句话说,活着是一件幸福的事。"

每个人对幸福都有自己不同的定义。有人认为,丰衣足食、居有定所,一生吃穿不愁、生活舒适就是幸福;有人认为,雁过留声、人过留名,身后能为世界留点遗产,在世界留点名声,功成名就就是幸福;有人认为两情相悦,与爱人厮守一生,爱情永恒就是幸福;有人认为,健康平安,无疾而终就是幸福;还有人认为,有权有势,安车当步,前呼后拥,"革命的小酒天天醉""革命的小步天天舞"就是幸福。幸福是因感觉而生的,因人而异。

不同的时候有不同的幸福。同样一个人,当他饥饿口渴时,他会觉得一块番薯、一口凉水就是幸福;当他吃饱喝足后,山珍海味、玉液琼浆也成了负担。家庭和睦时,天伦之乐、好友相聚、心情愉悦,一杯浓酒是幸福;冤家聚头、心情凄苦,一杯淡酒是毒汁。

简单是一种幸福。因为简单,我们可以省去许多麻烦和苦恼,本身就是幸福;因为简单,我们可以保留一种轻松、平静的心态轻装上阵,快意人生,成就幸福;因为简单,在我们生命即将重新轮回的时候,我们可以因为没有虚掷光阴而最后一次品味幸福。

享受大自然,享受自己的劳动成果这就是一个人的幸福标准,的确,这样的幸福标准可能很低,但你却会因此而幸福一生,也可能你觉得这样的幸福标准太安于现状,因而显得庸庸碌碌,把幸福的标准确立在能力所及的范围之内,所以幸福变得唾手可得,因此你每天都生活在快乐之中。假设你将幸福的标准确立在汽车、洋房之上,并为此而费尽心思,奔波劳碌,但终究遥不可及,还有幸福可言吗?因此说:幸福的标准要定得低一些。

把幸福的标准定得低一点,不是庸碌无为,也不是缺乏进取心,做任何事都应该量力而行,鹰击千里,是因为它练就了搏击的本领,才有宏图大展的志向,设想:如果一只家鹅非要效仿天鹅在蓝天白云之间一展舞姿,结果会怎么样呢?

曾经,一个富人和一个穷人谈论什么是幸福。

穷人说:"幸福就是现在。"

富人看着穷人的茅舍,破旧的衣着,轻蔑地说:"这怎么能叫幸福?我的幸福可是百间豪宅,千名奴仆啊。"

不久后的一天,一场大火把富人的百间豪宅烧得片甲不留,奴仆们各奔东西。一夜之间,富人沦为乞丐。

炎热的夏天,汗流浃背的乞丐路过穷人的茅舍,想讨口水喝。穷人端来一大碗清凉的水,问他:"你现在认为什么是幸福?"

乞丐眼巴巴地说:"幸福就是此时你手中的这碗水。"

"幸福就是能够尽快凉快下来。"

"幸福就是马上能够解渴。"

平安是福,你可能日出而作、日落而息,整日辛苦奔波,但付出却与收入大相径庭,你可能为此耿耿于怀,闷闷不乐,想一想:有多少人再也看不到新一天的阳光,有多少人再也不能在日落之时推开早起亲手关闭的家门时,你会感到疲惫不堪也是一种幸福,你可能在寒风中抑或是烈日下在你孩子所在的校门前徘徊了很久,可能为此耽误了朋友的聚会抑或是一场精彩的足球比赛,你可能为此恼怒不已,想一想:俄罗斯那些被恐怖分子当作人质的学生再也不能回到亲人的怀抱时,你会感到被老师留在学校改作业也是一种幸福!

健康是福,我听说过这样一句话:当我为没有鞋子穿而哭泣的时候我却发现有人没有脚。所以说生活在这个世界上不要总是牢骚满腹,不要总是怨天尤人,你可能没有更多的金钱去游览名山大川或出国观光,想一想:那些只能透过窗口看世界的人们,你会感到骑上单车奔驰在原野,感受麦苗黄、豆花香、阳光暖其实也是一种幸福!你可能没有更多的金钱去购买宽敞的住房或名牌的服装,想一想:那些每天躺在病床上深受病痛折磨的人们,你会感到身居陋室,感受会心的笑、饭菜的香、团圆的乐那才是一种真正的幸福!

智者寄语

能够过自己喜欢过的生活,做自己喜欢做的事,就是真正的幸福。当你可以活着、笑着、哭着、吃着、睡着,真真实实地感受到生命的流动,你的存在就是一种幸福。把幸福的标准定得低一点,享受每天的阳光、享受每天的健康、享受每天的平安就是幸福!

知足常乐

有不少人甚至很多人并非为了自己的感觉,而是为了他人的观瞻在建设自己的人生和生活。因而窥察别人的生活与家庭便成了他们生活的另一部分。他们的生活好像就是以这两部分组成的:一是生活给人看,二是看别人生活。

他们同情别人生活的不幸而自觉着幸福。他们评价着别人的是非长短而深觉自己又高尚又美好。于是,他们也无法不提高了警惕地想到,人家将对自己的生活怎么说。这是一个极大的困扰,他们无法解脱这个困扰。他们很沉重,无法轻装上阵。为了这个困扰与顾虑,他们自己的感觉反倒下降,反倒被自己忽略。他们心里充满了奇特的自尊与自卑。别人的目光对于他们是那么重要,使他们不安。

如果得不到公众的承认与肯定,他们再幸福也不幸福了,再快乐也不快乐了。他们自己无法证明自己的幸福,他们的幸福无法由自己验明。他们被动地生活,寻找幸福,又常常寻找不着,因为他们出发时就迷路了。幸福就是自己觉得幸福道理谁都懂。可是却非人人都能做到知足常乐,心如止水,真正视富贵如浮云的人又有几个?

每当心清苦闷的时候,或忙了一阵觉得困乏的时候,或偶尔对例行工作觉得厌烦的时候,我们可以勉强自己到街上去走走看看。也许那天是个烈日炎炎的大热天,时间正是中午。这时在街上,就会看见一些汗流满面的人,拉着车子或挑着担子,在为生活奔忙。

偶尔也会看见一两个穿得破旧的女人,背上背着孩子,手中还牵着一个,另外一只手则提着篮子,从不知多远的地方来,向不知还有多远的地方去。

也许那是一个凄风苦雨的夜晚,行人稀少,却仍有一两个寂寞的卖面的摊贩,在黯淡的街角等待他们的主顾。他累了一天,也盼望了一个晚上,却不见得能得到他所希望得到的。

街角那家水果店的女孩子,正拖着她站酸了的双脚,用她粗糙的双手清扫果皮、清点货物。她一脸的疲倦和耐苦的表情,而她必须承认:她睡上四五小时之后,接着而来的仍然是同样劳累的一天,又一天。

这些人,他们辛苦劳碌,无非为的是生活。

我们随时会看到辛苦的,活得没有意义的,像骆驼一样负担沉重的人们。单单只是"生活",已经使他们疲于奔命。但他们仍然可以把希望放在明天或将来不知的哪一天,他们只单纯地希望有一天自己可以不这样劳累,就心愿已足。

但是,每当一个人最起码的愿望满足之后,他必定还要有第二个愿望;而且将来还会接着有更多更大的愿望。没有一个人认为他自己的生活中已经不再缺少什么。假如他退居一个恶劣的生活环境中时,他会向往或怀念这种生活;但是他自己置身在值得满意或甚至于值得艳羡的生活中的时候,他总还是觉得贫乏和不如意。

当然,往好的方面说,由于我们时常不满意自己的现状,我们才会拿出更多的智力和体力,去求得更大的进步,我们才会有更多的创造与发明。但是,往坏的方面说,一个人如果只是消极地对生活不满意,消极地厌倦和抱怨,那就只能说是一种对自己幸运的忘恩负义。因为无论我们是不是认为自己已经够苦,总还有那些比我们活得更辛苦更没有意义甚至于看来更没有希望的人们,而他们却是在那里认真地抱着希望地活着。他们心里想,如果他们有一天能达到我们现在所过的生活,他们一定要用最大的虔诚去感谢他们所信的不论是什么神。他们一定会觉得心满意足,不再会有任何奢望苛求了。

每一个人都不免有时厌倦、烦闷和不满足。逢到这种时候,就是我们把自己设想到一个更没希望,更辛苦,更困难的境地的时候。这时候是需要有一点知足常乐的幸福心境的,幸福是需要比较的,它没有止境,没有标准,而只是看你对它的认识如何,以及看你对它怎样解释而已。

一个婴儿刚出生就夭折了。一个老人寿终正寝了。一个中年人暴亡了。他们的灵魂在去天国的途中相遇,彼此诉说起了自己的不幸。

婴儿对老人说:"上帝太不公平,你活了这么久,而我却等于没活过,我失去了整整一辈子。"老人回答:"你几乎不算得到了生命,所以也就谈不上失去。谁受生命的赐予最多,死时失去得也最多。长寿非福也。"中年人叫了起来:"有谁比我惨!你们一个无所谓活不活,一个已经活够数,我却死在正当年,把生命曾经赐予的和将要赐予的都失去了。"

他们正谈论着,不觉到达天国门前,一个声音在头顶响起:"众生啊,那已经逝去的和未曾到来的都不属于你们。你们有什么可失去的呢?"三个灵魂齐声喊道:"主啊,难道我们中间没有一个最不幸的人吗?"上帝答道:"最不幸的人不止一个,你们全是,因为你们全都自以为所失最多。谁受这个念头折磨,谁的确就是最不幸的人。"

一位朋友谈到他亲戚的姑婆,一生从来没有穿过合脚的鞋子,常穿着巨大的鞋子走来走去。儿子晚辈如果问她,她就会说:"大小鞋都是一样的价钱,为什么不买大的?"每次我转述这个故事,总有一些人笑得岔了气。其实,在生活里我们会看到很多这样的"姑婆"。没有什么思想的作家,偏偏写着厚重苦涩的作品;没有什么内容的画家,偏偏画着超级巨画;经常不在家的商人,却有非常巨大的家园。许多人不断地追求巨大,其实只是被内在贪欲推动着,就好像买了特大号的鞋子,忘了自己的脚一样。不管买什么鞋子,合脚才是最重要,不论追求什么,总要知足

感谢折磨你的人

常乐。

生命之舟载不动人太多的物欲和虚荣,在抵达彼岸时要学会轻载。

有一位禁欲苦行的修道者,准备离开他所住的村庄,到无人居住的山中去隐居修行,他只带了一块布当作衣服,就一个人到山中居住了。

后来他想到当他要洗衣服的时候,他需要另外找一块布来替换。于是他就下山到村庄中,向村民们乞讨一块布当作衣服,村民们都知道他是虔诚的修道者,于是毫不考虑地就给了他一块布,当作换洗用的衣服。

当这位修道者回到山中之后,他发觉在他居住的茅屋里面有一只老鼠,常常会在他专心打坐的时候来咬他那件准备换洗的衣服,他早就发誓一生遵守不杀生的戒律,因此他不愿意去伤害那只老鼠,但是他又没有办法赶走那只老鼠,所以他回到村庄中,向村民要了一只猫来饲养。

得到了一只猫之后,他又想到了:"猫要吃什么呢?我并不想让猫去吃老鼠,但总不能跟我一样只吃一些水果与野菜吧!"于是他又向村民要了一只乳牛,这样一来那只猫就可以靠牛奶维生。

但是,在山中居住了一段时间以后,他发觉每天都要花很多的时间来照顾那只母牛,于是他又回到村庄中,他找到了一个可怜的流浪汉,于是就带着这无家可归的流浪汉到山中居住,帮他照顾乳牛。

那个流浪汉在山中居住了一段时间之后,向修道者抱怨说:"我跟你不一样,我需要一个太太,我要正常的家庭生活。"修道者尚且不能做到知足,怎能要求为他服务的平凡人呢?

有一个农夫,日出而作,日落而息。辛勤耕作在田间,日子过得虽说不上富裕,倒也和美快乐。一天晚上,农夫做了个梦,梦见自己得到了十八个金罗汉。说来也巧,第二天,农夫在田野里竟然真的挖到了一个价值连城的金罗汉,他的家人和亲友都为此感到高兴不已,可农夫却闷闷不乐,整天心事重重,别人问他:"你已经成了百万富翁,还有什么不满意的呢?"

农夫回答说:"我在想,另外十七个罗汉到哪儿去了。"看来不能知足常乐的人,即使得到了一个金罗汉,生活中也不会快乐。有时真正的快乐是和金钱无关的,那需要一种知足常乐的心境。

智者寄语

每一个人都不免有时厌倦、烦闷和不满足。逢到这种时候,就是我们把自己设想到一个更没希望,更辛苦,更困难的境地的时候。这时候是需要有一点知足常乐的幸福心境的,幸福是需要比较的,它没有止境,没有标准,而只是看你对它的认识如何,以及看你对它怎样解释而已。

随遇而安也是一种美

在一个电视"脱口秀"式节目中,那位主持人道:"现在有哪位自认是我们的听众当中最年老的妇人?"

"我想我最老,"一位微笑着的老妇人回答说,"我今年89岁。"

那主持人说道:"老祖母,您看来真是非常快乐,您可不可以给我们年轻的一代一点追求幸福的暗示?"

"我从来没有追求过幸福,年轻人,"老祖母说,"我只是随遇而安,时常找个地方坐坐休息,让幸福来追求我。"

知足者常乐,能忍者自安。这话乍一听好像不仅傻得冒泡,似乎还懦弱得可怜。细细地品味却并不无道理。现实中往往有许多看不惯的事情、不合理的现象,却有人推崇备至,有人欢呼喝彩,以至流行甚广。而你追求真善美的旨意不改,又能何防?又能何为?逆潮流而行会被人嘲讽为腐朽,大浪不只淘沙而且淘心。心眼活的人要比刻苦认真的人常常春风得意。

不是吗?讲真话的人在单位受人排挤、受领导排斥,在社会让人小看、被人歧视,有时甚至被人愚弄。说实话的人又何不如此呢?不被人暗算就是幸运大吉了!怎么样?冤屈窝心吧!心里总是不平衡。可你又能上哪去说?又能和谁倾诉?想一想还真抹不开那个情面。只能忍气吞声善罢甘休。恰恰心里又积郁沉闷。倒不如想开些我行我素、顺其自然、心气顺一点比什么都好,随遇而安也是一种不错的生活方式嘛!

社会是一个大染缸,赤橙黄绿青蓝紫。但不能把作为人的本色:真诚善良、知恩图报淹没或丢弃。往往有人刚刚吃完奶,背转身去就骂娘,占尽了风光、捉弄尽了人,还要讥笑你傻、嘲讽你蠢。愤懑生气吗?庄重好强者觉得这种人不值一提。找谁评理去?谁给你做评判?只有问天地良心。而他人又振振有词:人不为己天诛地灭。悖理有时比真理还颠扑不破。闲气惹得满心不悦,不如从一而善,恕他人意愿善终而结。落一个问心无愧、心安理得何乐而不为呢?

命运是不公平的,生活中上帝的宠儿每每有之。厄运的主顾也不乏其人。有谁能说得清这是为什么?也许我们只做好在亚热带生存的准备,命运却把你放到西伯利亚。不是这样吗?我们这一代人接受了够多的正统教育,一切真善美,一切假丑恶都被理想化、绝对化了。生活中的坎坷、曲折,在想象中是那么遥远,那么小比例,以至忽略了,当生活展现在我们面前时,现实与侥幸想象的距离,使我们愕然,使我们迷惘,以至使自己或多或少地走向歧途,更多时是随波逐流。顺境令你忘乎所以,逆境又足以摧毁你对生活刚刚建立起来的信心。朦胧地意识到自己的不足时,却早已被时代的巨轮甩下了令人惊悚的距离,醒来已误。

现实不由你愿意与否,不容你承受住与否。现实毕竟就是现实。机遇、性格、环境等等因素决定了的命运;历史的、社会的,主观的、客观的,先天的、后天的,各种因素组成造就了自己今天的现状。埋怨哀叹吗?人之常情,恰又无济于事。只能立足现实,希望厄运离去再不复返;希望寄托在儿女身上看到自己的理想实现。但仅仅是希望与争取,一旦失控失落岂不又是失望吗?不如从从容容面对生活、面对现实,尽心尽意尽自己该尽的责任。尽善尽美似乎很难,不空留遗憾、不徒留长叹,不也可以让自己活得坦然,过得踏实?

出世修炼固然能避开滚滚红尘中的嘈杂声啸,可以舍老弃小、抛家弃业。可人性、道德、良知的真又在哪?善又何谈?美又从何说起呢?但要做到出污泥而不染又谈何容易?不被爱所迷,不被情所惑,非常人能抗拒得了。也许只有佛性定足的人才会看山不是山,看水不是水,禅定在心不为之所动。而我们这些食人间烟火的一介草民,又岂能摆脱爱恨情仇的八方围剿十面埋伏。抑或在无意间陷入情感游戏中,又怎能驾驭得了自己的情感方向呢?也许是命运与你开一个善意的玩笑?或许是别有用心的人把你戏弄?又怎能奈何得了?懊恼沮丧吗?后悔莫及,何必徒劳伤感呢?真与假、善与恶、美与丑永远是并存的。何不从这中间得到超度,善解他人释

感谢
折磨你的人

放自己;善待自己宽容别人。怀揣一颗感恩的心,怀抱一腔感激的心,化解心愁,消除怨恨,随遇而安,让自己开开心心、快快乐乐!

人生能有几多愁,一腔苦水泪双流。在生命的长河中,有旋涡、有波涛,有漂浮的时刻,有沉沦的瞬间,有风平浪静时的无聊,有逆水行舟时的艰难。眼泪就是心的河流,而你整日躺在心河之中悲悲啼啼、哀哀泣泣也于事无补。幸福不是永恒的,苦难才是不朽的。生活本身就是生命的秘密,在心灵的天平上只有善良才是永恒的。甭管它傻也好,憨也罢,只要善行布施于天下,我心我善,我行我善,让心灵净化,让生命充实就好。

世间事,错综纷纭,变化莫测,犹如一局令人目不暇接的棋局,真正的高手不着一子,却已成竹在胸,胸中自有雄兵百万。

世事如棋局,然而,弈棋毕竟不是人生,人生的情感体验,纠缠于熙熙攘攘的社会之间,无所不容,无处不在。

如果把人生比作一面镜子,镜子是一种日常生活用品,不但有它的实用意义,而且也有它的金钱价值,一旦把它打破了,人们方才醒悟,原来这镜子并非是"永恒之物"。人生也是如此,光阴荏苒,岁月如水般流逝。

苦与乐并非两种境况,全在于人的心境,全在于人用什么样的心态对待生活。在困苦的逆境中能够把握方向,不屈奋斗,常常可以感受到内心奋斗的喜悦,这种拼搏的喜悦才是人生的真正乐趣。

如果在得意时骄纵狂妄,往往会为日后种下祸患的根苗,乃至造成人生的悲剧。环境常有不尽如人意的时候,问题在于个人怎样面对逆境。知道人力不能改变的时候,就不如面对现实,随遇而安。

> 苏轼的友人王定国有一名歌女,名叫柔奴,眉目秀丽,善于应对,她家世代居住京师,后来王定国迁官岭南,柔奴随往,多年后,又随王定国返还京师。苏轼去拜访王定国时见到柔奴,问她:"岭南的风土应该不好吧?"柔奴却答道:"此心安处,便是吾乡。"苏轼闻之,心有所感,遂填了一首《定风波》,这首词中写道:
> 常羡人间琢玉郎,天应乞与点酥娘。
> 自作清歌传皓齿,风起,雪飞炎海变清凉。
> 万里归来年愈少,微笑,笑时犹带岭梅香。
> 试问岭南应不好?却道:此心安处是吾乡。

在苏轼看来,偏远荒凉的岭南不是一个好地方,但柔奴却能像生活在故乡京城一样处之安然。是啊,人生其实就是许多偶然境遇的堆积,而必然的却是你对这些境遇的态度,是你与境遇从陌生到熟悉、从抵触到融汇的过程。我们改造着境遇,同时为境遇所改造。所以,随遇而安不失为一种洒脱、达观的人生态度。只要有自己精神的家园,到哪里都一样。

我们说顺应自然,不是说消极地去顺应自然,而是积极地顺应自然。消极地顺应自己就是把自己交给了自然,自然是什么样,我们就承认它是什么样,仅对它的表面进行直观的、肤浅的了解;自然是怎么样,我们就怎么样;自然有什么要求,我们就怎样地按照它的要求去做。自然在我们的面前随心所欲,为所欲为,我们也只有接受它,顺从它,丝毫不敢违背它,抗拒它,做自然的奴隶。消极地顺应自然还不承认人与自然的矛盾,更不承认冲突。一句话,不承认顺应自然中的辩证关系。积极地顺应自然和消极地顺应自然正好相反,它既要求我们尊重自然,也要求我们去认识了解自然,并通过自然的现象,经过我们主观进行加工,去粗存精,去伪存真,由表及里,认识自然的本质,达到一种随遇而安的自然之道。

只要有自己精神的家园,到哪里都一样。

放下包袱,你会快乐一生

在人生的旅途中,一个人如果喜欢把自己所遇到的每件东西都背上,身上负重,这样就会感觉到非常的累,保证不了哪天会因身负如此沉重的东西而停滞不前或倒地不起。在车站,我们看到走得最累的是那些背着大包小包的人。这就告诉我们一个道理:"只有携带越少才会越超脱,一个人越是淡泊精神就越自由。"

一个青年背着个大包裹千里迢迢跑来找无际大师,他说:"大师,我是那样地孤独、痛苦和寂寞,长期的跋涉使我疲倦到极点;我的鞋子破了,荆棘割破双脚;手也受伤了,流血不止;嗓子因为长久的呼喊而喑哑……为什么我还不能找到心中的阳光?"

大师问:"你的大包裹里装的什么?"青年说:"它对我可重要了。里面装的是我每一次跌倒时的痛苦,每一次受伤后的哭泣,每一次孤寂时的烦恼……靠着它,我才能走到您这儿来。"

于是,无际大师带青年来到河边,他们坐船过了河。上岸后,大师说:"你扛了船赶路吧!""什么,扛了船赶路?"青年很惊讶,"它那么沉,我扛得动吗?""是的,孩子,你扛不动它。"大师微微一笑,说:"过河时,船是有用的。但过了河,我们就要放下船赶路,否则,它会变成我们的包袱。痛苦、孤独、寂寞、灾难、眼泪,这些对人生都是有用的,它能使生命得到升华,但须臾不忘,就成了人生的包袱。放下它吧!孩子,生命不能太负重。"

青年放下包袱,继续赶路,他发觉自己的步子轻松而愉悦,比以前快得多。

原来,生命是可以不必如此沉重的。能够放弃是一种跨越,学会适当放弃,你就具备了成功者的素质。

一个人在处世中,拿得起是一种勇气,放得下是一种度量。对于人生道路上的鲜花、掌声,有糊涂智慧的人大都能等闲视之,屡经风雨的人更有自知之明。但对于坎坷与泥泞,能以平常之心视之,就非常不容易。大的挫折与大的灾难,能不为之所动,能坦然承受,则是一种胸襟和度量。

宋朝的吕蒙正,被皇帝任命为副相。第一次上朝时,人群里突然有人大声讥讽道:"哈哈,这种模样的人,也可以入朝为相啊?"可吕蒙正却像没有听见一样,继续往前走。然而,跟随在他身后的几个官员,却为他鸣起不平来,拉住他的衣角,一定要帮他查出究竟是谁如此大胆,敢在朝堂上讥讽刚上任的宰相。吕蒙正却推开那几个官员说:"谢谢你们的好意,我为什么要知道是谁在背后说那些不中听的话呢?倘若一旦知道了是谁,那么一生都会放不下的,以后怎么安心地处理朝中的事?"

吕蒙正之所以能成为大宋的一代名相,其根源正是他有能"放下一切荣辱"的胸襟。

这就是拿得起放得下。正如我们人生路上一样,大千世界,万种诱惑,什么都想要,会累死你,该放就放,你会轻松快乐一生。

人生苦短,每个人都会有得意、失意的时候,世上没有一条直路和平坦的路,又何必痴求事事如意呢？如若烦忧相加、困扰接踵，对身心只能有害无益。

我们应该保持心静如水、乐观豁达，让一切随风而来，又随风而去，且须从心底经常及时剔除，心房常常"打扫"，方能保持清新亮堂。正如我们每天打扫卫生一样，该扔的扔，该留的留。心灵自然会释然，继而做到胸襟开阔，积极向上，在人生之路上走得更潇洒。

生活中，有时不好的境遇会不期而至，搞得我们猝不及防，此时我们更要学会放弃。

诗人泰戈尔说过："当鸟翼系上了黄金时，就飞不远了。放弃是生活时时处处应面对的清醒选择，学会放弃才能卸下人生的种种包袱，轻装上阵，安然地对待生活的转机，度过人生的风风雨雨。"

智者曰："两弊相衡取其轻，两利相权取其重。"

古人云："塞翁失马，焉知非福。"选择是量力而行的睿智和远见，放弃是顾全大局的果断和胆识。

人生如戏，每个人都是自己生命唯一的导演，只有学会选择和放弃的人才能够彻悟人生，笑看人生，拥有海阔天空的人生境界。

有个人刚刚参加了一个特别的葬礼：一位在某医院工作、年仅二十多岁的女孩，由于长达五年的恋爱失败而自杀，那个女孩不仅生得美丽，而且善良，孝顺父母，又有着令人羡慕的稳定工作。在沉痛的哀乐声中那个人泪流满面，女孩的白发苍苍、心力交瘁的老父老母更是痛不欲生，生前的亲朋好友也都低声哭泣为之惋惜。那个女孩在人生的转折处做了一个错误的抉择：她选择了在痛苦中静静地离去，在静静的离去中摆脱痛苦，然而，这个女孩的这种做法却给活着的亲朋好友留下了更多的痛苦。

其实，如果她能看得开，能够放下心头的这个包袱，事情也许会是另外一种结局。人生为何不看开一点呢？

在许多时候，我们都会讨论一个共同而永久的话题："人的一生该怎样才能够让自己拥有快乐？"从乡野莽夫到名人圣贤，各个阶层、不同经历的人都会有各自独特精辟的观点，有的人会以舍生取义精忠报国为乐；有的人会以不断进取来实现自己的理想为乐；也有的人会以不择手段来满足一己之欲为乐……其实一个人要想获得真正的快乐，只有卸下装在身上的包袱，只有用心来体验的快乐才是真正的快乐。

智者寄语

尽管人生短暂但却如此的美妙和精彩，那就让我们的身心减少些包袱，只有卸下了种种包袱，轻装上阵，从容地等待生活的转机，不断有新的收获，踏过人生的风风雨雨，才能懂得放手和享有，才能拥有一份成熟，活得更加充实、坦然和轻松。

有舍才能有得

舍得既是一种生活的哲学，更是一种做人的智慧。舍与得就如水与火、天与地、阴与阳一样，是对立统一的矛盾概念，相辅相成，存于天地，存于人生，存于心间，存于微妙的细节，囊括了万物运行的所有机理。万事万物均在舍得之间，达到和谐，达到统一。要得便须舍，有舍才有得。

也许在舍去的当时是痛苦的，甚至是无奈的选择。但是，若干年后，当我们回首那段往事时,我们会为当时正确的选择感到自豪,感到无愧于社会、无愧于人生。也许正是当年的放,才到达今天的光辉极顶和成功彼岸。

英国著名诗人济慈本来是学医的,后来发现了自己有写诗的才能,就当机立断,放弃了医学,把自己的整个生命投入到诗歌中。他虽然只活了二十几岁,但他为人类留下了许多不朽的诗篇。马克思年轻时曾想做个诗人,也曾经努力写过一些诗(后来他自称是胡闹的东西),但他很快就发现自己的长处和兴趣并不在这里,便毅然放弃做诗人的梦想,转到社会科研上面去了。如果他们两个人都不认识自己,没有找准自己的位置,那么英国至多不过增加了一位庸医,而在国际共产主义运动史上也肯定要失去一颗闪耀的明星。

罗大佑的《童年》《恋曲1990》等经典歌曲影响和感动了一代人。罗大佑起初是学医的,后来他发觉自己对音乐情有独钟,所以他弃医从乐,他的选择是对的。

舍得,并不意味着失去,因为只有舍得才会有另一种获得。要想采一束清新的山花,就得舍去城市的舒适;要想做一名登山健儿,就得舍去娇嫩白净的肤色;要想有永远的掌声,就得舍去眼前的虚荣。

有这样一个寓言故事:

一个智者带着一个年轻人打开了一个神秘的仓库。这仓库里装满了放射着奇光异彩的宝贝。仔细看,每个宝贝上都刻着清晰可辨的字纹,分别是:骄傲,正直,快乐,爱情……

这些宝贝都是那么漂亮,那么迷人,年轻人见一件,爱一件,抓起来就往口袋里装。

可是,在回家的路上,他才发现,装满宝贝的口袋是那么的沉。没走多远,便觉得气喘吁吁,两腿发软,脚步再也无法挪动。

智者说:"孩子,我看还是丢掉一些宝贝吧,后面的路还长着呢!"

年轻人恋恋不舍地在口袋里翻来翻去,不得不咬咬牙丢掉两件宝贝。但是,宝贝还是太多,口袋还是太沉,年轻人不得不一次又一次地停下来,一次又一次咬着牙丢掉一两件宝贝。"痛苦"丢掉了,"骄傲"丢掉了,"烦恼"丢掉了……口袋的重量虽然减轻了不少,但年轻人还是感到它很沉,很沉,双腿依然像灌了铅一样重。

"孩子,"智者又一次劝道,"你再翻一翻口袋,看还可以丢掉些什么。"

年轻人终于把沉重的"名"和"利"也翻出来丢掉了,口袋里只剩下"谦虚""正直""快乐""爱情"……一下子,他感到说不出的轻松和快乐。但是,他们走到离家只有一百米的地方,年轻人又一次感到了疲惫,前所未有的疲惫,他真的再也走不动了。

"孩子,你看还有什么可以丢掉的,现在离家只有一百米了,回到家,等恢复体力还可以回来取。"

年轻人想了想,拿出"爱情"看了又看,恋恋不舍地放在了路边。

他终于走回了家。

可是他并没有想象中的那样高兴,他在想着那个让他恋恋不舍的"爱情"。智者过来对他说:"爱情虽然可以给你带来幸福和快乐。但是,它有时也会成为你的负担。等你恢复了体力还可以把它取回,对吗?"

第二天,他恢复了体力,按着昨天的路拿回了"爱情"。他真是高兴极了,他欢呼,他雀跃。他感到了无比的幸福和快乐。这时,智者走过来触摸着他的头,舒了一口气:"啊,我的孩子,你终于学会了放弃!"

不懂得放弃的人,在生活中总将两眼盯在眼前的标杆上,一生就像北方腊月的浓雾,模糊不辨方向。就只管一路向前走,不思考,不回头,越走路越窄,最后不知不觉钻进了牛角尖。然后便一味地自怨自艾,自暴自弃,于是青春美丽的容颜与悠悠岁月擦肩而过,恰如风过竹面,雁过长空,就像苏东坡的一声人生长叹"事如春梦了无痕"。

舍不得放弃的心绪,像一茎寂寞的芦苇,独立在夜风中守望,把自己幻成一季秋色,再从烟黄的旧页中只能握住一把苍凉……

如果我们永远凭着过去生活的惯性,日常世故的经验,固守已经获得的功名利禄,想要获取所有的权钱职位,什么风头利益都要去争,什么样的生活方式都让我们眼花缭乱,什么朋友熟人都不愿得罪,这样我们会疲于应付,把很多时间和精力都花在无谓的纷争上,所以舍得舍得,舍去了才能有所得。

智者寄语

舍得,是一种精髓;舍得,是一种领悟;舍得,更是一种智慧,一种人生的境界。

用比较减少心中的烦恼

要想改变我们的认知和感受,最有效的方法之一便是运用比较的方式。在西方,有这么一句著名的话:"一个女孩因为没有鞋子而哭泣,直到她看见一个没有脚的人才停止。"很多时候,我们对自己所拥有的视而不见,不知珍惜,但当我们看到比自己更不幸的人时,我们才会翻然悔悟,才会庆幸自己的处境,才会体验到自己是多么幸运。

有很多人认为自己不够聪明,并为此自怨自艾,那么你读一下丘吉尔的故事,也许就会改变你原来的想法。

名闻全世界的英国首相丘吉尔,小时候是一个非常愚钝的小孩,他曾经自述说:"大体而论,学校生活相当使我沮丧。所有和我年纪相仿的人,似乎在游戏或功课上,他们都远比我强。每种竞赛一开始就完全落后,那种滋味可真不好受。"

他年满12岁,由于考试成绩不佳,被编入哈尔公学最低年级的基础班,其后将近一年,他始终停留在那不体面的境地。聪明的学生都兼读希腊文、拉丁文,他却不能。

他的那一班被学校认为是"放牛班",只配读本国语言——英文。而他又是班上最愚钝的学生,仅读英文也要比别人多花三倍的时间才读完三年级,而且,他始终没有能在哈乐公学初中毕业。

小时候那样愚笨的丘吉尔,长大之后却成了英国历史上最有名的首相,成了抗击法西斯的英雄,我们与丘吉尔相比,还有什么值得自卑呢? 不但是丘吉尔,爱因斯坦、爱迪生小时候也很笨,但后来都成为改变人类历史的巨人。

在遭遇了不幸时,习惯于自我惩罚、自我折磨的人,一般视野比较狭窄,思维比较封闭。他们的眼睛往往死死地盯在自己遇到的困难、挫折和失败上,结果把困境看得越来越死,越来越大,以至于自己被困境压得抬不起头来。实际上,他们的境况一般并没有他们想象或感觉到的那么严重和可怕。如果用一个新的参考系重新审视自己的处境,就会发现,问题并没有那么严重。

每个人都需要明白,你再不幸,这个世界上总有比你不幸的人,他们都能找到快乐,我们有什么理由不快乐?

在美国,曾经有一个叫欧普拉·温弗瑞的著名电视节目主持人。欧普拉·温弗瑞幼年时被人强暴与虐待,但她并不讳言自己过去的遭遇,结果她主持的节目打动了所有电视观众的心,许多人还在与她比较之中治愈了自己的心灵创伤。观众在观看欧普拉·温弗瑞主持的节目时感觉特别亲切,因为她经历过人间的噩梦,她了解人们心中的痛苦。

与那些比我们遭遇到的困境更严重的人比较,我们就能减轻心中的痛苦,得到心理上的安慰。受到不公正的评价或者待遇的人可以想想:有的人因为遭到诬陷,长时间蒙受不白之冤,精神和肉体都受到极大摧残,他们要比我们惨多了;因经营不善而赔钱或亏损的人可以这样想:有的人由于一次投资失误,落得个倾家荡产,甚至跳楼身亡,比起他们来,我们实在是非常幸运,我们那点挫折实在不值一提。

传说中有一个瞎子,性格非常开朗,别人问他,你为什么不为自己眼瞎而难过呢?瞎子回答说:"我难过什么呢?与聋子相比,我能听见声音;与哑巴相比,我能说话;和下肢瘫痪的人相比,我能走路,我干吗要难过呢?"

这个瞎子无疑是一位智者,他知道从与人比较中吸取精神能量,他知道自己应关注所拥有的,而不是已经失去的。知道这样比较的人就会找到幸运感,而任何人只要能找到幸运感,马上就会产生一种感恩情结,一个学会感恩的人,必然会快乐终生。

曾经沧海难为水,除却巫山不是云。与比自己不幸的人相比较我们会产生庆幸心理和感恩心态,有时候,我们与自己以前的经历比较也会庆幸目前的处境。

一位国王有一次在海上巡游时,遇上了风暴。随船护驾的士兵里有一名新兵是第一次乘船,所以害怕得又哭又叫。他不停地狂哭乱喊,船上的人几乎都受不了啦,国王也想下令把他关起来。

这时国王身旁的一位官员说:"不要关他,让我来处理,我想我可以使他马上安静下来。"官员随即命令水手将那位士兵绑起来,丢入海中。那可怜的家伙一被丢入海里,更是高声嘶喊,手脚乱舞,过了一会儿,官员叫人把他拉上船来。回到船上后,说也奇怪,那个刚才还在歇斯底里乱叫的士兵,静静地待在船舱一角,半点声音也没有啦。

国王好奇地问这个官员何以会如此?官员回答说:"在情况转为更加恶劣之前,人们很难体会自身是多么的幸运。"

心理学研究发现,人们在经历大恐惧后,对于再发生的小恐惧就会坦然接受,甚至感到庆幸。因为和曾经发生的灾难比较起来,人们会觉得如今的事情实在不算什么,从而会产生庆幸及感恩心理,并由此使自己的心情平静下来。

智者寄语

每个人都需要明白,你再不幸,这个世界上总有比你不幸的人,他们都能找到快乐,我们有什么理由不快乐?

快乐是个角度问题

人的一生总会有各种各样的经历,有些事情可以让我们欢喜,有些事情却让我们忧伤。无

感谢折磨你的人

论是快乐还是不快乐的事情,其实都是我们人生旅途中一道不可或缺的风景,正是因为有了它们的存在,才让我们感觉到生活是五味俱全的,其中的滋味不仅有甜还会有苦。只有尝过甜蜜和苦涩的人,才是真正懂得生活的人,真正能体会到人生真谛的人。其实,快乐中包含有酸甜苦辣,细细体味,别有一番滋味在心头。

很多时候,我们为了追求快乐而找寻快乐,可当自己真正抓住这个来无影去无踪的快乐时,就会猛然顿悟,其实快乐就是一种自我感受,当心情是灰色的时候,世间的一切就是灰暗的;当心情是清澈的时候,世间的一切又变成明朗的。对于同一件事,由于视角不一样,就会产生不同的感受和感悟,快乐一直都是存在的,关键在于你懂不懂得去把握,用快乐的视角去找寻快乐。

快乐存在着不同的种类而不单单只有程度的区分,人从呱呱坠地至耄耋之年,要历经坎坷风雨,品尽人生百味。不管怎样,我们还是要在平淡与苦涩中找寻那一份快乐,为生活添彩。如果快乐就在身边,就去努力抓住,拥抱快乐;如果正在承受痛苦,就要试着改变自己的视角,用心去体会其中美好的一面,亲吻快乐。任何一个人都不敢说自己的生活中没有一点苦痛,永远是快乐的,但是有的人却始终对人生持有乐观的态度和积极的心态,用美好的心情去生活。因为聪慧的人知道,世间万物都包含了苦和甜,从苦中提炼出的欢乐是快乐中最大的收获,最美丽的凯歌。

菲里普斯说:"什么叫作痛苦?痛苦是到达佳境的第一步。"痛苦与快乐就是一对不可分割的孪生姐妹,如何看待和对待她们,则是一门很大的学问。

在失落和伤痛中去找寻快乐,体味快乐,在生活中将不快乐的因素过滤掉,留下快乐的笑声,用广阔的胸襟去面对每一天。凡事都没有统一的分界线,乐观和悲观、快乐与不快乐也并非能一言论之。一个人的价值观、人生观、世界观和自己的心态、观察事物的角度,都能影响到人感受快乐的程度。其实,快乐与不快乐就是人潜意识内的思维模式和考虑问题的方法,"所有的苦痛大多来源于人的内心,属于某种自我心理暗示。"不论客观环境和条件是否艰苦,只要你内心感觉到不快乐才是真正的不快乐。反之,你通过转变视角或者换位思考,认为外在因素中包含着快乐因子,那么你所感受到的,就是每天灿烂的阳光,快乐指数立即会迅速增长。

如今的社会和外界环境都会给人在无形中带来一种压力,这种潜在的压抑心情的因素,时时刻刻都会存在,可是快乐过是一天,不快乐过也是一天,在人有限的生命和精力中,为什么不能将自己调整得快快乐乐的,做个精神焕发的人呢?

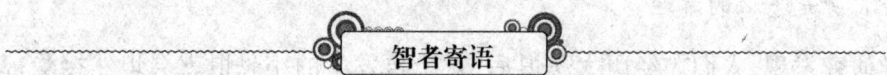

智者寄语

当我们感觉到痛苦或失落的时候,不妨试着放松自己,人生中的快乐远比你想象中的要多得多。试着转变一下视角或改善一下心态,我们将会发现,拨开乌云就会见到阳光,生活是如此的美好快乐。

吃亏就是占便宜

俗话说:"好汉不吃眼前亏。"在许多人的眼睛里,把"吃亏"看作是蠢人的行为,其实很多时候,我们的判断都是错误的,一些"亏"只不过是事情的表象而已。

任何一个有作为的人,都是在不断吃亏中成熟和成长起来的,从而变得更加聪慧和睿智。倘若有谁一旦吃亏便愁肠百结,郁郁寡欢,甚至捶胸顿足,一蹶不振,受伤者只能是自己。这种伤害,服用任何宫廷秘方都无济于事,诊治的特效药方是:吃亏就是占便宜!

如果知道以后能获得利润的话,吃点眼前亏又算得了什么?换句话说,我们不该只顾眼前,必须顾全大局。话虽这样说,做起来却是相当不容易。

日本奇士达公司,其经营理念是:"吃亏就是占便宜,所以情愿选择吃亏一途。"对于以利益为目标的企业来说,这种经营理念,实在是令人难以置信。

竞争对企业来说,是绝对目标,可是这家公司,却像是出来行善般地经营,不免令人怀疑:公司开得下去吗?会有利润吗?实际上,奇士达公司却快速地成长,成为年营业额两千亿日元的绩优公司。那些特别的经营理念,成了公司的发展商机。

企业最怕赔钱,吃亏的生意是不做的,而奇士达公司将这些没人愿意做的生意承接下来,反而没了竞争对手,生意自然好。社长铃木清一先生的良心经营,为社会提供了物品,也为自己带来财富。许多公司不愿损失,而奇士达却因为做损失的生意,反而带来商机。

吃亏,是一种境界,是一种自律和大度,是一种人格上的升华。德不高者不甘吃亏,心不诚者不愿吃亏,品不正者不肯吃亏,行不端者不能吃亏!人不能把钱带入坟墓,但钱能把人送往坟墓。人的欲望能成就一个人的事业,也能毁灭一个人的性命,成就事业的时候,辉煌无限,毁灭性命的时候,惨不忍睹!

据说有个砂石场老板,没有文化,也没有背景,但生意却出奇的好,而且历经多年,长盛不衰。说起来他的秘诀也很简单,就是与每个合作者分利的时候,他都只拿小头,把大头让给对方。

如此一来,凡是与他合作过一次的人,都愿意与他继续合作,而且还会介绍一些朋友,再扩大到朋友的朋友,也都成了他的客户。人人都说他好,因为他只拿小头,但所有人的小头集中起来,就成了最大的大头,他才是真正的赢家。

吃小亏占大便宜。但是吃亏也是有技巧的,会吃亏的人,亏吃在明处,便宜占在暗处,让你被占了便宜还感激不尽,这也是经商的智慧。人都有趋利的本性,你吃点亏,让别人得利,就能最大限度调动别人的积极性,使你的事业兴旺发达。

现实生活中,能够主动吃亏的人实在太少,这并不仅仅因为人性的弱点,很难拒绝摆在面前本来就该你拿的那一份,也不仅仅因为大多数人缺乏高瞻远瞩的战略眼光,不能舍眼前小利而争取长远大利。能不能主动吃亏,有时会和一个人的实力有关,因为吃亏以后利润毕竟少了,而开支依然存在,就很可能出现亏空,如果你所吃的亏能够很快获得报答那还挺得住,反之,吃亏就等于放血,对体弱多病的人来说,可能致命。

生活中,有些人把吃亏看作是无能的、贬义的、弱势的,可这要看是怎样的吃亏,主动的、讲方法的、有目的吃亏就像军事中运用的战术一样,我们应该认同和效仿。

善于吃亏,指的是讲求对象、方式和方法,这是很重要的。要清楚地知道什么样的亏"好吃",什么样的亏"不需要吃",什么样的亏"坚决不能吃"。

要有信心吃亏。相信有失必有得,有得必有失,生活给每个人的都是相对公平的,你得到多少与你付出的多少成正比。相信暂时的失去会赢得将来更多、更大的回报,有"以眼前的小亏换取将来的大得"的信念,所有的付出无论早晚都会有回报,不报或是时候不到,是努力不到。

智者寄语

功名利禄,皆为身外之物,生不带来死不带去。想开点,培养自己的宽厚大度,与同事相处,气量要大些,不要斤斤计较,要学会吃亏!这样做可以得到别人的理解和尊重!

甩掉虚荣，你的生活会更美丽

虚荣是心灵的毒药。虚荣的人外强中干，不敢袒露自己的心扉，给自己带来沉重的心理负担，虚荣在现实生活中只能满足一时，长期的虚荣会导致非健康情感因素的滋生。

社会上流行吃喝讲排场，住房讲宽敞，玩乐讲高档。在生活方式上落伍的人为免遭受人讥讽，便不顾自己客观实际，盲目任意设计，弄得劳民伤财，负债累累。因此我们不难看出虚荣心理可以说正是社会从众行为的消极作用所带来的恶化和扩展。

虚荣心强的人，在思想上会不自觉地渗入自私，虚伪，欺诈等因素，这与谦虚谨慎，光明磊落，不图虚名等美德是格格不入的。虚荣的人为了表扬才去做好事，对表扬和成功沾沾自喜，甚至于不惜弄虚作假。他们对自己的不足想方设法遮掩，不喜欢也不善于取长补短。

《伊索寓言》中关于讽刺人的虚荣心有这样一个故事。一天，乌鸦找到了一块肉，飞到树上，准备慢慢地吃。一只狐狸从树下经过，抬头看见乌鸦嘴里衔着肉，眼珠儿一转，心想：我一定要想办法把肉弄到手。

狐狸笑眯眯地说："啊！美丽的乌鸦，你的眼睛多么灵活！羽毛多么漂亮！身材多么好看！你的嗓子一定很甜美，你能给我唱支好听的歌吗？"

乌鸦听了狐狸恭维的话，心里美滋滋的，她想，唱歌还不容易！连忙张开嘴，"哇"地叫了一声，哪知嘴一张，肉就掉了下去，狐狸一口把肉接住了，说："谢谢你！乌鸦，你的歌声真好听！"

伟人也好，普通人也罢，都有一种虚荣心。垂垂老人，富贾大商，政坛巨匠，失魂书生，落魄乞丐，各色人等，大都爱听奉承话，大都会在"奉承话"的糖衣中陶醉。

实际上虚荣心很强的人，他们的心灵总是痛苦的，是没有幸福可言的。为了追求面子，打肿脸充胖子，内心是很空虚的。表面的虚荣与内心的空虚总是相斗争的。因此有虚荣心的人，至少受到来自两个方面的心灵折磨，一是没有达到目的之前，为自己的不尽如人意的现状所折磨；二是达到目的之后，为唯恐自己的真相露馅而受折磨。

有虚荣心的人为了夸大自己的实际能力水平，往往采取夸张、隐匿、欺骗、攀比、嫉妒甚至犯罪等手段来满足自己的虚荣心，其危害于人于己于社会都很大，因此我们必须克服虚荣心。现在，教你几种克服虚荣心方法：

（1）人应该追求内心的真实的美，不图虚名。一个人追求真善美就不会通过不正当的手段来炫耀自己，就不会徒有虚名。

（2）要正确地对待舆论，正确看待他人的优越条件，不要影响自己的进步，而应该作为自己前进的动力。

（3）正确认识自己的优缺点，分清自尊心和虚荣心的界限。

（4）诚实正直是做人最起码的要求，我们绝不能为了一时的心理满足而丧失人格，只有做到自尊自重，才不至于在外界的干扰下失去人格。

智者寄语

我们要珍惜自己的人格，崇尚高尚的人格可以使虚荣心没有抬头机会。

第五章 心态决定命运

心态好坏决定人生优势

著名成功学家拿破仑·希尔说:"人与人之间只有很小的差异,但这种很小的差异却往往造成巨大的差异,很小的差异就是所具备的心态是积极的还是消极的,巨大的差异就是成功与失败。"

有心的人会发现,随着社会经济的迅速发展,我们的生活水平与过去相比发生了天翻地覆的变化。但随着我们财富的增加,对生活的满意度却在下降;我们所拥有的东西越来越多,但是快乐却似乎越来越少;我们用于沟通的工具越来越方便,但是深入交流的机会越来越少;我们结识的人越来越多,但是真正可以谈心的朋友却越来越少……总之,随着物质财富的增加、生活方便程度的改善,似乎我们生活中该有的都有了,可就是心情不好。那么,到底哪里出问题了?

问题的关键就是我们的心态。所谓心态即心理态度的简称,包括诸种心理品质的修养和能力。换句话说,心态表现在人的意识、观念、动机、情感、气质、兴趣等心理状态的活动中,它是人的心理对各种信息刺激做出反应的趋向。人的这种心理反应趋向不论是认识性的、感情性的,还是行为性的、评价性的,都对人的思维、选择、言谈和行为具有导向和支配的作用。所以,我们有充分的理由相信:人生的成败,人生的快乐和幸福源于许多因素的影响,但起决定作用的却是心态。

生活中,很少有一帆风顺的旅程,总难免会有一些小挫折或小意外发生,如果心态不好,幸福和快乐不免就会大打折扣。任何时候,美好的风景都需要好心情才能欣赏。生活就像是一面镜子,你对它哭它就哭,你对它笑它就笑;你对它抱消极的心态,它便暗淡、减少你的快乐和幸福;你对它抱积极的态度,它便帮助你乐观地对待竞争、压力,轻松地前进、成功。

不管在什么样的生活环境下,只有当我们的心态积极健康的时候,才能正确地看待得失、成败;正确地处理竞争、压力;正确地对待他人、自己……由此可见,心态对我们的生活影响巨大。

狄更斯说:"一个健全的心态,比一百种智慧更有力量。"由于心态能左右一个人的一切,所以,无论情况好坏,都要抱着积极的心态,莫让沮丧取代希望。生命可以价值更高,也可以一无是处,关键是看一个人的心态如何。一个人有什么样的心态,便有什么样的人生。请看这样一个故事:

大概是80年前,福建某贫穷的乡村里,住着兄弟两人。他们不想在这个穷困的环境潦

感谢折磨你的人

倒一生,便决定离开家乡,到海外去谋发展。大哥好像幸运些,被奴隶般地卖到了富庶的旧金山,弟弟则被卖到比中国更穷困的菲律宾。

40年后,兄弟俩又幸运地聚在了一起。但今日的他们,已今非昔比了。做哥哥的,当了旧金山的侨领,拥有两个餐馆,两个洗衣店和一间杂货铺,而且子孙满堂。子孙中有些承继衣钵,又有些成为杰出的工程师或电脑工程师等科技专业人才。弟弟呢?居然成了一位享誉世界的银行家,拥有东南亚相当分量的山林、橡胶园和银行。经过几十年的努力,他们都成功了。但为什么兄弟两人在事业上的成就,却有如此的差别呢?

兄弟俩聚在一起,不免谈起分别以后的遭遇。哥哥说,咱们中国人到白人的社会,既然没有什么特别的才干,唯有用一双手给白人煮饭,为他们洗衣服。总之,白人不肯做的工作,咱们华人统统顶上了,生活是没有问题的,但事业却不敢奢望了。例如我的子孙,虽然读了不少书,却不敢存任何妄想,只是安安分分地去担当一些中层的技术性工作来谋生。至于要进入上层社会,恐怕很难办到。

了解到弟弟这般成功,做哥哥的不免羡慕起弟弟的幸运。弟弟却说,幸运是没有的。自己初来菲律宾的时候,也无一例外地从事一些所谓低贱的工作,但由于自己一向做事用心,不久便发现当地有些人缺乏进取精神,便着手他们放弃的事业,慢慢地收购和扩张,生意便逐渐做大了。

这是一个真实的故事,它反映了海外华人的奋斗历史,也告诉我们:影响我们人生的绝不仅仅是环境,心态控制了个人的行动和思想,同时,心态也决定了自己的视野、事业和成就。

一个人生活在社会中,总要扮演一个或多个社会角色,每个人的角色不同,那么,他或她就会有自己的特殊心态,也就必然会怀着这种心态对待生活、事业、爱情。心态能影响一个人的方方面面,进而影响到家庭、团队、组织,最后影响到社会。人的心理态度是决定人生命运的舵手。一位哲人说:"你的心态就是你真正的主人。"一位伟人说:"要么你去驾驭生命,要么是生命驾驭你。你的心态决定谁是坐骑,谁是骑师。"佛家常说:"物随心转,境由心造,烦恼皆由心生。"说的是一个人有什么样的精神状态,就会产生什么样的生活现实。歌德也曾经说过:"人之幸福在于心之幸福。"

人的生活并非只是一种无奈,它是可以由自身主观努力去把握和调控的。人生的方向是由"态度"来决定的,其好坏足以决定我们构筑的人生的优劣。心态的不同必然导致人格和作为的不同,而且会有天壤之别:不良的心态是形成不良性格与不良人生的罪恶根源,而好的心态却能带领我们走向人生的辉煌。

智者寄语

心态是我们命运的控制塔,事实上,它是我们唯一能够完全掌握的东西。只有我们建立起正确、积极的人生观、价值观,以积极、健康、乐观的心态对待生活、工作,才能获得健全又高品质的生活。

用乐观的眼光看待一切

乐观的人不论在什么地方,身处何种困境,他们都会生活得很快乐。因为快乐的人有个习惯,那就是用乐观的眼光去看待发生的一切。他们总向前看,他们相信自己,相信自己能主宰一切,包括快乐和痛苦。

的确,你自己不但可以创造快乐,而且你自己还是这些快乐的指导者。生活是你自己的一切,选择快乐还是痛苦都在你自己。

要想赢得人生,就不能总把目光停留在那些消极的东西上,那只会使你沮丧、自卑,徒增烦恼,还会影响你的身心健康。结果,你的人生就可能被失败的阴影遮蔽去它本该有的光辉。

悲观失望的人在挫折面前,会陷入不能自拔的困境;乐观向上的人即使在绝境之中,也能看到一线生机,并为此而努力。

"要看到光明的一面。"一个年轻人对他的牢骚满腹、愁眉不展的朋友说。

"但是,没有什么是光明的。"他的朋友心事重重地回答。

"那就把不光的一面打磨一下,让它显出光亮不就得了!"

是的,任何事物总有光明的一面,我们应该努力去发现,甚至去创造。

有两个穷困潦倒的人,手里都只有一元钱了,悲观的一位说:"咳,只剩这一元钱了!"

而另一位则乐呵呵地说:"嗨,我还有一元钱呢!"

可见,对同样的情境,乐观者会看到生活中积极的一面,因而感到愉快开心;悲观者则只会看到生活中消极的一面,因而感到伤心难过。

所以,要想得到快乐,我们必须要培养一种乐观的生活习惯,要做生活的主人,不要做它的奴隶,不要让外在环境和他人来决定和控制自己的喜怒哀乐。

文学大师钱钟书《论快乐》一文中说过这样一段话:"洗一个澡,看一朵花,吃一顿饭,假使你觉得快乐,并非因为澡洗得干净,花开得好看,菜合你的口味,而是因为你的心里没有障碍,轻松的灵魂可以专注肉体的感觉来欣赏,来审定。要是你精神不痛快,即使是美味佳肴,吃起来只是泥土的滋味。快乐纯粹是内在的,它不是由于客体,而是由于人们的思想观念和态度而产生的。"

我们都有这样的感受:快乐开心的人在我们的记忆里会留存很长的时间,因为我们更愿意留下快乐的而不是悲伤的记忆。每当我们回想起那些勇敢且愉快的人们时,我们总能感受到一种柔和的亲切感。

诗人胡德说:"即使到了我生命的最后一天,我也要像太阳一样,总是面对着事物光明的一面。"

到处都有明媚宜人的阳光,勇敢的人一路纵情歌唱。即使在乌云的笼罩之下,他也会充满对美好未来的期待,跳动的心灵一刻都不曾沮丧悲观;不管他从事什么行业,他都会觉得工作很重要、很体面;即使他穿的衣服褴褛不堪,也无碍于他的尊严;他不仅自己感到快乐,也给别人带来快乐。

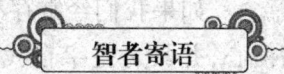

智者寄语

即使到了我生命的最后一天,我也要像太阳一样,总是面对着事物光明的一面。

好心态产生自信

苦难对强者来说是一块垫脚石,对能干的人是财富,对弱者却是一个万丈深渊。我们在苦

感谢折磨你的人

难和困境中会取得什么样的结果,关键在于我们采取什么样的人生态度。从这一点上来说,心态显得比事实更重要。

当琼斯身体还很健康的时候,工作十分努力,在美国威斯康星州福特亚特附近经营一个小农场。但他好像不能使他的农场生产出比他的家庭所需要的多得多的产品。这样的生活年复一年地过着,直到突然间发生了一件不幸的事。

琼斯患了全身麻痹症,卧床不起,仿佛是已到晚年,几乎失去了生活能力。他的亲戚们都确信,他将永远成为一个失去希望、失去幸福的病人,他不可能再有什么作为了。然而,琼斯却有了作为,并且他的作为给他带来了幸福。

琼斯用什么方法创造了这种奇迹呢?他的身体是麻痹了,但是他能思考,他也确实在思考,在计划。有一天,他做出了自己的决定。他要把创造性的思考变为现实,他要成为有用的人,他要供养他的家庭,而不是成为家庭的负担。

他把他的计划讲给家人听。

"我再不能用我的手劳动了,"他说,"所以我决定用我的心理从事劳动。如果你们愿意的话,你们每个人都可以代替我的手、足和身体。让我们把农场每一块可耕地都种上玉米,然后我们就养猪,用所收的玉米喂猪。当我们的猪还幼小肉嫩时,我们就把它宰掉,做成香肠,然后把香肠包装起来,用一种牌号出售。我们可以在全国各地的零售店出售这种香肠,像出售糕点那样。"

这种香肠确实像热糕点一样出售了!几年后,这个品牌名为"琼斯仔猪香肠"的发明竟成了家庭的日常必备食物,成了最能引起人们胃口的一种食品。

无疑地,我们遭遇的任何困境,无论多么困难,甚至看来几乎到达绝望的边缘,实际上和我们所面对这种事实的失落心态比较,其严重性往往要轻微许多。你对事情的看法如何呢?面对事情时,大多数人往往在还未采取任何应对措施之前便已在心态上决定了成败结果。如果这个答案在心态上是负面的,那么可以说是不战而败了。相反地,如果满怀自信心与乐观的态度面对问题,便极有可能克服困境,甚至反败为胜。

事实上,这种心态变化的主因在于是否拥有自信。自信能够帮助个人免于失去评估事实的客观性,并且避免沦为病态自卑感的牺牲者,而达成这种自信唯一的秘诀就是让心态恢复正常。换言之,要使心态经常保持倾向积极的一面。

因此,当你有了挫败感,或垂头丧气、自信尽失时,不妨冷静地坐下来,拿出纸张做个图表。这个图表并非要记载与自己敌对的事物,而是要记下赞同自己的事物,然后清楚地加以确认,并把心思意念集中在上面。如此一来,不论发生任何困难,你都能顺利克服。此外,你内在的力量也会因此而恢复,为自己的心境和生活找到另一条途径。

自信其实源自于习惯性的思想意念。如果我们经常存有失败的念头,你就已经先输掉了一大截。相反地,倘若我们对自己充满信心,并具有主宰自我的意志与习惯,那么即使面对困境,也能泰然处之。这种强而有力的信心事实上便是来自于自信,也就是说,自信是力量增长的源泉。

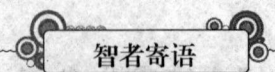

智者寄语

除了自己没有人能真正帮助自己,所以我们有必要培养起良好的人生心态,不要被内心残存的自卑打倒。

秉持阳光心态,成就美好未来

一位心理学家曾这样来论述过人生与心态的关系:人生是好是坏,并不由命运来决定,而是由你的信念和处世的心态来决定;生命像一条溪流,在岁月的原野上不断地流动着,如果你不主动地、有计划地掌稳自己的航向,它就会随波逐流,消逝在连自己也不可知的远方;如果你不在自己心理和生理的土壤中,播下期望的种子,那么荒草便会蔓生;如果我们不主动地把自己的心态导向积极的一面,消极灰暗的心境就会像一只不祥之鸟,在我们人生的岁月里嗷嗷鸣叫。

拥有积极、良好心态的人的身上永远洋溢着自信,他们会用自己的行动来告诉人们:要相信你自己,世界上最重要的人就是你自己,你的成功和财富的获得,必须依靠你积极的心态。

据说,所罗门国王是古代西方最明智的统治者,史书记载他曾有这样的言论:"他的心怎样思量,他的人就是怎样。"换而言之,人们相信有什么样的结果,就可能有什么样的结果,人不可能拥有自己并不追求的成就。积极的人生是自己掌握自己的命运,自己做自己的主人,这也是一种人的本性的倾向,我们把自己想象成什么样子,就真的会成为什么样子。积极的人能够掌握自己的命运,一旦事情进展不顺利或者发生偏向时,他会立刻做出反应,寻找解决办法,制定新的行动计划。

世上无难事,只怕有心人。拿破仑·希尔说过:把你的心放在你想要的东西上,使你的心远离你所不想要的东西。对于有积极心态的人来说,每一种逆境都含有等量或者更大利益的种子,有时,那些似乎是逆境的东西,其实往往正隐藏着良机。

积极心态者的另一个突出表现就是他的投入,一切的一切关键就在于投入,投入代表热爱和激情,投入才能获得愉快。看一场球就想自己去打一场,做一顿饭就一定做得有色有味,写一篇文章会深入其境,看一部好的电影会热泪盈眶,进行一项研究会废寝忘食……对积极的人来说,这一切都那么吸引人,那么有趣味。而激情投入的结果无疑将增大成功的可能性。当然,世间诸事不可能都一帆风顺,法拉第说过,"拼命去争取成功,但不要期望一定会成功",与我们中国古代的名言"尽人力而听天命"可谓不谋而合地表达了一个人生观的准则,那就是奥斯特洛夫斯基在《钢铁是怎样炼成的》一书中所表达的那样:不要在临终前对自己一生的行为有丝毫的后悔,想到就尽力去做。

积极心态的人知道:看待事物时,应该考虑生活中既有好的一面,同样也有坏的一面,但他可以强调好的一面。因为,这样可以产生良好的愿望和结果;他不会否认消极因素的存在,但他早已学会了不让自己沉溺其中;他常能心存光明远景,即使身陷困境,也能以愉悦和创造性的态度走出困境,迎向光明。

为什么一定要身背三座大山上路呢?为什么一定要"风萧萧兮易水寒,壮士一去不复还"?何不轻装上阵,付出定有回报。不懈进取的历程,积极投入的人生,会使你很快发现自己的长处和短处,从而正确评价自己,根据自己的目标制定出适合自己的行进方式,缩短走向成功目标的距离。

一个人的某种心态,往往在很大程度上决定着其某一人生阶段的价值取向。一个人若是被一些不良的心态所左右,人生的航船就有可能驶入河沟浅滩,从而失去发展的机会;一个人若是一生都能持有良好的心态,那么,他人生的路就会越走越宽,生命的景色就会越来越美,生命的价值就会越来越大……

感谢
折磨你的人

因此,我们每天是否能用良好的心态守住自己灵魂的大门,这与我们能否拥有卓越的人生看来是密不可分的。那么,都有哪些良好的心态呢?

1. 开放的心灵

一颗充满固执、偏见、狭隘观念和自我封闭的心,就像是一池死水,将永远失去发展自己的机会;不管他从事什么职业,也不管他曾经取得过多么辉煌的成就,一旦他成了一个故步自封、自以为是的人,他就会因为缺少了智慧的营养而从此走向衰败。一颗开放的心,就像可以容纳百川的大海,将永远生机勃勃。

> 唐太宗李世民得天下后不久,有一次他对满朝的文武大臣们说:"朕自年少之时就喜欢弓箭,这许多年来曾得到十几张好弓,自以为是天下最好的,没有能超过它们的。可最近我将弓拿给一个弓匠看,他却说:'做弓用的材料都不是好的。'朕问其原因,弓匠说:'弓的材料的中心部分不直,所以,其脉纹也是斜的,弓力虽强,但箭射出去不走直线。'朕以弓箭平定天下,而对弓箭的性能尚没有完全认识清楚,何况天下事务呢,怎能遍知其理?望你们多多发表自己的意见,纠正朕的错误。"

正因为唐太宗李世民有这样一个开放的心态,所以,他才能明白"兼听则明,偏信则暗""水能载舟亦能覆舟"的道理;正是他有一个开放的心态,他才能知道:"以铜为鉴,可以正衣冠;以人为鉴,可以知得失;以史为鉴,可以知兴替。"也正是他有一个开放的心态,所以,大唐才成为中国历史上最强盛的帝国之一。

治国如此,其实,这个世界上,做任何事不都要有一颗这样开放的心灵,才能成就辉煌的人生吗?

2. 旷达的心境

> 大发明家爱迪生靠他的智慧和勤奋,终于为自己建起了一个有着相当规模的工厂,工厂里有着设备相当完善的实验室,这些都是他几十年心血的结晶。
>
> 然而不幸的是,一天夜里,他的实验室突然着火,紧接着引燃了贮存化学药品的仓库,随后几乎不到片刻的工夫,整个工厂便陷入了一片火海之中。尽管当时消防队调来了所有的消防车,依然无法阻止熊熊大火的蔓延。正当众人为爱迪生一辈子的成果将毁于一旦而感伤的时候,爱迪生却吩咐儿子:"快,快把你的母亲叫来!"
>
> 儿子不解地问:"火势已不可收拾,就是把全市的人都叫来也无济于事了,何必还要多此一举呢?"
>
> 没想到爱迪生却轻松地说:"快让你的母亲来欣赏这百年难得一遇的超级大火!"
>
> 妻子赶来了,当她看到爱迪生正以微笑来迎接她时,她有些不解地说:"你的一切都将化成灰烬,怎么还能笑得出来?"
>
> 爱迪生回答说:"不,亲爱的,大火烧掉的是我过去所有的错误!我将在这片土地上建一座更完善、更先进的实验室和工厂。"

这是何其旷达的心境!在灾难面前,爱迪生的心态令人赞赏!其实,为失去的东西悲伤不已是非常愚蠢的行为,你就是为失去的一切毁灭了自己,又有什么用呢?只有那些怀着一份旷达心境的人,才不会凄凄于自己曾经的拥有,而是怀着对未来无限的希望重新开始更加美好的创造。也许我们许多人都曾经为了失去的金钱、工作、地位、爱情等而伤心地啜泣过,但你要相信,在未来的岁月里,一定还会有一份更加美好的礼物在等待着你呢。失去的东西只能成为你人生经历的一部分,只有现在和未来才是你真实的生活。

笑对过去,笑对未来吧!

3. 进取的心态

一位犹太人是这样教育他的儿孙的:"任何人来到这个世界上,其生命的潜在价值都是差不多的,关键的问题是,一个人一生怎样让这价值得以开发。比如,一块最初只值5元钱的生铁吧,铸成马蹄铁后可值10多元;如果制成磁针之类的东西可值3000多元,如果进一步制成手表的发条,其价值就是25万元之多了。人都应该有一颗进取之心,不断地做大自己,不要让自己的一生都是那块只值5元钱的生铁,内心深处要自始至终都抱有展现自己最大价值的梦想!"

艾利弗·波瑞特是美国著名的学者、哈佛大学最出色的教授。他16岁的时候,跟着一个铁匠当学徒,整个白天他都得在铁匠铺里工作,晚上才开始点上蜡烛读书学习。他的口袋里始终都装着自己需要读的书,只要有一点空闲就拿出来看。当别的孩子到处闲逛、游手好闲的时候,小艾利弗却正在抓住任何一个机会不断提高着自己。谁会想到,就是在这样的情况下,他在几年的时间里,居然读了大量的书籍,学会了7个国家的语言……

一个人只要他有一颗进取之心,通过不断地学习,都能提高自己生命的价值。浑浑噩噩地过日子,应该说是一个人生命最大的悲哀……

积极的、充满阳光的心态,能够不断地改善我们的生活态度,进而改变我们的命运,让我们有一种始终生活在晴朗天空之下的快乐之感,让我们始终拥有一种向上的不可战胜的力量。有了这种心态,即使遇上了会严重影响我们一生的不幸或灾难之事,我们也依然能很快地从这不幸的阴影中走出来。

智者寄语

积极的人生态度是成功的催化剂。积极能使一个懦夫成为英雄,从软弱变成意志坚强。它使人变得温暖活泼,富有弹性,充满进取冲劲,它使人心中充满超越的力量。

笑对人生

独步人生,我们会遇到种种困难,甚至于举步维艰,甚至于悲观失望。征途茫茫有时看不到一丝星光,长路漫漫有时走得并不潇洒浪漫。这时,给自己一个笑脸好吗?让来自于心底的那份执着,鼓舞着自己插上长风的翅膀过尽千帆;让来自于远方的呼唤,激励着自己带着生命闯过难关。

因为,只要心中的风景不凋零,即使在严寒的冬季,生命的叶子也不会枯黄腐烂。人在社会上生活,总免不了遇到挫折,遇到风险。别慌!面临着大的灾难,也别忘了给自己一个诚实而坚强的笑脸。那么勇气就会延长,痛苦就会缩短。战胜苦难,首先要战胜自己;就要有一个执着的信念;只要心中的信念不死,人生就会在追求中永驻春天。

给自己一个笑脸,让自己变得不再孤独;给自己一个笑脸,那么目标就不再遥远。只有时时保持乐观,积极的人生态度才有获取成功的希望。

幻想是笑对人生的一种途径。对于孩子来说,幻想是他们的第二天性。他们可以披上一块

感谢折磨你的人

浴巾就变成一个超级英雄。

马休·布罗迪是一个患者,他虽只有4岁,小小的年纪却必须要忍受几次手术和太多身心疼痛的折磨。他是幻想的主人,每天靠幻想把他对现实的恐惧挡在隔离带以外。

"你是一条鳕鱼,斯密!"手握着小塑料鱼钩的马休喊着。他对着他母亲挥动着鱼钩,这时,他甚至忘了自己的血管和肌肉渐渐地在身体内萎缩。他像许多孩子一样喜欢表演,他最感兴趣的是把自己装扮成超级英雄。

在马休重返医院做第三次脊髓手术前的那个晚上,他的心被恐惧笼罩着。他妈妈把他放到床上时,他俯在她的耳边低语着:"或许我能像蝙蝠侠那样飞走。"几个月来,马休一直央求妈妈给他买全套的蝙蝠侠服装。他是在一个服装店的橱窗里看到这套服装的——它非常昂贵。妈妈一直拒绝为他买这套衣服。那天晚上,她很温和地答应了儿子的要求。

所以,在走进医院前,他把全部的蝙蝠服穿在了身上:一顶风帽完全遮住了脸,表现在他脸上的是坚毅和勇敢。全副武装的小蝙蝠侠大摇大摆地走在人行道上,而此时跟在他身后,和他只差几步远的妈妈却眼中闪动着泪光。他骄傲地阔步穿过医院的大门,眼中闪烁着蝙蝠侠永远不灭的沉着和镇定。繁忙的医院大厅挤满了人,他经过人群时许多人大声喊道:"嘿,蝙蝠侠!"非常冷静镇定地,他抬起了手臂,默默地向他们点头致意,因为他知道,蝙蝠侠很少说话。他毫无疑虑地挺进到手术室。

这次手术起了很好的作用,马休现在已14岁了。他至今没有放弃他的超级英雄意识,因为现在,他是跆拳道初级黑腰带选手。

英雄式的幻想正是人生道路上所需要的,请带上你的幻想,笑对人生吧!

一位年轻的船员,第一次出海航行,在航行途中,不幸遇到了狂风巨浪。将帆船的桅杆打得快要断裂了。他受命爬上去修整,免得翻船。当他往上爬的时候,由于船只摇动很厉害,加上又很高,他又一直往下看,好几次差一点摔了下来。一位有经验的老水手看了,急忙对他大叫:"孩子,不要往下看。抬头往上看。"年轻的船员听了不再低头看下面,而是抬头只往上看,那种天摇地动的感觉就消失了,心情恢复了平静。

这些故事启发我们,在日常生活中可能会碰到极令人兴奋的事情,也同样会碰到令人消极的,悲观的坏事,这本来应属正常,如果我们的思维总是围着那些不如意的事情转动的话,也就相当于往下看,那么终究会摔下去的。因此,如果我们要恢复信心,那么我们就应尽量做到脑海想的,眼睛看的以及口中说的都应该是光明的,乐观的积极的话题,发扬往上看的精神才能在我们的事业中实现成功。

智者寄语

独步人生,我们会遇到种种困难,甚至于举步维艰,甚至于悲观失望。征途茫茫有时看不到一丝星光,长路漫漫有时走得并不潇洒浪漫。这时,给自己一个笑脸好吗?让来自于心底的那份执着,鼓舞着自己插上长风的翅膀过尽千帆;让来自于远方的呼唤,激励着自己带着生命闯过难关。

好心态都是修炼出来的

积极的心态是人人可以通过修炼学到的,无论你现在的处境、气质与智力怎样。

拿破仑·希尔说,有些人似乎天生就会运用积极的心态,使之成为成功的原动力,而另一些人则必须通过修炼才能学会使用这种动力。事实上每个人都能够通过修炼,培养并发展积极的心态。

但是,怎样培养和修炼积极的心态呢?专家指出:我们可以从以下几个方面做起。

1. **行为举止像你希望成为的人**

许多人总是等到自己有了一种积极的感受再去付诸行动,这些人其实是在本末倒置。积极行动会导致积极思维,而积极思维会导致积极的人生心态。心态是紧跟行动的,如果一个人从一种消极的心态开始,等待着感觉把自己带向行动,那他就永远成不了他想做的积极心态者。

2. **满怀必胜、积极的想法**

美国钢铁大王卡耐基曾这么说:"一个对自己的内心有完全支配能力的人,对他自己有权获得的任何其他东西也会有支配能力。"当我们开始运用积极的心态并把自己看成成功者时,我们就开始迈向成功了。

3. **用美好的感觉、信心与目标去影响别人**

随着你的行动与心态日渐积极,你就会慢慢获得一种美满人生的感觉,信心日增,人生中的目标感也会越来越强烈。紧接着,别人会被你吸引,因为人们总是喜欢跟积极乐观者在一起。

4. **使你遇到的每一个人都感到自己重要**

每个人都有一种欲望,即感觉到自己的重要性,以及别人对自己的需要与感激。这是我们普通人的自我意识的核心。如果你能满足别人心中的这一欲望,他们就会对自己,也对你抱积极的态度。一种你好我好大家好的局面就将形成。正如美国19世纪哲学家兼诗人爱默生说的:"人生最美丽的补偿之一,就是人们真诚地帮助别人之后,同时也帮助了自己。"

使别人感到自己重要的另一个好处,就是反过来他也会使你感到自己重要。

5. **凡事心存感恩**

在日常生活中,那些持有消极心态的人常常抱怨:父母抱怨孩子们不听话,孩子们抱怨父母不理解他们,男朋友抱怨女朋友不够温柔,女朋友抱怨男朋友不够体贴。在工作中,也常出现领导埋怨下级工作不得力,而下级埋怨上级不够理解自己,不能发挥自己的才能。他们对生活总是抱怨而不是一种感激。拿破仑·希尔认为,如果你常流泪,你就看不见星光,对人生、对大自然的一切美好的东西,我们都要心存感激,如此,人生就会显得美好许多。

6. **学会称赞别人**

莎士比亚曾经说过这样一句话:"赞美是照在人心灵上的阳光。没有阳光,我们就不能生长。"心理学家威廉姆·杰尔士也说过这样一句话:"人性最深切的需求就是渴望别人的欣赏。"在人与人的交往中,适当地赞美对方,会增强这种和谐、温暖和美好的感情。对方存在的价值也就被肯定,会使他得到一种成就感。这样将会使人们都怀着一种积极的心态,从而创造出一种和谐的气氛,促进事业的成功和生活的幸福。由衷的赞美所带给对方的愉快及被肯定的心情,也使你分享了一份喜悦和生活的乐趣。

7. 学会微笑

微笑是上帝赐给人的专利,微笑是一种令人愉悦的表情。面对一个微笑着的人,你会感到他的自信、友好,同时这种自信和友好也会感染你,使你的自信和友好油然而生。如果我们想要发展良好的人际关系,建立积极的心态,那么,我们非要学会微笑不可。

8. 寻找最佳的新观念

有积极心态的人时刻在寻找最佳的新观念。这些新观念能增加积极心态者的成功潜力。正如法国作家维克多·雨果说的:"没有任何东西的威力比得上一个适时的主意。"

有些人认为,只有天才才会有好主意。事实上,要找到好主意,靠的是态度,而不仅是能力。一个思想开放、有创造性的人,哪里有好主意,就往哪里去。在寻找的过程中,他不轻易扔掉一个主意,直到他对这个主意可能产生的优、缺点都彻底弄清楚为止。据说,世界上最伟大的发明家之一托马斯·爱迪生的一些杰出的发明,是在思考一个失败的发明,想给这个失败的发明找一个额外用途的情况下诞生的。

9. 放弃对鸡毛蒜皮一类小事的争执

有积极心态的人不把时间和精力浪费在小事情上,因为小事使他们偏离主要目标和重要事项。如果一个人对一件无足轻重的小事情做出反应——小题大做的反应,这种偏离就产生了。以下这些对小事情的荒谬反应值得警惕:

瑞典于1654年与波兰开战,原因是瑞典国王发现在一份官方文书中他的名字后面只有两个附加的头衔,而波兰国王的名字后面有三个附加头衔;

大约900年前,一场蹂躏了整个欧洲的战争竟然是因桶的争吵而爆发的;

有人不小心把一个玻璃杯里的水溅在托莱侯爵的头上,就导致一场英法大战;

一个小男孩向格鲁伊斯公爵投一块鹅卵石,导致瓦西大屠杀和30年战争……

虽然我们每个人不大可能因为一点小事而发动一场战争,但我们肯定能因为小事而使自己和周围的人不愉快。要记住,一个人为多大的事情而发怒,他的心胸就有多大。

10. 培养一种奉献精神

曾被派往非洲的医生及传教士阿尔伯特·施惠泽说:"人生的目的是服务别人,是表现出助人的激情与意愿。"他意识到,一个积极心态者所能做的最大贡献是给予别人。

> 前任通用面粉公司董事长哈里·布利斯曾这样忠告属下的推销员:"忘掉你的推销任务,一心想着你能带给别人什么服务。"他发现人们一旦思想集中于服务别人,就马上变得更有冲劲,更有力量,更加无法让人拒绝。说到底,谁能抗拒一个尽心尽力帮助自己解决问题的人呢?
>
> 布利斯说:"我告诉我们的推销员,如果他们每天早晨开始干活时这样想:'我今天要帮助尽可能多的人',而不是'我今天要推销尽量多的货',他们就能找到一个跟买家打交道的更容易、更自然、更开放的方法,推销的成绩就会更好。谁尽力帮助他人,谁就会活得更愉快、更潇洒,谁就达到了推销术的最高境界。"

当给予别人成了一种生活方式时,便会慢慢体会到给予所带来的积极结果。

> 拿破仑·希尔曾讲过关于一个名叫沙都·辛格的人的故事。有一天,辛格和一个旅伴

穿越高高的喜马拉雅山脉的某个山口,他们看到一个躺在雪地上的人。辛格想停下来帮助那个人,但他的同伴说:"如果我们带上他这个累赘,我们就会丢掉自己的命。"

但辛格不能想象丢下这个人,让他死在冰天雪地之中。当他的旅伴跟他告别时,辛格把那个人抱起来,放在自己背上。他使尽力气背着这个人往前走。渐渐地,辛格的体温使这个冻僵的身躯温暖起来,那人活过来了。过了不久,两个人并肩前进。当他们赶上那个旅伴时,却发现他死了——是冻死的。

在这个例子中,辛格心甘情愿地把自己的一切——包括生命——给予另外一个人,从而使他自己也保存了生命。而他那无情的旅伴只顾自己,最后却反而因此丢了性命。

11. 永远也不要消极地认为有什么事是不可能的

永远也不要消极地认定有什么事情是不可能实现的,首先你要认为你能行,然后去尝试、再尝试,最后你就会发现你确实能行。

对于变不可能为可能,拿破仑·希尔曾经用过一种奇特方法。

年轻的时候,拿破仑·希尔抱着一个当作家的雄心。要达到这个目标,他知道自己必须精于遣词造句,字词将是他的工具。但由于他小时候家里很穷,所接受的教育并不完整,因此,"善意的朋友"就告诉他,说他的雄心是"不可能"实现的。

年轻的希尔存钱买了一本最好的、最全面的、最漂亮的字典,他所需要的字都在这本字典里面,而他的意念是完全了解和掌握这些字。但是,他做了一件奇特的事,他找到"不可能"(impossible)这个词,用小剪刀把它剪下来,然后丢掉,于是他有了一本没有"不可能"的字典。以后,他把他整个的事业建立在这个前提上,那就是对一个要成长,而且要成长得超过别人的人来说,没有任何事情是不可能的。

我们不建议你从你的字典里把"不可能"这个词剪掉,而是建议你要从你的心中把这个观念铲除掉。谈话中不提它,想法中排除它,态度中去掉它、抛弃它,不再为它提供理由,不再为它寻找借口,把这个字和这个观念永远地抛弃,而用光辉灿烂的"可能"来替代它。

汤姆·邓普西的经历就是将不可能变为可能的一个好例子。

汤姆·邓普西生下来的时候,只有半只脚和一只畸形的右手。父母从来不让他因为自己的残疾而感到不安。结果是任何男孩能做的事他也能做,如果童子军团行军10千米,汤姆也同样走完10千米。

后来,他要踢橄榄球,他发现,他能把球踢得比任何在一起玩的男孩子远。

他让别人为他专门设计一只鞋子,穿着它参加了踢球测验,然后得到了冲锋队的一份合约。

但是教练却尽量婉转地告诉他,说他"不具有做职业橄榄球员的条件",恳请他去试试其他的事业。最后,他申请加入新奥尔良圣徒球队,并且请求给他一次机会。教练虽然心存怀疑,但是看到这个男孩这么自信,对他有了好感,因此就收了他。

两个星期之后,教练对他的好感更深,因为,他在一次友谊赛中将球踢出55码远得分。这种情形使他获得了专为圣徒队踢球的工作,而且在那一季中为他的一队踢得了99分。

然后到了最伟大的时刻,球场上坐满了6万6千名球迷。球是在28码线上,比赛只剩下了几秒钟,球队把球推进到45码线上,但是可以说没有时间了。正在这时,教练大声地说:"邓普西,进场踢球。"

感谢
折磨你的人

　　当邓普西跑进球场的时候,他知道球距离得分线有55码远,邓普西一脚全力踢在球身上,球笔直地前进。但是踢得够远吗?6万6千名球迷屏住气观看,接着终端得分线上的裁判举起了双手,表示得了3分,球在球门横杆之上几厘米的地方越过。由此,汤姆一队以19比17获胜。

　　球赛结束的时候,球迷狂呼乱叫,为踢得最远的一球而兴奋,这是一个只有半只脚和一只畸形的手的球员踢出来的!

　　"真是难以相信。"有人大声叫,但是邓普西只是微笑。他想起他的父母,他们一直告诉他的是他能做什么,而不是他不能做什么。他之所以创造出这么了不起的记录,正如他自己说的:"他们从来没有告诉我,我有什么不能做的。"

12. 培养乐观精神

为了培养乐观的精神,就必须说明培养乐观的步骤。

(1)不要做一个受制于自我的困兽;冲出自制的樊笼,做一只翱翔的飞鹰吧!

　　只要是抱着乐观主义,必定是个实事求是的现实主义者。而这两种心态,是解决问题的孪生子。最不足以交往的朋友,是那些悲观主义者和一些只会取笑他人的人。真正的朋友,应该是持"没有什么大不了,只是有些不方便而已"的观点的人。

　　当我们帮助朋友时,不要只注重分担他的痛苦。如果要建立亲密的关系,就必须有共同的人生价值和目标。

(2)通常只要改变环境,就能改变自己的心态和感情。当情绪低落时,不妨去访问孤儿院、养老院、医院,看看世界上除了自己的痛苦之外,还有多少不幸。如果情绪仍不能平静,就积极地去和这些人接触;和孩子们一起散步游戏,把自己的情绪,转移到帮助别人身上,并重建自己的信心。

(3)听听轻松、愉快、鼓舞人的音乐。

　　不要去看早上的电视新闻。你只要瞄一眼报纸第一版的新闻就够了,它足以让你知道将会影响你生活的国际或国内新闻。看看与你的职业及家庭生活有关的当地新闻。不要向诱惑屈服,而浪费时间去阅读别人悲惨的详细新闻。在开车上学或上班途中,听听电台的音乐或自己的音乐带。

　　如果可能的话,和一位积极心态者共进早餐或午餐。晚上不要坐在电视机前,要把时间用来和你所爱的人谈谈天。

(4)改变你的习惯用语。

不要说"我真累坏了",而要说"忙了一天,现在心情真轻松";

不要说"他们怎么不想想办法?"而要说"我知道我将怎么办";

不要在团体中抱怨不休,而要试着去赞扬团体中的某个人;

不要说"为什么偏偏找上我,上帝?"而要说"上帝,考验我吧!";

不要说"这个世界乱七八糟",而要说"我要先把自己家里弄好"。

(5)向龙虾学习。

　　龙虾在某个成长的阶段里,会自行脱掉外面那层具有保护作用的硬壳,因而很容易受到敌人的伤害,但这也使他的适应能力在不断地增长。这种情形将一直持续到它长出新的外壳为止。

　　生活中的变化是很正常的,每一次发生变化,总会遭遇到陌生及预料不到的意外事件。不要躲起来,使自己变得更懦弱。相反,要敢于去应付危险的状况,对你未曾见过的事物,要培养出信心来。

(6)重视你自己的生命。

永远不要说:"只要吞下一口毒药,就可获得解脱。"不妨这样想:"积极心态将协助你渡过难关。"你所交往的朋友,你所去的地方,你所听到或看到的事物,全都在你的记忆中。由于头脑指挥身体如何行动,因此,你不妨去乐观地思考。

(7)从事有益的娱乐与教育活动。

观看介绍自然美景、家庭健康以及文化活动的录像带,挑选电视节目及电影时,要根据它们的质量与价值,而不是注意商业吸引力。

(8)在幻想、思考以及谈话中,应表现出你的健康情况很好。

每天对自己做积极的自言自语,不要老是想着一些小毛病,像伤风、头痛、刀伤、擦伤、抽筋、扭伤以及一些小外伤等。如果你对这些小毛病太过注意了,它们将会经常来"问候"你。你脑中想些什么,你的身体就会表现出来。在抚养及教育孩子时,这一点尤其重要,要专门想着家庭的好处,注意家庭四周的健康环境。曾经有一些父母,比其他人更关心孩子的健康与安全,反而使他们的孩子变成了精神病患者。

(9)在你生活中的每一天里,写信、拜访或打电话给现在需要帮助的某个人。向某人显示你的积极心态,并把你的积极心态传给别人。

(10)把星期天变作培养"积极心态"的日子,养成学习的习惯。根据对青少年滥服药物所作的研究报告指出,不服用任何药物的正常年轻人,他们生活中的三大支柱就是:信仰、良好的家庭关系以及高度的自尊心。

13. 经常使用自动提示语

积极心态的自动提示语是不固定的,只要是能激励我们积极思考、积极行动的词语,都可以作为自我提示语。拿破仑·希尔曾列举一些有重要意义的提示语,以供参考:

人的心神所能构思而确信的,人便能完成它。

如果相信自己能够做到,你就能够做到。

我心里怎样思考,就会怎样去做。

在我生活的每一方面,都一天天变得更好。

现在就做,便能使异想天开的梦变成事实。

不论我以前是什么人,或者现在是什么人,倘使我是凭积极心态行动的,我就能变成我想做的人。

我觉得健康!我觉得快乐!我觉得好得不得了!

如果我们经常使用这一类富有自我激发性的语句,并融入自己的身心,就可以保持积极心态,抑制消极心态,并形成强大的动力,达到成功的目的。一些重要的激发性的语句还应当经常使用,并牢记于心,让它们成为心神的一部分。那样,潜意识才会闪射到意识中来,用积极心态指导人的思想,控制感情,决定命运。

永远也不要消极地认定有什么事情是不可能的。首先你要认为你能行,然后去尝试、再尝试,最后你就会发现你确实能行。

人生始终有两种选择

"这一代最伟大的发现是,人类若改变本身的心态,就能使生活本身发生变革。"威廉·詹姆斯这样说过。一个人在一生之中,常常会面临许多的抉择,尤其是面对那些未知的抉择,常会表现出无所适从。其实,无论人生面临什么样的际遇,都会有这样两个机会:一个是好机会,一个是坏机会。好机会中蕴含着坏机会,坏机会中蕴含着好机会。问题的关键是我们以什么样的眼光、什么样的心态、什么样的视觉来对待它。面对这两个机会,有两种选择:对那些天性乐观开朗、心胸旷达、心态积极的人而言,两个都会是好机会;而对那些习惯于悲观沮丧、心态一贯消极的人而言,则两个都只会是坏机会。人生的快乐与否,关键就在于自己的选择,是选择乐观地对待一切,还是选择悲观地对待一切,结果可能就会完全不同。

有这样一个有趣的故事:

在2003年美国冬季征兵活动中,加州有位大学刚毕业的年轻人被选中,马上就将被派到最艰苦也最危险的海军陆战队服兵役。

这位年轻人自从得知自己被海军陆战队选中的消息后,便一直表现得忧心忡忡。在加州大学任教的祖父看到孙子一副魂不守舍的样子,便开导他说:"孩子啊,这没什么好担心的,到了海边陆战队,你将有两个机会,一个是留在内勤部门,一个是分到外勤部门。如果你分到了内勤部门,就完全用不着去担惊受怕了。"

年轻人问爷爷:"那要是我被分配到了外勤部门呢?"

爷爷说:"那同样会有两个机会,一个是留在美国本土,另一个是分配到国外的军事基地。如果你被分配到美国本土,那又有什么好担心的嘛!"

"那么,若是被分到国外的基地呢?"

"那也有两个机会,一个是被分配到和平而友善的国家,另一个是分配到海湾地区,如果把你分配到和平友善的国家,那也是值得庆幸的事啊!"

"爷爷,那要是我不幸被分到海湾地区呢?"

"你同样会有两种机会,一个是留在总部,另一个被派到前线作战。如果你被分配到总部,那又有什么需要担心的呢?"

"那我若不幸被派往前线作战呢?"

"那同样还有两个机会,一个是安全归来,一个是不幸负伤。如果你能够安全归来,那担心岂不是多余的?"

"那要是不幸负伤了呢?"

"也有两个机会,一个是只负了点轻伤,没有任何生命危险,另一个是身受重伤,危及生命安全。如果只是负了点轻伤,那又何必过分担心呢?"

"那要是不幸身负重伤呢?"

"你同样拥有两个机会,一个是依然能够保全性命,另一个是救治无效。如果尚能保全性命,还担心什么呢?"年轻人最后问:"那要救治无效怎么办?"

爷爷听后哈哈大笑说:"那你人都死了,还有什么可担心的呢?"

毫无疑问,故事中这位做爷爷的是一位智者,因为他已经深深地领悟了人生的真谛。

生活中的我们常常会因为未知而感到恐惧,我们会不自觉地、先入为主地用消极颓废、悲观沮丧的心态去猜想那未知的一切。因为我们太害怕失败,我们太看重得失。然而,心目中一旦有了得失的羁绊,有了失败的担忧,便样样无所适从、事事瞻前顾后,结果,反倒把许多好机会都丧失了、错过了。人生的快乐、幸福与否,关键就在于自己的选择。如果我们以悲观的心态来对待一切,好事也会变成坏事;如果我们以乐观的心态来对待一切,坏事也会变成好事。

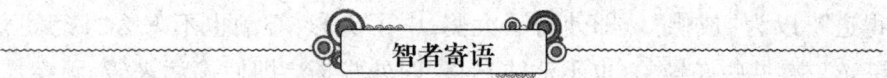

无论人生面临什么样的际遇,都会有这样两个机会:一个是好机会,一个是坏机会。好机会中蕴含着坏机会,坏机会中蕴含着好机会。问题的关键在于我们的选择,如果我们以悲观、消极的心态来对待它,两个都只会是坏机会;如果我们以乐观的心态来对待它,便都会是好机会。人生的快乐与否,关键就在于自己的选择。

修出一颗平常心

人生就像一座城堡,城里的人想逃出来,城外的人想冲进去。身居繁华都市的人,往往追求悠闲平静的田园生活;身在林深竹海的乡人,却向往灯红酒绿的都市生活。

其实,平静是福,真正生活在喧嚣吵闹的都市中的人们,可能更懂得平静的弥足珍贵。与平静的生活相比,追逐名利的生活不值一提。平静的生活是在真理的海洋中,在波涛之下,不受风暴的侵扰,保持永恒的安宁。

心灵的平静是智慧美丽的珍宝,它来自于长期、耐心的自我控制。心灵的安宁意味着一种成熟的经历以及对于事物规律的不同寻常的了解。

许多人整日被自己的欲望所驱使,好像胸中燃烧着熊熊的烈火。一旦遇到挫折,一旦得不到满足,便好似掉入寒冷的冰窖中一般。生命如此大喜大悲,哪里有平静可言?人们因为毫无节制的狂热而骚动不安,又因为不加控制欲望而浮沉波动。只有明智之人,才能够控制和引导自己的思想与行为。

是的,环境影响心态,快节奏的生活、无节制地对环境的污染和破坏,以及令人难以承受的噪声等都让人无法平静,环境的搅拌机随时都会把人们心中的平静撕个粉碎,让人遭受浮躁、烦恼之苦。然而,生命本身是宁静的,只有内心不为外物所感,不为环境所扰,才能做到像陶渊明那样身在闹市而无车马喧,正所谓"心远地自偏"。

平常心是一种心态,是生命盛开的鲜花,是灵魂成熟的果实。平常心在于日常的修身养性。只要有一颗看淡荣辱之心,努力追求自然,便能心胸开阔,不被诱惑,坦荡自然,在宠辱不惊中获得真正的自由。

平常心贵在平常,波澜不惊,生死不畏,于无声处听惊雷。

利不能诱,邪不可干,心能昭日月。一身正气,两袖清风,做堂堂正正的人。上不负天,下不愧人,桓颓其奈我何?旦夕祸福,知天达命,不违自然。有情有义,侠骨柔肠,远离颠倒梦想。悲悯众生,利益众人,却能明哲保身。从最平常的事物中,发现至真至美。绝不用别人的错误,来惩罚自己。我不病,谁能病我?即使差距不大,仍然百倍努力。做了好事,却不得好报,亦不懊恼。天要下雨,娘要嫁人,随他去吧。小人常常得志,不以为奇;君子坦荡荡,小人长戚戚,得意能几时?无端欺我,是他有病,我无恙也。知苦不苦,识甜愈甜,是中有真意也。干少得多,心亏

感谢
折磨你的人

难补；干多得少，才有贡献。

平常心是一种超脱眼前得失的清静心、光明心。贫贱不能移，富贵不能淫，威武不能屈。安贫乐富，富亦有道。下岗失业，死地后生。从失意处觅希望，从万全处见危机。猝然临之而不惊，无故加之而不怒。常思人之美，不以一眚掩大德，常思己之过，医好心病心生乐。即使学富五车、才华横溢，也不冒充"百事通"，不替后人下定论。即使有大功德，大神通，也不"飘飘欲仙"，以为"得道"，以为"成佛"。即使得了大奖，中了头彩，心潮也不怎么"澎湃"，忘乎所以。得到一点"星光"，看见些许景象，也不沾沾自喜，四处张扬。即使癌病来袭，顽疾加身，也不怨天尤人，仍在顽强拼搏。特异功能，实不"特异"，批它何来？天下之大，无奇不有，掌握真理，包容宇宙，却惧怕几个小小异能？

平常心，实不平常。事事平常，事事也不平常。

无论处于何种环境下，都能拥有平常心，那一定是个了不起的人，就如孔子所赞美的，不是个圣人，也是个贤人。只要我们努力，是能够以平常心去对待纷杂的世事和漫长的人生的，至少也能够做到以平常心跨越人生的障碍。

与其说平常心是一种心态，不如说是一种静美的人生哲学。一切大智慧，一切摆脱烦恼的秘径原本不在大风大浪中，也不在沧桑变迁间，只在日常生活里。禅宗的至上境界是开悟后方才明白"历经千山万水，原来只隔条溪。"

智者寄语

平常心，实不平常。事事平常，事事也不平常。

用笑脸去迎接生命中的每一个人

微笑是人的宝贵财富，微笑是自信的标志，也是礼貌的象征。人们往往依据你的微笑来获取对你的印象，从而决定对你所要办的事的态度。只要人人都献出一份微笑，办事将不再感到为难，人与人之间的沟通将变得十分容易。

现实的工作、生活中，一个人对你满面冰霜、横眉冷对，另一个人对你面带笑容、温暖如春，他们同时向你请教一个工作上的问题，你更欢迎哪一个？显然是后者，你会毫不犹豫地对他知无不言，言无不尽。而对前者，恐怕就恰恰相反了。

一个人面带微笑，远比他穿着一套高档、华丽的衣服更吸引人的注意力，也更容易受人欢迎。因为微笑是一种宽容、一种接纳，它缩短了彼此间的距离，使人与人之间心心相通。喜欢微笑着面对他人的人，往往更容易走入对方的天地。难怪学者们强调："微笑是成功者的先锋。"的确，如果说行动比语言更具有力量，那么微笑就是无声的行动，它所表示的是："你使我快乐，我很高兴见到你。"笑容是结束说话的最佳"句号"，这话真是不假。

有微笑面孔的人，就会有希望。因为一个人的笑容就是他传递好意的信使，他的笑容可以照亮所有看到它的人。没有人喜欢帮助那些整天愁容满面的人，更不会信任他们。很多人在社会上站住脚就是从微笑开始的，还有很多人在社会上获得了极好的人缘也是从微笑开始的。

任何一个人都希望自己能给别人留下好印象，这种好印象可以创造出一种轻松愉快的气氛，可以使彼此产生友善的联系。一个人在社会上就是要靠这种关系才可立足，而微笑正是打开愉快之门的金钥匙。

有人做了一个有趣的实验,以证明微笑的魅力。

他给两个人分别戴上一模一样的面具,上面没有任何表情,然后,他问观众最喜欢哪一个人,答案几乎一样:一个也不喜欢,因为那两个面具都没有表情,他们无从选择。

然后,他要求两个模特儿把面具拿开,舞台上就有两张不同的脸,他要其中一个人把手盘在胸前,愁眉不展,并且一句话也不说,另一个人则面带微笑。

他再问每一位观众:"现在,你们对哪一个人最有兴趣?"答案也是一样的,他们选择了那个面带微笑的人。

如果微笑能够伴随你生命的整个过程,这会使你超越很多自身的局限,使你的生命自始至终生机勃发。

用你的笑脸去欢迎每一个人,那么你会成为最受欢迎的人。

智者寄语

一个人面带微笑,远比他穿着一套高档、华丽的衣服更吸引人的注意力,也更容易受人欢迎。

学会享受生活

"嘀,嘀,嘀,嘀……"一个不珍惜生命的人,抱着一个钟坐在墙脚,看着秒针一步一步地走,在他看来,生活是枯燥无味的,自己活在这个世界上无疑是混日子,消耗时间,那是因为他不懂得快乐,不懂得用欢声笑语充实自己的生活,让生活变得多姿多彩,乐趣无穷。如果他懂得享受生活,那么他会感到时间是那么紧迫,生活又是那么有乐趣,这时他才会明白人生活在世界上是多么幸福,渡过愉快的,有价值的每一天,一生都不会后悔。

每天在家与公司,公司与家之间的路上来回奔波,365天,天天如此,久而久之,你会厌烦生活,每天与熟悉的不能再熟悉的面孔相对,每天讲着讲了千遍万遍的话,每天看着似曾相识的电脑,每天听着催眠曲似的声音,回到家,每天做着不止一次做过的饭,天哪!这分明是地狱,这是高尔基笔下"套中人"地狱式的生活!

认为生活就是工作赚钱的,有两种类型:一是"工作狂",二是"守财奴",前一种人还比较好对付,这一类的人可以在工作中找到自己的快乐,他可以在工作中感受到生活的温馨,生活的美妙,他绝不会白白浪费时间;后一种人,这一辈子都不可能体会到生活,他的生活是每天看紧属于自己的钱,干任何事之前都先把钱数一下,看有没有少,他的生活,是在极度紧张中度过的,更无快乐可言,最好的解决办法是抛弃钞票,把这一切都扔到一边去,好好感受生活,体验生活,感到生活的所在。

生活是什么?生活就是抓紧时间快乐地度过每一天!

有一对兄弟,他们的家住在80层楼上。有一天他们外出旅行回家,发现大楼停电了!虽然他们背着大包的行李,但看来没有什么别的选择,于是哥哥对弟弟说,我们就爬楼梯上去吧!于是,他们背着两大包行李开始爬楼梯。爬到20楼的时候他们开始累了,哥哥说:"包包太重了,不如这样吧,我们把包包放在这里,等来电后坐电梯来拿。"于是,他们把行李放在了20楼,轻松多了,继续向上爬。他们有说有笑地往上爬,但是好景不长,到了40

楼,两人实在太累了。想到还只爬了一半,两人开始互相埋怨,指责对方不注意大楼的停电公告,才会落得如此下场,他们边吵边爬,就这样一路爬到了60楼。到了60楼,他们累得连吵架的力气也没有了。弟弟对哥哥说:"我们不要吵了,爬完它吧。"于是他们默默地继续爬楼,终于80楼到了!兴奋地来到家门口的兄弟俩才发现他们的钥匙留在了20楼的包包里了……

这个故事其实就是反映了我们的人生:20岁之前,我们活在家人、老师的期望之下,背负着很多的压力、包袱,自己也不够成熟、能力不足,因此步履难免不稳。20岁之后,离开了众人的压力,卸下了包袱,开始全力以赴地追求自己的梦想,就这样愉快地过了20年。可是到了40岁,发现青春已逝,不免产生许多的遗憾和追悔,于是开始遗憾这个、惋惜那个、抱怨这个、嫉恨那个……就这样在抱怨中度过了20年。到了60岁,发现人生已所剩不多,于是告诉自己不要再抱怨了,就珍惜剩下的日子吧!于是默默地走完了自己的余年。到了生命的尽头,才想起自己好像有什么事情没有完成……原来,我们所有的梦想都留在了20岁的青春岁月,还没有来得及完成。

生活是什么?生活是一首歌,生活是一场戏,生活是一壶陈年老酒……其实,生活就是生活,既实在又缥缈,它总是与你相伴相随。

生活是什么?生活就是过日子。生活就是不断消耗人类生命的整个过程。不论何种形式,不论贫富和贵贱、高尚和庸俗,最终都是把属于每个人的生命融入自己的生活中。

享受生活,并非奢侈地消耗生活,而是用良好的心态、正确的人生观、高尚的情操去创造生活、改善生活,最终获取生活。保持一份生活的明净,而不流于世俗,拥有一份"宠辱不惊,闲看庭前花开花落;去留无意,漫随天外云卷云舒"的悠然。有云的日子里,不再悲伤,辉煌的岁月中,不要忘形。平常的心态善待生活,平静的心态追求目标。生活需要激情,但不要刺激,不要贪婪,更不要困死在金钱、权利、美色中。正视自己,努力创造,而不奢求;追求品位,而不爱慕虚荣。不管你承认不承认,有的东西只能无限接近,也许永远无法超越。

享受生活,有什么就享受什么吧。一杯清茶,并不比一杯咖啡逊味,搂着爱人散步并不比坐"宝马"兜风缺乏情趣,喝着稀饭全家团聚的那种境界比伴着情人坐在音乐厅的茫然心情更真实。

学会享受生活,才能珍惜生活,从而,激发你创造生活,生活才会有奇迹出现。如果你有厌倦,请深埋心底,如果你想发泄,请暂且收藏。劳累了一天,当你回到家里,仰坐在沙发上,深吸一口爱人为你冲上的一杯热茶。听着儿女叫你一声爸妈,那一刻,你所有的烦恼一定会烟消云散。那就准备第二天的开始,继续享受生活吧!

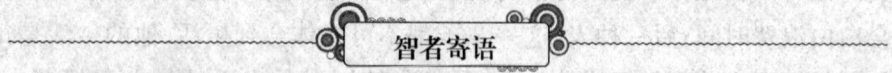

智者寄语

享受生活,有什么就享受什么吧。一杯清茶,并不比一杯咖啡逊味,搂着爱人散步并不比坐"宝马"兜风缺乏情趣,喝着稀饭全家团聚的那种境界比伴着情人坐在音乐厅的茫然心情更真实。

积极态度的积极作用

积极态度是一种思维方式的外在表现,是一种心态。用这种方式考虑事情,偏向于创造性活动而不是枯燥思维,偏向于欢乐而不是悲伤,偏向于希望而不是绝望。它对我们的生活、事业、人际交往都有着积极的作用。

1. 积极乐观的生活态度有助于延长寿命

近几年,精神药理学的研究证明了近几个世纪以来人们所认同的事情:积极的态度对你的健康有利,对你的一切都有利。研究者发现,积极的态度会引起某种特定的化学反应,产生有用的化学物质和良好的感情,使人感到舒畅;而消极想法会导致荷尔蒙的减少以及免疫系统的暂时关闭,会导致身体疾病和情绪沮丧。

人常说,"笑一笑,十年少",意思是保持积极乐观的生活态度有助于延长寿命。最近,美国科学家通过15年的研究,进一步证实了这一常识。大卫·斯诺登是肯塔基大学的一位神经学教授,他从1986年开始就对圣母修女学院的678位修女进行跟踪研究,这些修女每年定期体检,而且同意死后将她们的大脑捐献出来供医学研究。研究人员发现,年轻时比较乐观的修女,到年老后不容易患早老性痴呆症。越乐观的人,随着时间的流逝,他们对自身造成的压力就越小。相反,经常焦虑、动怒的人岁数大后更容易中风和患心脏病。对生活持乐观向上态度的修女要比悲观的人平均多活10年。

金钱并不能买到健康,只有积极的心态才能促进心理健康和生理健康,才能有强大的不可抗拒的力量走向健康与成功。

2. 积极的心态有助于事业成功

高期望成功理论认为,对一种情况期待得越多,取得成功的机会就越大。积极态度会加强这种期待,且易于保持。积极心态会带来勇气。成功者是那些迅速恢复积极态度的人。个性是一个人所具有的身体和精神的独特组合,积极态度会增强个性特征,会把沉闷转化为振奋人心,从而变得更有吸引力,能使一个美丽的人变得加倍美丽,这是积极态度的魔力。

3. 积极的心态有助于正确思考

每个人的思想都会受到感情、情绪、态度、习惯、信条、偏见等诸因素的影响,排除这些干扰必须调整自己的思想并控制自己的情绪。一个人绝对有能力指挥自己的思想并能控制自己的情绪,并选择积极的心态调整自己的态度。当我们进行思考推理时,要保证大前提和小前提都是正确的,不应当在推理时将限制性的词用作前提,如"不能""不可能"等词,积极心态有助于正确思考。

4. 积极心态有助于挖掘潜力

人的潜力具有一种神秘无穷的力量,用积极的心态去发掘和应用它,将会给我们带来巨大的财富和幸福的生活。积极的自我暗示,能自动把信息从潜意识状态发送到有意识状态,并发送到身体的若干部分。如"我各方面的情况都日益好转"!积极、多次、迅速和有感情地重复这句自我暗示语,就会影响潜意识心理,并使它发生反应。如果我们掌握积极有意识的自动暗示,并学会使用适当积极的暗示去影响别人,就能在生理、心理上获得健康、幸福。

5. 积极心态有助于创新思维

积极态度有助于思维自由翱翔,奇思妙想会不断涌现。相反,消极态度则起压制作用,创造力会被扼杀。创造性思维是运用想象力来创造生活中需要的一切,每个人每时每刻都在运用它。每个人都能改变自己的世界,为了得到人生中值得得到的东西,有必要为自己树立一些远大的目标,并且想方设法运用想象力来实现这些目标。你就是你所想的那样的人,能够用积极的心态设想和相信什么,就能去获得什么。你的心态是积极的,你的思想便是积极的,你的思维便会有创造性。拥有积极心态的人能够充分发挥自己的创新能力,使自己走向成功。

6. 积极心态有助于克服心理近视

如果一个人只能看到眼前的东西,却看不到远处的东西,就是一个心理近视的人。当一个人的心理视觉歪曲时,感觉就像在一层虚假概念的薄雾中东奔西窜,会不必要地碰撞和伤害别人,最后必然会伤害自己,这就会让许多机会白白流失,这样的人需要用积极的心态克服心理近视,才能在更多事情上取得成功。

7. 积极心态有助于获得幸福

积极心态可以使人拥有真诚、友谊、信仰、事业、爱情、财富,也就是幸福。一个消极的词可以引起一场争论,造成误会,产生苦恼。而带有"积极心态"的词,则会产生相反的效果。记住,当你面临被别人误解的问题时,你必须首先从检查你自己的言辞开始。如果把你的处世法宝从"消极心态"那面翻到"积极心态"那面,就能排除消极的感受,就会有愉快、美满、幸福的生活。

8. 积极心态有助于吸引财富

每个人都需要财富,但不是需要的人都能拥有它,要吸引财富除了花时间从事研究、思考和计划外,还要有积极的心态。能否拥有财富,是看你是否在困难的时候应用积极的心态,尤其在最需要的时候能应用它。认真地花时间以积极的心态对个人、家庭或事业等诸多问题进行研究、思考和计划,对于成功地吸引财富是十分必要的,它有助于财富的获得。

9. 积极心态有助于建立自信心

自卑是成功的大敌,自信是成功的力量。如果我们经常存有失败的念头,你便输掉了一大截。让信仰的力量、积极的心态和心安的感觉充满心中,就是获得自信的秘诀,也是去除疑惑、克服缺乏信心的最佳方法。

10. 积极心态有助于压力变动力

在现代生活中每个人都面临着压力,如何克服来自各方的压力呢? 成功人士的方法是调整心态,将压力变为动力,将消极失败的想法变为积极奋进的努力。面对障碍时所做的第一件事应该是站起来反抗它! 不要因它而抱怨,更不要被它所压制。

通常一般人在情况好时均能保有力量,但是在情势不佳时,面对困难的能力往往会顿减或丧失。因此,设法持续保有战斗力量便是关键所在。

11. 积极心态有助于采取行动解决问题

积极的人总能勇敢地面对出现的问题,他们敢于采取快速的行动,做出挑战困难的决策,这就是他们为什么总能保持其人生的坐标,这就是他们为什么能战胜困难的原因。积极的人从不回避问题,他们会毫不犹豫地解决这些阻碍他们前进的问题。

我们经常会有这样的误解,认为具有乐观态度的人总是快乐和幸运的,他们对任何事都能泰然处之,他们总能保持良好的心境。其实不然,积极的人经常也会面对很多问题和困惑,但他们从不让这样的问题困扰自己,他们能迎着困难而上,从不退缩。他们认为受挫总是短暂的,不能因受挫而不敢向前,保持积极的态度才是最重要的。

智者寄语

积极态度是一种思维方式的外在表现,是一种心态。用这种方式考虑事情,偏向于创造性活动而不是枯燥思维,偏向于欢乐而不是悲伤,偏向于希望而不是绝望。它对我们的生活、事业、人际交往都有着积极的作用。

快乐是一种美德

一个快乐的人不一定是最富有,最有权势的,但却一定是最聪明的。他的聪明就在于懂得人生的真谛,那就是,花开不是为了花落,而是为了灿烂。

在获得安然的心情后,人应该与自己比一下,与一年前、一个季度前哪怕是一周前相比,自己有了哪些进步,还有哪些不足,哪些需要继续,哪些需要转舵?都要问个清楚。需知,今天问不清楚的事情,明天可能就会成为问题。只有经常与自己比,尽可能地不断进步,人才有可能得到更多的快乐的资本,快乐也才会成为人的一种"习惯"。

快乐还是热爱自己的一种方式。无法令人相信,一个不热爱自己的人会真的能够持久地热爱生活、热爱他人,往往是,一个懂得自爱与自尊的人,才会真的可以始终如一、义无反顾地热爱与自己相关的一切,家人、朋友、儿童、花草乃至狗熊。这种热爱表现在生理上,便是年轻和动人。从生理学的角度来看,长时期保持笑容,对人的外貌和性格不可能不发生内在的影响,一般地说,在面貌上流露出的情感是最真切不过的,它们流露惯了,就会在脸上留下持久的痕迹,一个总皱着眉头的人是很难有一张舒展的脸的。而一个快乐的人也将是富有魅力的,这种魅力也将通过他人反作用于自身,使得自己更加从容而自信。

从心理上来说,快乐是对自己的热爱,也是对他人的一种宽容。一个与自己过不去的人,是很难放过别人的,一个人心理上的伤疤是很容易映射到人际关系中的。柏杨先生很清楚地认识到了这个问题,也便提出了"男人一过三十就要为自己的相貌负责"的观点,在他看来,不论生活怎样艰难,一个人都不应该一脸"春秋战国"地影响天气,影响环境,影响他人的心情,从这个角度看,微笑不仅是对自己负责任,也是对别人负责任。因为,微笑像一切其他情绪一样,都是颇具传染性的。

也许更重要的是,快乐会造就一种心态,而这种心态会产生一种力量,一种改变命运、获得幸福的力量。往往是,如果一个人决心获得某种幸福,那么他就能得到这种幸福,这就是心态产生的力量。心态可以说是发生在我们体内几百万条神经作用的结果,也即在任何时间内的感受,而快乐就是使这"几百万条神经"兴奋起来的火种,一种不息的火种,珍贵而又无价。

就像有白昼必然有黑夜一样,一种公平的生活必然不会永远给你阳光,许多时候,问题不是出在命运上,而是出在心态上,出在你看问题的方式与对待问题的态度上。在一些部落里,脸上有刀疤的男人会被认为是勇敢的人,因为那象征着他们敢于斗争,也不畏惧失败,而在城市生活中,同样的伤疤却可能使人自惭形秽。

如果说伤疤影响人的心理还可以理解的话,一些人的"幻想式丑陋"就令人难以理解了。在生活中,我们经常会发现一些看起来条件很不错的人,却有着严重的心理障碍。在一项调查中,人们吃惊地发现,有90%的学生对自己的外表有所不满或者说缺乏自信。换句话说,在现实生活中,绝大多数的人都有低估自己的倾向,而正是这种低估,往往影响到人们的心态,影响到人们的正常交往,也影响到快乐的"定居"。

斯宾诺莎说得好,"快乐不是美德的报酬,而是美德本身。"从某种意义上说,快乐本身就是一种道德,一种对自己的道德,也是一种对他人的道德。人们大都喜欢阿庆嫂,但却很少有人喜欢祥林嫂,这是因为,我们也许有不善待自己的自由,但我们却没有影响别人心情的权力,即便嘴上不说,在潜意识中,也几乎没有人真的喜欢有人来影响自己的心情。

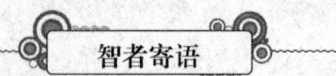
智者寄语

快乐不是美德的报酬,而是美德本身。

得之淡然,失之坦然

得之淡然,失之坦然,成功必然,顺其自然。失意的时候常有,在失意的时候能否坦然呢?人的一生就是潮涨潮落的过程,在低谷时,如果我们能调整心态,坦然面对,这将使自己重新崛起的开始。

用平常心淡然处事,方能举重若轻。人生虽然不是那么简单,但也不是你想的那样复杂,放宽心境就会心情舒畅许多。

一代名相诸葛亮,虽然满腹才华,但他淡泊明志,宁静致远;鞠躬尽瘁,死而后已。虽为两朝元老,但不倨傲,不贪功,不专权,被人尊敬有加。千百年来一直都被人们视为智慧的化身,效仿的榜样。

"仁者乐山山如画,智者乐水水无涯。从从容容一杯酒,平平淡淡一杯茶。细雨朦胧小石桥,春风荡漾小竹筏。夜无明月花独舞,腹有诗书气自华。"回归田园的陶渊明是恬淡的,他采菊东篱下,悠然见南山,躬耕南野,戴月荷锄,抛却了公牍之劳,不为五斗米而折腰,在自由自在中度过自己的美好人生。

幸福是一件伴生物。没有在冰天雪地里踯躅过的人,不会感到暖室轻裘的舒坦;没经历过饥饿煎熬的人,不知道温饱的幸福;没有过殚精竭虑的人,不会有大彻大悟的淡然。几度遭贬的苏东坡是淡然的,浩浩荡荡的长江陶冶了他的情操,乱石穿空的堤岸磨炼了他的意志,使他得到了人生的真谛,寄情江月,淡然处事。

淡然,顾名思义就是不在意,不放在心上。在对人生的态度上,淡然就是淡泊一切名利,这是得意时的最为重要的心态。世界上有很多数学家主攻庞加莱猜想,可是最终却只有朱熹平取得成功。这是为什么?有人问他成功的原因,他说:"我慢慢悠悠、慢慢悠悠地做着,一点也不急,忽然就解开了。"话说得很轻巧,但蕴含淡然,不急功近利,有条不紊;不浮躁,不温不火,十年磨剑,"淡"字功不可没。淡然,不经心在意,却是一种坚守;无影无形,却是一种大智慧。淡,在这里并不平淡,而是绚烂之极。

向往功名利禄,对人来说原是非常自然的事情。但同时,也要明白,所有的权势、名利、地位,不会永远存在,如同云烟过眼。同样的一把小提琴,可以演奏出忧伤无比的"安魂曲",也可以演奏出兴高采烈的"欢乐颂"。如同人生,有时欢乐,有时悲伤,那很自然。

"淡"是质朴、清淡、简约、无旁斜出、无烦冗奢华,有的只是一如既往,踏实争取。淡者宽容谨慎、执着、从不忘乎所以。淡是底色、成就华章，心灵淡然若水，人生便如行云流水，轻盈飘逸。看清生活的实相，有助于保持清醒的头脑，减少来日的遗憾；看清生活的实相，就能及早在心里留一个自我调适的空间，从而在顺境时能淡然，在逆境时能坦然，使人生的步履迈得更从容，迈得更稳健。

"淡"是很简单的一个字，却蕴含很深的哲理。他不是平淡无味，而是有取有弃，有收有放，有得有失。人们应该抱有这样的人生态度，在社会上尽可能地积极进取，只是在内心深处要为自己保留一份超脱，一份淡然。

高山无语，深水无波。淡然生活，能为自己喜欢的事情开辟道路。"淡然"是至美的人生境界。绚烂至极归于平淡，不是平庸之平，也非淡而无味之淡，而是素净质朴、宁静深沉，是深邃的执着，是内心的祥和，是深入的淡定，是物我两忘的境界。作为人的一种准则和风格，它是对人生的深层领悟，是人生境界的极致。

淡然处世，追求简单的生活，以宽容换得内心的宁静。淡然的人生活有条不紊，工作兢兢业业，生活中怡情养性，体面而不张狂，不做强人，也不做附庸，因为，人生需要执着，更需要随缘，缘来惜缘，缘去尽释，才可以真正的从容恬雅。淡然的人，懂得不断地修炼从容的心性和健康的心智，在职场的拼杀中放达宽厚，气定神闲。当白日的尘埃落定、纷繁且逝时，在灯下或开卷慢品，或靠枕细读，岁月的风霜洗不去她的温婉、典雅与端庄。将千万缕思绪托付于温柔宽容，在岁月的轮回中，细致的经营着执子之手的生死契约。

淡然处世，是对人生的宽容。恬淡为人、淡然处世者，往往受到人们的敬仰与爱戴，而历史上那些争名夺利之人，却都一个个落得身败名裂的可耻下场。大权在握的魏忠贤，飞黄腾达的和珅，不可一世的林彪，凡是翘起尾巴、不知收敛的，哪一个能有好下场？显示自己威风的，最终被人制服；狂妄自大的，也一个个落下了马。淡然处世是对人生的俯视，是一种超然于物外难得的另一番人生境界。

淡然处世，面对爱恨情仇懂得隐忍，把沧桑深埋心底，让一切慢慢地在记忆中沉淀，远离刻薄与庸俗。明白什么是爱，什么是不爱；什么是属于自己的，什么是不属于自己的。让自己活得有梦想有目标，无论这梦想是否瑰丽，这目标是否崇高，都会让人生更加精彩、更加绚烂。简单地活着，善良、率直、坦荡，使人有时间和心情去品评人生的滋味，享受生活的乐趣。

远离过去的冲动，减弱过去嚣张的气焰，你就会发现自己不仅心境平和了许多，而且也少了许多的束缚，脑中不会再盘旋烦恼的事情。用淡然的心境去呵护自己，在人浮气躁、物欲横流的世界里，呈现给别人的是坦然的微笑，端庄的气度，深厚的内涵。淡然处世，在复杂之中寻找简单，减轻负担，生活将会更加的愉悦！

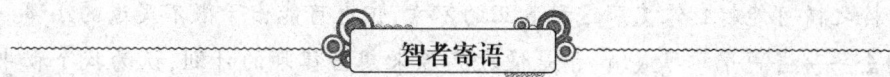

智者寄语

"淡"是很简单的一个字，却蕴含很深的哲理。他不是平淡无味，而是有取有弃，有收有放，有得有失。人们应该抱有这样的人生态度，在社会上尽可能地积极进取，只是在内心深处要为自己保留一份超脱，一份淡然。

走出"顾影自怜"的怪圈

日常生活中，每个人多多少少都会遭遇到麻烦——有些人则更是祸事连连，境遇不佳。例

感谢折磨你的人

如,缠绵病榻、失去爱人、没有住所、工作不顺或是身有残疾。这些人为自己难过那也是无可厚非的事。但是,对一个经常为其境遇悲伤,似乎世上只有他才能了解困苦之所在的人,你的反应又是如何呢?你真能同情他吗?我想每个人的反应都会是过不了多久就会厌烦他。最后,你或许是劝他对环境妥协,不然就是不再理他。

自怜产生的第一个问题是引起他人的反感。别人刚开始可能会同情你一阵子,但不久后,就会被你激怒。亲戚或好友或许还会继续同情你,不过他们也终将会觉得没有义务再理你。一天到晚光谈自己有多么不幸的人,没有人喜欢跟他在一起,跟这种人交谈总令人提不起兴致,而且也找不出什么方法可以帮助他。

其实,那些厌倦于倾听自怜者大诉其苦的人,并不是没有怜悯心,而只是明白一味地自怨自艾根本不会有任何结果。若不去寻求出路,而只一再地自认无望,悲观地认定凡事都已安排好了,自己根本就无从改善。这样的想法不但是错误的,而且对谁都无益。如果你能不再自怜,还是有办法得救的。

想发觉你的问题有多严重,可以先试试下面的三个测验,在三个星期之内做以下事情:不要对任何人提起你的问题;不要因你的处境而责怪别人或任何事情;不要说别人的处境较你为佳,同时要尽量加入或大谈自己喜欢的活动。

如果你能轻易地做到这些,你就不必担心自己有自怜的倾向。倘若你发现自己没法或很难坚持三周之久,即表示你有自怜的倾向。

一个人为什么会产生自怜之心呢?通常都是由孩童时期造成的。如艾莎7岁时患了小儿麻痹症,当时病得很厉害,终于成了跛脚。父母、兄弟姊妹、老师,几乎人人都为她难过,她常听到他们感叹:"可怜的小孩!长大后会变成什么样呢?"

上学时,她总比其他同学受到更多的同情,由于她既不能跑,路也走不快,所以别人都不和她一起玩游戏。父母为了补救这一点,特别为她购买了别的小孩会想跟她一起玩的昂贵玩具,生日时也替她举行别开生面的庆祝会。

于是,艾莎不知不觉地就归纳出两个结论来:第一,只要她提及自身的残废,就永远可以获得家人的爱;第二,唯有别人替她难过时或她拥有别人想要的东西时,别人才会爱她。

艾莎所患的小儿麻痹症虽改变了她的生活,然而她内心的创伤,却是她自己及父母造成的。因为,他们都相信一个女孩要是跛脚了就无法过正常的生活,而日常生活中的一切做法也都在逐步加深这种想法,造成艾莎在30年中,一味地执着于唯有表现得很无助的样子才能得到别人的同情。

自怜之情可能起自像艾莎这种真正的不幸,但也可能出于微不足道的小事。就像朱蒂因没能全年获得甲等学习成绩,于是便放弃原来想当律师的计划,认为找个秘书的工作也就行了。

泰德不善于运动,他总觉得别人一定在偷偷地笑他这一点,于是干脆决定自己也加入笑自己的行列中。不久,他便变成了班上的小丑——而且每当他讥笑自己时,他就更觉得自己一无所长,除非他能表演得很好,否则没有人会喜欢他。

蓝斯每次生病时,即使是不怎么严重的病,他的爸爸妈妈总是小题大做,而且担心异常,对他照顾得无微不至。蓝斯不但喜欢父母替他准备的点心,更期望得到他们的同情,于是他就开始夸大病情,最后他变成了忧郁症病人,而且善于自怜。每次要做什么事时,就推说身体不太舒服——最后导致他唯有得到别人的同情才会满足。但是,他却觉得无法完全满足自己,别人对他的关怀好似永远不够,而每次他制造理由引起别人的同情,却更使他觉得还需要更多同情——于是他的需要变得无法满足。

以上那几个人——艾莎、朱蒂、泰德、蓝斯，皆认为自己有个悲剧性的弱点，破坏了他们走向幸福及成功的希望。其实，我们说一个人有没有残障，都是他自己造成的。假如说，你真有缺陷——如瞎眼、跛脚，或长期缠绵病榻——别人就会更加同情你，于是你可能会自怜起来，但是，你也不必一定要有这种反应——因为这不是最佳的反应。

如果你是个自怜者的话，要找出你自认为可怜之处，很可能你早就知道，而且，还时常向人提起呢！赶快停止，在三星期之内不向人求得同情，然后想想看什么事情令你害怕？当你看清楚了自己的缺陷后，就明白这些缺陷不会毁了你的一生。你应尽可能地表现出你没有什么缺陷的样子，如果你不这么做，反而每次都表现出一副无助或一无所长之状，就更会相信自己有差劲之处而觉得羞耻。

下面的6种行为你要特别注意避免，尤其在你的困难无法克服时！

（1）不要让别人攻击你或利用你。假设你失业了，一天到晚待在家中，这时千万不要让你的配偶或双亲提醒你这种生活有多不好，或说：你有他们养你真是太幸运了。

你或许会说："有一天要是我真生病了，或是真成了他们的负担，我是不是就该听他们的呢？"其实也不必。他们应该都很关心你才对，所以你可以要求他们不要以你的处境来侵扰你，尚且目前的处境只是暂时的，而且错也并不在你。如果他们不答应你的要求，你可以另做打算，但别用各种方法讨好他们，否则的话，你便是在让自己相信，发生的事情是件降低你的人格的大不幸，而这种想法实在是大错特错。

（2）不要降低你的热望。或许你早已认为自己家境不够宽裕，或者你有一只耳朵聋了，因此不敢期望成就会有多大，于是从未真正地去努力过——也就更加深了自己能力不足的想法。

下次你可以采取相反的步调，一想到要做什么或学什么，或到某个地方去，或寻觅一份好的工作，就强迫自己尽力而为，这也可能是把你从自怜转变为自尊的第一步。

（3）别为你的缺陷觉得抱歉。贝丝因臂骨摔伤了，躺在床上好几个月。在此期间，她一再地对她的先生、孩子、探病者表示抱歉。她因太多的医疗费用及无法照料家庭而深感不安，这些举动使她觉得意外事故会毁掉她的整个生活。当然，也不是说你不该表示感激之情，但是不必花太多时间或精力去表示，否则不但伤了自己，也破坏了你与他人之间的关系。

（4）不要成为家务事的奴隶。如果你认为应该不断地煮饭、洗衣、缝补、照顾小孩等，那你的潜意识里一定是相信自己没什么长处，能够不被赶出门外已经是谢天谢地了。所以，你每次越是在做这些家务事，就越是有这种想法。

（5）不要自认有缺点而攻击自己。一位长得很矮的男士，他总是叫自己"矮子查理"。有人跟他说他这种习惯反而会比他的身高更对他不利时，他还半信半疑。但是，他纠正了几个月后，不再叫自己是"矮子查理"，开始不再为他的身高而担心，他的生活也变得快乐起来。

（6）不要因你的缺陷而受不必要的罪。在尚未发明隐形眼镜之前，很多女人因为不愿意戴眼镜，而使整个世界在她们眼中成为一片朦胧。这样不但使她们原本近视的眼睛看起东西来更加吃力，还贬损了她们的身价。因为，她们一直相信一种无稽之谈，以为如果男人看到她们戴眼镜的话，就很可能不会爱上她们。

你不妨好好地静下来想想你的缺陷使你失去了什么，看清楚你的弱点是什么，哪些根本就不是你的弱点。一方面别限制自己去追求合理的目标，也别把心放在不可能的事上，就像你有口吃，就别一心只想当个播音员，不愿面对事实比事实本身更可怕，而且会使得不能做的事变得比其他能做的每件事更重要。当你花很多的心力补偿自己的缺陷时，你会发现一个有趣的现象:比如说,你告诉自己:"要是我没有这个弱点,那真不知道该有多好!"于是你把所有的精力都用在克服这个弱点上。结果呢? 或许你真能除去一些形体上的缺陷,但却比从前更不喜欢自己了。

爱尔文就是这种情形。他是个长得瘦高的少年,但他一直深为其外表而感到痛苦。于是,他认为唯有增加体重才能免去心中的困扰,一天到晚都在实施这计划。最后,他终于变成一个身强力壮的人,以前认为的"缺点"已不存在。但是,正如人们所料,他更加担心起自己的外表及体力,害怕会变老、生病或受伤。他以前只是担心自己不够健美,现在却害怕更多的事。

不过也不是说你不该努力以求改进,如果说你能克服口吃的习惯,或使自己看来更年轻、更迷人,那又有何不可呢? 只是别把它看成能把你从一个比死亡更糟的命运中解救出来,也别期望它能解决你所有的问题。唯一的办法是把你的精力同时发挥在其他目标上,别把整个生命投注在一件事情上。

要把自己想成没有什么不对劲之处。不要对你的缺点做任何补偿,除非是能带给你快乐、力量及成就的积极事情。除去某些有明显规定不能做的事之外,不要假想有些事是自己做不来的,而且,要去寻求你能做得好的事去做。如果你表现得很有能力,那么,你对自己就会更有信心了。

智者寄语

我们要的不是自怨自艾,埋怨自己命不好,我们首先需要改变的,就是自己的这种想法,然后再改变自己的生活。

第六章 海纳百川，有容乃大

宽容是一种智慧

宽容是一种智慧，看到这句话，不禁想起了周恩来的一个故事：一次，理发师给周恩来刮脸，总理咳嗽了一声，刀子把脸刮破了，理发师十分紧张，不知所措。周总理和蔼地说："这不能怪你，我咳嗽前没有向你打招呼，你怎么知道我要动呢？"这桩小事，使我们看到了总理身上的一种美德——宽容。

宽容是一种智慧。留心一下，不难发现在人际交往中，凡能做到宽以待人者，一般都深受众人的欢迎。周恩来这样的好总理，待人宽容，平易近人，当然受到全国人民的爱戴和尊敬。人与人交往，难免会有一些小摩擦，只要是无恶意的，就应该设身处地为他人着想，像周恩来那样主动承担责任，严于律己，宽以待人。

由于各种客观原因所致，每个人都会有这样或那样的过错，如果在日常的相处中，对别人的过错能以宽容对待，就等于给人改过的机会。在中国历史上，李世民在一定意义上就是依靠这一点得到众臣鼎力相助，从而开创了初唐盛世。在唐朝王室争权中，魏征曾鼓励太子杀掉李世民，李世民发动玄武门之变夺取帝位后，不计旧仇，量才重用，使魏征觉得"喜逢知己之主，竭尽力用"，为贞观盛世的开创立下了汗马功劳。再说秦王嬴政，若不是听取了李斯"海纳细流，故能成其深"的喻谏，收回逐客令，实行不计前怨、广纳贤才的政策。恐怕就会失去李斯等一大批忠臣，难以顺利完成统一天下的大业。综观历史与今天，如果没有"海纳百川"的恢弘气度，不具备宽容的美德，开创一方事业只能是一句空话。

有的人就不具备宽容的美德，他们心胸狭隘，凡事斤斤计较，不肯吃亏。如慈禧太后，仅因为与一大臣下棋时，对方无意中说了一句"我杀了老佛爷的马"就勃然大怒而起，"你杀我的马，我杀你全家"，于是这位大臣被满门抄斩，惨不忍睹。像这样的狭隘心胸，这样的暴行，又怎会不遭人唾弃呢？当今社会上有一些人也是这样。你不小心碰了他一下，他就会破口大骂，甚至大打出手，还有的人对别人的过失耿耿于怀，时时想着揪别人的小辫子。这样的人，典型的"小肚鸡肠"，心胸狭隘，待人刻薄，根本没有一点宽容之心，这种人还能谈什么成大器、立大业呢？

总之，宽容是一种智慧，只要我们本着"和为贵"的原则，不斤斤计较别人的过失，又多为别人考虑，就会创建起友善的人际关系，营造良好的社会风气。

当然，对于那些蓄意冒犯他人的违法犯罪行为，或是破坏人民安定生活的坏分子及人民的敌人，就不能盲目地宽容，以免重演"农夫与蛇"的悲剧。一定要利用法律力量予以重拳打击，

感谢折磨你的人

决不心慈手软。

宽容是智慧,当今社会大有发扬之必要。让我们大家都来讲一点宽容,使我们的社会变得更美好。

大凡乐观的人往往是"憨厚"的人,而愁容满面的人,又总是那些不够宽容的人。他们看不惯社会上的一切。希望人世间的一切都符合自己的理想模式,这才感到顺心。

挑剔的人常给自己戴上是非分明的桂冠,其实是一种消极的干涉人格。怨恨,挑剔,干涉是心理软弱,心理"老化"的表现。

> 人事部经理在离职前,曾向公司推荐卡沙代替自己的职务,但最终坐在这个位置上的人却是乔治。有人为卡沙感到不平,毕竟乔治无论从资历还是从学历水平上都比不上她。但卡沙笑着说:其实乔治有许多优点,活泼好学,聪明伶俐。

职场中的人际关系就是这样,走到哪里都不会永远公平,但是不居要职的你没有生杀大权,在这个"是非之地",如果不遵守其中的游戏规则,那么当裁员的号角吹响时,第一个被淘汰出局的人,也许就是你。

所以,包容自己的对手,看淡结果的得与失,那么你的心会平和而充满着宁静和宽容。这样,在面对你的对手的时候,你也可以微笑着迎接挑战,胜利了,赢得辉煌;失败了,同样美丽。

实际上,在竞争中取胜的最好办法就是在平时提高自己的竞争意识。要知道,竞争是无处不在,无时不在的。所以你潜在的对手也就很多很多,这也是为什么许多职业女性时常感到疲倦的原因。但是,如果你能做到工作上精益求精,人际关系和谐,在人群中脱颖而出的你根本不必去同别人竞争什么了。因为,你的表现已经向上司和同事们证明:你的确是最好的。实际上,"成者王侯,败者寇"并不适用于竞争激烈的办公室,因为不论胜败如何,大家今后还是要在一起工作。试着让自己拥有一颗宽容的心,让心绪变得平和,使自己能理解别人,这样无论成败你都是英雄。

有的人在阳光明媚的日子里,递给你一把伞;而下雨的时候,他却打着伞悄悄地走了,留给你的是背影。你读他时,千万不要责备他。因为他也有不想被雨淋的时候,与其埋怨,不如自己常备一把伞。有的人,在你拥有某种权力时,围着你团团转,笑脸相迎;而当你的权力消失了,他却形同陌路,判若两人。你读他时,千万不要责备他。因为他需要的是你的这种权力带给他的某种东西;你的权力消失,他也就不必再为你吟唱赞美诗了。与其埋怨,不如擦亮自己的眼睛。

有的人,在你面前说话像一条清亮的小河,语言甜美透彻,而人后却是一股潜藏的暗流。你读他时,不要生气。因为凡是带着虚伪的假面具做人的人,人前人后活得也挺辛苦的。说不定哪天他也会被同样的虚伪所欺骗。体谅他的这种生存方式,让他在往后的生活中获得人性的自省。

有的人,在你辛勤劳作的时候,袖手旁观,不肯洒下一滴汗水;而当你收获的时候,他却毫不犹豫地向你索取。你读他时,千万不要责备他。有人愿意分享你的劳动成果,总还是好的,是在肯定你的劳动价值。和他分享,慢慢地,让他学会自尊和自爱。

有的人,穿着华丽,显出一种高贵,内心却胸无点墨。你读他时,千万不要鄙视他,因为他不知道,服饰的华丽,只是裁缝的杰作,而人的品格修养,并不是由这些东西所能显现的。

宽容,读真实的同时也读诚实背后的狡诈;读美丽的同时也读美丽背后的丑恶;读世界的黑暗同时也读世界的真、善、美……

智者寄语

宽容是一种智慧,只要我们本着"和为贵"的原则,不斤斤计较别人的过失,又多为别人考虑,就会创建起友善的人际关系,营造良好的社会风气。

宽恕是化解仇恨的良药

一个人的心态与一个人的涵养是密不可分的,退一步海阔天空,实践证明,宽恕可以孕育智慧,可以融洽关系,可以化解仇恨,可以让自身伟大,可以让你天天拥抱快乐。联合国前副秘书长罗伯特·穆勒说:"宽恕是爱最高、最美的形式。作为回报,你会得到无法言表的安宁和快乐。"

古时候有个叫陈嚣的人,与一个叫纪伯的人做邻居。有一天夜里,纪伯偷偷地把陈嚣家的篱笆拔起来,往后挪了挪。这事被陈嚣发现后,心想,你不就想扩大点地盘吗,我满足你。他等纪伯走后,又把篱笆往后挪了一丈。天亮后,纪伯发现自家的地盘又宽出许多,知道是陈嚣在让他,他心中很惭愧,主动找上陈家,把多侵占的地统统还给了陈家。

在你遭到污辱、谩骂甚至人身攻击的时候,在你遭到不公平对待甚至别人的有意算计的时候,你更需要冷静,调控自己的情绪,否则,只能自我伤害。这时,你最有力的精神武器恰恰是宽恕,当你宽恕、谅解别人的时候,你就能马上产生无穷的精神力量,从而使自己变得更加高贵。当你学会宽恕的时候,内心积蓄的怨恨和愤怒就会释放出来,使你重新获得心灵的平和。

洛克菲勒早年时代,一天一个青年闯入他的办公室,走到他的写字台前,用拳头猛击台面,并大发雷霆地说:"洛克菲勒,我恨你!……"

那人肆意谩骂有十分钟之久。办公室里的职员听得清清楚楚,料想洛克菲勒一定会拿起墨水瓶向那人掷去,或者叫保安把他赶出去。但洛克菲勒没有那样做,他把笔放下,神情和善,静静地注视着发怒者。

最后,那青年看洛克菲勒没有什么反应,感到不好意思,只好拍了几下桌子,灰溜溜地走了。洛克菲勒扶正椅子,没事似的,又埋头工作,再也不提这事。

由此可见,宽恕不仅使你高贵,还会让你掌握主动权;相反,假如洛克菲勒条件反射般地大发雷霆,那他不就像那位青年一样没有教养了吗?那他怎么会有时间、精力去做大事,怎么会成为洛克菲勒呢?

实际上,宽恕是一种自我疗伤的神药,这种药永远免费、有效而且没有副作用。登山莫带砖,通过宽恕,将愤怒、怨恨的砖头卸下。一旦行囊减轻,自然能够爬得更高,走得更快。

佛祖释迦牟尼也有一个关于宽恕的小故事。

有一段时间,释迦牟尼经常遭到一个人的嫉妒和谩骂。对此,他心平气和,沉默不语。有一次,当这个人骂累了之后,释迦牟尼微笑着说:"我的朋友,当一个人送东西给别人,别人不接受,那么,这个东西是属于谁呢?"那个人不假思索地回答:"当然属于送东西的人自己。"释迦牟尼说:"那就是了。到今天为止,你一直在骂我。如果我不接受你的谩骂,那么谩骂又属于谁呢?"

那个人为之一怔,哑口无言。从此,他再也不敢谩骂释迦牟尼了。

在面对别人不友好的攻击的时候,如果你不能释怀,不能宽恕,你可以这样调整自己的心态:看到一个残疾人,你会不会同情他呢,想必大多数人都会这么做的;那么,面对精神上有残疾的人,你还会与他计较吗?当你这样考虑问题的时候,会变得宽容起来,同时自己也变得快乐与

感谢
折磨你的人

幸福。

正如耶稣基督受人迫害时说的："原谅他们（迫害者）吧，他们在做些什么，自己也不知道啊！"有些人在疯狂地做错事的时候，就像动物一样，不自知，不有愧，也不明事理。如果你比他们更有智慧，更知对错，就应可怜他们的不觉醒，并设法帮助他们达到像你一样的觉悟。深怀这样的悲悯之心，还有什么过错不能原谅呢？还有什么会使你耿耿于怀、烦恼痛苦呢？

对待别人有意的攻击我们尚且能容忍，那么对待别人无意的冒犯，我们更可以一笑了之。

珍珠港事变之后，尼米兹元帅接任美军太平洋舰队司令的职务。他为人平易近人，遇事沉着冷静，留着一把胡子，士兵们背后都叫他"老山羊胡"。

有一天，尼米兹乘坐的旗舰在海上遇到敌人的军舰，双方立刻展开猛烈的炮轰。尼米兹一连指挥了好几个小时的战斗，觉得有点疲倦，便叫旁边一个水兵替他端一杯咖啡来。水兵离开后，因为日本飞机空袭，尼米兹便下令熄灯，一下子整条旗舰一片漆黑。

水兵端来了咖啡，在黑暗中到处找尼米兹，找了很久都没找到，便很不耐烦地说："咖啡来了，可是'老山羊胡'哪里去了？"不巧尼米兹正好就站在他旁边，便回答说："山羊胡就在这里，不过下次要记住，最好不要加个'老'字！"

这就是宽恕，这就是大将风度。我们可以设想一下，在那种场合，如果尼米兹勃然大怒，那么不但使士兵诚惶诚恐，也使自己的形象受到损害。

宽恕是威力强大的精神防御武器，是自我情绪控制的一大法宝，但它并不是只有伟人或身居高位者才能拥有，任何人都可以从宽恕中吸取精神力量，从而使自己变得高贵。

在人类所有情感中，仇恨、愤怒和怨恨是最有自毁作用的一种。在你陷入到这些强烈的负面情感中的时候，事实上你是在拿别人的错误惩罚自己，别人不会因你的仇恨、愤怒和怨恨而有任何损失，而你则可能会失掉快乐、幸福、健康甚至生命。你要时刻谨记：上天要毁灭一个人，必先使其疯狂。发怒往往以愚蠢开始，以后悔告终。

由于怨恨、报复隐藏于心里，令许多人陷入抑郁和痛苦之中。滞留在心中的侮辱、仇恨，造成内心永不平复的创伤，它会毁坏人的心理和生理健康，毁掉生活中的许多乐趣。这种心理上的怨恨会侵蚀、毒害到我们身体中的血液、细胞及组织，会影响到我们生活的方方面面。

如果仇恨和怨恨别人可以解决任何问题的话，记恨他人，或许也有点道理。然而事实并不是这样，仇恨和怨恨本身不但不能解决问题，于事无补，反而徒然增加我们的心理负担，白白浪费自己的精力，并且损害自己的身体健康。越来越多的心理生理学家都认识到：拒绝宽恕其实就等于慢性自杀。

台湾有一个作家曾讲过这样一个真实的故事：

有一个妇人，平时温文有礼，也很懂得持家，常常一大早就在家门口洗衣服，但她有一个不定时发作的毛病：发疯。

她可以黄昏时拿把菜刀、棍子在家门口破口大骂，也可以一大早就如此。刚开始，人们以为那是谁家的广播剧，后来才知道，是这位妇人在发泄情绪。

她最常骂的是："我不甘心。""你这疯人，总有一天会遭报应。""你出去会给车撞死。""你怎么可以骗我！"

这妇人曾被信任的朋友骗过，朋友向她借钱，借了之后人家就跑了。妇人初时不能接受，但也算平静，十多年后就成了如今模样。十多年来她不能原谅朋友，将怨气积在心中，将自己积出病来。

仇恨和怨恨是伤害我们自己心灵和身体的毒药。如果我们存心报复别人，首先受到伤害的是我们自己。印度伟大的文学家泰戈尔写的《画家的报复》一文就揭示了这个真理。

一位画家在集市上卖画。不远处，走来一位大臣的孩子，这位大臣在年轻时曾经把画家的父亲欺压得心碎而死。这孩子在画家的作品前流连忘返，并且选中了一幅，画家却匆匆地用一块布把它遮盖住，并声称这幅画不卖。从此以后，这孩子因为心病而变得憔悴。最后大臣出面了，表示愿意付出一笔高价。

可是，画家宁愿把这幅画挂在他画室的墙上，也不愿意出售。他阴沉着脸坐在画前，自言自语地说："这就是我的报复。"每天早晨，画家都要画一幅他信奉的神像，这是他表示信仰的唯一方式。可是后来，他觉得这些神像与他以前的神像日渐相异。这使他苦恼不已，他徒然地寻找着原因。然而有一天，他惊恐地丢下手中的画，跳了起来——他刚画好的神像的眼睛，竟然是那大臣的眼睛，而嘴唇也是那么的酷似。

他把画撕碎，并且高喊："我的报复已经回到我的头上来了！"

宽恕不仅是化解仇恨和怨恨的良药、调节情绪的法宝，同时它也是婚姻、家庭的黏合剂。爱情的长久，需要彼此的宽容来维持。美国专家断言，在所有的婚姻中，不幸婚姻占58%，而破坏它的魔鬼就是非难、责怪。

俄国文学家托尔斯泰虽然在文学上取得了极高的成就，但在家庭生活上却一塌糊涂，他和妻子互相指责，从不肯宽恕对方。托尔斯泰把自己的家称为一个"疯人院"，并把错误全归于妻子，还写在日记中。而他的妻子也不甘示弱，也在日记中把家庭矛盾的根源都归于托尔斯泰，甚至还写了一本小说《谁之错？》，托尔斯泰最终在一个冰天雪地的夜里离家出走，而后溘然长逝于一个铁路小站上。

难道彼此宽容就那么难吗？

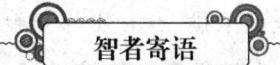

智者寄语

宽恕是爱最高、最美的形式。作为回报，你会得到无法言表的安宁和快乐。

生气是用他人的过错惩罚自己

面对他人的过错，智者能用宽容去原谅和帮助别人，只有愚者才会用生气去无端地惩罚自己。

宽容，是人生难得的佳境。

法国19世纪文学大师维克多·雨果曾说过这样一句话："世界上最宽阔的是海洋，比海洋宽阔的是天空，比天空更宽阔的是人的胸怀。"

相传古代有位老禅师，一日夜晚在禅院里散步，突见墙角边有一张椅子，他一看便知有位出家人违反寺规越墙出去溜达了。老禅师也不声张，走到墙边，移开椅子，就地而蹲。少顷，果真有一小和尚翻墙，黑暗中踩着老禅师的背脊跳进了院子。当他双脚着地时，才发觉刚才踏的不是椅子，而是自己的师傅。小和尚顿时惊慌失措，张口结舌。但出乎小和尚意料的是师傅并没有厉声责备他，只是以平静的语调说："夜深天凉，快去多穿一件衣服。"

感谢
折磨你的人

老禅师宽容了他的弟子。他知道,宽容是一种无声的教育。

在日常生活中,当没有缘分的"对手",出于内心的丑恶,在你背后说坏话做错事,此时你是想伺机报复,还是宽容?当你亲密无间的朋友,无意或有意做了令你伤心的事情,此时你想从此与之绝交,还是宽容?冷静地想一想,还是宽容为上,这样于人于己都有好处。

有人说宽容是软弱的象征,其实不然,有软弱之嫌的宽容根本称不上真正的宽容。宽容是人生难得的佳境———一种需要操练、需要修行才能达到的境界。

心理学家指出:适度的宽容,对改善人际关系和身心健康都是有益的。这种宽容,指的是对别人在生活、工作、学习中的过失、过错采取适当的"羞辱政策",有效地防止事态扩大而加剧矛盾,避免产生严重后果。大量事实证明,不会宽容别人,亦会殃及自身。过于苛求别人或苛求自己的人,必定处于紧张的心理状态之中。由于内心的矛盾冲突或情绪危机难于解脱,极易导致肌体内分泌功能失调,诸如使肾上腺素、去甲肾上腺素过量分泌,引起体内一系列生理化学反应,导致血压升高、心跳加快、消化液分泌减少、胃肠功能紊乱等,并可伴有头昏脑涨、失眠多梦、乏力倦怠、食欲不振、心烦意乱等症候。紧张心理的刺激会影响内分泌功能,而内分泌功能的改变又会反过来增加人的紧张心理,形成恶性循环,损害身心健康。有的过激者甚至失去理智而酿成祸端,造成严重后果。因此,我们要学会宽容。唯有宽容,生活中的诸多忧愁烦闷,才可得以避免或消除,我们才能获得人生难得的佳境。

气愤和悲伤是追随心胸狭窄者的影子。生气的根源不外乎异己的力量——人或事侵犯、伤害了自己(利益或自尊心等)。一言以蔽之,认定别人做错了,于是愤然作色,咬牙切齿。凡此种种生理反应无非在惩罚自己,而且是为他人的错误,显然不值。

有一天,拿破仑·希尔和办公室大楼的管理员发生了一场误会。这场误会导致了他们两人之间彼此憎恨,甚至演变成激烈的敌对状态。

拿破仑·希尔经常在下班以后还一个人在办公室里工作,这使得办公大楼的管理员无法休息。这位管理员为了显示他的不满,就把大楼的电灯全部关掉。这种情形一连发生了几次。最后一次,拿破仑·希尔正在准备一篇演讲稿,当他刚刚在书桌前坐好时,电灯熄灭了。

拿破仑·希尔立刻跳起来,奔向大楼地下室,他知道可以在那儿找到这位管理员。当拿破仑·希尔到那儿时,发现管理员正在忙着把煤炭一铲一铲地送进锅炉内,还轻松地吹着口哨,仿佛什么事情都未发生似的。

拿破仑·希尔立刻对他破口大骂,一连5分钟之久。最后,拿破仑·希尔实在想不出什么骂人的词句了,只好闭了嘴。这时候,管理员直起身体转过头来,脸上露出开朗的微笑,并以一种充满镇静与自制的柔和声调说道:"呀,你今天有点儿激动吧,不是吗?"

他的这段话就像一把锐利的短剑,一下子刺进拿破仑·希尔的身体。

拿破仑·希尔转过身子,以最快的速度回到办公室。当拿破仑·希尔把这件事反省了一遍之后,他立即看出了自己的错误。但是,坦率说来,他很不愿意采取行动来化解自己的错误。

然而他知道,必须向那个人道歉,内心才能平静。最后,他花了很久的时间才下定决心,决定到地下室去,忍受必须忍受的羞辱。

拿破仑·希尔来到地下室后,把那位管理员叫到门边。管理员以平静、温和的声调问道:"你这一次想要干什么?"

拿破仑·希尔告诉他:"我是来为我的行为道歉的——如果你愿意接受的话。"

管理员脸上又露出那种微笑,他说:"凭着上帝的爱心,你用不着向我道歉。除了这四堵墙壁,以及你和我之外,并没有人听见你刚才所说的话。我不会把它说出去的,我知道你也不会说出去的,因此,我们不如就把此事忘了吧。"

这段话对拿破仑·希尔所造成的震撼更甚于他第一次所说的话。因为管理员不仅表示愿意原谅拿破仑·希尔,还表示愿意协助拿破仑·希尔隐瞒此事,不使它宣扬出去,以免对拿破仑·希尔造成伤害。

拿破仑·希尔向他走过去,抓住他的手,使劲儿握了握。拿破仑·希尔不仅是用手和他握手,更是用心和他握手。在走回办公室途中,拿破仑·希尔感到心情十分愉快,因为他终于鼓起勇气,化解了自己做错的事。

在这件事发生之后,拿破仑·希尔下定了决心,以后绝不再失去自制。因为一旦失去自制之后,另一个人——不管是一位目不识丁的管理员还是有教养的绅士——都能轻易地将自己打败。

宽容地对待你的敌人、仇家、对手,在非原则的问题上,以大局为重,你会得到退一步海阔天空的喜悦,化干戈为玉帛的喜悦,人与人之间相互理解的喜悦。要知你并非踽踽单行。在这个世界上,人们各自走着自己的生命之路,纷纷攘攘,难免有碰撞,所以即使心地最和善的人也难免要伤别人的心,如果冤冤相报,非但抚平不了心中的创伤,而且只能将伤害者捆绑在无休止的争吵战车上。

三国时,诸葛亮初出茅庐,刘备称之为"如鱼得水",而关、张兄弟却未然。在曹兵突然来犯时,兄弟俩便"鱼"呀"水"呀地对诸葛亮冷嘲热讽。诸葛亮胸怀全局,毫不在意,仍然重用他们。结果新野一战大获全胜,使关、张兄弟佩服得五体投地。

如果诸葛亮当初跟他们一般见识,争论纠缠,势必造成将帅不和,人心分离,哪能有新野一战和以后更多的胜利呢?

宽容是一种博大,它能包容人世间的喜怒哀乐;宽容是一种境界,它能使人跃上大方磊落的台阶。

宽容是一种对事对人的洒脱的人生态度,它不同于忍让,因为宽容的人的内心从来就不曾有过怨恨,而忍让则是经过一番思想斗争,在怨恨发泄出来之前将其化解掉。可以说,宽容的境界比忍让更高一层。

在传统观念中,宽容向来被视为一种美德,但是,现代心理学家提醒人们,宽容不仅仅是一种美德,还是一种保持心理卫生的心理健康之道。有的心理学者甚至提出了这样的口号——宽容是心理健康的"维生素"。

人生在世,要与各种各样的人打交道,这些人中肯定会有不合其胃口的人,所以,有怨恨、愤怒等情绪也是在所难免的。而宽容则会使一个人尽可能少生气、少发怒,把你的生气频率、发怒频率降到最低点。

意愿及活动遭到挫折而产生的粗暴情绪,可以分为愠怒、愤怒、大怒和暴怒等,这些都是有害健康的不良情绪。

在两千多年前,对心理治疗有所研究的中国古医书有过这样的论述:"大怒则形气绝,而血苑于上,使人薄厥。"

人在愤怒时会导致精神紧张,而精神紧张则会分泌毒性激素,生成活性氧。这个活性氧生成的老化物质可能引起动脉硬化,也会侵害健康因子,使人产生各种各样的疾病。现在已知与活性氧有关的疾病有动脉硬化、癌、脑出血、心肌梗死、胃溃疡、过敏等。

感谢
折磨你的人

比如癌症：活性氧与水结合后生成过氧化氢。过氧化氢与氨结合在一起，就会变成单氢胺，这是一种强烈的致癌物质。

人一旦受到斥责或生气，心里窝火或烦躁不安，过氧化氢就会与体内的盐分结合，产生漂白粉，而漂白粉对人体是剧毒物质。

生闷气对人体的危害更大，科学家总结出了8大条：

（1）损害呼吸系统。会引起气促、胸闷、气逆、咳嗽和哮喘等疾病。

（2）危害肝脏。容易造成肝郁不舒，肝气不顺，肝胆不和。

（3）危害消化系统。气满肠胃后不知饥渴，气滞于胃，使消化系统停止蠕动。

（4）危害心脏。滞气不出，侵入心脏，易引起心跳加速。

（5）危害神经系统。干扰神经，引起失眠。

（6）危害肾脏。逆气冲肾脏，会出现肾衰、尿频。

（7）危害内分泌。可引起甲状腺功能亢进。

（8）危害皮肤。可引起神经皮炎。

宽容能够让一个人避免发怒或生气。为了证明宽容对一个人保持心理健康的作用，有关专家做了一个试验。专家要求接受试验的人先用宽容的态度来回忆一个使自己受伤害的情景，然后再用非宽容的态度来回忆该情景，每个过程都持续相同的时间。结果发现，在非宽容期受试人员的平均心率从每4秒1.75次的基础值增加到每4秒2.6次，而血压在4秒一个周期则升高了2.5毫米汞柱。而受试人员在宽容期的心率及血压则是下降的。

另外，美国斯坦福大学所做的《斯坦福宽容计划》发现，参加这一计划的人员中，70%的人表示受伤害的感觉降低了；20.3%的人表示因怨恨而带来的身体疼痛、胃肠不适、头晕等症状减少了。

由此可见，科学家为"生气是在拿别人的过错来惩罚自己"这句话找到了科学依据。

清朝康熙年间，安徽桐城人士张英曾担任文华殿大学士兼礼部尚书，他的家人在老家桐城修建宅院时，与邻居发生地界纠纷。此时的张英还在京城任职，于是家人快马加鞭送信到京城，希望张英能动用手中的权力"教训"邻居。

张英并没有按照家人的意思去做，而是作了一首诗回复家人，诗是这样写的："千里修书只为墙，让他三尺又何妨？长城万里今犹在，不见当年秦始皇。"

家人看到这首诗后，马上后退三尺，邻居也觉得不好意思，于是也后退了三尺，彼此相让的结果是，一条六尺宽的小巷就此形成。

古语有云："天地本宽，而鄙者自隘。"试想，如果张英是一个"鄙者"，按照家人的意思去做，凭张英的势力是能"摆平"邻居的，但他家从此也就与邻居结下了仇恨。邻居之间可以说是"抬头不见低头见"，此后的日子里，两家人相见难免不会在心里有一股怨气，长期下去，不论是张英家还是他的邻居，身心健康都会受影响。并且父辈结下的仇怨，一般都会传至下一代，这样一来，张英留给子孙的就是仇恨以及仇恨造就的狭隘。

然而，张英不是"鄙者"，也不是狭隘之人，他的宽容之心带动了邻居的宽容，在两家的宅院之间形成的是六尺宽的小巷，而这窄窄的六尺小巷，却造就了两家人比天空还要宽阔的心胸。

值得一提的是，在康、雍、乾三朝为官的清朝名臣张廷玉，即是张英的儿子，张廷玉在康熙时即中进士，后官至保和殿大学士、军机大臣，乾隆时期被加太保；张英的二儿子也是进士及第。于是，关于张英一家在当地流传着这样一个说法，"父子宰相府""五里三进士""隔河两状元"。

可以说,张英的后代有如此作为,与张英宽容待人、淡泊名利、宁静致远的家教不无关系。

智者寄语

面对他人的过错,智者能用宽容去原谅和帮助别人,只有愚者才会用生气去无端地惩罚自己。

宽广的心胸是被包容撑大的

要达到精神上的自由、奔放的人生境界,首先就要有一颗宽广的心,学会包容、学会接纳。古人云:江河不拒细流,方能成其深;泰山不择土壤,才能成其大,拥有宽广的胸襟就能有开阔的视野去为人处世,故而才能成就一番事业。然而,宽广的心胸不是生来就有的,拥有它的前提是要学会包容,尤其是去包容那些曾经伤害过自己的人,能够不计前嫌,给他以帮助与关怀。所以说,宽广的心胸是用包容撑大的。

第二次世界大战期间,一支部队在森林中与纳粹军队相遇并发生激战,其中两名战士最终与自己的队伍失去了联系,没有人知道他们在哪里,大家都以为他们牺牲了。

他们来自同一个淳朴的小镇,镇上的人彼此都认识,所以大家都像一家人。他们原来就是很要好的朋友。在此次生死未卜的战斗中,他们互相照顾、不分彼此。

与队伍失散后,两人在森林中艰难跋涉,互相鼓励、安慰。十多天过去了,他们没有看到一个人影,回到部队的希望越来越渺茫,更严重的是,因为战争的缘故,动物四散奔逃或被杀光,他们连生存都产生了危机。

就在他们奄奄一息之际,他们幸运地打死了一头鹿,看来天无绝人之路,依靠鹿肉,他们又可以艰难度过几日了。这让他们着实兴奋了好长一段时间。但在这以后,他们再也没看到任何动物。仅剩下的一些鹿肉,背在年轻战士的身上,生存又成了问题。

有一天,他们在森林中寻找食物时不幸遇到了敌人,经过再一次的激战,两人又一次巧妙地逃脱,就在他们自以为已安全时,只听到一声枪响,背着鹿肉走在前面的年轻战士中了一枪,这一枪打在肩膀上。后面的战友惶恐地跑了过来,他害怕得语无伦次,抱起倒在地上的战友泪流不止,并赶忙把自己的衬衣撕成条来包扎战友的伤口。

夜深了,受伤的战士肩膀上包扎的衣服一片血红,他对于自己的生命并不抱任何希望。而那位没有受伤的战士两眼直勾勾地,嘴里一直念叨着母亲。用来救命的鹿肉谁也没有动,他们都以为自己的生命即将结束。那一夜令两个人都终生难忘。

天知道他们是怎么度过那一夜的。第二天,他们被自己的部队发现了,当太阳升起来的时候,他们获救了。

故事发生到这里,似乎告以一个段落了,是个喜剧结局。

但事隔30年后,那位受伤的战士安德森说:"我知道谁开的那一枪,他就是我的老乡、战友。"这实在是太惊人了。

安德森平静地说:"他去年去世了,否则我永远都不会说,如果我死在他前面,我会让这个故事烂在肚子里。那年在森林里,当他抱住我时,他的枪筒还在发热,我顿时明白了,他想独吞我身上带的鹿肉而活下去,但当晚我就宽恕了他。因为我知道他活下来是为了照顾他的母亲。此后30年,我装着根本不知道此事,也从不提及。战争太残酷了,没有纳粹的存在,就不会有这样的悲剧。令人难过的是,他的母亲还是没有等到他回来就撒手去了。我和他一起祭奠了老人家。他跪下来,流着泪请求我原谅他。我拥抱着他,不让他说下去。我宽恕了他,我的心没有仇恨,异常平静。我没有失去什么,我们又做了二十几年推心置腹的朋友。"

人生道路漫长而坎坷,我们难免会在某个时刻与他人结下矛盾,甚至仇恨。但是,要明白一旦种下仇恨,困在仇恨中的有自己,也有对方,于己于人都有弊无利。活在仇恨里的人是愚蠢的。你在憎恨别人时,心里总是愤愤不平,希望别人遭到不幸和惩罚,却又往往不能如愿,莫名的失望、烦躁之后,你便失去了往日那轻松的心境和欢快的情绪,从而心理失衡;另一方面,在憎恨别人时,由于疏远别人,只看到别人的短处,在言语上贬低别人、在行动上敌视别人,结果使人际关系越来越僵,以致树敌为仇。宽容地帮助曾经伤害过你的人才不失为人生大智慧,以德报怨,春风化雨,是成熟人性臻至完美的象征,宽容的人生收获的必是满城桃李。

洒脱、奔放的生活并不能仅仅建立在物质的基础上,更为重要的是拥有宽容之心,以博大的胸怀容忍他人的过失,才能在精神上丰裕富足,才能以自由、奔放的心态,在生活中任意驰骋,不要以狭隘、自私的心态来对待周围的人和事,沉溺于蝇营狗苟、鸡毛蒜皮的琐事中,从而背负上精神的枷锁。

智者寄语

要达到精神上自由、奔放的人生境界,首先就要有一颗宽广的心,学会包容,学会接纳。

宽恕别人,就是赦免自己

不宽容则只能给人带来更多的痛苦。

哲人说,宽容和忍让的痛苦,能换来甜蜜的结果,这句话说得诚恳而有深度。宽容是痛苦的,它意味着放弃心中的愤愤不平,将往日受到的种种侮辱和痛苦生生咽进肚子里。这位哲人能体会到宽容者内心的矛盾和波动,是从人的内心出发的,他的语言十分诚恳。同时,他又指出了宽容的必然性,因为宽容最终会换来甜蜜,而不宽容则只能给人带来更多的痛苦。即使是从追逐快乐甜蜜、远离痛苦这一"趋利避害"的简单本性出发,我们也应该在伤害面前选择宽容。确实,宽容是我们面对伤害时应有的心态。

在现实生活中,难免会发生这样的事:亲密无间的朋友,无意或有意间做了伤害你的事,你是宽容他,还是从此分道扬镳,或伺机报复、以牙还牙?分手或报复似乎更符合人的本能。但这样做了,怨会越结越深,仇会越积越多,冤冤相报何时了?

芝加哥人蒙泰在林肯竞选总统期间频频发出尖刻的批评。林肯当选总统之后,为芝加哥人蒙泰在大饭店举行了一个欢迎会。欢迎会上,林肯看见蒙泰站在角落里,虽然蒙泰曾大声辱骂过林肯,但林肯仍然很有风度地说:"你不该站在那儿,你应该过来和我站在一块儿。"

参加欢迎会的每个人都亲眼目睹了林肯赋予蒙泰的荣耀,也正因为如此,蒙泰成为了林肯最忠诚、最热心的支持者。

所以，宽容才是消除矛盾的有效方法，冤冤相报抚平不了心中的伤痕，只会将伤害者和被伤害者捆绑在无休止的争吵战车上。印度"圣雄"甘地说得好，如果我们对任何事情都采取"以牙还牙"的方式来解决，那么整个世界将会失去色彩。

宽容是一种高贵的品质、崇高的境界，是精神的成熟、心灵的丰盈。有了这种境界和心态，人就会变得豁达，变得成熟。宽容是一种仁爱的光，是对别人的释怀，也是对自己的善待。有了宽容之心，就会远离仇恨，避免灾难。宽容是一种生存的智慧、生活的艺术，是看透了社会、人生以后所获得的那份从容、自信和超然。有了这种智慧、这种艺术，我们在面对人生时就会从容不迫。

宽容是一种力量、一种自信，是一种无形的感召力和凝聚力。有了这种力量和自信，做事就会胸有成竹，获得成功。

所以，让我们学会宽容，忘记怨恨，这样才能抚慰你暴躁的心绪，弥补不幸对你造成的伤害，让你不再纠缠于心灵毒蛇的咬噬，从而获得心灵的自由。

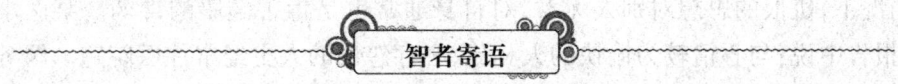

智者寄语

宽容是一种力量、一种自信，是一种无形的感召力和凝聚力。有了这种力量和自信，做事就会胸有成竹，获得成功。

学会包容，摒弃怨恨

人们往往容易夸大别人的缺点或错误，而忽略自己的缺陷与弱点。在任何可能的时候，我们往往会把自己的短处归结为别人的原因，而后加以无以名状的怨恨。例如，在每一个离婚案件中，几乎很明显的，所谓无辜的一方往往并不如其所描述的那般无辜。

"这是很奇怪的现象，"心理学家说，"我们自己的过错好像比别人的过错要轻微得多。我想，这是由于我们完全了解有关犯下错误的一切情形，于是对自己多少会心存原谅，而对别人的错误则不可能如此。"

古希腊神话中有一位大英雄叫海格力斯，从来都是所向披靡，无人能敌的。春风得意的他是何等的踌躇满志，唯一遗憾的就是找不到对手。

一天，他走在坎坷不平的山路上，突然，他发觉脚边有个袋子似的东西很绊脚，海格力斯就猛踢了那东西一脚，谁知那东西不但没被踢破，反而膨胀起来。海格力斯有点恼怒，顺手拿起一条碗口粗的木棒向它砸去。没想到的是，那东西竟越砸越大，最后，竟然大到把路都堵死了。

正在海格力斯无计可施时，山中走出一位智者。海格力斯对智者说："这东西着实可恶，存心和我过不去，把我的道路都堵死了。"智者观察了一下当时的情景，对海格力斯说："朋友，快别动它，忘了它，离开它远去吧！它叫仇恨袋，你不犯它，它便小如当初；你侵犯它，它就会膨胀起来，挡住你的路，与你敌对到底！"

生活中总是难免会发生一些摩擦和误会，如果肩上扛着仇恨袋，心中装着仇恨袋，生活就如负重登山，举步维艰，最后，只会把自己的路堵死。

生活的经验告诉我们，不管我们的理由如何，怀恨总是不值得的。潜留在我们内心里的侮

感谢
折磨你的人

辱,永难平复的创伤,都能损坏我们生活中的许多可爱的事物。我们被锁在自己的苦恼之渊里,甚至无法为别人的幸运而快乐。怨恨就像毒害我们的血液、细胞的毒素一样,影响、侵蚀我们生命的质量。

人们常说:爱产生爱,恨产生恨。这句老话的确不错。美国第三任总统杰斐逊与第二任总统亚当斯从交恶发展到相互包容,就是一个生动的例子。杰斐逊在就任前夕到白宫去,想告诉亚当斯,他希望针锋相对的竞选活动并没有破坏他们之间的友情,在杰斐逊未来得及开口时,亚当斯便咆哮起来:"是你把我赶走的!"二人的友情自此破裂,中止交往达11年之久。直到后来,杰斐逊的几个邻居探访亚当斯时,这个坚强的老人仍在诉说那件难堪的往事,但接着脱口而出:"我一向喜欢杰斐逊,现在仍然喜欢他。"邻居把这话传给了杰斐逊。杰斐逊也不计前嫌,他主动请了一位彼此皆熟的朋友传话,让亚当斯也知道了他的心里话。后来,亚当斯回了一封信给他,两人从此开始了书信往来。

通常情况下,仇恨的思想对别人无益,对自身通常也是毒害健康的毒药。某医学院曾作过一次调查,报告中说:与心情较为愉快的人相比,心存怨恨的人更经常往医院跑。医务人员所做的试验显示,患心脏病的人常常不是工作辛劳的人,而是抱怨工作辛劳的人;最足以引起高血压的原因,莫过于外表好像很安静,内心里却常被强烈的怨恨所煎熬。对于家庭主妇来说:那些心里总是惦记着丈夫如何不懂体贴的妇女,比起那些心里毫无杂念的妇女,更容易在家里发生意外事件。

甚至在交通问题这件事上,怨恨也会带来负面的影响,会造成不少意外事件。为此,交通问题专家说:"发怒的时候永远不要开车。"

有很多人遇到挫折后,不是去寻求合适的方法克服困难,而是把一切原因都归结到别人的身上,喜欢迁怒于别人。但迁怒于别人只能给自己的人际交往带来障碍,对排除困难没有好处。所以,需要我们凡事学会包容。包容不是对原则问题的一种让步,而是对他人的一些非原则性缺点和过失的一种宽容和谅解。包容是一种必不可少的品质,一种正确的自我意识的体现。一个人只有正确地认识了自己,才会有包容的胸怀。包容是极高思想境界的升华,是一个人品质的体现,是一种崇高的境界。表面上看,它只是一种放弃报复的决定,这种观点似乎很消极,但真正的包容却是一种需要巨大精神力量支持的积极行为。包容是为那些曾经侵犯我们的人着想而说出的,它使我们从中看到了非常强大的力量,可以帮助我们恢复友谊、爱情和事业,它的最高境界是心灵的净化。

有时候,背叛固然是能给我们造成巨大伤害的一种敌对行为,但它也并非完全不可容忍。能够承受背叛的人才是最坚强的人,也将以他坚强的心志在生活和工作氛围中占据主动,以其威严更能够给人以信心、动力,因而更能制止危机的蔓延。

包容是一种需要历练、需要修行才能达到的境界。

学会包容,意味着你不会再为他人的错误而惩罚自己。生气的根源不外是别人做事侵犯或伤害了自己的利益和自尊心,于是勃然变色,怒从心头起。此种生理反应无非是在惩罚自己,于自身毫无益处。

学会包容,意味着你不会睚眦必报,从而拥有一份潇洒的人生态度。在人类历史的进程中,党同伐异的事不胜枚举。其实质源于人的自高自大的狭隘心理,每个人都或多或少带有自以为是的倾向,对与自己不同的见解、行为,一概排斥、贬低,甚至明枪暗箭,自己也弄得神经紧张,终日心事重重。要知道,以包容心来处世,也要包容地接受各种思想意识。想要将自己的思想强迫推销给别人,去改变别人,只会给自己带来烦恼。要培养出让自己活得自在,也让他人活得舒畅的涵养。

学会包容,意味着你不再凡事患得患失。包容,首先包括对自己的包容。只有对自己包容的人,才可能对别人也包容。承认自己在某些方面不行,才能扬长避短,才能心平气和地工作与生活。

人的烦恼一半源于自己,即所谓画地为牢,作茧自缚。芸芸众生,各有所长,各有所短。争强好胜达到一定程度,往往会受身外之物所累,失去做人的乐趣。我国有一位著名心理学家曾经说过:"人类心理的适应,最主要的就是人际关系的适应,人类心理的病态,也主要由人际关系的失调而得来。"而人际关系的失调严重伤害人的身体健康,所以必须放弃报复、学会包容,这么做的收益是人际关系的协调和顺畅。

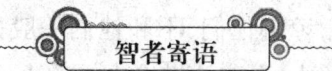
智者寄语

人非圣贤,孰能无过。如果执着于他人过去的错误,就会形成思想包袱,对过去的事耿耿于怀,这样既限制了自己的思维,对别人也是一种阻碍。

宽容聚众义,大度集群朋

为人处世,首先应当提倡"豁达大度"的胸怀。豁达,即性格开朗;大度,即气量宏大。合起来就是说,我们在处理人际关系时,要气量宽宏,能够容人。

气量和容人,犹如器之容水,器量大则容水多,器量小则容水少,器漏则上注而下逝,无器者则有水而不容。

气量大的人,容人量、容物量也大,能和各种不同性格、不同脾气的人们处得来。能兼容并包,听得进批评自己的话。也能忍辱负重,经得起误会和委屈。

古语云:"大度集群朋。"一个人若能有宽宏的度量,那么他的身边便会集结起大群的知心朋友。大度,表现为对人、对友能"求同存异",不以自己的特殊个性或癖好律人,唯以事业上的志同道合为交友基础。大度,也表现为能听得进各种不同意见,尤其能认真听取相反的意见。大度,还要能容忍朋友的过失,尤其是当朋友对自己犯有过失时,能不计前嫌,一如既往。大度,更应表现为能够虚心接受批评,一经发现自己的过失,便立即改正,和朋友发生矛盾时,能够主动检查自己,而不文过饰非,推诿责任。大度者,能够关心人,帮助人,体贴人,责己严,待人宽。

气量大,还表现为在小事上不较真,不为小事斤斤计较、耿耿于怀。人生在世,谁都会碰到这样或那样的使人不快的小摩擦、小冲突。别人一触犯了自己,就犯颜动怒,或者记下一笔,"秋后算账",这样只会把自己孤立起来。"私怨宜解不宜结",在处理朋友关系当中,尤其应当如此。"大事清楚,小事糊涂",不计较小事,这是一种美德。如果朋友之间能够心地坦然,互相信赖,互相谅解,有了意见能及时交换,那么彼此之间即使有些成见也是不难消除的。有些青年相互之间容易结死疙瘩,就是因为心胸狭窄,气量狭小,爱纠缠小事,时间长了,意见变成见,怨气变成怨恨,感情上就会格格不入转而成为反目成仇。在小事上宽大为怀,不会使你蒙受损失,只会使你受人敬佩。

一个人的气量是大是小,在心平气和时较难鉴别,而当与他人发生矛盾和争执时,就容易看清楚了。气量宽宏的人,不把小矛盾放在心上,不计较别人的态度,待人随和。而气量狭小的人,则往往偏要占个上风,讨点便宜。还有的人在和别人的争论中,当自己处于正确的一方,成为胜利者的时候,则心情舒坦,较为愿意谅解对方;但当自己处于错误的一方,成为失败者的时候,则往往容易恼羞成怒,对人家耿耿于怀,这也是气量小的一个表现。朋友之间的争论是常有的,一个真正豁达大度的人,不应该因为别人和自己争论问题而对人家耿耿于怀,更不应该因为别人驳倒了自己的意见而恼羞成怒。

宽宏的度量,往往包含在谅解之中。要想见到不顺心的事而不发脾气,就必须养成能够原谅他人的缺点和过失的习惯。待人接物,不能过于苛求,"水至清则无鱼,人至察则无徒",对别人过于苛求,往往使自己跟别人合不来。社会是由各式各样的人组成的,有讲道理的,也有不讲道理的,有懂事多的,也有懂事少的,有修养深的,也有修养浅的,我们总不能要求别人讲话办事都符合自己的标准和要求。真正的豁达大度者,当那些懂事较小、度量较小、修养较浅的人做了得罪自己的事情时,能够宽容他们,谅解他们,不和他们一般见识。从这个意义上说,那些最豁达、最能宽容的人,乃是最善于谅解人、最通达世事人情的人。

豁达的度量,从根本上说是来自一个人宽广的胸怀。一个人倘若没有远大的生活理想和目标,其心胸必然狭窄,就像马克思所形容的那样:愚蠢庸俗、斤斤计较、贪图私利的人,总是看到自以为吃亏的事情。比如,一个毫无教养的人常常只是因为一个过路人看了他几眼,就把这个人看作世界上最可恶和最卑鄙的坏蛋。

眼睛只盯着自己的私利,根本不可能有豁达和宽容的胸怀和度量。"心底无私天地宽。"只有从个人私利的小圈子中解放出来,心里经常装着更远、更大目标的人,才能具备宽广的胸怀,领略到海阔天空的精神境界。

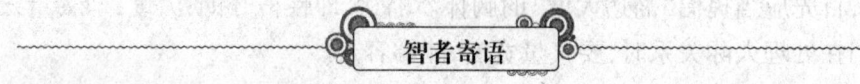

智者寄语

气量大的人,容人量、容物量也大,能和各种不同性格、不同脾气的人们处得来。能兼容并包,听得进批评自己的话。也能忍辱负重,经得起误会和委屈。

豁达地对待伤害过你的人

他人的伤害,有些是故意的,有些确是无意造成的。无论怎样,都不必生气。心存宽容大度,就可以化敌为友,就可以冰释前嫌。

豁达是做人的一种高尚品德。

有句俗话,叫作"宰相肚里能行船"。姑且不论那些宰相是不是都有度量,但人们都把那些具有像大海一样宽广胸怀的人看作是可敬的人。

一个人是否具有"豁达大度"的心胸并非小事。它不但关系到自己的工作、学习乃至自己的生命和健康,而且关系到事业的兴衰与成败。

我们生活在社会群体中,人与人之间发生矛盾、产生误解是常有的事。如何处理好这方面的问题,我们的祖先留下了许多闪光的思想和可供借鉴的经验。明代朱袞在《观微子》中说过:"君子忍人所不能忍,容人所不能容,处人所不能处。"以宽厚的态度待人,决非软弱无能,而是自信的表现,是正义的行为。尤其是"以德报怨"的高风亮节,可以使人反躬自问,心悦诚服。

《续汉书》中记载了曹腾的父亲曹阴"以德报怨"的故事:他的邻居喂了头猪,长得和曹家喂的猪模样相似。有一天,邻家的猪跑丢了,他便到曹家来认,说曹家这头猪就是他家丢的那头猪。曹阴心里知道他搞错了,却不和他争辩,二话没说,就让他把猪牵走了。后来,邻家的猪又自己跑回来了,他这才知道弄错了,心中很惭愧,赶忙把猪赶还曹家。这时曹阴仍是二话没说,只是微笑着接受了。曹阴的态度和气量,对丢猪的邻居是一种无声的感染和教育。

有的人遇事想不开,甚至为芝麻粒那么大点事也吃不好饭、睡不好觉,自己折磨自己。也有的人觉得谦让"吃亏""窝囊"。因而在非原则矛盾面前,总以强硬的态度出现,甚至大动干戈,结果非但使矛盾不能缓解,而且丢了自己的人格。因而,每一个人都应培养自己"豁达大度"的美德。

大度能容,和以处众,是在人际交往中高素质的表现。有一句话说:忍一时风平浪静,退一步海阔天空。说明在为人处世、人际交往之中,当以宽大为怀,忍己心之不快,宽他人之小过,是为君子风度,也是交际素质的最全面展现。

多一分宽容,就多一分快乐;多一分宽容,也就多一分真诚。

在人际交往中,保持宽大的胸怀,全面展现自身的交友素质,这样就会获得朋友,在人生事业上他们就会助你一臂之力。

在社会交往中,总会遇到一些不"仁义"之事,如果自己总是耿耿于怀,那不是自找烦恼、自己难为自己吗?同志之间发生了矛盾、误会,有一点克己忍让精神,并不是比别人矮了半截,而是体现了自己的高风亮节。

不管你在什么环境下谋生,都免不了遇上一些不喜欢或令人讨厌的人。初次与他交往,是你万般无奈之下的选择。这时你也不必过分担心,首先要有足够的思想准备,不妨这样去想:好人坏人都是人,先试着去接触,尽量用善心去改变他的言行。

一个人,如果在心里能说服自己去接受那种讨厌的人,也就不难从行动上改变他们。与其和他们生气,何不试着用宽广的胸怀去面对一切呢?也许你会发现意外的惊喜。

真诚的心灵是你与他人交往的必备前提。当你面对"敌人"的灵魂时,你就会持宽容忍让的态度去看待,去说服自己:讨厌的人并不是针对我一个人的,而是他们的个性,不必与之计较。这样就会使自己少生气,减少心生厌烦或憷头的感觉,并满怀信心地与之交往。总之,这样有利于你绕开对方不好态度的影响,与之进行实质性交往,使自己处于主动地位,最后达到交流的目的。

一颗宽容、忍让的心能感化任何事物,只要你是真心地付出,就能使恶人变善人,坏人变好人。这样对自己和他人都只有好处的事,为什么不做呢?

1944年冬天,两万德国战俘排成纵队,从莫斯科大街上穿过。所有的马路都挤满了人。苏军士兵和警察警戒在战俘和围观者之间。围观者大部分是妇女,她们当中的每一个人,都是战争的受害者,或者是兄弟,或者是儿子,或者是丈夫,都让德寇杀死了。妇女们怀着满腔仇恨,等到大队俘虏们出现时,妇女们把一双双勤劳的手攥成了拳头,士兵和警察们竭尽全力阻挡着她们,生怕她们控制不住自己的冲动。

这时,一位上了年纪的妇女,穿着一双战争年代的破旧的长筒靴,把手搭在一个警察的肩上,要求让她走近俘房。她到了俘房身边,从怀里掏出一个用印花布包着的东西,里面是一块黑面包,她不好意思地把这块黑面包塞到了一个疲惫不堪的两条腿勉强支撑得住的俘房的衣袋里。于是,整个气氛改变了。妇女们从四面八方一齐拥向俘房,把面包、香烟等各种东西塞给这些战俘。

战俘们被这突如其来的场面弄呆了,最后恍然大悟,流下了忏悔的眼泪。

感谢
折磨你的人

这说明了什么呢？它道出了世界上最伟大的善良和最伟大的生命关怀所产生的强烈震撼力！当这些人手持武器出现在战场上时，他们是敌人，可当他们解除了武装出现在街道上时，他们是跟所有的人一样具有共同外形和共同人性的人，当"我们"在自己的内心主动地转换身份以后，和平、友爱、宽容、尊严等才具有了可能性。

你所拯救的不仅包括对方，也包括你自己。

无论是在生活或是工作中，我们常常会面对别人对我们的指斥和责难，它们包括批评和中伤。批评和中伤的性质是不一样的，如果是批评，如果是因为我们做错了，应该能够坦然面对，毕竟错误是我们犯的，我们总不能要求别人不批评吧！但是中伤却又是另一回事了，一件我们永远都不会做的事，为什么别人要强加给我们，诽谤我们，中伤我们？他们这么做意义又在什么地方呢？难道中伤我们，就真的能让他们自己幸福了吗？如果真能这样的话，别人的中伤我们也许领受了。但问题是，多数的中伤都是无稽之谈，既损人又不利己。

人在一生中总会遇到很多不愉快的事情，可是最让人不快的是中伤。因为中伤不是因为误会，而是因为敌意。一个小的过失就会招致无穷的责难，有时还会变成无中生有的流言。

中伤别人的人是因为自己心里有很多不满，而这些不满无法解决，就要找一个发泄的途径。这只是一种无能的表现。闲懒的头脑是罪恶的加工厂，如果人总是在忙碌中，就根本没有时间说别人的坏话了。如果被人中伤，请不要理会，相反要更加专注于自己的使命，将目光放在自己更为长远的目标上。

有句老话，叫"没有无缘无故的爱，也没有无缘无故的恨"，说的是人与人之间是有缘分的，相爱是缘，相恨也是缘。

梅州五华县有位村民张某，本来有一个幸福的小家庭。为了补贴家用，张某婚后出外打工，而妻子卓某则在家开了间音像店。

不久，张某归家后听说妻子与他人有不正当的男女关系。虽然这只是未经核实的风言风语，但张某却觉得"无风不起浪"，感到这是莫大的耻辱。时间一天天地过去，"流言"就像心病一样日夜折磨着他。有一天，卓某在吃过晚饭后便出去了，而张某则独自一人躲在房间里，含泪写下了3封遗书准备自杀。第二天凌晨2时左右，张某发现卓某醒来上厕所，那些"流言"顿时划过他的心头："先把这个'淫妇'杀死了，再了结自己的生命。"随后，张某从枕头边拿出妻子平时防身用的羊角锤朝其身上锤去。然后，张某又用双手死死卡住妻子的脖子，直至她不再动弹才松开了手。

看到妻子已经断气了，张某便用墙纸刀割向自己右腕动脉和喉部，并用菜刀砍断左腕动脉自杀。其亲戚发现后报警，张某被抢救过来。

归案后，张某如实地交代了自己的犯罪事实。在庭审中，张某痛哭流涕，后悔自己轻信"流言"杀死自己的妻子，导致才几岁的女儿成了没娘的孩子。但法律是无情的，梅州市中院依法以故意杀人罪判处其死刑，缓期2年执行，剥夺政治权利终身。

张某恨自己的妻子吗？只怕他爱得更多一些。

有人说道："你千万不要从心里去恨一个人。"

我们觉得不可理解。恨一个人，肯定是从内心的。情由心生，恨亦由心生。不从心里恨，还叫恨吗？

其实，我们所说的恨，大半是由工作或生活中的一些鸡毛蒜皮、是非口角引起的，所恨之人，也是些低头不见抬头见的熟人、朋友或同事，是因接触生摩擦，共事惹闲气，大可不必斤斤计较，更不用往心里去。可是，我们往往很在意，稍有不顺就怀恨在心。

什么是缘？大千世界，芸芸众生，偏偏是你、我、他碰到了一起，这就是缘。缘，是值得珍惜的。

年轻人好胜争强，讲忍让是不是没本事？是不是窝囊？其实不然。着眼大局，为国为民，不纠缠个人荣辱得失，胸襟博大和情操高尚，这正是有学识、有修养、有能耐的表现。

智者寄语

他人的伤害，有些是故意的，有些确是无意造成的。无论怎样，都不必生气。心存宽容大度，就可以化敌为友，就可以冰释前嫌。

第七章 用心交流,理解折磨你的人

与人交往,贵在"交心"

与人交往,贵在"交心"。那些不能与人"交心"的人,永远只能徘徊在别人的心门之外。亲近别人的心灵才能轻松打开封闭的心门,真正了解别人的内心需求和想法,给予贴心、适度的关怀,才能轻松获得别人积极的回应。

在一座厚实的大城门上挂着一把沉重的巨锁,铁棒、钢锯都想打开这把锁,一显自己的神通。

"我这么粗大,坚强有力,纵使这把锁再坚固,我相信凭借我的力量也能把它打开!"铁棒自以为很有办法,相信一定可以打开这把锁。可是,它在那里努力了大半天,一会儿撬,一会儿捶,一会儿砸,费了很大的劲,最后还是无法打开门锁。

钢锯嘲笑它说:"你这样是不行的,要懂得巧干,看我的?"只见它拉开架势,一会儿左锯锯,一会儿右拉拉,可是那把大锁丝毫不为所动。

就在它们两个垂头丧气的时候,一把毫不起眼的钥匙不声不响地出现了。

"要不我来试试吧?"小小的钥匙对两位气喘吁吁的败将说。

"你?"铁棒和钢锯不屑一顾地看了看这个扁平弯曲的小东西,异口同声地说:"看你这副弱不禁风的样子,我们都不行,你能行吗?"

"我试试吧!"钥匙一边说一边钻进锁孔,只见门锁"腾"地松动了一下,接着那副坚固的门锁就开了。

"你是怎么做到的?"铁棒和钢锯不解地问道。

"因为我最懂它的心。"钥匙轻柔地回答。

大多数时候,人们说话做事不能触及到对方的内心,就像抓痒总是找不准地方一样,不但不能让对方舒服,反而惹得人家急躁和心烦。

人最重要的不是行走在俗世中的躯壳,而是他们心灵的感受和思想,即使是一个大俗人,也会看重他自己内心的感受,并努力按照心灵和心情的意志去说话行事。

与人交往,贵在"交心"。必要时轻轻地拨动他内心深处的一根弦,让他和你产生共鸣。一旦触摸到对方最脆弱敏感的一环,观察到他的心理状态和情绪反应,你就能轻松地软化他。你的言语就会像暖和的春风化解他冰冷的淡漠,他一切的防御都将被彻底轻轻柔柔地瓦解。

如果他害怕孤独,你就给他慰藉;如果他有所畏惧,那就给他安全感;如果他希望安静,你就让他独自待着……强迫别人的意愿或者忤逆对方的情绪都对你不利,你必须把触角伸到他的心灵中,牵引他自愿朝你敞开心扉。

智者寄语

只有心与心的交往才能产生共鸣。"交心"意味着尊重和理解对方真实的感受。那些不能与人"交心"的人,永远只能徘徊在别人的心门之外。

无端的猜疑是对友谊的伤害

没有朋友的寂寞,是真正的寂寞。

朋友,是我们失意时对我们不离不弃的人;朋友,是我们得意时警醒我们不要忘形的人;朋友,是在我们迷茫的时候一针见血地指出我们错误的人;朋友,是我们不思进取时在后面狠狠踹上我们一脚的人。

正是因为朋友对我们的"折磨",我们才能轻松前行。但是,如果我们没有正确意识到朋友对我们进行折磨的真正意义,我们就会在猜疑甚至怨恨中失去最纯真的友谊。

有一天,两位患难与共、形同兄弟的朋友在大沙漠中迷失了方向,面临着死亡。这时,一位老人出现了:"我的孩子,前面一棵树上有两个苹果,吃下大的那个,就能抗拒死亡,走出沙漠,吃下小的那个,只能令你苟延残喘,最终还会极痛苦地死去。"两个朋友向前走了一段路,果然发现了一棵树,也发现了树上的两个苹果。可是,他们谁也不去碰那个会给人带来生命之光的果子。夜深了,两个好朋友深情地凝望着对方,他们都相信,这是他们的最后一晚。当太阳从沙漠的一端再次升起的时候,其中一个朋友醒了过来,他发现,另一位不在了,而树上只剩下了一个干干巴巴的小苹果。他失望了,不是因为死亡,而是因为朋友的背叛。他悲愤地吃下了这个苹果,继续向前方走去。大约走了半个小时,他看见了倒在地上的朋友,朋友已经停止了呼吸,可是他的手上紧紧握着一个更小的苹果。

没有朋友的寂寞,是真正的寂寞。有了朋友,人生旅途就有了一丝暖意、一抹温馨、一片绿荫。然而,朋友之间最重要的是相互忠诚和信任,并且来不得半点猜疑与虚假。

雷诺是一个品性不好的人,好吃懒做不算,还有小偷小摸的习惯,所有人都讨厌他,因为他借别人的钱不还,还总是赌博。几乎没人再借钱给他,即使想做个小买卖他都没有钱。于是他跑到一个久未联系的朋友家中,那是他第一次向她张口,他以为她还不知道自己的底细。雷诺很顺利地拿到了钱,在转身要走的一刹那,她叫住了他:"曾有人打电话告诉我说你不会还钱,让我不要借给你,但我相信你不是那样的人,也许他们对你有误解。"在听到这句话之前,他是准备拿这1000元钱去赌博的,赢了就吃喝玩乐,输了再找人借。但这句话给了他很大的震动,他没有说话,关上门走了。然后他离开了家乡,到外地打工去了,半年后,他的朋友收到了他从外地寄来的1000元钱。三年后,雷诺衣锦还乡,把从前欠的钱全部还清了,从那次借钱开始,他知道自己应该有另一种人生,他要让人家信任他,他再也不愿做骗子了,因为是那个朋友的信任让他从此翻开了人生的另一页。

信任是友谊的重要空气,这种空气减少多少,友谊也会相应地失去多少。信任能产生一种奇妙的作用，因为得到他人的信任，我们便会对自己充满信心。因信任而催生的行为，会比因怀疑而导致的动作要高尚、伟大得多。正像作家艾略特说的："谁给我们信任，谁就在给我们以教诲。"

人一生注定不能独活，除却家人的呵护，爱人的扶持，我们还需要朋友的支撑。

拥有几个真正的朋友是一笔巨大的人生财富。风雨人生路上，朋友可以为你抵挡风寒，为你分担忧愁，为你解除痛苦和困难，他是你攀登时的一把扶梯，是你痛苦时的一剂良药，是你饥渴时的一碗清水，是你渡河时的一叶扁舟。友谊是金钱买不来命令不来的，只有真心才能够换来的最可贵、最真实的东西。

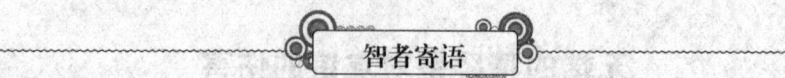
智者寄语

正是因为朋友对我们的"折磨"，我们才能轻松前行。但是，如果我们没有正确意识到朋友对我们进行折磨的真正意义，我们就会在猜疑甚至怨恨中失去最纯真的友谊。

保持和气，与人为善是人生快乐的秘诀

不和对方顶牛，别人才不会和你斗气。生活中，融合远比对抗更有乐趣。保持和气，与人为善，是生活获取快乐的秘诀。

人与人之间在社会上或在工作中表现出的是一种相互依存的关系，不仅所肩负的事业存在共性，而且也有很多工作必须依靠合作才能完成。否则，互相拆台，暗中作梗，明处捣乱，想把一件事情做好是不大可能的。而让周围的人都能捧场和合作，自然需要气氛上的和谐一致。倘若情感上互不相容，气氛上别扭紧张，就不可能协调一致地工作。

当然，每个人都有自己的个性、爱好、追求和生活方式，依各自的教养、文化水平、生活经历等区别，不可能亦不必要每个人都处处与他所处的群体合拍。但是，我们必须懂得，任何一项事业的成功，都不可能仅靠一个人的力量，谁也不愿意成为群体中的破坏因素，被别人嫌弃而"孤军作战"，这就是共同点。一个有修养的、集体感强的人，能够利用这一共同点，以自己的情绪、语言、得体的举止和善意的态度去感染、吸引或帮助别人，使周围的关系更和气、更融洽。

与人为善，平等尊重，是与人友好相处的基础。应该主动热情地与周围的人接近，表示一种愿意与之交往的愿望。如果没有这种表示，别人可能会以为你希望独立，不敢来打扰。

另外，言谈举止也是非常重要的。谈话应选择别人感兴趣、听了愉快的话题，使人觉得你是个谈得拢的朋友，只有让人从你的言谈中得到乐趣，别人才会愿意与你交谈。我们反对一味地曲意逢迎，但是善意、友好的称赞会使人愉快，刻薄、不善意的取笑会让人感到自尊心受到伤害而不和你接近。

任何人和任何事情都不可能尽善尽美、尽如人意，善于发现别人的长处，认识到大多数人都是通情达理的，会使自己以宽容的态度与人相处。谁都会有不顺心的时候，善于克制自己的情绪，约束自己的行为，而在别人产生消极行为和情绪时又能予以谅解，这正是一种有教养的表现，它会使人处处感到你友好的愿望。

其实，哪一个地方的人都不难相处，能否友好相处，主要取决于自己。据美国出版的《成功的座右铭》一书介绍，一所大学的研究结果表明，显示一种真正以友谊待人的态度，60%～90%的高比率是可以引起对方友好的反应的。领导此项研究的博士说"爱产生爱，恨产生恨"，这句

话大致是不会错的。

与周围的人保持和气与友爱,最大的原则是不要随意批评他人,尽量地少批评或委婉批评。

美国俄克拉荷马州恩尼德市的江士顿,是一家工程公司的安全协调员。他的职责之一是监督工地工作的员工戴上安全帽。他说他一碰到没有戴安全帽的人,就官腔官调地告诉他们,要他们必须遵守公司的规定。员工虽然接受了他的纠正,却满肚子的不高兴,而常常在他离开以后又把安全帽拿了下来。

他决定采取另一种方式。下一次他发现有人不戴安全帽的时候,他就问他们是不是安全帽戴起来不舒服,或者有什么不适合的地方。然后他以令人愉快的声调提醒他们,戴安全帽的目的是保护他们不受到伤害,建议他们工作的时候一定要戴安全帽。结果是遵守规定戴安全帽的人愈来愈多,而且这种方式不会造成愤恨或情绪上的不满。

智者寄语

不和对方顶牛,别人才不会和你斗气。生活中,融合远比对抗更有乐趣。保持和气,与人为善,是生活获取快乐的秘诀。

倾听是一种法宝

人往往对自己的事情感兴趣,对自己的问题更关注,更喜欢自我表现,当谈论一些关于自己的事情时就会兴趣盎然、滔滔不绝,这就是人的本性,再正常不过的事情。

但是如果你依着本性行事,不管在什么地方、什么场合,都拿自己最感兴趣的话题当成双方谈话的主题,不给别人说话的机会,那你一定不会招人喜欢。因为你这样饶有兴趣地侃侃而谈,是对对方的一种忽视,会让他有一种不被尊重和重视的感觉。

卡耐基曾说:"专心听别人讲话的态度,是我们所能给予别人的最大赞美。"如果你希望别人认同你和喜欢你,你必须学会倾听,不管他说什么都兴味盎然,你将发现,即使一个最顽固的人,也会在一个有耐心和同情心的听者面前软化下来,变得像小猫一样乖顺。

一个人在一家商场买了一套西服,因为掉颜色的问题,要求退货,而售货员坚持说是顾客自己的问题,所以两个人就争执起来。争吵声引来了商店经理,售货员想向经理解释,但被经理制止了。

经理走到顾客面前,真诚地向其表示道歉,然后又请他在旁边的沙发上坐下来,把具体的情况说一下。经理诚恳地静静听完顾客的抱怨和牢骚,等顾客说完,他才让售货员说话。

当彻底了解清楚争吵的来龙去脉后,经理真诚地对顾客说:"真是万分抱歉,我不知道这种西服会掉颜色。现在怎么处理,本店完全听从您的意见。"

顾客说:"那么,你知道有什么法子可以防止西服掉颜色吗?"

经理问:"能否请您试穿一周,然后再做决定?如果到时候您还不满意,那么我们无条件让您退货,好吗?"

结果,顾客穿了一周后,西服果然没有再掉颜色。

这位经理就是有效地利用了倾听这一技巧,使得本来剑拔弩张的气氛缓和下来,并最终轻松地解决了问题,这就是倾听的巨大魅力。

感谢
折磨你的人

在人际交往中,仔细认真地倾听对方说话,是对对方的尊重,基于此,你也会得到对方的尊重和喜欢,于是,说者对听者就会产生一个感情上的飞跃。

事实上,在潜意识里,每个人都认为自己的声音是最重要的、最动听的,并且每个人都有迫不及待表达自己的愿望。在这种情况下,友善的倾听者自然会成为最受欢迎的人。

当然,"倾听"绝对不是一个简单的听与不听的问题。倾听不仅是聆听,还要有所反应,除了做一些必要的"小动作"外,还得动一动自己的嘴,恰当的附和不但表示你对说话者观点的赞赏,而且还对他暗含鼓励之意。

当你对他的话表示赞同时,你可以说:

"你说得太好了!"

"非常正确!"

"这确实让人生气!"

这些简洁的附和让说话者为想释放的情感找到了载体,表明了你对他的理解和支持。

当然,我们还可以向说话者提一些问题。这些提问既能表明你对说话者话题的关注,又能使说话者更愿意说出欲说无由的得意之言,也更愿意与你进一步交流。

美国"汽车推销大王"乔伊·吉拉德最好的纪录是一年推销各类汽车1425辆,平均每天推销3.9辆,令人叹为观止。

虽然被誉为"汽车推销大王",但吉拉德仍然有一些不成功的记录,其中有一次他印象特别深刻,原因是他没有认真倾听客户的一些家庭琐事。

事情是这样的,一位顾客慕名找到吉拉德咨询购车事宜,吉拉德根据他家的经济情况,向他推荐了一种对他较为合适的新款车,客户也很高兴,但在即将成交之际,客户忽然改变了主意。

吉拉德很感突然,百思不解,不知究竟在哪里得罪了客户。回到家里,他翻来覆去睡不好觉。他实在想问个清楚,时近午夜还是拨通了客户的电话:

"您好!我今天向您推销的新款车,性能、价格都很适合您,本来您已经准备签字了,为什么又突然变卦了呢?"

深夜来电,客户当然不高兴:"喂,你知道现在几点了吗?"

"很抱歉,现在确实很晚了,但我苦思冥想了半天,实在想不出自己什么地方做错了,只好打电话向您讨教,否则今晚我会睡不好觉的。"吉拉德自知不太礼貌,语气十分谦恭。

"那你现在在用心听我说话了吗?"对方问他。

"当然,我在用心倾听。"

"很好。但是下午你并没有用心听我说话,就在签字之前,我说我的宝贝儿子即将去密歇根大学读书,我很在乎我的儿子,一家都以他为荣,我还跟你说到他的运动成绩和他的远大抱负,可你对这些根本不在乎,对我的话不屑一顾,我不想从一个不尊重我的人那里买东西!"

简直难以想象,仅仅因为没有认真听客户拉家常,就吹了卖车的生意。吉拉德对此感触犹深:营销员要学会倾听,尽管像上面这样的客户比较特殊,但大多数客户都是喜欢你能认真倾听他的见解、意见甚至唠叨、抱怨等,因为认真倾听意味着你非常尊重他。在认真倾听的基础上,最好还能适时得体地表达你自己的感受,如你对他的见解表示附和或赞同,他会认为是遇到了值得信任的朋友,有了共同语言,推销当然也就顺理成章了。

韦恩是罗宾见到的最受欢迎的人士之一。他总能受到邀请,经常有人请他参加聚会、共进午餐、担任基瓦尼斯国际或扶轮国际的客座发言人、打高尔夫球或网球。

一天晚上，罗宾碰巧到一个朋友家参加一次小型社交活动。他发现韦恩和一个漂亮女孩坐在一个角落里。出于好奇，罗宾远远地注意了一段时间。罗宾发现那位年轻女士一直在说，而韦恩好像一句话也没说。他只是有时笑一笑，点一点头，仅此而已。几小时后，他们起身，谢过男女主人，走了。

第二天，罗宾见到韦恩时禁不住问道："昨天晚上我在斯旺森家看见你和最迷人的女孩在一起，她好像完全被你吸引住了。你怎么抓住她的注意力的？"

"很简单。"韦恩说，"斯旺森太太把乔安介绍给我，我只对她说：'你的皮肤晒得真漂亮，在冬季也这么漂亮，是怎么做的？你去哪了？阿卡普尔科还是夏威夷？'

"'夏威夷。'她说，'夏威夷永远都风景如画。'

"'你能把一切都告诉我吗？'我说。

"'当然。'她回答。我们就找了个安静的角落，接下去的两个小时她一直在谈夏威夷。

"今天早晨乔安打电话给我，说她很喜欢我陪她。她说很想再见到我，因为我是最有意思的谈伴。但说实话，我整个晚上没说几句话。"

看出韦恩受欢迎的秘诀了吗？很简单，韦恩只是让乔安谈自己。他对每个人都这样——对他人说："请告诉我这一切。"这足以让一般人激动好几个小时。人们喜欢韦恩就因为他注意他们。

一天早上，一位怒气冲冲的顾客冲进迪特毛料公司创始人迪特的办公室。他是为了15美元而专程从外地到这儿来的。

事情的起因是，这位顾客因为购买迪特公司的西装毛料，欠了该公司15美元。公司信托部门给他写了几封信催促他把账结了，可是他却忘了这笔欠款，而且认为是公司弄错了。于是便收拾行李来到芝加哥，要弄个清楚。

满脸怒意的顾客一进办公室，就坚决认为是公司搞错了。他说他不但不出这笔钱，而且一辈子再也不买迪特公司的任何东西。

在顾客生气地发牢骚时，迪特一直心平气和地听着，没有打断他。直到客人说完，他才平静地说："我要感谢您到芝加哥来告诉我这件事。您帮了我一个大忙，因为如果我们的信托部门给您增添了麻烦，他们也就同样可能干扰了别的顾客，那就太不幸了。相信我，我比您更想听到您所告诉我的。"

顾客做梦也没有想到会听到这样的回答，甚至，因为他的牢骚话和生气的态度没有得到想象中的效果而有点儿失望。

迪特接着说："您是一位十分仔细的人，只有一份账目，不大可能出错。而公司职员要管几千份账目，因而非常容易出错。请放心，这笔账将就此消除。既然您不再买我们的毛料，那么，我可以向您推荐别的毛料公司。"

迪特还像以前一样，请顾客共进午餐。顾客不好意思地接受了。吃完以后，回到办公室，顾客出人意料地和迪特签订了一个很大数量的订货单。

事情结束了，双方都感到很愉快。不久之后，迪特意外地收到了一张15美元的支票还有一封致歉信。原来，那位顾客回家后又重新看了账单，发现有一张放错了地方，因而把它忘记了。

从这时开始，直到这位顾客22年后去世，他一直是迪特公司的顾客和朋友。

积极倾听是一种非常好的回应方式，既能鼓励对方继续说下去，又能保证你理解对方所说的内容。要熟练地使用这种技巧,首先要知道,当别人和你说话时发生了什么样的事情。

很久很久以前,有一个蒙古的部落使者到中国来,进贡了三个一模一样的金人,金碧辉煌,把皇帝高兴坏了。可是这个部落大使不厚道,同时出一道题目给皇帝:这三个金人哪个最有价值?

皇帝想了许多的办法,请来全国最好的珠宝匠检查那三个金色小人,称重量,看做工,所有测量办法的结果都是一模一样的。怎么办?使者还等着回去汇报呢。泱泱大国,不会连这么个小事都不懂吧?

最后,有一位退位的老大臣说他有办法。皇帝将使者请到大殿,老臣胸有成竹地拿着三根稻草分别插入三个金人的耳朵眼……

插入第一个金人的耳朵里,这稻草从另一边耳朵出来了;第二个金人的稻草从嘴巴里直接掉出来;而第三个金人,稻草进去后掉进了肚子里,什么响动也没有。老臣说:"第三个金人最有价值!"使者默默无语,答案正确。

最有价值的人,不一定是最能说的人。老天给我们两只耳朵一个嘴巴,本来就是让我们多听少说的。善于倾听,才是成熟的人最基本的素质。

智者寄语

在人际交往中,仔细认真地倾听对方说话,是对对方的尊重,基于此,你也会得到对方的尊重和喜欢,于是,说者对听者就会产生一个感情上的飞跃。

沟通是消除矛盾的良方

职场中的不少人际矛盾是由于彼此之间的沟通不畅引起的,因此,学会与他人进行高效的沟通,是消除人际矛盾的一个重要方式。

当代社会,"地球村"不再是神话,沟通对个人身心健康、人格的健全和完善、人际关系的冲突的解决,乃至于社会各行业间、各部门间的分工协作都具有至关重要的作用。随着社会的发展,现代人自我意识的增强、各种文化的融合,世界一体化趋势的增强,沟通显得比以往任何时代都更为重要。沟通,已经成为我们这个时代的重大主题。因此,一个成功的人,首先是一个沟通的高手。

沟通关键是寻找和建立协议的基点,以便发展一种能够指导重大联合行动的认同感。一个人若是准备同他人建立有效的人际关系,就必须首先承认他人价值观中的独特之处,并向他人表示支持和承认。当今社会,沟通的实质是一个人首先承认他人所选择的文化组织和人际关系,进而掌握改善这些关系所必需的技巧。人际沟通以建立和维持人际关系为内容,其重点是把那些先前已有的组织、文化和跨文化沟通系统充分联结起来。

1. 沟通应因人而异

沟通就是"看人说话",就是"到什么山上唱什么歌",沟通高手都能看准对象,因人而异地采取沟通策略。

所以,在沟通之前,有心计的人都会分析判断自己的沟通对象属于哪一种类型。

一般来讲,沟通对象的类型不外乎以下四个派别:

(1)直观派。其特点是爱幻想,有创造力,勇于创新。直观派注重原始观念,勇于尝试。他们想得较长远,且具整体性,常被视为理想派。

(2)思考派。其特点是注重事实、逻辑与系统分析,较保守、谨慎。喜欢汇集所有相关资料,然后再据以权衡、推断,并选定多种选择方案中的一种。思考派偏爱以逻辑、按部就班的途径来解决问题。

(3)情感派。其特点是率直、感情用事,注重印象与关系。情感派爱把其工作环境个人化,在个人及工作上的交往喜好较开放、坦诚,且常凭感觉做决策。

(4)感应派。其特点是强调行动、当机立断,注重最终结果。感应派果断、步调快且有自信,偏爱"现在就动手"的做事方式,常被视为真正能使事情实现的行动者。

一个堪称沟通高手的人,能够依据沟通对象的不同特点,灵活机智地采用沟通策略,以解除对方的抗拒心理,达到自己的期望目标。

(1)应对直观派的方法。直观派希望得到你的尊敬。当他提出意见,你要说"这点我们将予以重视",并表现出你对他所说论点的了解与重视。直观派会知道他的意见已被重视,而继续与你谈下去。

(2)应对思考派的方法。思考派偏爱慢步调、就事论事的作风。与他争论会令他不安,最好以提出问题的方式,让他从另一个角度对事情做重新调整。

(3)应对情感派的方法。情感派喜欢强调保证的作风。他爱与人套交情,必要的话,你应以人格保证,生意成交后,你还会回来确定一切都没出错。

(4)应对感应派的方法。感应派爱争辩、讨价还价,一定要觉得自己已占了便宜。对付他最好的办法,就是送一打美酒,邀他到最好的餐厅吃顿饭,给以"好处"。

2. 同步是沟通的第一步

在实际的沟通中,彼此认同既是一种可以直达心灵的技巧,又是沟通的动机之一。在认同的基础上,外在技巧和内在动机就结合得比较完美。认同经由同步而来,沟通关系都是从同步开始跨出第一步的。并且,双方的目的几乎就是达到同步,这就形成了一个奇妙的过程:同步——认同——同步。

毫无疑问,后一个同步是在认同基础上达成的共识和一致行动,相比前一个同步已经产生了质的飞跃。

作为沟通的第一步,同步指的是沟通双方彼此经过协调后所形成的、有意要达到同样目标时所采取的相互呼应、步调一致的态度。它意味着沟通在经过彼此的默许和暗示之后正走在通向顺利的路上。

当沟通双方相互从对方的视野看问题时,同步就开始了。于是,彼此都寻找共同点。各种共同点综合起来,沟通的可行性就大了。所以说,要沟通首先就得寻求同步。

3. 投其所好,使沟通顺畅进行

无论是在何种场合下与人交际,我们都可以通过多种渠道了解到对方的喜好。对他人喜好之物显示出浓厚兴趣。这样会很快地找到沟通的共同点和切入点,使沟通顺畅进行。

投其所好并不是容易的,这个问题不适合主动谈起,更多的是要暗示,因为不经意和他人的兴趣爱好相一致,会更令对方兴奋。如果主动谈起,往往达不到效果。比如说一个喜欢写诗的人,你要是主动去和他大谈特谈写诗,他可能很厌烦,因为这方面他是专家,你所说的在他看来一句都说不到点子上。如果你无意中表示出兴趣,让他来谈论,你们的沟通就会很迅速地达到融洽。不经意地表达出和他人一样的兴趣爱好,会让他人主动趋近你。

因此,要投其所好,最关键的一点是了解到他人真正的兴趣爱好,自己也得在这个爱好上有所准备,沟通时不经意地流露你也有同样的爱好。

沟通的目的,就是为了和对方互通有无,相互取长补短,进而优势互补,资源共享。

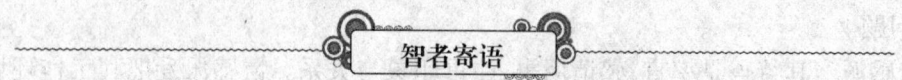

一个人若是准备同他人建立有效的人际关系,就必须首先承认他人价值观中的独特之处,并向他人表示支持和承认。

换位思考是成功者的智慧

成大事者在遇到难题时善于换位思考,即从另外一个角度重新审视自己和环境,以便找到新的人生机遇和突破点。这就是说,换位思考是成功者的手段之一。

很多人不敢创新,或者说不愿意创新,是因为他们头脑中关于得、失、是、非、安全、冒险等价值判断的标准已经固定,这使他们常常不能换一个角度想问题。

举一个例子,假如有一个人有100%的机会赢80块钱,同时还有85%的机会赢100块钱,但是有15%的机会什么都不赢。在这种情况下,这个人会选择最保险安稳的方式——选择80块钱而不愿冒一点险去赢那100块钱。可如果换一种方法来设定这个问题,一个人有100%的机会输掉80块钱,另外一个可能是有85%的机会输掉100块钱,但是也有15%的机会什么都不输。这个时候,人们都会选择后者,赌一把呗,说不定能少输点儿。

这个例子使我们明白,平时我们之所以不能创新,或不敢创新,常常是因为我们从惯性思维出发,以致顾虑重重,畏首畏尾,而一旦我们把同一问题换一面来考虑,就会发现很多新的机会、新的成功。

著名的化学家罗勃·梭特曼发现了带离子的糖分子对人身体是很重要的。他想了很多方法以求证明,都没有成功。直到有一天,他突然想起不从无机化学的观点而从有机化学的观点来看这个问题,才得以成功。

当然,作为在平凡生活中追求财富和梦想的普通人,换一个角度想问题的方法所取得的成效,不亚于科学家们的新发现。

麦克是一家大公司的高级主管,他面临一个两难的境地:一方面,他非常喜欢自己的工作,也很喜欢跟随工作而来的丰厚薪水——他的职位使他的薪水有只增不减的好处。

但是,另一方面,他非常讨厌他的主管,经过多年的忍受,最近他发觉已经到了忍无可忍的地步了。在经过慎重思考之后,他决定去猎头公司重新谋一个别的公司的职位。猎头公司告诉他以他的条件,再找一个类似的职位并不费劲。

回到家中,麦克把这一切告诉了他的妻子。他的妻子是一个教师,那天刚刚教学生如何重新界定问题,也就是把正在面对的问题完全颠倒过来看,不仅要跟你以往看这问题的角度不同,也要和其他人看这问题的角度不同。她把上课的内容讲给了麦克听,这给了麦克以启发,一个大胆的创意在他脑中浮现。

第二天,他又来到猎头公司,这次他是请公司替他的主管找工作。不久,他的主管接到了猎头公司打来的电话,请他去别的公司高就。尽管他完全不知道这是他的下属和猎头公司共同努力的结果,但正好这位主管对于自己现在的工作也厌倦了,没有考虑多久,他就接受了这份新工作。

这件事最美妙的地方,就在于主管接受了新的工作,结果他目前的位置就空出来了,而麦克申请到了这个位置。

这是一个真实的故事,在这个故事中,麦克本意是想为自己找个新的工作,以躲开令自己讨厌的主管。但他的太太教他换一面想问题,就是替他的主管而不是他自己找一份新的工作,结果,他不仅仍然干着自己喜欢的工作,而且摆脱了令自己烦恼的主管,还得到了意外的升迁。

一些专家在研究汽车的安全系统如何保护乘客在撞车时避免受到伤害时,最终也是得益于换个角度解决问题。他们想要解决的问题是,在汽车发生冲撞时,如何防止乘客在汽车内移动而受伤——这种伤害常常是致命的。在种种尝试均告失败后,他们想到了一个有创意的解决方法,就是不再去想如何使乘客绑在车上不动,而是去想如何设计车子的内部,使人在车祸发生时最大程度地减少伤害。结果,他们不仅成功地解决了问题,而且开启了汽车设计的新时尚。

换个角度,就换了一种思维,就打破了自己的习惯思维和固有思维,这样,必然会有不一样的结局出现。

美国在西部大开发时,传闻加州一带有金山,于是来自五湖四海的人,抱着各种各样的目的蜂拥至此,掀起了美国有史以来最大的一股淘金热。有一个人也随大流至此,很快他发现,凭一己之力,淘到金子的概率微乎其微,不如在淘金者身上做点生意,结果是,很多变卖家产去淘金的人到头来落得个两手空空,而这个人却靠从淘金者身上赚来的钱发家致富了。

在现实生活中,当人们解决问题时,时常会遇到瓶颈,那是由于人们只在同一角度停留造成的,如果能换一换视角,也就是我们一直在说的换一面考虑问题,情况就会改观,创意就会变得有弹性。记住,任何创意只要能转换视角,就会有新意产生。

原谅那些无心伤害你的人

在人的一生中,面对一个小小的过失,常常是一个淡淡的微笑,一句轻轻的歉语,就可以使内疚、紧张和不愉快化为无形;我们也常常因一件小事、一句不注意的话,使人不理解或不被信任,但不要苛求任何人,以律人之心律己,以恕己之心恕人。所谓"己所不欲,勿施于人"也寓理于此。

古时候有个宰相,一天,请来一位理发师给他理发。理发师给他理好发后,就给他修面。面修了一半,理发师忽然停下手中的剃刀,两只眼睛看着宰相的肚皮,宰相心想:肚皮有什么好看呢?就问道:"你不修面,却在看我的肚皮,这是为什么?"理发师听了宰相的问

感谢
折磨你的人

话,说:"人家说'宰相肚里能撑船'。我看大人的肚皮并不大,如何可以撑船呢?"宰相听了哈哈大笑,说:"所谓'宰相肚里能撑船',是说宰相气量大,对各种小事,都能容忍,从来不计较。"理发师听了,慌忙跪在地上,口中连连说:"小人该死,小人该死。"宰相忙问:"什么事?"理发师说:"小人该死。在修面的时候,小人不小心,将大人左面的眉毛剃掉了,千万请大人恕罪。"宰相一听,十分气愤。他想,剃去了一道眉毛,如何去见皇上,又如何会客呢?正想发怒,但又一想,自己刚才讲过,宰相的气量最大,对那些小事从来不计较,现在为了一道眉毛,又怎么能治他的罪呢?想到这里,宰相只好说道:"去拿一支笔来,将剃去的眉毛给我画上。"理发师就按宰相的吩咐,给宰相画上了一道眉毛。

心胸狭小的人多烦恼,别人不能公正地对待他,会使其烦恼;自己的机遇不如人,也会使其烦恼。在生活中遇到些许不顺的事情,便会叫苦连天,仿若安徒生童话中那个豌豆上的公主。

夏原吉,江西德兴人,是明宣宗时的宰相。他为人宽厚,有古君子之风。

有一次夏原吉巡视苏州,婉谢了地方官的招待,只在客店里进食。厨师做菜太咸,使他无法入口,他仅吃些白饭充饥,并不说出原因,以免厨师受责。随后他巡视淮阴,在野外休息的时候,不料马突然跑了,随从追去了好久,都不见回来。夏原吉不免有点担心,适逢有人路过,便向前问道:"请问你看见前面有人在追马吗?"话刚说完,没想到那人却怒目对他答道:"谁管你追马追牛?走开!我还要赶路。我看你真像一头笨牛!"这时随从正好追马回来,一听这话,立刻抓住那人,厉声呵斥,要他跪着向宰相赔礼。可是夏原吉阻止道:"算了吧!他也许是赶路辛苦了,所以才急不择言。"便笑着把他放走了。

有一天,一个老仆人弄脏了皇帝赐给夏原吉的金缕衣,吓得准备逃跑。夏原吉知道了,便对他说:"衣服弄脏了,可以清洗,怕什么?"又有一次,奴婢不小心打破了他心爱的砚台,躲着不敢见他,他便派人安慰她说:"任何东西都有损坏的时候,我并不在意这件事呀!"因此他家中不论上下,都很和睦地相处在一起。

当他告老还乡的时候,寄居途中旅馆,一只袜子湿了,命伙计去烘干。伙计不慎,袜子被火烧坏,伙计却不敢报告;过了好久,才托人请罪。他笑着说:"怎么不早告诉我呢?"就把剩下的一只袜子也丢进垃圾桶里。他回到家乡以后,每天和农人、樵夫一起谈天说笑。显得非常亲切,不知道的人,谁也看不出他是曾经做过朝廷宰相的人。

成大事业者有大胸怀。这样的人不会成日计较于鸡毛蒜皮,整天着眼于蝇头小利,枉费许多时间和精力。

智者寄语

一个人有了宽广的胸怀,他在生活中便多了理解,多了宽容,多了温和,多了宠辱不惊的气度,也更能体会到宁静和幸福。

化干戈为玉帛

生活中,有很多人总是与别人斤斤计较,结果周围的人都成了自己的敌人,自己成了孤家寡人,把自己陷入尴尬痛苦的境地。

怎样才能改变这种状况呢?只有一个办法,那就是学会宽容。

库克是英国一家公司的职员。

有一天,当库克驾驶着蓝色的宝马回到公寓地下室的车库时,又发现那辆黄色的法拉利停得离他的泊车位那么近。"为什么老不给我留些地方!"库克心中愤愤地想。

第二天,库克比那辆黄色的法拉利先回到家。当他正想关掉发动机时,那辆法拉利开了进来,驾车人像以往那样把她的车紧紧地贴着库克的车停下。

库克实在无法忍耐,他正患感冒头疼得厉害,况且他还刚收到税务所的催款单,于是库克怒目瞪着黄色法拉利主人大声喊道:"瞧你!是不是可以给我留些地方?你离我远些!"

那位黄色法拉利主人也瞪圆双眼回敬库克:"和谁说话哪!"她边尖着嗓门大叫边离开车子,"你以为你是谁,是总统?"说完对库克不屑一顾地扭转身子走了。

库克咬咬牙心想:"我会让你尝尝我的厉害。"

第三天,库克回家时,黄色的法拉利正好还未回车库,库克把车子紧挨着她的泊车位停下,这下她会因为水泥柱子而打不开车门的。

可是接着的几天,那辆黄色的法拉利每天都先于库克回到车库,逼得库克好苦。

"老这样下去能行吗?该怎么办呢?"不过库克立即有了一个好主意。

几天后的一个早晨,黄色法拉利的女主人一坐进车子就发现挡风玻璃上放着一个信封,她抽出信纸一看,只见上面写着:

亲爱的黄色法拉利:

很抱歉我家的男主人那天向你家女主人大喊大叫。他并不是有意针对哪个人的,这也不是他惯有的作风,只是那天他从信箱里拿到了带来坏消息的信件。

我希望您和您家的女主人能够原谅他。

您的邻居蓝色宝马

紧接着一个早晨,当库克走进车库时,一眼就发现了挡风玻璃上的信封,他迫不及待地抽出信纸,上面赫然写着:

亲爱的蓝色宝马:

我家的女主人这些日子也一直心烦意乱,因为她刚学会驾驶汽车,因此还停不好车子。我家女主人很高兴看到您写的便条,她也会成为你们的好朋友的。

从那以后,每当蓝色的宝马和黄色的法拉利再相见时,他们的驾车人都会愉快地微笑着打招呼。

接下来的故事更耐人寻味:黄色法拉利的女主人是一家大公司的董事长,经过一段时间的交往考察以后,她聘请库克担任公司一个部门的经理。

库克利用宽容的心态面对生活,最终使自己强大起来——由普通职员变成了公司高层管理人员。

智者寄语

学会宽容,意味着你不再心存纠结,将会使你获益终生。

面对误解,我们可以选择沉默

人的一生难免要遇上难堪的误解,遭到他人不公正的批评甚至辱骂,但要记住:不要因对方

感谢折磨你的人

一句不公正的批评或难听的辱骂,而变得像对方一样失去理智。

20世纪三四十年代,一直敏于行、讷于言的巴金先生,也曾受过无聊小报、社会小人的谣言攻击。巴金先生有一句斩钉截铁的话:"我唯一的态度,就是不理!"因为受害者若起而反击,"小人"反倒高兴了,以为他们编造的谣言发生了作用。

精通哲学、文学和历史学的胡适先生在一封致杨杏佛的信中写道:"我受了十余年的骂,从来不怨恨骂我的人。有时他们骂得不中肯,我反替他们着急;有时他们骂得太过火,反损骂者自己的人格,我更替他们不安。如果骂我而使骂者有益,便是我间接于他有恩了,我自然很情愿挨骂。"

巴金、胡适面对他人的辱骂所表现出的平静、幽默、宽容,不失为排除心理困扰的妙药良方。人的一生都难免要遇上难堪的误解,遭到他人不公正的批评甚至辱骂。无论是卑鄙的,恶毒的,残酷的,你千万不要因为对方一句不公正的批评或难听的辱骂,就变得像对方一样失去理智。获胜的唯一战术,就是保持沉默,不和别人发生正面冲突,就连多余的解释也没有必要。因为在这种情况下,相互争吵辱骂,既不会给任何一方带来快乐,也不会给任何一方带来胜利,只会带来更大的烦恼,更大的怨恨,更大的伤害。退一步讲,在对骂中没有占上风的一方,当众出丑,带来的只是对自己鲁莽行为的悔恨。占了上风的一方,虽然把对方骂得体无完肤,又能怎么样?只能加深对立的情绪,加深对方的怨恨,在旁观者的眼里也不过是一只好斗的公鸡罢了。

某人曾受到上司的辱骂,心中非常愤慨。在回家的路上,装着满肚子的火气,想着如何回报这位辱骂者。无意之间他走进路边的玩具店,看见两个小学生指着一个存钱用的瓷人评头论足。遗憾的是他们对瓷人的夸张造型并不理解,可是瓷人坐在货架上对那些无知的指责无动于衷。某人望着这个瓷人,只觉得自己滑稽可笑,受点委屈连一个存钱用的瓷人都不如,还算什么男子汉大丈夫!这么一想,满肚子火气一下子不知跑到哪儿去了。而且对这个过去不屑一瞥的瓷人产生了好感,便掏钱买了一个,毕竟瓷人还有存钱的功能。

天津人有句老话:"生气不如攒钱。"是的,一个人把宝贵的精力、宝贵的时间放在生闲气上不值得。

有人受了委屈,或受到他人的误解,总想当时解释清楚,通过解释去化解矛盾,洗刷自己的清白。其实这时最好不要去解释,最佳的办法还是保持沉默。因为这时的解释是杯水车薪,是不起任何作用的。比如,有人说他丢了钱包,你能解释清楚不是你偷的?有人背后议论你是"白痴"是"骗子",你听了能解释清楚你不是"白痴"不是"骗子"?诸如此类的解释,越解释越对自己不利。

对于外界的打击辱骂,也许我们还达不到所谓"爱敌人"的修养程度,但至少也应该爱惜自己,不要让他人来影响你的情绪和健康。有关专家认为,长期积怨不但使自己面孔僵硬而多皱,还会引起过度紧张和心脏病。

说到底,发怒会破坏我们健全的思维能力,使人难以理智地看待问题。有冲动的行为,就会带来极坏的后果。因此,无论你是普通人,还是伟人,面对他人的误解或是辱骂时,我们应该做出的最好反应仅仅是沉默。

智者寄语

对于外界的打击辱骂,也许我们还达不到所谓"爱敌人"的修养程度,但至少也应该爱惜自己,不要让他人来影响你的情绪和健康。

第二篇
超越折磨你的人

第一章 靠别人不如靠自己

靠天靠地不如靠自己

自立自强,永不服输,是中国人的传统美德。在物欲横流的商业社会里,只要你具备了这种品质,你就可以立于不败之地。

李嘉诚就是这样一个自立自强,永不服输的人。当年,他一家逃避战乱辗转来港,在战火燃及香港,百业萧条的情况下,他父亲为了养家糊口,只好拼命地工作。但祸不单行,由于长年劳累,再加上贫困、忧愤,不幸染上了肺病,终于在家庭最困难的时候病倒了。

身为长子的李嘉诚一边照顾父亲,一边拼命读书。他希望通过自己的努力学习,取得好成绩,让生病的父亲获得一种精神上的慰藉。李嘉诚父亲也满心期待着儿子能够学有所成、出人头地。

为了给父亲治病,李嘉诚一家每天两顿稀粥,母亲去集贸市场收集的菜叶子,便是一家一天的"美食"。每天一放学,李嘉诚便匆匆赶到医院,守护在父亲的病床前,紧握住父亲的手,向他汇报自己的成绩。此刻,父亲的脸上就会洋溢出宽慰的笑容。

然而,命运无情。李云经终于没能熬过1943年那个寒冷的冬天,走完了坎坷的一生,离开了这动荡纷乱的世界。他没有给李嘉诚留下一文钱,相反,还给李嘉诚留下一副家庭的重担。

临终前,李云经哽咽着对儿子说:"阿诚,这个家从此就只有依靠你了,你要把它维持下去!"

此外,李云经深知未成年的儿子更需要依靠亲友的帮助,同时又不希望儿子抱有太重的依赖心理,便留下"贫穷志不移""做人须有骨气""求人不如求己""吃得苦中苦,方为人上人""不义富且贵,于我如浮云""失意不灰心,得意莫忘形""达则兼济天下,穷则独善其身"之类的遗言。

对于父亲的熏陶和遗训,对于父亲的一片苦心,李嘉诚永生不忘,时刻铭记在心,并伴随他一生的风风雨雨,使他终身受益无穷。李云经在贫穷中辞世,却给儿子留下珍贵的精神遗产——如何做人。这一年,李嘉诚14岁,刚刚读完初中二年级。

数十年后,每当李嘉诚回忆起父亲生病不求医,省下药钱供自己读书,母亲缝补浆洗,含辛茹苦维持一家人生计时,总是黯然神伤,并产生一种"子欲养而亲不在"的伤痛之情。

14岁的孩子,正是需要父母呵护疼爱、充满梦幻的时代。但因父亲辞世,弟妹尚幼,为了生存,母亲设法批发一些塑料花去卖,每天只能赚到几角钱,根本无法养活一家五口。加上经历时局动荡,世态炎凉,促使李嘉诚的早熟。

李嘉诚是家中的长子,对母亲非常孝顺,觉得自己应该放弃学业,帮助母亲承担家庭生活的重负。这对于一个14岁的少年来说,实在是难以接受的现实。尽管舅父庄静庵表示资助李嘉诚完成中学学业,接济李嘉诚一家,但李嘉诚仍打算中止学业,遵循父亲的遗愿,谋生赚钱,支撑起这个家庭。舅父未表示异议,他说,他也是读完私塾,10岁出头就远离父母家乡,去广州闯荡打天下的。原本,外甥李嘉诚进舅父的公司顺理成章。庄静庵未开这个口,舅父的意思李嘉诚心知肚明,他今后必须靠自己,独立谋生。

商业社会的冷酷无情对一个少年来说,是一种灾难,但它也催人早熟,也许正因为这样,才迫使少年李嘉诚丢掉幻想,把自己逼上了独立谋生的道路,从此开始自我奋斗,由一个地位低下的打工仔一步一个脚印地走向了成熟、成功和辉煌。

生活中,每个人都会遇到生活的重压,有些人由于承受不了而失败,有些人则敢于挑战,赢得成功。由此,我们可以得到一些启迪。我们应该正视并且利用人生的挫折和不幸,甚至应该自加压力,强迫自己发挥出巨大的潜能。

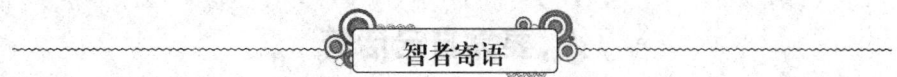

智者寄语

自立自强,永不服输,是中国人的传统美德。在物欲横流的商业社会里,只要你具备了这种品质,你就可以立于不败之地。

自助者,天必助之

成功者并不一定非得拥有一个显赫的家世!

人穷不能志短,困苦与逆境并非完全不利,许多成就大业者都成长于一个贫穷困苦的环境之中,然而他们最终还是克服和改变了自己的处境,最终获得了成功。无数事实说明,逆境有时正隐含着更大的成功因素,只要你用自己的毅力和精神加以克服,不利的因素就能转化为成功的种子。如果你精心培育,就会随之开花结果。但在现实生活中,有些人一旦陷入贫穷,或遇到困境,他们要么哀叹命运不公,消沉懈怠;要么羡慕他人、嫉妒他人;要么自怜自卑、缺乏自信,在他人面前抬不起头,说不出话。俗话说,穷不灭志,富不癫狂。这句话应该作为现代人——不管是穷人还是富人——做人的道理。

贫穷困苦能够磨炼一个人的心志和能力。当然,有的人生来贫穷,其实这并不是"上天"的意思,我们自己也无法选择,但有一点可以相信:凡是在困苦的环境中没被击倒,并且更加奋发自强者,都能有百折不挠的韧性和坚持到底的毅力。恶劣环境的一再试炼,也提升和强化了他的能力与见识。这正是一个人担负重大责任时的必要条件!所以,一个人只要从困苦中走出,他就能承担大任,这就是成功的本钱!

如果你正在遭受困苦,这并不完全是件坏事,因为老天要把重任交给你,他正在磨炼和考验你!

"自助者,天助也",这是一条屡试不爽的格言,它早已被漫长的人类历史进程中无数人的经验所证实。自立的精神是个人真正的发展与进步的动力和根源,它体现在众多的生活领域,成为国家兴旺强大的真正源泉。从效果上看,外在帮助只会使受助者走向衰弱,而自强自立则使自救者兴旺发达。

贫穷非但不会变成不幸和痛苦,相反,通过吃苦耐劳、坚韧不拔的自助实干,它也许会转化成为一种幸福;它能唤起人们奋发向上的激情,并为之勇敢地战斗。

自力更生将教会一个人从自身力量的源泉中取得动力,从自己的力量中品尝到甜蜜的味道,学会以劳动供养自己的生活。

最穷苦的人也有登及顶峰的时候,在他们走向成功的道路上,根本没有不可战胜的困难。

无数事实说明,逆境有时正隐含着更大的成功因素,只要你用自己的毅力和精神加以克服,不利的因素就能转化为成功的种子。如果你精心培育,就会随之开花结果。

智者寄语

"自助者,天助也",这是一条屡试不爽的格言,它早已被漫长的人类历史进程中无数人的经验所证实。

人,要靠自己活着

日本著名企业家松下幸之助曾经说过这样一段话:"狮子故意把自己的小狮子推到深谷,让它从危险中挣扎求生,这个气魄太大了。虽然这种作风太严格,然而,在这种严格的考验之下,小狮子在以后的生命过程中才不会泄气。在一次又一次地跌落山涧之后,它拼命地、认真地、一步步地爬起来。它自己从深谷爬起来的时候,才会体会到'不依靠别人,凭自己的力量前进'的可贵。狮子的雄壮,便是这样养成的。"

美国石油家族的老洛克菲勒,有一次带他的小孙子爬梯子玩,可当小孙子爬到不高不矮不至于摔伤的高度时,他原本扶着孙子的双手立即松开了,于是小孙子就滚了下来。这不是洛克菲勒的失手,更不是他在恶作剧,而是要小孙子的幼小心灵感受到:做什么事都要靠自己,就是连亲爷爷的帮助有时也是靠不住的。这可谓意味深长。

人,要靠自己活着,而且必须靠自己活着,在人生的不同阶段,要尽力达到理应达到的自立水平,拥有与之相适应的自立精神。这是当代人立足社会的基础,也是形成自身"生存支援系统"的基石,因为缺乏独立自主个性和自立能力的人,连自己都管不了,还能谈发展成功吗?即使你的家庭环境所提供的"先赋地位"处于天堂,你也必得先降到凡尘大地,从头爬起,以平生主力练就自立自行的能力。因为不管怎样你终将独自步入社会,参与竞争,你会遭遇到远比学习、生活要复杂得多的生存环境,随时都可能出现你无法预料的难题。你不可能随时动用你的"生存支援系统",而是必须得靠顽强的自立精神克服困难,坚持前进。

自立,对于一个国家来说,是关系到能否实现自主、超越的前提,是立国、治国、强国的根本原则,对于个体的人来说,则是立身、立志,从而把握主动生存和自如生存的关键。当今世界,重视青少年的自立教育已成为趋势。因为在市场经济、知识经济接踵而至的时代,对自立精神和自立能力的优化,不仅是新技术革命的需要,更是能力培养的智能化的需要。同时,市场经济体制所苛求的自主意识、知识经济所强调的自主创新,也都要求强有力的自立精神和自立能力的支持。这一切,都把自立精神推到了前所未有的显赫地位。因此,说它是主体意识觉醒的庄严宣言,一点儿也不含有夸大的成分。

人,要靠自己活着,而且必须靠自己活着,在人生的不同阶段,要尽力达到理应达到的自立水平,拥有与之相适应的自立精神。

靠责任感安身立命

卡菲瑞先生回忆起比尔·盖茨小时候,写出了下面的文字:

1965年,我在西雅图景岭学校图书馆担任管理员。一天,有同事推荐一个四年级学生来图书馆帮忙,并说这个孩子聪颖好学。

不久,一个瘦小的男孩来了,我先给他讲了图书分类法,然后让他把已归还图书馆却放错了位置的图书放回原处。

小男孩问:"像是当侦探吗?"我回答:"那当然。"接着,男孩不遗余力地在书架的迷宫中穿来插去,小休时,他已找出了3本放错地方的图书。

第二天他来得更早,而且更加努力。干完一天的活后,他正式请求我让他担任图书管理员。又过两个星期,他突然邀请我上他家做客。吃晚餐时,孩子母亲告诉我他们要搬家了,到附近一个住宅区。孩子听说转校时担心地说:"我走了谁来整理那些站错队的书呢?"

我一直记挂着他。但没过多久,他又在我的图书馆门口出现了,并欣喜地告诉我,那边的图书馆不让学生干,妈妈把他转回我们这边来上学,由他爸爸用车接送。"如果爸爸不送我,我就走路来。"

其实,我当时心里便应该有数,这小家伙决心如此坚定,又浑身充满责任感,则天下无不可为之事。不过,我可没想到他会成为信息时代的天才、微软公司总裁、世界巨富——比尔·盖茨。

从这个故事中我们看出,许多伟大或杰出人物身上,总有优于常人之处或早或迟地显示出来。比尔·盖茨对待图书馆工作这样的小事,就已经表现出一种超出同龄人的责任感,难怪他能在信息时代叱咤风云。

一个人有没有责任感,并不仅仅体现在大是大非面前,而是大多体现于小事当中。一个连小事都不能负责任的人,又怎能在大事面前担当责任呢?

巴顿将军在他的战争回忆录《我所知道的战争》中,曾写到这样一个细节:

我要提拔人时常常把所有的候选人排到一起,给他们提一个我想要他们解决的问题。我说:"伙计们,我要在仓库后面挖一条战壕,约2.4米长,90厘米宽,15厘米深。"我就告诉他们那么多。那是一个有窗户的仓库。候选人正在检查工具时,我走进仓库,通过窗户观察他们。我看到他们把锹和镐都放到仓库后面的地上。他们休息几分钟后开始议论我为什么要他们挖这么浅的战壕。他们有的说15厘米深还不够当火炮掩体。其他人争论说,这样的战壕太热或太冷。如果这些人是军官,他们会抱怨他们不该干挖战壕这样普通的体

感谢折磨你的人

力劳动。最后,有个伙计对别人下命令:"让我们把战壕挖好后离开这里吧。那个老畜生想用战壕干什么都没关系。"

最后,巴顿写道:"那个伙计得到了提拔。我必须挑选不找任何借口地完成任务的人。"

任何借口都是推卸责任。在责任和借口之间,选择责任还是选择借口,体现了一个人的行事风格和生活态度。借口仿佛是一个用温情伪饰的陷阱,能消磨人的斗志,或让你遗忘自己的责任所在。不幸的是,在生活中,我们经常会听到这样或那样的借口。借口在我们的耳畔窃窃私语,告诉我们不能做某事或做不好某事的理由,它们好像是"理智的声音""合情合理的解释",冠冕而堂皇,却常常让我们沉湎于令人腐化的温床,并为此付出失败的代价。

当你为自己寻找借口的时候,也许会愿意听听这个故事。

时间是一个漆黑、凉爽的夜晚,地点是墨西哥市,坦桑尼亚的奥运马拉松选手艾克瓦里吃力地跑进了奥运体育场,他是最后一名抵达终点的选手。

这场比赛的优胜者早就领了奖杯,庆祝胜利的典礼也早就已经结束,因此艾克瓦里一个人孤零零地抵达体育场时,整个体育场空荡荡的。艾克瓦里的双腿沾满血污,绑着绷带,他努力地绕完体育场一圈,跑到了终点。在体育场的一个角落,享誉国际的纪录片制作人格林斯潘远远看着这一切。接着,在好奇心的驱使下,格林斯潘走了过去,问艾克瓦里,为什么要这么吃力地跑至终点。

这位来自坦桑尼亚的年轻人轻声地回答说:"我的国家从两万多千米之外送我来这里,是派我来完成这场比赛的。"

没有任何借口,没有任何抱怨,责任就是一切行动的准则。

"我们必须把借口哲学——现在的情况我无法控制——改变为责任哲学。"篮球巨星乔丹说到了,做到了,也成功了!

智者寄语

不找借口,看似冷漠,缺乏人情味,但它可以激发一个人最大的潜能。无论你是谁,在人生中,无须任何借口,失败了也罢,做错了也罢,再好的借口对于事情本身没有丝毫的帮助。

最重要的是要认清自我

人生最大的难题莫过于:知道你自己!许多人谈论某位企业家、某位世界冠军、某位著名电影明星时,总是赞不绝口,可是一想到自己,便一声长叹:"我不是成才的料!"他们认为自己没有出息,不会有出人头地的机会,理由是:"生来比别人笨""没有高级文凭""没有好的运气""缺乏可依赖的社会关系""没有资金"等等。而要获得成功就必须要正确认识自己,坚信"天生我材必有用"。

严重的自卑感能扼杀一个人的聪明才智,另外,它还可以形成恶性循环:由于自卑感严重,不敢干或者干起来缩手缩脚、没有魄力,这样就显得无所作为或作为不大;旁人会因此说你无能,旁人的议论又会加重你的自卑感。因此必须一开始就打断它,丢掉自己身上那无聊的自卑感,先大胆干起来。

谦虚是一种美德,但是缺点往往是优点过分的延伸。过于谦虚,或者由于自卑而谦虚,都是不应该的。几乎每一个科学家都是非常自信的人。自信,可以使你精神振奋、勇于进攻、战胜困难。所以,必须积极寻找自我解脱之路,走出自卑的心理误区。

有人说:"把自己太看高了,便不能长进;把自己太看低了,便不能振兴。"美国一位心理学家认为:多数情绪低落、不能适应环境者,皆因无自知之明。他们自恨福浅,又处处要和别人相比,总是梦想如果能有别人的机缘,便将如何如何。其实,只要能客观地认识自己,就能走出情绪的低谷。

对于失败者来说,他们往往把周围环境当中每件美中不足的事情放在心上,对周围事情的指责和消极的念头捆住了他们的手脚,使他们很难再去体验其中的欢乐。他们认为一切事情都会糟下去,而且不自觉地促使自己造成不愉快的局面,使他们的预言实现。

失败者常常由于似乎难以解决的难题而挫伤情绪,失去活力,陷于失望,无所作为。在遇到麻烦和苦恼的时候,他们往往把精力用在责怪、牢骚和抱怨上。

失败者常会说许多带"不"字的话,例如"不能如何、不要如何、不应该如何"等等。他们最常用的形容词是"糟糕、讨厌、可怕和自私"。他们没完没了地指责别人"为什么不如何""怎么没有如何"。而成功者往往不断地为自己四周的美好事物和自然的奇迹感到欢愉,他们对于鲜花含苞待放、雨后空气清新之类的小事也会倍加欣赏喜爱。

每个人都有各自的优点和缺点,我们所需要认真对待的就是仔细地清算一下自己的优点,确定自己的长处。在这个世界上不存在什么样样都能干的通才。通常所说的通才更多的是指基本素质。每个人注定只能在自己的特长方面有所建树,成为无所不能的完人既不可能,也没必要。因此,与其费尽心机地去改变自己的短处,不如尽力地发挥自己的长处。

人生有限,短处永远弥补不完。松下幸之助曾说,人生成功的诀窍在于经营自己的个性长处,经营长处能使你的人生增值,经营自己的短处必将使你的人生贬值。印度《五卷书》上说:"最难的是自知,知道自己什么能做,什么又不能;谁要是有这样的自知之明,他就绝对不会陷入困境。"

一旦我们能选准适合自己个性特点的工作或事业,我们将能乐在其中,不知老之将至,成功便是一个快乐的过程。我们常说痛苦,事实上,痛苦就是干自己不愿干而又不得不干的事。一个醉心于绘画的人,绝不会把每天绘画的工作看作是痛苦的事。反之,一个对绘画毫无兴趣也无特长的人,每次走向绘画工作台,无疑像是奔赴刑场一样。当然,我们并非是鼓吹兴趣主义。光凭兴趣,是无法完成一项事业的。因为任何一项事业的奋斗,总是带着三分的辛苦。

任何事物都有好坏两方面,人生也是如此,每个人都有其自身的优点和缺点。优点固然值得珍惜与发挥,但缺点也不是可憎与可恼的。事实上,缺点往往还能刺激人生不断地追求进步,成为你拥有的某种"财产"。

也许你会说,这是"阿Q精神",缺点就是缺点,怎么能变成财富呢?那好,读读下面这个真实的故事,你会对此有所认识的。

有个小寓言说的是,某一天,一个农夫正弯着腰在院子里清除杂草,因为天气炎热,使他不一会儿便热得汗流浃背。"可恶的杂草,假如没有你们,我的院子一定很漂亮,神为什么要造这些讨厌的杂草来破坏我的院子呢?"农夫嘀咕着。

有一棵刚被拔起的小草,正躺在院子里,它回答农夫说:"你说我们可恶,也许你从没想到,我们也是很有用的,现在,请你听我说一句吧——我们把根伸进土中,等于在耕耘泥土,当你把我们拔掉时,泥土就已经是翻过了。此外,下雨时,我们防止泥土被雨水冲掉;干润

感谢
折磨你的人

时,我们能阻止强风刮起沙尘;我们是替你守卫院子的卫兵。如果没有我们,你根本就不可能享受种花、赏花的乐趣,因为雨水会冲走你的泥土,狂风会吹散你的泥土……所以,希望你在看到花儿盛开之时,能够想起我们的一些好处。"农夫听了这些话后,不禁肃然起敬,他擦了擦额头上的汗珠,微笑着继续拔起草来。

当然,发掘缺点中的优点不容易,但你自己必须有信心,谁都帮不了你,一切全靠你自己。下面这个真实的故事也许能帮助你确信这一点。

100多年前,美国费城的一位牧师康惠尔,决定为贫穷付不起学费却有志于学习的年轻人筹办一所大学。当时,建一所大学约需150万美元。于是他便开始四处奔走,为建大学募捐。但经过4年的奔波辛劳,筹募的钱还不足1000美元。康惠尔对此深感沮丧,天天愁眉不展,心想这样下去,要到猴年马月才能建成梦想中的大学?

一天,当他为写演讲词走向教堂时,低头沉思的他发现教堂周围的草枯黄得东倒西歪,在寒风中瑟瑟发抖,一片衰败不堪的景象。触景生情,这不正如自己的创业状况吗?康惠尔不由地问园丁:"为什么这里的草长得不如别的教堂中的草呢?"园丁回答道:"我想主要因为你把这些草和别的草相比较的缘故。我们常常看到别人的草地,希望别人美丽的草地就是我们自己的,却很少去关注、整治自家的草地。"

康惠尔先是一愣,后是恍然大悟。他奔跑着走进教堂,激动地写演讲词。他这样写道:我们大家往往是让时间在等待观望中白白流逝,却没有努力工作使事情朝我们希望的方向发展。他在演讲中讲了一个农夫的故事:有个农夫拥有一块土地,生活不错。但是他渴望得到一块钻石。于是他卖掉土地,离家出走,到遥远的地方四处寻找钻石,然而最后一无所获,这位农夫于是很失望。最后,他一贫如洗,自杀身亡。很自然,这块土地转让给了另外一个农夫。真是无巧不成书!那个买下这个农夫土地的人在散步时,无意中捡到一块金光闪闪的钻石。这样,在这块土地上,新主人发现了最大的钻石宝藏。

这个故事告诉我们,财富只属于自己去挖掘的人;只属于依靠自己去开拓的人;只属于相信自己能力的人。同样,成功也只属于相信自己潜能的人,属于正确开发自身潜能的人。

康惠尔连续做了7年这个"钻石宝藏"的演讲,赚得800万美元,大大超出了建一所大学所需的费用。今天,这所大学就是屹立在美国宾州费城的著名学府——坦普尔大学。

这个故事很朴素,却有很深奥的生活秘密。我们每个人身上都拥有钻石宝藏,即潜力和能力。这些钻石足以使自己的理想变成现实。为了成功,我们所要做的只是辛勤地开发自己的"钻石",不断地挖掘和运用自己的潜能。

只要你用积极的态度来看待自己的生活,就会发现没有任何经验不值得回忆,其中都包含着它的价值。这时,你会发现自己具有的那些优良的特质——这些特质就是你和世界上每一个人都不一样的因素。这些都是你具有的优点,而优点就是力量,它是你信心的来源和人生之路选择的根据。你除了拥有自身的优点外,不可能再拥有别的东西,你的优点是你成功的要素和主力。

犹如天使与魔鬼共生,人类与菌类并存,优点总是与缺点形影相随。你为什么不勇敢地接受与面对自己的缺点,然后积极地克服、改造,甚至利用它呢?如果真的是无法改变,那为何不能坦然地加以容纳呢?怨天尤人,自暴自弃,只能产生更多的烦恼,在接受自我与控制自我之间平衡发展才是正确之道。

我们人生最大的敌人往往是我们自己,战胜自己是最伟大的超越。要知道,人从来就是一种趋乐避苦的动物,一种生性懒惰、放纵的动物。

"胜人者有力,自胜者强。"老子的学说2000多年不死,就在于其精神的博大与精深,在于其能给予人们以深刻的人生感悟。

事实证明:大多数人只利用了自身优点与潜力的百分之十,要是你再用上另外的百分之十,你的成就就会双倍于你现在的成就,你便能做两倍于现在的事。这可是一个可观的数目!

成功者了解自己是什么样的人,了解自己在生活中所扮演的角色、潜力和将来要去承担的任务及达到的目标;他们凭借自己的洞察力和判断力不断学习和加强对自己的了解,避免发生错误;他们不欺骗别人,更不欺骗自己。

认识自我,这是悬在每个追求成功人生之士面前的巨大课题。它并非是一种形而上的生存哲学问题,它关系到你具体的行动方略设计。你无法漠视或者逾越它,你必须做出相应的回答,而作为你回答质量的评价,将决定你未来的发展成就。

智者寄语

成为你自己,最重要的是要认识自我。在这个强调自我和个性的时代,每个人都渴望充分发挥自己的个性特点,辉映自我的亮色,最大限度地开发自身的潜能,成为符合社会需求的自我实现的人。

不要随意贬低自己

生活中不少人总是爱贬低自己,他们似乎很乐意暗示自己是一个渺小的人,一个毫无价值的人,觉得自己与别人相比简直就如一根稻草一样无用,因而做起事来也显得无精打采,毫无斗志。这些人往往就垮在了自己身上存在的缺点和毛病上,这是因为自我贬低无异于降价处理自己!如果你认为自己满身缺点和毛病;如果你自认为是一个笨拙的人,是一个总是面临不幸的人;如果你承认你绝不能取得其他人所能取得的成就,那么,你只会因为自我贬低而失败。

如果你总是显出一副狡黠的神色,就好像你捡了他人丢失的东西一样,那么,你将会被人们视作小人。的确,其他人对我们的评价与我们自身的状况、成就有很大的关系,而我们不可能摆脱这种关系。因而,一个独立自主的人,从不降价处理自己。

自我贬低是最具破坏力的。有这样一位公司负责人,他身为董事长,却总是蹑手蹑脚地走进董事会议室,就好像是一个无足轻重的人,就好像他完全不胜任董事长的职位。作为董事长的他竟然还感到奇怪,自己为什么只是董事会中一个无足轻重的人,自己为什么在董事会其他成员中的威信这么低,自己为什么很少受人尊重。

他没有意识到自己应该好好反思一段时间。如果他给自己全身都贴满"降价"的标签,如果他像一个无足轻重的人那样立身、行事、处世,如果他给人的印象是他并不了解自己、相信自己,那他怎么能希望其他人好好地对待自己呢?

如果我们对自己的前途有更清醒的认识,如果我们对自己有更大的信心,那么,我们将取得更丰硕的成果。只要我们能更好地了解我们身上的潜力和高贵的一面,那么,我们将会对自己充满更大的信心。由于我们总是往坏的方面、差的方面想,因此,我们总是认为自己渺小、无能和卑劣。如果我们想达到高贵杰出的境界,那么我们应该向上看,应该多想想我们好的、崇高的一面。

自我贬低的不良习惯对一个人成功个性的培养极具腐蚀作用,它会打击人的自信心,扼杀

感谢折磨你的人

人的独立精神,使人看起来就像没有长脊椎骨一样,整天萎靡不振,找不到生活的支柱。

自我贬低也会使人失去审美能力,感受不到和谐生活的美。真正的绅士可以从容不迫地应付生活,不卑不亢地面对一切。但有些人似乎天生就有一种自我轻视的习惯,他们躲躲闪闪,不敢正视生活。不管去哪里,总是坐到最后一排,或者想尽办法逃离人们的视线。在人的个性中,确实存在着这种令人鄙视的弱点。人们喜欢那些勇敢的人,他们昂首行走在人群中,精神自由,思想独立,过自己想过的生活,称自己是一个真正的人。

如果我们以征服者的心态对待人生,我们会留给人们这样的印象,即我们相信自己将来会有所成就,而且这种信心是坚强有力的,是充满必胜信念的;如果我们以屈服者的心态面对人生,我们就会以悔恨、自我贬损和逃避他人的心态出现在世人面前。正是这两种不同的心态造成了世界上人与人之间的差别。

爱默生说:"如果一个人不自欺,他也不会被别人所欺骗。"拥有坚定和自信的个性,就不会自欺欺人。总是能对自我和生活做出积极的、实事求是的评价,就可以不断塑造自己的品格。在生活中,永远不要无端地低估自己,鄙视自己。

应该牢记,自我轻视的态度从来不会造就出一个真正的男子汉,现在不会,将来也不会。当然,建立在渊博的知识、精明强干的能力和诚实守信基础上的自信,与建立在自我吹嘘、盲目乐观基础上的自高自大,有着天壤之别。自信可以使我们竭尽全力、有条不紊地做自己的事,而自高自大则令人讨厌,最后一事无成。一个人能自我尊重,对自己的个性做出积极的评价,可以为生活保驾护航,不仅可以有效地纠正不良倾向,也可以在人生之路上避免错误的选择,避免失败。一个充满自信、注重自我尊严的人是不会自甘堕落的,与人交往时也不会使用下三烂的手法,更不会屈尊忍辱。

智者寄语

自我贬低的不良习惯对一个人成功个性的培养极具腐蚀作用,它会打击人的自信心,扼杀人的独立精神,使人看起来就像没有长脊椎骨一样,整天萎靡不振,找不到生活的支柱。只要我们能更好地了解我们身上的潜力和高贵的一面,那么,我们将会对自己充满更大的信心。

只有自己才能拯救自己

盲人威尔逊先生是一位成功的企业家,他从一个普普通通的事务所小职员做起,经过多年的奋斗,终于拥有了自己的公司和办公楼,并且受到了人们的尊敬。

有一天,威尔逊先生从他的办公楼走出来,刚走到街上,就听见身后传来"嗒嗒嗒"的声音,那是盲人用竹竿敲打地面发出的声响。威尔逊先生愣了一下,缓缓地转过身。

那盲人感觉到前面有人,连忙打起精神,上前说道:"尊敬的先生,您一定发现我是一个可怜的盲人,能不能占用您一点点时间呢?"

威尔逊先生说:"我要去会见一个重要的客户,你要说什么就快说吧。"

盲人在一个包里摸索了半天,掏出一个打火机,放到威尔逊先生的手里,说:"先生,这个打火机只卖一美元,这可是最好的打火机啊。"

威尔逊先生听了,叹口气,把手伸进西服口袋,掏出一张钞票递给盲人,说:"我不抽烟,但我愿意帮助你。这个打火机,也许我可以送给开电梯的小伙子。"

盲人用手摸了一下那张钞票，竟然是一百美元！他用颤抖的手反复抚摸这钱，嘴里连连感激着："您是我遇见过的最慷慨的先生！仁慈的富人啊，我为您祈祷！上帝保佑您！"

威尔逊先生笑了笑，正准备走，盲人拉住他，又喋喋不休地说："您不知道，我并不是一生下来就瞎眼的，都是23年前布尔顿的那次事故！太可怕了！"

威尔逊先生一震，问道："你是在那次化工厂爆炸中失明的吗？"

盲人仿佛遇见了知音，兴奋得连连点头："是啊，是啊，您也知道？这也难怪，那次光炸死的人就有93个，伤的人有好几百，那可是头条新闻啊！"

盲人想用自己的遭遇打动对方，争取多得到一些钱，他可怜巴巴地说了下去："我真可怜啊！到处流浪，孤苦伶仃，吃了上顿没下顿，死了都没人知道！"他越说越激动，"您不知道当时的情况，火一下子冒了出来！仿佛是从地狱中冒出来的！逃命的人群都挤在一起，我好不容易冲到门口，可一个大个子在我身后大喊：'让我先出去！我还年轻，我不想死！'他把我推倒了，踩着我的身体跑了出去！我失去了知觉，等我醒来，就成了瞎子，命运真不公平啊！"

威尔逊先生冷冷地说："事实恐怕不是这样吧，你说反了。"

盲人一惊，用空洞的眼睛呆呆地对着威尔逊先生。

威尔逊先生一字一顿地说："我当时也在布尔顿化工厂当工人，是你从我的身上踏过去的！你长得比我高大，你说的那句话，我永远都忘不了！"

盲人站了好长时间，突然一把抓住威尔逊先生，爆发出一阵大笑："这就是命运啊！不公平的命运！你在里面，现在出人头地了，我跑了出去，却成了一个没有用的瞎子！"

威尔逊先生用力推开盲人的手，举起手中一根精致的棕榈手杖，平静地说："你知道吗？我也是一个瞎子。你相信命运，可是我不信。"

接受不幸，屈服于命运的人，最终只会成为命运的奴隶，纵然遭遇不幸，但只要心中充满信心，充满希望，一样会获得成功。

某人在屋檐下躲雨，看见观音正撑伞走过。这人说："观音菩萨，普度一下众生吧，带我一段如何？"

观音说："我在雨里，你在檐下，而檐下无雨，你不需要我度。"这人立刻跳出檐下，站在雨中："现在我也在雨中了，该度我了吧？"观音说："你在雨中，我也在雨中，我不被淋，因为有伞；你被雨淋，因为无伞。所以不是我度自己，而是伞度我。你要想度，不必找我，请自找伞去！"说完便走了。

第二天，这人遇到了难事，便去寺庙里求观音。走进庙里，才发现观音的像前也有一个人在拜，那个人长得和观音一模一样，丝毫不差。

这人问："你是观音吗？"

那人答道："我正是观音。"

这人又问："那你为何还拜自己？"

观音笑道："我也遇到了难事，但我知道，求人不如求己。"

麦子有三种命运：一种是被丢弃，然后慢慢地腐烂掉；一种是被磨成面粉或装进麻袋，等着被人吃掉；另一种命运是作为种子撒在土壤里，生长，然后结出更多的麦子。麦子没有办法选择自己的命运，无法选择是腐烂掉还是做成面包或是种植生长，而人和麦子的不同之处在于人有选择自己命运的权利，有选择的自由，可以选择自己的生活方式。

感谢折磨你的人

有一个生意人，他把全部财产投资在一种小型制造业上，但是由于世界大战爆发，他无法取得他的工厂所需要的原料，因此只好宣告破产。金钱的丧失，使他大为沮丧。于是他离开妻子儿女，成为一名流浪汉。他对于这些损失无法忘怀，而且越来越难过，到最后他甚至想要跳湖自杀。

一个偶然的机会，他看到了一本名为《自信心》的书。这本书给他带来了勇气和希望，他决定找到这本书的作者，请作者帮助他再度站起来。

当他找到作者，说完他的故事后，那位作者却对他说："我已经以极大的兴趣听完了你的故事。我希望我能对你有所帮助，但事实上，我却绝无能力帮助你。"他的脸立刻变得苍白，他低下头，喃喃地说道："这下子完蛋了！"

作者停了几秒钟，然后说道："虽然我没有办法帮你，但我可以介绍你去见一个人，他可以协助你东山再起。"刚说完这几句话，流浪汉立刻跳了起来，抓住作者的手，说道："看在老天爷的份上，请带我去见这个人。"

于是作者把他带到一面高大的镜子面前，用手指着镜子说："我介绍的就是这个人。在这世界上，只有这个人能够使你东山再起。除非坐下来，彻底认识这个人，否则你只能跳到密歇根湖里。因为在你对这个人作充分的认识之前，对于你自己或这个世界来说，你都将是个没有任何价值的废物。"

他朝着镜子向前走几步，用手摸摸他长满胡须的脸孔，对着镜子里的人从头到脚打量了几分钟，然后退几步，低下头，开始哭泣起来。

几天后，作者在街上碰见了这个人，几乎认不出来了。他的步伐轻快有力，头抬得高高的。他从头到脚打扮一新，看来是很成功的样子。"那一天我离开你的办公室时还只是一个流浪汉。我对着镜子找到了我的自信。现在我找到了一份年薪三万美元的工作。我现在又走上成功之路了。"他接着风趣地对作者说，"我正要前去告诉你，将来有一天，我还要再去拜访你一次。我将带一张支票，签好字，收款人是你，金额是空白的，由你填上数字。因为你介绍我认识了自己，幸好你要我站在那面大镜子前，把真正的我指给我看。"

当你陷入困境而万分沮丧不能自拔时，有个人可以帮你——不是别人，正是你自己。

加德纳的多元智能学说认为，每个人至少有七种智能，包括空间智能、自然观察智能、音乐智能、语言智能、人际交往智能、数理逻辑智能和身体运动智能。人的潜能是无限的，只是由于种种原因，我们还没全部发现而已。而当一个人失去了某些健全人的东西后，只要用心寻找，人的其他部分的潜能就会被挖掘出来。连自己都看不起自己的人又怎能要求别人看得起自己呢？所以首先自己要先看得起自己，天生我才必有用，每个人生下来都有潜能，只是自己还没发现而已，而且就像哲学上说的"内因和外因都很重要，但外因要通过内因才能起作用"。相信自己，就能创造奇迹。

智者寄语

当你陷入困境而万分沮丧不能自拔时，有个人可以帮你——不是别人，正是你自己。

天行健，君子以自强不息

易经六十四卦乾卦第一卦"乾为天"开篇讲到："天行健，君子以自强不息；地势坤，君子以厚德载物。"这个卦是同卦(下乾上乾)相叠,象征天,喻龙(德才的君子),又象征纯粹的阳和健,表明兴盛强健。乾卦是根据万物变通的道理,以"元、亨、利、贞"为卦辞,示吉祥如意,教导人遵守天道的德行。结合我们事业的求索和人生的决策,卦理表现为如果坚持此卦的刚健、正直、公允的实质,修养德行,积累知识,坚定信念,自强不息,必能克服困难,消除灾难,成就大的功业。

有这样一则故事,清代书画家文学家郑燮在52岁时喜得贵子,老来得子自然万分疼爱,但却从无半分溺爱,他经常以各种方法培养其子自立的能力和自强的心态。在他病危的时候,寄养在乡下弟弟家中的儿子回来探望父亲,他要儿子亲手做几个馒头给他吃,儿子从来没有做过馒头但又想尽尽孝道,便去请教厨师,并为此花费了很长时间。当儿子将亲手做的馒头送到父亲床头的时候,父亲已经咽了气,儿子悲痛得大哭,突然发现茶几上压着一张纸条,打开一看,原来是父亲临终前写的一首遗诗,大概意思是这样的:淌自己的汗,吃自己的饭,自己的事情自己干;靠天,靠人,靠祖宗,不算是好汉!这是什么,这就是自强的经典释义。

在如今这个物质高度繁荣的时代里,自强的心态好像已经成为一个浪漫的理想化状态。窗外车水马龙,人们行色匆匆,急于求成的人比较多,心态普遍比较浮躁,人们大多变得十分现实,所以甚至在许多年轻人中间流传着"干得好不如嫁得好,干得好不如娶得好"之说。不管怎样这都源于一种心态,那就是急于求成,害怕吃苦,期望不劳而获,这种心态和观点在现代社会中不仅仅在一些年轻人中存在,而且似乎被越来越多的成年人认为是理所当然。安逸无忧的生活谁都向往,但是困难却是人生不可避免的。在俗语中我们经常可以听到苦尽甘来的道理:经过自己的努力得来的一切,虽然其中可能饱经心酸,但在奋斗的过程中所获得的对人生的感悟,以及奋斗后的哪怕一点点成绩,都会让我们获得极大的成就感和满足感。有人说,人活着其实就是一份感觉,这话不无道理,这种成就感和自强奋斗得到的快乐,绝不是父母、爱人、朋友的无偿给予所能感悟到的,也不会是靠轻而易举的所谓交换所能获得的,没有经过创造就没有享受,靠别人的创造来装扮自己来讲究享受,其实是在自欺欺人。不能否认人对物质的需要,但如果只将豪宅名车看作是生活的顶点,这样的人生只能用一个词来形容,那就是悲哀。靠自己的双手和能力活着,才活得踏实,虽然这其中一定会遇到各种各样的困难。正因为遇到种种困难,我们才有了克服困难的经验,并在总结经验中得到进步,正因为面临种种问题,我们才有了解决问题的方法,并在优化方法中走上康庄大道。人唯有从这种不断自强中,才能真正品味生命的意义和享受充满活力的人生。

自强的心态是一种尊重自己,珍视自己的心态,同时也是一种对亲人、对朋友负责的心态。它需要我们有一股勇气,这种勇气是坚韧的,不仅仅表现在烽火连天的战场上,而且也表现在平凡平静的生活中,因为,自强在很多时候,表现为战胜、超越自我的内在考验。"宠辱不惊,闲看庭前花开花落;去留无意,漫观天外云卷云舒"。表达的其实就是这种内在的考验,当遭遇冷落时仍能泰然处之,当穷困潦倒时仍然雄心未泯,当受到误解时仍能心平气和,当荣誉到来时不骄不躁。

另外,自强的心态还要与坚定的意志和坚强的决心相联系,落第秀才蒲松龄以历史上自强者的事迹自勉,终于写出不朽篇章,使自己成为一个名载史册的自强者,这个事例道出了意志和决心对于成功的决定作用。有道是:有志者,事竟成,破釜沉舟,百万秦关终归楚;苦心人,天不负,卧薪尝胆,三千越甲可吞吴。

人最大的敌人是自己,战胜别人的人只有力量,而战胜自己的人才算是坚强。自强还是一个永无止境的追求,旧的问题解决了,新的问题又出现了;一个困难克服了,另一个困难又来到了。人生的过程就是不断克服困难解决问题的过程,生命不息,自强不止。面对富裕的生活我们不能放弃这种进取的精神,面对阶段性的成绩和成功我们更不能放松这种进取的精神,成功不是一朝一夕带来的,应心存远大目标,忌投机取巧急功近利,忌小功自骄心浮气躁;面对纷繁的社会要学会平衡心态,扎实进取,如果你已经摄取到的知识还显匮乏,人格魅力沉淀还不够,心态的锻炼还不足,你仍有被这个我们赖以生存的社会淘汰的可能。

无数自强者的经验都告诉我们,一个人的成功主要不在于其有多高的天赋,也不在其有多好的环境,而在其是否有坚定的意志,坚强的决心和明确的目标。理想是自强的力量之源,人如果没有理想的引导和鼓舞,就会变得空虚、软弱、混乱和渺小。只要脚踏实地,百折不挠,一步一个脚印地向着崇高的理想迈进,总会有所收获、有所成就。

智者寄语

自强是努力向上,是奋发进取,是对美好未来的无限憧憬和不懈追求。自强者的精神所以可贵,是因为自强者依靠的是自己的拼搏奋斗,而非其他人的荫蔽提携。靠别人安身立命是毫无出息的,这也就是"庭院里练不出千里马,花盆里长不出万年松"的意义所在。

感谢贫穷,让你学会自强

能不能突破贫困的瓶颈,关键还要看你自己。

人在贫困的处境当中,只要能抱着坚定的信念,努力上进,就能跨越贫困,走向成功。其关键还需要身处贫困环境的你,不要被贫困压倒才行。

有些人生下来就身处贫困之家,有些人生在富贵豪门,这是先天的差距,贫困的孩子必须付出双倍的努力,才能获得成功。这是每一个被贫困困扰着的心灵所不得不面对的现实。

但,我们必须坚信这样一句话:"你可以贫困,但不能贫困一生。"人处在贫困的环境之中,更应该奋发上进,努力去追求成功,这样的成功更弥足珍贵。

美国前总统亨利·威尔逊出生在一个贫苦的家庭,当他还在摇篮里的时候,贫穷就已经冲击着这个家庭了。威尔逊10岁的时候就离开了家,在外面当了11年的学徒工。这其间,他每年只能有一个月时间到学校去接受教育。

在经过11年的艰苦工作之后,他终于得到了1头牛和6只绵羊作为报酬。他把它们换成了84美元。他知道钱来得很难,所以绝不浪费,他从来没有在玩乐上花过1元钱,每个美分都要精打细算才花出去。在他21岁之前,他已经设法读了1000本书——这对一个农场里的学徒来说,是多么艰巨的任务呀!在离开农场之后,他徒步到150公里之外的内蒂克去学习皮匠手艺。他风尘仆仆地经过了波士顿,在那里他看了邦克希尔纪念碑和其他历史名胜。整个旅行他只花了1美元6美分。

在度过了21岁生日后的第一个月,他就带着一队人马进入了人迹罕至的大森林,在那里采伐原木。威尔逊每天都是在东方刚刚翻起鱼肚白之前起床,然后就一直辛勤地工作到星星出来为止。在经过了一个月夜以继日的辛劳努力之后,他获得了6美元的报酬。

在这样的穷途困境中,威尔逊下定决心,不让任何一个发展自我、提升自我的机会溜走,很少有人像他一样深刻地理解闲暇时光的价值,他像抓住黄金一样紧紧地抓住了零星的时间,不让一分一秒无所作为地从指缝间白白流走。

12年之后,这个从小在穷困中长大的孩子在政界脱颖而出,进入了国会,开始了他的政治生涯。

出身贫困并不可怕,只要像威尔逊那样面对困境不抱怨不低头,勤奋自强,就能获得成功。很多在贫困中长大的人往往自甘堕落,他们认为自己的生命本该如此,再怎么奋斗也是徒劳,于是只能一生受穷,惶惶度日,更有一些人因心理极端不平衡而走上犯罪之路。

生命的贫富从某种意义上来说只能由你自己来决定,身处贫困时,若能不被贫困所累,奋发向上,积极奋斗,照样可以有一个富足的人生;相反,如果自甘堕落,即使生在富豪之家,也可能在之后坠入贫困之中。

智者寄语

能不能突破贫困的瓶颈,关键还要看你自己。

善于借鉴他人的成功经验

在学习知识,积累经验,丰富自己人生的阅历同时,我们还要尽可能地多读一些关于成功人物的传记或范例,向他们学习、借鉴其成功的经验,并汲取失败人士的经验教训;或把你的目标和行动计划给那些已经在这方面获得成功的人看看,并请他们给你提提建议。

一位企业家经常打探和挖掘别人的技术、人才和门路来扩张自己的事业,这位企业家透露他的成功秘诀时说:不知出于什么原因,我们经常听到人们提倡创新有多么好,却从来没有人提起模仿其实也是一样的重要。事实上,我们日常生活中的百分之九十五以上,成功者处世行为的百分之九十五以上,都是模仿别人得来的。我们民族重视了几千年的学习,其实就是一种模仿。没有模仿,根本不可能创新。模仿是一条安全而高效的捷径,这是鼓励模仿的最大理由!

当然,成功者走过的路,通常都不适合其他人跟着重新再走。在每个成功者的背后,都有自己独特的、不能为别人所仿效和重复的经历。但是,你所要走的路当中,总有那么一段,同他们曾经走过的路,往往有相似的地方。有时候,大家所走的其实就是同一条路,即使有所区别,也不过是大同小异。只是因为你看不见,或者没有注意别人已经走过了,以为自己走的是一条新路。人们常常沉溺于自我摸索,不屑于观察和模仿别人,这样,容易失去借鉴的机会,最后吃亏的还是自己!

走一条从来没有人走过的新路,总是比走别人已经走过的旧路要慢。因为,走新的路,通常要遇到更多的障碍,要面对更大的风险。看清楚眼前要走的路,特别是留意别人怎样走同样的路,一定有让你受益的地方,它让你避免重复别人已经走过的弯路;另外有一些路,很值得你跟着别人一起走,这会让你成功的机会更大,就像大雁互相依靠着飞行一样。

当然,你要比别人走得快,甚至赶在前头,必须有一些属于自己的东西,或者有新的发现。否则,你永远只能跟在后面。模仿和创新,两者其实并不矛盾,创新总是在模仿的基础上,而模仿通常也一定包含着创新,偏执任何一方面,都不会令你持久地获得成功。懂得选择、吸收、消化别人的好东西,变为自己所用,并且用得更出色,这本身就是一个极聪明的创新。

创新起领头作用,模仿让所有人跟上来。事实上,人类之所以能有如此巨大的进步,恐怕也

感谢
折磨你的人

不能不归功于我们具有模仿这种能力。创新总是带有偶然性和特殊性，模仿却能够把任何的创新，迅速地变成每一个人都掌握的东西，从而促使整个人类共同进步。这难道不是其他动物落后于我们的原因吗？

这位企业家所说的模仿其实也就是学习他人的成功经验。创新就是在模仿他人的同时，要有对自己所处情境的洞察与判断，走适合自己的路。

尽量从那些成功人物身上挖掘使你自己也成功的线索。其实，在做一番事业之时，并非只有我们会不幸遇到阻碍成功的种种障碍，那些成功者们同样也曾经历过类似的困境。在他们远未取得成功之前，同我们相比，并没有什么不同，他们可能有某些其他人所没有的特长，但他们通常也欠缺我们已经具备的一些有利之处。探索、挖掘出成功人士如何能够在这样的情况下，克服所有的障碍，最终尝到成功的滋味的线索与奥秘，学习他们成功的经验与心得，这样，我们才能跟他们一样，步入成功之道。

那些成功人士之所以成功，一定有道理，一定有方法，也一定有原因。我们可以研究成功者为什么成功、如何成功，他有什么想法跟别人不一样，他有什么伟大的目标，他到底如何做计划，他成功的策略又是什么等等。成功学的核心原理就是复制成功。成功学专家陈安之经研究得出：成功是一种客观现象，有规律可循，有方法可依。找到已经获得成功结果的实例，分析成功的过程、机制，总结出这一实例的方法，那么这个方法就有普遍意义，只要重复这个方法，就必然有特定的成功结果出现。这就是复制成功。成功一定有方法。的确，成功是可以复制的，他人的成功是可以复制到自己的身上的。既然如此，放着现成的经验为何不去学习借鉴呢？为什么不去复制呢？

当然，学习借鉴、复制成功并不是全部一路沿袭、照搬。我们一定要在运用成功经验的同时，结合自己的实际情况。许多事情，只要差了一点点，就有可能有截然不同的结果，所谓差之毫厘，谬以千里，画虎不成反类犬。何况有成功也有假象，有些人今日是成功了，但他成功的背后说不定还隐伏着失败的线索，如果我们对此没有很好地洞察，而是不加鉴别地去学习、去复制，就有可能给自己带来隐患，使自己陷身于莫测之地。

传说在浩瀚无际的沙漠深处，有一座埋藏着许多宝藏的古城。要想获取宝藏，除了必须穿越整个沙漠，还必须战胜沿途那些数不清的机关和陷阱。

许多人都对沙漠古城里埋藏着的这一大批价值连城的财宝心向神往，但却没有足够的勇气和胆量去征服整个沙漠以及那些杀机四伏的陷阱机关。这批珍贵的财宝，就这样在沙漠古城里埋藏了一年又一年。

终于有一年，一个勇敢的人从爷爷那听到了这个神奇的传说以后，便决计要去探寻这批财宝。他准备了充足的干粮和饮用水，便独自踏上了艰辛而漫长的寻宝之路。

为了能够在回程的时候不至迷失方向，这个勇敢的寻宝者每走出一段路，便要做上一个非常明显的标记。他试探着在沙漠中走呀走呀，虽然每前进一步都充满了艰险，但最终还是找出了一段路来。就在古城已经遥遥相望的时候，这个勇敢的人却因为过于兴奋而不小心一脚踏进了布满毒蛇的陷阱，眨眼间便被饥饿凶残的毒蛇噬咬成了一具白骨。

过了许多年后，又有一个勇敢的寻宝人走进了这片荒无人烟的沙漠，当他看到前人留下的那些醒目的标记时，心里便想：这一定是有人走过的，沿着别人指引的道路行进，一定不会有错。他欣喜地沿着前人留下的标记走了一大段路后，发现果然没有任何危险。可就在他放心大胆地往前走的时候，一不留神，也同样落进了陷阱，成了毒蛇口中一顿丰盛的美餐。

又是许多年过去,又一个勇敢的寻宝人走进了沙漠,他所选择的,同样是前面两个人所走的道路。结果,他的命运也是可想而知。

最后走进沙漠的寻宝人是一位智者,当他看到前人留下的那一个个醒目的标记后,心想这些标记不一定就那么可靠。前人所指引的路,不一定就是唯一通往宝藏的、一条正确并且非常安全的道路。要不然,这些寻宝者为什么都一去不返了呢?智者于是凭借着自己的智慧,在浩瀚无际、险象环生的沙漠中,重新开辟了一条崭新的道路。他每迈出一步都小心翼翼,扎实平稳。最终,这位智者克服和战胜了重重意想不到的艰难险阻,抵达了埋藏宝藏的古城,取回了价值连城的宝藏。

智者在临终的时候,无限感慨地对自己的儿孙说:前人走过的路,并不一定就是一条正确的、通往成功的路;前人的路标所指引的方向,也不一定就是正确的前进方向。要想挖掘到人生的宝藏,就得勇敢地去探索,去开辟一条属于自己的新路。万不可过于迷信前人,迷信既得的经验。要相信,已经被众人走过踏平的宽敞大路尽头,绝对没有价值连城的宝藏供你采掘。即便果真有宝藏,那也早就已经被那些比你更早地踏上这条道路的寻宝人采掘得一干二净了。

这位智勇兼备的寻宝者在为自己寻找到一笔丰厚的宝藏之后,同样给我们留下了一笔价值连城的人生"宝藏",那就是他临终的遗训。虽然只是几句简单而朴素的遗言,却足以让我们受用一生。

智者寄语

前人走过的路,并不一定就是一条正确的、通往成功的路;前人的路标所指引的方向,也不一定就是正确的前进方向。要想挖掘到人生的宝藏,就得勇敢地去探索,去开辟一条属于自己的新路。万不可过于迷信前人,迷信既得的经验。

缺陷也可能是有利条件

就像十指各有短长一样,上天对每个人也不是绝对公平的,许多人身上都有这样或那样的缺陷。

不同的是,一些人因此失落沉沦,一些人却因此能活得比一般人还好。活得好的人,他们大都懂得如何让自己的缺陷变成优势。

某电影导演为拍一部片子四处寻找合适的演员。一天,导演发现了一个合适人选,便通知他准备试镜头。这个人十分高兴,理了发,换上新衣,对镜子左照右照,总感到自己两颗"犬牙"式的牙齿不好看,于是到医院把牙齿拔掉了。随后,他兴致勃勃地去报到,导演一见到他,便失望地说:"对不起,你身上最珍贵的东西被你自己当缺陷给毁了,这部影片已经不需要你了。"

这个长犬牙的人没有意识到自己的这种短处在这里正是长处,传统的虚荣观念毁掉了有可能使他的人生大放异彩的机会。当然,主要原因在于导演,他没有告诉那个人用他的原因。但在现实生活中,也同样没有人会指出我们的缺陷正是我们可以利用的有利条件这一点。

我们无法否认,很有可能密尔顿就是因眼睛瞎才能写出更好的诗篇;而贝多芬的耳聋也使他

感谢折磨你的人

创作出更好的曲子。

如果柴可夫斯基不是那么的痛苦——他悲剧性的婚姻常逼他走向自杀的边缘——如果他自己的生活不是那么悲惨,我们哪里还有可能去欣赏那首不朽的《悲怆交响曲》?

如果陀思妥耶夫斯基和托尔斯泰的生活不是那样的充满折磨,他们也可能永远写不出那些不朽的小说。

海伦·凯勒写道:"如果我不是有这样的残疾,我也许不会做到我所完成的这么多工作。"

也许正因为这种人间的奇迹,所以我们才会对正确的做人方法表现出兴趣和研究的欲望来,因为它对人的命运影响是如此的巨大。

美国总统罗斯福是一个有缺陷的人,他小时候是一个脆弱胆小的学生,在学校课堂里总显露出一种惊惧的表情。他呼吸就好像喘大气一样。如果被喊起来背诵,立即会双腿发抖,嘴唇也颤抖不已,回答起来含含糊糊,吞吞吐吐,然后颓然地坐下来。由于牙齿的暴露,使他没有一个好的面孔。

像他这样的其他孩子,自我的感觉也许会很敏感,会常常躲避同学间的任何活动,不喜欢交朋友,成为一个自卑的人。然而,罗斯福虽然有这方面的缺陷,但却有着奋斗的精神。事实上,缺陷促使他更加努力奋斗。他没有因为同伴对他的嘲笑而失去勇气;他喘气的习惯变成了一种坚定的嘶声;他用坚强的意志,咬紧自己的牙床使嘴唇不颤动而克服他的惧怕。

没有一个人能比罗斯福更了解自己,他清楚自己身体上的种种缺陷。他开始自觉地改变自己,试图以此来挽救自己的生活;他告诉自己不能再这样自我欺骗,而应该认为自己是勇敢、强壮或好看的;他用行动来证明自己可以克服先天的障碍而得到令自己满意的生活。

凡是他能克服的缺点他便克服,不能克服的他便加以利用。通过演讲,他学会了如何利用一种假声,掩饰他那无人不知的暴牙以及他那打桩工人的姿态。虽然他的演讲中并不具有任何惊人之处,但他没有因自己的声音和姿态而遭失败。他没有洪亮的声音或是威重的姿态,他也不像有些人那样具有惊人的辞令,然而在当时,他却是最有力量的演说家之一。

由于罗斯福没有在缺陷面前退缩和消沉,而是充分、全面地认识自己,在意识到自我缺陷的同时,能正确地评价自己,在顽强之中抗争,不因缺憾而气馁,将它加以利用,变为资本,变为扶梯而登上名誉巅峰。因此在晚年,已经很少人知道他曾有严重的缺憾了。

只要会利用,缺陷也会变成有利条件,关键是我们采取什么样的态度和方法。命运给我们的暗示也许正是这样:你认为你是什么样的人,就会成为什么样的人。

智者寄语

你认为你是什么样的人,就会成为什么样的人。

坚守自己,不轻信,别盲从

一个真正意义上的"人",必定是个不轻信盲从的人。一个人心灵的完整性是不容破坏的。当你放弃自己的立场,而想用别人的观点来看一件事的时候,错误往往就不期而至了。这是从不盲从的爱默生的一句名言。

我们也许可以做这样的理解：要尽可能从他人的观点来看事情，但不可因此而失去自己的观点。

当我们身处陌生的环境，没有任何经验可资参考的时候，就需要我们不断地从周围吸收能量，建立信心，然后才能照着自己的信念和标准去做。要坚守自己的信念，并有实现这些信念的勇气，而无论遇到什么样的影响。

时间能让我们总结出一套属于自己的评价标准来。举例来说，我们会发现诚实是最好的行事指南，这不只因为许多人这么教导我们，而是通过我们自己的观察、经历和思索而得出的结果。保持思想独立，不随波逐流，这并不是件轻松的事，有时还有危险性。为了追求安全感，人们往往顺应环境，最后无奈地成了环境的奴隶。

如果我们真的成熟了，便不再需要躲进懦怯者的避难所里去顺应环境；我们不必躲在人群当中，不敢把自己的独特性显现出来；我们不必盲从他人的思想，而要凡事有自己的观点与主张。

坚持一项并不能得到别人支持的意见，或不随便附和一项普遍为人支持的原则，都不是件容易的事。当一个人不愿随波逐流，并在受攻击的时候坚持信念，的确需要极大的勇气。

> 在一次社交聚会上，在场的人都赞成某个观点，只有一位男士表示异议。他先是客气地默不作声，后来因为有人直截了当地问他的看法，他才微笑道："我本来希望你们不要问我，因为我与大家的观点不同，而我又不想破坏这么愉快的社交聚会。但既然你们问了我，我就把自己的看法说出来。"接着，他便把自己的看法简要地说出，结果立即遭到大家的围攻。但他坚定不移地固守自己的立场，毫不让步。最后，他虽然没有说服别人赞同他的看法，却获得了大家的尊重，因为他坚持了自己的观点。

如今，我们生活在一个权威至上的时代。由于我们习惯于依赖那些权威性的看法，因此便逐渐丧失了对自己的信心，以致对许多事情很难提出自己的意见或坚持信念。

我们现行的教育方针往往是针对一种既定的性格模式来设计的，所以这种教育方式很难培养出独立的领导人才。由于大部分的人都是随从者而不是领导者，因此我们虽然很需要领袖人才的训练，但同时也很需要训练一般人如何有意识、有智慧地去遵从领导。如此才不会像被送进屠宰场的牛羊一样，盲目地奔赴"刑场"，至此仍茫然不知。

那些为自己子女的教育方式大胆提出看法和意见的父母，的确需要勇气。因为通常别人会告诉他们，最好把那些问题留给那些深具资格的专家或权威去处理。但是总有一些勇敢的人敢于挺身而出，打破权威的观点，极力为自己儿女的教育问题提出更加切合实际的见解和观点。有位善于独立思考，并坚信自己信念的中年人，他不断提出问题，并且独自与一般公众的意见抗衡。不久，就有不少人佩服他，选他出来当社区教育委员会的委员。后来，不仅他自己的子女，更有不少学生因他所提出的建议而深受其益。

有许多婴幼医师告诉我们喂养、抚育和照顾子女的方法，也有许多幼儿心理学家告诉我们该如何教导孩子；做生意的时候，有许多专家忠告我们要如何做方能使生意发展顺利；就连我们的私生活也常常受某些所谓专家意见的影响。那些所谓的专家通过观察、制作，然后把意见销售给大众，让大众去消化、吸收，并断定它们是一剂剂药到病除的灵丹妙药。

生活中的大部分人都不会想到，其实自己才是这个世界上最伟大的专家，只不过是因为某些"专家"这么说，或因为那是一种流行，于是就认为自己跟着做也可以凑个热闹，图个时髦。

的确，我们今日最难要求自己达到的境界便是："成为你自己。"在充满了大众产品、大众媒

感谢
折磨你的人

介及流水线式教育的当今社会,认识自己很难,要维持自己的本来面目更难。我们常以一个人所属的团体或阶层来区分他们的特点,"他是某单位的人""她是职业妇女""他是自由职业者"等。我们每个人几乎都标有标签,也毫不留情地为别人贴上标签,这很像是小孩玩的"捉强盗"的游戏。

爱德加·莫尔常常用所谓的"蜗居状况"来警告世人,他认为这种情形会扼杀人类个体的珍贵价值。他诊断"这种扼杀正如同令人痛恨的纳粹政权一样。"它充分显示了人性中的残暴丑恶和专制的一面。

最后他总结说:"人类还无法达到天使的境界,但这也并不是我们必须变成蚂蚁的理由。"

只有成熟的心灵才能够欣赏人类这种光荣的本质,也只有成熟的灵魂才能体会到"比天使低一点",而不是"比禽兽高一点"的心情。对所有这样的人来说,盲目顺从只是怯懦者的避难所,不是现实,因为他们会像爱默生一样,能掌握住自己的完整心灵,使其神圣不受侵犯。

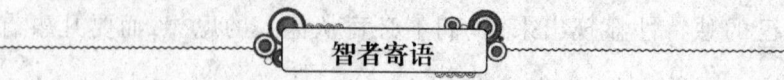

智者寄语

对于生活中的你我来说,如果不想碌碌无为一生,切记坚守自己心灵的感应,不要盲从,也不要随波逐流。

第二章　做好你自己

诚信是做人之本

人无信不立,诚信是做人之本。信用的力量是巨大的,信用是一种无形的财富。信用会使你在困难的时候得到真正帮助,会在你孤独的时候得到友情的温暖。

诚信的基本含义就是守诺、践约、无欺,就是说老实话、办老实事、做老实人。诚信中的诚,即真诚、诚实;信即守承诺、讲信用。诚信是一切道德的基础,没有诚信,也就不可能有道德。

一个人生活在社会中,总要与他人和社会发生关系,处理这种关系必须遵从一定的规则,有章必循,有诺必践;否则,不仅是个人失去立身之本的问题,社会也要失去运行之规。一句话,诚信是一个人安身立命的根本,是一个社会赖以生存和发展的基石。

诚信应该贯穿我们的一生。讲诚信,不是只建立在口头上,而是应该付诸行动。就拿我们身边的人和事说吧。作为个人,如果你不诚实、不守信用,你的亲情、友情、爱情还能长久吗?你的工作关系能牢固吗?你的事业前途能光明吗?最终结果很可能是周围的人远离你,你成了一个不受欢迎的人,没人会再相信你,你工作起来就必然事事不顺,一路阻力。想想,一个人到了这种可悲地步,活着还有什么意思呢?

一个人可以没有健康、容貌、才学、金钱、地位,但却不能没有诚信。因为有了诚信,环境将会因你而改变,你也会拥有一切。但是如果失去了诚信,那么,一切都将离你而去。

诚信是立业之本,也是现代社会的需求。与周围的人建立良好的信任关系,其实就是"诚信"两字。一个人没有诚信迟早会失败的。如果你对别人的承诺不能兑现,这就是欺骗。那么因此造成的损失与惩罚是非常惨重的。但如果你能将诚信运用得好的话,那么它给你带来的价值则是无法估量的,这就是所谓的"黄金有价,诚信无价。"

2004年夏天,从广州外经贸大学刚刚毕业的刘国被广州亚光亚装饰公司录用。年底的一次经历让他懂得了诚信对于一个人来说是多么的重要,诚信的力量真的是很伟大!

12月份是亚光亚装饰公司的诚信月。亚光亚以"诚信家装,服务万户"为口号,全面开展诚信活动,为此公司领导在职工大会上一再强调,要树立良好的企业形象就必须以诚信为本。公司全体员工应该从自身做起,养成良好的诚信意识与习惯,以"诚信"来服务于每一位客户。

2004年12月15日,在11月份与小刘签完家装合同的一位先生打来电话说橱柜有点问题,须尽快解决,否则会延误工期。但橱柜设计师的手机自从给客户测量完橱柜后就一直联系不上了。听得出来,客户在尽力控制怒气。小刘放下电话立马给橱柜厂打电话。厂长不在,另外一个负责人接听了电话,对方一个劲地说好好好。小刘满以为可以放心了。没想到过了两小时,小刘再给客户打电话,橱柜厂竟然根本就没和客户联系。

无奈小刘又打电话给橱柜厂:"为什么不给客户打电话?答应的事为什么不落实?怎么不讲诚信呢?"

"很忙,没来得及。"对方声称。

"可是也得分清主次缓急呀!"小刘差点喊起来了。

"这事我不知道。"对方不紧不慢地说着。

"请叫厂长接听电话。"

"不在。厂长很忙。"

为了不让客户失望,不让客户对亚光亚失去信心。不得已,一向对工作认真的小刘又给总公司廖总打了电话。廖总的电话通了,听完后,只说了一句:"我叫厂长给你打电话。"几分钟后,厂长打来电话,问清客户的情况,说马上去解决。

一个多小时后,客户给小刘打来电话,这次的语调明显不同,言语间充满感激之情,说:"厂长来了,问题立马给解决了。对你这种讲诚信的员工,我表示非常感谢!这才是我心目中的亚光亚公司。"

2005年1月底,在年表彰总结大会上,总公司廖总在他的发言中专门提到了这件事,并对刘国的"诚信"精神予以3000元的物质奖励,号召亚光亚全体职工,特别是新来的大学生都应该向刘国学习。

通过这个例子,我们可以看到,如果我们每个人都能像大学生刘国那样忠于职守,讲究诚信,那么,大对公司、小对个人的损失和惩罚将会大大降低。有时,我们给客户的承诺,不是没去做,而是因各种原因耽搁了。但不管怎样,你已经影响到了客户的利益,造成了客户的损失。客户不会因为你是否在办事过程中出现什么困难或问题就原谅你,客户需要的是完善的服务。因此,言必行、行必果对我们而言有着特殊的意义。

美国面包大王、犹太人凯瑟琳·克拉克,宣称她自己的面包是市场上最新鲜的食品,为了取信于消费者,她在包装上特别注明了烘制日期,保证绝不卖存放超过了3天的面包。凯瑟琳认为,吃的东西,新鲜度是最重要的条件。只要在消费者心目中树立起良好信誉,自己的面包就是不同于别人的面包,也就成功了一半。针对经销商方面的问题,凯瑟琳实行了一套新办法。由公司派人把烘制好的面包用车直接送给经销商,按地区排了一个循环表,每3天送一次,同时把经销店没卖完的面包收回,如果有的店不到3天就把存货卖完了,可以随时用电话通知,马上就送货上门。这样的方法,麻烦了自己,方便了经销商,但却使自己的原则"超过3天不卖"得以坚持实行,保证了上市面包的新鲜,并以此严格要求自己的职工。命运终于赐给她一次戏剧性的宣传机会。

一年秋天,一场大洪水导致了面包的紧缺。凯瑟琳公司的外勤人员由于没有接到特别的指示,照常按循环表出外到各经销店送刚烘制出来的新鲜面包和回收超过期限的面包。有一天,运货员乘车从几家偏僻商店回收了一批过期面包。返程途中,停在人口稠密区的一家经销店前,立刻被一群抢购面包者包围住了,提出要购买车上的面包。

运货员解释面包是过期的,不能卖给大家,反而被误解为想囤积居奇,人越围越多,几个记者也加入其中。无奈之下,运货员只得解释道:"诸位先生,各位女士,请相信我,我绝不是想囤货投机而不肯卖,实在是我们规定得太严了。车上的面包全是过期的,如果凯瑟琳知道我把过期的面包卖给顾客,我就会被开除。因此请大家原谅。"

由于大家迫切需要面包,这车面包最后还是在双方的"默契"下,很快被"强买"一空。

几家新闻记者将获得的这一独家新闻着力渲染,成了轰动一时的报道。凯瑟琳公司的面包新鲜,诚实无欺,给消费者留下无比深刻的印象。

凯瑟琳这种经商之道使她只用了短短十几年功夫,就把一个家庭式的小面包店完全变为现代化大企业,每年的营业额从2万多美元猛增到6万美元,跻身于美国富翁之列。

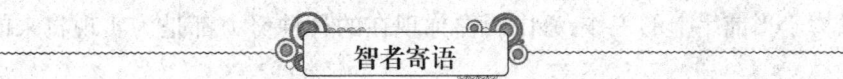
智者寄语

在现代社会,个人的诚信程度日益成为一个人在社会上的"身份证"。不讲诚信,虽可以得逞于一时,但绝不会长久,此为智者所不取。而讲诚信,要从现在开始,从一言一行、一点一滴做起。

尽心尽力做好每一件事

无论现在你正在做的事是多么不起眼,多么烦琐,只要尽心尽力做好每一件事情,你就一定能逐渐靠近你的理想。

很多人都以为:自己有远大的目标,而且有坚定的信心,将来一定能够成功。为此,他们看不起脚踏实地、老老实实做事的人,总以为自己是志向远大的,非一般人所能及。所以,他们好高骛远,对一些需要脚踏实地的工作不屑一顾,对自己的现状也十分地不满,总认为现在所做的这些小事是埋没了自己的才华。

事实却是,所有成功的人士都是从这些人不屑的小事做起的,他们能把握住生活的每一天,也就是把握现在,在现实中通过努力来实现自己的目标。

一个人若想成功地生活,必须接受一些问题、压力、错误、紧张和失望,因为它们都是生活中的一部分。人要活在现实中,才有可能应付生活对我们的要求。正如古罗马一位哲学家所说的那样:"想要达到最高处,必须从最低处开始。"

从前,有一位年轻人曾经认为自己才华横溢,总是梦想着成功。

然而几年过去了,他越想得到的却越得不到。于是对生活的不满和内心的不平衡一直折磨着他,使他无心于现在的工作,直到有一天他碰见了一个老渔民。年轻人看着老渔民从容不迫地打着鱼,心里十分敬佩。于是,年轻人问老人:"每天你要打多少鱼?"

老人说:"嗨,孩子,打多少鱼并不是最重要的,关键是只要不是空手回去就可以了。每天打一点儿,心里就十分满意了。"

年轻人若有所思地看着远处的海,突然想知道老人对海的看法。于是他说:"海是够伟大的了,滋养了那么多的生灵。"

老人说:"那么你知道为什么海那么伟大吗?"

年轻人不敢贸然接茬儿。

老人接着说:"海能装那么多水,关键是因为它位置最低。"

年轻人听了,恍然大悟,从此开始脚踏实地,把握现在,努力工作,不久后果然得到了他想要的成就。

往往,我们年轻,所以经常谈论理想和抱负,理想和抱负谈得多了以后,就会抱怨我们目前的状况:工作不好,领导不赏识,不受重用,门路太少,局限性太大,自己没法施展才华等等。似乎这些现实的一切与理想的抱负差得太远,自己只有突破这些才能拥有美好的未来。可是,事实却并不像我们所想的,于是更处处不顺心,因而陷入了自己设定的困境中。不过,目标是面向将来的,理想和抱负也有待于将来实现,我们所能把握的只有现在。

要知道:每个重大目标的实现都是几个小目标实现的结果。只有在现在把大的任务看成是由一连串小任务和小的步骤组成的,设定并且达到一连串的目标,才能实现任何理想。所以,如果你集中精力于当前手上的工作,心中明白你现在的种种努力都是为实现将来的目标铺路,那你就能成功。

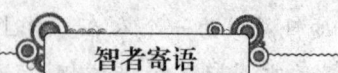

智者寄语

无论现在你正在做的事是多么不起眼,多么烦琐,只要尽心尽力做好每一件事情,你就一定能一步步靠近你的理想。

真诚是世间最宝贵的财富

一个真诚的人,不论他有多少缺点,同他接触时,心神就会感到清爽。这样的人,一定能找到幸福,在事业上有所成就。

真诚是世间最宝贵的财富。

一个人真诚待人处事,才能获得他人的合作,甚至有人为你吃亏也不在乎。真诚地做人,则容易让人接纳,能交到很好的朋友。不管我们处在怎样的环境中,都不能失去真诚做人的本色,它会给你的人生带来极大的益处。

佛莱明是苏格兰的一个穷苦农民。有一天,佛莱明顶着烈日在田地里耕种,忽然,他听到不远处有人在呼救。佛莱明连忙放下锄头跑到出事地点,原来有一个小孩不小心掉进了深水沟里,佛莱明跳下去把他救了上来。

第二天,佛莱明家门口来了一辆豪华的马车,从马车里走下来一位气质高雅的绅士。见到佛莱明,绅士说:"我是昨天被您救起的孩子的父亲,我今天特地赶来向您表示感谢。"佛莱明真诚地说:"我不能因为救你的孩子而接受报酬。"

正在二人说话之际,佛莱明的儿子从外边回来了,绅士问道:"他是您的儿子吗?"农夫不无自豪地回答说:"他是我儿子。"绅士说:"我们订个协议。我带走您的儿子,并让他接受最好的教育。如果这个孩子像他父亲一样真诚,那他将来一定会成为令您自豪的人。"

佛莱明答应签下这个协议。数年后,他的儿子从圣马利亚医学院毕业,后来他发明了抗菌药物盘尼西林(也叫青霉素),一举成为天下闻名的佛莱明·亚历山大爵士。他在1944年获得诺贝尔医学奖,并受封为骑士爵位。

有一年,绅士的儿子,也就是被佛莱明从水沟里救出来的那个孩子染上了肺炎,是谁将他从死亡的边缘拉了回来?是盘尼西林。那位高雅的绅士是谁?他是上议院议员丘吉尔。绅士的儿子是谁?他是二战时期英国首相丘吉尔。

本杰明·富兰克林说:"一个人种下什么,就会收获什么。"佛莱明因为真诚而让自己的儿子有了成才的机会,并使之成为20世纪人类医学史上的风云人物;绅士因为真诚而挽救了自己儿子的生命,并使之成为20世纪影响人类历史进程的政治家。

越来越精明的现代人,穿行在钢筋水泥结构的马路上,常在不经意中忽视了一条做人的原则——真诚。有的人或见利忘义、因小失大，或目光短浅、斤斤计较，或尔虞我诈、欺来骗往，从而上演了一幕幕违背良心、令人痛心疾首的悲剧。

美国著名的心理学家约翰·安德森曾在一张表格中列出了500多个描写人的形容词，他邀请近6000名大学生挑选出他们所喜欢的做人品质。调查结果显示，大学生们对做人品质给予最高评价的形容词是"真诚"。在8个评价最高的候选词语中，其中有6个和真诚有关，它们是：真诚的、诚实的、忠实的、真实的、信得过的和可靠的。大学生们对做人品质给以最低评价的形容词是"虚伪"。在5个评价最低的候选词中，其中有4个和虚伪有关，它们是：说谎、做作、装假、不老实。

由此可见，人们从内心里还是渴望真诚的。约翰·安德森的这个调查研究结果在社会上具有普遍意义。生活中我们总是乐意跟真诚、信得过的人打交道，讨厌说谎、不老实的人。

智者寄语

真诚是财富，而且是最宝贵的财富。在这方面进行投资的人，可以获得丰厚的回报。

反省是一面镜子

美国有一家生产牙膏的公司，产品优良，包装精美，深受广大消费者的喜爱，每年营业额蒸蒸日上。记录显示，前十年每年的营业增长率为10%～20%，令董事部雀跃万分。不过，随后的几年里，业绩却停滞下来，每个月维持同样的数字。董事部对业绩表现感到不满，便召开全国经理级高层会议，以商讨对策。会议中，有名年轻经理站起来，对董事部说："我手中有张纸，纸里有个建议，若您要使用我的建议，必须另付我5万元！"

总裁听了很生气，说："我每个月都支付你薪水，另有分红、奖励。现在叫你来开会讨论，你还要另外要求5万元。是不是过分了？"

"总裁先生，请别误会。若我的建议行不通，您可以将它丢弃，一分钱也不必付。"年轻的经理解释说。

"好！"总裁接过那张纸后，看完，马上签了一张5万元支票给那年轻经理。那张纸上只写了一句话：将现有的牙膏管口的直径扩大1毫米。总裁马上下令更换新的包装。试想，每天早上，每个消费者挤出比原来粗1毫米的牙膏。每天牙膏的消费量将多出多少呢？这个决定，使该公司随后一年的营业额增加了30%。在试图增加产品销量的时候，绝大多数人总是在大力开发市场、笼络更多的顾客方面做文章，如果你转换一下脑筋，反省一下自身的产品是否存在问题，也能够达到同样的目的。

能够从另一个角度看问题，见人之所不见，善于突破常规，就是创造。在工作中当我们遇到困难要善于反省一下，也许思路就在另一面。

有一个自以为是全才的年轻人，毕业以后屡次碰壁，一直找不到理想的工作，他觉得自己怀才不遇，对社会感到非常失望。多次的碰壁，让他伤心而绝望，他感到没有伯乐来赏识他这匹"千里马"。痛苦绝望之下，有一天，他来到大海边，打算就此结束自己的生命。

在他正要自杀的时候，正好有一位老人从附近走过，看见了他，并且救了他。老人问他为什么要走绝路，他说自己得不到别人和社会的承认，没有人欣赏并且重用他……老人从脚下的沙滩上捡起一粒沙子，让年轻人看了看，然后就随便地扔在了地上，对年轻人说："请你把我刚才扔在地上的那粒沙子捡起来。"

感谢折磨你的人

"这根本不可能!"年轻人说。

老人没有说话,从自己的口袋里掏出一颗晶莹剔透的珍珠,也是随便地扔在了地上,然后对年轻人说:"你能不能把这颗珍珠捡起来呢?"

"当然可以!"

"那你就应该明白是为什么了吧?你应该知道,现在你自己还不是一颗珍珠,所以你不能苛求别人立即承认你。如果要别人承认,那你就要想办法使自己成为一颗珍珠才行。"年轻人蹙眉低首,一时无语。

反省真是一面镜子,经常照这面镜子的人,就能时刻注意自己的言行,可以在人生的道路上少走弯路,少犯错误。

自从被白人驱赶到保护区之后,印第安人一直过着贫困的日子。直到有一天,他们终于时来运转——勘探发现在划归印第安人的土地底下,蕴藏着大量的石油。

消息一经传出,各大公司蜂拥而至,争相出高价向拥有保护区的酋长买下石油的探采权。一夜暴富的印第安酋长决定改一改骑马的习惯,订购了一部最高级的凯迪拉克大轿车。

轿车在众族人的目光中用拖车运到。酋长端详了他的新坐骑半天,终于找到如何驾驶这部轿车的方式。酋长要族人牵来两匹马,将马套拴在凯迪拉克前的保险杠上,由马匹拖着大轿车,雇了一名车夫,赶着马前行。

酋长每天坐着这辆由两匹马拉着的凯迪拉克,在周边的印第安村庄中巡视。人饱暖而后知荣辱,有钱后的酋长又开始学英语,想要成为跟得上时代潮流的人。等他稍稍看得懂英文后,有一天心血来潮,打开那份随车所附的操作手册。不看则已,一看之下,不禁令酋长火冒三丈。

原来操作手册上清清楚楚地写着,这部凯迪拉克大轿车拥有260匹马力。酋长顿时恍然大悟,难怪他一直觉得这辆轿车虽然高级,但跑起来的速度远不及自己以前的旧马车,原来问题出在这里,这辆大轿车应该附赠260匹马儿来拉,才能使庞然大物跑得飞快。心想:那些汽车商欺负我们印第安人,做生意不老实,竟然扣下了附赠的马匹。稍通英文的酋长立刻写了一封火暴的抗议信,直接寄给汽车公司,要求对方赔偿他应得的马匹。

凯迪拉克公司接到这封莫名其妙的信,虽然不明白信中所指何事,但也不敢怠慢客户,马上派了一位专员去了解情况。专员到了印第安酋长的保护区,见到了那辆保险杠上拴着两匹马的凯迪拉克,更是一头雾水。酋长暴怒地质问他,为什么没有将260匹马同时带来?折腾了大半天,汽车公司的专员才稍稍猜出了头绪,便问酋长:"这部车的钥匙呢?"酋长摇头答道:"什么钥匙,没见过。"

专员笑着叹气,解下保险杠上的马,请酋长坐进后座,然后从箱中取出那部车的钥匙,插进锁孔轻轻一扭,蕴藏在引擎中的260匹马力立即随着低沉的排气管隆隆作响。专员向酋长点头致意,拉下档位,轻踩油门,轮胎发出与地面快速摩擦的声音,这部大轿车首次由发电机驱动,全速奔驰而去。

我们每个人都有与生俱来的潜能,但是许多人终其一生,也不知道如何找到钥匙,反省一下自身,发动引擎,全速奔向成功。

智者寄语

有的时候,你必须反省一下,知道自己是普通的沙粒,而不是价值连城的珍珠。你要卓尔不群,那要有鹤立鸡群的资本才行。所以忍受不了打击和挫折,承受不住忽视和平淡,就很难达到辉煌。

要经常自我反省,自我修正

夏朝时候,一个背叛的诸侯有扈氏率兵入侵,夏禹派他的儿子伯启抵抗,结果伯启被打败了。他的部下很不服气,要求继续进攻,但是伯启说:"不必了,我的兵比他多,地也比他大,却被他打败了,这一定是我的德行不如他,带兵方法不如他的缘故。从今天起,我一定要努力改正过来才是。"从此以后,伯启每天很早便起床工作,粗茶淡饭,照顾百姓,任用有才干的人,尊敬有品德的人。过了一年,有扈氏知道了,不但不敢再来侵犯,反而自动投降了。

遇到失败或挫折,假如能像伯启那样,肯虚心地检讨自己,马上改正有缺失的地方,那么最后的成功,一定是属于你的。

英国著名小说家狄更斯的作品是非常出色的。但是,他对自己却有一个规定,那就是没有认真检查过的内容,绝不轻易地读给公众听。每天,狄更斯会把写好的内容读一遍,每天去发现问题,然后不断改正,直到六个月后读给公众听。

与此相同的是,法国小说家巴尔扎克也会在写完小说后,花上一段时间不断修改,直到最后定稿。这一过程往往需要花费几个月甚至几年的时间。正是这种不断自我反省、自我修正的态度,让这两位作家取得了非凡的成就。

中国著名的学者曾子说:"我每天多次自我反省:为别人办事是不是尽心竭力了?和朋友交往是不是做到诚实了?老师传授的学业是不是复习了?"孔子认为曾子能够继承自己的事业,所以特别注重传授学业于他。

一次,曾子对他的学生子襄讲什么是勇敢,就直接引用孔子的话,他说:"你喜欢勇敢吗?我曾听孔子说过什么是最大的勇敢:自我反省,正义不在自己一方,即使对方是普通百姓,我也不恐吓他们;自我反省,正义在自己一方,即使对方有千军万马,我也勇往直前。"

事实上,每个人在做事的时候都应持有自我反省、自我修正的态度,并以不断的追求去实现自己美好的愿望。一个善于自我反省的人,往往能够发现自己的优点和缺点,并能够扬长避短,发挥自己的最大潜能;而一个不善于自我反省的人,则会一次又一次地犯错误,不能很好地发挥自己的能力。

有一位小伙子,大学毕业后进入一家非常普通的公司工作。公司安排新员工从基层做起。其他新员工都在抱怨:"为什么让我们做这些无聊的工作?""做这种平凡的工作会有什么希望呢?"这位小伙子却什么都没说,他每天都认认真真地去做每一件领导交给的工作,而且还帮助其他员工去做一些最基础、最累的工作。由于他的态度端正,做事情往往更快更好。更难能可贵的是,小伙子是个非常有心的人,他对自己的工作有一个详细的记录,做什么事情出现问题,他都记录下来;然后,他就很虚心地去请教老员工,由于他的态度和人缘都很好,大家也非常乐于教他。经过一年的磨炼,小伙子掌握了基层的全部工作要领,很快,他就被提拔为车间主任;又过了一年,他就成了部门的经理。而与他一起进去的其他员工,却还在基层抱怨着。

一个人之所以能够不断地进步,在于他能够不断地自我反省,找到自己的缺点或者做得不好的地方,然后不断改正,以追求完美的态度去做事,从而取得一个又一个的成功。

感谢折磨你的人

有一个青年,有一天在街角的小店里借用电话,他用一条手帕盖着电话筒,然后说:"是王公馆吗?我是打电话来应征做园丁工作的,我有很丰富的经验,相信一定可以胜任。"电话的接线生说:"先生,恐怕你弄错了,我家主人对现在聘用的园丁非常满意,主人说园丁是一位尽责、热心和勤奋的人,所以我们这儿并没有园丁的空缺。"

青年听罢便有礼貌地说:"对不起,可能是我弄错了。"之后便挂了电话。

小店的老板听了青年的话,便说:"年轻人,你想找园丁工作吗?我的亲戚正要请人,你有兴趣吗?"

青年说:"多谢你的好意,其实我就是王公馆的园丁,我刚才打的电话,是用以自我检查,确定自己的表现是否合乎主人的标准而已。"

影响了中国数千年,也是世界上最伟大的思想家之一的中国古代先哲孔子,曾说过一句伟大的名言:"吾日三省吾身"。

卓越源自反省,自觉地自我反省的人,一定能够成为一个不断地走向完美与高尚的人。

人生是什么?人生的意义在哪里?这是千百年来一代又一代智者及哲人无数次思索的永恒命题。毋庸置疑,追逐生命精彩与完美的篇章,乃是人生全部意义的重要内涵。

然而在通往人生的旅程中,由于我们受自身学识、阅历、性格等种种因素的局限和影响,因而在经历、处理和理解生活中的某种事物时,就不可避免地会陷入某些片面、乃至错误的行为方式之中,这势必会带来不良的结果。为此,"反省自己"就应该成为生活的一个重要组成部分。不断地检查自己行为中的不足,及时地反思自己失误之原因,就一定能够不断地完善自我。

有道是"智者千虑,必有一失"。人生不可能尽善尽美,但人生应该努力地去塑造和追求完美。成功者之所以能够成功,往往表现在能正确地对待不足和失败,能够在反省中总结教训,改弦易辙。这就需要我们能够正确地面对自己的错误行为,并善于对所犯的错误进行反省,做到在反省中领悟人生的意蕴,思考问题的症结和缺陷之所在。只有这样,才能摆脱一定的局限,不断调整自己不合理的思维,改变和摒弃犯错误的行为方式。

就生活而言,任何一个人都不可能穷尽对所有事物的正确认识,因而常常会由于错误的思维和错误的行为方式而导致事与愿违的不良结果,那么反省就必然成为人们直接面对的重要话题。人生的反省应该是多方面的,即凡是由于错误的行为方式而导致的负面影响,都值得我们进行深刻的反省,它涉及生活、工作、学习等方方面面。诸如,我们的学习为什么达不到良好的效果?我们的工作为什么会有缺陷?我们为什么进步不快?我们思考问题的角度究竟错在哪里?应该怎样改正我们所犯的错误?等等。

在反省中清醒,在反省中明辨,在反省中变得睿智。通过自我反省变成智者,就能顺利地走上人生的成功之路。

每天需要自我反省的问题很多,如诚实信用、处世交往、上下级关系、人生机遇、职务晋升、行为习惯、修身学习、身心保健、家庭关系和亲子教育等众多方面,都是我们反省的对象。

俗语说:"悟以往之不谏,知来者之犹可追。"如果你每天给自己留一点时间,哪怕是短短的5分钟,对人生进行自我反省,那么你就一定能够享受到自我反省的诸多益处。相信它能够为你启迪智慧,开拓思路,打破常规,更新观念,使你的人生不断完善。

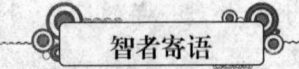

智者寄语

如果你每天给自己留一点时间,哪怕是短短的5分钟,对人生进行自我反省,那么你就一定能够享受到自我反省的诸多益处。

命运掌握在自己的手中

平庸的人总是有一种幸灾乐祸的心理,因为成功者总是给他们强有力的刺激。他们总是希望成功者能够功败垂成,沦为和他们一样的平庸。

但是真正的成功者都有这样的心理素质:那就是宠辱不惊、镇定沉着。他们的人生之所以精彩,就在于他们不容易受到与事业无关的事情的干扰,认真地走好人生的每一寸钢索,没有人能够让他们轻易失足。

一位举世闻名的走钢索高手,正准备面对自己人生当中一次最重要的挑战——在钢索上横渡尼亚加拉大瀑布。

这位走钢索专家,不知道能否顺利地完成这一次的表演,成天忐忑不安,情绪上烦躁异常,给自己造成极大的困扰。经过热心朋友的建议,他找到了一位极负盛名的预言家,请预言家为他预测这一次是否能顺利走完全程。

预言家一开口,就带来最可怕的预测。预言家建议取消这一次表演,他告诉走钢索专家,他命中注定将会在这一次的表演当中,从钢索上跌落,死于非命。

走钢索专家听了预言家所说的话,全身如坠冰窖。但这次表演的通知,早已发遍全世界,已无法取消。

表演的日期终于来到,走钢索专家在众人的期待中,出现在钢索上,他手持平衡杆,一步一步地走上钢索。预言家所说的那些话,早已随着媒体的报导传遍全世界,几乎所有的人们,都在等候走钢索专家的失足跌落。

果然,在这位高手走到三分之一的距离时,他脚下一个不稳,从钢索上滑了下来;但是走钢索专家很快地一个回身,双手抓住钢索,尽管平衡杆掉落在湍急的瀑布中,他还是凭着熟练的技巧,走完全程。

观众中爆出了最热烈的喝彩声,只有在一旁的预言家愁眉深锁,不知自己以后该如何去混口饭来吃。

命运掌握在自己手中,走钢索专家以他的行动验证了这句话。生活中有很多人,过于注重别人对自己的说法,久而久之,按着别人的模式生活,这是多大的悲哀啊!

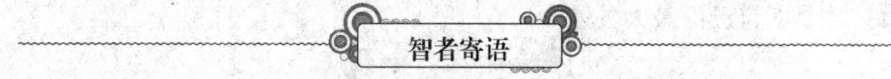

智者寄语

真正的成功者都有这样的心理素质:那就是宠辱不惊、镇定沉着。

为自己的人生负责

在人生的前进过程中,你往往会面临各种各样的选择。可以说,不同的选择就会产生不同的命运。当你在进行这些选择的时候,千万要慎重,因为这关系到你将来的命运。然而,许多你面临选择的时候,却与父母所期望的相冲突,不能做自己真正想做的事,因此疑惑不知该如何是好。

哲学家纪伯伦给了最好的忠告。他说:"父母就像一张弓,而子女却是箭。带我来到人世的是父

感谢折磨你的人

母,但最终要对我们负责的还是自己。"如果你的父母要你当老师或医师,而你想当画家或作家,选择自己要走的路是自私的吗?不,不是自私,因为生命是属于你自己的,你可以选择想要的一切。

有一个叫小云的女孩,她在填写高考志愿的时候,和父母有很大的分歧。小云从小喜爱文学,而且在这方面小有才气,已经陆续发表了不少文章。这样她就想填师大的中文系。可是父亲不同意,他认为:文学作为业余爱好还可以,如果以此为职业,风险性大,既清贫又没地位;现在,最好的学生都在学金融。小云有竞争的实力,为什么不填报财经大学的国际金融系,以后收入高,且接触的不是银行家就是企业老板。母亲是支持父亲的:"小云啊,你还小,满脑子幼稚的想法。你父亲见多识广,听他的没错。"小云拗不过父母,只好勉强同意了。

后来,小云考上了金融系。可是她在学校学习得并不顺利,她不喜欢数字和报表。上课时老师讲的知识她怎么也记不住,而且金融系功课很重,大家都忙着学习,小云显得很不合群。第一学期她就亮了两门红灯。寒假回家后,小云埋怨父母当初不尊重她的意见,现在她不想在金融系学习了。

任何人都只能给你人生建议,不能为你的人生负责,毕竟他们无法代替你生活,不是吗?美国思想家爱默生说:"做你自己,此即你存在的意义。"

每个人都要静下心来,听一听内心的声音,这些声音本来可以指导我们的生活,可人们总是不相信自己的意愿,要学会尊重自己的意愿。你是不是常因为自己年轻或者经验不够,而对自己说:"别听它,不可能的。"然而你为什么不倾听这种声音?不管它有多微弱,也要坚持自己的观点。一旦你在所选择的领域有所成就,家人往往会引以为傲。他们会说:"哦,我孩子是做什么的。"而忘了当初你表示要去做时,他们曾经大发雷霆的情景。

要忠于自己,不必老是顾虑别人的想法,或总是想要取悦他人。记住,生命的可贵之处就在于做你自己。为自己而做,为自己的梦想而活,为自己的快乐而活,好好为自己。

不论做任何事,都要想到是"为自己而做"——顺着你心中所想的去做。试想,如果一辈子都不能为自己而做,岂不白活!对于别人而言,你的路他们也没有走过,他们就是再高明,也不过是在替你摸索,别人不是先知先觉,而你得为他们的决定承担后果。面临决定时,别人的意见是要听的,但不应照单全收,也不该屈从,不要被别人左右,而需要经过自己慎重的理解,然后再由自己做出判断和选择,这才是对自己的命运负责。

即便你是听了他人的意见而走错了路,也不要将问题归罪于他人。因为只有你才能决定是否采纳他们的意见,所以该负责任的是你。归罪于他人,客观上又将解决问题和做出下一个决定的权利交给了别人,自己的问题最终得由自己解决,只有承担起对自己的全部责任,才能够把事情做得更好,才是对自己的最大关爱。

智者寄语

生命的可贵之处就在于做你自己。为自己而做,为自己的梦想而活,为自己的快乐而活,好好为自己。

别把梦想带进坟墓

五官科病房里同时住进来两位病人,都是鼻子不舒服。在等待化验结果期间,甲说,如果是癌,立即去旅行,并首先去拉萨。乙也同样如此表示。结果出来了,甲得的是鼻癌,乙长的是鼻息肉。

甲列了一张告别人生的计划表离开了医院,乙住了下来。

甲的计划表是:去一趟拉萨和敦煌;从攀枝花坐船一直到长江口;到海南的三亚以椰子树为背景拍一张照片;在哈尔滨过一个冬天;从大连坐船到广西的北海;登上天安门;读完莎士比亚的所有作品;力争听一次瞎子阿炳原版的《二泉映月》;写一本书。凡此种种,共27条。

他在这张生命的清单后面这么写道:我的一生有很多梦想,有的实现了,一些由于种种原因没有实现。现在上帝给我的时间不多了,为了不遗憾地离开这个世界,我打算用生命的最后几年去实现还剩下的这27个梦。

当年,甲就辞掉了公司的职务,去了拉萨和敦煌。第二年,又以惊人的毅力和韧性通过了成人考试。这期间,他登上过天安门,去了内蒙古大草原,还在一户牧民家里住了一个星期。现在这位朋友正在实现他出一本书的夙愿。

有一天,乙在报上看到甲写的一篇散文,打电话去问甲的病。甲说:"我真的无法想象,要不是这场病,我的生命该是多么的糟糕。是它提醒了我,去做自己想做的事,去实现自己想去实现的梦想。现在我才体味到什么是真正的生命和人生。你生活得也挺好吧?"乙没有回答。因为在医院时说的,去拉萨和敦煌的事,早已因患的不是癌症而放到脑后去了。

在这个世界上,其实每个人都患有一种癌症,那就是不可抗拒的死亡。我们之所以没有像那位患鼻癌的人一样,列出一张生命的清单,抛开一切多余的东西,去实现梦想,去做自己想做的事,是因为我们认为自己还会活得更久。然而也许正是这一点量上的差别,使我们的生命有了质的不同:有些人把梦想变成了现实,有些人把梦想带进了坟墓。

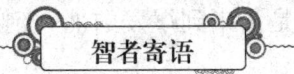

智者寄语

别把梦想带进坟墓。

不要自我设限

余秋雨先生曾说:"人生的追求,情感的冲撞,进取的热情,可以隐匿却不可以贫乏,可以浑然却不可以清淡。"人的追求在哪儿,他的人生就在哪儿。在人生的开头,我们尤其不应该在内心里为自己设定高度,那样只会阻碍自身的发展。

曾经有一家跨国企业在招聘中出了这么一道题:"就你目前的水平,你认为10年后,自己的月薪应该是多少?你理想的月薪应该是多少?"

结果,那些回答数目奇高的应聘者全部被录用。其后,人事经理解释说:"一个人认为自己10年后的月薪竟然和现在差不多或者高不了多少,这首先说明他对自己的学习、前进的步伐抱有怀疑,他害怕自己走不出现在的圈子,甚至干得还不如现在好。这种人在工作中往往没什么激情,容易自我设限,做一天和尚撞一天钟。他对自己的未来都没有信心,我们又怎能对他有信心?"

而这些自我设限的人就是在自己的心灵之上罩了一个难以突破的玻璃罩。人如果被自己所罩的玻璃罩所围,那么他的行动、欲望和潜能便会被扼杀。因为自我设限的观念带给人的是

感谢
折磨你的人

既对失败惶恐不安,又对失败习以为常,丧失了信心和勇气,渐渐养成懦弱、狐疑、狭隘、自卑、孤僻、害怕承担责任、不思进取、不敢拼搏的精神面貌。这将使他们永远叩不开成功的大门,因为他们的心里面也默认了一个"高度",这个高度常常暗示了自己的潜意识:成功是不可能的,这是没有办法做到的。

很多人会感到奇怪,一头5吨重的大象竟然拉不动一根小木桩。可这是事实,因为当这头大象还很小的时候,它就被拴在一根30厘米高的小木桩上了,开始时它拼命挣扎,想挣脱木桩,可是它做不到。后来,小象长大成了大象,它头脑里还一直认为挣脱不了木桩,于是它放弃了,锁链仍然那么细,木桩仍然那么小,然而大象再也不尝试挣脱了。

自我设限的思想使你就像这头大象,因为生命中遇到一些限制,就相信这些限制会伴随你一生,社会在改变,生命在改变,思维也应该随着社会而改变,而自我设限,把自己放在原地,就不可能突破自我,甚至连本来可以做到的事也变得不可能了。这种思想是一个真正的杀手,它不等同于谦逊。如果你做不到某件事情,你可以说:"我可以试一试。"而不是说:"我不行,我不是这块料。"

美国总统罗斯福说:"没有你的同意,没有人可以让你觉得你低人一等。"如果你觉得低人一等,那是你自己认为的,本来并非如此。

曾有这样一个故事。

一辆汽车眼看着要翻倒,而旁边一个小男孩正在专心致志地搭积木。

这惊心动魄的一幕被小男孩的母亲看在眼里,她一个健步冲到汽车旁,那速度简直无可比拟,她用双手、肩膀托住汽车车身。奇迹发生了,这样一个背着20千克白面就会气喘吁吁的女人竟托住了庞大的汽车,而她的孩子此刻才意识到危险。

我们每个人的潜能都是深深的海洋,连我们自己也不知道它到底有多深,也许正和这位母亲一样,体内蕴藏着无尽的潜能,只是尚未到爆发的那一刻。其实,我们也不需要爆发,我们只要慢慢地挖掘,慢慢地受益。

在每个人的身体和心灵里,都有一种永不堕落、永不败坏、永不腐蚀的东西,这种力量一旦被唤醒,即便在最卑微的生命中,也能像酵母一样,对身心起发酵净化作用,增强人的力量。

有些时候,人也会有机会看到自己的内在力量,比如在失去一个帮手的时候,发现了自己从未发现过的能力;有时读一本富有感染力的书,或者由于朋友们的真挚鼓励,也能发现自己的内在力量。但无论用何种方法,通过何种途径,一旦激起内在力量后,你的行为一定会大异于从前,你就会变成一个大有作为的人。

去发现这种思想、感觉和力量,是你的权利。虽然无法看见,但是它的力量却极为强大。在你的潜意识里,总会找到每一个问题的解决方案,以及每一结果的原因。由于你可以汲取这些隐藏在你心里的力量,所以你可以实际掌握你所需要的力量和智慧,并在丰富、安全、愉悦和自立中前行。

人类文明的历史就是一部人们开发潜能的历史。当今人类政治、经济、文化、科技的高度发达,都是人用心思考,不断开发潜能,不断创造的结果。从原始部落到国家政党议会;从牛车、马车到火车、飞机;从山洞、茅草屋到艺术宫殿、摩天大楼;从原始歌舞娱乐到现代音乐、电影、电视;从手写笔算到电子计算机的广泛应用;从地球的开发利用到月球的勘探研究……人类可以无止境地开发自己的潜能,并创造新的世界。

一块磁铁可以吸起比它重12倍的金属,但是除了金属,它甚至连轻如羽毛的东西都吸不起来。同样的,人也有两类,一种是有磁性的人,他们充满了信心和信仰,知道自己天生就是个胜利者、成功者;另外一种人,是没有磁性的人,他们充满了畏惧和怀疑。机会来临时,他们却说:"我可能会失败,我可能会失去我的钱,人们会耻笑我。"这种人在生活中不可能有成就,因为他们害怕前进,而只好停留在原地。

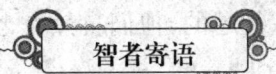
智者寄语

每个平凡的人都有成为英雄的潜质,不要让这种潜质被催眠,敞开心灵,唤醒你心中沉睡的巨人。

自信是成功的首要因素

英雄豪杰之所以与普通人不同,是因为他们有超人的志向,远大的抱负,崇高的目标,勇敢的意志,坚定的信心。

有的人在一帆风顺的条件下,慷慨陈词,信心百倍,可是一遇到逆境便萎靡不振,如霜打秋荷一般。须知:战胜自卑和怯懦,是求取事业成功的内在力量。在逆境中,不但要手提智慧的宝剑,身披忍辱负重的盔甲,还要有自信,更需要励精图治。

如今,杨澜是鼎鼎有名的人物。

不过,起初杨澜只是北京外国语大学的一个普通大学生。她的人生转折点是应聘中央电视台《正大综艺》主持人,这对她来说是一次机会。正如她自己所说:"如果没有一个意外的机会,今天的我恐怕已经做了什么大饭店的什么经理,带着职业的微笑,坐在一张办公桌后边了。"

杨澜是怎么掌握这次机会的呢?恐怕在诸多因素之中,自信是首要的因素。

其实,杨澜并不特别漂亮,但是,她那清纯、自然、自信的气质,赢得了评委们的青睐。但是,与漂亮的人选相比,评委们还拿不准最后的主意。

关键的时刻来临了。电视台主管节目的领导都到场了,他们要在杨澜与另一位连杨澜也不得不承认"的确非常漂亮"的女孩中选择一人。这将是最后的选择。

杨澜的好胜心一下子被激起,她想:"即使今天你们不选我,我也要证明我的素质。"她带着这样强烈的自信心登场了。

这次考试的两个题目是:一、你将如何做这个节目的主持人;二、介绍一下你自己。

杨澜是这样开始的:"我认为主持人的首要标准不应是容貌,而是看她是不是有强烈的与观众沟通的愿望。我希望做这个节目的主持是因为我特别喜欢旅游。人与大自然相亲相近的快感是无与伦比的,我要把这个快感讲给观众听……"

在自我介绍时,杨澜这样说:"父母给我起'澜'为名,就是祝愿一个女孩子有海一样开阔的胸襟,自强、自立。我相信自己能做到这一点……"

杨澜一口气讲了半个小时。她的语言流畅,思维严密,富有思想性,很快就赢得了诸位领导的赏识。人们不再关注她是否是一个最漂亮的主持人,而是都被她出众的口才吸引住了。据杨澜后来回忆说:"说完后,我感到屋子里非常安静。今天看来,按气功的说法,是我的气场把他们'罩'住了。"

当杨澜回到房间时,中央电视台已决定用她了。这次面试改变了她的一生。

能够成就大事业的人,永远是那些信任自己见解的人,敢于想人之所不敢想的人,永远是那些勇敢而富有创造力的人。

杨澜就是这样一种人。在与强有力的对手竞争中,她虽然没有在容貌上占绝对优势,可是强大的自信,让她充分发挥了个人的潜能,终于以个人优秀的素质最后胜出。这不难让我们明白这样一个道理：认识自我，信任自身，是做人成功的一大要素。

而那些自卑的人是不敢抬头追求优越的，他们自然是老死窗下，饮恨殁世。普通的人之所以平凡，是因为他们没有发觉到自己沉睡着的"神圣潜能"，不能把潜能唤起，从而失去了"人人皆可为尧舜"的自信，而安然于普通平凡之中。

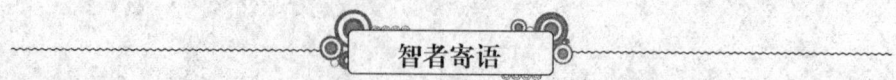

智者寄语

能够成就大事业的人，永远是那些信任自己见解的人，敢于想人之所不敢想的人，永远是那些勇敢而富有创造力的人。

确定自己的人生目标

美国作家盖尔·希伊出版了一本畅销书，书名叫《开拓者们》。他在撰写这本书的时候，通过一份内容十分广泛的"人生历程调查问卷"，间接地访问了6万多个各行各业的人士，他发现那些最成功和对自己生活最满意的人至少有两个共同的特点：一是他们喜欢有很多的亲密朋友；二是他们都致力于实现一个其实际能力所难于达到的目标。

根据希伊的研究，这些开拓者们觉得他们的生活很有意义，而且比那些没有长远目标驱使其向前的人更会享受生活。正像西方有一句谚语所说的："如果你不知道你要到哪儿去，通常你哪儿也去不了。"以下是人生规划设计的5个步骤：

步骤之一：发现或搞清楚你的主要人生目标是什么。所谓主要人生目标，应该是一个你终生所追求的固定的目标，你生活中其他的一切事情都围绕着它而存在。

你在生活中想要拥有些什么？是不是"什么都想要"？理想的工作，符合要求的人际交往，能让你快乐并有满足感的社交，所拥有的金钱能力足以维持一个符合你身份的生活方式……如果你不打算追求这一切，那么你将无法拥有理想的人生。

为了找到或找回你的人生主要目标，你可以问自己几个问题，比如"我是谁？""我想在我的一生中成就何种事业？""临终之时回顾往事，一生中最让我感到满足的是什么？"你必须先知道自己想要什么，才懂得去追求。也许你很快就可以知道你的终极目标是什么，但是大多数人则不是这样的。他们在找到自己的终极目标之前往往需要在不同的场合对自己重复上面的或类似的问题。

每一次向自己提出这样的问题的时候，随意地记下你的所得。开始的时候，它们可能没有什么意义，但是，多次的累积会让你茅塞顿开。

从今天开始，就去实习"步骤之一"，并将其作为你生活的开始吧！

步骤之二：当你能够用一个简单的句子表达出你的人生目标时，那么你就该着手准备实现这项目标了。

在这方面，职业的选择就是你所要着重考虑的问题。你应该知道，职业是一个工具，是帮助你实现终极目标的工具。你规划自己的职业的重要性，就像将军筹划一场战役一样，也像一个足球教练确定一场重要比赛的作战方案一样。

你可以问自己："我的职业正在帮助我实现人生的最终目标吗？"如果答案是否定的，那就干脆重新更换职业。倘若更换职业是不现实的，那你再进一步问一下自己："是否有一种途径可以让我现有的职业与我的人生基本目标一致起来？"对于第二个问题，答案常常是肯定的。例如，一个事业有成就但又并不满足物质上富有的律师，他可能会利用他的部分精力做些公益事情并从中得到精神满足。

最理想的职业方面的人生规划,应该是在你从学校毕业之时就开始进行的。在这个时候,只要你心中明确你的人生大目标,你就会知道你要选择或接受什么样的职业。毫无疑问,你会选择那份将有助于你实现人生目标的职业。

不过,我们也要切记:只要你还没有到安享晚年的地步,任何时候开始你的职业规划都不会晚。无论你是20岁左右的刚刚踏上职业征程的年轻人,还是40岁左右的并且陷在一份你不喜欢的工作之中的中年人,现在仍然是你进行职业规划的好时机。

步骤之三:在弄明白了你的职业将会帮助你实现人生更大目标之后,你应该着手考虑你的人生和职业规划中的具体细节了。

你需要有一个详细的个人职业发展计划。这个计划可以是一个5年的计划,也可以是一个10年或者20年的计划。不管属于何种时间范围的计划,它至少应该能回答如下问题:

(1)要在未来5年、10年或20年内实现一些什么样的职业或个人的具体目标?
(2)要在未来5年、10年或20年内挣到多少钱或达到何种程度的挣钱能力?
(3)要在未来5年、10年或20年内有一种什么样的生活方式?

对于这些问题的回答将给你提供一份有关你自己的短期目标的清单。在形成这些目标的过程中,不要纯粹地依靠逻辑思维。这一类的抉择,需要发挥你的创造力,应该把你的情绪、价值和信仰等因素全部调动起来。

步骤之四:在形成了上面的具体的短期的目标之后,你应该策划一下将如何去达成它们。

比如,你现在是一个中层的管理人员,你的5年、10年或20年的个人职业发展规划要求你成为一个高级主管。那么,怎样才有可能实现你的目标呢?如果你能够回答好如下的各项问题,那么你就应知道自己该怎样做了。这些问题是:

(1)需要哪些特别的训练才能使我够资格做一名高级主管?
(2)该增加哪些书本知识?
(3)为使自己仕途坦荡,我需要排除哪些内部的政治上的障碍?
(4)我目前的上司在这方面是我的一个帮助还是一个障碍?在目前的这个公司我最终成为高级主管的可能性有多大?在这里的机会是否比在其他公司更大?
(5)得到这份职位者的一般教育程度、经验水平和年龄层次是怎样的?

建议你最好将上面的问题写在纸上,并进行思考。

步骤之五:行动,这是所有步骤中最艰难的一个步骤,因为它要求你停止梦想而切实地开始行动。

我们知道,良好的动机只是一个目标得以确立和开始实现的条件,但不是全部。

要想实现人生的终极目标,有两个方面的"陷阱"需要谨慎避免:一个是懒惰,另一个是错误——哪怕是小的错误。

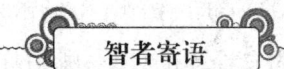
智者寄语

如果动机不转换成行动,动机终归是动机,目标也只能停留在梦想阶段。

制订现实可行的计划

培根说过:"选择时间就等于节省时间,而不合乎时宜的举动则等于乱打空气。"没有一个

感谢折磨你的人

明确可行的工作计划,必然浪费时间,要高效率地工作就更不可能了。试想,如果一个搞文字工作的人资料乱放,找个材料需要半天时间,那么他的工作是没有效率可言的。

工作的有序性,体现在对时间的支配上,首先要有明确的目的性。

很多成功人士指出,如果能把自己的工作任务清楚地写下来,很好地进行自我管理,就会使得工作条理化,个人的能力也会得到很大的提高。

只有明确自己的工作是什么,才能认识自己工作的全貌,从全局着眼观察整个工作,防止每天陷于杂乱的事务之中。明确的办事目的将使你正确地掂量各个工作的重要程度,弄清工作的主要目标是什么,防止不分轻重缓急,耗费时间又办不好事情。

填写工作清单是一种明确工作目标的好方法。首先,你可以找出一张纸,毫不遗漏地写出你所需要做的工作。凡是自己必须干的工作,不管它的重要性和顺序怎样,都一项不漏地逐项排列起来,然后按这些工作的重要程度重新列表。重新列表时,你要试问自己:如果我只能干此表当中的一项工作,应该干哪一项呢?然后再问自己:接着该干什么呢?用这种方式一直问到最后一项。这样自然就按着工作重要性的顺序列出了自己的工作一览表。然后,回想一下你要做的每一项工作往常怎么做,并根据以往的经验,在每项工作中总结出你认为最合理有效的方法。

在制订具体计划时要注意,这份计划必须是适度的,切实可行的。

不要太理想化,如果把计划的目标定得过高,或者把计划的进程排得过满,当计划中的一些步骤由于能力或者客观条件等原因无法落实时,就会打击我们做事的信心,而且,一个环节的计划没有完成,会直接影响下一个环节的事,一级一级地影响下去,整个计划的大厦就会像多米诺骨牌一样,轰然倒塌。

如果计划的目标定得太低,根本不用集中全部精力就能完成,那么会直接导致时间的浪费,而且,由于感到计划很容易完成,就会在内心里放松对自己的要求,这样会影响做事的效率,也是不可取的。

在制订计划时,要根据个人的具体情况确定计划内的工作量和要实现的目标。

如果小王打算在一年之内看完 20 本经济学名著,那么他首先要估算出自己这一年内的空闲时间,再把这 20 本书的读书量均衡地分配到这些空闲时间中。首先,小王必须充分考虑到各种情况,平时要上班,只能在晚上看,周六周日时间相对宽裕一些,所以,就可以多安排一些。但是,如果他还想在这一年内学会游泳,决定改变读书计划,让自己在一周之内看完一本书,这样的计划显然是不合理的。因为再快的阅读速度也无法保证这样的阅读量,而且这样一来,读书的效率必然大受影响;至于笔记心得之类的读书感受更是无暇顾及了。只有按照书的厚度和难度,准确评估看每一本书需要的时间,然后在有限的时间内平均分配,才能保证计划的顺利进行。

所以,如果你这一年很忙,就不要计划去国内 10 个城市旅游;如果你刚刚参加工作,还是一个普通职员,就不要订下半年之内成为总经理的计划;哪怕你的热情很高,也不要计划在一天之内完成一周的工作量。因为这样的计划很难实现,它会影响你做事的热情。

相反,下面这些计划也是你要规避的:

作为一个想要参加马拉松赛跑的队员,计划一年之内每天慢跑 400 米。

作为一位工厂的工人,计划每天按时完成规定的工作量。

作为高收入阶层的一员,计划半年之内买下自己最喜欢的照相机。

……

这些计划,对于提高做事的效率毫无帮助,是无效计划。

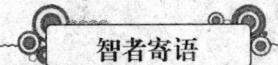

智者寄语

做事必须要有计划,而计划又必须合适、有度,这是由计划的"现实性"决定的,充分考虑到这一点,才能制订出现实可行的计划,提高做事的效率。

发现自己的长处并不懈努力

最初,每个人的心中都会有许多的梦想,但最终能圆梦的人不是很多。

不能圆梦的原因也许有很多,但能圆梦的原因或许只有一个,那就是:为梦想不懈努力,不达目的决不罢休。

上世纪70年代出生的孩子,或许大都不会忘了动画片中唐老鸭那经典搞笑的声音。

唐老鸭的配音者是李扬。很多人都认为他是一个专业的配音演员。可是事实上,李扬最初只是一名部队里的工程兵,工作是挖土、打坑道、运灰浆、建房屋。这似乎和他的配音工作差了十万八千里。

然而李扬知道,自己一直擅长并喜欢配音工作。所以虽然他现在从事的不是这一行业,可他从来没有放弃过自己的梦想,他知道,总有一天自己的长处会被发掘出来。

于是,他在空闲时间里认真读书看报,阅读中外名著,并且自己尝试着搞些创作。退伍后,李扬成了一名工人,但他仍然没有放弃自己的理想,用他自己的话说,他始终认为这值得自己去投入。

后来,国家恢复了高考制度,李扬考上了北京大学机械系,这给他发挥自己的长项创造了良好的机会。因为他的不懈努力,因为他的天赋,加上一些朋友的介绍,李扬终于找到机会参加了一些外国影片的译制录音工作。他的声音生动,而且富有想象力,在几年的时间里他潜心钻研,终于成就了自己独特的配音风格。此时的李扬已是箭在弦上,只需有人开弓,就可以射向目标。

机会来了,风靡世界的动画片《米老鼠与唐老鸭》在中国招募汉语配音演员,虽然是业余配音演员,可李扬凭着自己独特的配音风格一举被迪斯尼公司相中,为唐老鸭配音。从此他成了家喻户晓的配音演员。问及李扬成功的秘诀时,他回答说:"我之所以能够成功,就是因为我从来没有停止过挖掘自己的长处。"

李扬之所以取得了成功,是因为他认为自己的潜力终有一天会被发现,所以他才会一直朝着这个方向努力,并且认为为此付出多大代价都是值得的。

很多时候,一个人之所以无法做出成绩,不是因为他的工作方法有问题,而是他的心态有问题,即他认为做这项工作不是自己的长项,或者是对这项工作没有兴趣。一个人从事自己不擅长或不喜欢的工作,是不会拿出全部的热情和精力来做的。存在着这样的心态,又怎么能有突出的成绩呢?

每个人都有自己的长处,这个长处就像是你的一块宝藏,开启宝藏的钥匙就在你自己的手里,如果你轻易放弃,那么你的宝藏将永远掩埋。

没有人愿意守着自己的宝藏不开掘,而把它带进坟墓。所以,行动起来吧,发现自己的长处,这很重要,尽管你可能因为现实的一些原因而不得不在现有的位置工作。但是,只要你发现了它,并为之不懈努力,最终的成功就一定会属于你。

智者寄语

每个人都有自己的长处,这个长处就像是你的一块宝藏,开启宝藏的钥匙就在你自己的手里,如果你轻易放弃,那么你的宝藏将永远掩埋。

走自己的路,让别人说去吧

真正成功的人生,不在于成就的大小,而在于你是否努力地去实现自我,喊出属于自己的声音,走出属于自己的道路。

"走自己的路,让别人说去吧!"对但丁的这句名言,我们并不陌生。不过,我们在生活中是否要信奉它、实践它呢?

答案是肯定的。

贝多芬学拉小提琴时,技术并不高明,他宁可拉他自己作的曲子,也不肯做技巧上的改善,他的老师说他绝不是个当作曲家的料。

发表《进化论》的达尔文当年决定放弃行医时,遭到父亲的斥责:"你放着正经事不干,整天只管打猎、逗狗、捉耗子。"另外,达尔文在自传中透露:"小时候,所有的老师和长辈都认为我资质平庸,我与聪明是沾不上边的。"

苏格拉底曾被人贬为"让青年堕落的腐败者"。

美国职业足球教练文斯·伦巴迪当年曾被批评"对足球只懂皮毛,缺乏斗志"。

爱因斯坦4岁才会说话,7岁才会认字。老师给他的评语是:"反应迟钝,不合群,满脑袋不切实际的幻想。"

牛顿在小学的成绩一团糟,他曾被老师和同学称为"呆子"。

罗丹的父亲曾怨叹自己有个白痴儿子,在众人眼中,他曾是个前途无"亮"的学生,艺术学院考了三次还考不上。他的叔叔曾绝望地说:"孺子不可教也。"

《战争与和平》的作者托尔斯泰读大学时因成绩太差而被劝退学。老师认为他"既没读书的头脑,又缺乏学习的兴趣"。

……

试问:如果这些人不是"走自己的路",而是被别人的评论所左右,怎么能取得举世瞩目的成绩?

人生的成功自然包含有功成名就的意思,但是,这并不意味着你只有做出了举世无双的事业,才算得上成功。世界上永远没有绝对的第一。看过马拉多纳踢球的人,还想一身臭汗地在足球队里混吗?听过帕瓦罗蒂歌声的人,还想练习美声唱法吗?——其实,如果总是担心自己比不上别人,那么世界上也就没有帕瓦罗蒂、马拉多纳这类人了。

俄国作家契诃夫说得好:"有大狗,也有小狗。小狗不该因为大狗的存在而心慌意乱。所有的狗都应当叫,就让它们各自用自己的声音叫好了。"

小狗也要大声叫!实际上,追求一种充实有益的生活,其本质并不是竞争性的,并不是把夺取第一看得高于一切,它只是个人对自我发展、自我完善和美好幸福生活的追求。那些每天一早来到公园练武打拳、练健美操、跳迪斯科的人,那些只要有空就练习书法绘画、设计剪裁服装和唱戏奏乐的人,根本不在意别人对他们的姿态和成果品头论足,也不会因没人叫好或有人挑剔就停止练习、情绪消沉。他们的主要目的不在于当众展示、参赛获奖,而是自得其乐、有所获益,满足自己对生活美和艺术美的渴求。

真正成功的人生,不在于成就的大小,而在于你是否努力地去实现自我,喊出属于自己的声音,走出属于自己的道路。

坚持自己的梦想

在一个偏僻遥远的山谷里,有一个高达数千尺的崖。不知道什么时候,断崖边上长出了一株小小的百合。

百合刚刚诞生的时候,长得和杂草一模一样。但是,它心里知道自己并不是一株野草。它内心深处,有一个坚定的念头:我是一株百合,不是一株野草。唯一能证明我是百合的方法,就是绽放出美丽的花朵。有了这个念头,百合努力地吸收水分和阳光,深深地扎根,直直地挺着胸膛。终于在一个春天的清晨,百合的顶部结出了第一个花苞。

百合的心里很高兴,附近的杂草却很不屑,它们在私底下嘲笑着百合:"这家伙明明是一株草,偏说自己是一株花,看来它顶上结的不是花苞,而是头上长瘤了。"公开场合,它们则讥讽百合:"你不要做梦了,即使你真的会开花,在这荒郊野外,你的价值还不是跟我们一样。"

偶尔也有飞过的蜂蝶鸟雀,它们也会劝百合不用那么努力开花:"在这断崖边上,纵然开出世界上最美的花,也不会有人来欣赏呀!"

百合却说:"我要开花,是因为我知道自己有美丽的花;我要开花,是为了完成作为一株花的庄严使命;我要开花,是由于自己喜欢以花来证明自己的存在。不管有没有人欣赏,不管你们怎么看我,我都要开花!"

在野草和蜂蝶的鄙夷下,百合努力地释放内心的能量。有一天,它终于开花了,它那灵性的白和秀挺的风姿,成为断崖上最美丽的风景。这时候,野草与蜂蝶再也不敢嘲笑它了。

百合花一朵一朵地盛开着,花朵上每天都有晶莹的水珠,野草们以为那是昨夜的露水,只有百合自己知道,那是因为深深的喜悦凝成的泪滴。

年年春天,百合努力地开花、结籽。它的种子随着风,落在山谷、草原和悬崖边,终于,整个山谷都开满了洁白的百合。

几十年后,人们千里迢迢来到这个山谷,欣赏百合开花。后来,那里被人称为"百合谷地"。百合花正是凭借着这样一种坚持,完成了自己作为一株花的使命,也证明了自己作为一株花的存在。它正是要告诉我们:哪怕前途布满荆棘,也要勇敢地追逐自己的梦想;哪怕前途一片渺茫,充满他人的嘲讽与不屑,也要坚定地迈向自己的目标。让我们的人生也像那满山的在微风中摇曳的百合,诉说着那片最美的传奇!

在我们实现梦想的路途中,会不可避免地遭遇到种种挫折,让我们用我们的执着为自己导航,树立起乘风破浪的风帆,坚信终有一天成功的海岸线会在我们眼前出现。

别让旁人决定你的一生

众智成愚,当你没有自己坚定的信念,而随别人的意见左右摆动时,只能让很多本来可行的事,莫名其妙地变成了"不行"。

一个六神无主、无所适从的人的一生就像风向标,注定会很累,因为它永远在风的控制下忙忙碌碌,摇摆不定。

但是拥有自己志向的人,却有着一个不可动摇的坐标。他们有自己的方向,决不会摇摆不定。

信念守恒的人,始终如一,孜孜不倦,他们从不为潮流所迷惑,而是步步为营,永不停步地朝着自己的目标努力;风向标式的人则很容易被人言所改变或击倒。

某天,有个年轻人来到集市上,买了一只山羊,他牵着羊,走在街上。

几个骗子看见了,其中一个对他说:"你牵着这只狗干什么?"

"别开玩笑,这是一只山羊。"

他牵着没走几步,迎面又过来一个骗子。

"你为什么牵着狗哇?你要这狗干吗?"

"这是山羊!"他冒火了。

不过,他开始动摇了:会不会真是一条狗呢?他低头看看这只长着黑胡子的东西,猜疑:狗?这明摆着是一只山羊嘛!不过……

又走了几步,他听见有人在喊:"喂,小心,别让这条狗咬着!"

"天哪,我真糊涂!"这人终于大叫起来,"我怎么会把它当成山羊买来啊!"他信了骗子的话,把山羊扔在大街上了,那几个骗子捉住山羊,吃了一顿烤羊肉。

当然,这是一个故事。不过现实生活中常常会有这种情况:你要做一件事,拿到了一个好项目,决定做下去,然而,身边的人一致认为"不保险""不可为"。于是,你相信了他们的话,结果是你把一只肥羊当作瘦狗放掉了。

正所谓众智成愚,当你没有自己坚定的信念,而随别人的意见左右摆动时,只能让很多本来可行的事,莫名其妙地变成了"不行"。

我们生活中有很多这样的人:小学一年级时是小小的班头儿,中学时是团支部书记,毕业后当处长、局长、市长……一路攀升到人生的制高点。

其实他的成长很可能只是源自孩童时老师的一句赞扬。

老师表扬他:"好样的,全班的带头人!"

大人都夸他:"这孩子将来一定当大官儿!"

他得到一种来自方方面面的"高标准、严要求",他知道自己必须做得更好,将来才能"当大官"。

他觉得自己与众不同,有一种矢志不渝的信念,而这信念约束着他的言行,也督促着他上进,直到他一步步走向成功。

智者寄语

当一种信念逐渐演化成一种优秀的品质时,无论到任何时候,遇到什么样的挫折,这种信念都不会改变。

学会欣赏自己

每个人的性格不同,能力不同,机遇不同,注定有人辉煌,有人平淡。不顾自身的具体情况,不切实际地强求达到别人的高度,这不但不能达到幻想中的目的,反而会增加自己的烦恼和痛苦。要知道,"名人"亦有"高处不胜寒"的孤独、寂寞和压力,而平凡者却拥有平淡中伸手可及的幸福,只是我们常常被虚幻的东西所诱惑,而忽视了真实的自我存在。

一位心理学家从一班大学生中挑出一个有些愚笨、又不大招人喜爱且自卑的姑娘,之后暗中要求她的同学们改变以往对她的看法。同学们按老师的要求,经常争先恐后地照顾这位姑娘,向她献殷勤,陪她回家,并假装打心里认定她是位漂亮聪慧的姑娘。结果呢? 不到一年,这位姑娘简直变成了另一个人——在她的身上展现出每一个人都蕴藏的美。她自豪地说:"我获得了新生。"显然,这种美只有在我们欣赏自己且周围的人也都欣赏我们的时候才会展现出来。

美国著名音乐家麦克约瑟说:"你自己与自己的心交流,要赞美它,让它感到你对它的赏识,那时候它才向你释放灵感。"是的,你只有欣赏自己,才能发挥自己。与其站在那里眺望别人的背景,不如坐下来静静地想一想自己走过的每一个坚实的脚印,只要努力寻找,你就会发现自己的生活中亦有许多闪光点。欣赏自己,不是鄙视别人的狂妄自大,是源于对自己生命的珍视和热爱;欣赏自己,不是让自己成为"井底之蛙"而不见更广阔的天空,是让自己抛弃浮躁后更成熟地走向远方。

一家报纸曾刊登了这样一个故事,说的是作者的父亲心情不好时,喜欢在阳台上摆弄他的几株花;作者的心情不好时,则喜欢到阳台上欣赏父亲的花。父亲说,浇花松土、除草是一种享受,作者却认为赏花才是最好的感觉。父亲的实验项目被人换了,他沮丧了好几天,闲时就到阳台上种花,作者心疼父亲的身体,到阳台看他。父亲凝视着花盆里的一株小草,一动不动。

"爸爸,为什么不把它拔了?"作者问。

父亲说:"它太嫩了,拔了可惜呀!"

作者觉得好笑,说:"一株草有什么可惜的!"

父亲却喃喃地说:"它不值得我欣赏吗?"

"爸爸,你欣赏这草?"作者惊诧。

父亲突然回过头来说:"不,我欣赏我自己。"

"啊!"作者不禁一愣,一向书生气十足的父亲,说这句话时竟有几分儒雅以外的严厉和坚定。

父亲忽然缓缓地说:"我欣赏我自己,因为我和这草一样坚忍不屈。你看,这花盆里净是些用来固定花苗的瓦砾,这草硬是从瓦砾间钻出来。我也是这样,我的实验项目被人换掉了,但我昨天又递交了参加实验的申请书,我要参加这次我并不拿手的实验,想看看自己的能力。仅这一点,就值得自我欣赏。"父亲顿了一下,爱怜地问作者,"孩子,你欣赏你自己吗?"

作者又愣住了,这是何等高深的话题呀!

父亲见他没回答,笑着对他说:"欣赏自己,就要发现自己的闪光点,要自信、要乐观。

感谢
折磨你的人

你是大人了,应该明白了。"父亲的话很深沉,但作者听得很入耳,他知道父亲正用深深的父爱,浇铸着他的品格、性格和人格。

学会欣赏自己的开朗自信,欣赏自己的聪慧大方,欣赏自己的高尚情操,这些都是父亲教给作者的,他终于明白了以前听过的那句话:"人活着,或许有不少人值得欣赏,但你最应该欣赏的是你自己。"

美国心理学家维恩·戴埃曾写过一个寓言故事,大意是说一只老猫见到一只小猫在追逐着自己的尾巴,便问道:"你为什么要追自己的尾巴呢?"小猫说:"我听说,对一个猫来说,最为美好的就是自己的幸福,而这个幸福就是自己的尾巴。"老猫说:"我小时候也像你这样想过,但我现在已经发现,每当我追逐自己的尾巴时,它总是一躲再躲,而当我着手做自己的事情时,它总是形影不离地伴随着我。"

这则寓言故事阐述了这样一个道理:心中没有渴望等待别人欣赏的初衷,你就会消除很多的自我桎梏。舒展自己的个性,发挥自我行为的主动性,赢得不应该失去的机会,才能得到别人更多的欣赏与赞誉。

卡耐基说过一段耐人寻味的话:"发现你自己,你就是你。记住,地球上没有和你一样的人……在这个世界上,你是一种独特的存在。你只能以自己的方式歌唱,只能以自己的方式绘画。你是你的经验、你的环境、你的遗传造就的你。不论好坏与否,你只能耕耘自己的小园地;不论好坏与否,你只能在生命的乐章中奏出自己的音符。"的确,我们每个人都是独一无二的。这个独特的"我",既有优点,也有不足。一个人只有充分地自我接纳,懂得欣赏自己,才能有良好的自我感觉,才能自信地与人交往,出色地发挥自己的才能和潜力。假如一个人不懂得欣赏自己、接纳自己,老是以怀疑的、否定的态度看待自己,就有可能限制甚至扼杀自己的生命力。事实上,我们的身边因为自卑自怜、自暴自弃等各种心理原因而造成的自寻短见的事例已经太多了,并且还在不断地出现,不但给家人造成痛苦,而且给社会造成损失。当然,更难以去谈怎样赢得别人的欣赏和肯定了。

智慧而年老的牧师胡里奥在密西西比河边,遇见了忧郁的年轻人费列姆。

费列姆唉声叹气,满脸愁云惨雾。

"孩子,你为何如此郁郁不乐呢?"胡里奥关切地问。

费列姆看了一眼胡里奥,叹了口气,说:"我是一个名副其实的穷光蛋。我没有房子,没有太太,更没有孩子;我也没有工作,没有收入,整天饥一顿饱一顿地度日。像我这一无所有的人,怎么能高兴得起来呢?"

"傻孩子,"胡里奥笑道,"其实,你应该开怀大笑才对!"

"开怀大笑?为什么?"费列姆不解地问。

"因为你其实是一个百万富翁呢!"胡里奥有点儿诡秘地说。

"百万富翁?您别拿我这个穷光蛋寻开心了。"费列姆不高兴了,转身欲走。

"我怎么敢拿你寻开心?孩子,现在能回答我几个问题吗?"

"什么问题?"费列姆有点好奇。

"假如,我现在出20万美元买走你的健康,你愿意吗?"

"不愿意。"费列姆摇摇头。

"假如,我现在出20万美元买走你的青春,让你从此变成一个小老头儿,你愿意吗?"

"当然不愿意!"费列姆干脆地回答。

"假如,我现出20万美元买走你的容貌,让你从此变成一个丑八怪,你可愿意?"

"不愿意!当然不愿意!"费列姆的头摇得像个拨浪鼓。

"假如,我现在出20万美元买走你的智慧,让你从此浑浑噩噩度此一生,你可愿意?"。

"傻瓜才愿意!"费列姆一扭头,又想走开。

"别慌,请回答完我最后一个问题——假如现在我出20万美元,让你去杀人放火,让你从此失去良心,你可愿意?"

"天哪!干这种缺德事,魔鬼才愿意!"费列姆愤愤地回答道。

"好了,刚才我已经开价100万美元了,但仍然买不走你身上的任何东西,你说,你不是百万富翁,又是什么?"胡里奥微笑着问。

费列姆恍然大悟。他笑着谢过胡里奥的指点,向远方走去……从此,他不再叹息,不再忧郁,微笑着寻找他的新生活去了。

在羡慕别人的同时,我们往往忽略了自身的财富。"临渊羡鱼,不如退而结网"。健康、青春、美貌、智慧、良心,每一样都是无价的,而当你具备这些时,你还缺什么呢?好好珍惜你所得,好好利用你所有,你会发现你已经是一个百万富翁了!

欣赏自己并不是傲视一切的孤芳自赏,也不是唯我独尊的狂妄不羁。因为它不需要大动干戈的勇气,也不需要改头换面的毅力,它只属于一种醒悟,一种面对困难时能给予自己信心的源泉,一种推动自己向挫折挑战的动力。

在一次讨论会上,一位著名的演说家手里高举着一张20美元的钞票,面对会议室里的200个人,他问:"谁要这20美元?"一只只手举了起来。

他接着说:"我打算把这20美元送给你们中的一位,但在这之前,请准许我做一件事。"他说着将钞票揉成一团,然后问:"谁还要?"仍有人举起手来。

他又说:"那么,假如我这样做又会怎么样呢?"他把钞票扔到地上,又踏上一只脚,并且用力碾它。而后他拾起钞票,钞票已变得又脏又皱。"现在谁还要?"还是有人举起手来。

"朋友们,你们已经上了一堂很有意义的课。无论我如何对待那张钞票,你们还是想要它,因为它并没有贬值,它依旧值20美元。人生路上,我们会无数次被自己的决定或碰到的逆境击倒、欺凌甚至碾得粉身碎骨。我们觉得自己似乎一文不值。但无论发生什么或将要发生什么,在上帝的眼中,你们永远不会丧失价值。在他看来,肮脏或洁净,衣着齐整或不齐整,你们依然是无价之宝。"

人生自古多磨难。但是,只要你学会欣赏自己,你就会觉得幸福其实是那么平常,它只是小石子落在水面上荡起的微微涟漪;而吃苦也并非那么可怕,它只是波涛拍打礁石而泛起的点点水花。当然,这种欣赏是一种务实,一种一步一个脚印的跋涉。

智者寄语

朋友,如果你被繁重的学业或巨大的压力所左右的时候,那么就歇一会儿,不要只顾在匆匆行程中奔波,不要再把烦恼和自怨塞进行囊。泡上一壶清茶,学会欣赏一下自己,那么,你会很惊奇地发现:其实,你很出色。

不要为难自己

如果你不小心丢掉了100元钱,只知道它好像是丢在了某个你走过的地方,你会花200元

感谢折磨你的人

钱的车费去找那100元钱吗？相信你看了一定会说：当然不会了，这样的问题真的是愚蠢之极！

可是，相似的事情却在人生中不断地发生着。

做错了一件事情，明知道是自己有问题，是自己的错误，却也不肯认错，反而花更多的时间来为自己找借口，为自己开脱，使自己的形象在别人的眼中大打折扣。这样做值得吗？

被别人骂了，却花了很长的时间去难过，要很长的时间才能够消化掉。这样做，有意义吗？为一件事情发火，不惜损人不利己，不惜血本，也不惜时间，只是为了要去报复。这样做，是不是也有点无聊呢？

结束了和一个人的感情，明知道一切都已经是无法挽回的了，却还是要伤心难过，而且还要伤心难过好几年，甚至要借酒浇愁，以至形销骨立。其实这样做是没有一点用处的。岂不知"抽刀断水水更流，借酒浇愁愁更愁"。失去了感情，难过在所难免，可是无止境的伤心和难过就太没有意义了。难道失去了一段感情，还要赔上自己的健康、前途与未来的幸福吗？

做人，干吗要为难自己？人生一世，只不过是短短的数十载光阴，除去了懵懂不知的婴幼儿时期和吃喝拉撒睡的时间之外，我们还能剩下的时间又有多少呢？那么，在这么有限的时间里，为什么不让自己轻松愉快地度过呢？

做错了的事情，就要勇敢地去承认，去改正。人是群居的，不要因为一句"对不起"就让别人看轻你。这样，损失的不单单是友谊，还有自己的人格。被人骂了，有什么大的关系？一句话语，不疼不痒的。或许，那样的一句话语你只不过是偶尔才碰上的，事情还是要看开一些的，它是偶然的，不是必然的。失去的感情既然已经没有办法挽回了，就潇洒勇敢地放手吧。

其实，做人，还是轻松的好。本来时间就是很有限的，为什么要让自己活得憋屈呢？为什么不在自己人生那有限的时间里，让快乐无限延伸呢？

只要你做好应该做的事情，就是值得称赞的。在生命结束的时候，一个人如能问心无愧地说："我已经尽了最大的努力。"那么他就此生无悔了。

"金无足赤，人无完人"，我们都应该认识到自己的不完美。全世界最出色的足球选手，10次传球，也有4次失误；最出色的篮球选手，投篮的命中率也只有五成；最精明的股票投资专家，买股票也有马失前蹄的时候。既然连最优秀的人做自己最擅长的事都不能尽善尽美，我们的失误肯定更多。这就是说，我们绝不可能使每个人都满意。每个人都会有他个人的感觉，都会根据自己的想法来看待世界。所以，不要试图让所有的人都对你满意，否则你将永远也得不到快乐。

在一个人的生活圈中，起码有一半的人不赞成你所说的那些事情。因此，无论你什么时候发表意见，总是会有50%的机会，也总是面对一些反对意见。

明白了这一道理后，当有人不同意你所说的某些事情时，你不要觉得自己受到了伤害，也不要立即改变你的意见以便赢得赞誉之词；相反，你应该提醒自己，没有人会是十全十美得让每个人都满意的。如果你知道了这一点，也就知道了走出绝望的捷径。

现在许多人的通病就是不了解自己。他们往往在还没有衡量清楚自己的能力、兴趣之前，便一头栽在一个好高骛远的目标里，每天享受着辛苦和疲惫的折磨。他们希望获得他人的掌声和赞美，博得别人的羡慕。为此，便将自己推向完美的边界，做什么事都要尽善尽美。久而久之，他们的生活就变成了负担和苦闷，而不是充实和享受了。

智者寄语

人贵在了解自己。根据自己的能力去做事，才能真正地喜悦。不管什么时候，你不必刻意去要求自己，不要以为自己的步伐太小太慢，重要的是每一步都能走得稳。

做真正的自己

一对孪生兄弟因为逃难而失散,多年后重逢,然而两个人的生活已经发生了巨大的变化。个性活泼的哥哥在饥寒交迫下投身寺院当了和尚,个性安静的弟弟则在机缘巧合下娶了妻子,生了儿女。

但是兄弟俩过得都很不快乐:哥哥羡慕弟弟娶妻生子,享尽家庭温馨;弟弟羡慕哥哥皈依佛门,远离尘世纷扰。

一天,兄弟俩相约在半山腰的小凉亭叙谈。正要离开时,发生了山崩,慌乱中他们躲进了一个小山洞,这才幸免于难。半夜时分,哥哥怕弟弟着凉,于是脱下僧衣给弟弟盖上;清晨,弟弟感激哥哥的照顾,脱下了自己的上衣给哥哥盖上。

几天后,兄弟俩获救了。但哥哥被送回了弟弟家,弟弟被送回了寺院。他们将错就错地住下了,体会着自己向往的生活。哥哥为了生计拼命干活,累得半死也保证不了一家的温饱,丝毫享受不到家庭生活的温馨;弟弟为了准时撞钟、诵早课,和衣而睡,彻夜未眠,半点也感受不到出家生活的悠然。

兄弟俩在疲惫不堪的状况下恢复了各自的身份,这才发觉还是做自己最好。

一个唱片公司倾全力塑造一位年轻的偶像男歌星,除了进行长期的歌唱技巧训练之外,还安排了服装仪容训练、说话技巧训练,希望能够让这位新人一炮而红。

长期训练下来,新人果然脱离了他的青涩,上电视节目做宣传时说起话来头头是道,可圈可点,不亚于主持人。服装仪容更是光彩夺目,看不出丝毫的瑕疵。

但是没想到努力了两年,耗费许多成本,却不见新人成为偶像。

唱片公司老板百思不得其解,于是请了一位造型高手来重新为他塑造新的形象。高手一出手,情况就不同了,短短几个月,新人就红遍了各地。

高手到底是用了什么特殊训练让新人翻了身?

说穿了,高手不但没有对他再训练,反而停止了一些塑型课程,他的衣着也简单了。高手使他尽量舍弃了新人的包装,要求新人恢复大男孩原有的青涩模样,不要故作老成。新人去除了包装,在舞台上有时结结巴巴,遇到敏感的问题还会脸红的模样让歌迷们心疼怜惜,说起话来欲言又止的模样更是让歌迷们心动。

造型高手出招,看不出有什么招式,却塑造了一个最美的造型。

做真正的自己,还自己的本来面目,自己才能得到快乐,别人也才会接受你。或许你觉得自己一无是处,然而,你能生存在这个世界上就是你最大的资本。

不要自己厌恶自己,如果自己都不喜欢自己,别人会喜欢你吗?也不要总是羡慕别人的生活,我们看到的仅是他们得意时的情景,而他们失意时的情景与自己没有什么不同。我们应该大声说:做真正的自己真好!

智者寄语

做真正的自己,还自己的本来面目,自己才能得到快乐,别人也才会接受你。或许你觉得自己一无是处,然而,你能生存在这个世界上就是你最大的资本。

感谢折磨你的人

做自己想做的人

漫画家蔡志忠15岁那年,就带着投漫画稿赚来的250元稿费,到台北画漫画、闯天涯。他很快就面临学历的问题,在他打算到以制作电视节目闻名的光启社求职时,看到求才广告上"大学相关科系毕业"一项条件,立刻就傻眼了!不过他仍旧相信自己的实力,没有理会这项学历限制而参加应征的行列。结果他击败了另外29名应征的大学毕业生,进入了光启社。

以后他在漫画界的表现如异军突起,尤其"庄子说""老子说"系列更译成世界各国文字广为流传,他也一度是全台湾纳税额最高的一位作家。

而在连初中都没念完的情况下,是什么使他能有勇气踏入我们这个文凭至上的社会?他说:"做人最重要的就是要了解自己。有人适合做总统,有人适合扫地。如果适合扫地的人以做总统为人生目标,那只会一生痛苦不堪,受尽挫折。而我,就是适合做一个漫画家。"他从小就知道自己能画,所以才尽早地画,不停地画,终究画出自己的一片天空。

蔡志忠的说法也让人想到巴西的世界球王"黑珍珠"贝利,他曾经说:"我是天生踢球的,就像贝多芬是天生的音乐家一样。"

能够真切地认识自己,是件多么幸运的事!但别以为只有那些天才才知道自己的能力,我们周围有许许多多平凡的人物,他们做自己喜欢的事,活得自在,活得快乐,这不也是一种成功。

从师范大学毕业后,李森被分配到省重点高中从事语文教学工作。李森工作干得不错,领导也很重视他,可谓前途一片光明。但李森是个很要强的人,看着许多朋友已小有成就,就不愿在三尺讲台上站一辈子。

一年后,转正通知一下来,李森就把停薪留职报告交了上去,然后跑到了南方。经朋友介绍,他到一家电子厂当上了人事主管。这个工作不需要什么技术,主要是管资料、招工人,他自然能轻松应对。可过了几天,他就发现各部门之间关系复杂而又微妙,不少人都老乡找老乡地结成了小团体,让他这个人事主管很为难,一不小心就陷入尴尬境地。他必须花很多心思"玩平衡"。终于,他觉得自己不适合干这样的工作。

大概是发表的文章和熟悉电脑操作的专长吸引了一个老板,他当上了这位老板的秘书。工资比以前高,还经常有额外收入,但任务却相当轻松,不过是给老板写写讲话稿和总结,和老板一起去应酬。每逢有"工作重点",就搞几个大字报挂在公司里。

不久,他就厌烦了,他厌烦是因为天天要写那些自己不愿意写的东西。他觉得没有拿到多少钱,却失去了几乎所有的自信。在接下来的两年多里,他又先后干过许多工作,却一直没有得到想要的东西。

后来,他想:不能再这样乱碰瞎撞,这样下去不但心里很苦闷,而且到头来必定一事无成。应该找一个适合自己的工作,然后努力专心地干,或许能取得一些成绩。想起在学校时的工作成绩和工作心情,他猛然惊醒,其实自己原来是很适合做教师的。于是他就找了一所学校代课,又干起了老本行。果然,一年后,因教学业绩突出,其间他还发表了不少教育论文、散文,被转成了正式教师。这两年,他的工作很顺利,并取得了不俗的成绩。

工作其实并没有好坏之分,而仅仅在于你适不适合。干自己适合干的工作,做自己喜欢做的事情,才能真正闯出自己的一片天地!

有一位小学老师,她从大学毕业后就想要教书,但是因为不是师范系统的大学毕业生,当时没有找到教书的机会,她便到日本留学,攻读教育硕士学位。刚回国时,一时还找不到教职,她就到一家公司担任日文秘书,很得老板的信任,待遇也相当好。但是她仍不放弃想要教书的念头。后来她去参加一所小学的教师招聘,考取后立刻就辞去了秘书的工作。

教书的薪水不如她担任秘书的薪水多,周围的朋友很不理解,以她的学历绝对可以去教高中,为什么要去教小学呢?她很坚定地说:"我就是因为喜欢小孩子才选择这个工作呀!"

有一回,一个熟人碰到她,问她近来如何。她兴奋地答道:"今天我跟小朋友一起爬竹竿,我几乎爬不上去,全班的小朋友在底下喊'老师加油!老师加油!'我终于爬上去了,这是我自己当学生的时候都做不到的事呢!"

这是一个多么快乐、跟学生打成一片的好老师啊!而我们可以肯定的是,如果她因为薪水或是其他因素而违背自己的愿望,选择做个秘书,就不会那么快乐了。

智者寄语

在现代社会里,处处充满着诱惑,能沿着自己的生活轨道毫不偏离地前进的人已经不多了。做自己想做的人,做自己想做的事,才是真正快乐的人!

不要拿别人做镜子

有一则寓言说,一个喜欢冒险的男孩爬到父亲养鸡场附近的山上去,发现了一个鹰巢。他从巢里拿了一枚鹰蛋,带回养鸡场,把鹰蛋和鸡蛋混在一起,让一只母鸡来孵。孵出来的小鸡群里有了一只小鹰,小鹰和小鸡一起长大,一起在草丛里捉虫,一起在地上刨土,不会飞翔。小鹰过着和鸡一样的生活,它不知道自己除了是小鸡外还会是别的什么。

一只很有天分的鹰就这样被它周围的环境无情地同化了。爱因斯坦曾经就是这样一只迷失方向的小鹰。

爱因斯坦小时候是个十分贪玩的孩子。他的母亲常常为此忧心忡忡,母亲的再三告诫对他来讲如同耳边风。直到16岁的那年秋天,一天上午,父亲将正要去河边钓鱼的爱因斯坦拦住,并给他讲了一个故事,正是这个故事改变了爱因斯坦的一生。故事是这样的:

"昨天,"爱因斯坦的父亲说,"我和咱们的邻居杰克大叔清扫南边工厂的一个大烟囱。那烟囱只有踩着里边的钢筋踏梯才能上去。你杰克大叔在前面,我在后面。我们抓着扶手,一阶一阶地终于爬上去了。下来时,你杰克大叔依旧走在前面,我还是跟在他的后面。后来,钻出烟囱,我发现一个奇怪的事情:你杰克大叔的后背、脸上全都被烟囱里的烟灰蹭黑了,而我身上竟连一点烟灰也没有。"

爱因斯坦的父亲继续微笑着说:"我看见你杰克大叔的模样,心想我肯定和他一样,脸脏得像个小丑,于是我就到附近的小河里去洗了又洗。而你杰克大叔呢?他看见我钻出烟囱时干干净净的,就以为他也和我一样干净呢,于是就只草草洗了洗手就大模大样上街了。结果,街上的人都笑痛了肚子,还以为你杰克大叔是个疯子呢。"

爱因斯坦听罢,忍不住和父亲一起大笑起来。父亲笑完了,郑重地对他说:"其实,别人谁也不能做你的镜子,只有自己才是自己的镜子。拿别人做镜子,白痴或许会把自己照成天才的。"

爱因斯坦听了,顿时满脸愧色,从此离开了那群顽皮的孩子们,他时时用自己做镜子来审视和映照自己,终于映照出他生命的熠熠光辉。

人有时需要通过别人来认识自己、了解自己,正如古人所说,"以人为鉴,可以知得失"。但别人这面镜子是需要选择的,如果它是平整的、明净的,则能发现自己的问题;如果是扭曲的、污浊的,那不仅看不出自己身上的不足,反而还会自我感觉良好。所以,重要的是拿自己做镜子,认真检查自己,对自己提出更高的要求。

父亲的故事唤醒了少年爱因斯坦心中的那只理想之鹰,让他得以摆脱周围环境对他潜移默化的禁锢和束缚。不可否认,成才与环境有关,古时就有孟母三迁的典范,可见人置身于积极向上的环境中,耳濡目染间便对成才起着催化引导的作用;而恶劣平庸的环境会不知不觉地腐蚀人才甚至埋没天才。可是很多时候我们就像无法选择自己的出生地一样不能挑选自己所处的环境,这时,在你茫然地打量着周围环境的同时,一定要对自己有个清醒的认识,不要在环境中迷失。正如拿破仑所说:"不想当将军的士兵不是好士兵。"说白了,成功最早来自于心中的那个"我要成功"的意念,以及对现实环境的某种突破和反抗。如果你是一只生于鸡群中不幸的鹰,千万不要放弃飞翔的特质,要早早在心中播下"搏击长空"的种子。

其实寓言中的那只鹰不仅仅指有天分的人,若把环境比作鸡群,理想便是鸡群中的那只鹰,是平凡人心中的那一种"志存高远"的境界,是为这种理想境界和目标而努力奋斗的意念。努力吧,放飞你心中的雄鹰,成功对于你便不仅仅是一种传说。

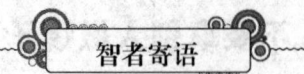

人有时需要通过别人来认识自己、了解自己,正如古人所说,"以人为鉴,可以知得失"。但别人这面镜子是需要选择的,如果它是平整的、明净的,则能发现自己的问题;如果是扭曲的、污浊的,那不仅看不出自己身上的不足,反而还会自我感觉良好。所以,重要的是拿自己做镜子,认真检查自己,对自己提出更高的要求。

第三章　不要被折磨你的人打败

学会下定决心

一位失意的小伙来找一位大师,他在职场遭遇别人的排挤和打压,实在混不下去,便辞了工作出来做生意,结果生意做失败了,所有的积蓄都没有了,自己不服输又向朋友亲人借了一些钱,从一个药材商那里进了几箱冬虫夏草,希望能借此翻身,谁会料到,冬虫夏草竟是假的。

"我怎么就这么倒霉?什么坏事都让我碰上了。请您指点我一下,接下来我该怎么做?"小伙子哭泣着问大师。

"成功有三个秘诀,下定决心,再下定决心,还是下定决心!"大师给了简短的几句话。

小伙子似懂非懂,回去不久后他又回来了,自己下定了决心要将那些东西处理掉,但是最终不但没有成功,还遭到了别人的一顿暴打。

"如果你真下定了决心,怎么还会失败呢?失败只能说明你下的决心还不够!"大师说。

是的,无论我们做什么,一定要下定决心。下定决心就是把"我可能做到"变成"我一定能做到"。遭遇他人打压后,我们也要下这样的决心:我一定能摆脱对方的打压;我一定有出头之日;草被埋得再深,也能等来它的春天,我也一样会……当你下定决心后,就会更加小心地应付目前的局面,更注意自己的言行,更懂得容忍,当然,你对出头之日的渴望也会更迫切。

那么什么是下定决心?我们该如何下定决心?

下定决心就是三分钟能完成的事情绝不在三分零一秒完成;说能办到一件事情,无论多艰辛一定能办到;不把自己的承诺当空气;斩断自己的退路,让自己无路可退。

你是一个受人打压的人,无论你目前的状况多糟糕,有一点是值得庆贺的,那就是你是优秀的,有能力的,有发展前途的,相比较他人那种隐形的潜力,你的潜力已经彰显于人前,并给他人带来了危机感。

所以,通过别人的打压,你可以确定自己能力方面没有问题。那你到底缺什么?缺的就是一个能真正赏识你的人和一个可以让你抬头的机会。也许你对自己的才华也是相当有信心,自己被人埋没自然是满心委屈,让你等待也是一件苦差事。但是,你一定要相信等待只是暂时的,你会等来自己的春天。

感谢折磨你的人

1. 让自己的目的更明确

你并非甘愿受人牵引,也不愿意让自己永远埋没,更不会就此服输于命运,将自己的未来交由他人定夺。你是有欲望,有追求,有渴望成功之心的。所以,当你受到他人打压时,你的第一个目的就是摆脱他人的束缚,往更高远的地方翱翔。超越打压你的人是你下的第一个决心。接下来你该如何超越对方?那就再下定决心让自己更优秀,补足自己的不足,学习他人的长处,让自己的提高在悄无声息中进行。不管你要用何种方式来超越对方,既然有了这样的决心,就一定要做到,如果你做不到那只能一辈子被人牵着,或者被人压制。

2. 不断寻求突破

超越打压你的人并非你最终的目的,如果你只是用一个机会换来自己的一蹴而就,超越了打压你的人,然后就终止于目前的位置不前,那不但暴露了你报复他人的行为,也让别人对你的能力产生怀疑。既然下定决心超越一个原本在你之上的人,那么你完全也可以将自己修炼到比公司里的任何一个人都要强。很多时候,我们下定决心做成功一件事情,只不过是让你从这边的石头跳到了另一边,要想达到真正成功的彼岸,你还有更多石头要跨越。有人会说,永无止境地追求下去,那多累。说来,一个能力平平的人都想着成功,既然你有让人羡慕的能力,难道甘愿将其埋没或挖掘那么一点就不再继续了吗?你不能。

3. 下定决心的事情以做成功为原则

无论你要着手一件多么微不足道的事情,只要下定了决心,就一定要以成功为目的。既然只是想着做,并没有想过成功,那做它有何意义?无论你是下定决心学习他人的长处,弥补自己的短处,还是搞好人际关系,让自己处于人和的优势。抑或要超越他人,坐上某个高位,只要你下定了决心,就一定要往成功努力。"试试看吧,也许会成功。""拼一拼,即便失败了也不后悔了。""一定很难,就算是尝试吧!"当你怀着这些消极的思想做事时,那么失败会不请自来,你都已经下好结论了,奋斗还有什么意义?

  一位小伙子要考研究生,报完名后发现需要看的书太多了,报考的热情一下消失殆尽,心想这么多书几时能看完,于是就开始打退堂鼓,想着要不考公务员吧,可是一查询发现一个职位竟然有上千人竞争。又想这么多人,自己肯定考不上。于是又想那干脆还是考研吧,学习了一阵发觉要看的东西实在太多了,又开始担心看不完。如此翻来覆去,时间一天天浪费了,最终研究生没考上,公务员考试也耽误了。

其实想想,上千个名额中最终总会有一个人考取这个职位,为什么考取的人不是自己,而是他人呢?考研的书多,那就抓紧时间赶紧看,不错过一分一秒,几本资料难道真的就看不完吗?其实,很多时候,我们要么下定决心太晚,错过了最佳时期,要么下得不够,于是就出现这样那样的消极思想。事情是你怎么想就怎么发展,你都想好不成功的结果了,那现实的结果自然不会乐观!

超越打压你的人也是这个道理。如果你真下定了决心要超越对方,下定决心各方面都要比他优秀,下定决心要摸清他的底细,下定决心要等来一个让自己一蹴而就的机会,那结果还能不尽如人意吗?

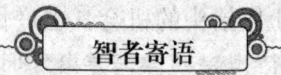

智者寄语

也许你对自己的才华也是相当有信心,自己被人埋没自然是满心委屈,让你等待也是一件苦差事。但是,你一定要相信等待只是暂时的,你会等来自己的春天。

跌倒了要有勇气站起来

有时候，我们没有把事情办好，并不是因为缺乏实力，而是缺乏一种精神，一种"永不言败"的精神。

有一个少年立志做个律师，他写信给林肯，希望林肯给他一些建议。

林肯在回复他的信上说："如果你已经下了决心想做律师，那么你已经成功了一大半了……所有成功秘诀中，决心就是最重要的条件。"

林肯深知这个道理，所以他一生都是这样做的，虽然他在学校读书的时间加起来也没有一年，但他特别喜欢看书。有一次，他从家里走到50千米外的地方去借书，到了晚上，便在小木屋中燃起了柴火，借着火光读书。第二天一早醒来，揉揉眼睛继续阅读。

他常常走二三十千米之远，去听名人演讲，回来后便私底下揣摩一番；他常常向杂货店的老板演说，他曾加入学术辩论会，将每天的事件作为练习演说的题目，不断反复练习。

曾经害羞的心理常困扰着林肯，尤其是在女性面前，他会羞涩得讲不出话来。他在追求玛丽小姐时，经常默坐客厅一隅，找不出话来谈，只是听玛丽小姐一人说话。而在盖茨堡纪念烈士大会上和第二次总统就职时，林肯缔造了演说史上无与伦比的不朽纪录。

在白宫的总统办公室里，悬挂着一幅林肯的肖像，罗斯福总统说："我碰到犹疑不决的事，便看看林肯的肖像，想象他处在这一个情况下应该怎么办，也许你会觉得好笑，但这是使我解决一切困难最有效的办法。"

你为什么不去试用一下罗斯福的办法呢？如果你在办事的时候碰到了困难，请不要气馁，你可以想一下，当年的林肯要比你困难得多！林肯竞选参议员失败后，他告诉他的同伴说："即使失败10次，甚至100次，我也决不灰心放弃！"

著名心理学家詹姆士有一段名言，希望你每天清晨都诵读一遍——"年轻人不必烦恼自己所受的教育会落空，不论你做什么事业，只要你忠于工作，每天都忙到累了为止，总有一天清晨醒来，你会发现自己是全世界能力最强的人。"

有些人在与他人比较后，沮丧到极点。殊不知，这完全没有气馁的必要，因为人是借着失败才能茁壮成长。

跌倒并不可耻，可耻的是跌倒了却没有勇气再站起来。

我们要学习小草的精神，任凭风吹雨打，也要挺直腰杆、屹立不倒。给自己多一点鼓励，必能无惧于狂风暴雨，终会有拨云见日的一天。一句话：永不言败，万事好办。

智者寄语

我们要学习小草的精神，任凭风吹雨打，也要挺直腰杆、屹立不倒。给自己多一点鼓励，必能无惧于狂风暴雨，终会有拨云见日的一天。

在坎坷的路上，留下坚实的脚印

坦途固然很好，可是这样一路走来会平淡无奇，只有通过坎坷之路取得的成功，才能让人回

感谢
折磨你的人

味无穷。

没有任何一条通往荣耀的道路是宽阔、平坦的。相反,它们往往充满泥泞,遍布或深或浅的脚印,印证着努力过的痕迹。

鉴真14岁时被收为沙弥,配居大云寺,做了大云寺内僧人都不愿做的行脚僧。刚开始的时候,鉴真感觉做行脚僧非常辛苦,经常不能按时起床出去化缘。

有一天,已经日上三竿了,鉴真和尚仍未起床,住持觉得纳闷,便到鉴真和尚的寝室里巡视。

当住持推开房门,只见床边堆了一堆破破烂烂的草鞋,住持叫醒鉴真:"今天你不出外化缘吗?床边堆的这些破草鞋是用来做什么的?"

鉴真打了个哈欠说:"这些是别人一年都穿不破的草鞋,如今我剃度一年多,却穿破了这么多鞋,今天我想为庙里节省一些鞋。"

住持听了之后,笑了笑,对鉴真说:"昨夜外头下了一场雨,你快起来,陪我到寺前走走吧!"

昨夜的一场雨,使寺前的黄土坡变得泥泞不堪。

忽然,住持拍了拍鉴真的肩膀说:"你是要当个只会撞钟的和尚,还是想成为能发扬佛法普度众生的名僧?"

鉴真说:"当然是发扬佛法的名僧啊!"

住持捻须一笑,接着说:"你昨天有没有走过这条路?"

鉴真说:"当然有!"

住持又问:"那么你现在找得到自己的脚印吗?"

鉴真不解地说:"昨天这里原本是平坦、坚硬的道路,今天变得如此泥泞,小僧如何还能找到自己的脚印?"

住持没有再说话,迈步走进了泥泞里。走了十几步后,住持停下脚步说:"今天我在这路上走了一趟,能找到我的脚印吗?"

鉴真答道:"那当然能了。"

住持微笑着说:"是的,只有泥泞的路才能留下足印啊!只要经过艰苦的跋涉,终有一天会留下痕迹的,一如此刻,我们行走在这片泥地上,不管走得多远,足印都会深深地留在泥地里,印证我们的存在。"

鉴真顿时恍然大悟:泥泞留痕。

是啊,只有泥泞的道路方能留下深深的脚印。"不历经风雨,怎能见彩虹?"面对多灾多难的人生,我们不要怨天尤人,只有踏踏实实地在坎坷的道路上前行,留下一个个坚实的脚印,才能证明我们生命的价值。

古今中外有许多人都在磨难的泥泞路上,留下了自己的脚印。这些立大志、成大事者,都备受磨难,备尝艰辛而最终为上天所成全,得建丰功伟业。

曾担任过联合国秘书长的瑞典政治家哈马舍尔德曾说:"我们无从选择命运的框架,但我们放进去的东西却是我们自己的。"人不能选择命运,却可以选择自己生命的道路。你选择艰苦的道路,你的脚印就会印在上面,被人们记住。

在生活中,我们只看到很多明星们总是前呼后拥、锦衣玉食、风光无限,但却没有细想他们是在怎样艰苦的环境中锻炼出来的。

成龙小时候离开父母进戏校练功,那里的生活无比枯燥乏味,不但要苦练功夫,还要时常挨打；梁朝伟从小就家境贫困，单亲生活使他过早地背上了生活的重担，最困难的时候只吃酱油拌饭，中学毕业后没钱念书只好去卖电器、当服务员；还有我们所熟悉的刘德华曾经做过洗头仔；周润发出身贫民窟，在酒店打杂、搬行李、卖报纸，几乎样样都做过……如果你去翻翻大明星成名前令人心酸的历史，你肯定会大吃一惊。

但是，为什么这些人能够战胜生活的磨难，最终取得成功呢？因为他们把生活看成了一座宝库，不管身在何处都不忘记吸收其中的养分。郭富城虽然做苦力，但是经常锻炼却使他练就了一副好身材，为日后的舞蹈事业打下了坚实的基础；周润发看惯了别人的蔑视，在日后饰演闯荡江湖的大侠时自然多了一些生活的体会；刘德华做洗头仔的时候就十分认真，从无欺客行为，日后的天王敬业精神也在这时初见端倪……他们的道路泥泞过，但他们的脚印也深深地印在了人生的道路上。

任何人的一生，都是一趟旅行，沿途有无数的坎坷和泥泞，但也有看不完的春花秋月。如果我们的眼睛总是被灰色所蒙蔽，如果我们的心灵总是被灰暗的风尘所覆盖，干涸了心泉、黯淡了目光、失去了生机、丧失了斗志，那我们的人生轨迹又怎能美好？世界的颜色由我们自己决定，智慧之人会擦亮自己的眼睛，当我们的心境修炼得像那个住持一样风雨无惊时，我们便能领略人生路上的亮丽风景！

智者寄语

坦途固然很好，可是这样一路走来会平淡无奇，只有通过坎坷之路取得的成功，才能让人回味无穷。

任何时候都不要放弃希望

罗勃特·史蒂文森说过："不论担子有多重，每个人都能支持到夜晚的来临；不论工作多么辛苦，每个人都能做完一天的工作，每个人都能很甜美、很有耐心、很可爱、很纯洁地活到太阳下山，这就是生命的真谛。"确实如此，唯有流着眼泪吞咽面包的人才能理解人生的真谛。因为苦难是孕育智慧的摇篮，它不仅能磨炼人的意志，而且能净化人的灵魂。如果没有那些坎坷和挫折，人绝不会有这么丰富的内心世界。苦难能毁掉弱者，同样也能造就强者。

有些人一遇挫折就灰心丧气、意志消沉，甚至用死来躲避厄运的打击。这是弱者的表现，可以说生比死更需要勇气。死只需要一时的勇气，生则需要一世的勇气。每个人的一生中都可能有消沉的时候，居里夫人曾两次想过自杀，奥斯特洛夫斯基也曾用手枪对准过自己的脑袋，但他们最终都以顽强的意志面对生活，并获得了巨大的成功。可见，一时的消沉并不可怕，可怕的是在消沉中不能自拔。

做一个生命的强者，就要在任何时候都不放弃希望，我们最终会等到转机来临的那一天。

古时候，两军对峙，城市被围，情况危急。守城的将军派一名士兵去河对岸的另一座城市求援，假如救兵在明天中午赶不回来，这座城市就将沦陷。

整整两个时辰过去了，这名士兵才来到河边的渡口。

平时渡口这里会有几只木船摆渡，但是由于兵荒马乱，船夫全都避难去了。

本来他是可以游泳过去的，但是现在数九寒天，河水太冷，河面太宽，而敌人的追兵随时可能出现。

他的头发都快愁白了,假如过不了河,不仅自己会当俘虏,整个城市也会落在敌人手里。万般无奈,他只得在河边静静地等待。

这是一生中最难熬的一夜,他觉得自己都快要冻死了。

他真是四面楚歌、走投无路了。自己不是冻死,就是饿死,要么就是落在敌人手里被杀死。

更糟的是,到了夜里,刮起了北风,后来又下起了鹅毛大雪。

他冻得瑟缩成一团,甚至连抱怨的力气都没有了。

此时,他的心里只有一个念头:活下来!

他暗暗祈求:上天啊,求你让我再活一分钟,求你让我再活一分钟!也许他的祈求真的感动了上天,当他奄奄一息的时候,他看到东方渐渐发亮。等天亮时他惊奇地发现,那条阻挡他前进的大河上面,已经结了一层冰壳。他在河面上试着走了几步,发现冰冻得非常结实,他完全可以从上面走过去。

他欣喜若狂,牵着马从上面轻松地走过了河面。

因为没有放弃希望,所以这名士兵等到了转机,从而给自己等来了重生的机会。可见,事事没有绝路,只要我们不放弃希望,那么即使是再危难的处境,也可能绝处逢生。

智者寄语

做一个生命的强者,就要在任何时候都不放弃希望,我们最终会等到转机来临的那一天。

知难而上是解决问题的最好手段

一次,有人问一位登山专家:"如果我们登山时,在半山腰,突然遇到大雨,应该怎么办?"

登山专家说:"你应该向山顶走。"

他觉得很奇怪,不禁问道:"为什么不往山下跑?山顶风雨不是更大吗?"

"往山顶走,固然风雨可能会更大,它却不足以威胁你的生命。至于向山下跑,看来风雨小些,似乎比较安全,但却可能遇到爆发的山洪而被活活淹死。对于风雨,逃避它,你可能被卷入洪流;迎向它,你却能获得生存!"

很多时候,我们在生活中都面临着这样的处境,迎面是肆虐的风雨,我们本能的选择就是要逃离,但是,逃离往往会让我们走进更大的危险之中,只有迎上去,经历风雨,我们的人生才能够更加辉煌,更加美丽。

林肯,美国历史上一位伟大的总统。在 50 岁之前,他的生命中经历了一次又一次的灾难。

1832 年,林肯失业了,这显然使他很伤心,但他下决心成为一名出色的政治家——竞选州议员。不幸的是,他竞选失败了。在一年里遭受两次沉重的打击,这对他来说无疑是痛苦不堪的。

后来,林肯着手自己开办企业,可一年不到,这家企业又倒闭了。在以后的 17 年间,他不得不为偿还企业倒闭时所欠的债务而到处奔波,历经磨难。

1834年,林肯决定再一次参加竞选州议员,这次他成功了。他内心萌发了一丝希望,认为自己的生活有了转机。

1835年,他订婚了。但离结婚还差几个月的时候,未婚妻不幸去世。这对他精神上的打击实在太大了,他心力交瘁,数月卧床不起。

1836年,他得了神经衰弱症。

1838年,林肯觉得身体状况良好,于是决定竞选州议会议长,可失败再次降临在他身上。

1843年,他又参加了竞选美国国会议员,仍然以失败告终。

至此,他已连续遭受了7次重大的打击,无论是在事业上、感情上还是在他的政治前程上,他接连遭遇失败。如果是一个不敢面对失败的人,一定早就放弃了。可是,林肯的选择却是坚持下去。

1846年,他又一次参加竞选国会议员,最后终于当选了。

两年任期很快过去了,他决定要争取连任。他认为自己作为国会议员表现是出色的,相信选民会继续选举他。但结果很遗憾,他落选了。

因为这次竞选他赔了一大笔钱,林肯决定申请当本州的土地官员。但州政府把他的申请退了回来,上面指出"做本州的土地官员要求有卓越的才能和超常的智力,你的申请未能满足这些要求"。他又一次失败了。

1854年,他竞选参议员,失败;两年后他竞选美国副总统提名,失败;又过了两年,他再一次竞选参议员,还是失败了。

失败,失败,再失败,28年中12次失败的打击,并没有让他放弃自己的追求,他一直在做自己生活的主宰。终于在1860年,他当选为美国总统。

30年的苦苦拼搏,顽强不息,经历了12次重大失败和无数次屈辱和打击,林肯并没有退缩,而是选择了迎着失败走上去。最后,失败远离了他,林肯成为美国历史上最伟大的总统之一。

失败有一种特性,你越想逃离,它逼得越紧。逃离是没出路的,即便你飞到火星上去,它亦尾随而至。

失败就像一匹狼,随时虎视眈眈注视着你。你如果没有勇气去和它搏斗,只能被它活活吞掉。

只有与之搏斗,你才有生还的希望!

智者寄语

逃离往往会让我们走进更大的危险之中,只有迎上去,经历风雨,我们的人生才能够更加辉煌,更加美丽。

奇迹多是在对逆境的征服中出现

英国哲学家培根说过:"超越自然的奇迹多是在对逆境的征服中出现的。"

感谢
折磨你的人

纵观古今,许多著名的科学家、文学家和政治家大都是在逆境中、坎坷中磨砺过来的,人类创造文明与进步的事业,无不经过挫折与失败。正所谓"宝剑锋从磨砺出,梅花香自苦寒来"。

我国古代科学家张衡发明地动仪时,曾遭到当时朝廷政治上的打击,对他降职使用,别人也嘲笑他搞科学是不务正业。但他不为功名利禄和嘲笑讽刺所动摇。世界著名科学家、大西洋海底第一条电缆的设计者威廉·汤姆逊教授曾说过:"有两个字最能代表我50岁前在科学进步上的奋斗,这就是'失败'……失败当然会产生忧虑,可是,对于从事科学的人,天赋的才能常会带来一种特别的兴致,借此使他不致十分失望,也许反会使他的日常生活格外快乐。"有人专门研究过国外293位著名文艺家的传记,发现有127人在生活中遭遇过重大的挫折。

任何成功的人在达到成功之前没有不遭遇失败的。爱迪生在经历了一万多次失败后,才发明了灯泡;而沙克也是在试用了无数介质之后,才培养出小儿麻痹疫苗。

"你应把挫折当作是使你发现你思想的特质以及你的思想和你明确目标之间关系的测试机会。"如果你真能理解这句话,它就能调整你对逆境的反应,并且能使你继续为目标努力。挫折绝对不等于失败,除非你自己这么认为。

爱默生说过:"我们的力量来自我们的软弱,直到我们被戮、被刺,甚至被伤害到疼痛的程度时,才会唤醒包藏着神秘力量的愤怒。伟大的人物总是愿意被当成小人物看待,当他们坐在占有优势的椅子上时会昏昏睡去,当他们被摇醒、被折磨、被击败时,便有机会可以学习一些东西了。此时他们必须运用自己的智慧,发挥他们的刚毅精神,才会了解事实真相,从他们的无知中学习经验,治疗好他们的自负精神病,最后,调整自己并且学到真正的技巧。"

然而,挫折并不保证你会得到完全绽开的利益花朵,它只提供利益的种子。你必须找出这颗种子,并且以明确的目标给它养分并栽培它,否则,它不可能开花结果。上帝正冷眼旁观那些企图不劳而获的人。

人生之路充满坎坷,一个人不可能永远一帆风顺,难免遇到挫折。遇到挫折并不可怕,重要的是你如何面对它。有的人会灰心,会气馁;而有的人会调整心态,重整旗鼓。不愿面对失败的人永远都是失败的;敢于面对失败的人,即使最后失败了,也仍然是胜利者,因为他们懂得如何对待挫折。不敢面对挫折的人不是一个自信的人,因为一个自信的人是不会那么介意自己的失败的,他对自己充满信心,知道自己最终会胜利。人只要多一分自信,就会坦然地面对挫折。

美国成人教育家卡耐基经过调查研究认为,一个人事业上的成功,只有15%靠其学识和专业技术,而85%靠的是心理素质和善于处理人际关系。1976年奥运会十项全能冠军的获得者詹纳,曾从体育比赛角度做了类似的论述,他说:"奥林匹克水平的比赛,对运动员来说,20%是身体方面的竞技,80%是心理上、人格上的挑战。"事实上,每个人都有充分发展自己,使自己取得巨大成就的智慧,可惜不少人却忽视了自我开发的巨大潜力。

小时候,我们都是从跌倒中学会走路的,即使长大成人,这样的生命方式也不会改变,我们仍然得"从跌倒中学会走路"。

每一个困难与挫折都只是生活中必然的跌跌动作,我们不必太过惊慌或难过,只要心里牢牢记得小时候那种不怕跌倒的勇敢精神,鼓励自己站起来,拍拍灰尘,然后继续前进,或许下一步我们就能踏着沉稳的步伐,朝着人生的新目标前进。

每个人都有自己的特点,都有适合自己的道路,不管你适合哪条道路,都要专心不二地走下去。不要看着某个人付出巨大的努力而终于得到了事业上应得的回报,受其感动自己也想出去走一走、吃点苦头,从而走向成功。也不必想着某个人因茫茫人海结人缘而平步青云,就想着自己也去碰一个能拉自己一把的人,使自己的人生早日走向坦途。因为每个人都有适合自己的道路,所以切勿朝三暮四,见异思迁。世界本不浮躁,只因自己的心没有固定的地方,所以浮躁。只要去掉了浮躁,一心向着理想专心努力,就能迎来成功。

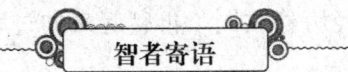

智者寄语

纵观古今,许多著名的科学家、文学家和政治家大都是在逆境中、坎坷中磨砺过来的,人类创造文明与进步的事业,无不经过挫折与失败。正所谓"宝剑锋从磨砺出,梅花香自苦寒来"。

精神不倒,就不会被困难压倒

意识的力量是无穷无尽的,我们能控制自己的意识,就能掌握生命的节奏。

也许,因为缺少行路的经验,或者是路途凶险,在中途,在你急于赶路的时刻,你却倒下了。这仿佛是命运,任何人都无法回避。

在你极不情愿选择匍匐这种姿势时,你的眼睛不能瞑闭,你的方向不能迷失,不该忘却为什么来这里。你要把经历苦难作为小憩,为与命运搏击积蓄力量。

一位精神病博士曾经在纳粹集中营中被关押了很多日子,饱受凌辱。他就是维克多·弗兰克。

弗兰克曾经绝望过。这里只有屠杀和血腥,没有人性,没有尊严;那些持枪的人都是野兽,他们可以不眨眼地屠杀一位母亲、儿童或者老人。

他时刻生活在恐惧中,这种对死的恐惧让他感到一种巨大的精神压力。集中营里,每天都有因此而发疯的人。弗兰克知道,如果自己控制不好自己的精神,他也难以逃脱精神失常的厄运。有一次,弗兰克随着长长的队伍到集中营的工地上去劳动。一路上,他总是在想:晚上能不能活着回来?是否能吃上晚餐?他的鞋带断了,能不能找到一根新的?这些想法让他感到厌倦和不安。于是,他强迫自己不想那些倒霉的事,而是刻意幻想自己是在前去演讲的路上。他来到了一间宽敞明亮的教室中,精神饱满地在发表演讲。

他的脸上慢慢浮现出了笑容。弗兰克知道,这是久违的笑容。当他知道自己还会笑的时候,弗兰克就知道,他不会死在集中营里,他会活着走出去。当他从集中营被释放出来时,显得精神很好。他的朋友们难以相信,一个人竟可以在魔窟里保持年轻。

这就是精神的魔力。有时候,一个人的精神可以击败许多厄运。因为对于人的生命而言,要存活,只需一箪食、一钵饮足矣。但既要活下来,又要活得精彩,就需要有宽阔的心胸、百折不挠的意志和化解痛苦的智慧。

大诗人亨雷曾说过:"我是自己命运的主宰,我是自己灵魂的舵手。"这是一句至理名言,它的意思是说,意识的力量是无穷无限的,我们能控制自己的意识,就能掌握生命的节奏。

当你匍匐的时候,那曾让你热血冲动、充满希望的目标也正在远方闪烁。而它,却永远也不会自动靠近你一步……

此时,你除了跃然而起,没有什么别的选择。

记住:匍匐是跃起的准备,跃起是匍匐的升华;匍匐是相对静止,跃起是形神的奋发!

把每块肌肉的力度凝集起来,把束缚和痛苦抛出去。手肘坚毅地推开泥土,双脚猛力地蹬向土地。身体在地平线上一寸寸上升,因匍匐而缩小的视野就会一轮轮放大。

也许动作太急切,你会伴着呻吟重新倒下,但只要执着尝试,终会有一次最坚实、最壮观的如日之出的跃起……

在许多情况下,我们都反复经历着跌倒了再爬起来的过程。其实我们无须气馁,只要我们的精神不倒,就不会被困难压服。

也许我们攀登了一世,依然没能登上顶峰。但是,失败的未必不是英雄。因为,我们不必太在意结局。只要奋斗了,就问心无愧!

智者寄语

匍匐是跃起的准备,跃起是匍匐的升华;匍匐是相对静止,跃起是形神的奋发!

挫折是打不败信心的

一个人成功的前提是具有百折不挠的精神,要想着:即使屡战屡败,也永不言败,因为挫折是打不败信心的。

拿破仑·希尔就曾经对自己的员工这样说过:"千万不要把失败的责任推给你的命运,要仔细研究失败。如果你失败了,那么继续学习吧!可能是你的修养或火候还不够的缘故。你要知道,世界上一辈子浑浑噩噩、碌碌无为者数不胜数。只有那些百折不挠、牢牢掌握住目标的人才真正具备了成功的基本要素。我的公司就需要这些为大目标而百折不挠的人。"

是啊,通向成功之路并非一帆风顺,有失才有得,有大失才能有大得,没有承受失败考验的心理准备,闯不了多久就要走回头路了。要知道失败并不可怕,关键在于失败后怎么做。学会正确对待失败,你才能在充满艰辛的征途中勇往直前。

当我们面对挫折时,首先需要控制自己的情感,最重要的是要转变意识,纠正心理错觉。在想不开时换个角度想一想,想开一点。为什么倒霉的事情可以发生在别人身上,而绝不该发生在你的生活中呢?毫无疑问,世界上有许多美丽的令人愉快的事情,也有许多糟糕的令人烦恼的事,却没有一种神奇的力量只把好事给你,而不让坏事和你沾边,当然也没有一种神奇的力量把好坏不同的境遇完全合理地搭配,绝对平均地分给每个人。一个人如果能真正认识到自己遇到的不如意只不过是生活的一部分,并且不以这些难题的存在与否作为衡量是否幸福的标准,那么他便是最聪明的,也是最幸福和最自由的人。

愿望不等于现实,在这点上,人生如同牌局。如果你已经遭受苦难和面临意想不到的压力,即使委屈等待,下一步也不一定就会时来运转。如果连续抛10次硬币,每一次都是反面向上,那么第11次会怎样呢?许多人会认为是正面,错了!正面向上和反面向上的可能性仍然一样大。如果没有必然联系、因果关系,那么一件事发生的概率是不受先前各种结果的影响的。

人生之中的挫折大多是难以避免的,但很多人由于心态消极,在心理错觉中导致心理推移这一点上却是自寻烦恼。他们一旦陷入困境,不是怨天尤人,就是自我折磨,自暴自弃。这一切不良情绪只能为自己指示一条永远看不到光明的"死亡之路"。印度诗人泰戈尔说得好,我们错看了世界,却反过来说世界欺骗了我们。

如果你认为困境确实是生活的一部分,那么你在遇到它时沉住气,学会控制自己的情感,凭着勇敢、自信和积极的心态,乐观的情绪,就一定能走出困住自己的沼泽。

首先，你可以考虑自己所面临的压力是否马上能改变，可以改变的就努力去改变，一时无法改变的就要勇于去接受，要学会接受不可改变的事实。其次，你再想想，这件不如意的事坏到什么程度？想方设法避免事情变得更糟，避免处境更加恶化。再次，面对压力，分析原因，通过心理自救，即选择控制自己的情感，并依靠自己的努力争取别人的理解与支持，去寻求和创造转机，走出压力，并化压力为动力，走出困境。在这个过程中，最关键的问题就是自信主动，善于选择，保持心理的平衡。

在转变意识、纠正心理错觉的问题上，还要注意另一种心理错觉——倒霉的时候只想着倒霉的事，而没有看到自己的生活还有光明美好的一面。

人们常常就是这样，一旦遇到挫折和不幸就容易眼界狭窄，思维封闭，眼睛只是死死盯在自己所面对的问题上，结果把困境和不幸看得越来越严重，以致被抑郁、烦恼、悲哀或愤怒的不良情感压得抬不起头来。由于注意力高度集中在挫折与不幸上，思想和意识就会被一种渗透性的消极因素所左右，就会把自己的生活看成一连串的无穷无尽的绳结和乱麻，感觉到整个世界都被黑暗、阴谋、艰难和邪恶所笼罩……这么一来，那就只有发出懊恼和沮丧的哀叹了。其实，这是含有严重的歪曲成分和夸大程度的消极意识和心理错觉。我们既不会万事如意，也不会一无所有；既不会完美无缺，也不会一无是处。如果你能随时随地地看到和想到自己生活中的光明一面和美好之处，同时意识到别人面临的难题、遭遇的困境甚至比自己的更严重，那你就能选择控制自己的情感，保持心理平衡，从某种烦恼和痛苦中解脱出来，并且有可能获得新生，会照样或更加自信愉快地生活。

因此，在坚持到底的过程中，绝不轻言放弃，但要学会暂时放手。也就是说，当你遇到重大的难题时，不要马上放弃，你可以先放下手中的工作，透透气，使自己的思维放松，当你重新回来面对原来的问题时，你就会惊奇地发现解决问题的答案会不请自来。适当地放松可以使你的头脑更加冷静，从而为力挽狂澜打下坚实的基础。

同时，千万不要幻想一朝成功的美事，因为那是不可能的，每个成功者的背后都是无数次失败的惨痛经历。如果你是一个刚刚加入公司的新职员，你将面临的是一个全新的世界，这需要你的耐心和坚持，才能汲取经验，在反复的失败与总结中，才能不断地获得阶段性的成功。其实，任何学习都要经历这一过程。

成功之后未必还是成功，失败也未必招致失败。关键是你如何看待失败，是否会从失败中获得成功的动力与有用的东西。

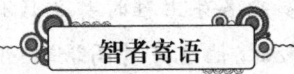

一个人成功的前提是具有百折不挠的精神，要想着：即使屡战屡败，也永不言败，因为挫折是打不败信心的。

让劣势变为优势

有一个十岁的小男孩儿，在一次车祸中失去了左臂，但是他很想学柔道。

最终，小男孩儿拜柔道大师做了师傅，开始学习柔道。他学得不错，可是练了三个月，柔道大师只教了他一招，小男孩儿有点弄不懂了。

他终于忍不住问大师："我是不是应该再学学其他招数？"

感谢
折磨你的人

柔道大师回答说:"不错,你的确只会一招,但你只需要会这一招就够了。"小男孩儿并不是很明白,但他很相信大师,于是就继续照着练了下去。

几个月后大师第一次带小男孩儿去参加比赛。小男孩儿自己都没有想到居然轻轻松松地赢了前两轮。第三轮稍稍有点艰难,但对手还是很快就变得有些急躁,连连进攻,小男孩儿敏捷地施展出自己的那一招,又赢了。就这样,小男孩儿迷迷瞪瞪地进入了决赛。

决赛的对手比小男孩儿高大、强壮许多,也似乎更有经验。小男孩儿一度显得有点招架不住,裁判担心小男孩儿会受伤,就叫了暂停,还打算就此终止比赛,然而柔道大师不答应,坚持说:"继续下去!"

比赛重新开始后,对手放松了戒备,小男孩儿立刻使出他的那招,制服对手而赢了比赛,得了冠军。回家的路上,小男孩儿和柔道大师一起回顾每场比赛的每一个细节,小男孩儿鼓起勇气道出了心里的疑问:"大师,我怎么只凭一招就赢得了冠军?"

柔道大师答道:"有两个原因。第一,你几乎完全掌握了柔道中最难的一招;第二,就我所知,对付这一招唯一的办法是对手抓住你的左臂。"

所以,小男孩儿最大的劣势变成了他最大的优势。

只要懂得扬长避短就无劣势可言。再聪明些的话,也可以把劣势变成特点或优势。这才是真正的取胜之道,也是智者的选择。

一名剑客去拜访一位武林泰斗,请教他是如何练就非凡武艺的。武林泰斗拿出一把只有一尺长的剑,说:"多亏了它,才让我有了今天的成就。"

剑客大为不解,问:"别人的剑都是三尺三寸长的,而你的剑为什么只有一尺长呢?兵器谱上说:剑短一分,险增三分。拿着这么短的剑无疑是处于一种劣势,你怎么还说这剑好呢?"武林泰斗说:"就因为在兵器上我处于劣势,所以我才会时时刻刻想到,如果与别人对阵,我会是多么的危险,所以我只有勤练剑招,以剑招之长补兵器之短,这样一来,我的剑招不断进步,劣势就转化为优势了。"

的确,优势和劣势有时候并不是绝对的。把自己放在劣势,就是给自己压力,为自己注入进取的动力。敢于把自己放在劣势的人,最终就有可能把劣势转化成为优势,从而取得胜利。检查一下自己的最大弱点,然后苦心磨炼,当它成为你最大优点之日,便是你成功之时。

曾长期担任菲律宾外长的罗慕洛穿上鞋时身高只有1.63米。原先,他与其他人一样,为自己的身材而自惭形秽。年轻时,他也穿过高跟鞋,但这种方法终令他不舒服,精神上的不舒服。

他感到自欺欺人,于是便把它扔了。后来,在他的一生中,他的许多成就却与他的"矮"有关,也就是说,矮倒促使他成功,以至他说出这样的话:"但愿我生生世世都做矮子。"

1935年,大多数的美国人尚不知道罗慕洛为何许人也。那时,他应邀到圣母大学接受荣誉学位,并且发表演讲。那天,高大的罗斯福总统也是演讲人,事后,他笑吟吟地怪罗慕洛"抢了美国总统的风头"。更值得回味的是,1945年,联合国创立会议在旧金山举行,罗慕洛以无足轻重的菲律宾代表团团长身份应邀发表演说。讲台差不多和他一般高。等大家静下来,罗慕洛庄严地说出一句:"我们就把这个会场当作最后的战场吧。"这时,全场登时寂然,接着爆发出一阵掌声。最后,他以"维护尊严、言辞和思想比枪炮更有力量……唯一牢不可破的防线是互助互谅的防线"结束演讲时,全场响起了暴风雨般的掌声。后来,他分析道：如果大个子说这番话，听众可能客客气气地鼓一下掌，但菲律宾那时离独立还有一年，自己又是矮子，由他来说，就有意想不到的效果。从那天起，小小的菲律宾在联合国中就被各国当作资格十足的国家了。

由这件事，罗慕洛认为矮子比高个子有着天赋的优势。矮子起初总被人轻视，后来，有了表现，别人就觉得出乎意料，不由得佩服起来，在人们的心目中，成就就格外出色，以致平常的事一经他手，就似乎成了破石惊天之举。

纵然存在一些缺点，仍有成功的机会。只要你肯于承认自己的缺点，积极努力超越缺点，甚至可以把它转化为发展自己的机会。

智者寄语

只要懂得扬长避短就无劣势可言。再聪明些的话，也可以把劣势变成特点或优势。这才是真正的取胜之道，也是智者的选择。

从困境中看到璀璨的阳光

在现实社会生活中生存，首先就是要接受现实，也就是说，不管你面临的困境是什么，你都要能够承认这就是你必须面对的客观存在，然后在这个基础上，你才能实事求是地想办法走出困境，克服困境。

常听到有人怨天尤人："老天为何对我特别不公？"看别人活得总比自己潇洒，处处都是成功伴随。其实，这是认识上的一大误区。实际上，深入到每个成功者的后面，哪一个没有可歌可泣的故事，哪一页不是由血汗和泪水写成！看看所谓的"名人榜"的生平就知道，这些彪炳史册的伟人，都曾遭遇一连串的困境甚至绝境，但他们都能坦然接受现实，进而奋发向上，终于取得了辉煌的成就。

《庄子》中有一则发人深省的故事。上天赋予了子舆很多缺陷：驼背、隆肩、脖颈朝天。朋友问他："你很讨厌自己的样子吧？"他回答说："不！我为什么要讨厌它呢？假如上天使我的左臂变成一只鸡，我就用它在凌晨来报晓；假如上天使我的右臂变成弹弓，我使用它去打斑鸠烤了吃；假如上天使我的尾椎骨变成车轮，精神变成了马，我便乘着它遨游世界。上天赋予我的一切，都可以充分使用，为什么要讨厌它呢？得，是时机；失，是顺应。安于时机而顺应变化，所以哀怨不会侵到我心中。"

这位古人是多么坦然、喜悦地去接受、欣赏自己，毫不自暴自弃，而且顺应客观，充分发挥自己独特的潜能，化劣势为优势。古人尚且如此通达，何况我们现代人呢？然而，现实中就有这种人，他的优势可说比这位古人高出百倍，也有才有智，就是经受不住别人的"言语轰炸"。最后，在自怨自艾中迷失了自我。如此的沉沦与自怨自艾岂不可惜？本来，这种人与成功仅隔几步，稍作努力他的人生就会是另一番风景了。但是，许多人就是难以跨越这关键的一步。

生活中的许多事，十有八九不尽如人意。不凑巧的事、倒霉的事、煞风景的事，构成了人生画面中不规则的经纬线，组合成人生中不和谐的音符。一个人只有一个心胸，只有一个思想，这些板块、音响、光色，不想看到也得看，不想理它也得理。忧愁也好，快乐也好，无可奈何、听之任之、置之不理、耿耿于怀也好，它们都在你的眼前，在你的生活中，在你一生的点点滴滴中。

感谢
折磨你的人

现代人生活在紧张的竞争氛围中,应首先学会超脱,学会自寻快乐,才能保持良好的心态,轻松愉快地生活。首先得排解一切挥之不去的阴影,才能走出怨叹的怪圈。哀叹命运的不公,怨叹自己天生的命不好,在摇首叹息之际,也就将命运交给了别人,怪谁呢?

是的,古人在经历了人生的坎坷之后,得出了"生死由命,富贵在天"的结论。但是现在我们应当知道,一个人命运的好坏,并非天定,而是自己的心态决定的。一个人一生不可能永远幸运,也不可能永远被困境纠缠。面对现实社会生活中的这种种不同的困境和难题,我们既要接受这种现实,不再抱怨,同时又要超越这种现实,要以通达的态度去面对。要相信,命运由我们自己创造,命运掌握在我们每个人手中。

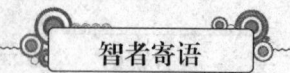
智者寄语

能从困境中看到璀璨的阳光,才是一种真正的超脱。

接受别人反对的声音

京剧大师梅兰芳先生,台上女儿身,台下男儿郎。曾几何时,他是中国舞台上最娇艳的明星,他千娇百媚的姿态,婉转悠扬的唱腔,尤其那宛如清波荡漾、千回百转的眼神,攫取了多少崇拜者的心。不过,就是这样一位将中国女性的柔性美刻画得淋漓尽致的京剧泰斗,少年时曾被老师否决,"祖师爷不赏饭",无人愿意当他的老师。

先天条件不足,后天靠什么吃饭? 转行是当时的风气所不允许的。那怎么办? 饿死算了? 上山当和尚了事? 戏团里当个打杂的,一辈子自怨自艾,碌碌无为? 抑或挥刀自刎? 这些想法在大师的脑海里都没有出现。强烈的自尊心告诉他,越是在别人否决的地方越要证明给人看。于是,他在家养了鱼和鸽子,每天盯着一只不停游动的鱼目不转睛地看,放飞鸽子目送鸽子飞到看不见,每天早上早早爬起来看日出,就这样十年如一日地练,终于练就了一双能传神的眼睛。而他也没有漏掉嗓音部分的缺陷,一个字一个字,标上最准的音,勤学苦练,最终先天的不足被后天的勤奋弥补,成就了他一副字正腔圆的好嗓音。

可以说,这是一个奇迹,他用勤奋和努力,扭转乾坤,让不可能变成可能。可以说,成就泰斗今天戏剧大师地位的就是他的那些缺陷,正因为意识到自己的缺陷,他才会拼命地利用各种有利途径去弥补,就像他曾经向否决自己的那位老师所说的:"要不是您说我'祖师爷不赏饭',我还想不到我会有这么多缺陷,我也不会下那么多死功夫去学习,要不是当初您和其他老师拒绝教我,也就不会有我的今天。"

每个人都有缺陷,都有不足的地方,我们无论想问题还是做事,都不可能做到面面俱到,疏而不漏。所以难免会得到反对的声音和打击的声音。但是,别人的否决恰恰在提醒你的不足,是在给你机会思考自己的缺陷;也正是别人的那些反对声音,让你有机会完善自己。如果没有别人的否决和打击,你还以为自己真的很优秀,看不到自己的缺点,认识不到自己的不足,甚至可能因为没有别人的反对变得自负,不愿听取他人的意见和建议,事事专断独行,最终撞了南墙也不知道回头。

所以,我们必须要让自己听到那些反对的声音,打击的声音。用别人的长处来弥补自己的短处,或者用自己的勤奋努力弥补自己的不足。同时,用别人的打击磨砺自己的意志,争取在别人不看好的地方做出成绩,给打击你的人瞧瞧。

智者寄语

每个人生来都是一块不曾雕琢的玉石,如果我们因害怕打在自己身上的铁锤,就放弃对自己的雕琢,那将永远是一块不被看好的璞玉。但是如果我们能忍受铁锤的打击,让打击不断地完善自己,最终我们会变成一块绝世无双的美玉。

从哪里跌倒,就从哪里爬起来

"从哪里跌倒,就从哪里爬起来",这是一句鼓舞克服危机者最好的话。而要真正克服危机,需要的是自我鼓励的品质和勇气。有无这种品质和勇气,决定了你是强者还是弱者。强者能在挫败之时看到站起来的希望,弱者则被困难压倒,很难恢复元气,从此一蹶不振。

美国百货大王梅西就是一个很好的例子。他于1882年生于波士顿,年轻时出过海,以后开了一间小杂货铺,卖些针线。铺子很快就倒闭了。一年后他另开了一家小杂货铺,仍以失败告终。

在淘金热席卷全国时,梅西在加利福尼亚开了个小饭馆,本以为供应淘金客膳食是稳赚不赔的买卖,岂料多数淘金者一无所获,什么也买不起,这样一来,小铺又倒闭了。

回到马萨诸塞州之后,梅西满怀信心地干起了布匹服装生意,可是这一回他不只是倒闭,而简直是彻底破产,赔了个精光。

不死心的梅西又跑到新英格兰做布匹服装生意。这一回时来运转了,他买卖做得很灵活,甚至把生意做到了大商店。虽然头一天开张时账面上仅收入11.08美元,而现在位于曼哈顿中心地区的梅西公司已经成为世界上最大的百货商店之一。

詹姆士·卡什·彭尼也饱受挫折。彭尼在密苏里州长大,高中毕业后在一家布匹服装店当了11个月的小伙计,共得薪水25美元。

彭尼的身体不好,医生劝他到户外活动活动。于是彭尼辞职前往科罗拉多州,干起了零售商的行当,他把历年所得全投进了一家小肉铺。

肉铺的最大主顾是当地一家旅馆。这旅馆的厨头兼采买是个嗜酒如命的人。有一天他跟年轻的彭尼说,以后只要彭尼每星期白送他一瓶威士忌,他就把整个旅馆的生意包给彭尼做。彭尼不干,认为这是贿赂。于是他们之间的生意从此断绝,彭尼的小店也开不下去了。

不得已,彭尼只好再去当地一家布匹服装店当店员。他以行动和言词说服了这家商店的两名店主,让他当第三名合伙人,即由他出一笔钱,加上原店的部分资金存货,由他单独去经营一个新店。这个主意就是联营的最初思路。

过了几年,彭尼开始了他自家的联营商店生意。他允许雇员享有自己从前曾经享有的机会。

当彭尼的联营商店发展到34家时,彭尼公司诞生了。如今,这家公司已拥有2400家分店。此外,它还涉足银行、信贷和电子行业。

当你似乎已经走到山穷水尽的绝境的时候,离成功也许仅一步之遥了。

感谢折磨你的人

充满必胜的信心去迎接挑战,是取得成功的基础。

无论你做了多少准备,有一点是不容置疑的:当你进行新的尝试时,你可能犯错误,不管是作家、运动员或是企业家,只要不断对自己提出更高的要求,都难免失败。但挫败并非罪过,重要的是从中吸取教训。

智者寄语

那些跌倒了爬起来,掸掸身上尘土再上场一拼的人,才会在生意场中获得成功。通向克服危机之路并非一帆风顺,有失才有得,有大失也许会有大得。一个人若没有承受失败考验的心理准备,闯不了多久,注定就要走回头路的。

跌倒的地方也有风景

通往成功之路并非一帆风顺,你必须拥有承受失败考验的心理准备,善待自己的每一次失败,因为每一次失败也都孕育着成功的机遇。跌倒的地方也有风景,千万不要急于走开。

人生道路总是磕磕碰碰的,摔倒了不要紧,勇敢地站起来拍尽身上的尘土,擦干血渍继续赶路;留下伤口不要紧,直到有一天,当你在月下历数这累累伤痕时,你会感到充实,只有它才能证明你曾经奋斗过;遇到了障碍不要紧,跳过它!你就会感受到柳暗花明又一村的希望。

日本大型熟食加工厂的总裁田中光夫先生,曾经是一个连自己的名字都不会写的校工,月薪只有500日元。但他十分满足,很认真地干了几十年。可是,就在他快要退休时,新上任的校长以他不识字为理由,将他辞退了。

几经争取无效后,田中光夫恋恋不舍地离开了学校。这天他又像往常一样,去为自己的晚餐买半磅香肠。快到食品店门前时,他猛地一拍额头——食品店的老板娘去世了,她的食品店已关门多年了。"真是倒霉,附近街区竟然没有第二家卖香肠的。"刚刚受到失业打击的田中光夫,情绪坏到了极点。忽然,一个新鲜的念头在他的脑海闪现——为什么我不自己开家专卖香肠的小店呢?田中光夫立刻兴奋起来,很快拿出自己仅有的一点积蓄接手了这家小店,专门经营起香肠来。

5年后,田中光夫成了名声显赫的熟食加工公司的总裁。当年辞退他的校长十分敬佩地打电话称赞他:"虽然您没有受过正规的学校教育,却拥有如此成功的事业,实在是太了不起了。"

田中光夫答道:"那得感谢你当初辞退了我,让我摔了个跟头后,才认识到自己还能干更多的事情。否则,我现在肯定还只是一位月薪500日元的校工。"

在人生的旅途中,有些意外的风雨是非常正常的,只要你寻觅的眼睛没有被随挫折而来的伤感遮蔽,只要你保持着快乐的情绪与心态,继续认真地去寻找,相信你一定能够找到通向成功的道路。

宋朝大诗人苏轼,已然沉睡千年了。他的跌倒,却正成全了他的风景,中国文化的一大风景。何必在意一时间的不得意?跌倒处总有风景。苏轼告诉世人,"一点浩然气",必然带来"千里快哉风"!

举世震惊的乌台诗案,使苏轼身陷囹圄,经过无数亲朋好友的尽力相助,他幸得免于一死,皇帝格外开恩地下令:罪臣苏轼,贬迁黄州,即日启程。

苏轼在人生的道路上重重地跌了一跤,他百感交集。自己闲时所作几首小诗竟被小人别有用心地利用,找出无数"罪恶滔天"的证据,让他的政治抱负再无实现的可能。他愤慨,他有许多话要说。可是他也很无奈,得以免于一死,已是万幸,谁还会来听自己的满腹冤屈,一腔忠诚?他只能眼睁睁地看着有很多不妥的王安石的新法施行下去,自己徘徊于寂静的庭院里。这一跤跌得不轻。

然而苏轼毕竟是苏轼,他豁达的天性使他忘记了痛苦,看到了风景的瑰丽。

于是,他竹杖芒鞋迎山头斜照,从容地穿行于雨中。"莫听穿林打叶声,何妨吟啸且徐行"的他得以"一蓑烟雨任平生"。他秉烛夜游,赏那自己深爱的海棠花。"只恐夜深花睡去,故烧高烛照红妆。"他的海棠是美人,是仙子,是忘记烦恼后至纯的美的享受。他泛舟于赤壁,领略那"山高月小,水落石出"的意境,飘飘然逐流于江上,与月对饮,微醉中仿佛羽化登仙,以至于不知东方之既白。他耸立于拍岸的惊涛前,千古风流人物仿佛被大浪淘尽。周郎的赤壁,就是他自己的赤壁。一樽醉江月,今夕且纵歌!他筑屋于东坡之上,饮酒赋诗,习文作画,多么惬意。千古第一风流人物,正是我苏东坡。纵然政治生涯仍不得意,仍被下放于各州,他仍能够"左牵黄,右擎苍"地聊发少年狂,仍可以如李白般停杯问月,直欲乘风归去天上宫阙。"起舞弄清影,何似在人间。"纵然"身如不系之舟",可是他的心,却无时无刻不在欣赏着人间最美的风景。

智者寄语

不要怕失败,失败也是一种收获,一种体验。历经风刀霜剑之后,你会发现使你心灵坚强的正是这些刻骨铭心的失败;不要害怕挫败,挫败之后紧跟的就是成功,因为"逆境不久,强者必胜"!

在绝境中寻找生机

对梦想和目标不要轻易放弃,因为在绝境中,我们还有生存的机会。

曾有两条欢天喜地的河,从山上的源头出发,相约流向大海。它们各自经过了山林幽谷、翠绿草原,最后在隔着大海的一片荒漠前碰头,相对叹息。

若不顾一切往前奔流,它们必会被干涸的沙漠吸干,化为乌有;要是停滞不前,就永远也到达不了自由的、无边无际的大海。云朵闻声而至,提出了一个拯救它们的办法。

一条河绝望地认为云朵的办法行不通,执意不从;另一条河则不肯就此放弃投奔大海的梦想,毅然化成了蒸汽,让云朵牵引着它飞越沙漠,终于随着暴雨落在地上,还原成河水流到大海。

不相信奇迹的那条河,宿命地流向前方,被无情的沙漠吞噬了。

在面对生活的困境时,我们都可以借鉴第二条河的选择,凭着自己坚定的信念和梦想,在绝处寻找生机,而不是用死亡来拒绝面对难题。

轻易放弃,你永远到不了终点;坚持不懈,最后就会有一个圆满的结果。在前行的道路上,你我都没有权利嘲笑那些不断前进的人,因为成功就在于他们不懈地前行。轻易放弃,你永远也到不了终点。

感谢折磨你的人

有一个女孩对足球十分痴迷,一次偶然机会,她被父亲送到了体校学踢足球。

在体校,女孩并不是一个很出色的球员,因为此前她并没有受过规范的训练,踢球的动作、感觉都比不上先入校的队友。女孩上场训练踢球时常受到队友们的奚落,说她是"野路子"球员,女孩为此情绪很低落。每个队员踢足球的目标就是进职业队打上主力。这时,职业队也经常去体校挑选后备力量,每次选人,女孩都卖力地踢球,然而终场哨响,女孩总是没有被选中,而她的队友已经有不少陆续进了职业队,没选中的也有人悄悄离队。于是,这个平时训练最刻苦认真的女孩便去找一直对她赞赏有加的教练,教练总是很委婉地说:"名额不够,下一次就是你。"天真的女孩似乎看到了希望,树立了信心,又努力地接着练了下去。

一年之后,女孩仍没有被选上,她实在没有信心再练下去,她认为自己虽然场上意识不错,但个头太矮,又是半路出家,再加上每次选人时,她都迫切希望被选中,因此上场后就显得紧张,导致平时训练水平发挥不出来。她为自己在足球道路上暗淡的前程感到迷茫,就有了离开体校放弃踢球生涯的打算。

这天,她没有参加训练,而是告诉教练说:"看来我不适合踢足球了,我想读书,想考大学。"教练见女孩去意已决,默默地看着她,什么也没说。然而,第二天女孩却收到了职业队的录取通知书。她激动不已,立马前去报到。其实,她骨子里还是喜欢着足球。女孩这次很高兴地跑去找教练了,她发现教练的眼中同她一样闪烁着喜悦的光芒。教练这次开口说话了:"孩子,以前我总说下一次就是你,其实那句话不是真的,我是不想打击你而告诉你说你的球艺还不精,我是希望你一直努力下去啊!"女孩一下子什么都明白了。

在职业队受到良好系统实战训练后,女孩充满信心,她很快便脱颖而出。她就是获得20世纪世界最佳女子足球运动员的我国球星孙雯。

"下一次就是你",在给人以希望的同时,也意味着我们在某些方面还有缺陷,仍需努力付出。只要不断充实、完善自己,时刻准备着,在逆境中绝不放弃,再坚持一下,那么下一次见到彩虹的可能就是你。

一个人在人生低谷中徘徊,感觉自己支持不下去的时候,其实就是黎明的前夜,只要你坚持一下,再坚持一下,前面就会看见亮丽的彩虹。

一天,在一棵古老的橄榄树下,乌龟听见一只长得很漂亮的雄鸽子说,狮王二十八世要举行婚礼,邀请所有的动物都去参加庆典。既然狮王二十八世邀请所有的动物都去参加庆典,而自己是动物,自己也应该去!乌龟心里想。

乌龟上路了,在路上它碰见了蜘蛛、蜗牛、壁虎,还有一大群乌鸦。它们先是发愣,然后规劝并嘲笑说:"乌龟呀乌龟,不是我们说你,这么一个非常简单的道理你都不懂,婚礼马上就要举行,可你爬得这么慢,你能赶上吗?别说婚宴早已结束,洞房也已闹完,等你赶到,恐怕生下的小孩也已经长大成人可以举行婚礼了。"

但乌龟执意前行。许多年后,乌龟终于爬到了狮王洞口。只见洞口到处张灯结彩,各类动物也几乎应有尽有。这时快活的小金丝猴告诉它说:"今天,我们在这里庆祝狮王二十九世的婚礼。"

如果乌龟听了别人的规劝后放弃前行的念头,又怎能赶上二十九世的婚礼呢?

智者寄语

在面对生活的困境时,我们要选择坚持,这样我们才能凭着自己坚定的梦想,在绝境中寻找生机,而不是用死亡来拒绝面对难题。

最好的总会到来

我们每个人在向梦想前进时，都是非常艰难的，但在面对挫折与困境时，我们只有坚持下去，才能有所突破。

罗纳德·里根，被认为是美国历史上最伟大的总统之一，他年轻时的一段经历让他终生难忘，也教会了他如何面对挫折。

"最好的总会到来。"每当他失意时，他母亲就这样说，"如果你坚持下去，总有一天你会交上好运。并且你会认识到，要是没有从前的失望，好运是不会发生的。"

母亲是对的，1932年从大学毕业后里根发现了这点。他当时决定试试在电台找份工作，然后再设法去做一名体育播音员。于是他搭便车去了芝加哥，敲开了所有电台的门，但都失败了。在一个播音室里，一位很和气的女士告诉他，大电台是不会冒险雇用一名毫无经验的新手的。

"再去试试，找家小电台，那里可能会有机会。"她说。里根又搭便车回到了伊利诺依州的迪克逊。虽然迪克逊没有电台，但他父亲说，蒙哥马利·沃德开了一家商店，需要一名当地的运动员去经营它的体育专柜。由于里根少年时在迪克逊中学打过橄榄球，于是他提出了申请，那工作听起来正合适，但他没能如愿。

里根感到十分失望和沮丧。"最好的总会到来。"他母亲提醒他说。父亲借车给他，于是他驾车行驶了7千米来到了特莱城。他试了试爱荷华州达文波特的WOC电台。节目部主任是位很不错的人，叫彼特·麦克阿瑟，他告诉里根说他们已经雇用了一名播音员。

当里根离开这个办公室时，受挫的心情一下子发作了。里根大声地喊道："要是不能在电台工作，又怎么能当上一名体育播音员呢？"说话的时候，他正在那里等电梯，突然听到了麦克阿瑟的叫声："你刚才说体育什么来着？你懂橄榄球吗？"接着他让里根站在一架麦克风前，叫他凭想象播一场比赛。里根脑中马上回忆起去年秋天时，他所在的那个队在最后20秒时以一个65米的猛冲击败了对方。在那场比赛中，他打了约5分钟。他便试着解说那场比赛。然后，麦克阿瑟告诉他，他将选播星期六的一场比赛。

里根在回家的路上，就像自那以后的许多次一样，他想到了母亲的话："如果你坚持下去，总有一天你会交上好运。并且你会认识到，要是没有从前的失望，好运是不会发生的。"

在人生奋斗中，不慎跌倒并不表示永远的失败，唯有跌倒后，失去了奋斗的勇气才是永远的失败。我们若以平常心视之，失败本身也就不足为奇。一个人若没有经历过失败，他就难以尝到人生的辛酸和苦涩，难以认识到生命的底蕴，也就不可能进入真正宁静祥和的境界。

司马迁生活在西汉王朝的鼎盛时期，伺候的是雄才大略的汉武帝刘彻。司马迁的父亲是一名记载文史的史官。

在司马迁小的时候，父亲就给他灌输成大事的思想，说："每五百年就会出现一部伟大的作品，现在距离孔子作《春秋》已经有五百年了，又该出现伟大的人物和作品了。"司马迁牢记着父亲的话，也是这句话孕育着他想成为那位伟大人物的雄心壮志。

汉武帝大力兴修水利，发展农业，养兵征战开拓疆域，使华夏版图空前辽阔。这些都成了司马迁成就《史记》的历史背景。

为了写这部鸿篇巨制的史书，司马迁实地巡访祖国的名山大川，考察古代流传下来的

感谢折磨你的人

趣闻轶事,了解和搜集各种散失的历史资料,历经数年,行程几万里,为写作《史记》搜集了大量的材料。公元前108年,司马迁被正式任命为太史令,开始了《史记》的编撰工作。

公元前98年,名将李广的后人李陵率兵攻打匈奴,陷入重围,兵败投降。朝臣们讳言主将李广利的无能(李广利是皇亲国戚,他妹妹是汉武帝的美人),将败北责任都推到李陵身上,而司马迁这时候却为李陵辩护。他认为李陵是名将李广之后,绝对不会无缘无故投降的,就是因为这件事,没想到落了个"诬罔主上"的死罪。按汉律规定,交50万钱或受宫刑可以免除死罪,司马迁家贫,交不出钱赎罪,但为了实现编写《史记》的雄心,只好蒙受宫刑的奇耻大辱。

两年后,司马迁遇大赦出狱。他被汉武帝任命为"中书令"(在皇帝身边掌管文书机要的宦官),继续《史记》的撰写工作。

受刑后的司马迁,遭受着世人百般诽谤和耻笑,终日冷汗渗背,神情恍惚,苦不堪言。纵然如此,他仍是笔耕不辍,历经十几个春秋,终于完成了这部史学巨著:中国第一部融史学、文学于一体的纪传体通史——《史记》,理清了中国从远古到汉武帝的历史,实现了自己的鸿鹄大志。

司马迁生活在封建社会,受宫刑足以使一个意志薄弱的人想到自杀。因为受过宫刑,就是一个不完整的人了,要备受世人的嘲笑与欺凌,就连自己的亲人也避而远之。司马迁精神几乎崩溃,但是《史记》刚开始撰写,他必须活下去,去完成这部睥睨古今、彪炳千古的鸿篇巨制。这需要有非凡的毅力才能完成,司马迁历经身心煎熬终于造就出了前无古人的事业。

司马迁是百年不遇的伟大人物,但在我们现实生活中,能经受住像司马迁一样苦难的人并不多,而随便的小小打击就使人一蹶不振的事例却屡见不鲜,这的确该使人觉醒。

自古英雄多磨难。一个平凡人成为一个领域的英雄或者成为一个时代的英雄,是挫折和磨难使然,因为英雄和平凡人的区别就在于,英雄能在逆境中抓住逆境背后的机遇,在绝境中创造奇迹。而平凡人在逆境中选择了随波逐流,在绝境中选择了放弃。

每个人都想成就一番辉煌的事业,但成就大事业并不是一帆风顺的,要经过一番磨炼,才可能获得豁然开朗的境界,功成名就的业绩。

智者寄语

没有困难,不必制造困难;遇到困难,不要回避困难;去积极面对,你才有机会成功,才能做出大事业。

再战一回合

许多成功者,他们与失败者的唯一区别,往往不是更多的努力,或是更聪明的大脑,只在于他们多坚持了一刻——有时是一年,有时是一天。

由于胡里奥用世界上6国语言演唱的唱片已经销售了10亿多张,致使他获得《吉尼斯世界纪录》创办者颁发的"钻石唱片奖"。在欧洲,胡里奥曾经5年都是流行歌曲的榜首明星,《法国晚报》曾赞扬他为80年代的一号歌星。歌剧明星普拉西多·多明戈这样评价这位富有激情的西班牙演唱浪漫民谣的歌手:"胡里奥达到了每个歌唱家梦寐以求的造诣,既会唱古典的，又会唱通俗的，他打动了所有观众的心。"

胡里奥假如没有信心、勇气和铁一般的毅力，那么今天他可能只是一个默默无闻的残疾人。说来也奇怪，他的成功还是由于一起车祸事故引起的。

1963年9月，胡里奥20岁生日前，他和三个朋友沿着郊区的大路驱车向马德里家中驶去，当时已过午夜，纯粹出于年轻人的胡闹，他把车速开到每小时100公里，驶到一个急转弯处，汽车陡然滑向一侧，一个跟头翻到了田里。当时没有人受重伤。过了一段时间，胡里奥感到胸部和腰部急剧的刺痛，伴随着呼吸困难和浑身发抖。神经外科专家诊断是脊椎出了问题，胡里奥瘫痪了，他被送到一个治截瘫病人的医院，脊柱检查发现：他背上在第七根脊椎骨上长有一个良性瘤，随后做了外科手术把瘤摘除。但是胡里奥回家后腰部下面仍不能动弹，随后，胡里奥经过锻炼恢复了一点活动能力，但进展相当慢，胡里奥甚是绝望，而此时有位护士得知这情形，给了他一把价钱不贵的吉他，他开始漫无目的地拨弄起来，他发现这种乱弹乱奏给他消除了忧虑和无聊。这种乱奏引发他跟着哼起来，后来试着唱出几句，使他高兴的是，自己的嗓音还不错。

手术后的4个月，胡里奥站在地板上，手抓着他家里楼梯的扶手，费力地试着举步上楼，这样的练习使他气喘吁吁。但他总算抬起了迈向康复的第一步。

他每日的目标就是比头天多迈出一步，为了加强身体其他部位的锻炼，他沿着门厅不停地爬行四五个小时。在他家的消暑住地，他能挂着拐杖沿着海滩缓慢费力地行走，而且每天早上，他在地中海里疲倦不堪地游上三四个小时，到那一年的秋天，他换成挂一根手杖行走。几个月后，他把手杖也扔到了一边，每天慢行10千米。

1968年，他于法学院毕业，他曾打算进外交使团。在那时，音乐仅是一种消遣，长期而孤独的恢复期使胡里奥产生了灵感，他总算写出了自己的第一首歌《生活像往常一样继续》。

尽管他迟疑过，最后还是同意在西班牙一年一度为流行音乐举行的最重要的比赛——本尼多姆歌节上演唱那首歌。在那次比赛中，胡里奥获得了一等奖。这首歌一时在全国流行起来，并成了一部西班牙电影的片名，这部影片是根据他和瘫痪作斗争的经历而写的，他主演了这部电影，这样又成了一位电影明星。

作为一个世界性的音乐家，公众对他的接受有一个漫长的过程。在他用歌声征服拉丁美洲听众的过程中，他首先得征服村民们，使他们知道胡里奥是谁。1971年他在巴拿马时，身无分文，露宿在公园的长凳上。就在这种情况下，他也没有怀疑过美好的明天在向他招手。他身体上的复原让他决心不放弃任何梦想。

1972年，《献给佳丽西娅的歌》结束了黑暗的日子，这首歌那跳动的民间节奏，使得它流行于整个欧洲和南美。

很快，他又推出了其他流行曲目。1974年，他的唱片《Manuela》使他在法国成为第一个获得金唱片奖的西班牙歌手。

有一次，在阿根廷的马德普拉特举行了一场音乐会后，一对夫妇送给胡里奥一颗钻石戒指表达他们感激的心意，因为在他们即将分手之际，是他音乐里的温柔和渴望使得他们夫妇重归于好。

1981年，胡里奥写的自传《在天堂和地狱之间》一书中，他描述了自己婚姻的破裂，其痛苦的程度不亚于那次瘫痪。他体会到了失败，陷进了深深的绝望之谷。他得做出超人的努力来面对观众。那时他觉得他的双腿又瘫了，可一位精神病医生对他说是他的思想出了问题："你应该像从前那样，把自己投入到事业中去。"有位医生建议："继续你已开展的事业——不达顶峰不罢休。"

感谢折磨你的人

有了这些鼓励，胡里奥感觉好多了。从那以后，他严格遵守医生的指导，时刻不忘两年前的自我疗法：每天要比昨天多迈出一步。

1988年，胡里奥和哥伦比亚广播唱片公司签了一项长期合同，他细心而不知疲倦地工作，花了6个月的时间录一张唱片，他先用西班牙语演唱，后来用了法语、意大利语、葡萄牙语和德语唱。他同时还得花些时间录制用英语首次演唱的唱片。

虽然他是个语言天才，但是用多种语言进行7小时的录音过程也够折腾人的。他对"我爱你"这几个字的发音特别小题大做。即使用西班牙语演唱，在录音时他也要花上一个多小时反复练习，直到达到了他认为能给人以美的享受才停止。

胡里奥回顾瘫痪时的黑暗之日，发现有很多东西值得感激。他说："我在音乐方面获得的一切成就，都来源于那次痛苦。"现在健康、愉快和出名的胡里奥·依格莱西斯，他的生活本身证明了他写进第一首歌《生活像往常一样继续》中的箴言：人总有理由生存，总有理由奋斗！

一些人认为所谓成功，无非就是那套ABC理论——才智、闯劲和勇气。但我们要想成功光有这三条是远远不够的。你还必须以顽强的耐力对付生活中遇到的各种坎坷、障碍。华盛顿曾说过："我以为，衡量一个人成功与否，不完全是以他在生活中所得到的地位为标准的，而是由他在努力通往成功的路上越过的障碍多少作为尺度的。"

我们每个人都得对付那些令人头痛的、失意的事情。我们暂且把地位问题放在一边，为了成功，你必须具有耐力，一位有名的拳击家在他的《再战一回合！》中充分表现了这种顽强耐力，他写道："再战一回合！当你双脚站立不稳，马上就要跌倒的时候，再战一回合！当你筋疲力尽，无法抬起双臂防御对手的进攻时，再战一回合！有时，你被打得鼻青脸肿，无力招架，甚至你希望对手干脆猛击一拳将你打昏过去时，此时此刻——再战一回合！记住，一个常常'再战一回合'的人是不会被打垮的。"

智者寄语

衡量一个人成功与否，不完全是以他在生活中所得到的地位为标准的，而是由他在努力通往成功的路上越过的障碍多少作为尺度的。

多些谋略与果断

果断是有充分事实指导下的自信和冷静的思考，冒险是关键时刻的积极行动和勇于向前，二者缺一不可，并肩而行。

一个积极进取的人，就像有一种烈火似的热情，雷厉风行，许多人对此非常羡慕，以为他们在这方面得到了上天的恩赐。实际上，这不过是因为他们专注于一个目标敢于冒险的缘故。

鲁意·佐治便是一个很好的例子。不是很了解鲁意·佐治的人，总会替他担心，恐怕他会从政治的悬崖上跌下来。他们觉得他的那种不顾一切的冒险热情会把他化为乌有，他的仕途是一条踩着火焰奔走的路程。假如遇到一个大火星，他便会立刻被大火烧成灰烬。

然而他却从没有遇到这种祸害。这又是为什么呢？就是因为在这种始终沸腾的果断后面，他有经过思考沉淀的自信，这使他能在关键时刻，在热情澎湃之时仍能保持头脑清醒、小心机警。"每当我看见鲁意·佐治的果断近乎是冒险的时候，"经常与他在一起的一个老友这样说,"我知道,在这种冒险的后面有一种非常冷静而机警的思考。"

没有充分的事实指导你的时候,就是你要格外小心的时候。你对自己能力的信心越大,就越可以去冒险。正如美国电力公司的斯伍卜所说的:"二加二等于四,这句话你几乎不需要什么勇气就可以说得出来!换句话来说,如果你对于你所了解的事实有十足的信心,说出来也就不需要冒多大险,也就无需非常的勇气了。你根据知识而行动,并非是你对于自身有多大的信心,而是因为你对于事实很有信心。"

如果你觉得一个人的运气似乎很好,你最好是去学学他那种努力考察事实的精神,而不要只求在冒险上比别人更大胆些。当然,如果你掌握了充分的事实,就应该有充分的信心去把它变成现实。

在《三国演义》一书中,关于诸葛亮果断多谋的故事,有很多描述。

西蜀的街亭被司马懿夺走之后,司马懿又率大军50万去夺取诸葛亮驻守的西城。当时城中只有2500名老弱残兵,这等于一座空城。面对强大的敌人,战也不能战,守也守不住,又不能逃跑。在这千钧一发的困境中,诸葛亮毫不犹豫地隐匿兵马,城门大开,令少数几个老兵装作平民百姓打扫街道。他自己登上城楼,面对城外而坐,弹琴,饮酒,怡然自得,一派永庆升平的景象。正是这场"空城计",使司马懿仓皇逃走,诸葛亮扭转了战局,由败转胜。诸葛亮决策果断,堪称典范。

成就果断品质的因素有很多种:

第一,有广博的知识和丰富的经验。谋略与知识是密不可分的,只有知识广博才可能足智多谋。诸葛亮在未出茅庐之时,就上知天文下晓地理,对天下大势了如指掌,并根据当时的形势制定了东联孙吴,北拒曹魏,三分天下有其一的对抗战略。可见他能果断地制定"空城计"的谋略也就不足为奇了。

第二,果断的前提是充分熟悉客观情况、认真研究和掌握交往对象的各种情况。曹操率领百万大军进犯江东孙权疆界,东吴朝野上下,主战主降者各执一词,孙权也犹豫不决。出使东吴的诸葛亮,详细分析了曹操的各种情况。诸葛亮认为,曹操号称百万之师,其实不过四五十万,而且降兵将多,军心不稳,没有战斗力。曹兵皆北方人,不服南方的气候、水土,不习水战,难以制胜。这样的分析,使孙权点头折服,接受了诸葛亮的东吴与西蜀联手抗曹的谋略。这从降到战的转变,正是通过全面分析和充分掌握作战方的情况而制定的。

诸葛亮设计"空城计",也正是他经过深思熟虑后对司马懿心理状态的正确判断。正如诸葛亮后来所说:"此人料吾生平谨慎,必不弄险,见如此模样,疑有伏兵,所以退去,非吾行险,概因不得已而用之。"

第三,对较为复杂的交往活动,为了实现谋略,往往需要同时设想多种方案,以便于主体能选择最有利的交往方案。

第四,要把握时机,果断地做决定。俗语说:"机不可失,时不再来。"交往的谋略要配合一定的机会,一定的谋略需要在特定时间和地点,在特定条件下才能成功,此外谋略也是随着时间、地点、条件的变化而变化的。

智者寄语

做事果断不同于冒失或轻率,果断是经过了深思熟虑、充分估计客观情况之后迅速做出有效的决定;在条件不足,有时间等待时,积极准备;在情况发生变化时,又善于根据新情况,及时制定新的应对策略。

感谢折磨你的人

再苦再难,也不要自暴自弃

生活中很多人都不能正确地认识自己,经受一些挫折、一点打击,就悲观失望、垂头丧气、怨天尤人、惊慌失措。甚至因为不能正确地认识自己,在极度悲观中绝望轻生,这样的例子,古今中外,不胜枚举。

让我们看一看梵·高吧!

文森特·梵·高是荷兰梵·高家族的一分子,他的家族是几乎垄断了荷兰美术市场的画商,他的父亲是一个小镇的受人敬重的牧师,而他最初的愿望就是能够做一个很好的布道者,能够为人们传播福音。

他在叔叔的一个画店里工作,这样他可以挣钱养活自己,他甚至很可能成为他叔叔的继承人来继承一大笔财产,而他却放弃了这里,选择了离开。

1869年,梵·高跟随欧洲一个有名的艺术品商人哥比尔开始经商,而那时的梵·高由于年龄小、脾气暴躁,在推销艺术品时,经常和雇主争吵,于是被哥比尔解雇了。

梵·高来到英国,在伦敦一家规模很小的寄宿学校教法文。由于他没有及时收缴贫穷学生的学费,受到牧师的责骂,离开了寄宿学校。

1881年,28岁时的梵·高成了一个世界上最孤独的人。也就是这时,他开始画画了,他画了一张又一张比利时矿工的素描。他基本上不懂绘画的技法,当然也没有人来买他画的画。

1886年2月,梵·高前往巴黎与弟弟提奥同住。提奥在当时已是小有名气的画商了,他十分推崇印象派和新印象派、后印象派画家。在弟弟的介绍下,梵·高结识了高更、贝尔纳、劳特累克、毕沙罗、修拉等画家。这一时期的梵·高深受印象派绘画的影响,画面变得明亮清新,并运用了如点彩法等一些印象派技法。同时,他也开始了著名的自画像的创作。

1888年初,35岁的梵·高厌倦了巴黎的城市生活,来到法国南部小城阿尔寻找他向往的灿烂的阳光和无垠的农田,他租下了"黄房子",准备建立"画家之家"。他的创作也进入了巅峰。《向日葵》《夜间咖啡座——室外》《夜间咖啡座——室内》都是这一时期的代表作。但他依然只能靠弟弟提奥的资助生活。

在绘画这一职业追求中,如果得不到别人的赞许和认同是很难支撑下去的,但是他得到更多的是打击,在梵·高最艰苦的阶段,他每个月的最后几天都躺在床上,以此来化解饥饿的威胁,我们可以想象这种生命的历程是多么让人心酸。

当时,上流社会的绅士们需要的是一些精致的小肖像画,或者是完美的风景画,他们不喜欢忧伤的油画。

一次,一位上流社会的少妇看到梵·高的油画,很轻蔑地说:"我很高兴把这种东西称作艺术。"面对莫名其妙的嘲讽,梵·高从没有消沉过,他不会放弃自己的艺术追求。

37岁时,梵·高画出了《圣莱米痛苦的疯子》。

然而,梵·高的画在当时却无法得到上流社会和收藏家的青睐,他的画作在那些人眼中就像废纸一样一文不值。在一次一次的失败和打击下,梵·高渐渐变得孤独起来。他觉得自己是一个真正的失败者,他开始颓废、失望甚至绝望了。他疲惫了、厌倦了,再也没有勇气面对生活给他的所有折磨和苦难,他决定离开这个嘲弄他的可悲的世界。于是,梵·高用手枪结束了自己的生命。

梵·高自杀后,人们在他身上发现了一封信,信中写道:"说到我的事业,我为它豁出了我的生命,因为它,我的理智已近乎崩溃。"

1914年,梵·高书信集出版,梵·高的一生渐渐被全世界的人所知。

1934年,《渴望生活——梵·高传》出版,梵·高的故事感动着全世界的人。

今天,梵·高已成为举世闻名的艺术大师。

可惜他自己已经无法得知了。

其实,生命的逝去并不足以让人变得崇高,只能给活着的人以痛苦或者惋惜。无论生活是幸运还是不幸,我们都应该乐于接受它,这是生活的真实体现,是生的证明,是自己存在的一种体验。生命是不堪追问的,我们也无法预言每一个人下一刻会得到什么,因为每个人都知道,我们只不过是在探索生命的意义,释放我们自己的能量。

梵·高经历了那么多磨砺,他的作品就是他的肉体和灵魂,为了它,他甘愿冒失去生命和理智的危险。然而他还是没有真正认识自己的存在价值,对自己缺乏信心,认为自己始终就是一个失败者,经历了太久的跋涉,无法继续承受失败的打击,最终决然离去。如果他能对自己有个正确的认识和判断,能够肯定自己的存在意义,再坚韧一些,那么他自己的世界就会更精彩,也会给整个世界带来更多的惊喜。

智者寄语

只要我们能够真正认识自己,并且有改变自己的勇气,就像一艘即将抵达彼岸的船舶,挫折是船舶的压舱之物,在狂风暴雨中加大前进的马力,厄运也会助成功一臂之力的,那样就会乘风破浪,最终成功地抵达彼岸。

信念是免费的,人人都可以获得

有位哲人曾说:"信念是免费的,人人都可以获得。"

不过,信念却不同于一个篮子里的苹果,只要分过去,大家都有份。信念不是别人分给你的,它因人而异,不同的人有不同的信念。

比尔·盖茨的信念是建立一个操纵世界电脑行业走向的"微软帝国",而一个叫比利的职员执着追求的最大理想不过是"全家搬进一座新房子"。

世界石油大王保罗·盖蒂从小不爱读书,父亲对他很失望。他给了儿子500美元,对他说:"这是给你打天下的本钱。两年内,我每个月只能给你100美元做生活费。"

"如果赚不到100万美元,我永远不回来!"保罗发誓。

保罗带上简单的行李,踏上东去的火车,只身一人来到俄克拉荷马州的塔尔萨镇。

这里被称为"冒险家的乐园",许多人来此挖掘石油,以求一夜暴富。当时,挖掘石油是一个很冒险的行业。如果发现了大油田,你就会马上成为百万富翁;但是假如接连打了几口滴油不见的干井,你就只能倾家荡产。保罗环顾四周,一切都很陌生,各种各样的人都在这儿,都为了寻找石油而来。有钱人还建立了石油公司,专门开采石油。同这些人相比,

感谢折磨你的人

保罗不过是个小混混。然而,他却没有被吓倒,决心一试身手。

当时一个已经赚足了钱的石油大王伯恩达吹嘘道:"凭借石油发财要靠运气,除非他能闻出石油,即使在1000米以下也能闻得出来。"

保罗很不服气,他认为,发现石油要靠运气,可运气不是坐着等就会上门的,要自己动手去找,才能碰到好运气。

1915年冬季,保罗得到一个消息:有一块叫"南希泰勒农场"的地皮要拍卖。

他怦然心动,不少人都说那块地皮下一定有石油。于是,他马上开车奔赴现场。走了一圈,他凭直觉猜测那块地很可能蕴藏着丰富的石油,可保罗兴奋不起来,一场激烈竞争是免不了的。保罗心想:"如果公开竞争,我是不会赢的,我只有500美元啊!怎么办?靠硬拼是不行的。"

一心要做石油大亨的梦想促使他想了一个谁都不敢想象的办法。保罗来到他存款的银行,要求派代表替他喊价。他故意神秘兮兮,装出不肯透露谁是真正的买主的样子。在他的游说下,银行的一位高级职员同意到时候和他一起前往。

公开拍卖开始了,银行高级职员首先举牌,引起在场的人一阵惊讶和骚动。

一些向银行借钱的人不作声了,和银行没有借贷关系的人低声议论,来者不善啊!

最后,保罗以500美元的价钱买下了这块地皮的石油开采权,那只是报价的1/3。

保罗迅速雇人架设起铁架和钻井,钻头开始伸向地下……

一天天过去了,第二年2月2日,在井下400多米深的地方,出现了一层带有油渍的沙土,这意味着,这口井里有没有油,将会在24小时内揭晓。

第二天,他的油井钻出了石油。

保罗·盖蒂注定会成为石油大亨。因为在激烈的竞争中,他没有被那一群腰缠万贯的大亨们吓倒,更没有因为囊中羞涩而黯然退出。

他要成为人人敬仰的石油大亨,尽管他的口袋里只有可怜的500美元——投资资金。

500美元买来一个石油大亨,这就是信念创造的奇迹!

人生就有许多这样的奇迹,看似比登天还难的事,有时轻而易举就可以做到。其中的差别就在于非凡的信念。

"相信你能,你就无所不能。"看似没有科学依据,但是,信念就是这样和人类的科学开着玩笑,它有神奇的魔力。科学是公式化、定律化的,它规定你只能在这个有限的范围内活动。超出这个范围的即被认为是禁区。信念却不同,它指引着你从不可能中去发现可能,创造奇迹!

智者寄语

人生就有许多这样的奇迹,看似比登天还难的事,有时轻而易举就可以做到。其中的差别就在于非凡的信念。

坚持是成功前的状态

美国的麻省理工学院曾进行一项很有意思的实验。一实验人员用很多铁圈将一个小南瓜整个箍住,以观察当南瓜逐渐长大时,对这个铁圈产生的压力有多大。最初他们估计南瓜最大能够承受200千克的压力。实验第一个月,南瓜承受了200千克的压力,到第二个月时,这个南瓜承受了700千克的压力。当它承受1000千克压力时,研究人员必须对铁圈加固,以免南瓜将铁圈撑开,最后,这个南瓜竟承受了超过2500千克的压力后瓜皮才产生破裂,他们打开南瓜,发现它已经无法再食用了,因为它的中间充满了坚韧牢固的层层纤维,为了吸收充足的养分,以便于突破限制它生长的铁圈,它所有的根往不同的方向全方位地伸展,直到控制了整个花园的土壤与资源。

由南瓜的成长想到人生,我们对于自己能够变得多么坚强,常常毫无概念!假如南瓜能够承受如此巨大的压力,那么我们人类在相同的环境下又能承受多少呢?

伏尔泰曾经说过:"要在这个世界上获得成功,就必须坚持到底,剑至死都不能离手。"

任何人成功之前,都会遇到许多的失意,甚至是多次的失败。如果你放弃了,你就放弃了一个成功的机会,因为最轰轰烈烈的成功之前的失败,往往离成功只有一步之遥。

有学生问哲学家苏格拉底,怎样才能学到他那博大精深的学问。苏格拉底听了并未直接作答,只是说:"今天我们只学一件最简单也是最容易的事,每个人尽量把胳膊往前甩,然后再尽量往后甩。"苏格拉底示范了一遍,说:"从今天起,每天做300下,大家能做到吗?"学生们都笑了,这么简单的事有什么做不到的?过了一个月,苏格拉底问学生们:"哪些人坚持了?"有九成的学生骄傲地举起了手。一年后,苏格拉底再一次问大家:"请告诉我最简单的甩手动作还有谁坚持了?"这时,只有一个人举起了手。他就是后来的古希腊另一位大哲学家柏拉图!

是啊,即使最简单的事情你能一直坚持做下去吗?想想自己吧,每到年初我们总喜欢制订计划,那时踌躇满志,有着许多美好的设想;每到年末总结,清点自己的收获时,往往更多的是遗憾和悔意。

有人说,成功与失败最终取决于意志的较量。心理学研究也表明:凡有惊人成就的人,他们所表现出来的意志品质主要有自觉性、果断性、坚持性、自制性。由于完成任务一般需要相当长的时间,所以这其中对我们考验最多的就是坚持性。

上世纪50年代,有一位女游泳选手,她发誓要成为世界上第一位横渡英吉利海峡的人。

为了达成这目标,她不断地练习,不断地为这历史性的一刻做准备。

这一天终于来临了。

女选手充满自信地昂首阔步,然后在众多媒体记者的注视下,满怀信心地跃入大海中,朝对岸英国的方向游去。

刚开始时,天气非常好,女选手很愉快地向目标挺进。

但是随着越来越接近英国海岸,海上起了浓雾,而且越来越浓,几乎已到了伸手不见五指的程度。

女选手处在茫茫大海中,完全失去了方向感,她不晓得到底还要多远才能上岸。

她越游越心虚,越来越筋疲力尽,最后她终于宣布放弃了。

当救生艇将她救起时,她才发现只要再30多米就到岸了。

众人都为她惋惜,距离成功已那么近了。

她对着众多的媒体说道:"不是我为自己找借口,如果我知道距离目标只剩30多米,我一定可以坚持到底,到达目标的。"

目标有时遥遥无期，总也望不到头。你也许正在艰难中坚持却疲倦不已，如果这时放弃，以前的努力都将白费，所花的心血都是徒劳；而只要再坚持一会儿，再加一把劲儿，眼前就有可能是别有洞天，豁然开朗。当你拨开迷雾重见阳光的一刹那，你会觉得所做的再苦再累都是值得的。坚持不是忍耐，它不是原地踏步，它是在逆流中向前，是顶着压力向上，它是积极地争取，而不是无奈地等待……你也许正在黑暗的夜色中摸索，但紧接着到来的不就是光明的早晨吗？

英国有一位叫约翰·克里西的作家，年轻时勤奋写作，但受到了接二连三的沉重打击，共收到743封退稿信。他说："不错，我正在承受人们所不敢相信的大量失败的考验。如果我就此罢休，所有的退稿信都将变得毫无意义。但我一旦获得成功，每封退稿信的价值都将重新计算。"到他逝世时为止，约翰·克里西一共出版了564本书，无数的挫折因他坚持不辍而变成了惊人的成功。

成就大事固然离不开坚持，点滴小事也需要坚持。长跑、练书法、打扫房间、早起念英语，看起来都是小事一桩，不做关系也不大，但若你试着督促自己每天去做，日积月累，你得到的就可能是健康的身体、漂亮的字迹、整洁的环境、地道的英语口语。每天坚持一点点，收获会让你欣喜不已。坚持是成功前的一种状态。

马丁·路德·金说："可以接受有限的失望，但是一定不要放弃无限的希望。"为了把希望变成现实，朋友，你坚持了没有？

智者寄语

每天坚持一点点，收获会让你欣喜不已。坚持是成功前的一种状态。

在"低人一等"中蓄积"高人一等"的能量

低是高的铺垫，高是低的目标。

工作中，没有谁开始就能占据高位，拿到高薪，每位成功的职场人士都是从低处一点一点地走向高处的。想要取得成功的关键就在于你能否在低处时蓄积迈向高处的能量。

罗明以前是个英语老师，下岗了之后他到北京一家俱乐部做会员卡的销售员。开始的时候，罗明对一切都感到生疏，初来乍到，也没有可以利用的关系。可想而知，他的处境有多窘迫！他决定采取一个初入道者都采用过的笨办法：扫楼。"扫楼"是业内人士的术语，即大大小小的公司都聚集在写字楼里，你要一家一家地跑，一家一家地问，那种情形就跟扫楼差不多。当然，你必须要找经理以上的高级管理人员，最好是总裁，普通的白领是难以接受价格不菲的会员卡的。

罗明的生活从此发生了180度的大转弯。他由一名荣耀至极的大学教师，一下子"跌落"成了一个"厚脸皮"的推销员。那是一种什么样的感觉？他心理上的落差感十分强烈。

有一个朋友问过罗明关于"扫楼"的事情。那个朋友阴阳怪气地问他："扫楼，是不是很威风，一层一层，挨门逐户，就像鬼子进村扫荡一样？"罗明听完这番话，内心真是酸甜苦辣什么滋味都有。往事不堪回首，他至今还清楚地记得"扫楼"之初的那种狼狈和艰辛。他曾经精确地统计过，他"扫楼"的最高纪录是一天内跑了10栋写字楼，"扫"了72家公司，感觉身体像散了架一样，腿和脚都不是自己的了，别说走路，就连挪动一下都很困难。

那天晚上,他坐电梯从楼上下来,在电梯间里,他感到自己的胃正在一阵阵痉挛、抽搐、恶心,唯一的想法就是找个清静的地方大吐一场。他经常忍受人们的白眼和奚落,这对于从来都备受尊重的他来说,该是怎样一种伤害啊!

如果推销会员卡只有"扫楼"这一种方法,那么很少有人能够坚持下去,也很少有人能够成功。"扫楼"只是步入这个行业的初始阶段,秘诀还是有的。大约半年后,罗明开始出现在俱乐部召开的各种招待酒会上。出席这类酒会的人都是些事业有成、志得意满的成功人士。置身于这样的环境中,罗明发现那些如同铁板一样的面孔不见了,那些刺痛人心的冷言冷语不见了,现在出现的可能是真正意义上的彬彬有礼的人士。他感到自己一下子放开了。他本来就该属于这里:他的涵养,他的才学,即使他曾经历过一段坎坷的"奋斗史",又怎能磨灭他所固有的价值与尊贵呢?他知道他们需要什么,知道他们需要听从什么样的劝告。这是很重要的,因为他一下子就能拉近与他们之间的距离,他的语言、他的讲解,也不是那样干巴巴的,仿佛带有一种难以抗拒的鼓动力。他告诉他们,俱乐部将会给他们最为优质的服务,而购买价格昂贵的会员卡,就是一种地位、身份和财富的象征。

在一次专为外国人举办的酒会上,似乎没有人比他更游刃有余。他能说一口纯正、流利的英语,这让他一下子就与外国人打成了一片。他曾经一个下午同时向8个外国人推销,结果竟然售出了9张会员卡,其中有一个人多买了一张,是送给他朋友的。每张会员卡5万美元,每售出一张会员卡,销售人员可以从中提取10%的佣金。罗明一下午的收入就很容易推算出来了。

从那以后,罗明在几个俱乐部之间跳来跳去。到了2004年初,他终于在一家俱乐部安营扎寨。他已经不用再去"扫楼"了,即使是参加招待酒会,他也不用怂恿别人买会员卡了。他有良好的学历、良好的敬业精神和销售业绩,所以,他的职位从销售员、销售经理、销售总监一直到俱乐部副总裁。显然,如果没有当年的"低人一等",哪里会有后来的"高人一筹"呢?

"低是高的铺垫,高是低的目标",对于那些已经处在事业金字塔顶端的人,你只要去研究他们的经历就会发现:他们并不是一开始就"高人一等"、风光十足的,他们也曾有过艰难曲折的"坐冷板凳"的经历,然而他们却能够端正心态,不妄自菲薄,不怨天尤人。他们能够忍受"低微卑贱"的经历,并在低微中养精蓄锐、奋发图强,而后他们才攀上了人生的巅峰,享受世人对他们的尊崇。

智者寄语

工作中,没有谁开始就能占据高位,拿到高薪,每位成功的职场人士都是从低处一点一点地走向高处的。想要取得成功的关键就在于你能否在低处时蓄积迈向高处的能量。

第四章 释放压力,激发潜能

压力能够激发潜力

压力能激发人的潜力。适时而适度的压力是成长的必备养分,更是成就亮丽生活的重要元素。

有位年轻选手,第一次参加马拉松比赛便获得冠军,而且还打破了世界纪录。当记者采访他,问他是怎么取得这么好的成绩时,年轻选手回答说:"因为,我身后有一匹狼!"

他的话让所有在场的人全都惊恐地回头张望,但是,他身后并没有狼啊!

于是年轻选手给大家讲了这么一个故事:"三年前,我在一座山林间,训练自己长跑的耐力。每天凌晨,教练就叫我起床练习,但是,即使我尽了全力练习,却一直都没有进步。直到有一天清晨,在训练的途中,我忽然听见身后传来狼的叫声,刚开始声音很遥远,但是没几秒钟的时间,就已经来到我的身后,当时我吓得不敢回头,只知道逃命要紧。于是,我头也不回地往前跑,而那天我的速度居然突破了以前!"

"教练当时对我说:'原来不是你不行,而是你身后少了一只狼!'我这才知道,原来根本没有狼,那是教练伪装出来的。从那次之后,只要练习时,我都会想象身后有一只狼正在追赶,包括今天比赛的时候,那匹狼依然追赶着我!"

如何激发自己的潜能,是许多人追寻的目标。为了发挥潜能,有人随时调整自己的思考与习惯,让自己面对更多更新的挑战,并不断地突破自己、超越自我。

一个人的潜力是无限的,有时只是缺少激发潜力的动力。有人把"吃苦"当作"吃补",意思就是从各种压力中,发挥坚毅的生命力,展现惊人的创造力。如果一个人感受不到压力的存在,更高的潜在能力很难激发出来。

每个人都要想象自己的身后有一匹狼。适当的压力,不仅是我们发挥潜能的刺激因素,更是让我们挑战自我的最佳助力。

在当今这个信息社会中,竞争越来越激烈,人们面临的工作和生活的压力也越来越大。这些工作和生活中的压力,其实也是促使我们奋斗拼搏的动力。如果没有压力存在,人们就会安于现状、不思进取、丧失斗志。

伴随小排量耗油量低的日本小汽车的进口量加大。一度使位居美国第三的汽车公司克莱斯勒也要陷入破产的境地。面对这接二连三的不幸,克莱斯勒人该怎么办呢?

这时,出现了一位名叫艾科卡的英雄,他于紧急关头接任克莱斯勒的行政总裁。在短短的三年内,他将这家濒临破产边缘的公司扭转过来,变为一家盈利的公司。在给克莱斯勒效力之前,艾科卡是福特汽车公司的总经理。这位总经理时常受到该公司总裁福特二世的排挤,令他不能充分发挥自己的才华。后来,他被炒了鱿鱼,他所有的特权,包括令人羡慕的高薪、豪华富贵且设施齐全的办公室,还有保安、秘书,一夜之间化为乌有。由于合约的关系,他在被炒了鱿鱼后仍得待在公司一段时间。在这段时间中,他被安置到一个脏乱不堪的货仓里办公,那里连转身的空间都谈不上,于是,艾科卡发誓要用一番成就来雪耻。结果,在接手面临破产的克莱斯勒公司后,他的努力成功了。

假使福特二世让艾科卡风风光光地退了休,假使艾科卡没体会到"屈尊货仓"的公然侮辱,那么,后来的艾科卡肯定不会如此风光,他可以依靠丰厚的退休金心满意足地安度他的晚年。反正他早已成功过,富贵过,风光过,他的人生几乎已没有什么缺憾。但福特二世的侮辱,激发了他的斗志,给了他排除压力下决心取得成功的动力。

斯泰里16岁的时候,在一个大五金商店里做店员,这正是他所希望的一个职位。他感到自己的前途无量,于是他努力工作,尽心学习各种业务知识,自己盼望着将来做一个成功的五金销售员。他一直以为自己是踏实肯干的,但是其上司却看法不同。

"我不用你了,你是绝不会做生意的。你到塞强铸造厂去做一个工人吧。你那种蛮力,除了做这种工作之外,没有什么别的用途。"

斯泰里无端被炒鱿鱼,这对于一个年轻人来说,是多么无情的打击和侮辱啊!因为他始终以为自己工作得很好。那么,他是否预备到铸造厂去呢?一时间他的头脑里充满了不满、愤怒、愤愤不平等激烈的思想斗争。他受到了极大的打击,决心要干出一番成绩来。

他到上司面前郑重其事地对他说:"你可以辞退我,但是你不能削弱我的志气。"他面对那无理的上司发誓说:"十年之内,我也要开一个像这样大的五金店。"

他的话并不是一种气愤的发泄而已。这个青年将第一次的失败变为激励自己的动力,驱使他不停地努力,一直到他成为全国最大的五金制品商之一。

如果没有受这次打击,恐怕斯泰里永远是一个平庸的销售员而已。在受到打击之前,他原以为自己的工作是很好的——这种心满意足的心理足以磨灭他那种好学上进的斗志。他所受到的那个粗鲁经理给他的打击,正是促使他奋发上进的必要动力。有时要战胜一种不适当的自满心理,唯一的方法是受一次沉重的打击。

压力是人们面对困境逆境的一种感觉。其实,只要你能正视现实,并从中发现事情有利的一面,就可以成功地引出积极心绪,使心理发生良性变化,压力就会变为奋斗的动力。

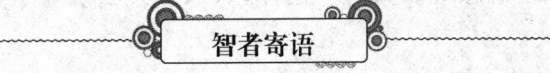
智者寄语

适当的压力,不仅是我们发挥潜能的刺激因素,更是让我们挑战自我的最佳助力。

压力是助我们奋起的东风

压力存在于人们生活及工作中的方方面面,诸如生活压力、竞争压力、恋爱压力等,如果你没有在压力面前奋起的勇气,那你只能在重重压力中陷入虚无。

感谢
折磨你的人

众所周知，张学友是香港著名歌星，是四大天王之一，很多人痴迷他的歌、喜欢他的电影、羡慕他的辉煌，可有几个人知道他艰辛的奋斗历程呢？不要自卑，也不要害怕挫折，这是他的成功秘诀。

他的第一份工作是在政府贸易处当助理文员，工作十分乏味。不肯安于现状的性格使他不久跳槽到了一家航空公司，但工资比第一份还少。当时他也没有想过有一天会成为明星，踏入娱乐圈是偶然的，成功也来得太快，这使他沉溺在成功带来的满足感和优越感之中，只知道尽情玩乐，逐渐变得放纵、狂傲、骄横，得罪了许多人。结果他的唱片销量呈直线下降，第一、二张唱片都卖了20万，第三张却只卖了10万，接着是8万、2万。他走在街上，原来是"学友""学友"的欢呼，现在成了粗言秽语；站在舞台上，原来是鲜花热吻，现在是阵阵嘘声。开始张学友接受不了这残酷的事实，没有去分析原因，而是选择一味地逃避——酗酒、骂人、闹事……家人朋友看得心痛，不断地劝慰，但他一概不听，而且他还想过自杀！

沮丧的日子持续了两三年，后来他开始自省，意欲东山再起，这是他骨子里不肯服输、敢于一拼的性格所决定的。如果天生懦弱，那么自杀恐怕是他最终的抉择。他很了解娱乐圈"一沉百踩"的事实，知道要东山再起所必需的艰辛，但他决意一拼！他后来总结经验说："当你决定要面对挫折和困难时，发现原来并不是没有出路的！"他努力唱出自己的风格，努力拍戏，努力去研究失败的原因，努力学习处世方法，努力应对各种刁难和挫折……全力以赴，付出了不为圈外人所知的艰辛，辉煌逐渐又回到了他的身边。

张学友说，压力和挫折没有人可以避免，重要的是要有豁达、乐观、坚毅、忍耐的性格。要搞清楚自己的位置和方向，才能走出失败，重新振作起来。他说自己希望做一只蜗牛，蜗牛永远不会理会别人的催促，无视外来的压力，只是依着自己的步伐和所选择的方向，勇往直前，这必能成功。

压力和挫折时刻都会存在，有人说，人没有了压力生活就会没有了方向，就像没有了风，帆船不会前进一样。但你一定不能在压力中不思进取，否则你将被压力淹没。

在压力中奋起，你才会有成功的可能。

人是需要紧张和压力的，如果没有既甜蜜又痛苦的冒险滋味的"滋养"，人的激情和活力就无法存在。

因为压力，我们才"跑"得更快。

生活中，不少人畏惧压力，逃避压力，因为压力会让人备感沉重，喘不过气来。其实，压力又何尝不是一种动力呢？它会带给我们痛苦和沉重，但也能激发我们的斗志和内在的激情。试想，不管学生多么勤奋，但得到的全是一样的考分；不管员工多么努力，但得到的是相同的工资。那么，谁还会有激情？谁还愿意继续努力？这样，人人就只会混日子，变得越来越懒散，激情也将消失殆尽。

压力不仅能激发人的斗志，还能创造奇迹。

日本的北海道盛产一种味道珍奇的鳗鱼，海边渔村的许多渔民都以捕捞鳗鱼为生。鳗鱼的生命非常脆弱，只要一离开深海区，不到半天就会死亡。

有一位老渔民天天出海捕捞鳗鱼，奇怪的是，返回岸边之后，他的鳗鱼总是活蹦乱跳。而其他捕捞鳗鱼的渔民，无论怎样对待捕捞到的鳗鱼，回港后都死了。

由于鲜活鳗鱼的价格要比冷冻的鳗鱼贵出一倍，所以没几年工夫，老渔民便成了远近闻名的富翁。周围的渔民做着同样的事情，却只能维持基本的温饱。

后来，人们才发现其中的奥秘。原来，鳗鱼不死的秘诀，就是在整仓的鳗鱼中放进几条狗鱼。鳗鱼与狗鱼是出了名的死对头。几条势单力薄的狗鱼遇到了强大的对手,便惊慌失措地在鳗鱼堆里四处乱窜,这样一来,整船死气沉沉的鳗鱼就被激活了。

故事说明了一个非常简单的道理:对手能让我们提高警惕,压力可以激发我们的活力。

常言道:"井无压力不出油,人无压力轻飘飘。"生活中,人们经常有这样的感觉,挑着重担的人比空手步行的人要走得快,其中的奥妙,便是压力的作用。人生一世,轻松愉快只是一种可能,而承受不同程度的压力则是一种必然。在工作中、生活中遇到的困难、挫折、不幸,是一种压力。生活节奏加快、竞争日趋激烈、追求的痛苦、爱情的困惑,更是压力……我们无法撇开压力去谈人生。

压力如苦胆,但勾践卧薪尝胆,终率三千越甲吞吴,俘获了终日与西施畅游后宫的夫差;宫刑的压力如山,但司马迁并未逃避或自绝于世,在贫病之中,他完成了辉煌巨著《史记》……压力在前,怨天尤人,绕道而行,你的人生境界将似井底之蛙。负重之下,变压力为动力,逆流而上,成功将不期而至。压力并非痛苦、沉重的代名词,直面压力,反而愈挫愈勇。正视压力、与压力共处,正是冠军、强者的选择。

当然,压力也不能太大,大得难以承受,人会被压垮。

压力不能没有,又不能过大,同时压力也无法摆脱,生活就是这样,充满着矛盾,我们只能选择适应生活和改变自己。当你没有了激情,懒懒散散,那就给自己加压,定下一个目标,限期完成;当你感到压力使你心身疲惫,都快成机器了,你就要进行压力舒解,放下一些攀比和力不从心的追求。

当一个人没有任何压力的时候,他就会失去前进的动力,成为轻飘飘的云,没有方向。要想改变现状,你必须给自己一些压力。

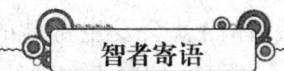
智者寄语

常言道:"井无压力不出油,人无压力轻飘飘。"生活中,人们经常有这样的感觉,挑着重担的人比空手步行的人要走得快,其中的奥妙,便是压力的作用。

自我激励,走出人生的低谷

对于一个大无畏的人来说,愈为环境所迫,愈加奋勇。于是,命运在他的奋勇中改变,挫折在他的自励中屈服。

人生旅途,有高山,有低谷。登上高山时,勿张狂;走入低谷时,别气馁。将人生的旅途描绘成图,上面一定会有高低起伏的曲线,它可比呆板的直线丰富多了。然而,却常常见到人们在生命的低谷中怨叹、悲泣甚至痛苦。

一个月里我们总有几天显得无精打采,一年之内我们总有一段时间显得力不从心,这就是情绪低潮。人在低潮时,情绪低落,如果打击太重,有的人甚至还会失去活下去的勇气。当我们碰到了人生的低潮,而我们的亲戚、朋友、师长们又都无法给我们安慰和鼓励时,就需要我们自己鼓励自己,让勇气和力量在自己的心中产生。

自我激励是一种积极的心理暗示,它能激发我们心底的潜能,使这种潜在的能量充满自己的全身,让我们恢复体力,恢复自信,恢复原有的战斗热情。可见,自我激励是影响人生成功的

感谢
折磨你的人

关键因素。

世界上没有一条笔直的路,古印度莫卧尔皇帝在一生中也经过许多次失败。

作为一国之统帅,为了躲避敌军的搜捕,莫卧尔不得不屈尊地躲在了马槽里,他越想越丧气,真想冲出马槽,一拼到死。就在这时,他看到马槽里有一只蚂蚁在艰难地拖着一颗玉米粒,试着爬过一道看来它不可能超越的坎。已经是第六次了,蚂蚁从坎上翻滚下来,但小小的蚂蚁似乎没有意识到困难的巨大,他又一次衔起玉米粒爬了上去,终于它成功地翻了过去。莫卧尔大受鼓舞,脱险后他再一次招集军队,不屈不挠地与敌人周旋,最后他终于建立了中世纪最后一个横跨欧亚非的帝国。

你是否能够走出人生的低谷不在别处,就在你自己身上。莫卧尔皇帝受到蚂蚁搬家的精神鼓舞,重新自励自强起来,也重新征服了敌人,建立了庞大的帝国。因此,我们应该不断激励自己。下面是几种如何自我激励的方法,不妨借鉴一下:

(1)同乐观坚强的人交友。你所交往的朋友会改变你的生活。结交那些希望你快乐和成功的人,你在人生的路上将获得更多益处,对生活的热情更具感染力。因此同乐观的人为伴能让我们看到更多的人生希望。而对于那些不支持你目标的朋友要敬而远之。

(2)正视危机。危机能激发我们竭尽全力。无视这种现象,我们往往会愚蠢地创造一种舒适的生活方式,使自己生活得风平浪静。当然,我们不必坐等危机或悲剧的到来,从内心挑战自我是我们生命力的源泉。

(3)调高目标。真正能激励你奋发向上的是确立一个既宏伟又具体的远大目标。许多人之所以达不到自己孜孜以求的目标,是因为他们的主要目标太小,而且太模糊,使自己失去主动性。如果你的主要目标不能激发你的想象力,目标的实现就会遥遥无期。

(4)离开舒适区。不断寻求挑战,体内就会发生奇妙的变化,从而获得新的动力和力量。但是,不要总想在自身之外寻开心。令你开心的事不在别处,就在你身上。因此,找出自身的情绪高涨期用来不断激励自己。

(5)精工细笔。创造自我,如绘一幅巨幅画一样,不要怕精工细笔。如果把自己当作一幅正在创作中的杰作,你就会乐于从细微处做改变。一件小事做得与众不同,也会令你兴奋不已。

(6)加强排练。先"排演"一场比你要面对的局面更复杂的战斗。如果手上有棘手活而自己又犹豫不决,不妨挑件更难的事先做。生活挑战你的事情,你定可以用来挑战自己。这样,你就可以开辟一条成功之路。成功的真谛是:对自己越苛刻,生活对你越宽容;对自己越宽容,生活对你越苛刻。

(7)迎接恐惧。世上最秘而不宣的体验是,战胜恐惧后迎来的是某种安全有益的东西。哪怕克服的是小小的恐惧,也会增强你对创造自己生活能力的信心。如果一味想避开恐惧,它们会像疯狗一样对你穷追不舍。此时,最可怕的莫过于双眼一闭假装它们不存在。

(8)把握好情绪。人开心的时候,体内就会发生奇妙的变化,从而获得新的动力和力量。因此,要调整好自己的情绪。

(9)敢于犯错。有时候我们不做一件事,是因为我们没有把握做好。我们感到自己"状态不佳"或精力不足时,往往会把必须做的事放在一边,等待灵感的降临。实际上,很多自己认为做不好的事情,一旦做起来会乐在其中。

毛泽东带领队伍上井冈山,"敌军围困万千重,我自岿然不动",终于迎来了革命形势的转机,使中国革命的"星星之火"成为"燎原之势";鲁迅捭笔斗群顽,"横眉冷对千夫指",才成就了新文学巨匠、新文化的先驱。奋斗的路尽管不平坦,但也并非"蜀道难难于上青天""愚公移山"

的决心和行动终能感动"上帝",相信我们坚定的步履也终将叩响成功之门。

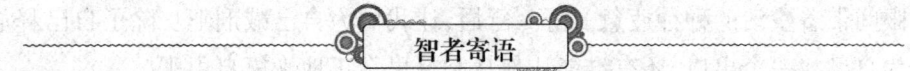

要学会面对磨难,不要错过人生的失意时刻,也许当生命之神把你抛入谷底时,正是你人生腾飞的最佳时节。学会自我激励,走出人生的低谷,摆在你面前的,那将是一片湛蓝的天!

为自己减刑

舒一舒眉,为自己减刑吧。除了自己,没有人能让你恢复自由。上帝是精明的,他在每个人的人生道路上都设满深浅不一的坎坷,并且还故意让某些人遇见极深的坎坷,以此来判别人类的坚强与怯懦,明智与愚蠢。

很久以前,英国人在印度农村抓窃贼时方法十分简单,抓到一个窃贼便在地上画一个圈让他待在里边,抓够了数字便把他们一个个从圆圈里拉出来排队押走。这真对得上"画地为牢"这个中国成语了,因此说,世界上最恐怖的监狱并没有铁窗和围墙。

对有的人来说,一个仇人也是一座监狱,那人的一举一动都成了层层铁窗,天天为之而郁闷愤恨、担惊受怕。有人干脆扩而大之,把自己的嫉妒对象也当作了监狱,人家的每项成果都成了自己无法忍受的刑罚,白天黑夜独自煎熬。人类的智慧可以在不自由中寻找自由,也可以在自由中设置不自由。环顾四周多少匆忙的行人,眉眼带着一座座监狱在奔走。

有一位商人,因欠巨债无能偿还而进了监狱。但他并没有因此抱怨、伤心,而是借此机会做自己以往无暇做的事,学习外语。开始学习外语后,他发现他并不像生活在人们所说的"恐怖"的监狱里,他感觉日子过得飞快,而且过得非常开心。在他出狱那一天,他带出来一部60万字的译稿,并准备出版。

"坐牢"在这位商人的人生道路上该是一个多深的坎坷啊!然而,他是坚强的、明智的,他是刑满释放的,但是却为自己大大地减了刑。茨威格在《象棋的故事》里写一个被囚禁的人无所事事度日如年,而获得一本棋谱后日子过得飞快。外语就是这位商人的棋谱,轻松愉快地几乎把他的牢狱之灾全部赦免。他把"恐怖"的监狱当成自己发展的另一美好天地,继续奋斗着,他在为自己减刑。

找到生活的心灵"棋谱",紧张充实有意义并且充满快乐的生活一定可以使我们忘掉所谓的"牢狱之灾"。真正进监狱的人毕竟不多,但有的人却像真正的囚徒一样把自己关在心造的监狱里,不肯自我减刑、自我赦免。

公交车上,一个年轻的售票员,懒洋洋地招呼着上车的乘客,很不耐烦地回答乘客提出的到站问题,爱理不理地售票,时不时地抬起手腕看看表,然后无聊地看着窗外,一眼就能看出他并不喜欢这个职业,因为他并未让旁人感到他从这项工作中获得的乐趣。相反,带给大家的是厌烦与种种的无奈。他给人的感觉就是他似乎成了这辆公交车里的囚徒,这辆车感觉就像是他心灵里的监狱,只是他却不知道刑期有多长。其实,他为何不让自己愉悦地融入工作,满心欢喜地把自己释放出来呢?那样这辆公交车自然会变成它实现自己价值的美好天地。

感谢折磨你的人

世界上最恐怖的监狱是我们自己的心为自己所造的心灵监狱。走在路上,看到那么多匆忙的行人,眉眼间带着生活的种种疲惫。舒一舒眉,让我们为自己减刑吧!除了自己释放自己,为自己减压,为自己找一个出口,还有谁能让你从心灵里真正地恢复自由呢?

现实社会也是一个大监狱,我们谁也逃不了困境、痛苦等严刑拷打。但如果我们能把这些严刑当作是对自己的一次次磨炼,学会为自己减刑,那么,我们的人生将会是出色和潇洒的。正如一位作家所说的那样:面对人生的境遇,我们应选择拥抱与品味,浸泡在痛苦中却能体味出甘甜,面对致命的打击仍能乐观面对,那么我们就是坚强而明智的,我们的人生是不朽而多彩的。生活对每一个人来说都是很具体、很现实的。用心感受每一个生活的点滴,都会从中得到收获。

智者寄语

现实社会也是一个大监狱,我们谁也逃不了困境、痛苦等严刑拷打。但如果我们能把这些严刑当作是对自己的一次次磨炼,学会为自己减刑,那么,我们的人生将会是出色和潇洒的。

摆脱压力,轻松生活

如果工作和生活的压力太大,无法去做一些想做的事情,那么就在自己的脑海中想象一下那些你所喜爱的地方,如高山、草原、海边、落日等,以达到放松大脑、轻松精神的目的。

放松有助于减轻生活造成的压力,带给你安详平和的心境。抛开一切事情,什么也不干,把自己从混乱无章的感觉中解救出来,让头脑得到彻底的净化,放松一下,你的生活将会得到很大的改善。

有一位雄心勃勃的私企老总,企盼公司能够更加迅速地发展壮大,并为此拼命工作。他对下属和自己都制定了严格的要求。他每天工作超过14个小时,公司、家里都有办公室。一段时间之后,他发现自己的脾气变得挑剔,经常莫名其妙地发火,而且记忆力明显减退。随后他又发现自己的身体状况开始下降,变得瘦弱。但是他仍然一如既往地工作。终于有一天,在他洗澡的时候,他躺在浴缸里爬不起来了,他的一条腿不能动了。这时他才意识到自己在不知不觉中被压力击垮了!

压力有两种:一种对你有益;另一种对你则有害。当你对某件事情感兴趣的时候,那就是有益的压力。此时,你会心跳加速、血压稍微升高、体内释放出肾上腺素,而且呼吸变得急促。有害的压力也会产生同样的心理反应,但这些反应过于激烈,它们对你的身体产生害处。

由于财务不稳定、上司不够体恤、工作能力不足等其他类似原因所产生的有害压力,会导致愤怒、挫折、精疲力竭、沮丧、头痛、高度紧张、失眠、注意力无法集中、消化不良、厌食、喜怒无常、高血压、中风、心脏病,或是因为免疫系统的失调而导致无法抵抗感冒和病毒,甚至会虐待配偶和小孩。因此,必须控制这种压力,具体可采用以下方法:

(1)让自己彻底放松一下。比如:读一篇小说,唱歌或者干脆什么也不干,坐在窗前发呆。这时候关键是你内心的体味,一种宁静,一种放松。

(2)至少记住今天发生的一件好事情。不管你今天多辛苦或是多不开心,回到家里,都应该把今天的一件好事情同家人分享。

（3）一次只担心一件事情。女人的焦虑往往超过男人。哈佛大学的研究人员对166名已婚夫妇进行了6个星期的研究，发现了因为女人更爱方方面面地考虑问题，所以女人们比男人更经常感到压力。她会考虑自己的工作、体重，还有每个家庭成员的健康等等。

（4）享受按摩的乐趣。不仅包括传统的全身按摩，还有足底按摩，修指甲或美容等，这些都能让你的精神松弛下来。

（5）放慢你的速度。也许你每天的桌上摆满了要看的文件，你的右手在接听电话，左手还要翻看资料。你要应付形形色色的人，说各种各样的话。那么你一定要记住，尽量保持乐观的态度，放慢你的速度。

（6）不要太严肃。建议你和朋友一起说个小笑话，大家哈哈一笑，气氛活跃了，自己也放松了。研究表明，笑不仅能减轻紧张，还有增进人体免疫力的功能。

（7）不要让否定的声音围绕自己，而把自己逼疯。别人也许会说你这不行那不行，实际上自己也是有着许多优点的，只是他们没发现而已。

（8）每天集中精力几分钟。比如现在的工作就是把这份报告打好，其他的事情一概抛在脑后，不去想。在工作的间隙，你也可以花上20分钟的时间放松一下，仅仅是散步而不考虑你的工作，仅仅专注于你周围的一切，比如你看见什么，听见什么，感觉到什么，闻到什么气味等等。

（9）说出或写出来你的担忧。写下来或是与朋友一起谈一谈，至少你不会感觉孤独而且无助。

（10）不管你有多忙碌，一定要锻炼。研究人员发现，经过30分钟的踏脚踏车的锻炼后，被测试者的压力水平下降了25%，或者到健身房，快走30分钟，或者在起床时进行一些伸展练习都行。

世界上不存在没有任何压力的环境。要求生活中没有压力，就好比幻想在没有摩擦力的地面上行走一样不可能，关键在于怎样对待压力。

  一家世界500强企业之一的美国公司在选择北京办事处负责人时，通过一个很小的细节考察了应聘者的环境适应能力。当时，共有7名应聘者，其中只有一位是女士。考官故意把应聘者的位置安排在空调下，而且将其功率开得很大。结果，6位男士都无法忍受长达两个小时的面试，只有这位女士坚持到了最后，当面试结束时，这位主考官说："由于公司刚在北京成立办事处，属于万事开头难的阶段，所以只有能够适应环境，敢于接受挑战，并且能够以愉快的心情去面对压力的人才会被我们录用，钟女士，欢迎你加入到公司中来。"

适应环境的能力是必需的，因为只有从容地适应环境，才能在不断变化的环境中保持旺盛的精力，迎接挑战。

就像不能逃避生活一样，我们无法逃避压力。事实上，有压力并非坏事，故事中的钟女士，因为接受了压力，才得以从几位应聘者中脱颖而出。这个故事告诉我们，接受压力就是接受成长的机会。

智者寄语

放松有助于减轻生活造成的压力，带给你安详平和的心境。抛开一切事情，什么也不干，把自己从混乱无章的感觉中解救出来，让头脑得到彻底的净化，放松一下，你的生活将会得到很大的改善。

感谢折磨你的人

压力是生活的必然，负重更要前行

压力带给你的感觉不仅仅是痛苦和沉重，它也能激发你的斗志和内在的激情，使你兴奋，使你的潜能被开发出来！

折磨你的人会给予你巨大的压力，这时，你该如何应对？

美国鲍尔教授说："人们在感受工作中压力时，与其试图通过放松的技巧来应付压力，不如激励自己去面对压力。"

每一个人对于压力都有一种很特别的感觉。不错，人人都会本能地想摆脱压力，但往往都不能如愿！

一个人的惰性与生存所形成的矛盾会是压力，一个人的欲望与来自社会各方面的冲突会是压力。说通俗一些，就是人生的各个阶段都有压力：读书有压力，上班有压力，做平民老百姓有压力，做领导干部也有压力。总之，压力无处不在！

有压力是好事还是坏事？

科学家认为：人是需要激情、紧张和压力的。如果没有既甜蜜又痛苦的冒险滋味的"滋养"，人的机体就无法存在，适度的压力可以激发人的免疫力，从而延长人的寿命。试验表明，如果将人关进隔离室内，即使让他感觉非常舒服，但没有任何情感体验，他也会很快发疯。

压力带给你的感觉不仅仅是痛苦和沉重，它也能激发你的斗志和内在的激情，使你兴奋，使你的潜能被开发出来！

体育比赛的压力是大家都有目共睹的，正是因为压力大，世界纪录才会频频被打破。企业工作业绩的压力也是很大的，然而正是激励的竞争机制才使企业飞速发展，人才也层出不穷。

压力不仅能激发斗志，压力还能创造奇迹。据说有一条非常危险的山路，是人们外出的必经之路，多少年来，从未出过任何事故。原因是，每一个经过的人都必须挑着担子才能通行。可是奇怪的是，人们空着手走尚且很危险的一条狭窄的小路，一边是陡峻的山崖，一边是无底的深渊，而挑着担子却能顺利通过。那是因为挑着担子的心不敢有丝毫的松懈，全部精力和心思都集中于此，所以，多少年来，这里都是安全的。这正是压力的效应。

相反，没有压力的生活会使人活得没有滋味。

试想，如果所有的学生都是一样的考分，不管你是多么努力！所有的员工都是一样的工资，不管你是多么勤奋！那还会有谁愿意继续努力？人人就只会混日子过，会变得越来越懒散，激情也将消失殆尽！说大了，社会也将停滞不前。

但压力又不能太大，大得难以承受，人是会被压垮的。这样的例子也很多。

> 有一个女孩因感觉高考没考好，就没有回家而直接跳到江里了。当录取通知书发下来时，她已离去很多日子了。原因是，这次考试是一锤子"买卖"，如果这次没考上，她也就没有第二次机会了——家长是这样对她说的，所以她无法承受这样的压力，最终选择了永不面对。

压力不能没有，压力又不能过大，而压力又无法摆脱。是的，生活就是这样，充满着矛盾，我们只能去选择适应生活和改变自己。当你没有了激情，懒懒散散，那就给自己加压，定下一个目标，限期完成；当你感到压力使你身心疲惫，都快成机器了，你就要进行压力舒解，放下一些攀比心和力不从心的追求。

当你没有任何压力的时候，人就会失去动力，成为轻飘飘的云，没有了方向。要想改变现状，你必须给自己一些压力。珍珠的来历大家都知道，它是石子被放进贝壳，经过不分昼夜地磨砺而成的。让我们学习贝壳吧，把压力变成珍珠！

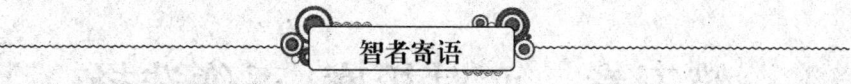

智者寄语

压力带给你的感觉不仅仅是痛苦和沉重，它也能激发你的斗志和内在的激情，使你兴奋，使你的潜能被开发出来！

第五章 面对折磨，正确选择

选择比努力更重要

从小到大，我们已经掌握了很多关于勤奋的格言，以至于勤奋几乎成了我们眼中唯一不变的法则和真理。但是也许你总会陷入这样的情景中：工作经常加班加点，但是还没有得到升迁的机会；付出的总比别人多，却没有看起来更轻松的人那么富有；累死累活却得不到众人的肯定……这些事实说明你过分迷信勤奋的作用，而忽略了勤奋和努力的一个必要前提：做出正确的选择。

选择正确的道路，永远比跑得快更重要。

有一个非常勤奋的青年，很想在各个方面都比身边的人强，但经过多年努力，仍然没有长进，他很苦恼，就向智者请教。

智者叫来正在砍柴的3个弟子，嘱咐说："你们带这个施主到五里山，打一担自己认为最满意的柴火。"年轻人和3个弟子沿着门前湍急的江水，直奔五里山。

等到他们返回时，智者站在原地迎接他们。年轻人满头大汗、气喘吁吁地扛着两捆柴，蹒跚而来；两个弟子一前一后，前面的弟子用扁担左右各担4捆柴，后面的弟子轻松地跟着。正在这时，从江面驶来一个木筏，载着小弟子和8捆柴火，停在智者的面前。

年轻人和两个先到的弟子，你看看我，我看看你，沉默不语；唯独划木筏的小弟子，与智者坦然相对。智者见状，问："怎么啦，你们对自己的表现不满意？""大师，让我们再砍一次吧！"那个年轻人请求说，"我一开始就砍了6捆，扛到半路，就扛不动了，扔了两捆；又走了一会儿，还是压得喘不过气，又扔掉两捆；最后，我只把这两捆扛回来了。可是，大师，我已经很努力了。"

"我和他恰恰相反，"那个大弟子说，"刚开始，我俩各砍两捆，将4捆柴一前一后挂在扁担上，跟着这个施主走。我和师弟轮换担柴，并不觉得累，反而觉得很轻松。最后，又把施主丢弃的柴挑了回来。"

划木筏的小弟子接过话，说："我个子矮，力气小，别说两捆，就是一捆，这么远的路也挑不回来，所以，我选择走水路……"

智者用赞赏的目光看着弟子们，微微颔首，然后走到年轻人面前，拍着他的肩膀，语重心长地说："一个人要走自己的路，本身没有错，关键是怎样走；走自己的路，让别人说，也没有错,关键是走的路是否正确。年轻人,你要永远记住:选择比努力更重要。"

生活中有很多人都在从事着自己并不喜爱的职业,于是总会发出"我也很努力,但就是做不到最好"的感慨。有的人会指责说这话的人还是工作态度有问题,不然真努力工作了,岂有做不好之理?其实归根结底并不是这些人不够爱岗敬业,而是职业本身并不是他们最适合的。换言之,要想真正把一项工作做得得心应手,就要选择正确的人生目标。那么,原来选错了怎么办?不要犹豫,放弃它,去把握属于你的正确方向。

人生的悲剧不是无法实现自己的目标,而是不知道自己的目标是什么。成功不在于你身在何处,而在于你朝着哪个方向走,能否坚持下去,没有正确的目标,就永远无法到达成功的彼岸。

有一位美国青年无意间发现了一份能将清水变成汽油的广告。

这位青年喜欢搞研究,满脑子里都是稀奇古怪的想法,他渴望有一天成为举世瞩目的发明家,让全世界的人都享用他的发明成果。

所以,当他看到水变汽油的广告时,马上买来了资料,把自己关在屋子里,不接待任何客人,电话线掐断,手机关机,总之一切与外界的联系都被他切断了。他需要绝对的安静,需要绝对的专心,直到这项伟大的发明成功。

青年夜以继日地研究,达到了废寝忘食的程度。每次吃饭的时候,都是母亲从门缝里把饭塞进去,他不准母亲进来打扰他。他常常是两顿饭合成一顿吃,很多时候都把黑夜当作白昼。善良的母亲见自己的儿子越来越瘦,终于忍不住了,趁儿子上厕所的时候,溜进他的卧室,看了他的研究资料。母亲还以为儿子的研究有多伟大,没想到竟是研究水如何变成汽油,可这根本是不可能的事情!

母亲不想眼睁睁地看着儿子陷入荒唐的泥潭无法自拔,于是劝儿子说:"你要做的事情根本不符合自然规律,别再瞎忙了。"可这位青年压根儿就不听,他头一昂,回答说:"只要坚持下去,我相信总会成功的。"

5年过去了,10年过去了,20年过去了……转眼间,那位青年已白发苍苍,父母死了,没有工作,他只能靠政府的救济勉强度日。可是他的内心却非常充实,屡败屡战,屡战屡败。

一天,多年不见的好友来看他,无意间看到了他的研究计划,惊愕地说:"原来是你!几十年前,我因为无聊贴了一份水变汽油的假广告。后来有一个人向我邮购所谓的资料,原来那个人就是你!"

他听完这番话,当即疯了,之后便住进了精神病院。

我们一直以为坚持就是好的,而放弃就是消极的思想。其实坚持代表一种顽强的毅力,它就像不断地给汽车提供前进动力的发动机。但是,前进需要正确的方向,如果方向不对,只会越走越远。这就是水变汽油的悲剧带给人们的启示。

每个人都有梦想,人类因梦想而伟大,没有梦想的人是会被社会淘汰的。为了实现自己的梦想,每个人都在努力。努力很重要,但是努力就一定会有一个好结果吗?不见得。我们曾为工作绞尽脑汁,曾为工作夜以继日,但我们得到的结果是什么呢?我们的梦想像肥皂泡一样一个一个地破灭了,直到现在依然两手空空。

21世纪的今天,选择比努力更重要,努力一定要放在选择之后。昨天的选择决定今天的结果,今天的选择决定明天的结果,选择不对,努力白费。二十几岁的年轻人,在刚刚步入社会的时候,做出正确的选择了吗?

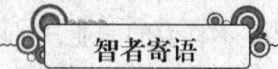

智者寄语

我们一直以为坚持就是好的,而放弃就是消极的思想。其实坚持代表一种顽强的毅力,它就像不断地给汽车提供前进动力的发动机。但是,前进需要正确的方向,如果方向不对,只会越走越远。

有些事情你必须等待

有这样一则寓言:一条小河,此岸遍布荒草和荆棘,彼岸却繁花似锦,鸟鸣嘤嘤。此岸有几条毛毛虫,非常向往彼岸,它们抱怨母亲为啥把它们降生在这种鬼地方。蝴蝶母亲说:"你们知道吗,出生在这边比那边更安全。要想到彼岸,一定要等到长大,现在还不是时候。"毛毛虫们都不以为然,只有一只例外。

一天,一个男孩在小河里游泳,出于好奇,游到此岸。几条毛毛虫迫不及待地落在男孩头上,想乘机到彼岸去。不想男孩返回时,在下水的瞬间,发现了头上的异样,只三两下就弄死了那几条毛毛虫。

不久,彼岸又游过来几只鸭子。又有几条毛毛虫蠢蠢欲动,想借助鸭子到对岸去,尽管这种尝试异常危险。它们瞅准机会,落在几只鸭子的身上。鸭子们起初并不知道。就在毛毛虫们暗自得意的时候,鸭子们发现了彼此身上的美味,然后,饱餐一顿。尽管如此,剩下的毛毛虫对彼岸的向往并未消失,它们仍然在寻找机会。机会终于来了。一日,河里起了大风,风向竟是从此岸吹向彼岸。毛毛虫们纷纷爬上落叶。落叶不一会儿就被风吹到河里——而这正是它们想要的:以叶为舟,渡过河去。但不幸的是,风太大,把那些树叶都掀翻了,毛毛虫们都被淹死。

寓言的结尾还是挺乐观的:那唯一听妈妈话的毛毛虫,慢慢长大,变成了一只蝴蝶,飞过河,到了美丽的彼岸。

从前有个年轻的农夫,他要与情人约会。小伙子性急,来得太早,他无心观赏那明媚的阳光、迷人的春色和娇艳的花姿,却急躁不安,一头倒在大树下长吁短叹。

忽然他面前出现了一个侏儒。"我知道你为什么闷闷不乐。"侏儒说,"拿着这纽扣,你要遇着不得不等待的时候,只消将这纽扣向右一转,你就能跳过时间,要多远有多远。"这倒合小伙子的胃口。他握着纽扣,试着一转:啊,情人已出现在眼前,还朝他笑送秋波呢!真棒!他心里想,要是现在就举行婚礼,那就更棒了。他又转了一下:隆重的婚礼,丰盛的酒席,他和爱人并肩而坐,周围管乐齐鸣,悠扬醉人。他抬起头,盯着妻子的眸子,又想:现在要只有我们俩该多好!于是他转了一下纽扣:立时夜阑人静。他心中的愿望层出不穷:我们该有座房子。他转了一下纽扣:房子一下子飞到他眼前,宽敞明亮,迎接主人。我们还缺几个孩子,他又迫不及待,使劲转了一下纽扣:日月如梭,顿时他已儿女成群。他站在窗前,眺望葡萄园,真遗憾,它尚未果实累累。他脑子里愿望不断,却又总急不可耐,将纽扣一转再转。时间就这样从他身边疾驶而过。还没来得及思索其后果,他已老态龙钟,衰卧病榻。至此,他再也没有要为之而转动纽扣的事了。回首往日,他不胜追悔自己的性急失算:我不愿等待,一味追求满足,恰如馋嘴人偷吃蛋糕里的葡萄干一样。眼下,因为生命已风烛残年,他才醒悟:即使等待,在生活中亦有其意义,愿望的满足才更令人高兴。他多么想将时间往回转一点啊!他握着纽扣,浑身颤抖,试着向左一转,扣子猛地一动,他从梦中醒来,睁开眼,见自己还在那生机勃勃的树下等着可爱的情人,然而现在他已学会了等待,一切焦躁不安已烟消云散。他平心静气地看着蔚蓝的天空,听着悦耳的鸟语,逗着草丛里的甲虫。他以等待为乐。

即使等待,在生活中也很有意义。一方面你可以积蓄力量;另一方面,只有经过努力和历尽艰辛实现的愿望,才更令人满足。

世界上有一种名叫"帝王蛾"的蛾子。它的双翼长达几十厘米,但这并不是它以帝王为名的全部原因。它的生命需要突破命运苛刻的设定,经过艰难的努力和等待,才能走出持久的死寂,从而快乐地飞翔。

原来,帝王蛾的整个幼虫期都是在一个洞口极其狭小的茧中度过的。在那段死寂的岁月中,帝王蛾只能默默地等待,等待生命发生质的飞跃。而这个时候,对于它的生命来说,就是一场涅槃。因为它们娇嫩的身躯需要拼尽全力才能够破茧而出。通过那窄小的茧口,就像是过一道鬼门关。许多的帝王蛾幼虫在通过那道茧口的时候力竭身亡,无法自由飞翔。

有些人不忍看帝王蛾进行这样的冒险,恻隐之心让他们产生了帮助帝王蛾的冲动,于是便动手把幼虫的生命通道剪宽一点,这样,茧中的幼虫便不需要费多大力气,就能够轻易钻出那个禁锢着它们的牢笼。可是,他们很遗憾的发现,那些得到救助见到天日的蛾子空有一副帝王蛾的样子,却再也不是真正的帝王蛾了,它们只能够拖着累赘的双翅在地上艰难地爬行,却再也飞不起来了。原来,那个对于帝王蛾来说就像鬼门关一样的窄小茧洞恰恰是上天帮助它们双翼成长的关键所在,帝王蛾在艰难的穿越过程中,需要用力挤压、耐心等待,这样血液才能够顺利地进入到蛾翼的组织中去,这样,两翼充血的帝王蛾才能真正地飞翔。而被剪大了茧洞的蛾子,因为没有经过艰辛的努力和耐心的等待过程,两翼无法充血,翅膀就丧失了飞翔的功能。

一双奋飞的翅膀不可能轻而易举地得到。在那个艰难时刻的等待和坚持,才是成就生命的必需。

任何事我们都不可能一蹴而就。很多时候,我们总是要经历艰难,所以要学会等待。等待看上去沉闷死寂,甚至浪费掉了我们很多时间,可是时机的成熟才是成就事情的关键。如果总是想走捷径,反而会弄巧成拙。

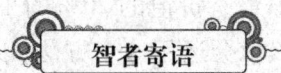

智者寄语

即使等待,在生活中也很有意义。一方面你可以积蓄力量;另一方面,只有经过努力和历尽艰辛实现的愿望,才更令人满足。

把重要的事情放在第一位

萨缪尔森教授在给即将毕业的 MBA 班的学生上最后一课。令学生不解的是,讲桌上放着一个大铁桶,旁边还有一堆拳头大小的石块。"我能教给你们的都教了,今天我们只做

感谢
折磨你的人

一个小小的测验。"教授把石块——放进铁桶里。

当铁桶里再也装不下一块石块时,教授停了下来,教授问:"现在铁桶里是不是再也装不下什么东西了?""是。"学生们回答。"真的吗?"教授问。

随后,他不紧不慢地从桌子底下拿出了一小桶碎石。他抓起一把碎石,放在已经装满石块的铁桶里,然后慢慢摇晃,然后又抓起一把碎石……不一会儿,这一小桶碎石全装进了铁桶里。

"现在铁桶里是不是再也装不下什么东西了?"教授又问。"还……还可以吧。"有了上一次的经验,学生们变得谨慎了。

"没错!"教授一边说,一边从桌子底下拿出一小桶细沙,倒在铁桶里。教授慢慢摇晃铁桶,大约半分钟后,这一小桶细沙就全装进了铁桶里。"现在铁桶装满了吗?""还……还没有。"学生们虽然这样回答,但是心里其实没底。

"没错!"教授看起来很兴奋。这一次,他从桌子底下拿出一罐水慢慢地往桶里倒。水罐里的水倒完了,教授抬起头来,微笑着问:"这个小实验说明了什么?"

一个学生说:"它说明,你的日程表安排得再满,你都能挤出时间做更多的事情。"

"有点道理。但你还是没有说到点子上。"

萨缪尔森教授顿了顿:"它告诉我们:如果你不是首先将石块装进铁桶里,那么你就再也没有机会把石块装进铁桶了,因为铁桶里已经装满了碎石、沙子和水。而当你先把石块装进去,铁桶里会有很多你想不到的空间来装剩下的东西。在以后的职业生涯中,你们必须分清楚什么是石块,什么是碎石,什么是沙子和水,并且总是把石块放在第一位。"

想想我们平时的工作中,每天都在忙忙碌碌地奔波着,很多时候都是在应付着面临的每一件事,却很少去想一想什么是石头,什么是碎石,什么是沙子和水。因此,也很少想该先做哪一件事情,再做哪一件事情,很少把所有的事情进行合理的安排,因此,也就有很多时候是以最高的效率做了最没用的事。

哈佛商学院可谓如今美国最大、最富、最有名望、最具权威的管理学院。它每年招收750名两年制的硕士研究生、30名四年制的博士研究生和2000名各类在职的经理进行学习和培训。在他们的教学中,经常给学生讲述一种很有效的做事方法:80对20法则。即任何工作,如果按价值顺序排列,那么总价值的80%往往来源于20%的项目。简单地说,如果你把所有必须干的工作,按重要程度分为10项的话,那么只要把其中最重要的2项干好,其余的8项工作也就自然能比较顺利地完成了。所以,要把手中的事情处理好,就要抛开那些无足轻重的80%的工作,把自己的时间、精力全部集中在那最有价值的20%的工作中去,这会给你带来意想不到的收获。同样,我们做事的时候,也应该学会运用这个方法,以重要的事情为主,先解决重要的问题,对于一些旁枝末节,可以大胆地舍弃。要知道,科学地取舍能够帮助你把事情做得更好。

美国史卡鲁大钢铁公司的总裁查鲁斯,原来也是一个不会舍弃、只知道追求面面俱到的人,许多事情常常半途而废。他感到非常烦恼,便向效率研究专家艾伊贝·李请教解决此问题的办法。李给他的建议是这样的:

(1)不要想把所有事情都做完;

(2)手边的事情并不一定是最重要的事情;

(3)每天晚上写出你明天必须做的事情,按照事情的重要性排列;

(4)先做最重要的事情,不必去顾及其他事情。第一件事做完后,再做第二件,依此类推;

(5)到了晚上,如果你列出的事情没有做完也没关系,因为你已经把最重要的事情都做完了,剩下的事情明天再做。

最后,艾伊贝·李说:"每天重复这么做,如果感觉效果超出你的想象,就可以指导手下照着做。在做到你认为满意时,只要付给我一张你认为相等价值的支票即可。"

查鲁斯试了一段时间后,效果非常惊人。于是,他要求下属也跟着做。结果,艾伊贝·李得到了一张价值2.5万美元的支票。

有些人在最初什么也不干,然后再努力,直弄得筋疲力尽。应先做最重要的事,以后如果有时间,再照料那些附带的事。无论求知与生活,重要的在于方法。

某人受聘担任某大学商学院院长。他一上任先研究商学院的大概情形,发现当前最迫切需要的是资金。他知道自己募款能力很强,于是很明确地将募款列为首要任务。

这时问题便产生了。过去的院长都是以院内的日常事务为工作重心,而这个新院长却总是神龙见首不见尾,因为他正在全国巡回募款,以充实院内的研究费、奖学金等。但在日常事务方面,他便不如前任院长那么事必躬亲。

教授们有事找他,必须通过他的行政助理,这样一来不免觉得身价低了一截。

教授们对他愈来愈不满,终于派代表去见校长,要求院长彻底改变领导方式,或是更换院长。但校长明白新院长的作为,便说:"别把事情看得太严重。院长不是有个很不错的行政助理吗?再给他一些时间吧。"没多久,外界的捐款开始源源不断涌进来,教授们才了解校长的远见。

之后,他们每次看到院长都会说:"你忙你的去吧,待在这里干什么?尽管去募款吧!你的行政助理能干得很。"这位院长后来说,他的确犯了几项错误,例如没有好好凝聚团队精神,在募款之前没有好好地对同仁解释和教育。如果从头来过,他一定可以做得更好。但他也带来了一个很大的启示,即人必须不断地自问:"目前最迫切要做的是什么?我最大的本领和才华在什么地方?"如果这位院长一心只想迎合旁人最迫切的期望,反而比较容易,而且必然能够拥有锦绣前程。但如果他对当前的情势看得不够远,不了解自己的特长,无法制定有远见的目标,最后的结果对他自己、教授们、商学院而言,便不可能是"最好"的。

你的"最佳选择"是什么?你为什么没有倾注更多的时间与精力在"最佳选择"上?是因为时间、精力都花在其他"不错"的选择上了吗?很多人正因如此而常觉得没有把最重要的事情视为当务之急,自然难免烦躁不安。请一定要记得:只有把最重要的事情先做完,后面的事情你才有可能做好!

智者寄语

有些人在最初什么也不干,然后再努力,直弄得筋疲力尽。应先做最重要的事,以后如果有时间,再照料那些附带的事。

权衡人生利弊,明智地选择和取舍

生活中,我们经常会面临各种各样的选择,面对这些选择我们经常会觉得难以取舍。举个

感谢
折磨你的人

很生活化的例子：大学生选择就业时遇到两份同样待遇丰厚、前景良好的工作而犹豫不决；购物时，面对琳琅满目的商品一时不知如何选择等类似的选择问题。这种时候，鱼和熊掌肯定是不可兼得的，各种各样利益的诱惑让人很难做出明智的抉择。犹豫、蹉跎往往只会让我们贻误良机，痛失机遇，所以，这个时候就需要我们在全方位的考虑后果断地做出选择。

人的一生就是一个不断进行取舍的过程，它是一门看似简单却十分有讲究的艺术。取舍的正误是一个人政治取向、思想水平、道德意识和判断能力的综合反映。那么，关键时刻，我们应当如何正确进行取舍呢？

首先，我们应该做到当机立断，有取有舍，在最短的时间内做出最快速的判断，因为时间就是效率。

希腊有两个寓言故事广为流传。

第一个故事说的是有两个穷人突然有一天得到了山神的指引，两个穷人按照山神提供的地图找到了一个巨大无比的宝库。山神叮嘱过他们，宝库开启的时间很短，拿到想要的财宝就必须赶快出来。第一个人进去后，拿了两块黄金就出来了。但第二个人进去之后看到里面耀眼的奇珍异宝，什么都想要，但一时不知道该拿什么好，正犹豫间，宝库的大门紧紧地关闭了。

第二个故事讲的是一位笃信佛陀的人走到一个悬崖边上的时候，一不小心脚下一滑，从悬崖上摔了下去，但所幸的是他在悬崖半空抓住了一根树枝。他极其虔诚地求佛陀来拯救自己。佛陀被他的虔诚所感动，真的显灵了。佛陀让他放下手中的树枝，可是那个人却不肯放下，继续把树枝抓得紧紧的。佛陀摇了摇头说："你不肯放手，任谁也救不了你！"

很多时候，在类似于鱼与熊掌之类的选择中，我们往往会斤斤计较，患得患失，优柔寡断。因为我们总是舍不得放弃眼前已有的东西，害怕失去后什么都没有，但是往往越是害怕失去，到最后越是什么都得不到，反而因为在顾虑重重的矛盾中停留太久，很多好的机会都会和自己擦身而过。

记得一次看一个电视访谈节目，主持人问嘉宾："假如母亲和妻子同时落水，在只能救一人的情况下你选择救谁？"这也是曾一度非常流行的一道心理测试题。那位嘉宾很爽快地说："救妻子。"他对自己的选择做了下面的解释：第一，母亲的儿子已经长大成人，所以对她来说已经没有大的牵挂了，可家中幼子却还离不开妻子的呵护；第二，母亲的生命已经走过了大半辈子，所剩下的时间本来就已经不多，而妻子却还正值青春年少。也许这位嘉宾的选择很不符合中国传统的伦理道德观念，但是在必须选择时，他做出了取舍，这一点不是每一个人都能做到的。

鱼和熊掌都是你的最爱，放弃鱼或放弃熊掌对于你来说都会很痛苦。但只有果断地放弃其中之一，才会拥有另外的其中之一，只有做出取舍，才不至于什么都得不到。

另外，我们在面对取舍时还应该做到深谋远虑。深谋远虑的明智取舍包含两方面的含义：一是在必须做出选择时，要考虑选择结果的社会效益；二是在必须做出选择时，要考虑选择结果的经济效益。那么，当我们在取舍时就要既考虑到社会效益，又要考虑到经济效益。

选择必须要有自己的原则。从表面上看，取舍似乎只是如何处理问题的方式方法，但实际也是在对自己的人品、人格做出取舍。取舍的同时也必须考虑到选择所带来的社会效益；不能因一时之快或蝇头小利而失去做人的道德、良心和他人的信任。

在清朝的时候,有位叫周闿的人在京城为官。一天,他接到家母来信,信中说家里因为盖房子多占用别人一堵墙的事情而与邻居发生了争执,希望他能出面为家里讲话。周闿接信后回了一首诗:千里捎书只为墙,让他三尺又何妨。万里长城今犹在,不见当年秦始皇。他的母亲读了这首诗觉得很有道理,在邻里关系和一墙的地皮之间,她选择了邻里关系。

有时选择的时候我们也要考虑到它给我们所带来的经济效益。这里所说的经济效益的意思是,选择和取舍的时候必须要有理性、睿智和远见卓识,不可鼠目寸光,不可急功近利,更不可本末倒置,因小失大。选择往往不是一次性交易,做完后对你没有什么后来的影响了,我们经常由于做出错误的选择后而去承担更多的悔恨和痛苦。所以不能因为一粒芝麻丢掉了西瓜,也不能因为留恋一棵小树而失去了整片森林。

有一只老鼠经常来偷吃农夫仓库里的粮食,聪明的农夫就事先设了一个仅仅可以让老鼠空腹进去的小洞,只要老鼠一旦偷吃粮食后便钻不出去,到时农夫就可以"瓮中捉鳖"。老鼠并不知道农夫的计谋,当它来到粮仓前看到这个小洞时开心坏了,这样的便宜不占岂不可惜了,便一狠心饿了两天,顺利地钻入粮仓,而当它美餐一顿后却怎么也爬不出去了,就为了一顿饱饭,误了卿卿小命。虽然这个故事是拿小老鼠做个比喻,但是现实生活中的我们有时也会像那只小老鼠一样,抵挡不住眼前利益的诱惑,做出了短见的选择,以至让自己后悔莫及。

我们在选择时不仅要做到权衡利弊,还需要学会把握尺度,量力取舍。在面临取舍时,我们必须清醒地意识到,什么才是我们真正需要的,哪些才是对自己最重要的,哪些才是最适合自己的。

我们所熟知的很多伟人都曾经面临过生命中重大的选择,他们的选择对我们的人生不无借鉴意义。释迦牟尼在宗教事业和王位之间选择了创立佛学,从而奠定了佛学的根基;鲁迅在拯救人的灵魂和人的身体之间选择了成为一代文豪,他认为心灵的疾病要比身体的疾病更为可怕,他以文章为明灯,为良药,从而挽救了无数迷茫的青年,帮助青年人从黑暗走向了光明;比尔·盖茨在创立事业和入学深造之间选择了成为企业家,那是因为他充分认识了自己,做了自己应该做的和更感兴趣的事情;迈克尔·乔丹放弃了棒球运动员的梦想,选择要成为世界篮球史上最耀眼的飞人球星,他从自身条件出发,选择了真正适合自己的职业;帕瓦罗蒂放弃了教师职业,选择成为名扬世界的歌坛巨星。

他们的选择都让他们获得了巨大的成就,试想如果当初鲁迅没有选择弃医从文,那么对于中国文坛来说是件多么可惜的事情,中国也就少了一位杰出的文坛巨匠。我们要获得更多的成就,那我们就必须要把眼光放宽,心胸放广,不仅仅要考虑自己,也要考虑自己的选择会给他人、给社会带来什么。

有些选择即使看起来条件特别的诱人,但如果不适合自己,那就要果断舍弃。做出什么样的选择,要视自身条件和具体情况而定,做事要有自己的主见,不能左右难舍。

在很多的情况下,即使我们非常审慎地去选择,终归都不会是尽善尽美的,总会留有或多或少的缺憾。但从另一个角度讲,缺憾本身也是一种美。既然做了选择就不要再后悔,只要是最适合自己的,就是明智、理性和智慧的选择。

生活在社会这个大舞台上,每个人都是自己生活和生存方式的编导兼演员,只有学会正确地进行取舍,明白有所为才能有所不为,便能演绎出属于你自己的精彩独特的人生喜剧。

让我们学会取,更让我们学会舍吧!人生其实就是一个选择的过程,人生有许多岔路口,每到一处都要进行选择,只有学会选择才能取得长远的成功。

智者寄语

有所选择,就要有所放弃。放弃,不是自认失败,而是在寻找成功的契机。今天的放弃是为了明天的得到,凡是多余的、次要的,该放弃的都要放弃。

放长线钓大鱼

一个人要学会放弃,放弃你不想做的事;一个人也要学会选择,选择你喜欢并擅长做的事。该放弃的时候放弃,这便是人生最好的选择。

歌德说:"生命的全部奥秘就在于为了生存而放弃生存。"

放弃是一门选择的艺术,是人生的必修课。没有果敢的放弃,就没有辉煌的选择。与其苦苦挣扎,拼得头破血流,不如潇洒地挥手,勇敢地选择放弃。

人生在世,有许多东西是需要不断放弃的。在仕途中,放弃对权力的争夺,得到的是宁静与淡泊;在淘金的过程中,放弃对金钱无止境的追逐,得到的是安心和快乐;在利益面前,放弃眼前的小利,得到的将是长远的大利。

一个青年非常羡慕一位富翁取得的成就,于是他跑到富翁那里询问他成功的诀窍。

富翁弄清楚了青年的来意后,什么也没有说,转身到起居室拿来了一只大西瓜。青年迷惑不解地看着,只见富翁把西瓜切成了大小不等的3块。

"如果每块西瓜代表一定程度的利益,你会如何选择呢?"富翁一边说,一边把西瓜放在青年面前。

"当然是最大的那块!"青年毫不犹豫地回答,眼睛盯着最大的那块。

富翁笑了笑:"那好,请用吧!"

富翁把最大的那块西瓜递给青年,自己却吃起了最小的那块。青年还在享用最大的那一块的时候,富翁已经吃完了最小的那一块。接着,富翁得意地拿起剩下的一块,还故意在青年眼前晃了晃,大口吃了起来。其实,那块最小的和最后一块加起来要比最大的那一块大得多。

青年马上就明白了富翁的意思:富翁吃的瓜虽没自己的大,却比自己吃得多。如果每块代表一定程度的利益,那么富翁赢得的利益自然比自己多。

吃完西瓜,富翁讲述了自己的成功经历。最后,他语重心长地对青年说道:"要想成功就要学会放弃,只有放弃眼前利益,才能获得长远大利,这就是我的成功之道。"

三个年轻人一同结伴外出,寻求发财机会。

在一个偏僻的山镇,他们发现了一种又红又大、味道香甜的苹果,由于地处山区,信息、交通都不发达,这种优质苹果仅在当地销售,售价非常便宜。

第一个年轻人立刻倾其所有,购买了10吨最好的苹果,运回家乡,以比原价高两倍的价格出售,这样往返数次,他成了家乡的第一名万元户。

第二个年轻人用了一半的钱,购买了100棵最好的苹果苗,运回家乡,承包了一片山坡,把果苗栽种上。整整3年的时间,他精心看护果树,浇水灌溉,没有一分钱的收入。

第三个年轻人找到果园的主人,用手指指果树下面,说:"我想买些泥土。"

主人一愣,接着摇摇头说:"不,泥土不能卖。卖了还怎么长果?"

他弯腰在地上捧起满满一把泥土,恳求说:"我只要这一把,请你卖给我吧!要多少钱都行!"

主人看着他,笑了:"好吧,你给1块钱拿走吧。"

他带着这把泥土,返回家乡,把泥土送到农业科技研究所,化验分析出泥土的各种成分、湿度等。然后,他承包了一片荒山坡,用了整整3年的时间,开垦、培育出与那把泥土一样的土壤。然后,他在上面栽种上苹果树苗。

结果,10年过去了,这3位一同结伴外出、寻求发财之路的年轻人的命运却迥然不同。

第一位购买苹果的年轻人现在每年依然还要去购买苹果,运回来销售,但是因为当地信息和交通已经很发达,竞争者太多,所以每年赚的钱很少,有时甚至不赚钱或者赔钱。

第二位购买树苗的年轻人早已拥有自己的果园,但是因为土壤不同,长出来的苹果有些逊色,但是仍然可以赚到相当的利润。

第三位购买泥土的年轻人,也是最后拥有并收获苹果的人,他种植的苹果果大味美,和原来的苹果相比不相上下,每年秋天引来无数的购买者,总能卖到最好的价格。

我们发现眼前的利益就是最大和最好的,但等到我们把事情做完后才发现,原来还要耗费那么多的精力和时间。而如果用同等的精力和时间去做别的事情,虽然一下子没有那么大的利益,但是做的事情却多得多,总的利益也比做一件事情要多得多。所以,只有放弃眼前的蝇头小利,才能获得长远的大利。

在现实生活中不同的人有不同的眼光,只顾眼前利益的人,虽然会暂时表现得相当出色,但是却缺少一种对未来的把握和规划能力。只有懂得舍弃眼前的小利的人,才有可能登上人生境界的顶峰,获得长远的大利。

选择其实就是一个"放"与"取"的过程。该放什么,该取什么,说到底是一种人生艺术。放弃就是为了更好地选择。只要你在自己的人生道路上,找到适合自己的人生坐标,你就能够充分发挥自己的聪明才智,改变你自己的命运,从而到达成功的彼岸。

智者寄语

人生在世,有许多东西是需要不断放弃的。在仕途中,放弃对权力的争夺,得到的是宁静与淡泊;在淘金的过程中,放弃对金钱无止境的追逐,得到的是安心和快乐;在利益面前,放弃眼前的小利,得到的将是长远的大利。

痛快地扔掉自己的"情绪包袱"

假使现在遭遇厄运,也应该持有"过去已成过去,一定会变好"的心情。如此,就会在心底播下希望的种子,并且由于这样的作用,环境或条件就会慢慢地变好。

成功者感到烦恼不愉快时,会去扭转所处的局面,他们知道,要过得顺心愉快,责任在自己。成功者不仅善于用"情绪吸尘器"清除掉自己的烦恼念头或悲观情绪,还善于在不利环境中设法发掘出积极因素来。

感谢
折磨你的人

对于失败者来说，往往把周围环境当中每件美中不足的事情放在心上，对周围事情的指责和消极的念头捆住了他们的手脚，使他们很难再去体验欢乐。他们认为一切事情都要糟下去，而且不自觉地促使自己造成不愉快的局面，使他们的预言实现。

失败者往往被"情绪包袱"压得喘不过气来。他们总想着过去没解决的问题和矛盾，一讲话便是从前的灾祸、现在的艰难和未来的倒霉。

对于失败者来说，从来没有一件事情是满意的。当他们终于得到了所向往的东西的时候，他们又不再想要了；如果失去了，他们又一定要找回来。他们不断重复老一套消极泄气的想法，把不幸和烦恼作为生活的主题。即便在平安无事、一切顺利的时候，也习惯于只琢磨生活当中消极泄气的事情。他们觉得不幸和气愤的时间太多。他们总是喜欢喋喋不休地发表消极泄气的言论。他们说泄气话，指手画脚，令人难堪，使别人同他们疏远起来。

失败者常常由于似乎难以解决的难题而挫伤情绪，失去活力，陷于失望，无所作为。在遇到麻烦和苦恼的时候，他们往往把精力用在责怪、发牢骚和抱怨上。

失败者说许多带"不"字的话，例如不能如何、不要如何、不应该如何等。他们最常用的形容词是糟糕、讨厌、可怕和自私。他们总是没完没了地指责别人。

而成功者往往为自己四周的美好事物和自然的奇迹感到欢愉。他们对鲜花含苞待放、雨后空气清新之类的小事也欣赏喜爱。

愉快乐观的态度是成功者关键性的品质之一，他们把自己的思想和谈吐引导为振奋鼓劲的念头和看法。

成功者体验得到现实存在的美好事物。他们把过去当成借鉴参考的资料库，把未来看成充满无限希望、欢乐和诱人的仙界。成功者看重他们所具备的愉快而有价值的条件，想出有创造性的办法去争取达到想要达到的其他目标。成功者能够迅速解决问题，把处境当中的消极方面缩小到最小程度，并且找出积极的因素来。他们致力于在所处的环境中发现求得发展和学习的机会。

成功者喜欢同别人交往，不论自己有所收获还是对别人有所帮助，都喜形于色。他们对参与了的活动都从好的方面加以评讲谈论，同别人相处的情景也很热情。即使处于严峻的环境与灾祸之中，成功者也会发掘出积极因素，鼓起勇气向前跨步，使情况有所改善。

黑暗的心情，会在心底播下不良的种子，所以只有不良的作用反复地传达出来。因此，我们要尽量以明朗的心情来努力。只靠明朗的心情努力是不够的，还需要一边努力并一边有"我要做给你看""我很想做""我一定要做"的思想才行。希望和努力能够为你打开一条敞亮而通达的道路。

努力而无法成功的人也很多，原因之一是他们从不抱着"我一定要做给你看""我一定要成功"的心情去努力。

本来被你认为"那么厚重，大概没办法打破"的一道墙，总有一天会在你眼前突然崩溃下来的。

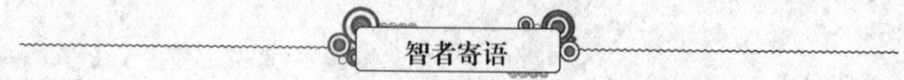

智者寄语

假使现在遭遇厄运，也应该持有"过去已成过去，一定会变好"的心情。如此，就会在心底播下希望的种子，并且由于这样的作用，环境或条件就会慢慢地变好。

放下吧，以退为进

俗话说："人在江湖，身不由己。"而当今社会的人是"身在职场，身不由己"。

办公室是一个极其复杂的地方。往大了说,也算是个麻雀虽小,五脏俱全的江湖。是江湖就免不了是非,你控制得了自己的行为,却控制不了别人的行为;你对别人友善,别人未必对你友善。有办公室政治,自然就有办公室敌人。当出现显而易见的敌对情况时,你一定要马上想办法化解,尽量不要与他人起正面冲突。

放下,是为了整装待发。

放下,是为了积蓄更多的力量能够拾起。

放下,是为了让压力得到适当地缓冲。放下不等于放弃,而是为了开辟更广阔的未来。

当一些诸如嫉妒、贪婪、自私等种种的负面情绪蔓延到办公室里的时候,也不要惊讶。我们开宗明义地强调与人为善、互助进步的观念,但是"办公室敌人"的出现也是不可避免的。你和周围的人总是互相影响,互相制衡,冲破了这张网,破坏了运动的平衡对谁都没有好处。所以,职场上不到万不得已,千万不要与人正面起冲突。

即使是对手再咄咄逼人,你也要保持冷静,遇事不乱,理智地应付。沉着地应对对手的攻击,表面上看起来你似乎软弱可欺,但实际上这是以退为进。对手的挑衅、尖刻,反而会衬托出你的大度。在职场中,放下不是没有斗志的表现,而是为了更好地突击。

马夫非常想喝酒,于是,就偷偷地把用来喂马的大麦卖掉换了钱。但他还要靠马来拉车。于是他仍然每天用水给马擦洗,还用梳子为马梳理鬃毛。他在马的耳边说:"马儿啊马儿,我对你这么好,你可不要让我失望,一定要用力地拉车啊!"

马儿无奈地看着马夫说:"如果你真心对我好,就不要把大麦卖掉!"表面上看起来,马夫每天又是洗又是梳的,对马可谓是百般照顾了。其实不然,稍加分析就会明白,梳梳洗洗的表面工夫怎么及得上让马儿饱饱地吃上一顿来得实在呢?

其实,在职场中有不少类似于马夫这样说一套做一套的人,他们没事的时候甜言蜜语,和你嘻嘻哈哈好像关系很好,你拿他当朋友,等你真的需要帮助时,他们却推三阻四,完全忘了当时的承诺。

自己的利益只有自己才可以维护,别人不肯帮你的话,就一笑而过,别放在心上;别人说的话再好听,也不要被它蒙蔽了心智,冲昏了头脑;别人说的再难听,也要冷静下来想想,有没有道理,有道理的就应该接受。不用费神去揣测对方的动机,他说什么你都要先过滤一下,看看有没有什么可供借鉴、学习的。对方怎么想不重要,重要的是你怎么做,做对了,坏事也可以变成好事。

职场竞争不仅需要高的智商,也需要适度的情商。懂得放下不是一件简单的事,需要足够的智慧跟勇气。假如能学会取舍,学会轻装上阵,学会善待自己,凡事不跟自己较劲,甚至学会倾诉、发泄、释放,人还会被生活压趴下吗?古人行军打仗尚且懂得以退为进,有时退一步就能海阔天空。

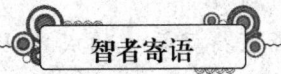
智者寄语

放下不代表停止不前,以退为进,竞争之路才会越走越宽,越走越顺畅。

有所不为才能有所为

有人说:"棋到难处方弃子。"这话有一定道理。但弃子不能理解为是消极招架之举,弃子

感谢
折磨你的人

是不得已而为之,是围棋战略的需要。所谓弃子而取势,就是这么来的。弃子一般有两种情况:一是被迫弃子,如不弃子,会造成更大损失;二是主动弃子,为了获得更大利益而采取的战术或战略行动。《烂柯经》云:与其恋子以求生,不若弃之而取胜。这是前一种情况。弃小而不救者,有图大之心。这是后一种情况。人生如棋,在生活中灵活运用弃子的道理,会使你获得更大的成功。

一个渔夫出海打鱼,当他劳累了一天准备返航回家的时候,海上涌起了大浪,看来暴风雨就要来临了。这个时候该怎么办呢?只有尽快划船回家。渔夫拼命地划船,可是船里装满了鱼,怎么用力都划不快。如果在暴风雨来临之前回不了家,别说船里辛苦打来的鱼没了,连自己的性命也有可能没了。在这个紧急关头,渔夫选择了"弃子",他把船舱里的鱼全部放回了海里,船轻了,自然就划得快了,最后渔夫安全地回到了家。

在生活、工作和学习中,有时候我们确实需要一种放弃的精神,放弃一些东西是为了得到更多的东西。没有人能够将自己想拥有的都全部得到,因为得到这个,必然会失掉那个。

有一个高中的老师曾运用弃子这一战略来比喻高中三年的学习。他教育自己的学生:"高中三年的学习生活是艰苦的,高中生是现在中国最辛苦的一个群体。这三年,你们会失去很多,会少了许多自由,少了许多玩乐。但这种'失'恰恰是你们今后'得'的前提,用三年的艰苦努力为一生的幸福奠定一个坚实的基础,所得远大于所失。今天不想失的同学,明天必然无所得。明白了这个道理,你们就应该努力学习,从学习中获得快乐,每掌握一份知识,你们就增添了一份本领,明天就会有更多的得。"其实,老师的话无非就是想让学生明白一个道理,失去一些东西的时候并不是无缘无故的,生活最终会在某些恰当的时候给你另外的补偿。

佛经上说:"弃是不弃,不弃是弃,明弃非弃,不明者弃。"棋经里的弃子就好比在人生的十字路口,每个方向的前进都是一种得失的衡量与选择。人生有得必有失,这就需要你用战略目光,纵观全局,做到步步心中有数,知道自己究竟想要得到什么,怎样利用最小的失去获得最大的拥有。

松下公司总部曾经对外界郑重宣布,公司即将放弃已经使用了长达20年的产品品牌National,只保留Panasonic这个同时兼有企业品牌和产品品牌双重性质的品牌名称。在做出这个决策之前,松下公司做了大量的品牌调研和精密的品牌资产测算,以往公司长期并用双品牌,这就导致了公司对两个品牌都要分别开发建设计划和营销计划。虽然公司进行了大量的资金投入,但是这样并没有给企业增加多少利润,消费者反而分不清两者之间的关系,National甚至无法借力于同出一宗的Panasonic,倒是两者常常彼此互相排斥。这是松下公司在创建品牌时所没有料到的。

公司最终因为大胆的放弃而获得了更大的成功,Panasonic产品现在已经在消费者心里留下了深刻的印象,松下公司的智慧和勇气就在于,当一枚棋子食之无味,弃之可惜的时候,知道果断地"弃子"。超一流棋手大竹英雄曾经说过:"知道弃子就会飞跃"。

在遇到问题的时候,只要方法得当,灵活弃子,必能化险为夷,反败为胜。在企业中勇于弃子也尤为重要。只有迅速果断放弃很多看似诱人的机会,砍掉许多还在盈利的业务,弃子争先,企业才能大刀阔斧地前进,取得真正的可持续性发展。

"有所不为才能有所为",这个观点已被很多人认同。然而,真正当机会出现时,有些企业家仍然抵御不住眼前利益的诱惑而跃跃欲试。这些企业家对于公司项目可行性的判断还是基于可不可弃,而不是该不该弃。可弃是传统的机会导向思维,企业经常会被外部环境的变化所左右而失去自己的立场;而该弃体现的是战略导向思维,企业会充分考虑到自身长期发展需要和外部环境影响的有机结合。弃和不弃,一字之差却可以体现企业战略上最本质的区别。

企业应该抓住历史时机,完成从多元化扩张到专业化经营的转变,这是中国企业必然要走的至关重要的一步。企业必须从传统的机会导向转变为战略导向,企业管理者应该清楚判断企业的发展方向,做出明确舍弃,才能使企业进入良性、健康的发展轨道。只有经过深度专业化竞争的优胜劣汰,中国才可能真正出现越来越多的实力强大的企业集团。

下棋是本着统观全局的理念,弃子取地、取势、取气,终可立于不败之地;弃子蕴涵着声东击西、虚实相生的发散思维,这样的理念对我们每个人的人生也一样有现实意义。放弃少年时短暂的自由和娱乐,取而代之的是几载寒窗下的苦读,最终会换来渊博的学识和深邃的智慧;放弃创业之初的投机取巧而取"君子爱财,取之有道"经营方法,必然会闯出自己的一番事业;放弃昨日弃我去者,而取今日留我来者。舍取有时候是一念之间,得失也是瞬息的转化,在虚实之间,我们如果能够运用自己的智慧,正确看待付出与拥有、得与失之间的辩证关系,就能使我们的人生臻于舍弃自如的至高境界。

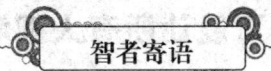
智者寄语

在人的一生中,要遇到许许多多的选择,无奈的是往往鱼和熊掌不能兼得,在把握命运的十字关口,我们应学会放弃,有所不为,才能有所为。

给生命更多希望

没有什么比希望更能改变我们的处境了。

有一位孤苦伶仃的老奶奶,在她26岁的时候,丈夫外出做生意,却一去不返。是死在了乱枪之下,还是病死在外,还是像有人传说的,被人在外面招了养老女婿,都不得而知。当时,她唯一的儿子只有5岁。

丈夫不见踪影几年以后,村里人都劝她改嫁。没有了男人,孩子又小,这守寡到什么时候是个头?可她没有走。她心想,丈夫生死不明,也许在很远的地方做着生意,没准哪一天发了大财就回来了。她被这个念头支撑着,带着儿子顽强地生活着,她甚至把家里整理得更加井井有条。她想,等到丈夫回来的时候,不能让他看到家里这么窝囊寒碜。

这样过去了十几年,在她的儿子17岁的那一年,一支部队从村里经过,她的儿子跟着部队走了。儿子说,他要到外面去寻找父亲。

不料,儿子走后,又是音信全无。有人告诉她,说她的儿子在一次战役中战死了。她不信,一个大活人怎么能说死就死呢?她甚至想,儿子不仅没有死,而且做了军官,等打完仗,天下太平了,就会衣锦还乡。她还想,也许儿子已经娶了媳妇,给她生了孙子,回来的时候就是一大家子人了。

尽管儿子依然杳无音信,但这些美好的想象给了她无穷的希望。她是一个小脚女人,不能下田种地,她就做些绣花之类的小生意,勤奋地奔走四乡,积累钱财。她告诉别人,她要挣些钱把房子翻新了,等丈夫和儿子回来的时候住。

感谢折磨你的人

有一年,她得了大病,医生已经判了她"死刑",但她最后竟奇迹般地活了过来。她说,她不能死,她死了,儿子回来到哪里找家呢?

这位老人一直在村里健康地生活着,直到现在,她还在做着她的绣花生意。她天天算着,她的儿子生了孙子,她的孙子也该生孩子了。这样想着的时候,她那布满皱褶的脸上,即刻就会显出像绣花一样绚烂的笑容来。

一个希望,一个在世人看来十分可笑的希望,一直充实着她的人生,支持着这样一个脆弱的生命在茫茫的人世间走了几十个春秋。

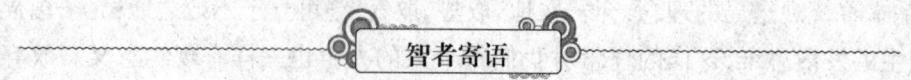
智者寄语

当我们处于厄运的时候,当我们败下阵来的时候,当我们面临一场巨大灾难的时候,我们都应该将人生寄托于希望。希望会使我们忘记眼下的失败和痛苦,给自己的人生重新插上飞翔的翅膀。

你不可能让所有人都满意

有这样一个故事:

一天,父子俩赶着一头驴进城,儿子在前,父亲在后,半路上有人笑他们:"真笨,有驴子竟然不骑!"

父亲听了觉得有理,便叫儿子骑上驴,自己跟着走。走了不久,又有人议论:"真是不孝的儿子,自己骑着驴让自己的父亲走路!"

父亲于是叫儿子下来,自己骑上驴背。走了一会儿,又有人说:"这个人真是狠心,自己骑驴,让孩子走路,不怕累着孩子?"父亲连忙叫儿子也骑上驴背,心想这下总该没人议论了吧!谁知又有人说:"驴那么瘦,俩人骑在驴背上,不怕把它压死?"

最后父子俩把驴子四只脚绑起来,一前一后用棍子扛着。在经过一座桥时,驴子因为不舒服,挣扎了一下,不小心掉到河里淹死了!

现实生活中,很多人做人做事就像故事中所讲的父亲和儿子,过分在乎别人的看法,总是希望自己的行为得到所有人的赞同。所以人家说什么,他就听什么!结果适得其反,不仅没有做到最好,反而把事情弄得一团糟,终于得到了教训。

一般来说,人们有以下心理:

不管事情的是非对错,总是一味地想讨好每一个人,而且希望不得罪任何人,缺乏主见,无法分辨事情真相,所以总是觉得"公说公有理,婆说婆有理",不知如何是好。

无论这样做是出于什么目的或是什么心理的驱使,但你要明白一点:想面面俱到,想每一个人都高兴都赞同,那是绝对不可能的!因为在做人方面,你不可能顾及到每一个人的利益,有时你认为照顾到了,可是别人却认为你太自私,只顾自己,所以根本就不领情;在做事方面,你也不可能照顾到每一个人的立场和看法,每个人的思维方式和价值取向都不相同,所以对同一件事情都会有不同的感受和要求,无论你怎样做,都会有人不满意!

面面俱到,反而把自己累死。因为你总是怕别人有意见,还得小心察言观色,揣摩他人心思,就会使你身心疲惫,想不神经衰弱也难了。

别人知道了你想面面俱到的弱点,对什么事都不会生气,便会软土深掘,得寸进尺地索求。因为他知道你肯定会因他所说而改变行为,于是你就变成大家都看不起,出力不讨好的天下超级大傻瓜!

那么如何才能让大家尽量满意呢?

做你该做的!即你认为对的,你就坚定地去做,别人意见只能当作参考,更不能听任别人的指挥,这么做有时确实会让一些人不高兴,但如果你坚持到底,就可赢得这些人事后的尊敬,毕竟人还是服从公理的,除非你的坚持是为了私利!

也许这么做,会有人支持你,也会有人反对你,这是很正常的,你应该尽量争取支持,但不要太在意那些不支持你的人,如果你想面面俱到,恐怕结果是——每个人都会取笑你!

做你该做的!即你认为对的,你就坚定地去做,别人意见只能当作参考,更不能听任别人的指挥,这么做有时确实会让一些人不高兴,但如果你坚持到底,就可赢得这些人事后的尊敬,毕竟人还是服从公理的,除非你的坚持是为了私利!

第六章　让勇气战胜怯懦

适当冒险 + 勇气 = 成功

世界上没有一件可以完全确定或保证的事。成功的人与失败的人,他们的区别并不在于能力的高低,而在于是否具有雄心勃勃的决心、适当冒险的个性与采取行动的勇气。

在众多的读者眼里,梁凤仪只是香港一位著名的财经小说作者而已。

其实,对梁凤仪来说,写作仅仅是一种业余爱好。在她的名片上我们会发现:"作家"只是其中的一个"头衔"。年过半百的她居然身兼不下20个社会职务,实在是一个非同一般的大忙人。

梁凤仪,在生活中扮演着作家、商人、太太三种不同"角色",写作只占去她每天很少的时间,其余大部分时间都要协助丈夫管理广告、证券、房地产生意。同时,还要操持家务。在如此众多的"俗务"中,很难想象她居然每年还能写两三部小说。那么,那些作品又是怎样写出来的呢?"上天是很公平的,每天给你24小时,给我也24小时,那么我少玩两个小时,少睡两个钟头,写作的时间不就有啦。"原来是从"少玩"和"少睡"中挤出来的。

无论是写作还是经商,梁凤仪都称得上是"功德圆满",家庭生活也很和睦,夫妻恩爱,儿子孝顺,快乐似乎总是围绕在她的身边。然而,集各种"宠爱"于一身的梁凤仪,同样有着人生的遗憾和情感的创伤。

梁凤仪所有小说的封面题字都出自同一人之手。他就是何文汇——梁凤仪的前夫。

梁凤仪与何文汇初识是在香港中文大学的戏剧沙龙中,互生爱慕的两人结束恋爱阶段,步入婚姻的殿堂。婚后不久,何文汇前往英国攻读博士学位,梁凤仪随夫同往。到伦敦后,梁凤仪成为一个纯粹的家庭主妇,每日在家打扫房间、买菜、做饭,过了一段恬静安适、波澜不惊的日子。

时间一长,有雄心的梁凤仪发现了这种平静的家庭生活中隐藏着危机。

当时,梁凤仪受聘于香港佳艺电视台,任编剧及戏剧制作人。制作出了一些受人欢迎的节目。同时,在工作之余,颇有一点雄心的她成立了香港第一家"菲佣介绍公司"。虽说公司没赚很多钱,但在香港却造成很大影响,尤其重要的是引起了新鸿基证券集团董事局的注意。

新鸿基的老板冯景禧是香港华资金融王国的当家人。他亲自向梁凤仪发出邀请,聘请梁凤仪到新鸿基集团任高级职员,主管公关部门及广告部门。从此,梁凤仪正式踏入了香港财经界。她从零开始,勤奋学习,很快便成为冯景禧手下最受重用的几员干将之一。

而就在梁凤仪在财经界大展宏图之际,她的婚姻生活却亮起了红灯。因为何文汇远在美国任教,对为了事业冷落家庭的梁凤仪越来越不满。梁凤仪在伤心和困惑之后,做出了痛苦的抉择——离婚。

"无可奈何花落去",梁凤仪和何文汇的离婚,理智而坦然。梁凤仪说:"感情的长存与关系的结束可以在互不抵触下处理。既然没有办法,就让我们接吻来分离。"

梁凤仪和何文汇君子式的分手后,至今还保持着君子式的交往。何文汇的书法功底不薄,所以后来梁凤仪成了著名作家之后,她大多数作品的书名题字,都出自何文汇之手。

梁凤仪甚至还把这些题字裱起来,放在镜框里面,挂满了她的工作室。

这种爱情观对女性读者而言,当有一定的裨益,那是智者的风范啊!

"男女从来没有平等过,除非女人不再爱男人,不再需要男人,又除非男人自愿把身边的女人抬高。"梁凤仪如是说,在她的心目中,男人是高大的。

香港联合交易所是由当时的"金银""九龙""远东""香港"四家华资证券交易所合并而成的,成为香港唯一的股票买卖场所。缘于以前梁凤仪在金融方面的业绩,联交所便盛情邀她回港工作。从这以后,她认识了一个人,一个很重要的人,一个再一次改变她的生活、使她重新焕发了青春的人。

这个人就是当时任香港联合交易所董事会副主席、香港永固纸业集团副董事长兼总经理的黄宜弘先生。

在到联合交易所工作之前,梁凤仪对黄宜弘早有耳闻。

黄先生是一个非常聪明能干、有才学和魄力的人。他自幼在美国留学,先后获得了法学和计算机两个博士学位,堪称社会精英。

此后,梁凤仪在工作的同时,对写作的热情进一步提高。她拿起了笔,一开始,她写散文,在好几家报纸开有专栏。当时《明报》连载她的散文,需要取一个栏目的名称。梁凤仪便去找《明报》当时的董事长金庸先生。金庸对梁凤仪的到来十分高兴,二话没说,略加沉吟,便在宣纸上写下了:"勤+缘"。

"勤+缘"系列散文在读者中反响极佳,又进一步膨胀了她的雄心。写着写着,梁凤仪觉得不过瘾,便打算写小说了。1989年4月,梁凤仪第一部小说《尽在不言中》横空出世,为她以后的"财经系列小说"开了个好头。此后,梁凤仪开始以令人难以置信的速度,系统地创作起小说来了。

1990年,梁凤仪写出了《醉红尘》等6部长篇小说。1991年,梁凤仪更上一层楼,一口气出版了《花帜》等一系列作品。当时的香港刮起了一阵不小的"梁旋风"。当时,梁凤仪的财经小说发行量特别大,出她书的出版商都赚了钱。梁凤仪雄心勃勃地想,自己的小说如此受欢迎,如此能创造经济效益,为什么不自办出版社呢?说干就干,她亲任董事长和总经理,香港"勤+缘"出版社成立了。

梁凤仪真是好运连连,她的"勤+缘"出版社在获得了很大的声誉的同时,也获得了巨大效益。仅仅在建社的一年半以后,"勤+缘"出版社便收回了"八位数字"的投资,并在两年以后,一跃而成为香港3家营业额最高的出版社之一。

有雄心成大事者的勇气并不是莽夫的匹夫之勇,而是大智大勇。他们敢想、敢做、敢拼搏,成功没有理由不属于他们。

> 成功的人与失败的人，他们的区别并不在于能力的高低，而在于是否具有雄心勃勃的决心、适当冒险的个性与采取行动的勇气。

敢想一尺，敢做一丈

在瞬息万变的商业市场上，有利的商机随时都可能变为不利的，不利的商机也有可能在短时间内变为有利的机遇。关键在于，做事要有"敢想一尺，敢做一丈"的精神，敢想而不是妄想，敢做而不是妄为，这个世界，只有你敢想敢做，才能成就一番大事业。

事实告诉我们：风险和利润的大小是成正比的，巨大的风险能带来巨大的效益。与其不尝试而失败，不如尝试了再失败，不战而败如同运动员在竞赛时弃权，是一种极端怯懦的行为。作为一个成功的经营者，就必须具备坚强的毅力，以及"拼着失败也要试试看"的勇气和胆略。当然，冒风险也并非铤而走险，敢冒风险的勇气和胆略是建立在对客观现实的科学分析基础之上的。顺应客观规律，加上主观努力，力争从风险中获得效益，是成功者必备的心理素质，这就是人们常说的应当胆识结合。

自古出售房子，都是先盖好房再出售，这似乎是天经地义的事情。但香港商界奇才霍英东却在20世纪中叶来了个反其道而行之——"先出售，后建筑"。这一打破常规的冒险行为，创造了一种全新的经营模式，使他迈上了由一介平民到亿万富豪的传奇般的创业之路。

霍英东是中国香港立信建筑置业公司的创始人。在香港居民的眼中，他是个"奇特的发迹者"。"白手起家，短期发迹""无端发达""轻而易举""一举成功"等，这些议论将霍英东的发迹蒙上了一层神秘的色彩。霍英东的发迹真的神秘吗？不，他主要是运用了"先出售，后建筑"的冒险高招。

霍英东做生意有一个可贵的品质，那就是不错过任何一个机会来发展自己的事业。20世纪50年代朝鲜停战以后，霍英东慧眼独具，看出了香港"人多地少"的特点，认准了房地产业大有可为，于是毅然倾其多年的积蓄，投资到房地产市场。这无疑是比较大胆和冒险的行为，如果失败，他可能血本无归、倾家荡产，但幸运的是，他赌对了。从1954年开始，他着手成立了"立信建筑置业公司"，每日忙于拆旧楼、建新楼，又买又卖，大展宏图，用他自己的话说，他"从此翻开了人生崭新的、决定性的一页"！

他以前经营的房地产业，都是先花一笔钱购地建房，建成一座楼宇后再逐层出售，或按房收租。这种方法虽然稳妥踏实，但对于快速发展的事业却颇为不利。霍英东经过反复思考后想到了一个妙招，即预先把将要建筑的楼宇分层出售，再用收上来的资金建筑楼宇，来了一个先售后建。这一先一后的颠倒，使他得以用少量资金办了大事情。原来只能兴建一幢楼房的资金，他可以用来建筑几幢新楼，甚至更多；同时，他又能有较雄厚的资金购置好地皮，采购先进的建筑机械，从而提高建房质量和速度，降低建造成本。更具竞争力的是他的楼宇位置比同行的更优越而价格却比同行的更低廉。而且，有时他还采用分期付款的预售方式，使人人都能买得起。

这种以现代的眼光看似稀松平常的手法在当时却无疑是石破天惊般的创新和冒险举动。霍英东的做法的确高明,他开创了大楼"先售后建"的先河,成就了房地产全新的经营模式。为了推广"先出售,后建筑"的营销模式,霍英东率先采用了小册子及广告等形式广为宣传。他说:"我们开展各种宣传,以便更多'有余钱的人'来买。譬如来港定居或投资的华侨、侨眷、劳累了半生略有积蓄的职员、赌博暴发户、做其他小生意胀满荷包的商贩,都可以来投资房产。谁不想自己有房住?只有众多的人关心它、了解它、参与它,我们的事业才有希望。"霍英东的广告效果颇为不错,"立信建筑置业公司"在短短的几年里所营建、出售的高楼大厦就布满了香港地区,打破了香港房地产买卖的纪录。这个既不是建筑工程师出身,又非房地产经营老手的年轻人在不长的时间里便成了赫赫有名的楼宇住宅建筑大王、资产逾亿万元的大富豪。

霍英东的奇思妙想和敢想敢做的冒险精神成就了他的大业,这种反其道而行之的经营模式后来成为各家建筑商争相模仿的对象,他开创了"先售后建"的先河,改变了房地产业原有的格局,成了后来房地产行业的一大标准。

想起10多年前,当初只有几千元进股市的炒家,几年后就成了百万富翁;当初只有几百元去摆地摊的倒爷,10年后就成为了大老板。面对他们的成就,好多人都不服气,会说当初我要是做,一定会比他们赚得更多。不错!你的能力或许比他们强,你的知识或许比他们多,你的经验或许比他们丰富,可是你当初为什么就不敢去做呢?这既是胆识的问题,也是观念的问题,因为陈旧的观念束缚了你冒险的步伐。所以,你的观念直接决定了你在10年后的今天依然贫穷!

智者寄语

这个世界,只有你敢想敢做,才能成就一番大事业。

勇于突破自我才能走出困境

你只要按照自己的禀赋发展自己,不断地超越心灵的绊马索,你就不会忽略了自己生命中的太阳,而湮没在他人的灯光里。

我们每个人在通常情况下都很容易被一时一事所困,陷入不能自拔的境地,一时间眼前一片暗淡,从此看不到希望和光明。

自我,往往就是一种长期形成的习惯,并被这种习惯紧紧束缚着灵魂的故我。一个人如果不能突破这个故我,那么他就会在自设的"固执"的陷阱中不能自拔。一个人如果被故我完全封闭起来,那么,他就成了一头拉磨的驴子,被圈定在磨道不停地转圈子,再也不能成为一匹天地间呼啸向前的骏马了。

德国作家莱辛的故事,你可曾听说?

莱辛年轻的时候曾非常喜欢拉封丹的寓言,喜欢他寓言中那华丽的叙述和铺陈,喜欢他寓言中那小巧的诗意的装饰,所以,拉封丹的作品模式无形中就成了他创作的囚笼。因此,他常常为自己不能写出像拉封丹那样美丽的寓言而心中充满烦恼。

有一次,他躺在一个瀑布旁边,努力给自己正在创作的一篇童话寓言加上像拉封丹那样华美的诗意装饰。可是,他冥思苦想,斟酌推敲,最终却毫无所获。

感谢折磨你的人

迷蒙之中,他突然看到寓言女神出现在他的面前,微笑着对他说道:"学生,干吗要这样吃力不讨好呢?真理需要寓言的优美,可寓言何必要这种和谐的优美呢?你这是往香料上涂抹香料啊。寓言只要是诗人的发现就够了。一位不矫揉造作的作家,他讲的故事应该和智者的思想一样才对。"说罢,女神消失了。

原来,他做了一个短暂的梦。然而,寓言女神的话却深深地触动了他的灵魂,从此他突破了自我,他的寓言更注重故事的简练和智者的思想与发现。终于,他成了一个有个性和独创精神的伟大作家,成了一个努力地把自己的寓言写成"神圣幻象的神谕"的人。

这个故事虽然说的是作家的写作,可拿它来套用我们的生活却很贴切。

其实,我们往往不能突破的就是自始至终遵循的某种生活模式。生活模式的突破也就是一种自我的突破,当你陷入一种困苦的境地时,在你的内心里,如果首先突破了自我,那么任何一种不幸和打击对你的伤害就不会那么深重了。由此可见,只有首先点亮自己心中这盏灯,才不至于迷失方向,在苦难和困境中才能为自己另寻一条出路。

每一个人都应该明白这样一个道理:只有不断超越自我的人,才是一个真正的聪明人。

人生在世,每个人都有自己独特的禀性和天赋,不要因为一时的遭遇而永远陷自己于烦恼之中。要勇于突破自我,走出困境,才能真正寻到实现人生价值的切入点。

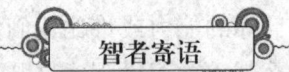
智者寄语

其实,你只要按照自己的禀赋发展自己,不断地超越心灵的绊马索,你就不会忽略了自己生命中的太阳,而湮没在他人的灯光里。

大胆决断,果断行动

一个人要干一番事业,总会伴随着困难和障碍,甚至还存在着一定的风险。许多人一事无成,不是缺乏成事的能力,而是没有勇气去行动,与其说是由于尽力而失败,不如说是因为害怕失败而放弃努力。虽然单凭勇气并不能确保成功,但尽力而后失败总比坐失良机要好得多。

戈登想要有所作为,又怕有所闪失,真有点不知如何是好。这时他去拜访一位老练的朋友,倾吐心中的苦闷说:"假如这事肯定能干好的话,我十分愿意去做,但是……"朋友默默地审视他一会儿,然后在一张纸上写下了:"大胆些,强劲的力量会帮助你。"朋友的这段忠告,如同一缕清风吹散迷雾,让他想起小时一位先生到校视察时说的一段话:"别用躲避挑战的怯懦显示你对生活的感激,要有勇气做看似做不成的事情。这样你就会发现,自己的能力远比想象的要强得多。"

后来戈登知道朋友馈赠的那段至理名言,出自巴什的《战胜恐惧》一书。戈登读后悟到:大胆些,就是要敢做自己想做的事情,也可以将能完成的目标定得高一些。只要尽力而为,个人身上的潜能就会调动起来,势必产生一种惊人的精神力量。

大胆决断和果敢行动,往往是成功者必备的品质。贝格刚进入人身保险行业,对所从事的业务不甚了解,经受一次又一次的挫折,感到前途一片茫然。在他极度沮丧的时候,一位朋友把他带到课堂,去接受一种醍醐灌顶般的指导。两个人坐在教室后面,朋友低声告诉他:"现在上的是大众演说课。"

说话间一个学员走上讲台发言，紧张得浑身发抖，连说话的声音都走了调。他的这种失常状态，让贝格联想到自己："我要是上去的话，也会像他一样紧张害怕，甚至可能比他还差劲。"

就在这时，卡耐基站起身来，对那位学员的表现进行点评，给予了必要的肯定和鼓励。经过朋友引荐贝格认识了卡耐基，当即向他表达心中的渴望："我也想参与。"

卡耐基考虑一下说："这一期的课程已经过半，下期将在一个月内开课，你最好等那时再来。"贝格迫不及待地说："我已经等不及了，能不能让我现在就参与？"卡耐基和贝格握了握手，随即微笑着说："那好，下一个就该你讲了！"

事情来得太突然，贝格还没有心理准备，就那么战战兢兢地登上讲台。在众目睽睽之下，尽管双腿抖得快要支撑不住自己，可他还是把所思所想表达出来。对于他来说，这真是一个了不起的成就。因为面对这么多的人，从前他连问候一声的勇气都没有。

这次演说的经历令贝格终生难忘，更成为他命运的转折点。下一个就该你讲了，卡耐基的这句话不时地在脑海中萦绕，总能让他感到振奋，给他带来极大的激励。大众演说课帮助贝格重拾了自信和锐气，磨砺了说服别人的技巧。难怪成为美国人身保险的推销大王后，贝格把自己的成就归功于卡耐基。

胆识是一种能力，它能帮助我们去做某种说不清什么原因使我们在本能上感到害怕的事情，它可能是我们每天都会经历到的东西，比如，害怕被人嘲笑、害怕失败，或是其他什么使我们内心里想要退缩的事情。

我们之所以退缩，是因为只有在退缩之后，我们才感到安全。

我们常常将"胆识"与"勇敢"联系在一起，但勇敢可能更多地表现为生活处于危险境地时自然产生的非同寻常的个人反应。这种勇敢在我们的生活中可能是永远无法加以验明的东西；相反，"胆识"则是我们人人具有、每天都要用到的一种品质，认识到这一点并付诸行动，我们就能有很大的进步。当我们对周围的一切熟视无睹时，周围的一切却在发生着飞速的变化。我们越来越感到自己不合时宜，这进一步强化了生活中的障碍，使我们心甘情愿地任凭事情发展。这样我们也许很平安、很舒适。然而只有当我们的行动中充满自信和激情，并在总结经验、战胜恐惧时，成功才会出现。

为了达到目的，我们常常要运用自己的胆识去发现我们目前的处境，无所畏惧，并从失败中汲取教训。开展业务、开拓处女地或是单纯地学习一项新的技术，都需要我们的胆识，胆识来源于坚定的信念，只有坚定信念，才能取得成功。

世界上有许许多多的人不敢冒险，只求稳妥。所以许许多多的人都在过着平庸的生活。伟大的成功者在机遇降临时总愿一试身手。我们要克服"只求稳妥"的弱点，就是要敢作敢为、敢冒风险，相信自己能冲破人生难关。"有胆有识"不是说粗枝大叶，也不是说只求前进而不管实际，更不是蛮干。

有位岑小姐，她的英文很好。有一天，她来到一家出版社，要见社长，她想到出版社当名编辑。可这家出版社没有英文图书的出版计划，所以无法用她。后来这位小姐请社长给她介绍到别的出版社。社长于是把她推荐给一位同行，这位小姐居然很快就有了工作。

后来两位出版社的领导碰在一起时还说："真感谢你当时给我介绍这位好编辑。"其实，介绍岑小姐的领导当时并不觉得她的英文能力像她描述得那样好，但她敢于毛遂自荐，至少表现出了一种积极主动、勇于向陌生的人和事挑战的优点。当老板的当然喜欢用这样的人。

感谢折磨你的人

当今时代,老板用人的最大原则当然是能为他赚钱,而不是请来侍候,因此他们更喜欢那种"积极主动并富有挑战精神"的人。在我们周围,也可以找出很多勇于毛遂自荐而获得成功的人,而那些羞于自荐的人仍在原地踏步。特别是在当今社会竞争十分激烈的情况下,再也不能"待价而沽"或等人"三顾茅庐",如果不主动出击,让别人看得到你,知道你的存在,知道你的能力,你就有可能"坐以待毙"或坐失良机,至少你获得机会的时机比别人晚。

世界上有许多人没意识到自己的潜力,"过分谨慎"就是其中最大的原因,他们知道自己能干得更好,但他们从没有勇气往前冲。同那些成功的人相比,他们有同样的能力,但他们却甘愿屈居下风。他们看见机遇却不去抓住它们。他们看到老朋友成功了就纳闷为什么自己不行。他们有时也有一些"赚百万元的念头",但就是不采取行动。在面对"是否采取行动"的问题上,特别是这种行动涉及冒险时,他们常常犹豫不决、坐失良机。

与其坐等"伯乐",不如行动起来。丘吉尔曾经说过:"勇气很有理由被当作人类德行之首,因为这种德行保证了所有其余的德行。"这里所说的"勇气",就是一个人的胆量、胆识、胆略、临危不乱、处变不惊、力排众议、破釜沉舟的决断力。

科学表明,"胆商"对于成功的重要性,已经远远超出了"智商"。一项对1048名经理人进行的能力测试发现,"胆商指数"的高低是一个人事业成功与否的重要参数,其次是情商,再次才是智商。

如果说人生、事业、财富,像一座座大山,那么"高胆商人士"就会不畏艰险,不断攀登,把每一次困难都当成一次挑战,把每一次挑战都当成一次机遇,并最后傲立巅峰!而缺乏行动力的高智商者,只能望洋兴叹。

智者寄语

勇气很有理由被当作人类德行之首,因为这种德行保证了所有其余的德行。

"大胆"才能走运

所谓"走运的人"是指受到命运的偏爱的人,但是他们之所以受到偏爱是因为他们自己从不做这样的假设。他们知道命运是变化无常的。

"大胆"才能走运。走运的人在坏运气变得更坏之前就把它抛弃了,而在好运来临时善于抓住它。这听起来好像是一个再简单不过的窍门,然而许多人——基本上是那些不走运的人——似乎从来也没有掌握它。任何严重亏本的冒险或是富有利润的好机会,总是有一个开端的时期,这时候你放弃它或抓住它就会使你不受损失或大获利益,但那个时期也许会很快地消逝。当时间已经过去,机会已经溜走,你所处的环境的黏合剂就会迅速固化,你的双脚就被牢牢地黏在那里了,也许是一辈子。

中国古代有一个"完璧归赵"的故事。说的是赵惠文王得到"和氏璧"后,事情很快被秦昭襄王知道了。秦王于是就派使者带了国书去见赵惠文王,说情愿拿出15座城池交换和氏璧。赵王便召集大将军廉颇和其他大臣商议此事,可商量了半天也没有结果。事情之难在于,如果答应秦王,多半是上当而得不到城池;若不答应,又怕秦军来攻。此外,也没有人能担当答复秦王的使者。

这时,宦官长缪贤的门客蔺相如说:"秦国说用城换璧,如果我们不答应,那么错在我们;如果我们交了璧而秦不给城,那么错在秦国。依我之见,宁可答应秦国,让他们担当'因不交城而不守信用'的罪名。"

赵王问:"你愿意做使者去秦国吗?"

蔺相如说:"我可以走一趟。秦若交了城,我就把璧留下;秦若不交城,我就把璧完整地带回来。"

于是,蔺相如来到秦都咸阳,向秦王进献了和氏璧。

秦王看完璧,非常高兴,把它传给左右的美人和臣子们观赏,却唯独不提"交城"之事。蔺相如在一旁等了半天,知道秦王没有交城的意思,就上前去说:"大王,此璧有一块瑕疵,请让我指给您看。"秦王不知是计,就把璧交给了他。

蔺相如拿到璧后,后退几步,背靠石柱,怒发冲冠地说:"当初,大王派使者送信来,说是情愿拿15座城来换这块璧,于是赵王诚心诚意地斋戒了5天,然后叫我送来玉璧。可是,大王却态度傲慢,不在朝廷正殿接见我,拿了璧又传给美人,故意戏弄我。我看大王根本没有诚意,所以不得不把璧又拿了回来。大王如果逼我,我就将脑袋和璧同时碰碎在这根柱子上!"说完低头举璧,对着柱子就要撞。

秦王一见,连忙道歉,马上把管图籍的官吏叫来,假装在地图上指指点点,要把某城某城割让给赵国。蔺相如知道,这不过是欺骗,便说:"和氏璧是闻名天下的珍宝。赵王送璧时曾斋戒五日,大王也应斋戒五日,并在大殿上备设隆重的九宾大典,我才敢献上和氏璧。"秦王只好答应,叫人把蔺相如送到住处。当晚,蔺相如派自己的随从人员,穿着破旧的衣裳,怀里藏着和氏璧,从偏僻的小道偷偷地逃回了赵国。

秦王斋戒5日后,果然又设九宾大典接见蔺相如,可当知道蔺相如已派人把璧送回国时,不禁恼羞成怒,立即喝令武士把蔺相如绑了起来。

蔺相如说:"慢!请让我把话说完。天下诸侯谁不知秦国强,赵国弱?如果秦国真的能先割15座城给赵国,赵国绝不会为一块璧而得罪大王。我深知欺骗大王,会受烹刑,就请用刑吧。不过,我的话还请大王三思。"秦王想,即使杀了蔺相如,也得不到和氏璧了,反而破坏了两国的关系,还不如放他回去。蔺相如凭自己的大智大勇和如簧之舌,终于完璧归赵。

与其说蔺相如是依靠自己的勇敢取得了胜利,还不如说是凭借冒险精神战胜了秦王。

在很多情况下,强者之所以成为强者,就是因为他们"敢为别人所不敢为"。走运的人一般都是大胆的,胆小怕事的人往往最不走运。"幸运"可能会使人产生勇气,反过来勇气也会帮助你得到好运。

当然,"大胆"不同于"鲁莽",二者是有本质区别的。如果你把一生的储蓄孤注一掷,采取一项风险很大的冒险行动,在这种冒险中你有可能失去所有的东西,这就是鲁莽轻率的举动。如果你尽管由于要踏入一个未知世界而感到恐慌,然而还是接受了一项前程很好的新的工作机会,这就是大胆。

成功意味着冲破平庸,而其中的一条捷径便是——敢于冒险。

敢于冒险,是强者的重要性格,也是成功者的基本特征。开创性的工作总是充满着风险,只有敢于冒险的人,才能在风险面前毫不畏惧;敢于开拓道路,敢于追求平常人不敢追求的目标,也才有可能取得常人所永远无法取得的成就。勇于冒险求胜,你就能比你想象的做得更多更好。在勇于冒险的过程中,你就能使自己的平淡生活变成激动人心的探险经历,这种经历会不断地向你提出挑战,不断地奖赏你,也会不断地使你恢复活力。

在风险面前胆怯的人,不敢去做前人未曾做过的事,不敢去攀登前人未曾攀登过的高峰,当然也不会体验到冒险的刺激与成功的喜悦,结果只能是永远也不会有所作为,甚至被时代所抛弃。

大部分人停留在所谓的"安全圈"内,无意于任何形式的冒险,惧怕失败,求稳怕乱,平平稳稳地过一辈子,虽然可靠,虽然平静,虽然可以保住一个"比上不足比下有余"的人生,但那真正是一个悲哀而无聊的人生,一个懦夫的人生。其最为痛惜之处在于,自己葬送了自己的潜能。本来可以摘取成功之果,分享成功的最大喜悦,可是却甘愿把它放弃了。与其造成这样的悔恨和遗憾,不如勇敢地闯荡和探索;与其平庸地过一生,不如做一个敢于冒险的英雄。

所谓"富贵险中求",与风险不沾边的人,想成就一番大事业是不可能的。不善于冒险的人也与成功没有机缘。正如一位哲人所说"风险与机遇并存",如果一件事没有风险,那么自然很多的人都去做了,所以这件事肯定也没有什么价值。成大事者知道,风险越大成功的价值也就越高。

智者寄语

成功意味着冲破平庸,而其中的一条捷径便是——敢于冒险。

恐惧是人类自身最大的敌人

恐惧,是人类自身最大的敌人,是影响人生成功的主要负面情绪,它会使人自我设限,进而导致行动力瘫痪,使得潜能无从发挥,人生无法拓展;它还会使人将问题放大,从而产生逃避、退缩心理……

法国有一个著名的心理学家,叫伊尔·索尔芒,他调查了世界上18个贫困、落后的国家,得出的结论是:人类最大的敌人不是灾害,不是瘟疫,不是令人憎恨的战争,而是自身的恐惧,以及由于恐惧而导致的懦弱和虚荣。

恐惧使人畏缩不前,严重阻碍人们自身的发展。每当我们说"我不能"时,实际上并非如此,大多数是因为恐惧。

在我们的生命中,每个人都有可能因为恐惧而画地为牢,从而使无限的潜能白白浪费。

一位心理学家想知道人的恐惧情绪到底会对行为产生什么样的影响,他做了这样一个实验:

首先,他让10个人穿过一间黑暗的房子,在他的引导下,这10个人都成功地穿了过去。

然后,心理学家打开房内的一盏灯。在昏黄的灯光下,这些人看清了房子内的一切,都惊出一身冷汗。这间房子的地面下是一个大水池,水池里有十几条鳄鱼,水池上方搭着一座窄窄的小木桥,刚才他们就是从小木桥上走过去的。

心理学家问:"现在,你们当中还有谁愿意再次穿过这间房子呢?"没有人回答。过了很久,有3个胆大的站了出来。

第一个人小心翼翼地走过去,速度比第一次慢了许多;第二个人颤巍巍地踏上小木桥,走到一半时,两腿发软,只好爬了过去;第三个人刚走几步就一下子趴下了,再也不敢向前移动半步。

心理学家又打开房间内的另外9盏灯,灯光把房间里照得如同白昼。这时,人们看见小桥下方装有一张安全网,只是由于网线很细、颜色极浅,他们刚才根本没有看见。

"现在,谁愿意通过这座小木桥呢?"心理学家问道。这次又有5个人站了出来。

"你们为何不愿意呢?"心理学家问剩下的两个人。

"这张安全网牢固吗?"这两个人异口同声地反问。

这个实验非常清楚地表明了恐惧情绪对人们行为的影响:当人们心存恐惧的时候,就迈不开行动的脚步,就会退缩、畏缩。

能否成功,很大程度上取决于能否克服自己内心的恐惧。

在人生中,一个人的成就和一个人的勇气往往成正比,也就是说一个人能在多大程度上战胜自己的恐惧,他就能取得多大的成就。

从前,有一个国王,他想委任一名官员担任一项重要的职务。于是就召集了许多聪明机智的文武官员,想看看他们谁能胜任。国王说:"我有个问题,想看看谁能解决它。"国王领着这些人来到一座大门——一座谁也没有见过的巨大的门前。

"你们看到的这扇大门,不但是最大的,而且是最重的,你们之中有谁能把它打开?"许多大臣见到大门便摇摇头走开了。只有一位大臣,他走到大门旁,抓住一条沉重的链子一拉,巨大的门便开了。

国王说:"你将要担任这个重要职务!"

其实大门并没有关死,一条细小的缝隙就隐藏在严密的假象中,任何人只要仔细观察,再加上有胆量去试一下,就能把门打开。但遗憾的是,大多数人认为自己根本打不开或者怕尝试之后又打不开而丢面子,所以没有尝试的勇气,其实是他们的恐惧——心中的锁链锁住了自己。

这是一个关于人生的寓言,这座大门就是人生的成功之门,我们的人生能否成功,就在于我们能否克服自己内心的恐惧,敢于去尝试、去行动!

其实,成功只是一扇等待开启的门。很多时候,这扇门是虚掩的,只要我们勇敢地去叩门,大胆地走进去,成功就近在眼前了,但令人惋惜的是很多人却没有勇气去叩击这扇成功的大门,在人生中留下了无法弥补的遗憾。

恐惧会腐蚀你心灵的钙质,让你显得无能,没水平,抹杀你做人的尊严。自卑、自我设限、寻找各种借口,背后的原因都是恐惧,是恐惧阻碍了我们潜能的发挥、人生的拓展,是恐惧阻碍了我们的成功。

一个人失去金钱,损失甚少;一个人丧失健康,损失甚多;一个人失去勇气,则失去一切。敢于挑战自己的恐惧,不向恐惧低头的人,才是真正的勇者。

美国历史上最受欢迎的总统夫人埃利诺·罗斯福说:"面无惧色地面对每一次经验,你会得到力量、经验与信心……你必须做你做不了的事情。"

在生活中,对于那些害怕危险的人,危险无处不在。

很多人在应聘工作时,怕得要死,怕什么呢?最多就是聘用不上,那么找第二家好了,又有什么了不起。

很多业务员在推销时,也是充满恐惧,生怕遭到别人的拒绝,可细想一下,拒绝又有什么了不起呢?找下一个客户就行了。

感谢折磨你的人

有这样的一个让人唏嘘感叹的故事：

一个男孩和一个女孩，从认识的那一天起，彼此就有说不出的欣赏，成了好朋友。那时，他们还在上高中，接着就上大学、读研究生、参加工作。这时，8年已经过去，友情没有一丁点的淡漠。然而，也仅此而已。

之后，各自去谈恋爱，她有了男朋友，他也有了女朋友。4个人很要好，常在一起玩，笑称都是"性情中人"。

有一天，这个男孩和这个女孩谈论起一个话题，如果有来世的话，如果可以选择的话，来世愿做男孩还是女孩？照例是争得没完没了，女孩还是要做女孩，男孩还是要做男孩。女孩问男孩为什么？他说："来世我不能不做男孩，因为，我要娶你。"女孩子像被钉住似的呆在那里，心里恍恍惚惚的——她从来不知道他也是爱她的啊！知道了又能怎样，错过了已难回头。

这一个故事，听来令人惋惜。悲剧的产生是因为内心怕对方拒绝自己，那样多没面子。恐惧造成了虚荣，虚荣阻止了他们对爱的表达。对于勇敢的人，肯定会勇敢地表达自己的爱意，哪怕是遭到毫不留情的拒绝。今生没有胆量，来世就更不可知。不管是在生活中还是事业上，要成功就必须勇于冒险。

智者寄语

在人生中，一个人的成就和一个人的勇气往往成正比，也就是说一个人能在多大程度上战胜自己的恐惧，他就能取得多大的成就。

战胜恐惧，就能步步向前

只要有勇气与信心，从心态上战胜恐惧，你就可以步步向前，迈向光明。

可以这样说，恐惧是人类最大的敌人。它不仅能夺去人的幸福与能力，使人变为懦夫，还能摧残人的创造精神，足以杀死个性而使人的精神机能趋于衰弱。

一个人，一旦心怀恐惧的心理、不祥的预感，则做什么事都不可能有效率。恐惧导致了人的无能与胆怯，是人类文明事业的破坏者。

有这么一个宗教故事，说有一个人死后来到地狱之门受审，撒旦问他："你最害怕的是什么？"他回答道："我什么也不怕。"

"那么，"撒旦说，"你一定走错地方了，我们只接受那些被恐惧所缚的人。"

谢天谢地！地狱里竟然没有地方容得下毫无畏惧的人。

因此，要拒绝你的恐惧，不要让恐惧深入你的心中，不要往恐惧的方面想。一旦有了恐惧心理，你应当立刻拿出勇气来与它对抗，恐惧便会立刻逃走。

一个黑人小女孩就用勇气战胜了恐惧。在马里兰州的一座种植园里经营着一间磨坊，那里住着一家黑人。有一天，黑人家里的一个10岁的小女孩被遣到磨坊里向种植园主索要50美分。

园主放下自己的工作，看着那个黑人小女孩敬而远之地站在那里，似乎若有所求。于是他便问道:"你有什么事情吗?"黑人小女孩没有移动脚步,回答说:"我妈妈说想要50美分。"

园主用一种可怕的声音和斥责的脸色回答说:"我决不干那种事!你快滚回家去吧,不然我用锁锁住你。"说完便继续做自己的工作。

过了一会儿,他抬头时看到黑人小女孩仍然站在那儿不走,便掀起一块桶板向她挥舞道:"如果你再不滚开的话,我就用这桶板教训你。好吧,趁现在我还……"话还没说完,那黑人小女孩突然飞快地冲到他面前,扬起脸来用尽全身的气力向他大喊:"我妈妈需要50美分!"

慢慢地,园主将桶板放了下来,手伸向口袋里摸出50美分给了那个黑人小女孩。她一把抓过钱去,便像小鹿一样跑出去了。留下园主目瞪口呆地站在那儿回顾这奇怪的经历——一个黑人小女孩竟然镇住了自己。在这之前,整个种植园的黑人从未有过这种行为。

这就是勇气的力量。因此,当不祥的预感、忧虑的思想在你心中发作时,你不应当纵容它们逐渐长大。你应该拿出勇气与它们相对抗,想到种种与它们相反的方面去。如果你在担心着自己的事业,你就不应当想到你自己是怎样弱小无能、怎样不堪重任,这样你准会失败。你应当尽量想着你自己怎样强、怎样有本领、怎样利用过去的经验应付现在的问题,怎样预期得到成功的胜利。

智者寄语

只要有勇气与信心,从心态上战胜恐惧,你就可以步步向前,迈向光明。

排除恐惧,肯定自己

恐惧能摧残人的创造精神,足以消灭个性而使人的精神机能趋于衰弱。一旦心怀恐惧,做什么事都不可能有效率。恐惧代表人的无能与胆怯。这个恶魔,从古到今,都是人类最可怕的敌人,是人类文明事业的破坏者。

最坏的一种恐惧,就是常常预感某种不祥之事的来临。这种不祥的预感,会笼罩着一个人的生命,像云雾笼罩着爆发之前的火山一样。

许多人都有一种杞人忧天感,他们常常猜想不幸的降临:要丧财失位,要遭遇不测,要面临火灾水害。在他们的儿女离家出门的时候,他们的心目中一定会想到种种灾难——火车出轨、轮船沉覆,他们总是想到最坏的一面。

当整个心态和思想随着恐惧的心情而起伏不定时,干任何事情都不可能收到功效。在实际生活中,真正的痛苦其实并没有想象中的那么大。那些使得我们未老先衰、愁眉苦脸的事情;那些使得我们步履沉重、面无喜色的事情,实际上并没有发生。

恐惧纯粹是一种心理想象,是一个幻想中的怪物,一旦认识到这一点,我们的恐惧感就会消失。如果我们都被正确地告知,没有任何臆想的东西能伤害到我们;如果我们见识广博到足以明了,没有任何臆想的东西能伤害到我们,我们就不会再感到恐惧了。

勇敢的思想和坚定的信心是治疗恐惧的良药,它能够中和恐惧思想,如同化学家通过在酸溶液里加一点碱,就可以减少酸的腐蚀性一样。当人们心神不安时,当忧虑正消耗着他们的活力和精力时,他们是不可能获得最佳效率的,也不可能事半功倍地将事情办好。

所有的恐惧在某种程度上都与一个人的软弱和力不从心有关,因为此时他的思想意识和体内的巨大力量是分离的。一旦他开始变得心力交融,一旦他重新找到了让他自己感到满意和大彻大悟的那种平和感,他将会真正体味到做人的荣耀。感受到这种力量和享受这种无穷力量的福祉之后,人就不会再像以前那样萎靡不振。

恐惧虽然阻碍着人们力量的发挥和生活质量的提高,但它并非是不可战胜的。只要人们能够积极地行动起来,在行动中有意识地纠正自己的恐惧心理,那它就不会再成为我们的威胁了。

在不安、恐惧的心态下仍勇于作为,是克服神经紧张的处方,能使人在行动中,获得活力与生气,渐渐忘却恐惧。只要不畏缩,有了初步行动,就能带动第二次、第三次的出发,如此一来,心理与行动都会渐渐走上正确的轨道。

排除恐惧一般有三种方法:

(1)自我激励,不断地对自己说:没什么可恐惧的,我一定可以做好。自我激励就是鼓舞自己做出抉择并且开始行动。激励能够提供内在动力,如本能、热情、情绪、习惯、态度或者想法,能够使人行动起来。

(2)行动起来,用事实克服恐惧。很多事情没有做的时候,常常会感到恐惧;一旦做起来,就不会恐惧了。只有克服恐惧,树立起信心,才有可能把事情做成功。

(3)把事情的最坏结果想象出来,如果最坏的结果你都能够承受,就没有必要恐惧了。比如,下岗了,又能怎样?我还可以有基本生活保障,不至于活不下去。我可以干自己能干的事情。

我们对生活的恐惧会严重影响我们今后的发展,所以,一个人要想成功,就要克服恐惧,肯定自己。

智者寄语

勇敢的思想和坚定的信心是治疗恐惧的良药,它能够中和恐惧思想,如同化学家通过在酸溶液里加一点碱,就可以减少酸的腐蚀性一样。

鼓起勇气跨出第一步

一个人要做一件事,常常缺乏开始做的勇气。但是,如果你鼓足勇气开始做了,就会发现做一件事最大的障碍往往是来自自己的内心,更主要的是缺乏行动的勇气,有了勇气下决心开了头,似乎再往下做就会是顺理成章的事情了。

迈克尔·戴尔总喜欢这样说:"如果你认为自己的主意很好,就去试一试!"29岁的戴尔正是以此成为企业巨子的。他如今是美国第四大个人电脑生产商,也是《财富》杂志所列500家大公司的首脑中最年轻的一个。戴尔是在德克萨斯州的休斯敦长大的,有一兄一弟,父亲亚历山大是一位畸齿矫正医生,母亲罗兰是证券经纪人。三个孩子当中,戴尔在少年时期就已显出勤奋好学、干劲十足的优势。有一次,一位女推销员上门,说要和迈克尔·戴尔先生面谈他申请中学同等学历证书的事情。于是,当时才8岁的戴尔就向她解释说,他认为尽早把中学文凭解决掉可能是个好主意。几年后,戴尔有了另一个好主意:在集邮杂志上刊登广告,出售邮票。后来,他用赚来的2000美元买了他的第一台个人电脑。他把电脑拆开,研究它怎样运作。

戴尔读高中时,找到了一份为报纸征集新订户的工作。他推想新婚的人最有可能成为订户,于是雇请朋友为他抄录新近结婚的人的姓名和地址。他将这些资料输入电脑,然后向每一对新婚夫妻发出一封有私人签名的信,允诺赠阅报纸两星期。这次他赚了18万美元,买了一辆德国宝马牌汽车。汽车推销员看到这个17岁的年轻人竟然用现金付账,惊愕得瞠目结舌。

第二年,迈克尔·戴尔进了奥斯丁市的德克萨斯大学。像大多数大一学生那样,他需要自己想办法赚零用钱。那时候,大学里人人都谈论个人电脑,凡没有的人都想买一台,但由于售价太高,许多人买不起。一般人所想要的,是能满足他们的需要而又售价低廉的电脑,但市场上没有。戴尔心想:"经销商的经营成本并不高,为什么要让他们赚那么厚的利润?为什么不由制造商直接卖给用户呢?"戴尔知道,IBM公司规定经销商每月必须提取一定数额的个人电脑,而多数经销商都无法把货全部卖掉。他也知道,如果存货积压太多,经销商会损失很大。于是,他按成本价购得经销商的存货,然后在宿舍里加装配件,改进性能。这些经过改良的电脑十分受欢迎。戴尔见到市场的需求巨大,于是在当地刊登广告,以零售价的八五折推出他那些改装过的电脑。不久,许多商业机构、医生诊所和律师事务所都成了他的顾客。

有一次戴尔放假回家时,他的父母表示担心他的学习成绩。"如果你想创业,等你获得学位之后再说吧。"他父亲劝他说。戴尔当时答应了,可是一回到奥斯汀,他就觉得如果听父亲的话,就是在放弃一个一生难遇的机会。"我认为我绝不能错过这个机会。"一个月后,他又开始销售电脑,每月赚5万多美元。戴尔坦白地告诉父母:"我决定退学,自己开办公司。""你的目标到底是什么?"父亲问道。"和IBM竞争。"和IBM竞争?他的父母大吃一惊,觉得他太好高骛远了。但无论他们怎样劝说,戴尔始终坚持己见。终于,他们达成了协议:他可以在暑假时试办一家电脑公司,如果办得不成功,到9月他就要回学校去读书。

戴尔回奥斯汀后,拿出全部储蓄创办戴尔电脑公司,当时他19岁。他以每月续约一次的方式租了一个只有一间房的办事处,雇用了第一位雇员——一名28岁的经理,负责处理财务和行政工作。在广告方面,他在一只空盒子底上画了戴尔电脑公司第一个广告的草图。朋友按草图重绘后拿到报馆去刊登。戴尔仍然专门直销经他改装的IBM个人电脑。第一个月营业额便达到18万美元,第二个月26.5万美元,不到一年,他便每月售出个人电脑1000台。积极推行直销、按客户的要求装配电脑、提供退货还钱以及对失灵电脑"保证翌日登门修理"的服务举措,为戴尔公司赢得了广阔的市场。戴尔电脑公司鼓励雇员提出新的主意。雇员提了一个主意之后,如果公司认为值得一试,那么,即使后来证明不可行,雇员也会获得奖赏。到了迈克尔·戴尔本应大学毕业的时候,他的公司每年营业额已达7000万美元。戴尔停止出售改装电脑,转为自行设计、生产和销售自己的电脑。

今天,戴尔电脑公司在全球多个国家设有附属公司,每年收入超过600亿美元,有雇员约5万名。戴尔个人的财产,估计在200亿美元以上。

万事开头难!要干成一件事情,人们总是觉得迈第一步困难重重,总是下不了决心。于是,便迟疑不决,犹豫不定,今日推明日,明日推后天,这样推来推去便延误了时间,也就推迟了成功之日的到来。

对于一个想干一点事情的人来说,这样迟迟不见行动是十分有害的,不仅不能实现自己确定的目标,而且会消磨意志,使自己逐渐丧失进取心。

面对悬崖峭壁,一百年也看不出一条缝来。但用斧凿,能进一寸进一寸,能进一尺进一尺,不断积累,飞跃必来,突破随之。

智者寄语

朋友,想做什么就马上行动吧!其实一切并没有想象中那么难,只要有了第一步,就会有第二步、第三步……这样不断地做下去,你就会发现离目标越来越近,你的目标正在渐渐地化为现实。

勇于面对人生中的逆境

人生的可贵不在于一帆风顺,全无障碍,而在于不怕任何失败、挫折和艰险,继续勇往直前,坚持不辍。

这是台湾一位博士的故事。

江灿腾,一位苦学出身的博士,1946年出生在桃园大溪,是当地富裕望族之后。他的父亲在听信算命师的一句话——活不过35岁这样的话后,短短几年内,荒唐地败光家产,以享受人生。不过,老天可没让他如愿,过了35岁,江灿腾的父亲仍旧活得好好的,江家却自此陷入困境,江灿腾也因此而辍学,开始了打零工贴补家计的日子,做过香工、水泥小工、店员等,他受尽人生冷暖,他并不甘心于当一名小工人,在当兵后考入飞利浦公司后,他自学获得国中、高中的同等学历,并于32岁考上师大历史系夜间部,自此踏上学术研究之路,于54岁时拿到台大史学博士学位。

从工人到博士,江灿腾在家变、失学、童工剥削、失恋、癌症折磨等磨难中,找到了生命的信念,在生与死之间坚定了奋进的人生观念。

郑丰喜先生所撰写的《汪洋中的一条船》,可以说是他一生的故事与回顾。书中以简洁质朴的文笔,描写了作者从一个天生不能行走的残疾人通过奋斗成为一名大学生,最后成为一名对社会有所贡献的中学老师的感人经历。

这本书曾经被拍成电影和电视剧,获得广大观众的热烈回响。此书自20世纪60年代中期出版以来,便广受重视,其影响力至今仍持续不断,在70年代和80年代甚至被认为是最具影响力的书籍之一。曾经读过此书的读者,至今念念不忘,它无疑是一本励志且能够发人深省的好书。我们在郑丰喜先生的书中看到了作者残而不废、刻苦自立的精神,也真正领悟到:人是为成功、为理想、为胜利而生的。

这本书能让我们感动,让我们热泪盈眶,但这不仅是代表同情而已,还蕴藏着好多好多的钦佩、感动与安慰。因为作者为了生存,为了克服残缺,他并没有去当乞丐,去争取他人的同情和施舍;相反,他却靠自己的力量生存下去,做苦工、做买卖来赚取学费,纯粹是自力更生。他凭着他的双手、信心、毅力,迎向一切挑战。

反观现今的社会,许多人因为一时的不顺遂,便开始怨天尤人或选择轻生;看看这些人,他们四肢健全,境遇也并没有比作者更惨,何以遇到不平顺的人生遭遇就屈服了?人生有不顺遂的时候,应该把失败当成是一种成长的机会,并努力耕耘期待下一次成功的到来,如此人生才会有希望,才会过得越来越好。

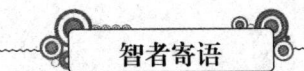
智者寄语

人生的可贵不在于一帆风顺，全无障碍，而在于不怕任何失败、挫折和艰险，继续勇往直前，坚持不辍。

要敢于向"不可能"发出挑战

生活中有很多的"不可能"，但有些人就是偏要把它们变成可能。请看下面这个例子。

一天，有位住在爱荷州的妇女在杂志上看到一则消息："寻求能够培养雪白的金盏花的主人，经查验属实，可获得本公司奖金一万元美金。"当时，金盏花的颜色大部分都是黄色、菊黄或是茶色。至于白色的金盏花，这几乎不可能，也许那则消息只是为公司做宣传。

然而，那位女士却对这个消息深感兴趣，虽然她对植物的遗传学并不清楚，但是她尚能了解配种的方法，当她在犹豫不决时，有一个声音从她内心响起："你怎么了，试试看不就行了吗？"

很快她就展开行动，首先，她去购买最大的黄色金盏花来种植，经由她细心的灌溉、施肥，终于开成了太阳般的纯黄金盏花，她再从中选择了几朵颜色最淡的花朵，等花枯萎之后收集种子，第二年再将收集的种子加以播种。她下定决心，不论花多少时间与精力，都一定要获得最后的成功，即使面对家人的怀疑，她仍然持续地播种。虽然金盏花的颜色愈来愈淡，但还是无法变为纯白的。

时间已经过去了很多年，孩子渐渐长大，有的结婚生子，有的搬出去住了，最后连丈夫都去世了，坚强的她虽一度沉陷于悲伤的情绪中，对于任何事情都无精打采。但这终究并非长久之计，于是她再度鼓起勇气回到了金盏花的世界里。虽然后来她都已做了祖母，却仍坚信20年来的辛勤耕耘。

终于，在某一天的早上，她突然看到一朵雪白的金盏花，而且是绝对的雪白，正直挺挺地站在枝头上，她脸上露出了笑容。

待花枯萎后，她从中收集了一些种子，寄给种子公司。经过仪器检验后，种子公司终于兴奋地打电话来告诉她说："我们要把奖金颁给你，感谢你所栽种的金盏花！"她终于如愿以偿获得了奖金，多年的心血也总算有了回报。

拿破仑曾说过："成功就是向不可能挑战。"事实上，不论在哪个领域，成大事的人都是些"向不可能挑战"的人。当然，因此而失败的人也不少。但是，若不接受挑战，是绝对无法把"不可能"变成"可能"的。

向任何人都认为不可能的事挑战，一定会遇到很多的困难，这样做会受人嘲笑、非难，甚至会遭到镇压。但是来自社会的压力越大，成功时的喜悦也会越大，而且名誉和金钱上的报酬往往也会随之而来。

一句话，要想取得别人不能取得的成就，就要敢于向别人口中的"不可能"挑战。

智者寄语

成功就是向不可能挑战。

第七章 靠智慧和勤奋战胜折磨你的人

靠智慧穿越生命的迷雾

世间有一个痴者向智者请教："尊敬的智者，请您用智慧之灯照亮我昏暗思想的天空吧，告诉我如何才能看到人间的真实？"

接着，他对智者诉说自己感到迷惑的一系列问题："我曾经在人生之路上艰难跋涉，然而后来我才发现，我始终走在一个表象的世界，而真实的石头却把我绊得一个趔趄接一个趔趄；当我第一次被她的甜言蜜语所迷醉，选择她做我的爱人时，第二次我却发现她用同样的语言在与别人约会；当一个脸上充满忧郁，衣衫褴褛不堪的路人从我身边经过，我欲把我的所有赠与他时，却发现他对我毫无所求，而真正有求于我的，却是一个西装革履脸上充满自信的人；当我把骂我的当作敌人，把朝我笑的当作朋友时，后来我才发现，欲将我推下悬崖的，正是那个朝我笑着的人。怯懦的人，为何穿上一个勇武的外壳？爱着我的人，为何偏偏不说爱我？明明有求于我，为何偏偏把一箱箱珍品奉送于我？人在我的身边，为何心却走了……啊，尊敬的智者，表象的世界实在令人迷惑，告诉我吧，我该如何，如何……"

智者回答道："年轻人啊，我们用眼睛所看到的，无非是一团迷雾，往往遮住了我们应该用心来感受到的万物；我们用耳朵听到的，无非是些扰乱心灵的声响，往往歪曲了我们应该用心去把握的东西。因而，当你看到一个白发者和一个黑发者站在一起时，请不要在二者谁是老人的问题上妄下结论；当你看见一个人鲜血淋漓地躺在地上，一个人站在一旁无动于衷时，请不要贸然断定哪个是生者，哪个是死者；当你看见一个人在放声大笑，一个人在不停地流泪时，请不要即刻断定哪个是痛苦者，哪个是欢乐者；当你站在冰封雪冻的江面，身体被飘舞的雪花所环绕时，请不要以为明天还会是这样；当一个人送花给你，另一个送刺给你时，请不要急于断定哪个是亲你者，哪个是疏你者；当一个人声音颤抖，结结巴巴，一个人口齿伶俐，声调高亢时，请不要盲目判定哪个是懦弱者，哪个是勇敢者……"

接着，智者感叹地说道："离你而去者或许正是真心爱你者，送你珍宝者可能正是有求于你者，今天的幸福可能会成为明天的痛苦，闪烁即逝的或许正是永恒存在的……"

"我明白了。"痴愚者说。"在你对万事万物没有真正感悟之前，请不要说'明白了'。"智者说。

生命并非它的表象，而是它的内蕴；可见的东西并不在于它们的皮壳，而在于它们的内核；

世人之本并不在于他们的面孔,而在于他们的内心。

智者明白,现实的花朵胜过缥缈的虚幻。

今生与来世有过一段对白。

今生:"唉!不知为什么,我把如此丰富多彩的生活给了人类,可是人们往往对我产生不满,特别是当他们遇到挫折和不幸时,往往厌恶我却有求于你。"

来世:"嘻嘻!谁让你那么实在呢?你看我,虚无缥缈,似有似无,人们都听说过我,却没有一个人真正见过我。"

今生:"是呀,到现在我也没见过你,不知你是一个真实的存在,还是一个梦幻的影子。"

来世:"假如说虚幻的影子也是一种存在的话,我只是存在于你的生命中的一个虚幻的存在。"

今生:"我明白了,你是没有。"

来世:"对。可是人们以为我什么都可以给他们。当一对恋人长相思而不能长相依时,他们乞求我的成全,从而放弃了在你那里的努力;当一个人一生碌碌无为穷困潦倒时,他企图在我这里寻求到美好的前景,而不愿在你那里奋起直追;当一个女人为做了女人而感到痛苦不堪时,她乞求在我这里变成男人……对于这些乞求,我当然默然应允。"

今生:"这就是你的不对了。你办不到的事情,为什么要答应呢?"

来世:"连我自己都是虚无的存在,我答应了的东西,难道和不答应的有什么不同吗?"

今生:"好了,好了,你这貌似存在实则虚无的来世,你这貌似美好实则丑陋的家伙,我明白你了,你这迷惑人的魑魅!"

来世:"……"

今生:"但愿天下善良的人们,不要再把美好的愿望寄托于来世了。只有在今生,也就是在我这里努力,才是真正的智者呀。"

当人们在今生现实生活中遇到挫折和不幸时,往往把一切的希望寄托于来世,似乎只有来世才是美好的,人们今生不能实现的愿望,似乎在来世能一一得以实现。岂不知现实的花朵,总是比缥缈的虚幻来得永久。

智者寄语

生命并非它的表象,而是它的内蕴;可见的东西并不在于它们的皮壳,而在于它们的内核;世人之本并不在于他们的面孔,而在于他们的内心。

知识就是力量

有这样一个故事:一个青年,他经常坐火车、轮船旅行远方。每次在船车中,他总是随身带些读物,如袖珍书本、函授学校中的讲义,他利用别人很容易浪费掉的零星时间读书,积累知识,以求进步。通过这样日积月累,他掌握了更多的知识,包括历史、文学、科学等等。这些知识虽然一时用不着,但是,总有用得着的一天。后来,这个年轻人应聘一所大学的讲师,他凭着自己丰富与广博的学识被学校录取了。后来他对朋友说,多亏几年的读书。

感谢
折磨你的人

平时不用功,临危抱佛脚,这种学习态度要不得。不论你工作多忙,在工作之余或睡觉前,你完全可以腾出10分钟读书。那些老说自己没时间读书的人,其实是为自己找借口。你可以把时光浪费在闲聊中,在无限空虚的感叹中,为什么不能利用时间读一下书?读书使人增加知识,增长力量,勤奋读书的人,比起那些有天赋但不读书的人更有修养,更有能力,取得成功的几率更高。如果你有一种孜孜不倦以求进步的精神,你就会超越别人,超越那些不读书的人。

有的人或许以为利用闲暇的时间来读书会牺牲自己的其他时间,或者影响工作,这样的想法是错的。读书的作用之大,对于人的一生来说,太重要了。工作竞争日趋剧烈,生活情形日益复杂,如果你没有学识,你就有可能被这个社会淘汰出局。

当然,也许你会这样想,把时间放在读书上,岂不是浪费了做大事的时间?其实不然,这里说的是叫你每天腾出10分钟读书,不是叫你整天读书。10分钟虽少,但可以集腋成裘,日积月累,就能充实你的知识宝库,渐渐地推广你的知识地平线。将一分一秒的闲暇时间,换来种种宝贵的知识。知识可以给予你能力,使你得以上进,这种机会难道你忍心放弃吗?

耶鲁大学的校长海特莱曾经说:"各界的人,如商业界或产业界中的人,都曾告诉我:他们最需要、最欢迎的大学生,就是那些有选择书本的能力及善用书本的人。而这种选择书本与善用书本的能力的最初养成,最好是在家庭中——具备着各种书籍的家庭中。"

一个天资比较高的儿童,只要常有接触书、使用书的机会,就一定能从书本中摄取丰富的知识。凡是家庭中备有不少辞典、百科全书以及其他种种有益的书籍的,其儿童往往会于不知不觉之间,利用那容易虚掷的空闲时间来充实和教育他们自己。这种教育的代价,只是书籍的准备,要比学校教育所费的代价便宜十倍以上。书籍可以使家庭布置得幽雅、美观,使儿童乐于待在家中。而那些忽略教育设备的家庭,他们的儿童会厌恶家庭,喜欢到外面乱闯,以致陷入种种危险之中。

家庭是一个人接受最主要的生活训练的地方。在家庭中,我们养成习惯,形成志趣,而这些习惯、志趣,将影响我们的一生。

> 有一户人家,其父母子女相约于每晚留出一部分的时间作读书或自修之用。晚餐结束后,他们就一起休息及游戏,在一个小时之内,或谈笑戏谑,或做各种玩意儿,极尽欢娱。一小时后,便是读书的时候了,于是他们各就各位,或读书、或写书、或做别项自修,静得连根针掉到地上都可以听见。假使有一人觉得不适意、不高兴、无意自修,他至少也要静默无声,不去打扰他人。
>
> 在他们中间有一个和谐的、统一的意志——凡可能分散注意力、打断心思与使之心驰神往的一切,都已被有效防止。就事实而论,一小时聚精会神、不被扰乱的读书,其成效要大过常被扰乱与心不在焉的两三个小时的读书。

有不少青年男女,有志在学问上求上进,而最终受阻于家庭中的恶劣环境。例如晚餐之后,全家都谈笑喧哗,毫无休止,所以也就无意自修、无心读书了,充其量也只是看些低级趣味的小说。而家庭成员中要认真读书的倒反而要受嘲笑,仿佛是欲使同流合污而后已。

无论一个人平时怎样忙碌,但总有很多的光阴是虚度或浪费掉的,而这些虚度的光阴假使能善于利用,是一定能生出大益处来的。

养成每天读10分钟书的习惯。这样每天10分钟,20年之后,你的知识水平一定前后判若两人,只要你所读的都是好的东西,你的智慧和能力就会增长许多,你就有可能超越许多人,摆脱许多烦恼。大多数人都肯在自己所喜欢的事上留出相当的时间来。假使你真有求知之饥渴、努力学习的热望,你总会挤出时间来的。

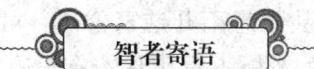

智者寄语

读书使人增加知识,增长力量,勤奋读书的人,比起那些有天赋但不读书的人更有修养,更有能力,取得成功的几率更高。如果你有一种孜孜不倦以求进步的精神,你就会超越别人,超越那些不读书的人。

及时为自己"充充电"

当你置身于这纷繁的大千世界时,是否感觉有许许多多的事情在变化,物价飞速上涨,市场残酷无情,而自己却依然如几年前,工资没增加反而越来越少,你不停埋怨,不停叫苦,这到底怎么了?

静下心来想一想,真正的原因是自己没变化,几年的时间,市场在变,环境在变,而你没有及时充电学习,没有从各方面提升自己,等于你落后了,你的价值如以前一样,甚至贬值。

现代社会的飞速发展,知识更新的加快,要想跟上时代的发展,充电是明智之举,不充电就会失去生存的能量,而最终被社会甩掉。

成功的人有千千万,但成功的道路却只有一条——学习,勤奋地学习,用时下流行的话来说就是"充电"。如果一个人停止了学习,那么你很快就会"没电",会被社会所抛弃。养成学习的习惯,你离成功就不远了。

适当给自己"充充电",是当务之急,也是为你以后做事打下坚实的知识基础。

在网络信息技术日益升温的今天,你如果不每天学习,不去充电,那么很快就会落伍。因此,无论在何时何地,每一个现代人都不要忘记给自己充电。只有那些随时充实自己,为自己奠定雄厚基础的人才能在激烈竞争的环境中生存下去。

一名员工对自己的上司很不满意,他对朋友说:"我的上司根本就不把我当回事,总有一天我要炒他鱿鱼。"

朋友问他:"你对自己的表现满意吗?对你们公司的业务都熟悉吗?"

他说:"还不太清楚,但我感觉我的本职工作已经做得很好了。"朋友建议说:"你最好把关于国际贸易的技巧、商业文书等一系列的东西好好研究一番,再与你们经理坐下来好好地聊一聊,看看你在经理的眼里是什么样子的,再听听他对你的期望和要求,心平气和地谈谈,如果你们交流后你还感觉不适合在这家公司继续工作的话,再辞职也不迟啊。"

他点头赞同朋友的看法,回公司后改变了自己以往的态度,勤恳地学习公司业务。不久,经理把他叫到办公室肯定地对他点点头,把一项非常重要的工作交给他去处理。他不解地看着经理,经理给他倒了一杯茶说:"我相信你现在的能力了,所以把这项任务交给你,大胆地去做吧,做出点成绩来给我看看。"

他试探着说:"可以问问为什么以前……"

经理说:"那时是因为你的能力还没有达到一定的水平,而且心太浮躁。年轻人,做人最重要的就是能够认识自己的能力,从自身上找原因,这样才能赢得他人的重视与尊重啊!经过一段时间的学习、提高,我认为以前看错了你。现在将这项重要的任务交给你,我放心了,你也到了独自去完成任务的时候了。"说着拍拍他的肩膀离开了。

感谢折磨你的人

现实生活中,总有些眼高手低的人,他们常常抱怨老板不给自己表现的机会,认为老板不够器重自己,所以就会产生一些牢骚,甚至想离开这家公司。可是,有这样想法的人们,你是否检讨过自己?有没有问问自己,为什么老板不重用你?有没有在自身能力上找原因?如果你没有,劝你还是检讨一下自己吧!通过学习赶快提高自己的能力吧!

有一种花散发出一种淡淡的芳香,它给人的感觉是阳光、幽香,企业的每一位职工都应像这朵花,虽然小,但它的香气久远,阳光又是企业不可缺少的一部分,散发出一份热量,热量的汇集才能使企业耀眼夺目。只要大家在工作中、学习中不断提升自己的能力,升华自己的思想,就能在企业中站稳脚跟,找回自己,也才能通过企业实现自身价值,有一个美好的未来。

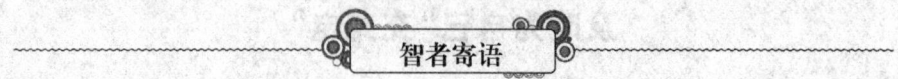

智者寄语

现代社会的飞速发展,知识更新的加快,要想跟上时代的发展,充电是明智之举,不充电就会失去生存的能量,而最终被社会甩掉。

在行动中寻找方法

人生所有的设想和计划只有付诸行动才会有可能变为现实,不管是多么伟大的构想,如果不做就不会给自己和他人带来什么收获,所以,人生的关键就是行动。

先做,然后才能知道能不能实现自己的计划,因为在做的过程中才能发现问题,才能知道困难有多大,也才能具体地去寻找解决的办法。最后才能把想的东西变为实际存在的东西。

先做,才有发言权,没有做过什么事情的人是不知道事情的艰难,也不会有什么经验可谈的,要谈也是空洞地谈,没有什么实际的内容。做过了事情就会积累一定的经验,就会有话要说,就不会说空话,说出来的话才有说服力。

先做后说是一种良好的习惯,培养这种习惯,就会使你的人缘建立在可信可靠的基础上,你就会受到别人的喜爱;先做后说是一种美好的行为,培养这种习惯,就会使你在做事的天平上增加了行动的砝码,会让你走向成功。

高楼大厦是由一砖一瓦垒起来的,万里长征是一步一步走过来的,所有的大事业都是由小事情一点一点发展起来的。生活或工作中,有些人就是看不见小事情,不愿意做小事,总想干一番轰轰烈烈的大事,可是一直没有大事让他展现自己的才能,所以,常常感叹英雄无用武之地。其实这都是眼高手低,大事做不来,小事又不干的坏习惯。

你要想人生有所作为,走向成功,就必须培养从小事做起的习惯。

有一个很有才华的人,整天想着要写一本世界名著,却看不上写豆腐块的小文章,结果,多年过去了,名著没写出来,小文章也没发表过,白白地让满腹才华失去了表现机会。

相反,另一个人才能一般,但是多年来,一直写小文章,积少成多,由小变大,最后,著作等身,收获颇丰,成功实现了自己的理想。

两种人生,两种不同的结果,这告诉我们:人生就是从小事上起步的,人生的丰碑就是由这些小事雕刻出来的。

当我们决定一件大事时,心里一定会很矛盾,都会面对到底要不要做的困扰。下面的实例是一个年轻人的选择和做法。

杰米先生是个普通的年轻人,大约二十几岁,有太太和小孩,收入并不多。

他们全家住在一间小公寓里,夫妇俩都渴望有一套自己的新房子,他们希望有较大的活动空间、比较干净的环境、小孩有地方玩,同时增添一份产业。

买房子的确很难,必须有钱支付分期付款的头款才行。有一天,当他签发下个月的房租支票时,突然很不耐烦,因为房租跟新房子每月的分期付款差不多。

杰米跟太太说:"下个礼拜我们就去买一套新房子,你看怎样?"

"你怎么突然想到这个?"她问,"开玩笑!我们哪有能力!可能连头款都交不起!"

但是他已经下定决心:"跟我们一样想买一套新房子的人们大约有几十万,其中只有一半能如愿以偿,一定是什么事情使他们打消这个念头。我们要想办法买一套房子。虽然我现在还不知道怎么凑钱,可是一定要想办法。"

下个礼拜他们真的找到了一套两人都喜欢的房子,朴素大方又实用,头款1200美元。现在的问题是如何凑够1200美元。他知道无法从银行借到这笔钱,因为这样会妨害他的信用,使他无法获得一项关于销售款项的抵押借款。

皇天不负有心人,杰米突然有了一个灵感,为什么不直接找承包商谈谈,向他私人贷款呢?他真的这么做了。承包商起先很冷淡,但由于杰米一直坚持,他终于同意了。他同意杰米把1200美元的借款按月交还100美元,利息另外计算。

现在杰米要做的是,每个月凑出100美元。夫妇两个想尽办法,一个月拟省下25美元,还有75美元要另外设法筹措。

这时杰米又想到另一个点子。第二天早上他直接跟老板解释这件事,他老板也很高兴他要买房子了。

杰米说:"T先生(就是老板),你看,为了买房子,我每个月要多赚75美元才行。我知道,当你认为我值得加薪时一定会加,可是我现在很想赚点钱。公司的某些事情可能在周末做更好,你能不能答应我在周末加班,有没有这个可能呢?"

老板对于他的诚恳和雄心非常感动,真的找出许多事情让他在周末工作10小时,他们因此欢欢喜喜地搬进了新房子。

杰米的成功就在于他认准了目标就行动,不想那么多,在做的过程中,遇到问题,解决问题,结果,就实现了自己的目标。

如果只说不做,就可能一直等下去,就不会有这个结果。

在社会生活中,我们都会有理想,都希望能够改变自己的生活,希望能超越别人,但是真正为这个理想去实践去做的人实在是太少了。我们把问题看得太严重了,把困难想象得太大了,因而还没有做以前,就自己把自己否定了。

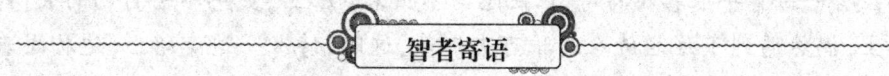

其实,只要去做,困难可能肯定不会少,但是,解决困难的办法同时也不会少,而且天无绝人之路,在做的过程中,你总是会找到办法的。

灵感是长期辛勤劳动的结果

灵感具有创造性,它的基本特征是打破人的常规思路,突然达到一个新境界,灵感并不是虚

感谢
折磨你的人

无缥缈的不可捉摸的东西,更不是天才的专利品,只要长期辛勤劳动,总会有一天"功到自然成"。

所谓灵感,并不是什么神秘的东西,而是经过长时间的实践与思考之后,思想在高度集中化与紧张化之后,对所考虑的问题已基本成熟而又未最后成熟,一旦受到某种启发而融会贯通时所产生的新思想。

捕捉灵感要"稳、准、狠",意思是说,面对灵感,要看得准,经过自己缜密的分析,判断其可行性与可能性;稳是指捕捉灵感要牢,落实要到位;狠是指灵感得来不易,有可能是几年甚至一生才会有一次,所以你必须加倍珍惜,充分利用,要学会充分运用灵感上每一点剩余价值,使其彻底为我所用。

这一切都是为了全力以赴,合理配置,借机会之力创最大效益,谋求最大成功。

有句名言,叫作"机不可失,时不再来"。时间有其独自的特性:一是无法返回;二是无法积蓄;三是无法取代;四是无法失而复得。灵感,离不开时间,时间是灵感的生命。哲学家培根曾感慨地说:"灵感先把前额的头发给你捉,而你捉不住之后,就把秃头给你捉了;或者至少它先把瓶子的把儿给你拿,如果你不拿,它就要把瓶子滚圆的身子给你,而那是很难握住的。在开端时善用时机,再没有比这种智慧更大的了。"灵感,速可得,坐可失,我们要想得到它,就不但要努力学习揭示客观必然规律性的科学知识,着重认识事物发展的必然规律,而且要有一种锲而不舍、雷厉风行、只争朝夕的精神,决不能四平八稳"一慢二看三通过",坐失灵感。

灵感具有创造性,它的基本特征是打破人的常规思路,突然达到一个新境界,当灵感降临的时候,智力水平超出创作者平时的水平,所谓"超水准发挥",犹如瓜熟蒂落,水到渠成,正是"众里寻他千百度,蓦然回首,那人却在灯火阑珊处"。另外,灵感具有突发性和瞬时性的特点,灵感的产生往往不能自抑。从时间上,灵感什么时候来;空间上,灵感受什么东西启发,都很难预期。

灵感思维与人的直觉是密不可分的,直觉是人的天生能力,往往是创意的源泉。

化学家申拜恩是一个怕老婆的典型,其实也是因为他妻子疼爱他,不希望他从事那些有很大危险性的化学实验。一天晚上,趁妻子出去串门的时候,申拜恩偷偷地在厨房里开始了他的火药实验,正当他在炉子上加热硝酸和硫酸的混合液的时候,突然听见了妻子回来的声音,他一时心慌意乱,想及时停止实验,却不慎将装着混合酸的坩埚给打翻,申拜恩顿时手忙脚乱,抓起妻子的围裙就去擦炉子上和地板上的混合酸。后来,他又把这个围裙挂在炉子上烘干,过了一会儿,只听得围裙"哗"的一声起火了,一下子就被烧得一干二净,燃烧速度之快,是很罕见的。申拜恩头脑中灵感一闪,抓住这次机遇,发明了混合酸和棉布为原料的火药。

曾经有一位青年很喜欢写诗,但他总写不出来,便埋怨灵感不登自己的大门。一天,他走在路上,偶然遇到了著名诗人马雅可夫斯基,这时,诗人一边走路,一边构思着诗作。青年赶上前去问:"诗人先生,听说您非常富于灵感,而我为什么总找不到?"诗人幽默地说:"是吗?也许是灵感不喜欢与懒汉做朋友吧。"

据说1890年,德国有机化学家凯库勒在庆祝德国化学学会成立大会上讲了他在马车上做了一个梦,结果揭开了苯的分子结构之谜的事,当天,竟有好几位好事者雇了马车,在大街上转悠。可是,这几位会员有的没睡着;有的睡着没做梦;有一个人睡着了,而且做了梦,可惜只是梦见打牌输了。"灵感只光临有准备的头脑",这是一条规律。

然而,同样具有思维的优势,同样苦苦思索,有的人却未能顿悟,这说明捕捉灵感还是有一些窍门的。如果你想成为灵感思维的主人,那么,以下的方法可供你参考:

1. 原型启发

阿基米德解开皇冠之谜运用的就是这种方法。由于原型同创新对象之间有某种相似性,因而容易产生联想和比较,接通大脑中的"短路处",当然,这要求有广博的知识和开阔的视野。

有一天早晨,物理学家阿基米德突然被国王召进宫去,国王很得意地对站在面前的阿基米德说道:

"怎么样?阿基米德,很漂亮的王冠吧?你能不能也做一个同样的呢?"

阿基米德感到有点恼怒,便想捉弄国王,灵机一动就说:"陛下!那王冠是纯金制造的吧?"

显然,国王被说到症结处,因为尽管他命令金匠以纯金打铸,却无从证明金匠是否完全照他的命令去做,这时,国王才说出他召阿基米德来的用意。

"阿基米德,我召你来最主要目的是要你调查一下这个王冠的纯度。不过,绝对不准你损害到王冠。"国王这样命令着。

阿基米德非常困扰,并且后悔说了不该说的话,他开始思考该怎么办。苦思许久,仍然想不出一个适当的办法。

在公元前3世纪时,"不知道"这句话不但不能解决问题,有时还会导致被杀头哩!

自然地,阿基米德不敢轻言"不知道"三个字。就在他思考当中,有一天,阿基米德到澡堂去,由于时间还早,客人很少,浴缸里的水还满着。当他进入浴缸里时,浴缸里的水马上溢出来。

那一瞬间,阿基米德像悟到了什么似的叫起来:"对!就是这个!"然后,从水里跳起来,兴奋地向实验室飞奔。

这就是阿基米德最有名的浮力原理的故事。

2. 争论触发

争论时,由于与对方相互诘难,挖空心思地寻找对方的漏洞,维护自己的"完整",头脑处于高度兴奋中。此时,经过相互补充,相互启发,必使你的思路得到重新的调整和组合,灵感就容易在这些组合缝中产生。

洛克菲勒要独享美国石油市场利益,必须把泰德华脱油管公司搞掉。来自泰德华脱的一个极大的威胁是它从石油产地铺设了一条直通大湖湖滨威廉汤油库的油管。不搞掉这条油管,洛克菲勒要蒙受巨大的经济损失。

洛克菲勒为了自己的利益需要,必须铺设一条与泰德华脱油管平行的石油管道。但油管必须通过泰德华脱公司的势力范围——巴容县。而且泰德华脱促使巴容县议会通过的一项议案规定:除了已经铺设好的石油管道外,不允许其他油管穿过该县境地。

对于这个不小的难题,洛克菲勒冥思良久才想出一条妙计。

在一个漆黑的夜晚,一伙彪形大汉突然出现在巴容县的东北角。他们挥舞洋镐、铁锹,挖沟掘土。很快,他们挖成一条深沟,接着又迅速将管理进去,很快填平了这条沟。天亮之前,他们就已经收工了。

第二天,当人们发现巴容县境内又多了一条美孚石油公司的管道,于是当局准备控告洛克菲勒。闻讯而至的记者们纷纷采访这一事件。洛克菲勒借势召开了一个记者招待会。会上,他振振有词:"县议会的议案规定,除了已经铺好的油管外,不准其他油管穿境而过。

希望各位先生现场参观一下,看看美孚石油公司的油管到底是已经铺好的,还是没有铺好的。"

此时,县议案方才知道立案不严密,使人家有空子可钻,只好无声无息地不了了之。

我们都相信,牛顿是看到苹果从树上掉落,才发现万有引力的。其实这并不正确,牛顿自己也否定这种偶然性,他曾说过:"我早就思考这个问题了。"

我们常单纯地认为,那些伟大的发明家都是天才,和我们这些平常人相比,头脑比我们好,运气也比我们好。但是,像牛顿这样伟大的天才,如果不努力地做高度思考活动,也不会有任何发明与发现。偶然产生的思考、直觉或第六感也如此,不经一番努力,是不会有任何成果的。

某位对天才的研究有很深造诣的名教授也认为,没有经过努力的思考,是绝不会产生灵感的。他说:"意识的活动,对于灵感产生之前、之后都很重要。没有意志和意识和活动,若能产生灵感,只有在精神病人身上可以看到"。

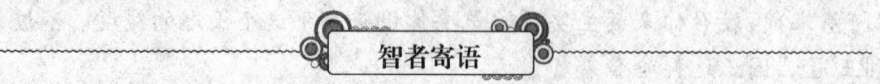

智者寄语

灵感并不是虚无缥缈的不可捉摸的东西,更不是天才的专利品,只要长期辛勤劳动,总会有一天"功到自然成"。

不要等着天上掉馅饼

每个人都期望幸福,对于成功者而言,最大的幸福就是劳有所获。梅贻琦的父亲梅臣(字伯忱)只中过秀才,后来沦为盐店职员。梅臣生子女各五人,贻琦为长子,1900年(贻琦11岁)随父母至保定避庚子之乱。秋后返津,家当被洗劫一空,父亲失业,生活困难。1904年,梅贻琦以世交关系入天津南开学堂读书,成为著名教育家张伯苓先生的得意门生。在校期间一直是高才生,1908年毕业时名列榜首,他的名字一直被铭刻在南开校门前的纪念碑上。毕业后,被保送至保定"直隶高等学堂"。

1909年夏,清政府"游美学务处"招考第一批留学生,梅贻琦以优异的成绩考取。10月赴美,成为清华"史前期"的第一批学生。抵美后,进入吴士脱工业大学学习电机专业。在校期间他勤攻苦读,且省吃俭用,常把节省下来的余钱积少成多地寄回贴补家用。1914年夏,梅贻琦毕业,获工学士学位并被选入"Sigma Xi"(美国一种专为奖励优秀大学生的组织)。在美期间,他曾担任过留美学生会书记、吴士脱世界会会长、《留美学生月报》经理等职。1915年春回国,于天津基督教青年会服务半年,9月,即应母校清华之聘来校任教。1921年,他利用休假机会再度赴美,在芝加哥大学研究物理一年,1922年秋,"遍游欧洲大陆"后返国,继续在清华任教。

1925年,清华学校增设大学部,梅贻琦担任物理系的"首席教授"。翌年春,教务长张彭春辞职,师生群起挽留,发展成一场"校务改进运动",成果之一是从这以后教务长一职不再由校长指定,而是由全体教授公选。4月,梅贻琦被公选为改制后的第一任教务长。

天下没有免费的午餐。个人奋发向上的辛勤实干是取得杰出成就所必须付出的代价,任何杰出成就都必然与好逸恶劳的懒惰品行无缘。正是辛勤的双手和大脑才使得人们富裕起来。事实上,任何事业追求中的优秀成就都只能通过辛勤的实干才能取得。没有辛勤的汗水,就不会有成功的喜悦与幸福。

"真正的幸福决不会光顾那些精神麻木、四体不勤的人们,幸福只在辛勤的劳动和晶莹的汗水中。"懒惰,只有懒惰才会使人们精神沮丧、万念俱灰;劳动,也只有劳动才能创造生活,给人们带来幸福和欢乐。任何人只要劳动,就必然要耗费体力和精力,劳动也可能会使人们精疲力竭,但它绝对不会像懒惰一样使人精神空虚、精神沮丧、万念俱灰。因此,一位智者认为劳动是治疗人们身心病症的最好药物。"没有什么比无所事事、空虚无聊更为有害的了。""一个人的身心就像磨盘一样,如果把麦子放进去,它会把麦子磨成面粉,如果你不把麦子放进去,磨盘虽然也在照常运转,却不可能磨出面粉来。"只有汗水的结晶,只有辛勤的劳动才会创造出未来。

有些懒惰的人总想干点轻松的、简单的事情,但大自然是公平的,这些"轻松的""简单的"事情对于懒惰者而言也会变得很困难、很艰难。那些一心只想逃避责任的懦夫也迟早会受到应得的惩罚,因为这种人总是对高尚的、有利于公众的事情不感兴趣,于是他的私欲、各种卑劣、庸俗的念头就会在他的头脑中膨胀起来,这种人的心思本来可以用在有益的、健康的事业上,结果却由于私心杂念过于膨胀,其心智脑力被各种各样琐屑、卑鄙、甚至是幻想出来的烦恼和痛苦白白地耗费了。

青年人要对自己负责,将来的生活才会充满快乐、幸福,才是成功的,而获得快乐与幸福的方法之一就是劳动。经常从事一些适宜的劳动,对每个人来说都是有益无害的。一旦离开这种经常性的、有益于身心的劳动,人们就会百无聊赖、无精打采,就会无所事事,精神委靡不振,进而会头昏眼花,神经系统也会紊乱不堪,久而久之,身体自然会莫名其妙地垮下来,精神也会一蹶不振。千万不要陷入这种状态之中。战胜无聊和苦闷的最好办法就是勤奋地工作,满怀信心地劳动。一个人一旦参加了劳动,快乐自然就会来到你身边,无聊和单调的感觉就会逃之夭夭。工作,勤奋地工作;劳动,愉快地劳动,总是去干这样或那样有益的事情,快乐与充实自然会有了。

沈从文曾经长时间从事辛苦的文学创作工作。他自己在回忆这段时光时说:"这种辛勤工作使我养成了勤奋、专注、有规律生活等良好习性,这些良好习性使我终身受益无尽。"

那些勤劳的人们总是很快就会投入到新的生活方式中去,并用自己勤劳的双手寻找、挖掘出生活中的幸福与快乐。

智者寄语

一个人的身心就像磨盘一样,如果把麦子放进去,它会把麦子磨成面粉,如果你不把麦子放进去,磨盘虽然也在照常运转,却不可能磨出面粉来。

勤者可成事,惰者可败事

古训曰:勤者可成事,惰者可败事。一个人要想成就一番事业,一定要守住"勤"字,忌掉"懒"字。

一项事业,人是最根本的因素。你用什么样的态度来付出,就会有相应的成就回报你。如果以勤付出,回报你的,也必将是丰厚的。所以,某种意义上讲"成事在勤"实不为过。

南宋的思想家和教育家朱熹,是个从小就立志当孔子的人。在他读书时,一天上午,老

感谢
折磨你的人

师有事外出,没有上课,学徒们高兴极了,纷纷跑到院子里的沙堆上游戏、打闹。不大的天井里,欢声笑语,沸沸扬扬。这时候,老师从外面回来了。他站在门口,望着这群天真活泼的孩子们"造反"的情景,摇摇头。猛然,他发现只有朱熹一个人没有参加孩子们的打闹,他正坐在沙堆旁,用手指聚精会神地画着什么。先生慢慢地走到朱熹身边,发现他正画着易经的八卦图呢!从此,先生更对他另眼相看了。

朱熹这样好学,很快成为博学的人。十岁的时候,他已经能够读懂《大学》《中庸》《论语》《孟子》等儒家典籍了。孟子曾说:"人人都可以成为尧舜那样的人。"当朱熹读到这句话时,高兴地跳了起来。他满怀雄心地说:"是呀,圣人有什么神秘呢?只要努力,人人都能够成为圣人啊!"

高高在上的圣人其实并非可望而不可即。治学之路就如同登山,唯有攀登不辍,才能一步步靠近峰顶。"一览群山小"的圣人们的成功其实亦是由勤奋的习惯得来的。

《史记·孔子世家》记载:"孔子晚而喜《易》,序《彖》《系》《象》《说卦》《文言》,读《易》韦编三绝。曰:'假我数年,若是,我于《易》则彬彬矣。'"

孔子读《易经》竟然能把编联简册的牛皮翻断三次,可见其勤奋。不管你是一个凡人,还是一个圣人,勤奋的习惯在你走向成功的努力过程中,始终不可缺少。

踏踏实实做人,实实在在办事。任何一个双手插在口袋里的人,都爬不上成功的梯子。给人留下一个实在的形象,给自己的成功增添一份夯实的基础,从实际出发,对自己负责。

爱因斯坦小的时候,有一次上制作课,老师要求每个人做一件小工艺品。课堂上,老师让学生们把他们的制作拿出来,一件一件地检查。当老师走到爱因斯坦面前时,他停住了,他拿起爱因斯坦制作的小板凳(那可不是一件成功的作品)问爱因斯坦:"世上难道还有比这更坏的小板凳吗?"爱因斯坦以响亮的回答告诉老师说:"有!"

然后,他又从自己的小桌里拿出了一只板凳,对老师说:"这是我做的第一只。"

一个并不手巧的人最后仍然可以成为一个伟大的科学家。不巧的手因勤奋而显得举足轻重。

自身的缺点并不可怕,可怕的是缺少勤奋的习惯。自身之拙,可能会成为我们成功路上的障碍。但伟人、名人就是在克服障碍后得到桂冠的。即使是太行、王屋二山那么大的障碍也会被我们用愚公移山的精神,用勤奋一点点地挖掉,如果我们始终不放弃理想的话。勤奋面前,再艰巨的任务都可以完成,再坚定的"山"也都会被"移走";凡事只有踏实勤劳,才能获得真正的成功。

智者寄语

成就一番事业的人,一定要守住"勤"字,忌掉"懒"字,懒惰是人的本性之一;稍不留神就会流露出来。所以想成就一番事业要时刻提醒自己:"成事在勤,谋事忌惰。"

第八章 忍耐是成功之前的蛰伏

为了大目标,受点委屈没什么

韩信能忍胯下之辱,成为千秋佳话。如果他当时意气用事,一剑刺死羞辱他的屠夫,恐怕就得接受刑罚处置,就没有后来的盖世之才了。韩信深明此理,不愿因一时荣辱毁弃自己的远大前程。

俗话说,"留得青山在,不怕没柴烧。"一时屈辱算不了什么,如果不肯低头,可能会蒙受更大的羞辱,如果把命都丢了,又谈什么远大理想呢?

忍耐是一种美德,也是一种智慧,更是一种策略。胸有大志的人,在关键时刻不会因小失大,逞一时之强,只有这样才会最终走上成功的道路。

日本著名企业家福田先生曾做过服务生,那时常常被老板小松先生责骂。但福田并没有因为老板的责骂心生怨恨,反而从每一次责骂中得到一些启示,学会一些事情。有时,他甚至主动寻找挨骂。

换成别人,遇见这样的老板,会因为害怕挨骂而逃之夭夭。福田却把这当成机会,看到小松先生,立刻趋身向前打招呼,并态度诚恳地请教说:"早安!请问社长,您看我有什么地方需要改进吗?"

小松先生便会对他指出许多需要注意的地方。福田在聆听训话之后,必定马上遵照社长的指示改正自己的缺点。就这样,福田每天主动又虚心地向小松先生讨教持续了两年。

一天,小松社长对福田说:"我长期观察,发现你工作相当勤勉,值得鼓励,所以从明天开始我请你担任经理。"就这样,一个19岁的服务生一下子便跳升为经理。

从福田挨骂获得成长经历这件事来看,在与上司的接触中,对于上司的指责和训斥,不能全当成一种羞辱,如果你有心,这也是成长的机会。假如福田忍受不了老板的责骂,他肯定不会有今天的成就。

生活中,面对各种"委屈",有的人掉眼泪,有的人喝闷酒,有的人止不住地抱怨。这样做除了摧残自己,实在没有半点用处。

其实,工作本身应该是快乐的,你没有必要活得如此痛苦。不抱怨,并不是让你压抑自己,而是让你转变看问题的视角,从更积极的角度思考,想办法解决问题,而不是一味地哭丧脸抱怨。

感谢
折磨你的人

在公司兢兢业业几年，上司就是不给你加薪，你心里肯定郁闷，本来就经济危机了，工资却不涨，这还让人活吗？这时你会怎么做？消极怠工、辞职、找工作、失业……到最后，你发现天下乌鸦一般黑，现在的公司还不如以前的呢！然后接着找工作，接着失业……

换成一个乐观积极的人会怎么想呢？经济危机了，可我仍然没被炒鱿鱼，这本身就证明了我在公司存在的价值，我应该让上司更加依赖我，而不是不加薪就跳槽。

这样想，也许对你并没有什么直接的帮助，然后你会发现，你的生活不会永远笼罩着怨气，你能从生活中感悟到开心和快乐。

也许有一天，你会发现，上司也有很多苦恼，并没有比你好到哪去。比如，如果你们的业绩达不到总公司的要求，你们这个业务组就有可能下马，主管领导也要走。上司的压力比你更大。

当你能理解上司的苦衷时，你会发现自己的压力不过是九牛一毛，没有你想得那么惨。然后乐观积极地干好自己的工作，你的激情绝对能帮助你提升业务，当你的业绩出类拔萃时，上司不给你加薪都会觉得不好意思。

其实，换个视角思考问题，你会发现困难其实没那么难，只要乐观面对，找出解决问题的办法，你就会在一次次突破中变得更加强大。

每个人都一样，工作上难免会遇到不顺心的事情，比如觉得上司布置的任务多么不合理，出了事情也不知道怎么处理，出了问题，还要下面的人担责。同事个个又懒又笨，这样下去，什么事情都做不好。

如果你这样想，那么，告诉你，你想得太多了。这些问题是领导该考虑的，而不是你。你要做的就是把上司交代的任务完成，至于其他人其他事，你没有必要理会。

我们把西天取经的师徒比作一个团队。唐僧是部门经理，下属是孙悟空、沙僧、猪八戒。

先说说这个经理唐僧，没什么本事，只是毅力强，记性好，能禁得住诱惑。既不能上天入地，又不能捉妖为民除害。但是他是观音、如来佛祖等认为的最有潜力的下属，因而被安排在领导岗位。

在西天取经的过程中，经历九九八十一难，他的贡献基本为零，大多数情况下都要依靠徒弟相救才能保命。但最后取得真经后，功劳基本上都变成他一个人的了，那几个徒弟因沾光才被一同奖励。其实，按照贡献来算，孙悟空的贡献最大，但也只是一个下属。

唐僧没本事就算了，但是还常瞎指挥，动不动就批评孙悟空，明明他打死的是妖怪，非要说那是好人家的女儿，还差点将孙悟空炒鱿鱼。对于猪八戒背后打的小报告，也不调查就信了，孙悟空不但心里委屈，还要忍受紧箍咒的折磨。这种领导能力让人怀疑。

再说同事。沙和尚是老实人，安心本职工作，干些体力活没有怨言，对孙悟空也比较信任，分工也明确，孙悟空跟妖精打斗的时候，他负责保护师傅。但猪八戒就难说了，好吃懒做，本事不行，还爱打小报告，有机会就在师傅跟前挑拨是非，对唐僧的忠诚度也不高，动不动就惦记着回高老庄。而且脸皮极厚，明明是他挑拨害得孙悟空被解雇了，结果工作进行不下去了，还是他来请师兄回去，一点不知道羞愧。这样的人到最后也一起被封奖。

在这样的一个部门里，做如此艰苦的项目，孙悟空挺了下来，无数次地原谅师傅，还为他忍受巨大折磨，使尽全身本事克服工作中的困难。他还容忍两个同事，特别是不争气的猪八戒，还跟他开开玩笑。最后还是争取到了最后的胜利，整个部门被公司嘉奖。

孙悟空能坚持下来，因为他懂得西天取经的重要性，而且他一身通天的本事，降妖除魔，战胜困难，在这个过程中，他感觉到自己的能力受到了肯定，他能感受到快乐。

我们在工作中,也会遇到唐僧那样的上司,也会遇到猪八戒那样的同事,当我们感到委屈的时候,可以想想孙悟空是怎样坚持下来的。经历是一种磨炼,也是一种财富,为了远大目标,受点委屈怕什么!

智者寄语

在职场上,每个人都承受着很多压力,谁都有理由觉得自己很委屈,但是事情总是要做的。逆反、抱怨非但于事无补,还会让你的世界变得很灰暗。

不要寄希望于一举成功

谁都不可能一举成功,请不要相信"一举成功"这种话,因为世界上根本不存在"一举成功"这回事。所谓的一举成功,只是一些成功者虚伪的炫辞,因为他怕说出那一箩筐失败的经历会被人耻笑,因为今天的他已非同小可了。

一举成功,就像是黄粱一梦,不过是幻想而已。

不可否认,这世界确有很多一辈子也没跌过跟头的人,即所谓的"不倒翁"。当你在创业的路上跌了个跟头,爬起向后看时,他们正在嘲笑你。然而,你却超越他们一步之遥。因为"不倒翁"的秘诀是:决不向前迈一步。

所以,要向前进取,就要做好摔跟头的准备。"不倒翁",一万年以后仍会保持原地不动。

保罗·高尔文是摩托罗拉的创始人。他的创业之路充满坎坷。他在哈佛镇认识的朋友爱德华·斯图尔特是斯图尔特无线电公司的负责人,已在无线电领域活跃了好几年。他试图邀高尔文和他共同发展。于是,他向高尔文提议办一个蓄电池厂,并像一个传道者一样鼓吹了这个计划。这正和高尔文的设想不谋而合,他立刻同意了。1921年7月5日,斯图尔特电池公司大吹大擂地在威斯康星州的马什菲尔德成立了。高尔文在工作中一如既往地孜孜不倦。

努力工作给他带来了收益,报纸终于把斯图尔特——高尔文公司称作"马什菲尔德市制造业中最大的工厂之一"。

但是,由于公司的地址选择有误,运费昂贵,加之正好赶上美国全国性的经济衰退,他们的公司倒闭了。高尔文只能打道回府。他和妻子以及几个月的儿子搭乘破旧的汽车返回伊利诺伊。当时,高尔文口袋里仅剩一元五角钱,连供他们途中吃饭都不够。

高尔文不得不四处为人打工。就在他在新的公司步步高升,做了销售主管时,爱德华又来找他。爱德华通过他父亲的关系买下了原来斯图尔特电池公司的残余部分,并将厂房搬到了交通便利的芝加哥皮奥利亚街一处房子里。他们感到这次对电池公司扩展销路有了把握,雷厉风行的高尔文立刻答应了斯图尔特的邀请,辞去职务,再次走上和斯图尔特合作办厂的路。

斯图尔特公司的电池业务相当兴隆。1926年,美国的无线电再次有了飞跃性的发展,他们都感到利用交流电而不用电池的收音机出台只不过是时间问题而已。斯图尔特用一种叫A替代器的小发明来解决这个问题,这种替代器可以给用完后的电池再次充电。为了购买部件、装配生产线并投入生产替代器,高尔文出资买下了公司的一部分股份。

感谢折磨你的人

令他们始料不及的是,公司生产的替代器出了质量问题,退货的人很多,他们的境况又变得不妙。此时,他们立刻将已装运出去的替代器调回来,开始了一个日夜连轴转的工程计划,以排除毛病。但竞争激烈的市场没有给他们时间,顾客们马上投向别的公司。由于资金不畅,行政法官立刻驾临斯图尔特电池公司,将它封闭了。高尔文又一次面临灭顶之灾。

但高尔文心中并未完全放弃对替代器的希望。他做了一番市场考察后,在公司产品的拍卖会上将替代器买了回来。当时亦有许多商家看好替代器,但他们对替代器的前景缺乏信心,又被高尔文的出价吓倒,最终让高尔文买下了自己倒闭公司的产品。

高尔文用四处筹集的钱终于再次将工厂办了起来。在以后的几年中,公司买卖兴隆,发展迅速。

成功之路,就是这样一点一点走出来的,在前进的道路上,并不是一日千里,有时候,甚至是一寸一寸地前移。

智者寄语

如果说信心是成功的支柱,那么它必须有持久的耐心做保障。

忍耐带来成功

西方谚语说:"成功者都是咬紧牙关让死神害怕的人"。所以,我们要像成功者那样,咬紧牙关,别松口。如果连死神都害怕,那么失败和挫折就不算什么了。

有一位只活了48岁的作家,从小严重瘫痪,只有一只左脚可以勉强活动,但是他就是凭着这只左脚写出了自传体小说《我的左脚》,他就是爱尔兰作家克里斯蒂·布朗。

克里斯蒂·布朗的一生是忍耐的一生,是挑战的一生。1933年他出生时,就患了严重的大脑瘫痪症。一直到5岁,小布朗还不会说话,头部、身躯、四肢也都不能活动,父母带着他四处求医,可情况始终没有什么好转。最后连家里人也失去了信心,认为他可能要这样过一辈子。

此时的布朗毫无意识,直到有一天,躺在床上的小布朗看到妹妹扔下的彩笔,他忽然伸出了自己的左脚把彩笔夹了起来,在墙上乱画起来。他画得正起劲的时候,母亲走进来,高兴地惊叫:"他的左脚还能活动!"

母亲没放过这个微弱的暗示,她坚信只要小布朗的脚能活动,他就应该能做许多事情。于是,她便开始教布朗写字,没想到,第一天,布朗就能用脚写出三个英文字母。很快,他就能把26个英文字母按顺序写下来。这令全家人感到异常高兴。母亲不仅让他学写字,还让他看书,为他买来儿童读物和世界名著。布朗对书产生了浓厚的兴趣,如饥似渴地阅读着。

也许是布朗受母亲坚强的感染,也许是上天可怜这对苦苦挣扎的母子,总之,一段时间以后,小布朗慢慢地竟然能说话了。后来,他向妈妈提出,他想要写信、做读书笔记,还想自己写点什么。母亲有些为难,只有左脚能活动,他怎么写呢?小布朗说:"我可以用脚打字呀。"他将自己的左脚高高抬起,大声地宣布:"我要用它写,我要成为全世界第一个用脚趾打字的人!"此时的小布朗已经有了忍耐的能力,已经具备了挑战挫折的气魄。

母亲也看到了布朗的希望,她相信:总有一天,布朗会以自己的方式独立生存。母亲想方设法替儿子买来了一台旧打字机。布朗把打字机放在地上,自己半躺在一把高椅上,用左脚按动键钮。刚开始,由于脚趾掌握不好打字的力度,布朗打出的字不是模糊不清,就是打烂了纸。但布朗一点也不灰心,他像着迷一样,仍然疯狂地练习,不管是炎热的夏天,还是寒冷的冬天,布朗都不曾停止练习。累了,就用左脚趾夹着笔画画。年深日久,布朗的左脚趾长出了厚厚的茧子。功夫不负有心人,终于,他打出了力度适中、清清楚楚的字,而且还能熟练地给打字机上纸、退纸,还能用左脚趾整理稿件。

打字并不是布朗的最终目标,当他学会打字之后,他决心向高峰攀登,那就是写作。他把自己想写一部小说的想法告诉了母亲,这一次,母亲犹豫了。母亲知道儿子是个有决心、有毅力的人,她也理解儿子的心情,可她知道写作比学习打字不知要难上多少倍,她担心儿子一旦失败会受不了心灵上的创伤,她不想让这个可怜的孩子再受任何伤害,平添痛苦。另外,她也觉得,儿子还是小孩子,没有多少生活阅历,有什么可写的呢?于是她劝慰儿子:"孩子,你有雄心壮志,妈妈很高兴。但是,人生的道路很曲折,不像你想的那么简单,万一失败了怎么办呢?我看你还是好好休养,读读书,画画图画,玩玩打字机就行了,不要想得太多了。你现在年纪还小,等以后再说吧!"

这是一个慈祥的母亲,她害怕小布朗受到伤害,然而布朗却异常坚定,他对母亲说:"这么多年,我已经忍过来了。妈妈,人活着就应该有所追求,不是吗?我虽然是一个残疾人,已经失去了生活的许多乐趣,但是我不能失去自己的梦想。我要让别人看到,我不是一个包袱,不是一个多余的人。"母亲惊异于布朗的坚忍与成熟,于是就全力支持他。

布朗躺在床上,静静地回忆着自己的不幸和坎坷经历,决定把自己的经历写下来,告诉那些在不幸中苦苦挣扎的人,告诉那些和他一样残疾的人,要坚强起来,不要屈服于命运的苦难。

这种沉重的苦难浸润了布朗的身心,却也积淀了布朗奋起的力量。布朗写出的小说非常深沉而有力量。他完成第一章初稿,就迫不及待地让母亲阅读、评点。母亲一下子被小说主人公的痛苦遭遇和坚强性格深深打动,她紧紧把布朗搂在怀里:"孩子,你是妈妈的骄傲,你一定会成功的!"

有了母亲的鼓励,布朗更加坚定,就这样,不知写了多少个日日夜夜,不知道克服了多少常人都难以想象的困难,终于,在21岁那年,布朗的第一部自传体小说问世了。他把它取名叫作《我的左脚》。布朗虽然只能用左脚来写小说,但这并不妨碍他在文学创作的道路上继续拼搏。16年后,布朗的又一部自传体小说《生不逢辰》也出版了。这部小说感情真挚、道理深刻、情节动人、语言优美,一出版便震动了国内外文坛,成了畅销书,20多个国家翻译出版了这本书,有的国家还将它改编成电影。此后,在妻子的照顾和帮助下,布朗又先后出版了三部小说和三部诗集,成为了享誉世界的文学巨匠,成为爱尔兰人民的骄傲。

一个只有左脚可以活动的残疾儿,却能成为举世闻名的大文学家,一个关键的能力就是"忍耐"。他能够在厄运中忍耐下来,在艰辛的奋斗中忍耐下来,在辛苦的耕耘中忍受下来,因此,他成功了。

智者寄语

逆境的改变往往产生于再坚持一下的努力之中,生活中,我们常常会遇到困难,只要咬紧牙关,相信困难终会过去,一切都会好起来。

耐心地做你现在要做的事

每个人都会有一段蛰伏的经历,那是在为成功而默默奋斗。这个时期,你需要的不是浮躁和怨天尤人,而是耐心地做好你现在要做的事。

每个夏天,我们都能听到在高树繁叶之中的蝉的清脆鸣叫,它们有透明的羽翼,在风中鸣叫很让人惬意。其实,殊不知这些蝉一生中绝大部分岁月是在土中度过的,只是到生命的最后两三个月才破土而出。

人的生命历程其实也是这样,每一个希冀成功的人,必定经历了无数的苦难,忍受了无数次的痛苦才逐渐积累了成功的资本。因为只有具有了长时间蛰伏地下的经历,好好磨炼自己,好好培养自己,才能取得成功。

在一个学习班里,同学们在开讨论会,他们讨论的主题是:一个人应当如何把他的热情投入到工作中去。这时一位年轻的妇女在教室后面举起手,她站起来说道:"我是和我的丈夫一起到这里来的。我想如果一个男人把全部热情投入到工作中去也许是对的,但是对于一个家庭主妇说来却没有益处。你们男子每天都有有趣的新任务要做,但是家务劳动就无法相比了,做家务劳动的烦恼是单调乏味,令人厌烦。"

教师问她什么东西使得她的工作如此"单调乏味"。她回答说:"我刚刚铺好床,床就马上被弄乱了;刚刚洗好碗碟,碗碟就马上被用脏了;刚刚擦净了地板,地板就马上被弄得泥污一片。"她说:"你刚刚把这些事做好,这些事马上就会被人弄得像是未曾做过一样。"教师说:"这真是令人扫兴。有没有妇女喜欢做家务劳动?"她说:"啊,有的,我想是有的。"

"她们在家务劳动中发现什么使得她们感到有趣、保持热情的东西没有呢?"

少妇思考了片刻回答道:"也许在于她们的态度。她们似乎并不认为她们的工作是禁锢,而似乎看见了超越日常工作的什么东西。"

这就是问题的症结。把工作做到满意的秘诀之一就是能"看到超越日常工作的东西",要知道你的工作是会取得成果的。这句话是对的。无论你是家庭主妇、秘书、加油站的操作员,还是大公司的总经理,只要你把日常琐事看作是前进的垫脚石,你就会从中找到令人满意的地方。

作为一名没有成功的蛰伏者,你必须调节好你的心态。即使是日常工作再怎么烦琐,再怎么让你感到厌倦,你也要能够"看到超越日常工作的东西",耐心地做好你现在要做的事,脚踏实地地前进。终有一天,成功会降临到你头上。

把工作做到满意的秘诀之一就是能"看到超越日常工作的东西",要知道你的工作是会取得成果的。

智者寄语

人的生命历程其实也是这样,每一个希冀成功的人,必定经历了无数的苦难,忍受了无数次的痛苦才逐渐积累了成功的资本。因为只有具有了长时间蛰伏地下的经历,好好磨炼自己,好好培养自己,才能取得成功。

忍是人生的最高境界

武则天年轻时只是唐太宗李世民众多姬妾中的一个,地位低微。

一个偶然的机会,她遇到了太子李治。武则天利用美貌将年轻的太子迷住了。

唐太宗死后,大部分姬妾都被迫出家为尼,武则天也在皇宫附近的感业寺出了家。

一次,已当上皇帝的李治到感业寺上香。武则天巧施手段,得到了李治的宠爱。

此时后宫中,皇后正和萧妃争宠。

皇后想借用武则天的力量来对付萧妃,幸运的武则天借此回到了久别的皇宫。

入宫一年多,武则天就铲除了皇后和萧妃的势力,登上了皇后宝座。

但在争取皇位的斗争中,她表现了极大的耐心。虽然权倾朝野,帝位看似唾手可得,但她选择的却是等待时机。

为了这个宝座,武则天等了28年。

当她坐上皇帝宝座的时候,已经是一位67岁的老太婆。

本来武则天可以早日坐上皇位的,但她没有冲动,这是她的过人之处,非一般人所能及。在那个时代,男权至上,如果时机未成熟就下手,可能会招来残酷的杀身之祸。她推迟了即位的时间,却安然过了14年的皇帝瘾,写下了历史上绝无仅有的一页。这不能不归功于她的智慧和耐心。

中国传统文化一向注重自我修养,特别强调"自查、自省与忍让"。《忍经》和《劝忍百箴》归根结底就是一个主题:"忍"。忍是人生的最高境界。只有不受情绪和欲望的支配,才能对事物做出客观的评价和正确的反应。如果受辱则怒,见利就沾,见色便迷,如何能成大事?

有时,成败就在一念之间,能不能忍便是关键。刘邦被楚军围困在荥阳时,韩信写了一封信,打发使者到刘邦帐下。刘邦以为一定是韩信发兵救援的消息,没想到打开信一看,是韩信要求刘邦给他封一个"假齐王"的封号。刘邦气得大骂:"我被困在这里,日夜盼发兵援救,你不来救,竟要自立为王……"这时,站在旁边的张良赶紧踩他一脚,贴近耳边说:"如今你正处在困境中,怎能禁止韩信称王呢?既然禁止不住,何不就势封他为齐王。好好待他,让他好好地守住齐地,不生二心,不这样,恐怕韩信就要反叛。"刘邦听了,立即收起怒气,改口道:"大丈夫兴兵平定诸侯各国,要做就做真王,为什么要做假王呢?"于是立即封韩信为齐王,并派张良持诏书前往,调韩信的兵来打楚军,结果扭转了形势。如果张良不及时提醒刘邦忍一时之气,刘邦恐怕也就成不了大事了。

忍,要有深谋远虑。

张耳和陈余都是魏国的名士。秦灭了魏,就重金悬赏购买两人的头颅。两人隐姓埋名逃到了陈国,靠当看门人维持生存。有一天,因为陈余犯了过错,受到一个官吏的鞭打,陈余怒不可遏,欲奋起反抗。张耳踩了他一脚,示意他忍耐。那个官吏走后,张耳就将陈余领到桑树下面,数落他道:"当初我和你是怎么说的?今天受到一点小小的侮辱,就想去为一个官吏而死吗?"后来张耳辅佐刘邦成了开国功臣,陈余一直辅佐赵王歇,最终被韩信、张耳所斩。

感谢折磨你的人

人的成功是性格的成功,失败也是性格的失败。两个出身相同的人,结局却大相径庭。

孟子说过:"天将降大任于斯人也,必先苦其心志,劳其筋骨,饿其体肤,空乏其身,行拂乱其所为,所以动心忍性,增益其所不能也。"

成功立业,总要经历一些磨难,锻炼出坚韧刚毅、百折不挠的性格,然后才能成就大事。人生没有坦途可言,挫折早晚都会出现,若无足够的磨炼,就不能取得成功。

"行百里半九十"者,往往是性格不够强韧,不能咬紧牙关走完最后几步。人生有如一场田径赛,开始的差距不能代表最后的结果。只有坚持到最后,才能获胜。

做任何事情,都是易学难精,当上升到某个层次之后,再进一步就很困难了。这实际上是进入了极限状态,如果咬紧牙关冲过去,便能上升到一个新的境界。

常言道:"大丈夫要能屈能伸"。"能屈",就是在条件不成熟时能忍受痛苦,能忍受屈辱;"能伸"是指万事俱备时,能挺直腰板,进行反攻。当势单力薄,不能对抗的情况下,忍耐有时是唯一的保全实力之策。忍耐不仅仅是一种避祸的手段,还是一种积蓄力量的过程。有时,要寻找机会,必须要学会忍耐,等待机会,谁能够做到这一点,谁就能得到成功。

世上没有走不通的路。也许你曾在施工工地看到过这样的牌子,上写:"此路不通,请绕行。"这说明,要达到目标,并不是只有一条路,我们要学会遇到路不通时想法绕行。

忍的道路坎坷曲折,只要你能看到光明,多绕几个弯子又有何妨呢?

能忍者当忍百则,即忍言、忍气、忍色、忍酒、忍声、忍食、忍乐、忍权、忍势、忍贪、忍贱、忍宠、忍辱……能忍者不是被逼无奈,被迫俯首帖耳。而是把忍上升到一种理性高度,从而获得一种人格的力量。

吃得苦中苦,方为人上人,不必为别人的胜利羡慕不已,那胜利的底下一样铺满了荆棘。成功的道路愈是曲折,过程愈是艰辛,那么这份成功就愈有价值。成功的过程是漫长的,能笑到最后的人才是真正的胜利者。

智者寄语

忍是人生的最高境界。只有不受情绪和欲望的支配,才能对事物做出客观的评价和正确的反应。如果受辱则怒,见利就沾,见色便迷,如何能成大事?

能忍受非常之辱,只因拥有大抱负

大凡立志干一番轰轰烈烈的事业的人都能屈能伸。这就好比一个矮小的人要登高墙,必须要寻找一个梯子作为登高的台阶,假如一时寻找不到梯子,那么,即使旁边有一个马桶,也未尝不可利用一下作为进身的阶梯。

假如嫌它臭,就爬不到高墙上去。当初,张良、韩信就是刘邦的梯子,韩林儿就是朱元璋的马桶。

韩信年少时曾受过胯下之辱,但他并不是懦夫。他之所以能忍受那样大的屈辱,是因为他的人生抱负太大了,觉得没有必要逞一时之勇而白白赔上自己的性命。后来,他跟随刘邦逐鹿中原,风云际会,先后作过齐王和楚王。他在与部下谈起往事时说:"难道当时我真没有胆量和力量杀那个羞辱我的人吗?但是如果杀了他,我的一生就完蛋了,我忍住了,才有今天这样的地位和成就。"

苦难是一种前兆,也是一种考验,生活选择意志坚韧者,淘汰意志薄弱者。要达到奇伟瑰丽的人生境界,要成就任重道远的伟业,必须具有远大的志向和极端坚韧的品质。

一场大雪过后,树林里出现了有趣的现象,只见榆树的很多枝条被厚厚的积雪压断了,而松树却生机盎然,一点儿也没有受到伤害。原来榆树的树枝不会弯曲,结果冰雪在上面越积越厚,直到将其压断,实在是备受摧残;而松树却与之相反,在冰雪的负荷超过自己的承受能力时,便会把树枝垂下,积雪就掉落下来。松树树枝因能向下,使雪易滑落,所以枝干依旧挺拔,巍然屹立。能屈能伸,刚柔相济,正是这种气度和风范使松树经受了一场暴风雪的洗礼。

虽然人生的道路是变化无常的,但我们可以做出自己明智的选择。当你遇到困难走不通时,或许退一步就会海阔天空;当你在事业一帆风顺的时候,一定要有谦让三分的胸襟和美德,应该把功劳让与别人一些,不要居功自傲,更不要得意忘形。该进则进,该退则退,能屈能伸,这是一个人对待人生明智的态度。

富兰克林小时候到一位长者家里去拜访,希望聆听这位前辈的教诲。没料到,一进门他的头就在门框上狠狠地撞了一下。身材高大的富兰克林疼痛难忍,不停地用手指揉着自己头上的大包,两眼瞪着那个低于正常标准的门框。出门迎接的长者看到他那副狼狈不堪的样子,忍不住笑起来:"年轻人,很痛吧?"这位长者语重心长地说:"这可是你今天来这儿的最大收获。"

富兰克林终生难忘前辈的忠告,将"学会低头,拥有谦逊"作为自己生活的准则和座右铭,并且身体力行。后来,富兰克林终成大器,卓有建树,被誉为"美国之父"。

一个人要想有所作为,"低头"是少不了的,低头是为了把头抬得更高、更有力。现实世界纷纭复杂,并非想象的那么一帆风顺。面对人生旅途中一个个低矮的"门框",暂时的低头并非卑屈,而是为了长久的抬头;一时的退让绝非是丧失原则和失去自尊,而是为了更好的前进。

缩回来的拳头打起人来才有力。只有采取这种积极而且明智的方法,才能审时度势,通过迂回和缓而达到目的,实现超越。对那些厚重的"门框"视而不见,傲气不敛,硬碰硬撞,结果只能是头破血流,成为风车面前的"堂·吉诃德"。

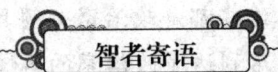

智者寄语

该进则进,该退则退,能屈能伸,这是一个人对待人生明智的态度。

在忍耐中坚强,在坚强中成长

历经风雨的洗礼,忍耐苦难的磨炼,生命才能常驻常新。忍是人生一大修养,也是过幸福生活不可或缺的动力。

有一支刚刚被制作完成的铅笔即将被放进盒子里送往文具店,铅笔的制造商把它拿到了一旁。

制造商说,在我将你送到世界各地之前,有5件事情需要告知你。

第一件,你一定能书写出世间最精彩的语句,描绘出世间最美丽的图画,但你必须允许别人始终将你握在手中。

感谢折磨你的人

第二件，有时候，你必须承受被削尖的痛苦，因为只有这样，你才能保持旺盛的生命力。

第三件，你身体最重要的部分永远都不是你漂亮的外表，而是黑色的内芯。

第四件，你必须随时修正自己可能犯下的任何错误。

第五件，你必须在经过的每一段旅程中留下痕迹，不论发生什么，都必须继续写下去，直到你生命的最后一毫米。

铅笔的一生是充满传奇的一生，它用自己的生命勾勒着世人心中最精致的图画，书写着最温暖的文字，即使在生命渐渐消失的时候，还在创造着新鲜的美丽。但是，它所迈出的每一步脚印，却都踩在锋利的刀刃上，它一生都在忍受着无穷的痛苦。

生活总是充满苦难和磨炼的，而充实的生命，幸福的人生，需要能够忍受寂寞，忍受他人的恶意羞辱，忍受生活的磨炼，在忍耐中坚强，在坚强中成长。

美国前总统克林顿的童年很不幸。他出生前4个月，父亲死于一次车祸。他母亲因无力养家，只好把出生不久的他托付给自己的父母抚养。童年的克林顿受到外公和舅舅的深刻影响。他自己说，他从外公那里学会了忍耐和平等待人，从舅舅那里学到了说到做到的男子汉气概。他7岁时随母亲和继父迁往温泉城，不幸的是，双亲之间常因意见不合而发生激烈冲突。继父嗜酒成性，酒后经常虐待克林顿的母亲，小克林顿也经常遭其斥骂。这给从小就寄养在亲戚家的小克林顿的心灵蒙上了一层阴影。

坎坷的童年生活，使克林顿形成了尽力表现自己，争取别人喜欢的性格。

他在中学时代非常活跃，一直积极参与班级和学生会活动，并且有较强的组织和社会活动能力。他是学校合唱队的主要成员，而且被乐队指挥定为首席吹奏手。

1963年夏，他在"中学模拟政府"的竞选中被选为参议员，应邀参观了首都华盛顿，这使他有机会看到了"真正的政治"。参观白宫时，他受到了肯尼迪总统的接见，不但同总统握了手，而且还和总统合影留念。

此次华盛顿之行是克林顿人生的转折点，使他的理想由当牧师、音乐家、记者或教师转向了从政，梦想成为肯尼迪第二。

有了目标和坚强的意志，克林顿此后30年的全部努力，都紧紧围绕着这个目标，上大学时，他先读外交，后读法律——这些都是政治家必须具备的知识修养。离开学校后，他一步一个脚印：律师、议员、州长，最后到达了政治家的巅峰——总统。

人们都希望在一个平和顺利的环境中成长，但上帝并不喜爱安逸的人们，他要挑选出最杰出的人物，让这部分人历经磨难，千锤百炼终成金。一位大学者说过："苦难是一所学校，真理在里面总是变得强有力。"每一个渴望成功的人都需要到其中接受教育。

真正的忍耐不仅在脸上、口上，更在心上，根本不需要刻意忍耐，而是自然就如此，是不需要力气、分毫不勉强的忍耐。

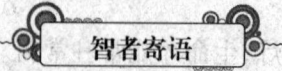
智者寄语

人要活着，必须以忍处世，不但要忍穷、忍苦、忍难、忍饥、忍冷、忍热、忍气，也要忍富、忍乐、忍利、忍誉。要以忍为慧力，以忍为气力，以忍为动力，还要发挥忍的生命力。只要你在忍耐中坚强，就必定能在坚强中成长。

既要会隐忍，又要能奋发

隐藏只是为了更好地释放，预示着他们正在寻求有利的释放时机，一旦时机成熟再充分地表现自己，使自己脱颖而出，成为众人的焦点。

现实生活中，许多身怀绝技的人都显得谦虚谨慎，把自己的"绝世武功"隐藏得非常严密。其实，这么做的主要原因就是想"不鸣则已，一鸣惊人"。这即是所谓的"既会隐忍，又能奋发"，实际上就是该藏则藏，该露则露，这就牵涉到一个"度"的问题。隐藏只是为了更好地释放，预示着他们正在寻求有利的释放时机，一旦时机成熟再充分地表现自己，使自己脱颖而出，成为众人的焦点。

三国时期，庞统是与诸葛亮齐名的能人。但庞统天生怪异、相貌丑陋，因此不太受人喜欢。他先投奔吴国，孙权嫌他相貌丑陋没有留用他。

于是，庞统便投奔了蜀国的刘备。临行前，孔明交给庞统一封推荐信，表示一旦刘备见此推荐信定当重用他。

可是庞统见到刘备时并没有将推荐信呈上，而是以一个平常谋职者的身份求见，因此，刘备只让他去治理一个不起眼的小县。

虽然如此，身怀治国安邦之才的庞统，并没有为此而耿耿于怀，他深知靠人推荐难掩悠悠众口，他要在该露脸的时候才露脸。

于是，庞统当着刘备的心腹、爱弟张飞的面，将一百多天积累的公案，用不到半日就处理得干净利索、曲直分明，令众人心服口服。

庞统这种该藏则藏、该露则露，既会隐忍、又能奋发的做人方式，使得他步步高升，不久后便被刘备提升为副军师中郎将。

英雄就是这样，不仅会忍耐，也会奋发。时势造英雄，所以，奋发要掌握时机。没有第二次世界大战，哪里会有朱可夫那样的元帅？哪里会有丘吉尔那样的首相？哪里会有罗斯福那样的总统？所以要把握住机会，不鸣则已，一鸣惊人。

隐忍与奋发，关键在"度"，在时机，抓住机遇奋发，就可能一鸣惊人，功成名就。切不可不看时机，否则一步不慎，就可能事事不顺，倒霉透顶。

某大企业的策划总监血气方刚，上任之初把三把火烧成燎原之势，大刀阔斧地撤换了班底，推行改革。这位策划总监颇具才华，但因年轻气盛，因而遭到其他中层主管的抵制。整个蓝图成了他的独角戏，别人非但没有发挥自己的力量，反而把他视为障碍。最终越唱越难，只好挂印走人。

在现实生活中存在着这样一种自视颇高的人，他们锐气旺盛、锋芒毕露，处世不留余地，咄咄逼人。他们虽然也有充沛的精力、很高的热情，也有一定的才能，但却往往在人生旅途上屡遭挫折。这其中的重要原因就是他们过于天真，没有把握好隐忍与奋发的度。

有一位被分配到某单位的大学生，从下车间开始，就对单位这也看不惯，那也看不顺。未到一个月，他给单位领导上了洋洋万言的意见书，上至单位领导的工作作风与方法，下至单位职工的福利，都一一列出了现存的问题与弊端，提出了周详的改进意见。因此，单位的

感谢折磨你的人

某些领导觉得他狂妄、骄傲，是精神病，他的意见不仅没有被采纳，而且他也被领导借别的理由退回学校再做分配。

这个大学生作为锋芒毕露者的典型，在新的人际关系圈子中未能处理好包括上下级关系在内的各种关系，加上又不注意讲究策略与方式，结果不仅妨碍了个人才能的发挥，还招致了嫉妒和排斥。

因此，在现实中，必须讲究隐忍的策略与艺术。

智者寄语

锋芒毕露者，往往不会因锋芒毕露而走向成功，却反而容易因此遭受挫折，甚至一蹶不振。为人处世既要能隐忍，又要能够瞅准时机奋发。

承受住嘲笑，忍得了屈辱

漫漫人生路，有太多的不如意，退一步是海阔天空，只要不忘记自己的最终使命，你还是你。要能承受别人的嘲笑，这是一种雅量，同时也是能忍的标志。

如果你不能接受一次嘲笑，将会受到别人更多的挑剔和攻击。人生中如果你不能忍一时之痛，那么你的痛苦将是长久的。

其实，人生的各种境遇，都是我们学习的功课；有人能处逆境，却未必能处顺境。一个人将用什么样的心态面对自己所处的环境？这就要看他"忍辱"的功夫做得够不够。

在佛经里，"忍辱"的涵义是很丰富的。挫折、打击固然要忍，成功与欢乐也要忍；逆来受，顺来也要受。但是，所谓"受"，并不是被动地接受认可，而是以积极主动的态度，把境遇转化超越，让自己从中获得学习成长的机会。一般人受到冤屈挫折，心理上总是愤愤不平；然而，正因为愤恨难消，痛苦煎熬也如影随形、挥之不去。如果借着面对打击来锻炼自己的心性品格，甚至把打击你的人看成是来感化你的菩萨，谢谢他给你锻炼自己、提升自己的机会，心里就没有怨恨，自然就不会感到痛苦。

有几位智障儿的家长说，经过漫长的岁月，他们已经能在照顾孩子的艰苦和磨难中，慢慢体会到自己的心都被打开来了。他们能用接受考验的心情欢喜承受，所以，即使外人看来他们的处境是苦不堪言，他们却甘之如饴。在逆境中忍辱负重、蹒跚前行，这个道理大家能接受；而在事事顺利、飞黄腾达的时候也要"忍辱"，恐怕就不容易理解了。许多人在失意的时候还能刻苦自励，一旦春风得意就飘飘然，得意忘形，言行举止失了分寸，灾难祸害很快就随之而至。所以要居安思危，成功要忍，欢乐也要忍。

屈辱，可以成为泯灭一个人理想之火的冰水，也可以成为鞭策一个人发愤成功的动力。要知道受屈辱是坏事，但也能变成好事。心理学家认为，人有三大精神能量源——创造的驱动力，爱情的驱动力，压迫、歧视的反作用驱动力。屈辱就是一种精神上的压迫，它像一根鞭子，鞭策你鼓足勇气，奋然前行。

一位先哲说过，无论怎样学习，都不如他在受到屈辱时学得迅速、深刻、持久。屈辱使人学会思考，体验到顺境中无法体会到的东西；它使人更深入地去接触实际，去了解社会，促使人的思想得以升华，并由此开辟出一条宽广的成功之路。善于从屈辱中学习，实在是成就业绩的一个重要因素。

面对屈辱,最好的对策是"坚忍"。

当你想坚持真理,当你想比别人做得更好一些时,你就很有可能遭到某些人的恶意攻击。对这一点,我们要有足够的思想准备。我们不能避免这种攻击,但我们能避免让这种攻击干扰我们的心态。

美国总统罗斯福的夫人艾丽诺曾受到许多攻击,但她都能够泰然处之。她说:"避免别人攻击的唯一方法就是,你得像一只有价值的精美的瓷器,有风度地静立在架子上。只要你觉得对的事,就去做——反正你做了有人批评,不做也会有人批评。"

当然,对于正常的批评,我们应该欢迎,哪怕言辞激烈或只有百分之一的正确。但对于纯属恶意的人身攻击、诽谤、诋毁、中伤,我们如果不想被它所害,那就只有不去理会,像鲁迅所说的,最高的轻蔑,是连眼珠子都不转过去。

美国总统林肯曾就那些刻薄的指责写过一段话,后来的英国首相丘吉尔把这段话裱挂在自己的书房里。林肯是这样说的:"对于所有的攻击的言论,假如回答的时间大大超过研究的时间,我们恐怕要关门大吉了。我竭尽所能,做我认为最好的,而且我一定会持续直到终了。假如结局证明我是对的,那些反对的言论便不用计较;假如结局证明我是错的,那么纵有十个天使替我辩护,也是枉然啊!"

明代人屠隆在《娑罗馆清言》中说:"一个人在奋斗的过程中,要用坚强的意志来支撑自己,忍受一切可能遇到的屈辱。只要坚持下去,就能取得成功。在遭遇苦难侮辱时,要保持泰然平静的心态。到晚上入睡时,把这一切都抛诸脑后,得一份清爽的心情。"

中国古人有句话:"士可杀,不可辱。"当身陷敌手,面对敌人的横加侮辱,当然应当大义凛然,不惜以死相拼。这是在敌我矛盾不可调和时的英雄表现。但也有许多侮辱,施辱者还不能说是你不共戴天的敌人,只是一些人品不好的人,可能是你的上司、你的同事、你的客户、你的邻居,以至于你不认识的人。他们可能是出于嫉妒、偏见、傲慢,或简直就是恶作剧。对这些人,你不能采取极端的报复行为。如果你确实认为他们损坏了你的名誉,可以通过法律解决。但一般情况下,你大可不必理会,更不要因此而烦恼,或失去理智地以牙还牙。

面对屈辱,中国古代智者的对策是"忍",而且是"坚忍",就是以极大的意志力来控制自己将要如火山一样爆发的情绪,使心态平静下来,把注意力集中到更有价值的事情上去。这样经常地训练自己,就会养成一种明智的处世态度,也就有了屠隆所说的"盛德"。

面对屈辱,不要和他们一般见识,你要继续赶路,不要和他们纠缠,也不要过分认真地去与之论短长。你虽受了一时之辱,但时间会证明你的才干和成就,证明你的伟大人格。到那时,真正羞愧的是当初羞辱你的人。韩信功成名就后荣归故里,当年羞辱他的人唯恐受到韩信的惩罚,吓得要命。韩信却大度地不予追究,甚至赠金给他。这是何等的雅量!

智者寄语

面对屈辱,不要和他们一般见识,你要继续赶路,不要和他们纠缠,也不要过分认真地去与之论短长。你虽受了一时之辱,但时间会证明你的才干和成就,证明你的伟大人格。

告别愤怒,友善地对待他人

常言道:忍一时,风平浪静;退一步,海阔天空。一滴蜜要比一加仑胆汁更能捉住较多的苍

感谢折磨你的人

蝇。告别狂暴的愤怒,友善地对待他人。

在生活中,有些人控制不住自己,特别在不顺心的情况下,容易发怒,试图想靠愤怒解决问题。实际上,乱发脾气根本解决不了任何问题,反而会加重问题。对成大事者而言,愤怒是无知的表现!

有一个政党的领袖,正在指导一位准备参加参议员竞选的候选人,教他如何去获得多数人的选票。这位领袖和那个人约定:"如果你违反我教给你的规则,你得罚款十元。"

"行,没问题,什么时候开始?"

"就现在,马上就开始。"

"好,我教你的第一条规则是:无论人家怎么损你、骂你、指责你、批评你,你都不允许发怒,无论人家说你什么闲话,你都得忍受。"

"这个容易,人家批评我,说我坏话,正好给我敲个警钟,我不会记在心上。"

"好的,我希望你牢记这个戒条,这是我教给你规则当中的最重要的一条。不过,像你这种呆头呆脑的人,不知道什么时候才能记住。"

"什么!你居然敢说我……"那候选人气急败坏道。

"拿来,十块钱!"

"呀,我刚才破坏了你的戒条了吗?"

"当然,这条规则最重要,其余的规则也差不多。"

"你这个骗——"

"对不起,又是十块钱,"领袖摊手道。

"这二十块钱也太方便了。"

"就是啊,你赶快拿出来,你自己答应的,你如果不给我,我就让你臭名远扬。"

"你这只狡猾的狐狸!"

"十块钱,对不起,拿来。"

"呀,又是一次,好了我以后不再发脾气了!"

"算了吧,我并不是真要你的钱,你出身贫寒,你父亲的声誉也坏透了!"

"你这个讨厌的恶棍。"

"看到了吧,又是十块钱,这回可不让你抵赖了。"这一次,那候选人心服口服了,那位领袖郑重地对他说:"现在你总该知道了吧,克制自己的愤怒并不容易,你要随时留心,时时在意,十块钱倒是小事。要是你每发一次脾气就丢掉一张选票,那损失可就大了。"那个候选人心服口服地点了点头。

是啊,正如培根所说:"愤怒,就像地雷,碰到任何东西都一同毁灭。"如果你不注意培养自己忍耐、心平气和的性情,一旦碰到"导火线"就暴跳如雷,情绪失控,就会把你最好的人缘全部炸掉。

自然界是个有条不紊、有规律运行的有机体。只要正常运转,一切都会秩序井然,按部就班。就像一台计算机、一架飞机、一台机器,如果操作正常,控制良好,就能发挥他们的正常作用。人的情绪也如一架机器一样,一旦失控,就不能正常运转,甚至给外界带来危险。

我们也许看到过交通拥挤的十字路口红绿灯失控时的"惨状",整个路面成了车的海洋,不耐烦的司机在汽车里面鸣笛叫喊,喇叭声充斥于耳,整个交通处于一种瘫痪混乱状态,如果没有交警的管理疏导,不知道会拖延到什么时候,造成什么后果。同样,如果所有人的情绪失控,这个世界又会怎样呢?

所以,当别人对你的缺点提出批评甚至指责时,当你和朋友为某件小事"斗嘴"时,当你一时间感到生活压抑时,你一定要学会克制自己的愤怒,让你的大脑"冷却"下来,让你胸中的"波涛骇浪"平静下来,把你的粗嗓门压下来,把你要伸出的拳头收回来……

常言道:忍一步,风平浪静;退一步,海阔天空。不必为一些小事斤斤计较。我们不提倡毫无原则的让步,但有些事不必要那样"火上浇油",那只会使事情更糟,只会破坏你跟别人的感情。

假如你发起脾气来,对人家发作一阵,你固然非常痛快地发泄了你的情感。但那个人怎样?他能分担你的发泄吗?你的争斗的声调、仇视的态度,能使他认同你吗?

"如果你握紧两个拳头来找我,"威尔逊说,"我想我能应付你。我的拳头会握得像你的拳头一样紧,但如果你到我这儿来说,'让我们坐下一起商议,如果我们意见不同,我们要了解为什么意见彼此不同,争执之点是什么',我们不久就可看出,我们的分歧并不是相距很远,我们所不同意的地方很少,同意的地方很多,只要我们有接近的耐心、诚意及欲望,我们就可以接近。"

没有人比小洛克菲勒更能欣赏威尔逊这话的真理了。早在1915年,洛克菲勒是在各洛莱州极端受轻视的人。美国实业史中流血最多的工潮,可怕地持续了两年之久。愤怒的、争斗的矿工,向各洛莱州煤铁公司要求加薪,而这家公司为洛克菲勒所管理,房产被毁坏,军队也被调动出来,发生流血事件,罢工的工人被枪击,他们的身上布满了枪弹的洞眼。

在那样的一个时候,空气中充满了愤怒的火药味儿,洛克菲勒要使得罢工者同意他的意见,而且他真的做到了。他怎样做的呢?经过是这样的。费了数星期工夫交涉以后,洛克菲勒对工人代表进行演说,这篇演说产生了惊人的结果,不但使恐吓说要把洛克菲勒吞下肚去的人愤怒波浪平静了下去,而且使他自己得到许多赞赏。通过这篇演说,洛克菲勒将事实用极友善的态度表现了出来,这最终使罢工工人回去工作,对于他们激烈争夺的薪资增加,他们竟没有再提一个字。

不要忘记洛克菲勒讲话的对象,是几天之前,要将的他的脖子吊在酸苹果树上的人;但他的演讲,比对一个传道士演讲的话更仁慈更友善。这里是那篇著名演讲的开端。注意它如何地充满了友善的精神。

"这是我一生值得纪念的一天,"洛克菲勒开始说,"这是我第一次这样幸运地与这大公司的劳方代表、职员及监督们聚在一起,我可确实地告诉你们。我以到这里来为荣幸,我活着的每一天都不会忘了这次集会。如果两星期前举行这个集会,我站在这里对你们中大多数人就会是一个陌生人,只认识少数的面孔。上星期得到机会访问所有在南煤区的住所,并与差不多所有的代表,除去出外的,个别谈话;我访问过你们的家庭,见过你们许多人的妻子儿子,我们在这里相见,不是陌生人而是朋友,也就是在那种互相友善的精神中,我觉得有这种机会同你们商议我们共同的利益是幸运的。"

"这是公司职员及工人代表的集会,只因为你们的厚爱,我才能到这里来,因为我不但不是公司职员,也不是工人代表;但我觉得我与你们的关系亲密,因为,从一方面讲,我代表股东及董事双方。"

洛克菲勒的友善不正是使狂暴的愤怒者成为朋友的艺术的一个最宏大的实例吗?假定洛克菲勒采用别种方法;假定他与那些矿工辩论,当着他们的面激烈地举出种种的事实来;假定他用他的愤怒声调及暗示告诉他们,他们是错的;假定他用所有的逻辑规则,证明了他们是错误的;结果如何?必然激起更多的愤怒,更多的仇恨,更多的反抗。

如果一个人,与你意见不合,你不能用基督教世界里所有的逻辑使得他同意你,应当明了,当人们不愿改变他们的主意时,不能勉强或驱使他们改变。但如果我们温柔友善,非常温柔,非常友善,我们可以化解他们的愤怒。

一句格言说:"一滴蜜比一加仑胆汁能捉住更多的苍蝇。"对人也是这样,如果你要使得人同意你的主张,就要先使他相信你是他的真实朋友。

商人已经证明了,对罢工的人友善是值得的。例如:当白色卡车公司的 2500 名工人为增加工资组织工会罢工的时候,该厂经理勃莱克没有变成愤怒的人,他也没有对工人责惩、恫吓及讲到暴力。他真心地称赞罢工者,他在克里佛莱报纸上登广告,颂扬他们"放下工具的和平情形"。看见罢工纠察的人闲得无事,他给他们买了几打棒球棍以及手套,请他们在空地上打打球。为了给那些喜欢打棒球的工人更多的方便,他租了一间球室。

经理勃莱克的友善,产生的结果是:所有罢工的人借了扫帚、铣铲、垃圾车,开始打扫工厂周围的火柴、废纸、纸烟头、雪茄烟头。试想一下:罢工的人在要求加薪的要求时承认工会权力,整理工厂的地面,这种事情在美国工潮的长久的、暴风雨似的历史中,从未听到过。那次工潮在一星期内,和平结束,没有一点点罪恶感或怨恨地结束了。

在你的一生中,或许永远不会被请去解决工潮,但你毫无疑问地会碰到使你愤怒的事情或人。在这种时候,如果你想正确地解决问题,就一定要记住这样一条原则:告别狂暴的愤怒,友善地对待他人,做出让步。

智者寄语

在生活中,有些人控制不住自己,特别在不顺心的情况下,容易发怒,试图想靠愤怒解决问题。实际上,乱发脾气根本解决不了任何问题,反而会加重问题。对成大事者而言,愤怒是无知的表现!

多一些务实,少一些浮躁

有的人刚步入职场,就梦想明天当上总经理;刚创业,就期待自己能像比尔·盖茨一样成为巨富。要他们从基层做起,他们会觉得丢面子,甚至认为这简直是大材小用。尽管他们有远大的理想,但缺乏专业的知识和丰富的经验,浮躁的心态一览无余。

实现梦想、成就事业必须要有务实的作风,带着浮躁的情绪做事,只会一塌糊涂,你的人生也会受到影响。因此,每个人要想实现自己的梦想,就必须调整好自己的心态,从一点一滴的小事做起,摈弃浮躁心态,在最基础的工作中,不断地提高自己的能力,为自己日后的发展积累雄厚的实力。

有一位老教授在谈到他的经历时说:

在我多年来的教学实践中,发现有许多在校时资质平凡的学生,他们的成绩大多在中等或中等偏下,没有特殊的天分,有的只是安分务实的性格。这些孩子走上社会参加工作,不爱出风头,默默地奉献。他们平凡无奇,毕业分手后,老师同学都不太记得他们的名字和长相。但毕业几年、十几年后,他们却带着成功的事业回来看老师,而那些原本看起来会有美好前程的孩子,却一事无成。这是怎么回事?

其实,成功与在校成绩并没有什么必然的联系,但与务实的性格密切相关。平凡的人比较务实，比较自律，情绪上也不浮躁，所以有许多机会就落在这种人身上。成功之门自然会向他们大方地敞开。

一个务实的人，不会浮躁，不会制订高不可攀、不切实际的目标，也不会凭借侥幸去瞎碰，而是认认真真地走好每一步，踏踏实实地用好每一分钟，在平凡中孕育和成就梦想。

他们会控制自己心中的激情，避免说得天花乱坠，却无法一一落实。只有务实才是成就一切伟大事业的前提，现在很多优秀企业都以务实作为评估人才的一项重要标准。英特尔中国软件实验室总经理王文汉先生说，在英特尔公司里，考虑员工晋升时，从来不把学历当作一个重要因素。学历最多只是起到敲门砖的作用，在进入企业之后，员工个人的发展就完全取决于自己的努力。有的硕士生可能不够务实，那么他的工资待遇就会降下来，而一些本科生经过自己的努力，取得了优异的成绩，那么他就会更快地得到晋升。

王文汉先生还举了下面这个凭借务实的努力拼搏精神在英特尔取得成功的例子：

英特尔中国软件实验室里有一位软件工程师，甚至连大学学历都没有，当初这位工程师就是凭借自己设计的一些软件程序进入英特尔的。最初，他只是被作为一名普通的程序员录用的，但是王文汉不久后就发现，这位程序员并不普通，他不仅可以高效率、高质量地完成相关的程序设计工作，而且主动学习高科技软件的研发知识，甚至他还利用休息时间参加了英特尔内部及各大院校举办的软件开发课堂。一年后，当英特尔中国软件实验室需要引进高水平的软件工程师时，这位程序员因为业绩突出、技术水平先进而成为选拔对象，而很多比他先进入公司、拥有更高学历的程序员依然在程序员的位置上继续消耗自己的青春。

成功所需要的一切因素都需要靠务实努力来获取：大量有用的知识要靠扎扎实实的学习来获得；克服困难的力量要靠一点一滴的艰苦努力来积淀；同事的协作和上司的支持要靠诚信的品质和实实在在的能力来赢取；转瞬即逝的机遇要靠脚踏实地的艰苦付出来把握。

成功的道路是靠一步一个脚印走出来的，从来没有一蹴而就的成功。如果没有求真务实的奋斗，没有踏踏实实的努力，即使拥有再多的知识、获得他人的多少帮助、遇到多少良好的机会，最终也不会取得成功。

智者寄语

成功的道路是靠一步一个脚印走出来的，从来没有一蹴而就的成功。

忍小辱才能做大事

忍者无敌。做大事业的人在追求成功的漫长道路上，决不会做因小失大、得不偿失的傻事。

一位修女要为孤儿院募捐，因此她特意去拜访一位被公认为一毛不拔的吝啬鬼的富翁。

当天富翁因为股票跌停，心情不佳，又认为修女来的不是时候，大为光火，所以未待修女说完来意，挥手就打了她一记耳光。

但这位修女不还手也不还口，只是面带微笑站着不动。

富翁更恼火，骂道："怎么还不滚！"

感谢
折磨你的人

修女说:"我来这里的目的,是为孤儿募捐。我已收到您给我的礼物,但是他们还没有收到礼物。"

富翁深受感动,以后每个月自动送钱到孤儿院去。

面对这样一位意志顽强的修女,魔鬼也无奈。打了她,她不但不恼,反而微笑并欣然接受这一蛮横耳光为"礼物"。这就是忍耐的魔力:它不但可以令自己永不放弃,而且也会感染他人来按照你的意志行事。

有道是"忍得一时之气,免却百日之忧。"只有忍辱才能负重,只有能忍才能屈,能屈才能伸。

不过俗语又说:忍字头上一把刀。可见忍是一件多么困难的事。但很多时候,你必须得忍住一时之气,这样才能远离祸端,为自己的前程铺路。

清末黎元洪在湖北时,一直位于张彪之下。张彪是张之洞的心腹,娶了一个张之洞心爱的婢女,人称"丫姑爷"。但张彪嫉贤妒能,对黎元洪十分反感,加之当时报纸亦赞扬黎元洪而贬低张彪,张彪心怀不满,常在张之洞面前进谗言,诋毁黎元洪。

张彪在进谗言的同时,还利用上级的职位,百般羞辱黎元洪,想让黎元洪离开军队。张彪的手法非常恶劣,他曾经在军中惩罚黎元洪,并当着士卒的面,将黎的帽子扔在地上。黎元洪忍受着百般欺辱,不动声色,脸上毫无怒容,张彪对他无可奈何。

然而,黎元洪亦非甘为人下者。他明知张彪欺侮自己,却不与他争锋,而是"平敛锋芒,海涵自负,绝不自显头角,以防异己者攻己之隙"。

张之洞任命张彪为镇统制官,但军事编制和部署训练却要黎元洪协助张彪。张彪不懂军事,黎元洪呕心沥血,主持训练。张之洞前往检查,见颇有条理,就当面称赞黎元洪,黎元洪却称谢说:"凡此皆张统制之部署,某不过执鞭随其后耳,何功之有?"

张彪听了黎元洪这话,心中十分感激,二人关系逐渐融洽。1907年9月,张之洞任军机大臣,东三省将军赵尔巽补授湖广总督。赵尔巽看不起张彪,要以黎元洪取代张彪,黎元洪坚辞不肯。

同时,黎又面见张彪,告之此事,建议他致电张之洞,让张之洞为其设法渡过难关。张彪一听,心中大惊,立即让其夫人进京运动,张之洞来函,才保全了他的职位。张彪对黎元洪十分感激,张之洞亦认为黎元洪颇有诚心。

张之洞极看重黎元洪的"笃厚",叹谓:"黎元洪恭慎,可任大事。"实际上,黎元洪心里清楚,虽然张之洞已离开了湖北,但在北京当军机大臣,仍可影响到湖广总督的态度,如果黎元洪在张之洞离鄂之后,即取其宠将职位以自代,不但有忘恩负义的嫌疑,甚至会影响自己的前途。

更为重要的是,黎元洪通过"忍"以及帮助张彪,使张彪改变了对自己的态度,这样,等于在湖北又有一个帮手,有利于增强自己的实力,在关键时刻能够帮自己的忙。

会办事的聪明人,在做事的过程中都会忍耐,也就是头皮硬,需要的时候,一个铁凿凿到头上不仅挨得住,还要笑脸相迎。在这一点上,黎元洪做得可谓一流。

通常,能成大事者,都不拘小节。比如耶稣曾遭人唾面而不动声色,勾践为了复国大计甘做敌人的马俾……

在这些胸怀大志者的心目中,凌辱和嘲讽对他们几乎构不成任何伤害,反倒会更加激励他们奋斗的勇气。

勇气,绝不仅仅表现为反抗、竞争或斗狠,真正可以让你笑到最后的勇气,恰恰是常人所说的"太老实""太没胆"的大忍之勇。

忍耐是一种蓄势待发的信念。

俗话说:"忍一忍晴空万里,退一步海阔天空。"在人们的交往中不免会有许多意想不到的误会,在这种情况下,克制一下自己的不良情绪,彼此之间多一些沟通谅解。为了达到自己的目的,天大的事,都要忍一忍,不要把面子看得太重,骂我也好,打我也罢,只要有益于办事,有利前途,都没什么关系。

智者寄语

忍者无敌。做大事业的人在追求成功的漫长道路上,决不会做因小失大、得不偿失的傻事。

被别人承认需要一个过程

奥比太太在她的屋子后面种了一大片玉米。经过几个月的辛苦劳作,眼看就到了收获的季节。

一个颗粒饱满裹着几层绿外衣的玉米说道:"收获那天,主人肯定先摘我,因为我是今年长得最好的玉米。"周围的玉米听了,也都随声附和地称赞着。

收获开始了,但是奥比太太只看了看那个最棒的玉米,并没有把它摘走。

"她眼力可能不太好,没注意到我,明天,明天,她一定会把我摘走的!"那个很棒的玉米自我安慰着。

第二天,奥比太太又哼着快乐的歌儿收走了其他的玉米,可唯独没有摘这个最好的玉米。

"明天老婆婆一定会把我摘走的!"最好的玉米仍然自我安慰着。

第三天,第四天,奥比太太没有来。从这以后的好多天,奥比太太也没有来过,最好的玉米被摘走的希望越来越渺茫了。

直到一个漆黑的雨夜,最好的玉米才猛然感悟到:"我总以为自己是今年最好的玉米,但现在连奥比太太都不要我了。白天,我顶着烈日,原来饱满而又排列整齐的颗粒变得干瘪坚硬,整个身体像要炸裂一般。夜晚,我又要和风雨作斗争。也许她真的不需要我,也许我真的不是最好的!"

不知不觉,一缕柔和的阳光照在玉米的脸上,它抬起头来,睁开眼睛,一下就看到了站在它面前的奥比太太。

奥比太太用一种柔和的目光瞧着它,自言自语道:"这可是今年最好的玉米,它的种子明年一定比它今年长得还要好呦!"

这时,最好的玉米才明白奥比太太为什么不摘走它的原因。

正当它想着的时候,这个获此殊荣的玉米被奥比太太轻轻地摘了下来……

相信自己,被别人承认需要一个过程。很多时候,我们说笑到最后的人笑得最甜。是啊,发现价值总是有一个过程,在这个过程中,我们渐渐成熟,最后我们总能豁达地接受成功的喜悦,那时候我们笑,是为了这个不容易的过程而笑,是为了最后的胜利而笑。

坚强的毅力,是保持勤奋的关键,是我们事业成功必不可少的条件。我们都知道"铁杵磨成

感谢折磨你的人

针"的传说,都曾深深感叹老婆婆的执着和坚定。

在现实生活中,就有这样的例子:

莎利·拉斐尔很早就立志于播音事业。但因为美国的许多无线电台都觉得女性不适合做播音主持,也不能吸引听众,因此没有雇用她。

后来,她在纽约的一家电台找到工作,但不久就被辞退了,说她赶不上时代,结果她又失业了一年多。

一天,她向一家国家广播公司职员谈起她的清谈节目构想。"我相信公司会有兴趣。"那人说,但此人不久就离开了国家广播公司。后来,她碰到该电台的另一位职员,再度提出她的构想。此人也夸奖是个好主意,但是不久此人也失去踪影。最后她说服第三位职员雇佣她,这个人虽然答应了,但提出要她在政治台主持节目。

"我对政治所知不多,恐怕难以成功。"她对丈夫说,丈夫热情鼓励她尝试一下。第二年夏天她的节目终于开播。由于对广播早已驾轻就熟了,她便利用自己的经验和平易近人的风格,大谈她对7月4日美国国庆的感受,又请听众打电话谈他们的感受。

听众立刻对这个节目发生兴趣,她主持的节目一时之间成为最受欢迎的一档节目。通过自己的勤奋,她战胜了多次的挫折带来的压力而一举成名。

如今,莎莉·拉斐尔已成为自办电视节目的著名主持人,曾经两度获奖。在美国、加拿大和英国,每天都有800万观众收看她的节目。

"我遭人辞退18次,本来大有可能被这些遭遇所吓退,做不成我想做的事情;结果相反,我让它们鞭策我勇往直前。"拉斐尔自豪地说。

大部分人不喜欢有压力。但是现实环境总是不可避免的让人们遭受挫折,走一段弯路。这时候,就要求人们鼓起勇气,不要气馁,不要在中途自暴自弃。过程的曲折并不代表失败,拿破仑说过:"胜利在最后五分钟。"只要你继续不断地努力,用百折不回的精神和执着的信念朝着目标迈进,终会有一天摆脱压力的困扰,走上成功的金光大道。

智者寄语

相信自己,被别人承认需要一个过程。

有耐心才能钓到大鱼

善于放长线钓大鱼的人,看到大鱼上钩之后,总是不急着收线扬竿,把鱼甩到岸上,相反,他们会按捺住心头的喜悦,不慌不忙地收几下线,慢慢把鱼拉近岸边,一旦大鱼挣扎,便又放松钓线,让鱼游窜几下,再慢慢收线。如此一收一放,待到大鱼筋疲力尽,无力挣扎,才将它拉近岸边,用提网兜拽上岸。人生亦是如此,如果追得太紧,别人反而会一口回绝你的请求,只有耐心等待,才会有成功的喜讯来临。

唐代京城中有位窦公,聪明伶俐,极善理财,但他却财力绵薄,难以施展赚钱本领。没有办法,他先从小处赚起。

他在京城中四处逛荡,寻求赚钱门路。某日,他来到郊外,见青山绿水,风景极美,有一座大宅院,房屋严整。一打听,原来是一权要宦官的外宅。他来到宅院后花园墙外,见一水塘，塘水清澈，直通小河，有水进，有水出，但因无人管理，显得有点零乱肮脏。窦公心想，生财路来了。水塘主人觉得那是块不中用的闲池，就以很低的价钱卖给了他。

窦公买到水塘，又借了些钱，请人把水塘砌成石岸，疏通了进出水道，种上莲藕，放养上金鱼，围上篱笆，种上玫瑰。

第二年春天，那名权要宦官休假在家，逛后花园时闻到花香，到花园后一看，直馋得他流口水。窦公知道鱼儿上钩了，立即将此地奉送。

这样一来，两人成了朋友。一天，窦公装作无意地谈起想到江南走走。宦官忙说："我给您写上几封信，让当地主官吏多加照应。"

窦公带了这几封信，往来于几个州县，贱买贵卖，又有官府撑腰，不几年便赚了大钱，而后又回到京师。

他早已看中了皇宫东南处一大片低洼地。那里因地势低洼，地价并不贵。窦公买到手之后，雇人从邻近高地取土填平，然后在上面建造馆驿，专门接待外国商人，并极力模仿不同国度的不同房舍形式和招待方式。所以一经建成，便顾客盈门，连那些遣唐使们也乐意来往。窦公同时又辟出一条街来，把这条街建成"长安第一游乐街"，游人日夜爆满。不出几年，窦公挣的钱数也数不清，成了海内首富。

窦公为了钓到宦官不惜血本做钓饵，又耐性极好，鱼儿上了钩竟然浑不知觉。他的这种"钓鱼"技巧很是高明。

这里还有一例：

美国加州萨克拉门托有位青年，由于他家境贫困，从小便到处做工，省吃俭用，到25岁时省下了少许钱，便开始做家庭用品的推销。

他聪明地在一流的妇女杂志上刊载他的"1美元商品"广告，所登的都是有名的大厂商的产品，而且都是实用的，其中20%的商品的进货价格超出1美元，60%的进货价格刚好是1美元。所以，杂志一刊登出来，订单就像雪片似的飞来，他忙得喘不过气来。

他并没有什么资金，这种做法也不需要什么资金。客户汇款来，他就用收来的钱去买货就行了。当然，汇款越多，他的亏损就越多。但他在寄商品给顾客时，再附带寄去20种3美元以上、100美元以下的商品目录和图解说明，再附一张空白汇款单。

这样虽然1美元商品有些亏损，但是他是以小金额商品亏损来买大量的顾客的"安全感"和"信任"。顾客就不会在疑虑的心情之下向他买价格较高的昂贵东西了。就这样，昂贵的商品不仅可以弥补1美元商品的亏损，而且可以获得很大的利润。

他的这种以小鱼钓大鱼的推销法，真有惊人的效果。他的生意就像滚雪球一样越做越大。一年后，他开设了一家以邮购为主的礼品公司。又过了三年，他雇用了50多位员工，公司的销售额多达5000万美元。

这位青年确实聪明，采取"略施小利"的策略，悬"小饵"，就钓到了"大鱼"。

某中小企业的董事长是推销员出身，在做生意方面的手腕高人一筹。他长期承包那些大电器公司的工程，对这些公司的重要人物常施以小恩小惠，对年轻的职员也殷勤款待。

这位董事长并非无的放矢。他首先是想方设法将电器公司内各员工的学历、人际关系、工作能力和业绩，作一次全面的调查和了解，认为某个人大有可为、以后会成为该公司的要员时，不管他有多年轻，都尽心款待。他这样做的目的，是为日后获得更多的利益作准备。他明白，要钓到鱼，需要耐心放线，10个欠他人情债的人当中有9个会给他带来意想不到的收益。他现在做的亏本生意，日后会利滚利地收回。

所以，当自己所看中的某位年轻职员晋升为科长时，他会立即跑去庆祝，赠送礼品。年轻的科长自然备受感动，无形之中产生了感恩图报的意识。董事长却说："我们公司有今日，完全是靠贵公司的抬举，因此，我向你这位优秀的职员表示谢意，也是应该的。"

这样，当有朝一日这些职员晋升至处长、经理等要职时，还记着这位董事长的恩惠。因此在生意竞争十分激烈的时期，许多承包商倒闭的倒闭、破产的破产了，而这位董事长的公司仍旧生意兴隆，其原因是由于他平常慧眼识人，耐心放线的结果。

做事要有长远眼光，要注意有目标地长期投资。当然，放长线钓大鱼，还必须慧眼识英雄，才不至于将心血冤枉地花在那些中看不中用的庸才身上，才不至于日后收不回成本。

第九章 抓住机遇,超越他人

不放弃万分之一的成功机会

我们当中的很多人,不仅自己不去为看来不可能实现的事情努力,反而还去嘲笑那些为了梦想而努力的人们,觉得他们愚蠢。或许有一天,当你再次见到那个曾经被你嘲笑过的人之时,会突然间发现他已经成为一个非常成功的人。

生活中有无数的挑战,也有无数次与你擦肩而过的机会,有些人视而不见,而另外一些人却牢牢地抓住了它。有时候仅一次机会就会改变一个人一生的命运,很多人抱有一身本领,却不懂得如何抓住机会,所以一生"怀才不遇",而一些人虽然不是"学富五车",但却总走得比别人远,也并非投机取巧,而是他善于抓住不远处的机会,每一次都不错过。所以我们常常会看到这样的现象:一些人并不是很出色但却能走到高处,做出成绩,而那些"才高八斗"的人却总是失意,就是因为不懂得运用机会。

不过,机会或时机又是难以察觉和捕捉的,它不会自己跑来敲你的门,也不会大喊大叫把你惊醒。它像不经意间掠过你面前的一阵风,又像一条水中的游鱼,似乎抓住了却又从你手中溜走。机会的确是成功的催化剂,成功人士凭借机会可以更快地达到目标。有一句格言说得好:"幸运之神会光顾世界上的每一个人,但如果他发现这个人并没有准备好要迎接他时,他就会从大门里走进来,然后从窗子里飞出去。"台塑董事长王永庆的确算得上是一个善于抓住机遇的人。

1980年,美国经济陷入低潮,石化工业普遍不景气,关闭、停产的石化工厂比比皆是。经济萧条期间,许多企业家抱着观望的态度,不敢贸然行动,那些濒临倒闭的石化厂虽然亏本出售,但是却仍无人问津。在这时,王永庆却发动攻势,以出人意料的低价,买下得克萨斯州休斯敦的一个石化厂。得克萨斯州是美国石油蕴藏量最丰富的一个州,而且油质非常好。王永庆在那儿筹建全世界规模最大的PVC塑胶工厂,年产量48万吨。

王永庆在第二年又以迅雷不及掩耳的速度在美国的路易斯安那州和德拉瓦州各买下一个石化厂。1982年,王永庆又以1950万美元买下了美国JM塑胶管公司的8个PVC下游厂。王永庆的这些大胆举动令同行大为不解,他们用疑惑的目光注视着他,议论纷纷。

可王永庆认为:在经济不景气的时候进行投资,收购或建厂的成本比较低,可增加产品的竞争能力。而且,经济景气大都遵循一定的周期规律,有落必有涨,兴建一座现代化工厂约需要一年半到两年时间,在经济不景气时建厂,等到建设结束时,市场又在复苏之中,正好赶上销售良机。

不过经济复苏却花了很长的一段时间,加上收购的工厂出现了一系列的问题,例如:石化厂机器老化、设备残旧等,让他在一年时间内亏损了80027美元。不过,这时的王永庆并没有灰心,他通过改制,让工厂的面貌有了彻底改观,生产很快走上了正轨。

经过台塑人的辛勤奋斗,到1983年底,王永庆在美国的PVC厂每年的产量共计达3975吨,加上台塑原有的5577吨生产能力,合计年产量达到94万吨,台塑企业成了世界上产量最大的PVC制造商。

机会对于我们每一个人来说,都是来之不易的,无论它是多么微小,都值得一试。只有尝试才会有希望,放弃机会就等于放弃了成功的可能。

幸运之神会光顾世界上的每一个人,但如果他发现这个人并没有准备好要迎接他,他就会从大门里走进来,然后从窗子里飞出去。

智者寄语

机会对于我们每一个人来说,都是来之不易的,无论它是多么微小,都值得一试。只有尝试才会有希望,放弃机会就等于放弃了成功的可能。

精心准备才有机遇

俗话说:磨刀不误砍柴工。在成功的道路上也同样如此,要想抓住成功的机遇,就要做好精心的准备。

莱斯·布朗与他的双胞胎兄弟出生在迈阿密一个非常贫困的社区,出生后不久就由帮厨女工梅米·布朗收养了。

由于莱斯非常好动,又含含糊糊地说个不停,因而他小学就被安排进一个专门为学习有障碍的学生开设的特教班,直到高中毕业。毕业之后,他成了迈阿密市的一名城市环卫工人。但他却一直梦想成为一名电台音乐节目的主持人。

每天晚上,他都要把他的晶体管收音机抱到床上,听本地电台的音乐节目主持人讨论摇滚乐。就在他那间狭小的、铺着已经破损的地板革的房间内,他创建了一个假想的电台——用一把梳子当麦克风,他念经一般喋喋不休地练习用行话向他的"影子"听众介绍各种唱片。

透过薄薄的墙壁,他母亲及兄弟都能听到他的声音,于是,就会对他大吼大叫,让他别再耍嘴皮子而去睡觉。然而,莱斯根本就不理睬他们,他已经完全沉醉在自己的世界里,努力想要实现他的梦想。

一天,莱斯利用在市区割草的午休时间,勇敢地来到了当地电台。他走进经理办公室,说他想成为一名流行音乐节目的主持人。

经理打量着眼前这位头戴草帽、衣衫不整的年轻人,然后漫不经心地问道:"你有广播方面的背景吗?"

莱斯答道:"我没有,先生。"

"那么,孩子,我们这儿可能没有适合你的工作。"

于是,莱斯非常有礼貌地向他道了谢,然后转身离去了。经理以为再也不会见到这个年轻人了。然而,他却低估了莱斯·布朗对自己理想的投入程度。要知道,莱斯还有比成为一名音乐节目主持人更高的目标——他要为他所深爱的养母买一幢更好的房子。电台音乐节目主持人的工作仅仅是他迈向这个目标的一步而已。

梅米·布朗曾经教莱斯要去努力追寻自己的梦想,因此,莱斯觉得无论电台经理怎么说,他都一定会到这家电台找一份工作。

于是,莱斯连续一周天天都到这家电台去,询问是否有职位的空缺。最后,电台经理终于让步了,决定雇他跑跑腿,但没有薪水。刚开始的时候,莱斯的工作是为那些不可以离开播音室的主持人们取咖啡,或者是去买午餐和晚餐。

正是莱斯对工作的积极热情,使他终于赢得了音乐节目主持人的信任,他们让他开着他们的卡迪拉克车去接电台邀请而来的一些名人,像诱惑合唱团、黛安娜·罗斯,还有至高无上乐队等等。他们不知道年轻的莱斯竟然没有汽车驾驶执照。

在电台里,无论人们让他做什么,莱斯都会去做——有时候甚至做得更多。整日与主持人们待在一起,他便自学他们的手在控制面板上的动作。他总是尽量待在控制室里,潜心地学习,直到他们让他离开。晚上回到自己的卧室,他就认真投入到练习当中,为他确信一定会到来的机遇做好准备。

一个星期六的下午,莱斯还待在电台里,有一位叫罗克的主持人一边播着音,一边喝着酒。而此时,整个大楼里除了他就只有莱斯一个人了。莱斯意识到:照这样下去,罗克一定会喝出问题的。莱斯密切注意着,在罗克的演播室窗前来来回回地踱着步子,还不停地自言自语道:"喝吧,罗克,喝啊!"

莱斯跃跃欲试,而且他早就为此做好了准备!如果此时罗克让他去买酒的话,他会冲到街上去给他买更多的酒。正在这时,电话铃响了,莱斯立刻冲过去,拿起了听筒。果不出莱斯所料,正是电台经理打来的。

"莱斯,我是克莱恩先生。"

"嗯,我知道。"莱斯答道。

"莱斯,我看罗克是不能把他的节目坚持到底了。"

"是的,先生。"

"你能打电话通知其他主持人,让他们注意谁过来接替罗克吗?"

"好的,先生,我一定会办好的。"

但是,莱斯一挂断电话,就自言自语地道:"马上,他就会认为我一定是疯了!"

莱斯确实打了电话,但却并不是打给其他主持人。他先打电话给他妈妈,然后是他女朋友。

"你们快到外面的前廊去,打开收音机,因为,我就要开始播音了!"他说。

等了大约5分钟之后,他给经理打了个电话。"克莱恩先生,我一个主持人也找不到。"他说。

"小伙子,你会操作演播室里的控制键吗?"克莱恩先生问道。

"我会,先生。"他回答道。

莱斯箭一般地冲进演播室,轻轻地把罗克推移到一边,坐到了录音转播台前。他准备好了!并早就渴望这个机会来临。他轻轻打开麦克风开关,说:"注意了!我是莱斯·布朗,人称是唱片播放大叔,可以说是前无古人,后无来者,因此,我是举世无双、天下唯一。我年纪轻轻,单身一人,喜欢与大家在一起倾听音乐,品味生活。我的能力是经过鉴定的,绝对的真实可靠,一定能够带给你们一档丰富多彩的节目,让你们满意。注意了,宝贝,我就是你们最喜爱的人!"

正因为有了精心准备,莱斯才能如此从容。他赢得了听众和总经理的心!从那个改变一生的机遇起,莱斯开始了在广播、政治、演讲和电视等方面不断获取成功的职业生涯。

俗话说:磨刀不误砍柴工。在成功的道路上也同样如此,要想抓住成功的机遇,就要做好精心的准备。

机会往往是靠自己捕捉来的

自己创造好运,就是要力争主动,主动出击,发现适宜于自己的机会一定要全力以赴,这样,好运真的会时时伴随着你。

命运并非机遇,而是一种选择;我们不应期待命运的安排,必须凭自己的努力创造命运。下面这个故事非常有意思:

伊塔这几天一直坐在他的地边而不挖已经成熟的土豆,他的邻居安第问他为什么不干活。伊塔说:"我不用受累,我的运气好极了,有一次我正要砍几棵大树,忽然来了一阵飓风,把大树刮断了。又有一次我正要焚烧地里的杂草,一个闪电将它们全烧光了。""噢,你的运气真不错,那你现在在干什么呢?"安第问,伊塔回答说:"我在等一次地震把我的土豆从土里面翻出来呢。"

当然这仅仅是一个笑话,就同中国古代"守株待兔"的寓言一样。这些笑话中的主人公显然弄错了两件事:一是以为好运如同刮风下雨一样常常有,二是认为运气可以不请自来。我们要想获得成功,绝对不能像他们那样做,我们要明白这样的事实:运气不会常有,好运是要靠你自己去创造的。

人们创业致富和成功,有时是要依赖一些运气,但运气不是机会,它带有机会的一些特征,但更具有偶然性、意外性。运气来了你躲也躲不掉,而机会则不同,机会往往是靠自己捕捉来的,而非等来的。

自己创造好运,就是要力争主动,主动出击,发现适合自己的机会一定要全力以赴,这样好运才会真的时时伴随着你。原因是:

第一,主动出击是俘获机遇的最佳策略。机遇是珍贵的、稀缺的、稍纵即逝的,如果你能比同样条件的人更为主动一些,机遇就更容易被你掌握。

第二,"千里马"也应当找伯乐。世界上总是"千里马"多而伯乐少,并且伯乐在明处,"千里马"在暗处。伯乐再有眼力,他的精力、智慧和时间也是有限的,等待可能会耽误你的一生。既然我们都知道"守株待兔"是愚蠢的举动,那么我们为什么要守"雄才"而待"伯乐"呢?

第三,岁月不饶人。随着时代的前进,新人辈出,每个立志成才者都应考虑到自己所付出的时间成本。一次机遇的丧失,便可导致几个月、几年甚至是一生年华的白白流逝。

明白这些道理之后,我们就会产生一种紧迫感,重新思考自己的处世态度,并且在行动上多几分主动,以便更多的人来注意自己。

一个成功者,不仅应是一个伟大的制造商,善于生产社会最需要的产品,并且应该是一个伟大的推销员,善于使人认识和接受自己的产品,把自己"卖"出去。这便就是毛遂自荐。

毛遂自荐,在当下而言,就是瞅准机会,大胆出击,找上门去,"推销"自我。

毛遂自荐是需要勇气和胆识的。不自信的人、害怕失败的人往往不敢尝试,而这也成了造就一大批平庸无为者的缘由,更成为人才被埋没的一个原因。

而名人却敢于这样做,因为他们对自己充满了信心,对自己的事业充满了狂热的爱;因为他们深深知道,好运是等不来的,必须主动去创造、去争取。

智者寄语

一个人只有靠自己去努力、去争取、去创造,在任何事上绝不犹豫彷徨,才可以改变自己未来的命运走势!

冒险带来机遇

对于创业者来说,决策最重要的就是把握时机。一个好的决策,假如能够与决策者把握的时机相匹配,无疑会达到如虎添翼的效果。

在生产经营中谁赢得了时间,谁就赢得了空间,也意味着赢得了时间,赢得了主动,赢得了胜利。

然而,在激烈的市场竞争中,要全盘准确地掌握时机是不可能的,有时错失时机,正确的决策也会酿成错误,所以这时非依仗胆识进行冒险不可。

风险决策是常遇到的一种情况,凡属开拓性的新经营事业,从没有不带有风险性的。风险和利益是相辅相成的,往往会成正比发展。

如果风险小,许多人都会去追求这种机会,利益由于均分也就不会大而持久。如果风险大,许多人就会望而却步,所以能够拥有独占鳌头的机会,得到的利益也就大些,在这个意义上讲,有风险才有利益。

风险决策,是对决策者素质的检验。真正十拿九稳的事也就无需决策。然而,冒点风险在于"化",要把风险化成效益决不能蛮干。"实施强攻无节制就会失败。"要在客观条件限度内,能动地争取经营的胜利;同时充分地发挥自觉的经营能动性,是化险为夷的可能所在。勇气和胆略要建立在对客观实际的科学分析上,顺应客观规律,外加主观努力,就能从风险中获得利益。

雷克莱是一位来自以色列的移民,初到美国不久,他敢于出狂言,在10年之内赚到10亿美元。他打算用两个冒险的方式获取那10亿美元:第一个方式,用短期付款的方式购得一个公司的控制权;第二个方式,用公司的资产作为基金去赢得另外一家公司的控制权。

雷克莱常用第一个方式,他认为这个方式是最有利的。如果现实情形不允许采取第一个方式,非得运用第二个方式不可,他宁可用现款买下某一家公司,但其先决条件是:从买下的这家公司中,马上可获得更多的、可以运用的现款。

我们不能小看雷克莱的这两种方式。如果抓住机遇,采用适当的方式的话,要拥有几个公司,甚至成百上千个公司,也并不完全是幻想。这也无怪雷克莱在移居美国仅仅几年之后就敢夸下海口,要在10年之内赚到10亿美元!

后来的事实表明,雷克莱的口气的确太大了。10年的时间过去了,他并没有全部达到

感谢
折磨你的人

预定的目标,在追加了将近 5 年时间之后,他才真正成为名副其实的 10 亿富翁,这些都是后话,我们还是谈谈他在明尼亚波里斯组建第一家公司的事吧。

当时,雷克莱白天在皮柏·杰福瑞和霍伍德证券交易所做事。到了晚上,他在一个小型补习班讲授希伯来语。一次极为偶然的机会使他对速度电版公司产生了兴趣。这家公司就是美国速度公司的子公司之一,它是专门生产印刷用的铅版和电版的。

事情是这样的:有一天晚上,雷克莱给补习班讲完课回家,在路上遇见一位名叫伍德的学生家长。此人正在做股票生意。他是雷克莱工作的那家证券交易所的常客。两个人彼此熟悉,所以一见面就攀谈起来。他们从股票的价位,谈到雷克莱教希伯来语的情形,到最后,伍德谈起他投资的一家公司,这家公司便是速度电版公司。

在明尼亚波里斯,速度电版公司是一家比较大的企业,它具有最新的生产设备,有宽敞的现代化厂房。然而,它一直是个冷门公司,经营几年下来,还是没有多大的起色。这家公司也有股票上市,只是股票价位始终高不起来。

雷克莱开始暗暗地注意速度电版公司的动态,把这家公司当作他争取的目标之一。几年来,这家公司虽然没有多大的发展,但一直保持稳定的收益,大部分股东都把速度电版公司的股票当作储蓄存款放在那里。该公司的股票在市面上流通的数量并不大,买卖也不火热。雷克莱要想获得这家公司的控制权,唯有收购股票这一途径。如果不设法制造一个机会,使这家公司的股票形成强烈卖势,雷克莱根本无法达到自己的目的。

通过和伍德的谈话,雷克莱感到这是个机会。伍德是速度电版公司的主要股东之一,假如利用伍德对该公司的厌倦心理,兴许可以酿成一种对雷克莱有益的"气候"。雷克莱就充分发挥这次谈话的效力,使伍德甘愿让他帮忙把所持的股票尽早脱手。雷克莱同时还发现,伍德急于要卖掉速度电版公司的股票,绝不仅仅是因为钱,其中必有其他原因。

雷克莱一回到家里,便迫不及待地翻阅与速度电版公司相关的许多资料。雷克莱是个很有心计的人,他在工作之余,把将来有可能被他收购的公司的资料剪贴得十分齐全。从电版公司创业时的宣传材料,到历年的各期损益表,他全部都详细地看了一遍。

然后,他画了一张简单的曲线表,以便于对这家公司的经济状况一目了然。从速度电版公司最近一期的损益表中很难看出问题,这是因为该公司的销售收入略有增加,盈利也比上期好。雷克莱就从公司外部因素进行分析。他想,这几天铅的价格大涨,每吨高达 230.5 英镑,这个因素对于电版业的经营一定会有很大的影响。

他认为,速度电版公司有很不错的客观条件,但是业绩平平,这也就可以表明公司负责人的能力有限。对于一个应付日常工作都力不从心的人,一旦遇到意外的情况,他肯定会自乱章法,一筹莫展。

雷克莱敏锐地意识到,目前有两个机会可以大做文章:一是速度电版公司股东们的动摇心理,二是伍德急于脱手的股票。如果搞得好的话,速度电版公司就会成为"连环套"策略的第一环。

雷克莱灵巧利用了一些微妙的关系,并且竭力保持自己的良好信誉,最终以 20 万美元的短期付款方式从伍德手中取得了价值百万元的股票。

随后,他又在速度电版公司的股票已经下跌的形势下,利用比当时议价低 5% 的现款付清了伍德的其余股款。伍德虽然吃了 10 万美元的亏,但他仍庆幸自己把全部股票都脱手了。

实际上,速度电版公司股票的价格不可能长久地大幅度下跌,因为这种股票的实际价值已经超过了市价。雷克莱以伍德的股权融资,购买了那些小股东们急于脱手的股票。当速度电版公司的股票跃为热门股时,雷克莱就已经拥有该公司 53% 的股权。

此刻,他马上召开临时股东大会,并顺利地当选为董事长。雷克莱走马上任以后,把公司的名称改为"美国速度公司"。他决定将美国速度公司当作是自己发展的大本营。

为壮大这个公司,雷克莱认真经营,使得本公司股票变成强热股票。不久,他又将美国彩版公司与美国速度公司一同合并了。

在不到一年时间里,雷克莱从证券交易所普通分析员一跃而成为大公司的董事长。人们不免会问:他哪里来这么多资金呢?

的确,他在控制速度电版公司之前,手头只有二十几万美元。到后来,他用炒股票的方式夺得了这家公司,他的财产一下暴增了几个倍。紧接着,他用美国速度公司财产作抵押,买下了美国彩版公司。这种有形的扩展,当然并不是雷克莱的主要收获。他的主要收获是:美国速度公司的成长和吞并美国彩版公司的成功,使他对"不使用现款"的策略信心十足,这同时也使他实现自己的宏图大志有了一个主要的动力。

初施计谋得手之后,雄心勃勃的雷克莱感觉到明尼亚波里斯对他来说似乎是狭小了一些。要想大干一番,就必须到纽约去。

于是,雷克莱果真从明尼亚波里斯到了纽约。在纽约这个大都会,甚至很少有人知道雷克莱的名字,当然更没有什么人知道他的"连环套经营法",而且几乎没有人知道他建立美国速度公司的事情。被人冷落确实是一件非常痛苦的事。雷克莱后来曾大发感慨:"纽约工商界人士的眼睛是最势利的,他们只认识对他们有用的人,也只跟那些有名气的人交谈。对于无名小卒,他们是不屑一顾的。"这番话无疑是他初到纽约时最为深切的感受。

雷克莱到纽约后意识到,要想跻身于纽约工商界,首先一定要自我宣传一番。

于是,他先在犹太籍的商人中间传播所谓"连环套经营法"。没想到,他的宣传引起纽约工商界人士的反感和报界的批评。原来,在几年前米里特公司的负责人鲁易士和金融专家汉斯就企图使用"连环套经营法"来扩大自己的企业,结果以失败告终。也正是因为失败,汉斯跑到芝加哥自杀了。从此,纽约工商界人士便把"连环套"的办法称为经营上的自杀行为。

犹太人血统的雷克莱毕竟不同于鲁易士和汉斯,人家认为无法做的生意,他可以从中赚大钱,别人认为无法发展的环境,他却能够找出办法来求发展。

雷克莱找到李斯特长谈了一夜。通过这次交谈,雷克莱意识到,报界的批评已经起了反宣传的作用,使公众知道了他的存在。在当前最要紧的是尽快用"连环套经营法"的成功事实来证明自己的业绩,并立马找到一家知名度高、经营管理不善的公司。经李斯特介绍,雷克莱进入了MMG公司。这是一家有着多种销售网络、多样化经营的公司。

雷克莱在进入MMC公司一年多的时间里,充分发挥了他的经营才能,在他的努力下,该公司的营业额扩大了两倍多。不久,该公司的主要负责人有意提出退休,雷克莱不失时机地买下了MMC公司,并把它放在美国速度公司的控制之下。这样,他就在纽约奠定了第一块基石。

当时,MMG公司的另一个大股东是联合公司,它同时也是一家拥有几个连锁销售网的母公司。雷克莱把MMG公司的股权转卖给联合公司,而从其他的渠道获得了联合公司的控制权。雷克莱控制了联合公司,也就是间接地控制了MMG公司。

第一个连环套搞成之后,雷克莱继续盘算下一步的计划,目标即联合公司的控制人之一格瑞。格瑞的重要关系公司是BTL公司,这是一家拥有综合零售连锁网的母公司。虽然这家公司经营状况不太好,可是,雷克莱凭着自己从事股票交易的特殊才能和精确的分析,相信BTL公司值得投资,假如获得BTL公司的控制权,自己的企业又可以增加一个连环套了。

BTL公司的规模很大，雷克莱要想一下子获得它的控制权很不容易。所以，他重施故伎，先给人们造成一个该公司势弱的印象，然后大肆购买人家所抛售的BTL公司的股票，并把联合公司的财产抵押出去，目的是将整个财力都投于BTL公司。最后，雷克莱终于获得了BTL公司的控制权。

雷克莱获得BTL公司之后，名声大振。1959年，在《财星》杂志上刊登了一篇评论雷克莱的文章这样说："雷克莱巧妙的连环套是这样的：他控制美国速度公司，美国速度公司控制BTL公司，BTL公司控制联合公司，联合公司控制MMG公司。"

事实上，雷克莱并不满足于控制BTL公司，他又开始研究一套新的经营方法。他把连环套中的公司进行合并，即把BTL公司、联合公司和MMG公司的各不相通的连锁销售网合并起来，从而形成一个庞大的销售系统。而且在这个庞大的销售系统中，雷克莱把MMG公司作为主干。他这么做的主要目的是为了缩短控制的途径。过去他控制MMG公司要经过BTL公司和联合公司，现在甚至完全颠倒了过来，他直接控制MMG公司，然后由MMG公司直接控制BTL公司和联合公司。

由此可见，雷克莱的"连环套经营法"已发生了重大变化。从前单线控制，现在是双线、甚至多线控制了。

雷克莱心目中的大帝国式的集团企业已经略有眉目，于是，他的胆子更大了，他的注意力由纽约转到了全国各地，那些凡是他认为有利可图的企业，他都想插上一脚。

1960年，雷克莱的MMG公司用2800万美元买下了俄克拉荷马轮胎供应店的连锁网。此后不久，雷克莱又买下了经济型汽车销售网。

虽然雷克莱进行了多角化经营，并且一连买下两个规模不小的连锁销售系统，但距他"10亿美元企业"的目标还差得很远。他明显地意识到，必须向那些巨大的公司下手才行。

1961年，拉纳商店在经营上发生了严重问题，老板有意出让经营权。这是美国最大的一家成衣连锁店，雷克莱当然不愿错过机会。他亲自出马洽谈，最终以6000万美元买下了这个庞大的销售系统。

雷克莱对"不使用现款"的策略已得心应手，所属企业好像滚雪球一般地不断增大，其发展速度也比以前加快了。在此后几年当中，他又买下了在纽约基层零售连锁店中居于主导地位的柯某百货店和顶好公司，还买下了生产各种建筑材料的贾奈制造公司和世界著名的电影企业——华纳公司，以及国际乳胶公司、史昆勒蒸馏器公司。它们都处在MMG公司的控制之下。

雷克莱的"基地"——美国速度公司也在不断壮大，在不长的时间当中，有很多公司陆续被纳入他的控制范围，其中比较著名的有：美国最大的男士成衣企业科恩公司和李兹运动衣公司。到最后，当李斯特把自己的格伦·艾登公司也卖给雷克莱时，他的企业规模已经达到相当理想的程度，他所拥有的资本已超过10亿美元。

雷克莱凭借"纸契"（包括合约书和抵押权状）扩大企业的做法，经受了很多大风大浪的考验。换句话说，他在扩展自己企业的过程中事实上并非一帆风顺，有次危机几乎把他苦心创建的基业冲垮。那是1963年的事。当时，股票市场受到谣传的影响，股票价位发生极大的变动。

有一家很著名的杂志也旧事重提，批评雷克莱倒金字塔式的企业结构问题严重，这使敏感的投资者在心理上产生极大的恐慌，有些人开始大量抛售雷克莱的股票，股票价位也随之大幅度滑落。幸亏雷克莱在商场的人缘不错，这样使得他在股价一路下跌的困境中，获得了至少两大企业集团的全力支持，他们连续买进雷克莱的20万股股票，总算才把阵脚稳住了。

我们简单地回顾一下雷克莱的创业经过：1947年，他从英国陆军退役下来，回到故地巴勒斯坦周游了一趟,便带着妻子在美国定居。

最初,他是靠替别人做事维持生活。1953年,他在明尼亚波里斯建了第一家公司——美国速度公司,这是他筹划中的集团企业的总枢纽。几年后,他在世界第一大都市纽约打开了经营局面,当上了"10亿美元企业"的总裁。

雷克莱以微薄的财务创造"10亿美元的企业",他靠的就是冒险投资。因此,有人说雷克莱是世界上"最大的赌徒"。他对这一绰号并没有提出异议,反而对它做了延伸性的解释:"严格地说来,任何投资都要冒险,这的确跟赌博没有多大差别。冒险投资额越大,赚得就越多。假如你想得到10亿美元的大企业,你就要有输得起10亿美元的胸怀。"

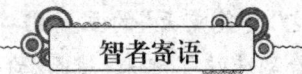

智者寄语

如果你也想成为百万富翁,那你最好多一点勇敢的冒险精神。

怎样把握机遇

这是个不完美的世界,这一点不必费劲就会发现。可是,你还是有许多机遇可以去获得成功。机遇有的明显,有的隐蔽;有的持久,有的短暂;有的似是而非,如果不认真细致地逐一审视、检查与筛选,是很难及时发现和抓住的。但你一定要记住:机遇是获得某种成功的重要线索,是事业腾飞的重要契机,千万不要与它失之交臂!

当机遇真正降临到你头上之时,能否将它牢牢抓住,那就要看你有没有这个能力了。

机不可失,时不再来。机遇到了,你必须好好把握它。如果在机遇面前优柔寡断、犹豫不决,就会失去机遇,因为机遇是不等人的。要有捕捉机遇的强烈欲望,这是一种不可缺少的精神动力,它会激发我们在纷繁复杂的众多现象中随时随地地留意机遇的出现,并保持着高度的警觉和敏感。

世间让人感到可惜的就是那些不能决断的人。事情对他有利时,他不敢拍板,前怕狼后怕虎,这也顾忌那也犹豫。这种主意不定、意志不坚的人,既不会相信自己,也不会被他人所信赖,机遇更不会青睐于他。

机遇到手是值得高兴的。然而,我们更应该好好珍惜它,用好它。机遇并非唾手可得,有时可能几年才能遇上一次较好的机遇,还有的要经过激烈竞争、拼搏才能到手,可谓来之不易。所以自当加倍珍惜,把它当成发展自己、更新自己的起跳板,借机鼓舞斗志,跃上一个新台阶。

然而,有些人在对待机遇的问题上,时常表现出虎头蛇尾的倾向。机遇到来之前,他们竭尽全力,绞尽脑汁,勇于拼搏,从不懈怠。可是,一旦机会相中自己,他们就沾沾自喜,以为万事大吉,松懈下来。如此不珍惜机遇的态度是可悲的,其结果定会以失败而告终。

俄国著名作家高尔基曾在老板的皮鞭下,在敌人的明枪暗箭中,在饥饿和伤残的威胁下坚持读书、写作,终于成为世界文豪。

美国著名科学家富兰克林在贫困中坚持自学、刻苦钻研,决不放弃,成为近代电学史上的奠基人。

可见,成功人士或是煎熬于生活苦海,或是挣扎于传统偏见,或是奋发于先天落后与失败之中,他们最终得以成功的秘诀在于他们朝着预定的目标,坚持不懈,永不放弃,一旦时机成熟,机遇来临,就顺势而上,一举成名。

通常,看到错误,人们首先的反应是悔恨、失望和放弃。殊不知你放弃的可能是一次好的机

感谢折磨你的人

遇。其实,在犯错误的时候,机遇或许已经悄然地到达你的身边,你一定要分辨清楚,主动改正错误,才能抓住这来之不易的机遇!莫与机遇擦肩而过。机遇的发现,既依赖于机遇是否出现,也依赖于人们对机遇的认识和体会。对于同一现象的"意外出现",是否把它视作机遇,怎样评估机遇价值的大小,看法通常会因人而异。

相传康熙年间,安徽青年王致和赴京应试落第后,决定留在京城,一边继续攻读,一边学做豆腐谋生。然而,他毕竟是个年轻的读书人,没有经营生意的经验。夏季的一天,他所做的豆腐剩下不少,只好用小缸把豆腐切块腌好。由于日子一长,他竟将这缸豆腐忘了,等到秋凉时想起来了,腌豆腐已经变成了"臭豆腐"。

王致和十分恼火,正欲把这"臭气熏天"的豆腐扔掉时,转而想到,虽然臭了,但自己总还可以留着吃吧。于是,就忍着臭味吃了起来,然而,奇怪的是,臭豆腐闻起来虽有股臭味,但吃起来却非常香。于是,王致和便拿着自己的臭豆腐去给朋友吃。好说歹说,朋友们才同意尝一口,没想到,所有人在捂着鼻子尝了一口之后,都纷纷赞不绝口,一致公认此豆腐美味可口。

王致和借助这一错误,改行专门做臭豆腐,生意越做越大,影响也越来越广,到最后,连慈禧太后也前来尝一尝这闻名已久的臭豆腐,并对其大为赞赏。

从此,王致和与他的臭豆腐身价倍增,不仅上了书,还被列入御膳菜谱。直到今天,许多外国友人到了北京,都还点名要品尝这所谓"中国一绝"的"王致和"臭豆腐。

其实,一个人不犯错误是绝不可能的事,特别是在探索未知领域和发明创造,乃至生活的每一个细节中。关键在于能否将坏事变为好事。犯错误后能反省,能变错误为正确,这不仅是一个人的品质表现,也是一个人发掘创造才能的保证,因为抓住机会正是这种综合效应的利用。

人生不可能总是一帆风顺,机会也不总是顺风而来,蕴藏在逆境中的机会永远都是非常巨大的,足以改变人的一生,所以,任何时候,对于逆境都应该抱有一种乐观的心态。

人生的际遇有两种:一种是顺境,一种是逆境,在顺境中顺流而上,抓牢难得的机会,或许每个人都能够做到。但面对逆境,许多人却纷纷败在阵下,在逆流中舟沉人亡。其实,任何逆境里都孕育着机会,而且这种机会的潜能和力量都是十分巨大的,那些善于抓住机会的老手,十分乐于在逆境中生存,因为他们知道,逆境将会把他们推向又一个更高的起点。

人在逆境,意志坚强者通常能发奋努力,寻觅并抓住稍纵即逝的机遇,从而改变环境,也改变了自己的命运;意志薄弱者却只能抱怨环境,悲叹命运,结果沦为命运的奴隶,无为而终。

人们在生活面前有种种美好的向往,总是希望前面有着广阔的天地。但是,人生的道路不可能像长安街那样平坦笔直,成就功名不会像月下漫步那样轻松就可拿到。在每个人的成才机会过程中不可避免地会遇到来自先天、来自自然、来自社会的种种挫折,诸如家境贫寒、身躯残疾、环境艰苦、蒙受冤屈、横遭压制等,遇到这些情况时,不要怨天尤人,自暴自弃,而要养精蓄锐、积蓄能量,也许成功的机遇就在前面等着你。

智者寄语

机遇是获得某种成功的重要线索,是事业腾飞的重要契机,千万不要与它失之交臂!

在信息中寻找机遇

在信息中寻找发展的机遇,几乎是每一个商家遵循的成功法则。我们知道在竞争激烈的市场上,谁第一个捕捉到了有利于自己的信息,并充分地加以利用,谁就会成为"王者"。

被喻为中国大陆木地板大王的彭鸿斌先生,就是这样一位极善于利用市场信息来发财的商界英杰。

据国家统计局1999年4月18日发布的统计数字表明,1998年,全国地板销量第一位的品牌是"圣象",它的持有人便是彭鸿斌。

他是如何利用市场信息来达成自己的目的的?

彭鸿斌原先在外交部供职。1993年4月,彭鸿斌做出了一个令人惊讶不已的决定:辞职下海经商。外交部的同事们都惊呆了,许多人纷纷问他:"为什么要辞职呀?""放着金饭碗不要,图个啥呀?"……各种议论纷至沓来,说什么的都有。

并且,部里坚决不同意他辞职!

怎么办?

此时的彭鸿斌已经铁了心,一定要独自创业,发家致富。所以,他毅然选择了不辞而别。他坚信,只有在商海中搏击,才能充分施展自己的才华,才能更好地实现自己的人生价值。

下海做什么呢?

略加思索之后,他选择了电脑产业,他一头扎入中关村,卖电脑去了。在那竞争趋于白热化的电脑市场上,彭鸿斌的小公司显然微不足道,而且也没有碰上最佳入市时机。所以,虽然他奋力拼搏,却没有赚到什么钱。但是,他的收获也并不小,为他日后在生意场上拼搏积累了不少宝贵经验。

在商海折腾了两年多之后,彭鸿斌终于悟出了做生意的门道和感觉。他悟出了这样一个道理:"要想在激烈竞争的商场上出人头地,非学会钻市场空隙不可。"于是,他毅然选择退出电脑行业,另觅佳径。

1995年5月,他关闭了他的电脑公司,自费去欧洲进行商务旅行,寻找适合自己发展的市场信息。

在德国,彭鸿斌终于逮住了这种机会。

德国人素以作风严谨而著称于世。他们生产的木制家具和木工机械都是全球最好的。

这天,彭鸿斌来到了一家建材超市。里面有一种名叫"强化木地板"的产品令他眼前一亮:它取材于天然林木,经过当代最先进的工艺加工制作而成,是当代最新的环保型的高科技产品。彭鸿斌一见到这种木地板,立马被它迷住了,于是,当即决定深入了解它。

经过了解,彭鸿斌发现了许多奥秘。

原来,这种强化木地板的剖面就像一块结构紧密的三明治。中间层是高密度纤维板做成的基材,它比传统技术生产的木材更能抗冲击,抗压力,更不易变形。基材上面是表面层,它是由耐磨层、装饰层组成的。装饰层是用现代高科技滚筒印花,可以表现各种名贵原木的纹理和质感,这样就比传统的实木地板多了丰富的色彩和款式的选择。而且具有科技突破意义的耐磨层的应用,使其抗磨强度达到了传统实木地板的30多倍!

同时,这种强化耐磨层还具有阻燃、防潮、防虫蛀等各种功能。

基材下面是平衡层,不但起到防潮的作用,而且能增加木地板的平整性。不但如此,这种强化木地板与传统的实木地板相比,还无须刨光、上漆、打蜡,能够始终光洁如新,省去了很多烦琐的保养手续。

这对于追求现代生活快节奏的人来说,无疑更是一种惬意的选择。

彭鸿斌了解之后,立即心花怒放,马上意识到这种行情的优势,把握市场信息的脉搏,及时、迅速地收集、筛选、利用重要的市场信息,从而把有用的市场信息转化为财富。

感谢
折磨你的人

市场预测并不是主观臆测,而是需要进行规范化的分析、科学的研究和精确的预测。因为要做出正确的经营决策,企业家需要在进行市场调查、掌握信息的基础上,紧紧地抓住关键的市场信息来进行市场预测。

为了抓好关键信息,可以借助现代化的先进手段,对市场信息进行定性分析和定量分析,从而迅速而准确地预测出市场动态趋势,给商务活动打下坚实的基础。

俗话说,机不可失,时不我待。市场信息往往稍纵即逝,一闪而过。所以,企业家在拍板定夺时,要坚决、果敢,当断则断,切忌糊糊涂涂,黏黏糊糊的,举棋不定,犹豫不决;优柔寡断只会贻误良机,害人害己,于事无补。果断决策也不等于急躁冒进,要正确区分二者的关系。

总而言之,在抓市场关键信息时,要稳准狠快,及时将有用信息转化为真正的财富。

在商业竞争中,对市场信息尤其是市场关键信息把握的速度与准确性,对竞争的成败有着特殊的意义。

成功的企业家对关键信息的把握往往有出色的表现,他们能立足于全局的高度,宏观把握,微观处置,决策果断及时。

1985年,李晓华东渡日本,一面在东京国际学院学习,一面在一家日本商社打工,那时他就留心了解日本的市场信息,学习揣摩他们的经营之道。

1988年,一个偶然的机会,李晓华在一家报纸上读到了一条消息:"中国生产的'101毛发再生精'在日本市场价格一路攀升。"

依据敏锐的直觉,李晓华马上断定:赚钱的机会来了!

实际上,对于普通读者而言,这仅仅是一条极为平常的消息,一则新闻报道而已。在当时谈到这一消息的人肯定为数不少。但是,许多人都走马观花,没作深入的推究。唯有李晓华慧眼识宝,牢牢地抓住了这一条关键的市场信息。

这条信息意味着什么?意味着财源滚滚!李晓华毫不怀疑自己的判断。他清楚,如果自己取得"101毛发再生精"在日本的独家代理权,那将意味着能赚回一大笔钱。

于是,抓住了机会就立即行动。

李晓华立马返回中国,仅用了一个月的时间便与101的发明者赵章光结成了好朋友,顺利地得到了生发精在日本的经销权。这一招果真既快且准。

李晓华垄断了101在日本的代理权以后,以每瓶10美元的优惠价进货,以70美元至80美元一瓶的价格在日本抛售,仍旧供不应求,真可谓一本万利,财源滚滚!一时间,李晓华几乎成了誉贯日本的知名人物,连日本首相海部俊树都抽空接见了他!

可以这样说,李晓华就因为抓住了一条关键的信息,才创造出今日的辉煌成就。

俗话说:"先到为君,后到为臣。"

商场上就是这样,你抓不住机会,机会就会被别人抓了去;而一旦抓住了机会,别人就只好干瞪眼看着你发财。

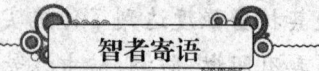
智者寄语

市场信息往往稍纵即逝,一闪而过。所以,企业家在拍板定夺时,要坚决、果敢,当断则断,切忌糊糊涂涂,黏黏糊糊的,举棋不定,犹豫不决;优柔寡断只会贻误良机,害人害己,于事无补。果断决策也不等于急躁冒进,要正确区分二者的关系。

第三篇

感谢折磨你的人

第一章　对人常怀感恩之心

懂得感恩，生活就会变得更美好

懂得感恩，是获得幸福的源泉。懂得感恩，你会发现原来自己周围的一切都是那样的美好。人生处处要感恩。

一个人，如果常怀一颗感恩的心，那么他就会感觉到什么叫幸福，并且随时能品尝到幸福的滋味，就会更加珍惜生活中的一切，就会觉得人生是十分美好的。

只有心存感激，你才会意识到处处有欢乐。

传说，有个寺院的住持给寺院立下了一个特别的规矩：每到年底，寺里的和尚都要面对住持说两个字。第一年年底，住持问新和尚心里最想说什么，新和尚说："床硬。"第二年年底，住持又问新和尚心里最想说什么，新和尚说："食劣。"第三年年底，新和尚没等住持提问，就说："告辞。"住持望着新和尚的背影自言自语地说："心中有魔，难成正果，可惜！可惜！"

住持所说的"魔"，就是新和尚心里没完没了的抱怨。这个新和尚只考虑到自己要什么，却从来没有想过别人给过他什么。像新和尚这种不懂得感恩的人在现实生活中有很多。他们总觉得社会亏待了他们，他们对一切事物都不满意，总觉得自己应该得到更多，却从来不想一想他们自己为社会、为别人付出了多少。哲人说过，世界上最大的悲剧和不幸就是一个人大言不惭地说："没人给过我任何东西。"

一个不知感恩的人，是永不会满足的人，也是一个不懂得珍惜现在所拥有的人。他们整天只会怨天尤人，心中充满嫉妒，总以为别人的成果与成功是靠运气得来的。他们整天被怨恨的情绪所啃噬，搞得自己痛苦不堪。

两个行走在沙漠中的旅人，已经行走多日了。在他们口渴难忍的时候，碰见了一个骑骆驼的老人，老人给了他们每人半碗水。两个人面对同样的半碗水，一个抱怨水太少，不足以消解他身体的饥渴，抱怨之下竟将半碗水泼掉了；另一个也知道这半碗水不能完全解除身体的饥渴，但他却拥有一种发自心底的感恩，懂得珍惜这来之不易的水，并且怀着感恩的心情喝下了这半碗水。结果，前者因为拒绝这半碗水死在沙漠之中，后者因为喝了这半碗水，终于走出了沙漠。

不同的态度,出现了不同的结果。有些时候,表面上我们看似失去了宝贵的东西,实际上我们不是失去,而是得到了更多。

两个旅行中的天使来到了一个富有的家庭借宿。可是这家人却拒绝让他们睡在舒适的客人卧室,而是在冰冷的地下室给他们找了一个角落。当他们铺床时,较老的天使发现墙上有一个洞,就顺手把它修补好了。年轻的天使问为什么,老天使没有回答。第二晚,两人又到了一个非常贫穷的农家借宿。主人夫妇俩对他们非常热情,把仅有的一点食物拿出来款待客人,然后又让出自己的床铺给两个天使,好让他们在一天旅途的疲劳后睡得更舒服一些。

可是第二天一早,年轻的天使发现农夫和他的妻子在哭泣,原来,他们唯一的生活来源——一头奶牛死了。年轻的天使非常愤怒,他质问老天使为什么会这样,第一个家庭那么富有,老天使还帮助他们修补墙洞,第二个家庭如此贫穷,可老天使却没有阻止奶牛的死亡。

"有些事并不像它看上去那样。"老天使答道,"当我们在地下室过夜时,我从墙洞里看到墙里面堆满了金块。可是这家的主人不行善,所以我就把墙洞填上了,让他们无法发现。昨天晚上,本来应该死去的是农夫的妻子,可是这家人是那样的好心,所以我让奶牛代替了她。"

你是否也曾经为自己失去的而抱怨,甚至慨叹命运的不公,是否也无法冷静地对待险境,当危险来临时惊慌失措。其实大可不必,也许我们正是因为失去才得到的更多,也正是因为坦然从容才摆脱了危险。

所以,请不要对你的处境感到失望,感到悲观,认为全世界最不幸的人就是你,也许本来你应该过得更糟的,可是正因为善良的天使躲在你的身后,你才是现在这个样子。

因此,你应该常怀一颗感恩的心。这样你将会发现原来自己周围的一切都是那样的美好。毕竟对于生活怀有一颗感恩之心的人,即使遇到再大的灾难也能熬过去,因为他们懂得珍惜。而那些常常抱怨生活,永远发泄他们怨气的人,就算在人人羡慕的地方工作,在舒适的豪宅里居住,他们也不会感觉到幸福。

我们每个人都应该明白,生命的整体是相互依存的,每一样东西都依赖于其他的东西。无论是父母的养育、师长的教诲、伴侣的关爱、朋友的帮助、大自然的慷慨赐予……人自从有了自己的生命起,便沉浸在恩惠的海洋里。一个人真正明白了这个道理,就会懂得感恩,就会觉得自己能活在这个世界上是多么的美好与幸福。因为有无数的人在帮助着我们,给我们恩惠。

俗话说:"滴水之恩,当涌泉相报。"别人对我们的帮助,我们一定要谨记在心,懂得感激。因为别人的帮助不是"理所当然"的,世界上没有谁对你的帮助是理所当然的。这点点滴滴的都是人情,不但要心存感激,还应用同样的爱心去关怀别人。

对于我们的敌人,我们也要不忘感恩。因为真正促进我们的成功与进步,使我们变得机智勇敢、豁达大度的,不是优裕和顺境,而是那些常常可以置我们于死地的打击、挫折和敌人。

挪威著名的剧作家亨利·易卜生就把自己的敌人,即瑞典剧作家斯特林堡的画像放在桌子上,一边写作,一边看着画像,从而激励自己。易卜生说:"他是我的死对头,但我不去伤害他,把他放在桌子上,让他看着我写作。"据说,易卜生在"死对头"目光的注视下,完成了《培尔·金特》《社会支柱》《玩偶之家》等世界戏剧文化中的经典之作。

懂得感恩是获得幸福的源泉。在生活中,如果我们每个人都不忘感恩,人与人之间的关系会变得更加和谐、更加亲切。我们自身也会因为这种感恩心理的存在而变得更加健康、愉快!

获得荣誉后记得跟身边的人分享

今天你独享荣誉,明天就会独吞苦果。

假如有一天你成功了,一定要记得主动和身边的人分享获得荣誉后的快乐。

道理很简单,就像你亲手培植、灌溉的果树,最终硕果累累,你把一小部分分给附近的人们,他们会为你祝福。但是,你如果把那棵树圈起来,防着守着,别人肯定会去偷,甚至你的树干也会被砍掉。独享荣耀的人让别人变得暗淡,甚至觉得你的存在是一种威胁。一个独自揽着荣誉不放的人,最终只会自食苦果。

一个部门经理这一年的业绩特别突出,到了年底,老板在表彰会上特别表扬了他,除了公司颁发的奖金外,还另外给了他一个红包。在大会上,主持人还特意请他谈谈心理感受。

他拿过话筒就说自己在这一年中怎么就就业业,学习了多少知识,工作能力如何提高,可就是没有提及上司对他的信任和重用,更没有感谢同事和下属的帮助与合作。

大会结束后,他一溜烟地跑了,也没有邀请同事们庆祝一下。

虽然表面上大家都不说什么,但是从此他的上司开始有意刁难他,同事们也离他远远的,下属们也变得懒散了,还经常顶撞他。

一个月过去了,他以前挂在脸上的春风得意的笑容没有了,渐渐成了孤家寡人一个。

不要感叹部门经理的上司、同事或者下属度量狭小。其实造成这种局面的原因是这个人傻乎乎地一个人抱着荣耀,别人自然就会不舒服。

如果你成功了,记得感谢。为什么那些名人接受采访的时候,总要感谢一堆人,家人、老师、同学、朋友、领导、工作人员,甚至对手?

你不要认为这是华而不实的形式,不值得效仿,这恰恰是你必须做的事。记得感谢同事的协助,尤其要感谢上司和地位高的人,感谢他对你的提拔、指导、支持或栽培。这绝对不是谄媚逢迎,这足以消除别人对你的嫉妒,每个人都希望自己和荣誉与成功联系在一起,你的感谢会让别人反过来感谢你注意到了他。如果你感谢的是下属,你得到的将更多,他们会更加卖力地为你工作。

如果你成功了,记得要比以前更加谦虚。不要以为获得了荣誉,别人就会以你为中心;有了荣誉就是不食人间烟火的圣贤。你的高傲虽然暂时不会产生什么坏影响,但是别人会暗中使坏,让你碰钉子,给你设置障碍。你不妨"夹着尾巴做人",对人客气一些。不要经常提及你的荣誉,因为一再地重复就会变成吹嘘,会令人生厌。

如果你懂得感谢、谦卑和分享,就等同于告诉别人没有他就不会有你的今天,你对他仍很看重。消除了别人的不安全感,你自己就安全了。

今天你独享荣誉，明天就会独吞苦果。

感他人之恩，责自身之过

有这么一则小故事，或许可以给我们一点启示：

阿里一次与好友吉伯、马沙一起外出旅行。三个人经过一处陡峭的山路时，马沙突然失足滑倒，眼看就要摔下万丈山崖。就在这危急时刻，吉伯一下抓住马沙的衣襟，用力将马沙拉了上来。为了记住这一恩德，马沙在路边一块大石头上刻下了这样一行字："某年某月某日，吉伯救了马沙一命。"

三个人继续向前走。在海边，因为一件小事，吉伯和马沙吵了起来。吉伯一时冲动，打了马沙一记耳光。但是，马沙没有还手。他跑到沙滩上，在沙滩上写下了一行字："某年某月某日，吉伯打了马沙一个耳光。"

旅游结束后的一天，阿里问马沙："你把吉伯救你的事刻在石头上，而把他打你的事写在沙滩上，这是为什么呢？"马沙回答说："我要永远感谢并永远记住吉伯的救命之恩，至于他打我的事，我想让它随着沙子的流动逐渐忘得一干二净。"

马沙能够正确对待恩惠和怨恨，这一点值得我们学习和借鉴。但是，现实生活中，很多人的做法与马沙相比，就大相径庭了。有的人对别人给予自己的帮助缺乏足够的感激之心，认为是"应该"的；有的人得到别人的帮助不知道应该回报，或者只是一时感激，时过境迁便很快遗忘；有的人甚至不辨是非，恩将仇报……而当别人不小心损害了自己的利益时，很多人却会牢记在心，甚至长期耿耿于怀。整天挂在嘴上，逢人便说者有之；以牙还牙、冤冤相报者有之，寻找机会进行报复者有之……这种人不在少数。

感恩，可以说是一种美德。古人说，滴水之恩当涌泉相报。事实上，这句话所表达的不是一种现状，而是一种追求，完全做到的人并不多。即便如此，也不应放弃这种追求，因为记住别人对自己的好，以感恩的心态对待他人，以宽阔的胸襟回报社会，是一种利人利己、有益社会的行为。

民间有句俗语说得好："你帮别人快忘记，别人帮你要牢记。"这是一句教人加强道德修养、宽厚待人的处世良言。现代社会，人们的交往面比过去大大宽泛，接触的人更多，人际关系更复杂，人与人之间的合作、矛盾、思想乃至利益的碰撞也更多。因而，更需要我们保持仁厚之心。

经济学家孙冶方和舞蹈家资华筠都是第五届全国政协委员，他们常在一起开会。一天，孙冶方得知资华筠是著名学者陈翰笙的学生，就主动告诉她："你的恩师也是我的引路人啊。我是在他的影响下，参加革命并且对经济问题产生兴趣的，所以我很感谢他。"后来，资华筠把这件事告诉了陈翰笙，陈老却说："不记得了。"资华筠认为老人年事已高，记不清楚了，嗔怪着说："人家大经济学家称您是引路人，您倒把人家忘记了？！"不料，陈老十分认真地说："我只努力记住自己做过的错事——怕重犯。至于做对的事情，那是自然的、应该的，记不得那么多了。孙冶方选择的道路和成就，是他自己努力的结果，我是没什么功劳的。"

感谢折磨你的人

随时不忘责己之过而时时忘记施人之恩，更是一种难得的美德。记住自己做过的错事，是吃一堑长一智，避免重蹈覆辙的前提。一个人想要少犯错误，不断取得进步，就必须做到这一点。一般情况下，施恩者在有意无意之间都希望受益者给予回报，倘若受益者没有什么表示，施恩者往往会气恼不快。相比之下，像陈翰笙先生那样把自己施人之恩视为"自然的、应该的"，淡而忘之，不求回报。这种真诚、宽厚的胸怀，是一种更高更深的境界。

人生在世，要互相理解，互相帮助；多反思自己的不足，多感激别人的恩惠，少谈论别人的缺点，对矛盾不要老是耿耿于怀。如果能做到这一点，人与人之间的摩擦就会减少许多，社会就会更加和谐，生活也会更加温馨。正如法国启蒙思想家卢梭所说："忍耐是痛苦的，但是，它的结果却是甜蜜的。"一个铭记着自己的引路人，念念不忘别人对自己的恩典，一个却不记得自己做过的好事，而只努力记住自己做过的错事。这两种情怀与境界，非比寻常。

如果你是一个苦恼的人，你应该学会感恩，因为感恩是驱除你的苦恼的一剂良方妙药；如果你是一个对生活心灰意冷的人，你应学会感恩，因为感恩的时候就是你的身心得到温暖的时候；如果你是一个郁郁不得志的人，你应学会感恩，因为感恩会使你的心情渐渐舒畅，渐渐平和；如果你是一个只顾索取的人，你更应学会感恩，因为感恩会使你变得会适当地给予；如果你是一个快乐的人，你也应学会感恩，这样，你的快乐就会取之不尽，它会把一个人塑造得更完美。如果你想有一个好的心境，那不妨试着学会感恩，把每一天当作你的感恩节。

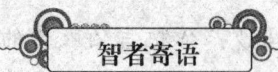

智者寄语

人生在世，要互相理解，互相帮助；多反思自己的不足，多感激别人的恩惠，少谈论别人的缺点，对矛盾不要老是耿耿于怀。如果能做到这一点，人与人之间的摩擦就会减少许多，社会就会更加和谐，生活也会更加温馨。

感恩的心是快乐的源泉

幸福的秘密、做人处世的法宝，就是要常怀感恩之心——感谢太阳给我们温暖，感谢大地和海洋给我们食物，感谢大气让我们呼吸，感谢父母给我们生命，感谢老师给我们智慧，感谢自己的努力和社会的恩赐，感谢生活的每一份赠予，感谢每个相遇过陪伴过自己的人，感谢爱我的人和我爱的人，感谢让我们感受到快乐或无奈的生活。我们只有学会感恩，学会在生活中寻找值得自己感谢的人和事物，内心才会充实，头脑才会理智，眼界才会开阔，人生才会得到更多的幸福。

学会感恩，你不但会改变现在和将来，甚至连你的过去也可以改变。而过去一改变，你的现在马上就会得到改变。看到这里，你可能迷惑不解——过去已经成为历史，怎么还能改变呢？我告诉你，过去已经发生的事情是不能改变了，但我们对过去的记忆却可以改变。过去是存在于潜意识当中的记忆画面，过去带给你的是自信还是自卑，是让你快乐还是怨恨，都在于你对这些记忆画面的提取。如果你一再提取消极的负面的信息，那你的过去自然是灰色黑暗的，如果你能以感恩的心提取过去值得你感恩的积极的正面的信息，那么你的过去就会多彩亮丽。

所以，过去是什么样全取决于你自己，改变你的记忆焦点就可以改变你的过去，而过去决定你的现在和未来，过去一旦改变，你的现在马上就不一样，你就会创造更加辉煌的未来。

改变过去的方法就是心怀感恩，感激你的过去，以感恩的思想去提取过去值得你感激的人、事、物,你就会发现你的抱怨和悔恨之心在慢慢淡化,留下更多的则是心中的美好和喜悦。

感恩之心,就是对世间所有人所有事物给予自己的帮助表示感激,铭记在心。感恩之心,是我们每个人生活中不可或缺的阳光雨露,一刻也不能少。无论你是何等尊贵,或是怎样的卑微,无论你生活在何时何地,或是你有着怎样不幸的生活经历,只要你胸中常常怀有一颗感恩的心,随之而来的,你心中就必然会不断地涌动着诸如温暖、自信、坚定、善良等这些美好的情感;自然而然地,你的生活中也就有了随处可见的动人风景。

有人即使深陷在巨大的经济困境之中,依然有欢快的歌声飘出;有人纵然残缺了肢体,也仍然奏响生命顽强成长的乐章;有人虽然已经感知生命的叶片即将凋零,也仍把深深的爱意融进最后的旅程;有人尽管遭遇了刺骨的风霜雨雪,却依然相信属于自己头顶的蓝天和足下的土地。感恩之心,会拂去你心头的忧伤和怨气,会抹去你岁月中的痛苦和阴霾,会让黑暗中摸索的你陡然看到前面指路的明灯。

感恩,不仅是一种心态,更是一种美德。学会感恩,就不会因为所谓的不公而怨天尤人、斤斤计较;学会感恩,就不会一味地索取,一味地膨胀自己的私欲。

人有了感恩之心,生命就会时时得到滋润。

美国著名的成功学家安东尼·罗宾说:"有许多人常常只看到未来,却不知珍惜和善用已经拥有的。所以我要告诉你,成功的第一步就是先存有一颗感恩的心,时时对自己的现状心存感激。"

曾创下世界寿险推销最高纪录且20年未被打破、连续15年保持全日本寿险推销业绩第一名、被尊称为"推销之神"的原一平,把一生的信念、经验归结为"报答社恩(公司之恩)、客恩(客户之恩)与佛恩(佛祖之恩)",并将"社恩、客恩、佛恩"制成六字匾额挂于书房,时时勉励自己。基于这样的信念,原一平只使用一生收入的10%,其余则返还给社会、客户和公司。

感恩绝不是人生的负担,而是快乐的源泉。只有心存感恩的人才能更好地体会生活的幸福,也才能创造幸福的生活。

台湾第37届十大杰出青年、一家专门生产消防器材的大公司的老板赖东进的父亲是个瞎子,母亲也是个瞎子且弱智,除了姐姐和他,其他几个弟弟妹妹也都是瞎子。瞎眼的父亲和母亲只能当乞丐,住的是乱坟岗里的墓穴,他一出生就和死人的白骨相伴,能走路了就和父母一起去乞讨。他9岁的时候,有人对他父亲说,你该让儿子去读书,要不他长大了还是要当乞丐。父亲就送他去读书,上学第一天,老师看他脏得不成样子,给他洗了澡,这是他生命中第一次洗澡。为了供他读书,才13岁的姐姐就到外地打工。照顾瞎眼父母和弟妹的重担,落到了他小小的肩上——他从不缺一天课,每天一放学就去讨饭,讨饭回来就去喂父母。

赖东进后来上了一所中专学校,竟然获得了一个女同学的爱情。但未来的丈母娘说:"天底下找不出他家那样的一窝窝人。"把女儿锁在家里,用扁担把他打出了门……

面对如此卑贱的出身,赖东进没有屈服,他努力抗争,结果取得了成功。他不但没有看不起自己的父母、没有看不起自己的家庭,相反,他说:"我要说,我对生活充满了感恩的心情。我感谢我的父母,他们虽然眼瞎,但他们给了我生命,至今我都还是跪着给他们喂饭;我还感谢苦难的命运,是苦难给了我磨炼,给了我这样一份与众不同的人生;我也感谢我的丈母娘,是她用扁担打我,让我知道要想得到爱情,就必须奋斗、必须有出息……"

感谢
折磨你的人

那样卑贱的出身,那样深重的苦难,那样一个不甘堕落、奋发图强的灵魂,而又是那样乐观、感恩、孝敬的品质。赖东进的故事昭示我们,感恩绝不是生活的负担,相反却是我们获得真正幸福、快乐的法宝,是升华心灵和精神的必经之路,是成功的助推器。

当你总是感到抑郁痛苦的时候,你首先要做的是检讨和反思,看看自己是否缺乏感恩的心,看看是否正是由于自己不知感恩才感到人生没有意义。当然,感恩不只是对父母,但感激父母的养育之恩是最根本的,除此之外,你还应该感激你所拥有的一切。

如果我们能有一颗感恩的心,那么我们便会对一切都抱着一种感激的态度,早晨起来,看到透过窗棂的阳光,我们会感恩;生日接到朋友的祝福电话,我们会感恩;聆听着清脆的鸟鸣,我们会感恩。如果我们每一天都在感恩的心态中度过,那么幸福对我们而言将不会再是一件奢侈的事。学会感恩,你的人生定会重新阳光普照。

俄国作家契诃夫在其《生活是美好的》这篇文章中教导人们这样感恩:"要是火柴在你的衣袋里燃烧起来了,那你应当高兴,而且要感谢上苍,多亏你的衣袋不是火药库;要是手指头扎了一根刺,那你应当高兴,挺好,多亏这根刺不是扎在眼睛里;要是有穷亲戚到别墅来找你,那你不要脸色发白,而要喜洋洋地叫道:'挺好,幸亏来的不是警察。'……以此类推,朋友,照着我的劝告去做吧,你的生活会欢乐无穷!"

感恩不一定非得是针对别人的再造之恩,学会为生命中每一件细小的事情感恩,你就能得到更多。当你感谢自己体验到的爱和快乐时,自然会得到更多的爱和快乐。

如果你正陷在心灵的泥潭当中不能自拔,你不妨在每天睡觉前写下当天经历的或听到的或看到的值得感恩的事情,坚持一两个月试试,相信你的痛苦肯定会悄然隐退,快乐也就不请自来。

智者寄语

感恩绝不是人生的负担,而是快乐的源泉。只有心存感恩的人才能更好地体会生活的幸福,也才能创造幸福的生活。

感激父母的理解和关爱

父母是我们人生的第一任老师,从我们呱呱坠地的那一刻起,我们的生命就倾注了父母无尽的爱与祝福。或许,父母不能给我们奢华的生活,但是,他们给予了我们一生中不可替代的东西——生命与关爱。

父母为我们付出了毕生的心血,当我们长大时他们就变老了,此时的他们需要儿女的关怀与陪伴。可是我们却常常因为各种事情而忽视了父母,让父母感受到孤独。不要总是对父母说自己没有时间,更不要说自己没有精力。要多抽出一些时间去陪陪父母,与他们聊天,让他们不再寂寞。

珍惜亲情是一个人善良、有爱心和良心的综合表现;孝敬父母,尊敬长辈,是做人的本分,是天经地义的美德,也是各种品德形成的前提,因而历来受到人们的称赞。试想,一个人如果连孝敬父母、报答养育之恩都做不到,谁还相信他是个可靠的人呢?又有谁愿意和他打交道呢?

尽量做到常回家看看,在外打拼时也不要忘了常给家里打个电话,报个平安。不要总是想着自己享受生活,抽出时间为父母做几次饭;不要总是看自己喜欢的肥皂剧,留点时间倾听一下母亲对生活琐事的唠叨。珍惜与父母在一起的每一分每一秒，只有与父母在一起的时候，我们才是纯粹的自己，并且可以带着孩子气，在父母面前我们永远是最放松的。

儿女在外，当父母的多是牵挂，唯恐他们有个闪失，常为他们祈祷，让上天保佑儿女们平平安安。但是，当儿女的又为父母做了些什么呢？有的儿女大把大把给父母寄钱，认为这样就算是报答父母的养育之恩，只要有了钱父母就会快乐。其实事与愿违，父母养儿育女不只是为了钱，也不单纯的为了享受。他们有颗孤独寂寞的心，等儿女们时常给他们排解孤独打破寂寞，温暖他们那颗渐冷的心。

小宋办完公事坐在回家的公交车上，车正行进在父母住地附近的马路上。他犹豫片刻后依然没有下车去家里看两位老人。正在思忖，突然看见人行道上父母的身影，父亲那瘦削的身型，微驼着背走在前面。胖胖的母亲紧赶在后面，仿佛怕父亲会走丢似的，小宋知道这是母亲陪父亲去医院看病，心不觉一阵紧缩，眼泪在眼眶打着转。

80岁高龄的父亲近年出现脑萎缩的征兆，刚和他说的话转眼就会忘，"五一"期间家人还商量过完节带他去医院看看，可父亲说："没事，你们忙你们的工作吧，有你妈陪着就行。"在小宋和家人的强烈要求下，父亲答应由小宋的姐姐陪他去，这样大家才各自回家。没想到今天父母没要姐姐陪，小宋想又是父亲在对姐姐撒谎，两位老人准是悄悄出来的，他太了解父母的秉性，他们是怕影响孩子们的工作和生活。

姐姐和父母住在一起，小宋一直以为有姐姐照顾二老，他们的生活应该没有什么可担心的。姐姐总打电话来说："妈问你这个周末来不来？"小宋总是搪塞着，儿子要上补习课没时间，下次再说吧。有时母亲煨好了汤打来电话，说明天能带孩子来吗？有他喜欢喝的汤。小宋还是以儿子学习紧张为理由，告诉母亲下次吧。每当这时小宋能感觉母亲在那头的无奈，可她依然会说那以孩子的学习为重吧，然后无言地挂断电话。小宋已经记不清有多少次这种电话了。每次电话的那头母亲都是默默地挂机，而小宋挂断电话后就去忙自己的事情，很少想到母亲的心情。想起来就自我安慰，反正家里数我最小，上面有三个呢，他们会去看二老的。他们能理解，我的孩子小，工作又忙，这样想，小宋心里也就不愧疚了。

可就在这一刻，在看见双亲孤单地行走在人行道上的一刻，小宋突然发现父母是那样的衰老、孤独。他们养育了四个孩子，可在80岁高龄的时候，却没有人陪他们去看病，尽管不是孩子们不愿意陪，是二老善意的隐瞒。老人怕影响他们的工作和孩子的学习，他们就拿工作和孩子当挡箭牌，心安理得地受用着？每个人都有孩子，每个人也有父母，为什么自己总把孩子看成是生命的全部，对父母只会去享用他们对自己无私的爱而没想到去回报。孩子在世上生活的时间比自己长，而父母能享受人间的温暖还有多少时日？这简单的算式为什么自己就不明白？看着匆匆行走的父母，看着满头白发的父母，看着日渐衰老的父母，那句古话瞬间跃上小宋的心头："树欲静而风不止，子欲养而亲不在。"小宋突然有一种生离死别的感觉，此时的泪水已夺眶而出，站在车上，小宋任由泪水肆意地流淌着，这是愧疚的泪也是痛苦的泪，是对于自己不孝的忏悔的泪。

小宋的心一阵疼痛，在心里发誓：妈妈，我从今以后一定常回家看看你们，让你们在有生之年感受最温暖的人间亲情。

我们应该多关心老年人，多给他们一份关爱，多给他们一点温暖，让他们孤独的心不再寂寞，腾出一点时间常回家看看，父母为家庭操劳、为社会奉献，忙碌了大半生，该让他们轻松下来享享清福。同时还要多理解他们，不要因为他们爱唠叨而厌烦，认为是一种折磨。

有这样一个古老的东方故事：

感谢折磨你的人

从前,有个年轻人与母亲相依为命,生活相当贫困。

后来年轻人由于苦恼而迷上了求仙拜佛。母亲见儿子整日念念叨叨、不事农活的痴迷样子,苦劝过几次,但年轻人对母亲的话不理不睬,甚至把母亲当成他成仙的障碍,有时还对母亲恶语相向。

有一天,这个年轻人听别人说起远方的山上有位得道的高僧,心里不免仰慕,便想去向高僧讨教成佛之道,但他又怕母亲阻拦,便瞒着母亲偷偷从家里出走了。

他一路上跋山涉水,历尽艰辛,终于在山上找到了那位高僧,高僧热情地接待了他。听完他的一番自述,高僧沉默良久。当他向高僧问佛法时,高僧开口道:"你想得道成佛,我可以给你指条道。吃过饭后,你即刻下山,一路到家,但凡遇有赤脚为你开门的人,这人就是你所谓的佛。你只要悉心侍奉,拜他为师,成佛是非常简单的事情!"

年轻人听了非常高兴,谢过高僧,就欣然下山了。

第一天,他投宿在一户农家,男主人为他开门时,他仔细看了看,男主人没有赤脚。第二天,他投宿在一座城市的富有人家,更没有人赤脚为他开门。他不免有些灰心。第三天,第四天……他一路走来,投宿无数,却一直没有遇到高僧所说的赤脚开门人。他开始对高僧的话产生了怀疑。快到自己家时,他彻底失望了。日落时,他没有再投宿,而是连夜赶回家。到家门时已是午夜时分。疲惫至极的他费力地叩响了门环。屋内传来母亲苍老惊悸的声音:"谁呀?"

"是我,妈妈。"他沮丧地答道。

门很快打开了,一脸憔悴的母亲高声叫着他的名字把他拉进屋里。在灯光下,母亲流着泪端详他。

这时,他一低头,蓦地发现母亲竟赤着脚站在冰凉的地上!刹那间,灵光一闪,他想起高僧的话,他突然什么都明白了。

年轻人泪流满面,"扑通"一声跪倒在母亲面前。年轻人发现自己已经很久没有回来看望年迈的母亲。没想到离开家的几年里母亲竟然衰老了这么多,顿时心生愧疚。

生活中我们就像故事中的青年,总是在强调着我们的酸甜苦辣,却忘记了父母比我们受了更多的苦;我们总是强调着自己对生活的无力,却忘记了父母也如同我们一样在生活,可父母却为了我们而坚强地生活着;我们总是在强调着自己对生活对未来的构想,却忘记了,未来的生活是因有了父母所给予的一切才变得更加触手可及,才变得更加美好幸福。因此,我们一定要常回家看看父母,多关怀父母,让父母的晚年生活过得温馨快乐。

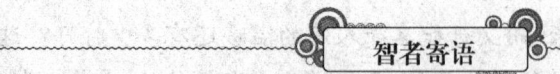

智者寄语

父母的爱是无私的,我们应该珍惜父母伟大的爱,同时用自己对父母的爱,关怀照顾年迈的父母,做一个孝顺的孩子,听从父母的教导,关心父母的健康,分担父母的忧虑,参与家务劳动,不给父母添乱。如果说平时因居住地较远,工作较忙不能和老人朝夕相处,那么在休假日要尽量抽时间带上孩子去看望老人,帮老人做些家务,同老人共聚同乐,尽一份子女应尽的责任和义务。

教师是人生路上的引导者

教师是伟人培育者,在茫茫数千载的人类历史长河中,伟大的人物伴随着时代滚滚向前的车轮不断涌现,每一个人物的出现都会让几代人为之兴奋,为之激动雀跃。伟人们具有力挽狂澜的胆识和横贯长虹的气魄,伟人们拥有非凡的才华和高远的志向。这些都是成就他们伟大成就的必备素质,而这些素质大部分是得益于他们老师的培育。

教师是人生引路者。亲其师,信其道。教师是对我们一生事业影响最大的人之一。教师的一句话往往会坚定我们为一项事业奋斗终生的信念,教师一次偶然的提示有可能点亮了我们对某一领域兴趣的火花。据有人统计,许多诺贝尔奖获得者在发表获奖演说的时候,都会情不自禁地回忆起对自己成长中影响最大的一位小学或中学老师的一件往事!

教师是心灵塑造者。教师是园丁,教师是路标,教师是摆渡人,这是对教师传道育人精神的赞美。工人劳动创造出实用的产品,农民劳动创造出丰富的食粮,科技人员的劳动是发明新技术,而唯独教师的劳动是培育出精神高尚的人。教师的职业是影响人一生的职业,教师的教诲是照亮人心灵中永远的指路灯!在处于成长期的学生的心灵里,教师是任何力量都不能代替的最灿烂的阳光。教师的人格魅力乃至一言一行、一举一动都会在学生的心灵深处留下难以磨灭的痕迹,时时刻刻起着耳濡目染、潜移默化的作用。

教师是品德示范者。为人师表,率先垂范。这是对身为教师的所有教育工作者的基本要求和期待。同时,这也是人们对教师的一种褒奖。教书先育人,教师不仅在知识和言行上是学生效仿的对象,而且教师更为学生、为我们大家树立了良好的品德样板。教师的优秀品格令每一位学生终身受益,教师的高尚道德让所有人为之感动。

教师是爱的传播者。"捧着一颗心来,不带半根草去。"这是教育家陶行知的真挚感言。教师的爱是一种无私的爱,他们对学生的爱从不求回报。在工作中,无论遇到什么样的不理智和被误解的事情,他们决不因此而影响到对学生的教诲和关爱,他们绝不会把对学生的爱与自己的个人目的和利益联系起来。

教师是知识渊博者。老师的知识犹如奔涌不息的清泉,让我们总感到取之不竭、用之不尽。老师用他们的知识滋润着我们的成长,充实着我们的头脑,增添我们认识世界的力量。老师的知识让我们有了久旱逢甘霖的喜悦,有了时刻拥有巨大知识宝库的安全感而从不惧怕任何的困难。当我们回顾所走过的人生之路,追寻我们事业发展的源头之时,很多人都会不约而同地想到一个人,那就是我们的老师。是老师给我们指引了前进的路。

教师是赤心报国者。人才是国家发展的栋梁,人才是民族强盛的中坚力量。人才的成长源于良好的教育,教育的繁荣要靠教师的辛勤劳动,靠教师的赤子报国情深。从我国古代著名教育家孔子开始,国家的命运时刻牵挂着众多教师的心。孔老夫子为了诸侯各国的发展与民众的利益,他奔走讲学、传播德政。孔子的政治、教育思想不仅影响了当时国家和民族的命运,而且形成了影响中国数千年社会发展的主流思想。

教师是无悔的奉献者。教师有一个充满关爱、热情大度的胸怀。他们把奉献作为自己的快乐,把给予作为自己最大的幸福。有一位普通教师的话语更体现了他们奉献精神的伟大:我们不需要太多的荣誉和赞美,因为我们已经习惯了默默无闻的奉献;不要给我们太多的物质和金钱,因为我们怕世俗的物欲污染了我们纯洁的心灵;不要给我们太多的称号,因为我们只喜欢两个字"老师"……

教师是甘为平凡者。老师也许是我们生命中除亲人外相处时间最长的人,可很多时候他们所留下的只是一束渴望的目光,一个鼓励的微笑,或者是课堂上一句亲切的话语,或者是台灯下批改作业的一个身影。这些都让我们更多地感受了老师的平凡,而正是老师的这种平凡造就了我们的未来。

教师是时代推动者。教师们在课堂上循循善诱的教导,使青年学子们明晰了时代发展的要求、掌握了新的理论并成为坚定的时代理论的实践者。新的时代,是教师推动了信息时代的真正实现,是教师引领我们进入了这个时代的殿堂,是教师让我们拥有了畅游信息时代的金钥匙。

我们每个人都应该对自己的老师心怀感谢,长大了,也要多去问候、看望他们。

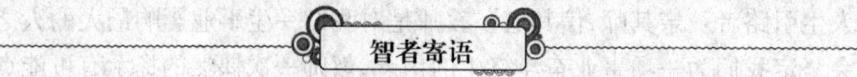

教师是人生引路者。亲其师,信其道。教师是对我们一生事业影响最大的人之一。教师的一句话往往会坚定我们为一项事业奋斗终生的信念,教师一次偶然的提示有可能点亮了我们对某一领域兴趣的火花。

患难之处见友情

友谊是慷慨和荣誉的母亲,是感激和仁慈的姐妹,是憎恨和贪婪的死敌;它时时刻刻都准备舍己为人,而且完全出于自愿,不用他人恳求。

2003年,小优提前结束了大学毕业前在船上的实习工作,一上岸,"非典"横行,全国开始"严防死守",她只能待在校园中的寝室里。因为自觉没脸再找家里要生活费,同学也都回家了,没钱的她已经一天没吃饭了。

很久没有联系的高中同学突然发来短信,询问家乡的"非典"疫情,以及她的工作情况。当听说小优尚未工作的时候,同学突然问:"缺钱么?"

靠着咸菜馒头过日子的小优已经有气无力,没有回复。

同学居然打来了电话,反复叮嘱:"如果真缺钱一定告诉我!"

小优很随意地应付:"还好啦!够用!"大多数人都会说这种客气话。

小优抬着高傲的头颅,只是说谢谢,也没有把同学的话当真。可是当晚又收到他的短信:"你真不缺钱吗?趁我现在有,赶紧借噢!账号给我吧!"

小优心里莫名地抽搐了一下,眼泪刷地就流下来了。她没有想到在自己最需要帮助的时候,还有一个那么久没见面的朋友诚恳而主动地伸出援手,而且,他的家庭负担比谁都重。刚要出来工作的小优,就遭遇"非典"这样的恶劣形势,在"骨气"与困顿并存的情况下,幸得同学的支援,最难得的是这个家庭贫困的朋友还十分了解小优的秉性——从不轻易受人恩惠,便再三用电话和短信来主动联系她并汇钱给她。

很多朋友不常联系,很多朋友你记不起他的全名只知道他的外号,很多朋友自若干年前的分别后就再也没有见过。但是他们当中,总有一些人在你最需要帮助的时候出现了。

朋友是漫长人生中最大的财富,如歌中所唱到的:"我可以划船不用桨,我可以扬帆没有方向,但是朋友啊,当你离我远去,我却不能不感伤。"

我们不能等经受考验的时刻到来,才想起原来自己遗忘了真正的朋友那么久。请你从现在开始对所有的朋友都要感恩以待,不管他们是否帮过你,将来总会有彼此需要的时候。

让我们记住,对朋友没有感激之情的人,最后只能成为没有朋友的人。

小伍在黄山脚下开了一家饭店,他做的徽菜口味地道,曾吸引多家媒体前来报道。每年随着"黄金周"的火暴,饭店的生意也蒸蒸日上,小伍还和许多省内外的旅行社签订了合作协议,让饭店成为许多旅游团队定点用餐饭店。

"非典"爆发后,饭店整整一年多都没有效益,本想在形势好转后重整旗鼓的小伍,又为突患重病的妻子耗费了大量的财力和精力。第三年春节,和自己同甘共苦的妻子去世,小伍和他的饭店彻底被命运击垮了。当年小伍风光时和他称兄道弟的那些人也都不来找他了。

小伍常常开车去乡下。有天突然听到有人叫他,停车看居然是多年没有联系的中学死党"大饼"。"大饼"盛情邀请他去家里做客,亲自下厨做菜招待。饭后,两人抽烟聊天,"大饼"突然说:"看得出你这次出来心情不好,以后有什么事记得打电话给我,百十来万的我可能没有,但是来我这里,基本的温饱我还是能保证的。""大饼"嘿嘿地笑着。回到家,小伍感觉像卸下一个重负,在他对一切都变得麻木的时候,还能有一个朋友没有任何动机地帮助他,尽管连杯水车薪都算不上,但是已让他对明天充满了希望。

在"大饼"出现以前,小伍一定会觉得,所谓朋友就是在有共同利益的基础上达成的一种互助关系。"大饼"出现以后,他一定会觉得"大饼"家的那顿饭是他收到妻子的病危通知书以来吃得最可口的一餐。为什么?别人说患难见真情,每个人一生中都会有朋友出现在一些特殊的时刻,你是否曾这样出现在朋友的特殊时刻里呢?

当朋友郁郁寡欢,当朋友委靡不振,当朋友痛哭流涕,当朋友自卑不前,你是否有耐心蹲下来拍拍他的肩膀,听听他的诉说。也许你浪费一分钟就等于几十万人民币从眼前飞走,但是你放弃一个需要你的朋友,就等于放弃几千万人民币也换不来的友情。注意:友情会在你人生的关键时刻实现它最重要的作用。

总有一些难题需要我们独自去面对,我们不能苛求朋友们总会在第一时间伸出援手,就像我们自己也无法时时刻刻都能为朋友解决难题,但是我们能够在第一时间给予鼓励、支持和提供参考意见,至少要告诉他:我就在你左右,需要帮助的时候一定来找我,我会尽我的全力。

战争爆发的时候,J和R是一起离开村庄去参军的。可是J在第一次上战场的时候就中弹了,R在战壕里激动地请求中尉让他去把J救回来。

"这样太危险了,你的伙伴已经牺牲了,你现在去等于是死路一条!"中尉不答应。

R不顾一切地冲进枪林弹雨中,很快找到了J,R兴奋地扛起了他,快要跑回到战壕的时候,R被子弹打中了……

R醒来时,中尉并无责备的意思,只是不停地叹气:"你受了重伤,何苦呢?他早就停止呼吸了。值得吗?"

R坚定地点点头:"值得的,长官!"

"为什么呢?他已经死了……"

R摸着胸口闭着眼睛:"值得的,我冒着生命危险找到他的时候,他用尽最后一口气对我说'我知道你不会把我丢在这儿的!'"

战争、灾难降临的时候,友情会经受考验,有的人会露出本性,牺牲朋友的利益来获得求生的机会;有的人宁愿牺牲自己的生命,也不会丢下朋友一个人承受痛苦。R说子弹射到身上值得,是因为他用生命履行了对战友的承诺,对友情的承诺,即使舍命流血,也不会丢下朋友,这是一种朋友之间的友情、亲情和恩情所在。

随着时间的流逝,很多朋友都会成为生命中的过客,但你一定记得朋友为你做出的牺牲。感恩于友情,就是需要你对朋友的付出永远比从他那里得到的多,你才能成为他最有价值的朋友,你们的友情分量才会变得更重。

感谢
折磨你的人

请不要吝惜你的感激之情，不要计较朋友帮过你什么，更不要计较你从朋友那里得到过什么。主动对朋友感恩，才能主动去关怀朋友帮助朋友，才能在关键时刻体现朋友的价值。

感谢爱人，给她幸福

有这么一个大雁忠于爱情的故事：一只大雁失去了配偶，它终日徘徊在配偶丧生的地方。冬天来了，其他大雁陆续都飞往南方过冬，只有它，那只丧偶的大雁仍然留在北方，住在附近的人们时常听到它凄婉的呼叫。直到有一天夜里，狂风呼啸，大雪纷飞，从此，人们再也没有听到它的叫声。这个故事让很多人都感动不已。

爱情是我们追求的，特别是那种刻骨铭心、百转千回的爱情，更是青年男女心中的向往。然而，我们都是极平凡的普通人，既不会碰到梁山伯祝英台那种感天地、泣鬼神式的爱情，也不会碰到白雪公主与白马王子式的浪漫爱情，有的只是再平常不过的、有着诸多缺憾的爱情，甚至有时你根本就不认为那是爱情。

你的爱人可能有许多让你无法忍受的缺点，她可能不是貌美如花、不会撒娇与温柔体贴、不爱做饭，也可能没有体面工作，但她身上同样有很多让你享受到幸福的优点。学会欣赏爱人、感谢爱人，你会发现你是那样的幸运，世界上有那么多比你优秀的男人，她却选择了你，把自己的一生都给了你，你该如何去报答、去感谢她对你的信任、对你的爱？

她是那么毅然决然地嫁给你，和你一起去经受生活的磨难，无怨无悔地为你奉献一生。她可能不爱做饭，可是为了你，她快乐地一头扎到厨房，为你准备可口的饭菜，如果你够细心，当你吃着她做的饭菜时，你看看她是怎样的眼神，那里面全是对你的爱；为了给你买合身的衣服与鞋袜，她可以不知疲惫地在各商场寻找，而你却在休息处坐等，甚至于只是在家看电视、上网。你的衣服是谁给你洗的？她为什么爱看"食全食美"？为什么她对物价及不同品牌日用品的区别了如指掌而你却一无所知？为什么你穿多少号的鞋、多大的衣服她全知道而你自己却不知道？婚后去饭馆吃饭，为什么跑来跑去张罗的都是她而不是你？她为你做这一切，不需要任何的回报，仅是你的几句赞美就让她觉得自己是世界上最幸福的女人，因为在她的心中让你幸福就是她的幸福。

人们都说，家是一处避风港，是享受幸福的地方，可你想想，为什么家会如此？如果你想不明白，不妨告诉你，因为家里有她！

知道感恩爱人是远远不够的，还要知道如何感恩。

女人娶来是用来爱的。俗语常说"花一样的女人"，女人为什么要用花来形容，大部分人都知道是因为女人容貌如花。可有人认为，女人如花，是因为女人如花一样的娇嫩，你需要像爱花一样的爱她、呵护她，稍有不慎，你就会伤到她。

学会欣赏爱人，同时要让她知道你的爱，你的爱对她来说，就如同花儿需要阳光、鱼儿需要水一样的重要。中国有句古话"情人眼里出西施"，爱情的真正魅力在于发现爱人的美德，欣赏是花，爱情是果。不要羞于表达你的爱，不要吝啬你的赞美，适当的场合用适当的表情告诉她"我爱你"，条件允许时不要吝啬你的吻。

学会关心爱人、疼爱爱人。生活中有许多看似微不足道的一些小事,但通过这些小事,会让对方感觉到你的关心和疼爱;适时地送上一杯水;她在沙发上看电视睡着了,你轻轻为她盖上一床被子。在漫长的岁月中,这种爱会一点点、一滴滴渗透到她的心窝里、融化在血液中,你们才能天长地久。

学会给予,不要索取。爱是倾其全身心地给予不是索取,是以自己的生命力去激发对方的生命力。爱是纯粹的东西,不夹杂任何条件和功利,爱她是不因时间、环境的变化而变化的,爱她就要做到"爱屋及乌"。虽然西方人做到的不一定多,但西方人结婚时的誓言仍令很多人赞同:我愿意娶她做我的妻子!照顾她,爱护她,无论贫穷还是富有,疾病还是健康,相爱相敬,不离不弃,直到死亡把我们分离。

学会宽容爱人。人无完人,爱人也是人,那她身上自然就会有这样或那样的缺点,没有了这些缺点,那她也不成为她啦,既然爱她,就要永远宽容她的一切,对她的缺点要习以为常。家是讲情的地方,不是讲理的地方。有情就没有理,夫妻之间没对错,永远不要试图改正她的缺点。

学会"阅读"爱人,关注爱人。人是有感情的动物,生活中难免会遇到很多不愉快的事,她有时不想增加你的烦恼,有什么不痛快的事会放在自己的心里,做老公的你要学会阅读爱人,经常要关注她的身体状况和精神状态,不要让她感到你不在乎她,再坚强的女人也需要爱的滋润。

最后要学会向爱人道歉,说"对不起"。不管什么时候不要和爱人吵架,如果不幸发生争吵,也要主动向爱人道歉。无论如何,和爱人吵架本身就是不对,更何况,夫妻之间无对错,为了鸡毛蒜皮的事伤害她是很不理智的事情,就应该道歉。如果她还不原谅你,就要学会厚脸皮、尽力哄她开心,直到她高兴为止。

以上讲的是男人如何对待他的妻子,对于女人来说,道理也是一样的,女人也要感谢自己的丈夫,给丈夫幸福的感觉。

作为普通人,生活就是小桥流水,平静、自然、和谐,唯有如此,才能天长地久。

对我们的孩子说声谢谢

因为有了孩子,我们才得以成为母亲,有了生命过程中的另一种成长,另一种快乐。可现实生活中有这样一种母亲,很匆忙地结了婚,又很匆忙地要孩子,她把自己婚姻生活的所有不幸归结于孩子,总觉得孩子对不起她,是孩子让她的生活充满不愉快,孩子就在这种呵斥与抱怨中委屈地长大,她竟从来没有想到她与孩子之间只有她对不起孩子。

有这样一种母亲,把生儿育女仅仅当作一个正常的生理过程,就像鸡生蛋一样,她连对孩子的亲情交流都不会,麻木与粗糙让她与孩子的心相隔千万里。

有这样一种母亲,重男轻女的封建思想让她的爱变得功利又残忍,因为生下来是个女孩她会遗弃或是虐待,这是最令我们不齿的。

有这样一种母亲,孩子是她维系破碎婚姻的挡箭牌,男女之间感情已经破裂,可女方总觉得怀上了男方的孩子就有了与男方斗争的底气。那些口口声声为孩子争权益,却是以孩子为筹码的母亲,是否想过,自己到底能为孩子付出多少,一个人在明知自己完全没有能力承担做母亲的责任时就为了赌气草率生下孩子,孩子的未来在风雨中飘摇,让孩子怎么感激你?

感谢
折磨你的人

有这样一种母亲,她爱孩子,孩子是她生活的全部精神依靠,是她手里的橡皮泥,是她眼里的绩优股,孩子一旦偏离了她的轨道,她便现出掏心掏肺般的绝望,让孩子小小年纪便充满心理压力,而她却从不知道教孩子学会快乐,不去关心孩子快乐与否。

做母亲是一种责任,责任感可以让人充实,更是一种享受,享受才是育儿的真谛。可在育儿的过程中我们有些母亲只记得育儿的艰辛,只知道居高临下地告诉孩子自己的苦与累,目的要让孩子心存感激,充满内疚。为什么不学会给孩子最朴素最轻松的爱,不要给孩子太沉重的情感包袱,学会享受育儿的快乐,这样母亲的快乐便会传递给孩子,孩子的心灵世界才会快乐,这才是生活的双赢。

孩子是我们成人灵魂的导师,育儿的过程实际上是一个相互学习的过程,成人的世界已被世俗异化了,只有借助孩子的眼睛我们才可以找回生命本质的快乐,是孩子教我们发现生活中的另一种美。透过孩子的眼睛与心灵,父母的生活方式与态度必将会得到改变和更新。

智者寄语

面对孩子,我们不要要求孩子能够带给我们什么,更不要把孩子当成我们利用的砝码,只要能够感受到育儿的快乐和幸福,那么,我们就应该从心底对孩子说一声谢谢!

感谢给予我们工作的人

一个人的一生中,实际上最辉煌和最值得珍惜的时期就是职业生涯,既然造物主给了每个人一颗感恩之心,那么,我们就应该将它给予我们职业生涯的陪伴者——老板,感激老板给了我们工作和职位,感激他们的支持和帮助,感激他们的信任和鼓励,感谢他们给予的教诲和经验,甚至于批评,以及美好的记忆——这一切都是我们一生中不可或缺和弥足珍贵的。

诸葛亮自甘寂寞于田亩之中整整十年,虽心怀大志,却怀才不遇,如果不是刘备礼贤下士,三顾茅庐,他恐怕只能终其一生守着几亩薄田,而无鸿鹄展翅的机会了。对此,诸葛亮深有体会,这在他数十年后的《前出师表》中,就有表露:

"臣本布衣,躬耕于南阳,苟全性命于乱世,不求闻达于诸侯。先帝不以臣卑鄙,猥自枉屈,三顾臣于草庐之中,咨臣以当世之事,由是感激,遂许先帝以驱驰……先帝知臣谨慎,故临崩寄臣以大事也。受命以来,夙夜忧叹,恐托付不效,以伤先帝之明……此臣所以报先帝,而忠陛下之职分也……深追先帝遗诏,臣不胜受恩感激……"

北伐前夕,当李严建议诸葛亮加九锡之礼时,诸葛亮在给李严的信中也流露出对刘备的感激之情:

"我本是一个身份低下的人,是先帝错看了我,使我成了他的下属。如今拿到丰厚的俸禄,却没有做出惊人的成绩,实在有愧啊!如此,我怎么有心思去想加锡的事呢……"

在他平日的言行中,更是对刘备礼贤下士、三顾茅庐的知遇之恩感激不尽。

诸葛亮虽然声称自己"苟全性命于乱世,不求闻达于诸侯",但在他的内心深处,仍然跳动着一颗忧国忧民之心。这是由他的传统思想和亲身体会,以及20多年来的所见所闻带给他的观念所决定的。

面对军阀混战、社会动乱、社稷垂危、生灵涂炭、民不聊生的黑暗现实,诸葛亮并不想躬耕于世外桃源,更不想终老于山林幽谷而碌碌无为,而是希望像当年的管仲辅佐齐桓公一样,成就一代霸业;像乐毅破齐兴燕那样能够兴复汉室。所以,他一刻不停地酝酿着,准备着锥出囊中的那一天。然而,他怀才不遇,躬耕10年却没有找到一个可以真正托付终身及助其实现宏伟计划的人。

最终是刘备怀着求贤若渴之心,礼贤下士,主动登门拜访,让他有了出仕的机会,引他走上一条实现毕生夙愿的道路。10年期待和忍耐,终于变成了现实,他能不感激相中他的"伯乐"吗?

但是,诸葛亮对刘备的感激之情,又绝不同于一般的知遇之恩,更重要的是,刘备给了他无限的信任和倚重。而他回报刘备的方式,也不是常人的俗套,而是和刘备一道,为兴复汉室"鞠躬尽瘁,死而后已"。他把自己对刘备的感激之情,融入到救国救民的大义中去。所以,他真正做到了"鞠躬尽瘁,死而后已",这才是真正的、空前绝后的感激之情。也正是这一原因,才使他有别于古往今来无数士人、门客的愚忠和效命,从而留给后人一个光辉完美的形象。

在谈到成功经历时,许多成功人士往往过分强调个人的因素;而更多的职场中人可以为一个陌路人的滴水之恩而涌泉相报,却无视朝夕相处的老板给予的种种恩惠,没有一点感激之心。

人们都以为自己用劳动换回薪水,这便是职业生涯的全部,是毫无疑问的等价交换,甚至有许多人将老板当成是从别人的劳动中赚取利润的"剥削者""资本家",所以对他们心存不满和愤怒。

一个人的成长,要感谢父母的养育之恩、师长的教诲之恩、朋友的相助之恩、祖国的培养之恩等。感恩是一种美德,是一个人之所以为人的基本条件。然而,有谁想过,在我们的职业生涯中,老板是我们第一个应该感谢的人呢?

是老板发掘了我们,认为我们是可用之才,给我们展现才华的机会,使我们认为自己无论是对社会还是对家庭都是一个有用的人,使我们的一生得以无怨无悔地度过,我们还有什么理由不对老板怀有感激之情呢?

或许,我们还封闭于薪水的牢笼之中,还拘泥于上下关系的偏见之中,所以,才对老板的恩惠视而不见。可是,我们应该明白,职业中还有比金钱更重要的——那就是人生价值的实现。上下关系也只是一种形式,实际上,除了商业上的合作共赢之外,我们和老板之间还有一份割舍不断的友谊和感情。这还不足以令我们改变自己的陈见,对我们的老板心怀感激之情吗?

感激之情拒绝虚情假意、溜须拍马,也不是单纯的报答和补偿,真正的感恩是真诚的、发自内心的感激,它没有世俗的目的,也不求有所回报,因为它是我们心灵的一部分。它不被世俗所玷污,更不因世俗的嘲笑和猜忌而动摇。

智者寄语

我们不希望感恩之心受到玷污,然而,如果有谁认为对老板的感激之情毫无意义而抛却它,那他就大错特错了。要知道,它不仅让我们的人生变得完美,还给了我们工作中的激情和力量,给了我们一种积极向上的动力和敬业精神,也会让我们变得平易近人,让老板更能接纳我们。这一切,在我们的职业生涯中,是十分重要的。

感谢同事无私的支持和帮助

理查德·托曼作为施乐公司的最高领导人,自上台之初就非常重视施乐的团队建设。

感谢
折磨你的人

施乐的团队建设并不排除竞争,但强调竞争必须不伤和气,不但要公平,而且要讲究艺术。例如,克利夫兰销售区各小组之间开展的竞争就显得温和而幽默:每个月月底,累计营业额最低的小组将得到特殊的奖品——一个模样滑稽、会自行旋转的丑脸娃娃。而在以后的30天内,这个玩具娃娃必须放在该小组的办公桌上"昭示"众人,直到有新的"优胜者"将它"夺"走。各小组将玩具娃娃戏称为"绝望者",自然谁也不欢迎它,为此大家你追我赶,唯恐因垫底而"中奖"。

丑脸娃娃的用意是:在同一个团体中,同事之间有着密切的联系,谁都不能单独地生存,谁也脱离不了群体。个人的利益和团队荣誉密切相关,要想战胜对手,就得和团队并肩作战。

施乐的管理者是想让员工们明白:作为一名员工,应该为企业的成功负起责任,也应该为其中每位同事的成功担起义务,只有员工间精诚合作,才能为整个企业的辉煌增添绚烂的一笔。

在这样一种竞争机制下,施乐的团队建设卓有成效。施乐公司地区经理法兰克·派斯特将施乐团队制胜的故事写成《Don't fire them, fire them up》一书(中文译本名为《抱团打天下》),一时洛阳纸贵,书中的"独行侠难成大事,胜利来自团队"一语成为美国企业家的口头禅。团队精神的打造既依靠成员之间的相互合作,又离不开内部成员之间的和平、公正的相对竞争。

在非洲丛林中,号称丛林之王的狮子往往长期处于饥饿状态,是什么原因呢?答案就是狮子捕猎的时候都是独来独往,而丛林里另一种食肉动物——鬣狗,则是成群活动。大的鬣狗群有数百只,小的也有几十只,它们很少自己猎食,而是等狮子把猎物杀死以后,从这个丛林之王的嘴里抢食!

虽然单个的鬣狗对于强大的狮子来说根本不值一提,可是成群的鬣狗团结起来却让这个丛林之王却步。争夺的结果,往往是狮子在旁边看鬣狗分享自己辛苦狩猎的成果,等到鬣狗吃完了捡一些残羹冷炙聊以果腹。

当今企业中也同样存在像狮子一样的人,他们能力超群、才华横溢,自以为比任何人都强,连走路的时候眼睛都往天上看,他们蔑视职场规则,不屑于同事的任何意见,甚至连上司的意见也置若罔闻,在以团队合作为主的企业里,他们几乎找不到一个可以合作的同事和朋友。这样的人,最终只能像狮子一样处于饥饿之中。

麦克是一家营销公司中数一数二的营销员。他所在的部门,曾经因为团队协作的精神十分出众,而使每一个人的业务成绩都特别突出。

后来,这种和谐而又融洽的合作氛围被麦克破坏了。

当时,公司的高层把一项重要的项目安排给麦克所在的部门,麦克的主管反复斟酌考虑,犹豫不决,最终没有拿出一个可行的工作方案。麦克则认为自己对这个项目有八九成的把握。为了表现自己,他没有与主管磋商,更没有贡献出自己的方案,而是越过他,直接向总经理说明自己愿意承担这项任务,并提出了可行性方案。

他的这种做法,严重地伤害了部门经理,破坏了团队精神。结果,当总经理安排他与部门经理共同操作这个项目时,两个人在工作上不能达成一致意见,产生了重大的分歧,导致了团队内部出现分裂,团队精神涣散了。项目最终也在他们手中流产了。

想成为卓越员工,光靠个人的才华是远远不够的,一滴水只有融入大海才不会枯竭,一位员工,只有充分融入整个企业、整个市场,他的能力才能得到充分的发挥。

在工作中,我们要善于与每个团体成员进行有效的沟通,并保持密切的合作。不要丢弃了自己团队工作的荣誉感,为求个人的表现,打乱了团队工作的秩序。这样,才能够保证团队工作的精神不被破坏,也不会对自己的职业生涯造成致命的伤害。团队精神在一个企业、一个人的职业发展中都是不容忽视的。因此,我们必须学会感激自己的同事,感谢同事无私的帮助,加强与同事间的合作,做一名能够担当责任的好"搭档",如此,才能共同打造一支优秀的团队,才能实现我们的人生价值。

想成为卓越员工,光靠个人的才华是远远不够的,一滴水只有融入大海才不会枯竭,一位员工,只有充分融入整个企业、整个市场,他的能力才能得到充分的发挥。

感恩员工是一种管理的秘诀

松下幸之助是现代史上最成功的实业家之一。他只受过4年的小学教育,9岁时,以100日元创业,发展到现在的松下集团——世界三大电器企业之一,其本人也在日本富豪榜中雄踞首位。在日本,他被尊为"经营之神",在西方,他的照片登上了美国《时代》周刊的封面,这表明他已跻身于世界级企业管理天才的行列。

20世纪30年代中期,基于"以人为本",为了振奋员工的"松下精神",松下幸之助专门制作了公司的"社歌",还制订了"松下七精神":产业报国、光明正大、协和一致、努力向上、礼貌谦虚、顺应时势、感恩报效。为了使众多的事业部都能贯彻松下幸之助的经营理念,松下集团在每年年初进行一次由松下幸之助参加并做讲演的"经营方针发表会"。员工们在每个工作场所实行"朝礼"制度,背诵公司"七精神",最后还要宣誓:"作为一个产业者,绝不违背自己的本身"。在下班前几分钟,员工还要对照公司的"七精神"检查这一天的言行。这种"朝礼"制度,已被日本许多企业采用。

后腾清一原是三洋电机公司的副董事长,后来投奔松下公司。在其担任厂长时,工厂失火烧掉了。后腾清一心中十分恐慌,以为这次不被革职也要被降级。不料松下接到报告后,只对他说了句"好好干吧"。

以往,即使只是打电话的方式不对,松下也会严厉斥责。而这一次松下这样做,并不是姑息部下的过错,实际上体现了松下管理的秘诀。这种做法巧妙地抓住了人的心理。在犯小错误时,当事人多半并不在意,因此需要严加斥责,以引起他的注意;相反,犯下大错时,傻子也知道自省,因此就没有必要再给予严厉地批评了,此时不如对下属进行感情教育。比如,在着火这件事上,由于火灾发生后没有受到惩罚,后腾自然会心怀愧疚,对松下也会更加忠心,并以加倍的工作来回报。

当后腾犯下的大错误已经不可弥补时,他也已经很清楚错误的严重程度、所犯错误的原因、该如何改正等,正处在内疚、痛苦、需要安抚的时候,如果此时松下大呼小叫,一遍遍捶胸顿足地数落后腾,甚至将他过去所犯的错误都翻出来数落一遍,不但达不到目的,反而会引起他极大的逆反心理,结果将适得其反,所以在这里松下用"施恩"来代替责骂,让后腾从此心怀愧疚和感恩,从而更加努力地工作。

感谢
折磨你的人

松下认为：当员工有 100 人时，他必须站在员工的最前面，身先士卒，发号施令；当员工增至 1000 人时，他必须站在员工们的中间，恳求员工们鼎力相助；当员工达到 1 万人时，他只要站在员工的后面，心存感激即可；当员工达到 5 万至 10 万人时，除了心存感激还不够，还必须双手合十，以拜佛般的虔诚之心来领导他们。

松下先生一向有"企业的最大财产就是人"的信念，正因为将员工视作财产，所以他从不随便裁减员工。

从另一个角度讲，松下先生的"企业的最大财产就是人"的理念，正是来源于他那种"万事拜托"的感恩心态。

企业犹如一个大家庭，它的兴衰荣辱与其中每个成员都有十分密切的关系。企业成功了，固然有领导者和管理者的功劳，但也离不开普通员工的汗水和心血。作为一名优秀的领导者和企业家，必须怀有对员工的感恩之心——没有他们，就没有自己的成功。只有这样，才能把员工维系在企业这个大家庭之中，同呼吸、共命运，为企业的兴旺发达赴汤蹈火。

松下先生对员工不是以居高临下的心态去发号施令，而是以"请"的心态，以"万事拜托"的心态，与员工们相处，使员工们感到：公司就是自己的家，自己就是公司的主人。只有这样，员工们才能把自己的全部智慧和力量奉献给公司。

小恩小惠只能让别人记住你一时，真正的施恩是在别人最需要的时候给予帮助。在企业管理中同样如此，即便平常对员工如何严厉，但只要在员工最为需要的时候给予施恩，员工同样会感激非常，并以更加勤奋的工作作为报答。

下属由不同的个体组成，每个人都有自己的喜怒哀乐，面临着不同的家庭和社会压力问题，跌入情绪低谷并不只是因为工作。领导对下属成员，应该加强沟通、表达和分享，在这个过程中下属会由衷产生感激之情，感激领导的支持和理解，从而让每一个人都对公司产生依赖的感觉，用感恩的心去努力工作。

优秀的领导都会选择用积极鼓励的言行代替严厉的责备惩罚，用一颗感恩和关怀的心分析和面对因员工自身问题直接或间接导致的困境。这样一来，不仅能激励员工甩掉思想包袱，重新振作，还能让员工因领导的宽容大度和爱心感化更加忠诚于领导。

每个公司都会经历过低谷，无论是领导，还是普通成员，都有义务通过互相鼓励来激发出自身的潜力，会聚成团队更强大的士气，这样，低谷就成了一个天赐的良机。低谷虽然迟早会出现，但却不是每个领导都能把握机会将之转变为天赐良机的。因为只有领导的感恩，才能催化这种互相鼓励的力量，激发下属的斗志。

处于低谷的原因，领导首先应该看到自己的问题，并时刻记得感激员工和整个团队的努力和潜力，也许是大家的磨合还不够，也许是团队的能力还需要提升，因此才会陷入困境。为了重振雄风，首先要对员工过去的努力和付出给予肯定，另外还要多增加不定期的培训项目，更重要的是怀着一颗感恩的心对他们说："你们辛苦了！你们是最棒的员工！只要大家有永不言败的决心，胜利一定会属于我们！"这也是激发和鼓励员工的最有效方式。

智者寄语

领导只要时刻保持一颗感恩的心，下属就永远不会忘记领导的关怀，也必将怀着感激之情加倍努力工作，创造佳绩。感恩也是一种管理的秘笈，比起严厉的管教更适于当今社会，因此，学会感恩下属，也是公司发展壮大的需要。

感谢客户的挑剔和抱怨

20世纪60年代初,索尼公司刚开发出来的磁带录音机上市后在全球引起轰动,各地出现抢购风潮。

索尼本以为自己开发出了一个有着划时代意义的成果,谁知有一个叫大贺典雄的人寄来一封言辞激烈的批评信,指责该录音机"性能非常差,声音失真得厉害,对搞音乐的人来说,简直就是一堆废物"。

很多人都认为这个年轻人是故意找茬,总裁盛田昭夫却给大贺典雄回信,真诚聘请他担任索尼的兼职顾问。

于是,大贺典雄在大学毕业之后,为了报答盛田昭夫的知遇之恩,全力投入到索尼的事业中来,直到成为哥伦比亚索尼唱片公司的社长,还推出了世界上最早的激光唱机和唱片。

其实,总裁盛田昭夫在去信之前,就曾在大会上这样说过:"我们应该感谢大贺典雄的来信,让我们意识到产品纵然完美也仍有需要解决的问题,也可以从中看到有很多用户都期待着我们的进步!"

一封信,一堆批评的话,成就了录音机与音乐结合的梦想,也成就了日本索尼的梦想:成为世界上最有实力的公司。如果不是盛田昭夫化懊恼为感激,理性地将顾客的批评抱怨转化为动力,又怎么能将工业梦想实现呢?因此,他们认为应该感谢客户的批评和指责,没有这些指责也许公司不会发现问题,更不会成为顶级的世界品牌企业。

盛田昭夫深知只有专业人士和最需要索尼产品的人,才会提出这种有建设性的批评,而且幸亏他及时提出来,如果等产品在民间普及使用后才慢慢暴露缺陷,可能很快就会被其他同类型产品抢走市场,企业在用户心中的口碑就变坏了。

客户的满意度能影响他的购买行为,客户的购买行为能带动他周围人群的购买行为,如果处理不好他的抱怨,客户就会把令他不满的购买经历迅速传递给至少10个人,然后10个人再往下传,破坏力是非常惊人的。而对于产品和服务的缺陷,能主动提出意见并让企业接收到的客户只占了4%,其他不满的客户,要么再也不购买不光顾,要么沉默以待。

想一想,是留住客户困难,还是开发客户困难?

当然是留住客户更为困难!留住客户就需要耐心地倾听客户的抱怨,这"耐心"不是短暂的培训能够培养出来的,只有内心深处饱含着感恩之情,才能专业而真诚地去对待他们的抱怨。

也许你不一定认同客户的观点,但至少态度上要保持认同。有时候,客户并不在乎你究竟懂多少专业内容,他们希望能从你的销售和服务中得到坦诚和尊重。反复告诉自己:客户是良师益友,是衣食父母,只有跨过这道思维线,才能更坦然地面对客户,更快地促成交易。

小章在繁华地带开了一家书吧,一直以来生意都是不咸不淡的。一个周末的下午,一个妙龄女郎信步走进店内。她拿了一本杂志,刚要坐到沙发上,突然站起来拍拍屁股,皱着眉头把杂志放回去,走了。

小章傻傻地说了一句:"欢迎再来!"

女郎头也没抬:"连沙发的面料都像用抹布做的,满屋的烟味!谁敢来呀!"

小章心里特别不舒服,差点就追上去,突然又恍然大悟,她本想把氛围弄得很自由,沙发和吊灯也弄成波希米亚风格的,以招徕学生。因为女郎的话,小章决定关店一周,再次作装修,从整体的颜色到局部的摆设,都用最温和的形式,让人有家的感觉,当然,还要在固定的书柜上挂上:NO SMOKING!

周一,还是学生先进门,有人破天荒地点了饮料,有人开始占窗边的座位,一些情侣也来了。傍晚时,白领们都朝这边走了过来,那个女郎又来了,她还是拿起一份杂志,坐在新置的沙发上。小章让服务员递给她一杯咖啡,就说是店主赠送的,感谢她的再次光临,还有她那天的金玉良言。结果女郎笑了笑:"我也开过书吧。"

小章居然在顾客中"寻"到了一位专业人士。对经营书吧有一定经验的女郎间接帮助小章抛弃了最初的设计理念和文化定位,跳出了潮流的圈圈,从目标顾客的特点着手,考虑到了周边环境的影响——刚下班的白领如何会进入一个又脏又呛,看起来让人更加疲惫不堪的场所呢?

其实很多人开店纯粹是为了满足自己的兴趣爱好,所以设计和装修都会从自己欣赏的角度出发。去小章书吧的学生们大多是不会在意这些的,也不会主动跟老板提出建议。女郎是一个挑剔的顾客,虽然话说得尖酸刻薄,却能帮助小章迅速从经营失利的现实中猛然清醒,听取顾客的意见,给书吧来一个大改观。

一个挑剔的顾客,一个肯给予建议的顾客,他们对产品和服务进行挑选与购买时,都有过货比三家的经验,他们的抱怨正是对竞争对手优势或劣势的最好总结,对于有竞争意识的店主来说,应该真心感谢客户的批评和抱怨,帮助企业找到新的出路和优势,这也是很多聪明的商家在售后服务中看重"意见反馈"这一环节的原因。

"有效处理客户的抱怨"是一句冠冕堂皇的话,做起来却需要非常用心:首先要从心理上正视所有的抱怨,然后调查、分析、解决。必要时还得理出处理抱怨的流程和措施,甚至换人换时换地点,让客户从眼里到心里都觉得尊严和虚荣心得到了满足。这一切如果缺乏对客户的感激之情的引导,又如何能做得真心实意呢?

客户想买你的商品,才会百般挑剔,不是有句行话吗:"嫌货才是买货人。"对客户的光顾产生感激之情,我们就能具备足够的耐心应对他们的挑剔。不是为了有耐心才去刻意"培养"感恩之情,要知道,客户才是真正发薪水给我们的人,能不对他们感恩戴德吗?

当你听到客户又在抱怨的时候,这也是他们主动要求我们再次提供服务的信号,一定要及时抓住机会,让所有的不满转变成满意,这样,客户的忠诚度就更加高了,你因感恩而得到的回报也越来越有价值了。

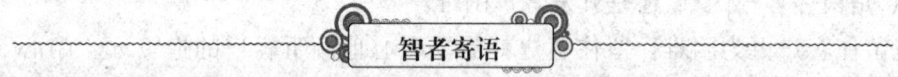
智者寄语

客户想买你的商品,才会百般挑剔,不是有句行话吗:"嫌货才是买货人。"对客户的光顾产生感激之情,我们就能具备足够的耐心应对他们的挑剔。不是为了有耐心才去刻意"培养"感恩之情,要知道,客户才是真正发薪水给我们的人,能不对他们感恩戴德吗?

感谢折磨你的人,他们让你进步

人不能总停留在原地,而是要努力向前。感谢折磨你的人,你将得到更迅捷的发展。

对于生活中的各种折磨,我们应时时心存感激。只有这样,我们才会常常有一种幸福的感觉,纷繁芜杂的世界才会变得鲜活、温馨和动人。一朵美丽的花,如果你不能以一种愉悦的心情去欣赏它,那么它在你的心中和眼里永远也娇艳妩媚不起来,而如你的心情一般灰暗和没有生机。

只有心存感激,我们才会把折磨放在背后,珍视他人的爱心,才会享受生活的美好,才会发现世界原本有太多的温情。心存感激,是一种人格的升华,是一种美好的人性。只有心存感激,我们才会热爱生活,珍惜生命,以平和的心态去努力工作与学习,使自己成为一个有益于社会的人。心存感激,我们的生活就会洋溢着更多的欢笑和阳光,世界在我们眼里就会更加美丽动人。

面对人生中各种各样的不顺心事,你要保持感谢的态度,因为唯有折磨才能使你不断地成长。法国启蒙思想家伏尔泰说:"人生布满了荆棘,我们晓得的唯一办法是从那些荆棘上面迅速踏过。"人生是不平坦的,但同时也说明生命正需要磨炼,"燧石受到的敲打越厉害,发出的光就越灿烂"。正是这种敲打才使它发出光来,因此,燧石需要感谢那些敲打。人也一样,感谢折磨你的人,你就是在感恩命运。

美国独立企业联盟主席杰克·弗雷斯从13岁起就开始在他父母的加油站工作。弗雷斯想学修车,但他父亲让他在前台接待顾客。当有汽车开进来时,弗雷斯必须在车子停稳前就站到汽车门前,然后去检查油量、蓄电池、传动带、胶皮管和水箱。

弗雷斯注意到,如果他干得好的话,顾客大多还会再来。于是弗雷斯总是多干一些,帮助顾客擦去车身、挡风玻璃和车灯上的污渍。有一段时间,每周都有一位老太太开着她的车来清洗和打蜡。这个车的车内踏板凹陷得很深,很难打扫,而且这位老太太极难打交道。每次当弗雷斯给她把车清洗好后,她都要再仔细检查一遍,如果不满意,就让弗雷斯重新打扫,直到清除掉每一缕棉绒和灰尘,她才满意。

终于有一次,弗雷斯忍无可忍,不愿意再侍候她了。他的父亲告诫他说:"孩子,记住,这就是你的工作!不管顾客说什么或做什么,你都要记住做好你的工作,并以应有的礼貌去对待顾客。"

父亲的话让弗雷斯深受震动,许多年以后他仍不能忘记。弗雷斯说:"正是加油站的工作使我学到了高尚的职业道德和应该如何对待顾客,这些东西在我以后的职业生涯中起到了非常重要的作用。"

其实,弗雷德的成功与他懂得感谢那些折磨自己的人有着莫大的关系。"吃一堑,长一智",那些给你一堑吃的人正是给你一智的客观条件。你为什么不对他心存感激呢?学会感谢折磨你的人,这样,你注定会与成功结缘。

智者寄语

人生之路布满了荆棘,我们晓得的唯一办法是从那些荆棘上面迅速踏过。

常怀感恩之心

生命旅途中,除了亲人、师长、朋友、爱人,我们还要感谢其他很多人。

我们要感谢陌生的路人,虽然他们不是你的亲人、师长、爱人,但是,你会在不经意间,和他们在某一段生命的路途上相伴而行,你们可以聊聊天,可以解解闷,可以在遇到坎坷不平时互相

感谢折磨你的人

搀扶着艰难前进,可以在需要跋山涉水时携手拼搏,并肩前行。他们不会陪你走完人生的全部路程,但他们陪你走过的路不论是平淡无奇还是扣人心弦,都会在你生命中留下或浅或深的印痕。

一个疲惫的行路人躺在路边睡着了。一条毒蛇从草丛里钻了出来,爬向他。毒蛇昂头吐出凶狠的信子,就在这时,一个过路人经过这里,打死了那条毒蛇,没有惊醒行路人的好梦,悄悄走开了。

行路人永远也不会知道他熟睡时发生的这件事,但他一生都生活在别人的恩泽中。

小君一家住在一楼。这个夏天的某个晚上,他回家后偶然发现阳台的灯亮着,他以为是妻子忘了关,就进去关灯,但妻子把他拦住了。他很奇怪,妻子就指着窗外让他看。窗外的路边有一辆装满垃圾的三轮车,车上坐着捡垃圾的夫妇,他们正沐浴在从阳台投下的温暖灯光中,一边说笑,一边开心地吃着东西。看着灯光中的那对夫妇,小君与妻子相视一笑,悄悄退出了阳台。

窗外那对夫妇可能永远也不会知道,在这陌生的城市中,有一盏灯是特意为他们点亮的。

用感恩的心为你身边的陌生人点亮一盏灯吧,因为我们每个人都在不知不觉间沐浴着他人给予的温馨。

中央电视台曾播出一期名为《感恩之旅》的节目,故事梗概大致是:

一对父子相依为命,为给身患绝症的儿子治病,父亲不仅花掉所有的积蓄,还卖掉了房子,可谓倾家荡产。在这对父子走投无路之时,来自全国各地的好心人向他们伸出了援助之手,帮助他们渡过了难关,使儿子的病情得到了有效控制。面对陌生人的无私帮助,他的儿子突然冒出一个想法:在自己剩余不多的时间里,亲手向每个好心人送上一束鲜花,说声"谢谢"。于是,父子俩骑着一辆三轮车开始了长达数年、遍及全国各地的"感恩之旅"。在这段旅途中,他们在感谢别人的同时,也得到了更多陌生人的帮助,父子俩决定要把感恩之心传递给更多需要帮助的人。

感恩是生活中最大的智慧。常怀感恩之心,我们便会更加感激和怀念那些有恩于我们却不求回报的每一个人。正是因为他们的存在,我们才有了今天的幸福和喜悦。常怀感恩之心,便会以给予别人更多的帮助和鼓励为最大的快乐,便能对落难或者绝处求生的人们爱心融融地伸出援助之手,而且不求回报。常怀感恩之心,对别人、对环境就会少一分挑剔,而多一分欣赏。

感恩之心使我们为自己的过错或罪行发自内心地忏悔,并主动接受应有的惩罚;感恩之心又足以稀释我们心中狭隘的积怨和仇恨,感恩之心还可以帮助我们度过最大的痛苦和灾难。常怀感恩之心,我们会逐渐原谅那些曾和我们有积怨甚至深深伤害过我们的人。

智者寄语

常怀感恩之心,我们便能生活在一个温暖的世界里。

第二章 爱的折磨朝向幸福

家人的折磨是你成长的营养品

亲人给你出的各种难题,都会成为你成长的绝好营养品。

任何时候,家人对你的折磨都是一种磨砺,经过这个磨砺过程你将会朝着更圆满的方向发展。折磨虽然痛苦,但这些痛苦只是暂时的,它最终将对你大有裨益,促使你更好地发展,最终走上成功的人生道路。

在赫德 18 岁那年的一个早上,父亲要赫德开车送他到 20 千米之外的一个地方。那时赫德刚学会开车,就非常高兴地答应了。

赫德开车把父亲送到目的地,约定下午 3 点再来接他,然后就去看电影了。等最后一部电影结束的时候,已经是下午 5 点了。赫德迟到了整整两个小时!

当赫德把车开到预先约定的地点时,父亲正坐在一个角落里耐心等待。赫德心里暗想,父亲如果知道自己一直在看电影,一定会非常生气。

赫德先是向父亲道歉,然后撒谎说,他本想早些过来的,但是车子出了一些问题,需要修理,维修站的工人们花了两个小时的时间修车。

父亲听后看了他一眼:那是赫德永远不会忘记的眼神。

"赫德,你认为必须对我撒谎吗?我感到很失望。"父亲说。

"哦,你说什么呀?我说的全是实话。"赫德争辩道。

父亲又一次看了他一眼:"当你没有按预约时间到达时,我就打电话给维修站,问车子是否出了问题,他们告诉我你没有去。所以,我知道车子根本没有问题。"一阵羞愧感顿时袭遍赫德的全身,他无可奈何地承认了看电影的事实。父亲专心地听着,悲伤掠过他的脸庞。"我很生气,不是生你的气,而是生我自己的气。我觉得作为一个父亲我很失败,因为你认为必须对我说谎,我养了一个甚至不能跟父亲说真话的儿子。我现在要步行回家,对我这些年来做错的一些事情好好反省。"

赫德的道歉,以及他后来所有的话都是徒劳的。

父亲开始沿着尘土飞扬的道路行走,赫德迅速地跳到车上紧跟着父亲,希望父亲可以回心转意停下来。赫德一路上都在忏悔,告诉父亲他是多么难过和抱歉,但是父亲根本不予理睬,独自一人默默地走着、沉默着、思索着,脸上写满了痛苦。

整整20千米的路程，赫德一直跟着父亲，看着父亲遭受肉体和情感上的双重折磨，这是赫德生命中最难过和痛苦的经历。然而，它同样是生命中最成功的一次教育。自此以后，赫德再也没有对父亲说过谎。

从故事中我们可以看到，对于父母对我们的教育，在我们还未懂事的时候，总觉得那是一种折磨，然而这种折磨往往是我们成长道路上的良言，有时候精神上的折磨比肉体上的折磨更能塑造一个人的灵魂。

智者寄语

不要在心中痛恨你的亲人，无论是师长还是父母，他们给你出的各种难题，都会成为你成长的绝好营养品。

孩子是天使，不是你们烦恼的开始

如果说父母是太阳，那么孩子就是向日葵，他总是渴求阳光，所以把父母当成了自己情感依托的天堂。

随着小生命的呱呱坠地，在人生的旅途中，夫妻两个终于成为向往已久的父亲母亲。望着襁褓中那可爱而又逗人的小脸蛋，心头骤然升起一股惬意的感觉。

孩子的出世，给夫妻双方增添了新的欢乐，也使家庭生活变得更加甜蜜，然而，也有不少夫妻，随着小生命的介入，原先融洽的关系渐渐产生矛盾、冲突，双方爱情的结晶，却成了夫妻感情冲突的媒介。

启宝与妻子结婚已有好些个年头，感情一直不错。他们有个7岁的儿子，叫小佳，今年刚上小学。妻子是小学老师，非常关心儿子的学习，每天晚上都要督促小佳做作业，有时候做完学校老师布置的作业，还要额外多加一点作业，快到十点时小佳才能睡觉。妻子一直有个遗憾，总觉得自己年幼时没有机会上好的学校，耽误了一辈子的发展，所以，特意让自己的儿子用功读书，希望他将来能进重点学校。

启宝很反对妻子那么严格地要求儿子读书。他觉得孩子现在还小，刚上小学，应该让他轻松一些，多跟小朋友玩，或看看动画片之类的。他曾经跟妻子说，这么小就给孩子那么大压力，对孩子不好，搞不好变成书呆子，周末应该带他出去玩一玩，过正常小孩的生活。但是妻子却这样回答："玉不琢，不成器，就要趁年纪小让他养成好的学习习惯，将来才能有所成就。"

这样的争论也没个结果。一天，问题发生了。妻子发现每天早上电视里都会教英文，她觉得很不错，就开始规定小佳每天早上早点起床学英文。可小佳觉得电视上教得太难了，根本没有兴趣，而且每天早上还要那么早起床，根本吃不消。这天，小佳有点不舒服，赖在床上不想起，硬是被母亲叫醒上电视课。小佳不愿意，被母亲狠狠地骂了一顿，于是哭起来。

启宝看了很心疼，就对妻子说不要这样折磨儿子。这一说，妻子发起了脾气，骂着说："你做爸爸的，就知道偏袒儿子，一点儿都不替他的将来着想。"启宝听她这样说，也有点火了，说："你看你像个妈吗？你这像在对待儿子吗？只像个又严又凶的老师，你是不是把这个家也当学校了?"本来是教育孩子的问题,结果演变成夫妻俩你一言、我一语地争吵起来,把小佳吓得没去上学。

孩子的问题引起夫妻之间的冲突,最后只会伤害夫妻之间的感情。这是由什么原因导致的呢?家庭学家们指出,主要有以下原因:

一是亲子之情削弱了夫妻之情。天下没有不爱子女的父母,子女是夫妻双方爱情的结晶,自然能够成为感情交流的一种纽带。父亲爱儿女,母亲爱儿女,在这共同的抚育、爱护中,自然而然地沟通了夫妻感情的交流。但是,夫妻之情除了这种间接的通路以外,毕竟还有其直接的渠道。在子女没出世之前,新婚夫妻有很多共同活动,或结伴旅游,或挽手散步,或双双起舞,或侃侃细语……感情的交流直接而又密切,当有了孩子后,家务成倍增加,子女身上又凝聚、寄托着父母的爱,于是,夫妻双方一部分精力分散到家务中,一部分感情转移到孩子身上。其中,母亲表现得尤为明显。

有一位丈夫说:"自从有了孩子,我们再也没有单独吃过饭,当我提出和她一起外出娱乐时,她就说我不懂事。在她眼里,只看得见孩子!"这位丈夫对妻子的意见,具有一定的代表性。可是在妻子看来,自己抚育孩子辛苦,丈夫理应更加体贴、关心,做出牺牲也属应当。倘若丈夫仍像过去那样生活,妻子就会认为丈夫太自私,永远把自己看得最重。由于共同生活的减少,夫妻感情直接交流的机会也会比以前少;"感情转移"又有可能造成情感体验上的误解;加上家务的劳累,常使夫妻性生活出现不和谐。于是,原先亲密和谐的夫妻,随着子女的问世,渐渐地出现矛盾、纠纷也就不可避免了。

二是对子女期望的落空引起夫妻感情的不和。现在的家庭基本都是独生子女。父母在孩子身上投入很大精力,寄予厚望。孩子健康、活泼、懂事、上进,父母高兴;孩子体弱、生病,或者犯了错误、发生了什么意外,父母由于期望的落空,各自"情绪指数"下降,就容易互相埋怨责怪。

有对夫妻,婚后感情一直不错,有了孩子后,只要孩子一生病,丈夫就怪妻子没照顾好,妻子责怪丈夫没为自己创造条件,于是经常争吵。另外,孩子上学后,如果学习、品德等方面不理想,也会成为夫妻间口角、争吵的导火线。

三是教育方法的不一致造成夫妻间的纠纷。一位母亲曾说,她常因与自己和丈夫管教孩子的方法有分歧而吵得不可开交。例如有一次,他们的独生儿子发脾气,赌气把丈夫刚买给他的新式玩具丢在地上,并一脚踩烂。丈夫见了,上去就是一巴掌。妻子看见丈夫这样粗暴地对待儿子,就骂丈夫"不像父亲""好像儿子不是你亲生的"之类,丈夫自然不买账,于是,父亲同儿子的矛盾很快演变成丈夫同妻子的纠纷。这位母亲的经历,恐怕在许多夫妻中都发生过。虽然天下父母都爱子女,都希望子女成才,但是,怎样爱子女?什么才叫爱?怎样使子女成才?成什么才呢?在大的价值目标上,夫妻双方观点都不一定相同,在小问题上,分歧就更是屡见不鲜,孩子一次测验不及格,或者说一次谎,或者做错一件事,或者提出一项什么要求,都会导致父母产生不同的看法。如果父母双方自尊心都强,都认为自己的看法有道理,对方的意见不足取,那么,冲突肯定不可避免。

分析了夫妻间因孩子引起感情冲突的原因,相对地也有预防这种冲突的办法:

首先,区别亲子之情和夫妻之情。人类崇高的感情除了亲子之情,还有夫妻之情,前者有血缘纽带,后者有亲密的姻缘桥梁,两者可以互相渗透、促进,却不能互相代替、置换。夫妻间产生爱的结晶后,家庭生活方式不可避免地要发生变化,但是不应忽视夫妻间共同的活动和感情的直接交流。身为妻子,在珍爱孩子的同时,不应忘记自己在家庭里除了母亲的身份还有妻子的角色,对丈夫正当的感情要求应当满足;而身为丈夫,也应体谅妻子的母亲情感,对妻子的辛劳给予更多的关心和照应。人的感情具有一种"酬答效应",夫妻双方越是体谅、关心对方,心中常常想到对方的需要,各自内心要求越是容易得到对方的主动满足。

其次,协调子女教育中的一致性。管教子女是父母的共同责任。由于夫妻双方的经历、修养、个性、期待的不同,在子女教育中出现意见分歧是完全正常的。关键是,对于这种分歧,事前应该尽可能通过协商取得一致意见。若一时不能统一,则求同存异,但不管怎样都不能在孩子面前暴露。有时,夫妻中一方很看不惯另一方对子女的管教方法,但是应当克制自己的感情,不要当着孩子的面对爱人进行指责,可以事后同爱人交换意见。

父母管教方法的分歧,一旦被孩子察觉,容易诱发、加强孩子的"自我保护"心理。很多孩子善于对父母"轧苗头",见父母中哪一方倾向自己,就表现出对这一方特别地信赖、向其求情,从而加深父母双方的意见分歧。从生活常识中可以看出,一棵幼苗,你要浇水,他要施肥,各搞一套,结果反而把幼苗弄蔫。同样的道理,孩子崇高、纯洁、睿智的心灵,也只有在夫妻双方协调一致的浇灌中,才能健康发育。

最后,谅解对方"感情投入"过程中常有的情绪反应。子女身上寄托着父母很大的期望,父母投入了很大的精力。这种期望与精力,父母双方在程度上未必是一致的。有时孩子生病了,或者在学校里犯了错误,夫妻中有一方就开始嘀咕。尽管这种嘀咕多少含有对另一方的埋怨与责怪,但另一方若能体谅到对方的爱子之情,谅解对方因对子女的"感情投入"没有产生理想的效果而造成情绪低落,从而对这种嘀咕保持沉默,那么,一方的责怪大都不会长久。

智者寄语

孩子介入家庭,给夫妻生活带来了新的乐趣。虽然大多数夫妻都有过因为子女而发生的拌嘴、纠纷和冲突,但这种矛盾并不是不可避免的,更不是一定会激化的。当我们对孩子引起的夫妻感情纠纷有了正确的认识和对策以后,孩子带给家庭的将是更多、更持久的欢乐!

"废话"是夫妻感情的润滑剂

夫妻间的"废话"是传达感情、信任、尊重的信息波。夫妻的感情就像小河里的水,不流不动太平静了,反倒容易干涸。

"关关雎鸠,在河之洲;窈窕淑女,君子好逑。"俊男倩女们携手进入伊甸园,就是沿着"废话"的道路亦步亦趋的。恋爱时,男女花前月下,卿卿我我,大多数是通过一些琐碎而无关紧要的"废话"来倾诉柔情蜜意的。蜜月时,百听不厌的恐怕还是那句集"废话"之大成的"我爱你"。的确,描绘夫妻之斑斓的油画,就是"废话"之笔的堆积。

丈夫不慎丢了20元钱,回家对妻子说了。妻子既感到可惜,又埋怨丈夫不谨慎,不停地唠叨起来。她从丈夫平时大大咧咧的作风说起,举了日常生活中许许多多的实例,叮嘱丈夫要把钱放好……丈夫理亏,感到妻子讲得在理。然而,妻子的这种吩咐和叮嘱,冗余度太大了,而且不断地重复,就让人受不了了。最后,免不了要吵起来。

其实,当夫妻一方有过失并已经认识到了的时候,对方不仅不能有过多的冗余,而且还要比往常更简略一些。设想一下,丈夫丢了钱,妻子听说后,就简简单单说一句:"丢了就丢了,不过你乱放东西的习惯可要改一改。"这句话既把批评的意思讲了,又充满着对丈夫的信赖和体贴,充分尊重了他的自尊心。因为这时丈夫自己也在懊恼和反省,妻子只要点一点,就足够让他重视了。

夫妻间说话也要有讲究,该说的不说,不该说的偏多说,夫妻怎么能说到一块儿?所以,适度地说些多余的废话,哄哄对方,是对对方的体贴。"废话"在感情生活中是个宝,善加利用,可以大大改善夫妻间的美好生活。婚姻的生涯也一样,犹如登山,经过一段辛苦的攀登,遇上平坦之处总要驻足歇息。男女经过两颗心相撞,迸发出炽热的火花后,进入相对的冷却期,"废话"日见减少。这是事物发展的必然,亦是人之常情。然而,如果递减过锐,甚至全无"废话",只剩下干巴巴的实话,那么,夫妻关系恐怕就不妙了,潜伏着感情的危机。

那么,怎样通过"废话"调适夫妻之间的感情吧?

首先,要捕捉对方的感情波段。比如,你下班回来,妻子在洗衣服,一声不吭。与其让她似闷葫芦,不如说些体贴的"废话"以打开其紧闭的心扉:"天气这么不好,你洗这么多衣服多冷啊。"倘若你边说"废话",边腾出手来帮她晾晒,边晾晒边喊冷,这样做效果便是"真情似水,废话似金"了。

其次,要切准对方思想的脉搏。对方想的是什么,你必须弄清楚,调适方能有的放矢。对方遇到不顺心的事,比如钱包丢了,你就应对准其挫折讲些"废话":"掉了就掉了,过几天我就要发工资了。"语气平和,表情由衷,妻子的不快将很快消失,同时感激你的胸怀博大。于是,坏事成了好事,夫妻感情更上一层楼。黄金有价,情无价,破财消灾,值得。

最后,要善于运用话茬。如果妻子回来说单位某人同某人为了奖金吵了起来,你说:"我最讨厌那些为几个钱而斤斤计较的人,或人家吵架关你什么事?"这无疑把妻子启开的话匣"砰"的一声关上,令人扫兴。你若用上"是吗?""后来怎么样?"之类的话茬接上,妻子就会开心地说下去。话题,搭茬,相嵌无间,犹如高山流水一般。这种"废话",比葡萄美酒引觞对饮,更具诗情画意。

"废话",在沟通夫妻感情上,是一种温馨的润滑剂,但它并非越多越好。丈夫出差,妻子没完没了地重复叮嘱:"在外面要当心,钞票要放好,办好事情就回来……"丈夫即使嘴里不说,心里免不了嘀咕:"妇道人家,真唠叨腻人!"可见,夫妻间必须有"废话",但要注意"冗余度",应根据个性、问题、情景等诸多因素,考虑该不该用,该用多还是用少。因此,运用"废话"这个信息波以协调夫妻的感情,与其说是靠技巧,倒不如说是靠心心相印。

智者寄语

夫妻间必须有"废话",但要注意"冗余度",应根据个性、问题、情景等诸多因素,考虑该不该用,该用多还是用少。因此,运用"废话"这个信息波以协调夫妻的感情,与其说是靠技巧,倒不如说是靠心心相印。

认识真正的爱情,能使你避免痛苦的煎熬

爱情不是无私的牺牲,也不是单纯的占有,而是在尽情体会彼此优点的基础上建立起来的"精神共同体"。真正的爱情是不需要承诺的,要求承诺就意味着乞讨,真正的爱情也是不会被

感谢
折磨你的人

欺骗的,因为你对他无所求,也就不怕他离开你。

真正的爱情就是舍得当傻子,心甘情愿被骗。有人说世界上没有爱情,爱情只是一种幻觉;也有人说,明知是幻觉,也要去付出,这才是真正的爱情。

如果你这样问自己:即使将来他离我而去,我也不会恨他吗?我也能够自己独立地生活吗?如果你能给予肯定的回答,并且能说,我爱他只是我现在愿意和他在一起,把一切奉献给他。那么,你的爱情就是真正的爱情。或者说,在你准备付出感情之前,你就想过他可能会欺骗你,但你还是决定付出,不怕他欺骗,那么,你的爱情也是真正的爱情。

不要责怪你的爱人喜新厌旧,另觅新欢,他那样做并不是个人品质问题,而是不再爱你了,起码爱得不彻底。那只能说明你们之间并没有真正的爱情,真正的爱情应该能够一辈子拴住两个人的心。开始恋爱的时候就要准备好分手,结婚的时候就要准备好离婚,只有这样的心态才能找到真正的爱情。

真正的爱情应该具备以下特点:

(1)称赞对方。当你真正爱上一个人的时候,你会情不自禁地赞美对方。这种赞美是发自内心的,而不是虚情假意。在相互的赞美之中,两人感到无比快乐,从而使双方更加自信,更加热爱生活,这就是真正获得了爱的幸福。

(2)尊重和自尊。真正的爱情可以提高你的自信心。因为觉得对方优秀而尊重对方,从对方身上发现了生命的价值,而一起努力去创造美好的生活。如果发现对方优秀,感觉自己相隔太远,甚至产生严重的自卑行为,爱情的价值就会降低。如果对方真的是一个优秀的人,而你又是她深爱的人,那么对方就会帮助你提高自己的自信心。如果对方还不成熟,你就要调整自己的情绪,保持旺盛的热情,才能得到真正的爱情。

(3)相互之间无比的亲切。当真正爱上一个人,应该体会到一种非常亲切的感觉。会让你无限依恋,即使有一时的误会和不快,也会转瞬即逝。两个人的亲密感情甚至超过你的父母,你的家人。因为父母只能提供亲情,这种亲情不能像爱情那么细腻、温馨和丰富多彩。

(4)包容对方的缺点。如果真正地爱一个人,也会包容对方的缺点。在恋爱的双方,只要有一方是冷静而成熟的,则必然能够发现对方的某些缺点,但是作为真正的爱情,就不会去计较这些缺点。合适的时候,他们可以相互促进和改正。

(5)敬慕及尊敬对方。真正的爱情是以拥有对方而骄傲,即使是最平凡的人,也会发现对方很多的闪光点。当然,如果真正找到了一个杰出的人,就更加幸运,由崇拜、敬慕、尊敬而发展成为真正的爱情。只要对方觉得你是该爱的人,这种爱情就是坚不可摧的。因为能发现对方的价值,对方也必然认定你为知音。

(6)独一无二和相互信任。真正的爱情是专一的感情。如果心中同时还能够容纳其他异性,那么你就还没有获得真正的爱情。如果他对你是真诚的,你也应该充分相信他,而不要产生无端的怀疑,双方的行动应该是自由的。

(7)人格的相互独立。真正的爱情不是指两人性格相同、志趣相投,而是两人在相互接纳对方的时候,同时保持相互人格的独立。不应该把自己的意志强加给对方,在看法发生分歧的时候可以求同存异。

(8)时时为对方着想。真正的爱情,经常会想着对方苦乐感受。当对方快乐时,会更加快乐;当对方痛苦时,就会更加痛苦。先他之忧而忧,后他之乐而乐。把快乐留给对方,而把痛苦留给自己。

(9)相爱的人是世界上最美丽的。真正的爱情,应该在你的心目中,他是世界上最美丽的。

事实上,你会遇到很多比他更美的人,但你会感觉他是你心中的王子,她是你心中的公主。

(10)爱屋及乌。真正地爱一个人也会随之而去爱他身边的一切,但是真正地去爱对方的一切应该是在爱对方的同时,也去爱他的父母和亲人。

(11)荣辱与共。在如日中天的时候,会爱对方;处于困境的时候,也会更爱对方。爱情不会随着金钱地位、权利的变化而变化,不论成功或失败,都会一如既往地爱对方。

(12)肝胆相照。真正的爱情不会欺骗对方。当然作为个体来说,每个人都有自己的独特性,每个人都有自己的秘密,但是在忠于爱情方面,两人一定是肝胆相照,相互之间是不会有背叛行为的。

爱情如酒,当历久弥香。即便爱久了,会变成习惯。爱情需要两个人的共同努力和付出,来不及计算谁付出得多,谁又付出得少点,所以,尽量宽容点。同时,在两个人的世界,尽量给对方一点空间,给自己的爱情一点新鲜感。总之,可以变换着方式生活,换个方式去表达你对他(她)的爱,而不是一味地去苛求对方。更不能以疲倦为理由,轻易地去结束一段感情。

智者寄语

爱情需要两个人的共同努力和付出,来不及计算谁付出得多,谁又付出得少点,所以,尽量宽容点。同时,在两个人的世界,尽量给对方一点空间,给自己的爱情一点新鲜感。

"吵"出幸福来

吵架是一门艺术,也是善待亲情的另类表达方式。没有吵架的家庭就没有活力;而不会吵架的家庭是危险的,因为他们的每一次吵架都可能是一次家庭大地震。

夫妻,毕竟是两个人、两种性格的组合。这个矛盾的统一体,此消彼长,维系着平衡和统一。要知道任何时候的两强对抗都会破坏这种平衡,引起矛盾的爆发——吵架。

退一步,海阔天空,做人就要懂得必要时退一步,那叫境界,为上上之策。

天底下没有不争吵的夫妻,这一点甚至连名人也不例外。鲁迅和许广平是一对很恩爱的夫妻,但有时也免不了吵上几句。而且,他们在争吵之后,也常常和其他夫妻一样,互不理睬。这当然使两个人都感到很别扭。最后,常常是鲁迅叹口气说:"唉!都怪我脾气不好。"许广平一听,也会怒气全消,对鲁迅笑着说:"看在你曾经是我老师的情分上,否则,我真不答应呢!"于是,双方之间的不快便随之烟消云散了。

美满的婚姻不是只凭着夫妻两人循规蹈矩,不做错事情,就可以保证得到的。两个人还有一个重要的功课去学习,就是如何处理彼此之间的冲突。生活中,夫妻发生争吵怎么办?下面来介绍几种夫妻吵架的秘诀:

(1)夫妻吵架应该"讲情",而不是"讲理"。一般情况下,夫妻吵架的特征是争理,所以拼命地抓住对方的语病,找出对方逻辑的缺陷,集中火力而攻之,让对方没有招架的余地。问题是"争理"的过程中往往会"伤情",赢了理往往会使对方对你没有感情。夫妻之间的争执用"交情"来处理,远比用分析、辩论的吵架要有建设性。

(2)夫妻之间,吵架是不可避免的,应该视为正常现象,不必惊慌。夫妻两人,不仅性别不同,性格、观念、习惯等亦互有差异。恋爱时,彼此还有机会掩饰;结了婚,朝夕相处,互动频繁,大大小小的冲突是无法避免的。面对这些冲突时,若是大惊小怪,以为有了争执就表示两个人不适合在一起,这是一种错误。

反之,若以为美满的婚姻就是两个人永远不争吵,所以在冲突时,只好极度地容忍,百般地委曲求全,以维持一个表面的和平状态,这也是不正常的现象。事实上,夫妻应该以积极的角度来看待吵架。"会"吵架的夫妻(即知道吵架的原则的人),两人之间的感情会愈来愈好,而且吵架的次数也会愈来愈少。

(3)吵架是"角度"问题,而不是"是非"问题。夫妻吵架的主要原因是以为事情一定只有一个答案。吵架者的基本心态是"这件事一定是我对,我的另一半一定错了。"问题是当两个人都这样想时,吵架就层出不穷了。

事实上,家庭纠纷、夫妻争执等经常都没有固定的答案,纯粹是属于角度问题,而不是是非问题。"会吵架"的人在争执的过程中,努力地去体会对方的真正意思,或比较两人之间的差距在哪里。"不会吵架"的人,在争执的过程中却极力地要驳倒对方,只要证明自己的"无误",结果反而两败俱伤。

(4)千万不要赢。夫妻吵架不管谁赢谁输,事实上没有赢者,双方都是输家。万不得已吵架时,会吵架的人最多只是"点"到为止,从来不想赢架。会吵架的人,事事给对方留余地,让对方有台阶可下,不会吵架的人却时时想把对方赶尽杀绝。

(5)叙述事情的真相,不要添油加醋地形容自己的感觉。吵架一定是事出有因。"会"吵架的人在吵架的过程中会集中在事情的叙述上,让对方知道自己的状况与需要;"不会"吵架的人却喜欢夸大地表达自己在生气,因此常用最偏激的形容词来激怒对方。

(6)先认输的人才是大勇者。吵架既然是角度不同所引起的冲突,成熟的人会极力地设法去避免。而避免吵架的最好的方法就是承认对方的意见可能比自己的好。

(7)千万不要在第三者面前吵架。吵架者为了证实自己是对的,经常喜欢在局外的第三者面前控诉,希望别人会支持他。而为了争取较多的同情,就必须不断地提到配偶的缺点。这种在第三者面前控诉配偶的习惯对夫妻之间的感情破坏性极大,夫妻之间必须竭力避免,否则受害的还是自己。"会"吵架的人只希望夫妻两人能面对面地处理彼此之间的冲突,只要不在父母、朋友、同事面前争吵,两个人感情复原的可能性才可能提高。

小吵小闹从另一个角度看来叫情趣,但有时候可千万别过头了,伤了彼此的心,伤了心对夫妻间的感情影响是很大的。

智者寄语

吵架是一门艺术,也是善待亲情的另类表达方式。没有吵架的家庭就没有活力;而不会吵架的家庭是危险的,因为他们的每一次吵架都可能是一次家庭大地震。

避免过多的指责

很多人在家里,对自己的亲人任意指责,他们认为:"都是一家人嘛,有什么要紧的。"实际上,正是由于这种做法伤害了亲人之间的感情。

批评是交流的一种特殊类型,能割断、破坏彼此之间的关系。批评者的目的往往并不是为了解决冲突或拉近与对方的距离,而是觉得自己有理,高人一等。批评是发泄愤怒的一种方式。批评时,你总要挑毛病。你向对方传达的信息是:"你在某些方面有缺陷,让我无法接受。"批评的确能影响他人,使对方或者有意避开你,或奋起反抗,或把你记恨在心。批评是没头脑的表现,起不了什么作用,不会产生预期的效果。

从南美洲巴贝巴部落的行为中,我们发现了极不寻常的例证。这个部落的成员如果犯了错就会被带到村子中心。这时村里的所有人都会放下手里的活,聚集起来,把他的优点和善举,都准确而详尽地回忆一遍,而对其所犯的错误却只字不提。

这种仪式有时能持续几天,直到聚集的人群在这个人周围围成一个人圈。每个人,不分长幼,依次对圈中的人讲话,列举这个人做过的好事。这个人所有的积极表现,包括他的好品德,把这个人的积极表现一个不落地说了一遍,仪式才宣告结束。此时圈中的人已经完全沉浸在一片赞美声中,同时受到族人的欢迎并最终回归部落。

你能想象这个人对自己的感觉吗?你能想象这个人要求继续发扬光大这些优点的欲望有多强烈吗?或许今天的人们也应该在婚姻和家庭中举行类似的仪式,以取代那些喋喋不休的数落和批评。肯定和鼓励性的回应可以改变我们的生活。因为我们希望而且需要他人相信我们。有时抱怨两句,是很正常的现象。然而怨言可以通过一定的方式表达,使家人愿意倾听而不会太抵触。比如,你应该多谈谈对方做什么能得到你的赏识,而不是总是盯着让你反感的地方。这样你的家人更有可能听你的话,考虑你的要求。如果你能坚持这么做,并且在愿望得到满足时给予对方赞扬和感谢,你将发现可喜的变化。以这种方式与对方交流带来的成效远比批评好得多,对待孩子也是这样。赞赏具有强大的力量,不容低估。

家庭中经常指责对方常常会产生以下的后果:
(1)由于压抑、敌意而变得极为沮丧。
(2)心灵痛苦会影响生理状况,会出现身心反应性疾病。
(3)变得凶狠、感情冷漠。
(4)失去个性。
(5)把不满发泄到孩子身上,并造成孩子的心理障碍。
(6)夫妻顶嘴,或是吵架,互相发泄不满。
(7)感到这种婚姻真是枷锁,于是要求离婚。

因此说,在婚姻生活中应避免过多的指责,学会彼此间的欣赏,这样的婚姻才能够美好。这种欣赏并不仅意味着欣赏对方的优点,还要包容对方的不足。在朝夕相处的生活中,无论是优点还是缺点都会尽显无遗。如若不能欣赏和理解,特别是对缺点的包容,就容易产生分歧,让相爱的两个人对爱情产生怀疑,对婚姻造成不利的影响。

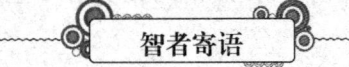
智者寄语

只有学会欣赏,才能看到世界的另一半,才能毫无保留地拥有一个完整的世界。

家是讲情的地方,不是讲理的地方

家,是讲情的地方,不是说理的地方,夫妻之间若要论理,则家无宁日。

感谢
折磨你的人

有这样一对老夫妻,当他们得知女儿要结婚时,心里非常高兴,夫妇俩送给女儿一个锦囊,里面有封信,把他们自己多年的婚姻生活体验告诉了女儿,信中说:"这就算祝福你新婚的礼物。"

他们在信中告诉女儿:"家不是个讲道理的地方。"他们说:"这句话乍听没有道理,但却是真理,是多少夫妇,用了多少岁月、尝了多少辛酸,在纠缠不清、难解难分的爱恨与是非的混乱中,梳理出来的一个结论。当夫妇开始据理力争时,婚姻便开始蒙上阴霾。表面上是讲道理,其实两人都不自觉地抱着满脑子自以为是的歪理,互相敌视、互相伤害,讲理讲到最后,只落得个两败俱伤、分道扬镳的结局。"

家的确不是讲理的地方,家是讲"爱"的地方,家最需要的是宽容和理解。

有人说,世上有三种人可以不讲理:一是疯子;二是病人;三是情人。情人为什么可以不讲理呢?因为两人之间有感情、有依赖和信任,等等,这些都不是可以用道理说清楚的东西。既然用道理无法说清楚,讲道理自然就行不通了。

谈恋爱的时候,男人似乎很能容忍女人的不讲理。有时候,女友的蛮横、赌气、吵吵闹闹反而是爱情中的小插曲,能把爱情点缀得更甜蜜。可是,女友一旦成为妻子,男人的好脾气一下子就消失了,因为他们已转换成丈夫,变成一家之主了。但女人的角色转换过程比较慢,她们大都还在做梦,隔三差五还想跟丈夫赌赌气,耍耍大小姐脾气,还想让丈夫哄着她让着她。不幸的是,她们的丈夫早已不是那个恋爱时处处让着她的男孩子了,他们会生气,会开始要求老婆"做事说话请讲道理"。而这个"讲道理",免不了就要伤害夫妻间的感情了。

有人说,男女两性的感情历程不同,男人是从百花齐放的春天很快进入炎热的夏季,而炽热的情火燃烧之后就迅速地进入成熟的秋天,不久,寒冷的冬季就来临了。女人不一样,她们长久地在春日里徘徊,很久以后才进入燃烧的夏季,接着,她们并不马上步入秋日的成熟,而是缓缓地再度转回春季,继续徜徉在温暖的春光里。所以,有很多女人,包括一些十分优秀的女人,在自己的爱人面前,感情都脆弱得很,是禁不住打击的。

萍是一位中年职业妇女,在公司里当主管,她平时待人谦和,处理公事时有条有理,对待亲朋好友周周到到。可是在家里,尤其是在丈夫面前,却常发脾气,有时还会莫名其妙地和丈夫怄气。

刚开始,丈夫很不能谅解,对她说:"你是个明理的人,怎么偏偏跟我在一起时会这么不讲理呢?"萍想了一想,回答说:"我只能跟你发脾气,跟别人发脾气,谁理我呀?"虽然这个回答蛮不讲理,但从妻子的口里说出来很自然。这时候,做丈夫的能够跟妻子争辩吗?争辩又有什么用呢?只是浪费体力、破坏感情而已。

懂得爱你的妻子,懂得在你妻子"不讲理"的时候宽容一些,是一个丈夫走向婚姻圣坛的第一课。

莲的婚姻中有这样一个故事。

那是个秋日微凉的黄昏,她刚跟丈夫怄过气,披散着一头湿淋淋的乱发,站在阳台上,任风阵阵地吹着。丈夫突然拿着吹风机走过来,对她说:"好了!坏女孩!快进来把头发吹干。"一头湿气渐渐散尽时,丈夫有感而发地说:"或许,几十年后的某个黄昏,你一个人独坐的时候,会忽然想起眼前的这一刻,而我那时已经先你而去了。"

当时听了这话,莲说她"刹那间体会到了丈夫心中那份疼惜我的心情"。

佛语说:"十年修得同船渡,百年修得共枕眠。"而百年之后又能相守几时?在莲的回忆里,丈夫在争吵之后帮她吹头发时说的话,深深地打动了她,让爱耍脾气的莲领略到,夫妻俩的感情有多珍贵。

宽容与体贴是增进夫妻感情的良药。事实上,如果每个男人都能学会如何与妻子和谐相处,多多注意她的优点,并且适时地告诉她,她便能很快地满足了。有人说:"称赞她穿的旧衣服漂亮,她就不会要流行的新衣;吻一下妻子的眼睛,她就会变成'瞎子';吻一下她的嘴唇,她就变成'哑巴'了。"女人其实并不难懂,只要多一分关心,多一分宽容,她就会是你这辈子最好的礼物。

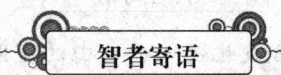
智者寄语

不要试图同你的配偶讲道理,因为家庭本来就不是一个讲理的地方。

相爱就是给彼此自由

《圣经》中神对男人和女人说:"你们要共进早餐,但不要在同一碗中分享;你们共享欢乐,但不要在同一杯中啜饮。像一把琴上的两根弦,你们是分开的也是分不开的;像一座神殿的两根柱子,你们是独立的也是不能独立的。"

在婚姻中两个人的关系是有韧性的,拉得开,但又扯不断。谁也不束缚谁,到头来仍然是谁也离不开谁,这才是和谐的婚姻。

夫妻之间产生争执的主要原因,是他们把婚姻当成一把雕刻刀,时时刻刻都想用这把刀按照自己的要求去雕塑对方。为了达到这个理想,在婚姻生活中,当然就希望甚至迫使对方改变以往的习惯和言行,以符合自己心中的理想形象。但是,有谁愿意被雕塑成一个失去自我的人呢?于是,离婚就成了唯一的一条路。

每个人本身都是"艺术品"而不是"半成品",人人都企望被欣赏,而不愿意被雕塑。所以,不要把婚姻当成一把雕刻刀,尽想着把对方雕塑成什么模样。婚姻是一种艺术眼光,要懂得从什么角度欣赏对方,而不是去束缚对方,彼此之间的空间太小了,谁都会感到不安。

不知生活中的丈夫是否注意到,你的妻子是否因为忙于家务而没有对你所做的事情感兴趣呢?你是否是一个传统观念很强的人,要求你的妻子必须喜欢你所做的事情?你可能喜欢足球,可她却不喜欢,而她却要坐下来陪着你。

没有人提出建议,要求男人也喜欢针线活儿或者女人喜欢的其他东西。难道你的另一半就应该失去自己的人格和个性,成为你的影子?

在现实的婚姻当中,如果男人和女人想互相扶助,就必须保留各自的个性。

完全依附于丈夫的妻子并不是好妻子,就像为了取悦妻子而改变自己的丈夫不是好丈夫一样,要知道,夫妻二人真诚相爱却兴趣不同是完全可能的。所以,谁也不能把对方纳入自己的视线中,要求他(她)想己所想,做己所做。

丈夫和妻子毕竟是两个不同的角色,他们有共同之处,但他们是两个人而不是一个人,只有保持各自的个性,才能过上美满的生活。

婚姻由两个不同的个体组成,他们必须和谐地生活在一起,为对方的生活添加幸福与快乐。

婚姻生活应该是二重奏,而不是独奏。

感谢
折磨你的人

婚姻生活需要技巧,需要经营,给彼此留一个自由的空间,婚姻的容量就会加大。婚姻需要的是两个人的互补,而不是完全的相同,时时刻刻以自己的要求去捆绑对方,婚姻就不再是一种和谐,而是一种重负。给另一半一个心灵的空间,你会发现你们之间不是走得更远了,而是更近了,不要去要求你们思想、行动上的绝对分不开。而要学会在分开中实现分不开,弦绷得太紧,总有一天会断掉,更何况你们本来就是两根不同的弦,给他(她)一个自己发声的空间,不仅是出于对对方的尊重,还是婚姻中的一种境界,一种不可或缺的美。

婚姻生活需要技巧,需要经营,给彼此留一个自由的空间,婚姻的容量就会加大。

第三章 折磨你的人会磨炼你的意志

痛苦的折磨能带来收益

我们所遭遇的每一件事,都是有助于我们心灵成长的精心设计,都是用来指导我们的生命旅程的。

你在遭受工作的折磨吗?

你在遭受老板和上司的折磨吗?

你在遭受失恋的折磨吗?

你在遭受家人和师长的折磨吗?

你在遭受病痛的折磨吗?

……

没关系,这些折磨能为你带来教益。

诚如美国开国先哲本杰明·富兰克林所言:"唯有痛苦才会带来教益"。一个成熟的人一定经历过许许多多的痛苦,没承受过很多痛苦的人一定不会成熟。承受痛苦是走向成熟的必由之路,任何人都不能回避。

如果你现在还在遭受这样或那样的折磨,你就该庆幸,因为命运给了你战胜自我、升华自我的机会。换一种眼光来看待这些折磨吧,感谢那些在工作和生活上折磨你的人,你就会获得幸福。唯有以这种态度去面对人生,才能获得真正的成功。

《神圣》一书的作者唐纳德·尼科尔在该书中有一句非常精彩的话:"如果明白发生在自己身上的每件事,都是上苍设计好的,我们就会永远立于不败之地。"

的确,我们要想让自己心甘情愿地面对人生的种种痛苦,并竭尽全力去克服它们,就必须先改变对待痛苦的态度。一旦我们领悟到了,我们所遭遇的每一件事,都是有助于我们心灵成长的精心设计,都是用来指导我们的生命旅程的,我们就注定会成为赢家。

一群少年非常喜欢捕鱼,他们常常结伴在一个深潭边钓鱼。但是,每次忙活半天,都只能捕到一些小鱼。可他们却看到集市上的一位中年渔夫天天卖大鱼,于是很好奇地问:"你这些大鱼是从哪里来的?"中年人说:"当然是从河里得来的!"

少年好奇地问:"我们也是经常在河里捕鱼,为什么半天钓的鱼加起来还没有你的一条鱼重呢?"渔夫神秘地说道:"那是,我有门道!不是每个人都想弄到大鱼就能够弄到大鱼的!"

少年们央求中年人说:"那你教教我们吧!我们只是喜欢捕鱼,保证不会在这集市上来卖鱼抢你的生意!我们只是想感受一下捕到大鱼的感觉。"在少年们的再三请求下,渔夫终于答应等集市散了,到河边为少年们传授秘诀。

集市散了,渔夫收拾好自己的鱼篓,带着少年们来到了河边。

"你们一般都在哪里捕鱼?"中年人问。少年们指一指河面比较平静的那一段,说:"当然是那里了,水流比较缓,鱼肯定比较多!"

渔夫哈哈大笑,说:"你们知道我在哪里捕鱼吗?"渔夫指一指潭上不远的河段,那是一个水流湍急的河段,雪白的浪花哗哗地翻卷着。

少年们都觉得这渔夫很可笑,在浪大又那么湍急的河段里,怎么会捕到鱼呢?那些鱼肯定会选择水流比较缓和的地方栖息!

渔夫笑笑说:"潭里风平浪静,所以那些经不起大风大浪的小鱼就自由自在地游荡在潭里,潭水里那些微薄的氧气就足够它们呼吸了。而这些大鱼就不行了,它们需要水里有更多的氧气,没办法,它们只有拼命游到有浪花的地方,浪越大,水里的氧气就越多,大鱼也越多。"渔夫又得意地说:"许多人都以为风大浪大的地方是不适合鱼生存的,所以他们捕鱼就选择风平浪静的深潭,但他们恰恰想错了,一条没风没浪的小河里是不会有大鱼的,而大风大浪恰恰是鱼长大长肥的条件之一。大风大浪看似是鱼儿们的苦难,但这些苦难却是鱼儿们的天然给氧器啊!"

水流平静的河流是不会有大鱼的,只有风大浪急的河流,才能够出大鱼。这就像一个人不经历苦难,永远成不了气候一样,只有经历一定的挫折和失败,一个人才能够真正取得成功。所以每个人需要做的,就是要正视苦难,把每一次遭遇都当成是心灵成长的精彩设计。

李嘉诚说过:"苦难的生活,是我人生的最好锻炼。"因为正视了苦难对自己的作用,所以,他获得了巨大的成功。这就是比尔·盖茨选择把自己财产的大部分捐出去的原因,因为他知道,如果不让孩子吃苦,那就是变相地对孩子不负责。

正视苦难,也就正视自己的人生,苦难是最好的老师,它会让你逐渐由幼稚走向成熟,在不断的拼搏中获得成功。如果用积极的心态去面对苦难,那么苦难将是一笔不菲的财富。

智者寄语

水流平静的河流是不会有大鱼的,只有风大浪急的河流,才能够出大鱼。这就像一个人不经历苦难,永远成不了气候一样,只有经历一定的挫折和失败,一个人才能够真正取得成功。

感谢打压你的人,让你懂得什么是百折不挠

小草被野火全部烧没了,可来年春天,它们照样长了出来,并且越发茂盛;柳树虽被人压住了顶部,但它们没有被顶端的砖块所压制,最终长成一排茂密的林荫带;蚂蚁们被一块硕大的玻璃门挡住了去路,于是,有些选择寻找新的出路,穿过一个小洞,而有些则通过千百次的掉落后,终于爬上玻璃门的顶端,过到了另一边;一条河挡住了一个人的去路,于是,他折了树枝造了木筏,划到河中间木筏散了,他掉进了河里,更倒霉的是他根本不会游泳,就在快要沉下去时,他看

到了一条鳄鱼,于是使劲扑腾,最终竟以惊人的速度游到了河对岸,从鳄口逃生……

人有着无穷无尽的潜能,也有着任何风雨都击不败的毅力。当然,人的惊人毅力不是随时随地都能出现的,只有当他们遭遇挫折,遭受打击,面临危险和困境时,才会有超乎寻常的展现。因此,我们要感谢那些打压我们的人,是他们让我们懂得什么是百折不挠,什么是锲而不舍,什么是出人头地。

一颗轻轻一碰就能折断的麦芽,缘何能冲破坚硬的土壤,最终展露于阳光之下?就是因为那压制在它身上的黑暗,让它对阳光充满了渴望,并最终以超乎寻常的毅力冲破阻力,获得新生。

那么,面对那些打压我们的人时,我们是不是对成功有了更多的渴望,对超越对方有了更多期许?假如没有对方的压制,你还会因喘不过气来而奋起反抗吗?你会为了摆脱对方的压制,不断地修炼自己吗?你会为了"报复"对方,将他的职位取而代之吗?你会为了展现自己的才华,不断地去经营自己的人际关系吗?你还会为了不埋没自己,积极寻找一蹴而就的机会和助你成功的伯乐吗?更关键的是,你会知道自己有比上司更强大的优势吗?也许会,但并不强烈,也许知道,但并不想进一步证明。

百折不挠是一种精神,就像黄豆经历粉身碎骨后,最终变成可口香甜的豆浆一样。一个有百折不挠精神的人,无论他遭遇怎样的困境,身心受到多大的伤害,他最终都能将自己历练成一个刀枪不入的人,并历经千辛万苦达到自己想要达到的目的。

对于一个有百折不挠精神的人来说,没有什么问题是他所解决不了的。没有什么苦头是他不敢吃的,没有什么磨难是他不敢面对的。不过,人的这种精神不是生来就有的,而是在一点一滴经历不幸之事的磨砺下才产生的。就像穿高跟鞋一样,一块皮肉第一次被磨出了血泡,挑破结痂。第二次再破。等到同一块地方破上三四次后,皮肉就会变成死肉,那里已经没有了知觉,再磨也磨不出血来了。每个人的身心一开始都很脆弱,但是经历的磨难多了,受到的压制多了,遭遇的打击多了,慢慢整个身心就会变得坚强无比,并最终被磨砺得刀枪不入。

对于一个人来说,最痛苦的事莫过于能力得不到认可,甚至没有机会展现自己。可是越被人压制,我们越渴望自由,别人越想将我们埋在地底下,我们越想活到阳光里去;别人越不愿意发生的事情,我们就越愿意让它发生。在这种打压与反打压的过程中,我们的毅力得到了锻炼,使得我们不再畏惧任何困难。

智者寄语

只要你想着难以容忍别人的打压,想着寻找机会摆脱对方的束缚,让自己变得更强大,你就应该感谢打压你的人,是他让你百折不挠的精神有了苏醒,使得你不再畏惧任何人任何事,也使你更加渴望成功!

厄运可以让你重获新生

每一个人都有遭遇不幸和厄运的时候。不过,身陷厄运,不同的人态度也截然不同,有的人愿意乞怜,有的人会自暴自弃,有的人习惯诉苦,而有的人则会奋力自救。当然,你选择怎样的态度,也就选择了你最终的结果。

诉苦至多博得几滴同情的眼泪,在你想得到别人同情时,你从内心已让自己低人一截了;乞

感谢
折磨你的人

怜可能连同情也得不到,而得到的是数不清的白眼;自暴自弃更是下下之策,本来还有突围的可能,因为自暴自弃而失去了这份可能;本来还有东山再起的机会,因为自暴自弃而让机会从眼前溜走。

如此看来,唯有自救才是你摆脱厄运的唯一方法。只有奋力冲锋,杀开一条血路,才能求得海阔天高的生存空间。当别人帮不了你,上帝也无法救你之时,你只有自己救自己了。勇敢地面对厄运的挑战,奋力与厄运拼搏,你就能获得新生。

一个名叫保罗的小伙子从祖父手中继承了一片森林庄园。可是,没过多久,一场雷电引发的山火就将其化为灰烬。面对焦黑的树桩,保罗感受到了从未有过的绝望。但是年轻的他不甘心百年基业毁于一旦,决心倾其所有也要修复庄园,于是他向银行提交了贷款申请,但银行却无情地拒绝了他。接下来,他四处求亲告友,依然是一无所获。

所有可能的办法全都试过了,保罗却始终找不到一条出路,他的心在无尽的黑暗中挣扎。他知道,自己以后再也看不到那郁郁葱葱的树林了。为此,他闭门不出,茶饭不思,日渐消沉,他甚至后悔当初不该从爷爷手中继承这份遗产。

一个多月过去了,他的外祖母获悉此事,意味深长地对保罗说:"小伙子,庄园成了废墟并不可怕,可怕的是你的眼睛失去了光泽,一天天地老去。一双老去的眼睛,怎么可能看得见希望呢?"

保罗在外祖母的劝说下,一个人走出庄园,走上了深秋的街道。他漫无目的地闲逛着,在一条街道的拐角处,他看见一家店铺的门前人头攒动,他下意识地走了过去。原来,是一些家庭妇女正在排队购买木炭。那一块块躺在纸箱里的木炭忽然让保罗眼睛一亮,他看到了一线希望。

在接下来的两个多星期里,保罗雇用了几名烧炭工,将庄园里烧焦的树加工成优质的木炭,分装成箱,送到集市上的木炭经销店,结果,木炭被一抢而空,他因此得到了一笔不菲的收入。

不久,他用这笔收入购买了一批新树苗,一个新的庄园出现了。几年以后,森林庄园又渐渐恢复了它原有的生态。

只要眼睛不失去光泽,心灵就永远不会荒芜。

我们每一个人都有身处厄运的时候,但在这时,与其悲伤流泪,还不如从自己现有的条件出发去慢慢耕耘,一旦机会来临,自己也有了足够的条件去发展,境遇自然就会好转。

许多事实证明:在厄运降临时,只要你不让自己消沉颓废,压力是不能把你怎样的。

有道是"自助者天助",无论你身处多大的困境,都不可以自暴自弃。只要你有心摆脱逆境,并且付出行动,你就一定能改变现状,重获新生。

当一个人的意志变成了一块顽石时,没有什么可以打败他,更没有什么可以吓倒他。无论陷入什么样的困境,他都能够永远立于不败之地。

"野火烧不尽,春风吹又生"这句诗之所以流传千古,是因为它向人们阐述了一个生命力的概念,其寓意远远超出了诗句表面的"诗情画意"。

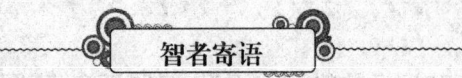
智者寄语

只要眼睛不失去光泽,心灵就永远不会荒芜。

成功者在他人打击中自强,失败者在他人打击中沉沦

折磨无处不在,如果我们没有很强的抵御能力,很容易被来自生活方方面面的打击弄得身心俱碎。

同样的两棵树,经历一场暴风雪后,其中一棵经不起寒冷的天气、暴风的肆虐,枯死了。而另一棵却在寒风暴雪的打击下,变得更加坚强,来年春天长得更茁壮了。也许我们的人生也会常常遭遇这样的暴风雪,如果我们能很好地抵抗,就能练就百折不挠的精神,从而走向成功;如果我们不能抵抗,屈从命运的打击,低头不再向前,那只能一辈子做个失败者。

自己的观点、想法、能力、做事方式被别人否决,的确是一件让人深受打击的事情。如果来自外界的反对声音不在理,我们会因为对方有意跟自己过不去,故意不肯定自己,心里窝一肚子火;如果对方说得很在理,各种观点想法都超出了你提出来的那些,于是,你就会掉入自卑的泥沼,心想自己怎么就没有想到这些,自己考虑问题的角度跟对方怎么就存在那么大的差别?如果你的观点常常遭到别人的否决,你的自卑就会日积月累,越垒越高,甚至对自己产生怀疑,想着自己这十几年来可能坚持的某个想法一定是错的,并最终彻底丢掉了自己的想法,附和了别人的想法。而当你只是屈从别人的看法、不去自我提升以后,得到的结果肯定是沉沦。

杨一和杨双是两姐妹。从她们开始谈朋友找对象开始,其母亲就教导她们:"嫁汉嫁汉,穿衣吃饭!""有家,才能嫁!""租房的男人,对你们来说,就相当于租了个男人,婚姻、爱情都不会长久!"杨一和杨双都很讨厌母亲的这种论调,认为母亲太现实,把美好的感情同房子金钱混为一谈,实在是老太太们的低俗想法。可是,等到两人都步入婚姻后,她们才发觉油盐酱醋米才是婚姻的主旋律,爱情在没房没存款面前变成了奢侈品,双方每天疲于生活奔波,早没有了谈情说爱的激情,每日谈论最多的便是如何攒钱、如何开源节流。

姐姐杨一想,不能让母亲所谓的没有房婚姻爱情不长久的说法成为现实,于是,她更加努力地投入工作,更积极地去为她的第一套房子打拼,老公也在她的带动下,开始兼任两份工作。几年的拼搏后,两人终于拥有了房子、自己的事业、美好的婚姻,以及和睦的家庭。而妹妹杨双,与丈夫挤在30平方米不到的房间里,每天与其他房间的室友抢厕所、抢洗衣机、抢灶台。一开始还能忍受,可是随着次数的增多,她越来越苦闷,跟丈夫的争吵次数越来越多。回娘家想清净几天,又换来母亲的打击,说什么"不听老人言,吃亏在眼前!""我当初说的都应验了吧!"等等。

虽然杨双赌气不再理母亲,可是静下心来,她想也许母亲是对的,没有房子的婚姻真得薄如纸片,一捅即破。而此时正好身边出现了一个追求者,这个人有车有房有事业,唯一美中不足的就是有老婆,可他给杨双承诺会跟妻子离婚,并为其买了一套房子。于是,杨双与丈夫离婚,彻底当起了第三者。但好事难圆,最终对方没有离婚,并彻底断绝了跟她的关系,因为做第三者被母亲姐姐疏远的杨双,只能守着空房子独自落泪。

无论我们从事怎样的事情,反对的声音往往会从四面八方传来,弄得我们不知所措。其实,对于有主见的人来说,别人的看法只能作为参考,自己的想法才是最重要的。如果别人的反对声都在理,他们就会及时悬崖勒马;如果反对的声音有些可利用,有助补足自己的想法,他们就会毫不犹豫地拿来用;如果对方说得毫无道理可言,便会坚持自己的想法不轻易放弃,即便某一

感谢折磨你的人

天他们发觉自己想的、说的、做的真的错了后,他们也不会马上备受打击地放弃自己的坚持,而是考虑如何扭转乾坤,通过自己的努力和奋斗,挽救自己的错误。于是,在自我的坚持中,有主见的人最终还是获得了成功。

而没有主见的人,他们很容易因为别人的看法而左右摇摆,尤其面对打击时,更是对自己信心全无。比如别人说那样做不对,他坚持一意孤行,最终遭遇失败,于是就会备受打击,并为当初自己不听别人的意见后悔莫及;或者自己坚持的事情,被别人怀疑甚至给出某些有理有据的反对声音,此时就会对自己的想法产生动摇。积极性受到打击,从而选择放弃。就像猴子一样,捡了玉米丢了芝麻,捡了西瓜又丢了玉米,此后又因为别人说西瓜是生的,就扔到悬崖下,最终两手空空。如此,我们还如何成事?

一个人因为在工作中遇到挫折而备受打击,很久都走不出那个阴影。总觉得自己的面子无法挽回,总觉得自己做的没有错是别人的错,总觉得别人在议论嘲笑自己,于是很久不能恢复到原有的状态中去,生活中情绪低落,工作中被抵触情绪左右着言行,不能和大家融洽相处。所有人都能看出他做得不对而他依然执迷不悟地沉浸在自己的悲观中,他始终看不到自己的行为有什么不妥之处,只是对劝慰的人说这些事没有发生在你们身上,你们才会这么说。于是,就这样他固执地坚持着不肯放下那件已经过去了很久的旧事。

成功者在他人的打击中自强,失败者在他人的打击中沉沦。现实生活中,打击无处不在,我们能改变的不是别人的打击,而是自己。如果别人骂你是个窝囊废,你就深受打击,从此一蹶不振,那你真就变成窝囊废了。如果我们能将这种打击转化成能量,积极地改变自己,努力地去奋斗,从而获得事业的成功,那就是对别人打击的最好报复。如果别人说,你是错的,你目前坚持的一切都是错的,也不要立刻放弃,或者惊恐不已,而是想想还有什么可以挽救的办法,是否能通过这件事开辟出第三条路来!既然我们选择了就不要后悔,唯一能做的就是如何挽救错误。挽救的结果也许不容乐观,但至少我们吸取了教训,得到了经验,避免下次同样的事情发生。如果你因为别人一句话就深受打击,并放弃自己一直坚持的,那不是悬崖勒马,而是懦弱。这样的做法只会让你养成事事半途而废的习惯!

智者寄语

打击无处不在,我们能改变的不是别人的打击,而是自己。

失败让我们变得坚强

人的一生不可能始终一帆风顺,总会遇到坎坷,总会遇到挫折。正因为如此,我们才能更坚强,才能更成熟,坚强和成熟是你生命中最大的收获,为此你必须有所付出。

美国著名的杂志《财富》曾经用一个年轻人做封面,他就是19岁的詹森·斯维朋。这个幸运的年轻人,在风险投资家的支持下,借助网络大潮办了一个名为"心想事成"的网站,短短几个月里,点击率竟达900万人次,赚进了上亿美元。小伙子沉浸在巨大成功的喜悦之中,错误地认为自己具有非凡的才能,是一个天之骄子,能成就一番大事业。

社会上的许多人推崇他为第二个比尔·盖茨,一些投资家也把目光投向了他,主动为他提供贷款。在这些外在因素的推动下,公司的股票很快上市,斯维朋的财产像滚雪球般地越滚越大,从原来的1亿美元激增为26亿美元。

一个年仅20岁的小伙子,竟然有几十亿的财产,这简直是一个神话。新闻媒体不遗余力地大肆宣传,他的身边聚集了大量闻风而动的美女,甚至有一家电影公司要为他拍一部电影。斯维朋被巨大的光环笼罩着,有些忘乎所以,开始同世界超级模特约会,生活极尽奢华,花钱如同流水,在短短的两年内竟然花去3.24亿美元,平均每天花费45万美元。

然而,天有不测风云。股市骤然恶化,公司的股票价格由原来的每股126美元降为2美元,公司被迫宣布破产。转眼之间,斯维朋由亿万富翁变为一文不名的穷光蛋,他头上的光环消失了,热恋的模特不见了踪影,如云的美女作鸟兽散,准备拍电影的公司也离他而去。

斯维朋想要东山再起,四处借钱举贷,然而没有一家公司或银行愿意借钱给他,这让小小年纪的他便体会到世态炎凉的滋味。最后,他的叔叔借了一部分钱给他,他再次申请注册了一个网站,但昔日的风光不再。他并不气馁,他认为自己还年轻,还有很长的路要走,而年轻就是他最大的资本,这是比尔·盖茨所不具备的。

这段大起大落的经历,让斯维朋学到很多东西:一是对金钱有了更明确的认识,那就是钱不认识人,人只认识钱;二是有钱的日子也应该当穷日子过,因为钱随时可以来,也就随时可以去;三是过于顺利容易使人迷失生活的方向,失败有时候反而让人坚强,让人成长。

许多人喜欢看NBA的掘金队打球,特别喜欢看小个子博伊金斯上场打球。博伊金斯身高只有1.65米,在东方人里也算矮子,更不用说在即使身高两米都嫌矮的NBA了。

据说博伊金斯不仅是现在NBA里最矮的球员,也是NBA有史以来破纪录的矮子。但这个矮子可不简单,他是NBA表现最杰出、失误最少的后卫之一,不仅控球一流,远投精准,甚至在高个队员中带球上篮也毫无所惧。

每次看博伊金斯像一只小黄蜂一样满场飞奔,人们心里总忍不住赞叹:他不只安慰了天下身材矮小而酷爱篮球者的心灵,也鼓舞了平凡人内在的意志。

博伊金斯是不是天生的好球手呢?当然不是,这是失败使他顿悟的结果。

博伊金斯从小就长得特别矮小,但他非常热爱篮球,几乎天天都和同伴在篮球场上打球。当时他就梦想有一天可以去打NBA,因为NBA的球员不只待遇奇高,而且也风光无限,是所有爱打篮球的美国少年最向往的梦。所以,当他从学校毕业后,拿着老师的推荐信来到所在城市篮球俱乐部报到的时候,教练和球员听到他的话都忍不住哈哈大笑,甚至有人笑倒在地上,因为他们"认定"一个1.65米的矮子打NBA是天方夜谭。后来的结果可想而知。

但是,这次人生的失败并没有阻断博伊金斯的志向,反而激发了他的斗志。为了实现打NBA的宏愿,他把所有的时间(除了吃饭和睡觉)都用在了打球上,苦练控球要领和投篮技术,尤其他的控球花样繁多,让人防不胜防。十年过去了,隐藏在他身上的篮球智商迅速而充分地挖掘出来,他的球技出神入化,终于成为全能的篮球运动员,也成为最佳的控球后卫。他充分利用自己矮小的优势,行动灵活迅速,像一颗子弹一样,运球的重心最低,不会失误,个子小不引人注意,所以,盗球常常得手。

拥有个性,做自己的主人,不要被失败所左右,勇敢地走自己的路,这是博伊金斯成功后所要告诉我们的秘诀。当你抛弃对自我的成见,努力的程度又为人称道的时候,成功就变成了一件轻松愉快而又伸手可及的事情。

长期以来,我们所受到的教育都是鼓励人在困难的时候要义无反顾,要勇往直前。实际上

感谢折磨你的人

当真正遇到失败时,每个人的内心世界里都本能地出现迷乱、紧张、不知所措,甚至绝望。而战胜这种精神状态才是坚强。

智者寄语

坚强不是人与生俱来的,而是人类在成长过程中的一种品格习惯,一种成就的标志,一种反复刺激以后的精神状态。

意志比才干更重要

松下电器公司招聘一批基层管理人员,为了能够真正选拔出人才,公司采取笔试与面试相结合的方法进行选拔。公司计划招聘10人,而报考的却有几百人。经过一周的考试和面试之后,通过电子计算机计分,选出10位佼佼者。当松下电器公司老总松下幸之助将录取者的资料一一过目时,发现有一位成绩特别出色、面试时给他留下深刻印象的年轻人未在10人之列,于是,松下幸之助当即叫自己手下的工作人员对考试情况进行复查。工作人员通过复查发现,这个年轻人的综合成绩原来名列第二,只因电子计算机出了故障,把分数和名次排错了,致使这位年轻人落选了。

松下幸之助立即吩咐手下工作人员纠正错误,重新给这位年轻人发去了录取通知书。第二天刚一上班,松下幸之助却得到这样一个惊人的消息:这位年轻人因没有被松下电器公司录取,而感到十分沮丧,一时想不开便跳楼自杀了。当录取通知书送到他家时,他已经被送进了火葬场。

听到这一消息后,松下幸之助沉默了很长时间,一位助手在旁边自言自语说:"多可惜,这么一位有才干的青年,我们没有录取他。"

"不,我不这么认为,"松下幸之助摇摇头说,"幸亏我们公司没有录用他。像他这样意志如此不坚强的人,注定是干不了大事的。"

真正的强者不是屡战屡胜,而是屡败屡战,因为人的一生中总是要面对各色的挫折和打击。一个人即使他再优秀,如果没有坚强的意志也是干不成大事的。

春秋战国时期,一位父亲和他的儿子出征打仗。父亲已做了将军,儿子还只是马前卒。一阵号角吹响,战鼓雷鸣,父亲庄严地托起一个箭囊,其中插着一支箭。父亲郑重地对儿子说:"这是家袭宝箭,佩带身边,力量无穷,但千万不可抽出来。"

那是一个极其精美的箭囊,厚牛皮打制,镶着幽幽泛光的铜边儿,再看露出的箭尾,一眼便能认定是用上等的孔雀羽毛制成。儿子喜上眉梢,贪婪地推想箭杆、箭头的模样,耳旁仿佛嗖嗖的箭声掠过,敌方的主帅应声折马而毙。

果然,佩带宝箭的儿子英勇非凡,所向披靡。当鸣金收兵的号角吹响时,儿子再也禁不住得胜的豪气,完全背弃了父亲的叮嘱,强烈的欲望驱使着他呼一声就拔出宝箭,试图看个究竟。骤然间他惊呆了。

一支断箭,箭囊里装着一只折断的箭。

我一直挎着支断箭在打仗!儿子吓出了一身冷汗,仿佛顷刻间失去支柱的房子,轰然意志坍塌了。

结果不言自明,儿子惨死于乱军之中。

拂开蒙蒙的硝烟,父亲拣起那柄断箭,沉重地哼一口道:"不相信自己的意志,永远也做不成将军。"

胜利的真正意义在于,一旦与敌人交战,心无旁骛,全神贯注,胜不妄喜,败不惶馁,胸有激雷而面如平湖者可拜上将军。此为大意志,大气魄。其实,重要的不是在于"家传宝箭",老将军用"上将军"的要旨来训导儿子,儿子却以士兵的心胸揣度成败。儿子战死的原因在于,"宝箭"的秘密根本没有被认识。

职场与战场一样,存在着这样一只"断箭",这秘密同样在于意志力。

有学者分析要达到高挑战性的目标,除了需要有动机之外,还要意志力。在企业内,只有百分之十的项目主管,在碰到困难的时候,会想尽各种办法来克服这些巨大挑战,达到目标。

世上没有不弯的路,人间没有不谢的花。苦难宛如天边的雨,说来就来了,你无法逃避,无法退却;苦难又似横亘的山,赶也赶不跑,你只有跨越,只有征服。面对苦难,最要紧的是心不烦,意不乱。麦当劳的创立者克罗克在他的自传《快乐时光》里有这样一段话:"世上没有任何事物可以取代意志的地位。才华不行,因才华横溢却一事无成的人多如牛毛;天分也不行,因经纶满腹而玩忽职守的人也不计其数。唯独意志和决心具有通天彻地的能力。"

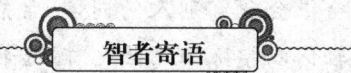

智者寄语

胜利的真正意义在于,一旦与敌人交战,心无旁骛,全神贯注,胜不妄喜,败不惶馁,胸有激雷而面如平湖者可拜上将军。此为大意志,大气魄。

第四章 懂得欣赏折磨你的人

学会欣赏别人

王海上大学时,班上有个很会欣赏别人的同学,常能听到他对别的同学称赞。那时他觉得这同学挺庸俗,年纪轻轻何以学得如此世故,搞这等"阿谀奉承",真没有意思。

不过这"庸俗"的同学在班上人缘极好,在竞争意识很浓,谁对谁都不服气,彼此讲究"封锁"的氛围里,这位同学似乎是个例外,他如鱼得水,能够和大多数同学进行交流沟通。更让人刮目相看的是,这位同学的成绩由入学时的垫底位子一路飙升。到了毕业时,他已是年级的前几名了。即便这样,还是能听到他对别人的赞扬。

后来他们又分到了同一个单位,别看这位同学其貌不扬,但特会"来事"、卖乖,见谁都打招呼,好像早就是老熟人似的;而且总听他赞扬人,一副谦虚的样子;同事屁大一点事,他都爱帮忙。

他来了不到一年,不但得到领导的首肯,许多同事,尤其是年长的同事也都很喜欢他,许多诸如学习培训、参观考察的"美差"都落到他的头上。年底,他还被评为先进工作者。而王海他们这些平时工作勤勤恳恳、自恃"清高"的人却什么也没得到。

学会欣赏别人的优点,不但体现着我们对别人的尊敬,更重要的是,它也是我们学会别人长处的前提。一个善于学习的人,首先是一个善于欣赏的人!

圣诞节临近,美国芝加哥西北郊的帕克里奇镇到处洋溢着喜庆、热烈的节日气氛。

正在读中学的谢丽拿着一叠不久前收到的圣诞贺卡,打算在好朋友希拉里面前炫耀一番。谁知希拉里却拿出了比她多十倍的圣诞贺卡,这令她羡慕不已。

"你怎么有这么多的朋友?这中间有什么诀窍吗?"谢丽惊奇地问。

希拉里给谢丽讲了两年前她的一段经历——

"一个暖洋洋的中午,我和爸爸在郊区公园散步。在那儿,我看见一个很滑稽的老太太。天气那么暖和,她却紧裹着一件厚厚的羊绒大衣,脖子上围着一条毛皮围巾,仿佛天上正下着鹅毛大雪。我轻轻地拽了一下爸爸的胳膊说:'爸爸,你看那位老太太的样子多可笑呀。'当时爸爸的表情显得特别的严肃。他沉默了一会儿说:'希拉里,我突然发现你缺少一种本领,你不会欣赏别人。这证明你在与别人的交往中少了一份真诚和友善。'

"爸爸接着说:'那位老太太穿着大衣,围着围巾,也许是生病初愈,身体还不太舒服。

但你看她的表情,她注视着树枝上一朵清香、漂亮的丁香花,表情是那么的生动,你不认为很可爱吗?她渴望春天,喜欢美好的大自然。我觉得这老太太令人感动!'

"爸爸领着我走到那位老太太面前,微笑着说:'夫人,您欣赏春天时的神情真的令人感动,您使春天变得更美好了!'

"那位老太太似乎很激动:'谢谢,谢谢您!先生。'她说着,便从提包里取出一小袋甜饼递给了我,说:'你真漂亮……'

"事后,爸爸对我说:'一定要学会真诚地欣赏别人,因为每个人都有值得我们欣赏的优点。当你这样做了,你就会获得很多的朋友。'"

19世纪末,美国西部的密苏里有一个坏孩子,他偷偷地向邻居家的窗户扔石头,还把死兔子装进桶里放到学校的火炉里烧烤,弄得臭气熏天。他9岁那年,父亲娶了继母,父亲告诉她要好好注意这孩子。继母好奇地接近这个孩子,当她对孩子有了了解之后说:"你错了,他不坏,而且很聪明,只是他的聪明还没有得到发挥。"继母很欣赏这个孩子,在她的引导下,这孩子的聪明找到了发挥的地方,后来成了美国当代著名的企业家和思想家,这个人就是戴尔·卡耐基。

台湾作家林清玄去一家羊肉馆用餐,老板对他说:"你还记得我吗?"林清玄说:"记不起来了。"老板拿来一张20年前的旧报纸,那里有林清玄的一篇文章,那时他在一家报社当记者。这是一篇关于小偷的报道,小偷手法高超,作案上千次,次次得手,最后栽在一个反扒高手的手上。文章感叹道:"像心思如此细密,手法如此灵巧的小偷,做任何一件事情都会有成就的吧!"老板告诉他:"我就是那个小偷,是你的这段话引导我走上了正路。"

连小偷身上也有可欣赏的地方,连小偷也能在欣赏的引导下走上正路,我们周围还有什么人不能欣赏、不能被引导呢?

学会欣赏别人吧!欣赏你的同事,你和同事之间会合作得更加亲密;欣赏你的下属,下属会工作得更加努力;欣赏你的爱人,你们的爱情会更加甜蜜;欣赏你的孩子,说不准他就是下一个卡耐基……

智者寄语

学会欣赏别人的优点,不但体现着我们对别人的尊敬,更重要的是,它也是我们学会别人长处的前提。一个善于学习的人,首先是一个善于欣赏的人!

欣赏别人是一门学问

欣赏别人的优点,是一种包容,也是一种渊博,更是一种智慧。因为唯有了解如何去欣赏他人,我们的心中才存有敬重、谦逊和诚恳。可是要理性地去欣赏,却也是一门很高深的学问。

孔子曰:"三人行,必有我师焉。择其善者而从之;其不善者而改之。"孔子一针见血地教导我们,从欣赏别人中,学习自省与自立。不必嫉妒及过分地模仿对方的优点,更不需要自卑、畏缩;而要以一个有风格、真正的自我来革除恶习,充实良知,不只是一味地被人牵着鼻子走。

相对的,欣赏别人,还要看重自己。这可以说是给自己一个充分的肯定和自信,不受卑劣的情欲左右,不被外界环境干扰,把独具的禀赋发扬光大,然而却不狂妄自大和高傲。

感谢
折磨你的人

"神造万灵无赘品,天生我才必有用。"学着看重自己,而看重自己之余也学着欣赏别人。二者相辅相成,从并肩共进里举步。

"从一粒细沙看世界,从一朵野花想天堂;在你手掌中把握无限,在一刹那抓住永恒。"让我们好好发挥、把握和珍爱生命,最真实地从相遇的人们身上去发现、欣赏并赞美,而你也将获益匪浅。

欣赏别人的优点也是这样。我们身边的每个人都有优点,这也是一种客观存在。能否认识到别人的优点,这不仅关系到你能否更好地弥补自己的不足,而且还关系到你能否有一个良好的人际关系。

但欣赏别人的优点绝不是言不由衷地溢美和逢场作戏地赞誉,而是基于事实、发自内心地赞美。欣赏别人的优点,首先你必须有一个宽广的胸怀,能正确认识别人,善于发现别人的长处,哪怕是微小的长处。如果你的心胸狭窄得装不下别人,容不得别人比你强,那么别人任何长处都会激发你忌妒的酵母,胀得你心里满满的、酸溜溜的。

欣赏别人的优点,这是你给别人的一份珍贵礼物,具有金钱无法衡量的价值。欣赏其实就是肯定。美国心理学家詹姆士说过:"人最本质的需要是渴望被肯定。"欣赏便是满足了别人的这种心理需求。欣赏别人的优点,仿佛用一支火把照亮别人的生活,也照亮自己的心田,有利于发扬对方的美德和推动彼此的友谊健康地发展。

北宋时期,大文学家苏轼有一次与佛印禅师一起打坐。苏轼对佛印开玩笑说:"我在打坐时,用我的天眼看到大师是一团牛粪。"佛印说:"我在打坐时用我的法眼看到你是如来本体。"苏轼回家后得意洋洋地告诉妹妹。苏小妹说:"哥哥,你实在输得太惨了。你难道不知道修行的一切外在事务都是内心的投射吗?你的内心是一团牛粪,所以看到别人也是一团牛粪;人家内心是如来,所以看到的你也是如来。"

这个哲理小故事推而广之,还可以这样看:你喜欢别人,别人也就喜欢你;你欣赏别人,别人也就欣赏你;你帮助别人,也就是帮助自己。与人方便其实就是给自己方便。古语云:"汝爱人,人恒爱之。"就是这个道理。

有人在一个生活圈子里做过这样的游戏,让每个人写出最有好感的人员名单,同时也写出最讨厌的人员名单。最后统计发现一个规律:你产生好感的那些人,往往是对你有好感的人;而你所讨厌的人,往往也是讨厌你的人。

人与人之间的关系往往是相互的,与人为善,也是与自己为善。当你用欣赏的眼光看别人时,别人也会向你投来欣赏的眼光;当你用鄙视的眼光看别人时,别人也会向你投来鄙视的眼光。盛开的鲜花会引来蜜蜂和彩蝶,而发臭的瓜果蔬菜,只能招来苍蝇和蚊子。

有人说,诽谤者的舌头杀了三个人:说话的人、听话的人和被说的人。其实,也就是这个道理。你把别人看成了"如来",你就赢得了人心;你把别人看成了"牛粪",你就背弃了人心,焉能不"败得很惨"?

有一个盲人打灯笼的故事。一个盲人在夜间走路,总是打着灯笼。旁人窃笑不已,问他:"你走路打灯笼,岂不是白费蜡烛?"盲人正色答道:"不是,我打灯是为别人照亮的,别人看见了我,就不会碰到我了。照亮别人就是照亮自己。"

上帝问一只被囚在笼中的画眉:"你愿意到天堂去吗?"

"为什么呢?"

"天堂宽敞明亮,不愁吃喝。"

"可我现在也很好啊。我吃喝拉撒全由主人包办,风不吹头雨不打脸,还天天都能听主人说话唱歌。"

"可是你自由吗?"画眉沉默了。于是,上帝以胜利者的姿态把画眉带到了天堂。他把画眉安置在翡翠宫里住下,便忙着处理各种事务去了。一年后,上帝突然想起了画眉,便去翡翠宫看它,他问画眉:"啊,我的孩子,你过得还好吗?"

画眉答道:"感谢上帝,我活得还好。""那么,你能谈谈在天堂里生活的感受吗?"上帝真诚地说。画眉长叹一声,说:"唉,这里什么都好,只是这笼子太大了,怎么飞也飞不到边。"

看来,人生若是没有相互交流和相互欣赏,即使给你天堂,也注定找不到快乐、自由的感觉,更不要说幸福了。

一个穷困潦倒的青年,流浪到巴黎,期望父亲的朋友能帮助自己找到一份谋生的差事。"数学精通吗"父亲的朋友问他。青年摇摇头。"历史,地理怎样?"青年还是摇摇头。"那法律呢?"青年窘迫地垂下头。父亲的朋友接连发问,青年只能摇头告诉对方——自己连丝毫的优点也找不出来。"那你先把住址写下来吧。"青年写下了自己的住址,转身要走,却被父亲的朋友一把拉住了:"你的名字写得很漂亮嘛,这就是你的优点啊,你不该只满足找一份糊口的工作。"数年后,青年果然写出享誉世界的经典作品。他就是家喻户晓的法国18世纪著名作家大仲马。

世间许多平凡之辈,都有一些小优点,但由于自卑常被忽略了。其实,每个平淡的生命中,都蕴涵着一座丰富金矿,只要肯挖掘,就会挖出令自己都惊讶不已的宝藏……

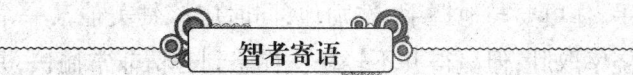
智者寄语

这世界上每个人都有自己的优点和缺点,只不过有的人优点多于缺点,有的人缺点多于优点。学会欣赏别人的优点是人本性中一个必不可少的优点,它会令你一生受益,反之则是钻不完的牛角尖。

欣赏你的对手,他就是风景

在日常生活中,人们往往视对手为"敌人"。还常常提醒自己:他是我的竞争对手,也就是我的敌人!只要他成功了,我就会被打败!因此,千万要提高警惕,不要对他有半点儿好心。如下面这个故事。

林芳和张萍都是同时进入这一家公司的,虽然两人不在同一个部门,但是公司新员工培训,多多少少都对对方有印象。

林芳人长得很漂亮,身边总不乏男同事们献殷勤,加上林芳工作上又很努力,因此,同事对林芳的印象非常好。天长日久,张萍觉得林芳处处在与自己较劲。

张萍心里很气不过,于是找到机会就和同事讲林芳的坏话,说她的作风有问题……林芳听到同事跟她说这些,只是思考了一会儿也就不说什么,仍旧很努力地工作。

张萍以为抓到什么把柄,于是变本加厉地诋毁林芳,有时连工作也不做了,直接跑到领导面前打林芳的小报告。但让张萍奇怪的是,林芳工作更加出色了,业绩也非常突出,而自己除了搬弄是非外,业绩平平。有一天,她终于忍不住跑到一个昔日好友那里去大吐苦水,好友听后说:"其实,你又何必呢?人家并没有把你当对手,你应该把比你强的人看成风景才对啊。"

在你的人生交往中,什么人都得有所接触,对手又怎么了!对手也一样能和你坦诚相处,真心交流。只要你能放下那种狭隘的看法,不妨用一种欣赏的目光去看待对方,你就会发现,对方其实并非想象中的那样处处与你作对,他有许多东西值得你去学习和借鉴。排斥对手于事无补,甚至两败俱伤。相反,只有欣赏对手才更能征服人心。彼此用真心交流,就会开出友谊之花。使他变成你的朋友,拿对手当成动力,不是更有利于你的成功吗?

关于做人做事,一位成功者说:"为人处世,要坦诚宽容;不要耿耿于怀,小肚鸡肠。当然,尤其是对你的对手。"

而我们在这里要说的是,与人共事,要善于运用欣赏对手的原则。因为这个世界本来就没有所谓真正的敌人,有的只是竞争对手。你之所以生机勃勃,斗志昂扬,是因为有竞争对手的存在。竞争对手不是永恒不变的,今天是竞争对手,或许明天就是你的合作伙伴。"攻城为下,攻心为上",在与对手的竞争中,能征服对方的心,才是最彻底、最高尚、最伟大的胜利。而善于欣赏对手的优点就是取得这种胜利的必要条件之一。

所以,请不要把竞争对手当作"敌人"对待,你应该看到他的优势,并且用来弥补自己的不足。用赞扬的心态去接受他,欣赏他,放下你"敌视"的心态吧!

对于在竞争中胜利的对手,你要与他握手,祝贺他、赞美他、钦佩他,如果你还能说出他在竞争中某个方面的过人之处,那就更好了。

对于失败的对手,你更要与他握手,鼓励他,同时应该赞美他某一个地方所具有的优势,并告诉他这次你虽然侥幸取胜,但赢得并不轻松。你感到心情非常愉快,并不是因为胜利而愉快,而是又从对手的身上学到了新的东西。

对于对手,你切不可嘲笑、贬低他,更不要诅咒他。因为所有的敌人可能是你的对手,但对手不一定是你的敌人,他们有可能是你前进的动力,甚至是你的朋友乃至知音。

欣赏对手是你学会做人的一门重要课程,它有助于提高你的人格魅力,也可以净化你的心灵,洗涤你的灵魂;欣赏对手能表现出你宽宏大量的胸怀;欣赏对手能体现你高风亮节的风度;欣赏对手能展示你谦虚谨慎的作风。

是啊!何必用那种仇恨的目光看待对手呢?如果那样,你会感觉自己活得很累,却得不到半点儿好处。还不如用真诚的心灵去欣赏对手,去学习他的可贵之处。人在处世之道上离不开赞扬,欣赏对手你就会得到意想不到的收获,不仅使"敌人"变成朋友,而且还能取得对手的信任和帮助。你在走向成功的道路上不是正需要这样的人吗?

智者寄语

请不要把竞争对手当作"敌人"对待,你应该看到他的优势,并且用来弥补自己的不足。用赞扬的心态去接受他,欣赏他,放下你"敌视"的心态吧!

一切从友善开始

一个风雨交加的夜晚,一位行李简陋、衣衫破烂的老人来到费城的一家旅店投宿,他对伙计说："别的旅店全客满了，我能在贵处住一晚吗？"

伙计解释说："因为城里举行大型活动，所以旅店到处客满。不过，我不忍心看您没个落脚处。这样吧，我把自己的床让给您，我就在柜台上搭个铺。"

第二天早上，老人临行前对伙计说："年轻人，你当得了美国第一流旅馆的经理。兴许过些日子，我要给你盖个大旅馆。"

伙计听了，畅怀大笑。两年过去了。一天，伙计收到了一封信，邀请他去纽约回访两年前那个雨夜的客人。伙计来到了车水马龙的纽约，老人把他带到第5大街和第34街的交汇处，指着一幢巍然壮观的高楼说："年轻人，这就是为你盖的旅馆，请你当经理。"

这位年轻人就是如今纽约首屈一指的奥斯多利亚大饭店的经理乔治·波尔特，那位老人则是拥有亿万财产的石油大王保罗·盖帝。

与人为善是一种人生智慧，有许多用智慧千方百计也得不到的东西，凭着与人为善却轻而易举就得到了。与人为善是一种蕴藏在人内心深处的珍贵的感情，它是对人生的一种理解，对行为的一种保证。

一天，太阳和风争论谁比较强壮，风说："当然是我。你看下面那位穿着外套的老人，我打赌可以比你更快地让他把外套脱下来。"说着，风便用力对着老人吹，希望把老人的外套吹下来。但是它愈吹，老人愈把外套裹得更紧。

后来，风吹累了，太阳便从云后走出来，暖洋洋地照在老人身上。没多久，老人便开始擦汗，并且把外套脱下。太阳于是对风说道："温和友善永远强过激烈狂暴。"

如寓言所蕴含的寓意一样，温和友善往往比激烈狂暴更能解决问题。

当营业部经理时，玛丽和一个雇员不和。玛丽不喜欢她的目中无人，决定找她谈谈。为了避免当众争吵，玛丽打算在家中给她打电话。"我是否要解雇她？"翻着雇员卡，玛丽若有所思。突然，9年前发生的一件事闯入她的脑海。

那时，玛丽干着一份全日制工作，以资助丈夫迈克完成学业。终于，他毕业的日子要到了。他们的父母将从州外赶来参加他的毕业典礼，而玛丽也为那天做了许多计划。比如，毕业典礼后，去吃冰淇淋，然后去镇里潇洒一回。

玛丽兴高采烈地跑进她工作的那家书店。"我要在感恩节后的那个星期六休假，"她向老板宣布，"迈克毕业了！"

"对不起，玛丽，"老板说，"假日后的周末是我们最忙碌的时间，我需要你在这儿。"

玛丽无法相信老板会如此不通情理。"可迈克和我等这天已经等了5年了啊！"她辩解说，声音因激动而发颤。

"当然，我不会在毕业典礼时，给你安排活儿。"他说。

"我根本就不能来，罗斯，"玛丽的脸因发怒而绷紧，"我不会来的！"她咆哮着冲了出去。

后来的那些天，玛丽对老板都不理不睬。他问她话时，玛丽也只是三言两语冷漠地应答。

他们的关系越来越紧张，虽然罗斯看起来依旧热诚，而且常常是笑脸相迎，可玛丽知道他心里不舒服，而她也铁了心，一定要请一天假。

他们就这样冷战了几个星期。一天，罗斯问玛丽是否愿意和他单独谈谈。于是，他们去阅览区坐了下来。玛丽盯着她的脚，告诫自己无论发生什么都要坚强地承受。显然，老板想解雇她。他不可能任她这样轻视他而无动于衷。毕竟,他是老板,而老板总是对的。

当玛丽不屑地冷冷地扫视他时,她惊讶地看到他眼中受伤的表情。"我不想在你我之间存有任何的怒气和不快,"他平静地说,"你可以在那天休假。"

玛丽不知道该说什么。她的愤怒,她的狭隘,她的孩子气的行为在他的谦卑面前是那样的微不足道。"谢谢,罗斯。"玛丽终于"挤"出了一句话,她不会忘记这事的。

现在,这段往事又跳回玛丽的脑袋里。她怎么就忘了罗斯对她的友善呢?在过去几天里,她怎么就没有能把这种友善传递出去呢?

玛丽从雇员卡中拿出那个雇员的卡片,拨打了她的号码,并向她道歉。挂电话时,她们的关系已和好如初了。

"上帝"有办法把我们的人生中所学到的东西深藏于我们心灵深处,并在需要的时候,让它们浮现出来。有时候,对人友善比坚持"正确"更重要。

20世纪70年代,日本名古屋格木电力公司因没有处理好废水问题,使大量海洋生物死亡,严重影响了渔民的生计问题,一大群愤怒的渔民闯入了公司经理的办公室,他们要求格木电力公司减少环境污染,并且赔偿他们的直接和间接损失。

其实对于环境造成这样的污染并非格木电力公司的本意,公司也一直在致力于减少环境的污染问题,但是由于成本支出太大,格木电力公司不得不宣告放弃,而只能选择将废水直接排入海洋。当接到渔民们的警告之后,格木电力公司只好采用低硫燃料以减少环境污染,可是这样一来,电的成本大大提高,急速上涨的电价又使用户们怨声载道,电力公司周围的渔民们自然也包括在这些用户当中。格木电力公司计划再建几座核电厂改变这种局面,但电厂附近的居民又不同意。

处在两难境地的格木电力公司知道面对眼前的问题只能迎难而上,逃避根本解决不了问题,而如果对渔民们采取强硬措施,也只会把事情搞得更糟,解决不了问题。于是公司派有关人员首先耐心倾听了渔民们的倾诉,对渔民们的损失表示同情,同时还主动向渔民们表达公司的歉疚之情,如此一来,渔民们的怒气逐渐平息了。接下来,公司人员又向渔民们说明了公司的难处和公司将要改变这种局面所采取的种种措施,使公众知道这是一家具有社会责任心的公司。最后,渔民们不仅理解了这家电力公司的方针、政策,谅解了他们暂时的缺点和不足,而且还积极地为公司出谋划策,使公司与渔民的矛盾最终得到了化解。

林肯说过:"一滴蜜比一加仑胆汁,能捕到更多的苍蝇。"温和与友善总是比愤怒和暴力更有力,太阳能比风更快脱下你的大衣,因此,无论是做人还是做事,请记住这一点:一切从友善开始。

智者寄语

与人为善是一种人生智慧,有许多用智慧千方百计也得不到的东西,凭着与人为善却轻而易举就得到了。与人为善是一种蕴藏在人内心深处的珍贵的感情,它是对人生的一种理解,对行为的一种保证。

放下标准,用心去爱别人

爱是放下自己的标准,放下自己的信念,放下自己的"应该"与"不应该",不加任何价值判断地理解一个人,接纳一个人,包容一个人,欣赏一个人。

不管做什么事,都会有一套标准,尤其是在职场,职场标准犹如人们在恋爱时定的爱情标准一样。在爱情的世界里,有所谓的标准吗?有人问和对方会不会开始得太快?亦有人问,她的爱情观是不是已经落伍了?要是爱情的产生时间真的有标准的话,那么这标准到底从何而来,又是谁定的?

可以说,由于每个人的职业不同,因此,职场标准也就会有所不同。每个人都是独特的,因为不同的经历、性格和成长背景会使人有不同的社会观。因此社会观念并没有所谓落伍与否,合不合潮流。遵守职场标准,便能够在一个地方长久待下去吗?如果事事都循规蹈矩,我们岂不是会活得更辛苦吗?而这样又有什么意思呢?

在纷繁复杂的世界里,很多事并没有绝对的标准,立场不同,看法也不同。这样的话,标准便无法确定。一切按标准进行,工作的质量并不见得会提高。如果我们像机器一样,只懂得按照一个个步骤进行,这样的话,在工作上哪还会有创新,哪还有什么热情所在,这样的话,工作对我们来说还有什么意义呢?

其实,在职场生存并没有所谓的标准,因为做好自己才是最重要的。如果自己都不懂得如何处理自己的处世方式,便无法很好地生存下去。正因为没有标准,我们更要做好自己,这样才能问心无愧。

身在职场,我们努力工作其实就是为了时刻提升自己的能力,是为了自己成功的那一天,到那一刻,我们过去所有的辛勤付出都会得到回报!同事是我们职场上的伙伴,是亲密无间的朋友或者矛盾重重的对头,当我们在职场中相处时,只有亲密合作这种情绪能够保留。职场是一个充满理性的地方,投入过多的情感只会像迷雾一样扰乱我们的视线;职场如战场,我们深深地知道这种迷雾对我们的职业生涯是致命的。要是真的有职场标准的话,那么,用心工作,搞好人际关系,讲究职场道德,做好自己,就是最好的标准。

不同的人,应该有不同的工作态度和方式,只有这样才能使我们散发出个人独有的魅力。因为如果每个人都按照一样的职场标准工作的话,那么所有人的职场观就会变得完全相同,这样我们便失去了自己的特色,做什么工作根本没有任何区别。

爱情其实是一个从爱自己到爱别人的过程。同样,我们在工作当中,也应该学会从爱自己过渡到爱别人。这个过程很简单,但这个过程同样也很复杂。简单在于方式方法,而复杂则存在于内心。

心理学家说,现在的很多人都太爱自己了,而忽略了如何去爱别人。不肯屈就先道歉,觉得那是丢面子;不肯主动送礼物,觉得那是虚情假意;不肯帮助别人,觉得对方可以自力更生。那人与人之间的友谊还会存在吗?难道彼此都守护着自己的堡垒,互不干涉吗?答案当然是否定的。爱,是一种双方的融入,是一种彼此的尊重,是一种互相的付出。只有用心去爱别人,才能赢得别人同等的尊重和爱心。

从经济的角度看,爱的投资就好比是投资互动性很强的产业。当自己开始付出时,这付出的形式某种程度就在于各种日常事务当中。当然,这所有的一切都要建立在真心的基础之上,否则纯粹用假象堆积起来的过程也只能当成风景画,而不能真正进入其中。当然如果说自己的付出失败了,也不必因此而丧气,因为从另外的角度讲你积累了经验,为下一次爱的投资做好了准备。

从社会效益的角度看,爱别人的同时,会增加人与人之间的信任感与融合性,每个人在这个过程当中学会了尊重,懂得了宽容,了解了付出,从而使得社会上的人情味可以得到进一步增加,同时自身的愉悦感也会因此大大加强。

感谢折磨你的人

所有的职场沟通技巧，所有的职场理论，都是在给人们做心理调解，引导人们迈出自我的门槛，走出自我封闭的状态，融入到社会中去。如果说一个人爱的能力很强，那么他只需自己给自己培训就够了；如果爱的能力欠缺，就要找到某些方式，或是朋友或是社会培训。只有学会从爱自己转移到爱别人，你才能在职场里自由驰骋。

在日常生活中，我们无论是讨厌一个人还是喜欢一个人，都习惯于按自己的标准去衡量对方：不合乎我的标准，就讨厌；合乎我的标准，就喜欢。工作守时是我的标准，如果对方是一个守时的人，我就喜欢他；如果对方常常迟到或早退，我就讨厌他，甚至把他归入不再深入交往的黑名单。衣着得体是我的标准，如果对方在乎自己的形象，我就喜欢他；而如果对方不修边幅，我就讨厌他。难道人与人的相处都是按标准进行的吗？

人类之所以不自由，就是因为都在按自己的标准看人，这样对人就太不公平了，也就是因为这种不公平，人们才会处处受限制。人与人的相处应少一点标准，多一点和谐；少一点痛苦，多一点开心。因为我们总是在用自己的信念、价值观和行为准则来衡量别人，所以我们才会滋生出喜欢和讨厌的情感。如果职场真的有标准的话，那么应该是这样的：我允许你和我有不同的看法，我接纳你与我有不同的做法，我理解你本应该与我存在差异，就像我们无法找到完全相同的两片叶子，我接受你的不同，也欣赏你的不同，我感恩因此创造的丰富多彩的世界，于是我敢说"我爱你"。放下自己的标准，从容淡定地去工作和生活吧！

智者寄语

人类之所以不自由，就是因为都在按自己的标准看人，这样对人就太不公平了，也就是因为这种不公平，人们才会处处受限制。人与人的相处应少一点标准，多一点和谐；少一点痛苦，多一点开心。

算计别人就是算计自己

许多人考虑事情，总是从本位出发，首先考虑这件事情会对我有什么伤害、影响，然后才想到对别人的利益、影响。这样，就会考虑自己先该怎么做，然后再怎么做，这样做会对自己怎么样，那样做又会怎么样。衡量来衡量去后，挑了一个自认为对自己有最大好处的选择，结果，事情就按着当初自己想的进行并得到了预料的结果。

也许你以为自己会心满意足，而到最后，可能你失去的比得到的更多。算计别人害人又害己，何不放弃这种"小聪明"做个处处受人欢迎的人呢！

与人交往，难免会上当受骗。伤心难过之后，人们会有很多处理方法。性格坦荡的人在受到伤害的时候，能够以宽容之心去对待，有时甚至会一笑泯恩仇。那些心胸狭隘的人，常常不能真诚地对待别人，甚至嫉妒心异常严重，不择手段地算计别人。

春秋战国时期，孙膑、庞涓二人共同拜于鬼谷子门下，但是二人所学内容并不一样。孙膑将所学的都教给了庞涓，当孙膑问及庞涓都学了些什么的时候，庞涓总是支支吾吾，敷衍搪塞。学习一段时间之后，庞涓自认为凭自己的能力足以纵横天下了，便下山去闯荡江湖，最后做了魏国的驸马。可是当他得知孙膑还在跟着师傅学艺的消息后，感到孙膑是自己潜在的竞争对手，必须将其除掉。在庞涓几次"盛情邀请"之下，孙膑只好应邀到了魏国。随后,庞涓陷害孙膑并挖掉了孙膑的膝盖骨,孙膑只好以装疯卖傻的方式,来打消庞涓继续残害自己的念头。最后,庞涓被困马陵道,落了一个乱箭穿身的下场。

庞涓一心想着算计别人,结果最倒霉的事情却落到了他自己身上。有时候,坏念头会在自己身上留下难以消除的污迹,坦荡的人深明这个道理,所以他们不会无端地算计他人。

有人说,糊涂比精明好,其实糊涂之所以有时比精明好,是因为犯了错误之后,容易得到他人的原谅,大家都知道他不是故意的;而精明之所以有时会坏事,是因为精明过人往往让人不敢与之交往,不慎失误也容易被人当作机关算尽。精于算计别人的人,不但累了自己,而且也累别人。

日常生活中,每个人都要时常提醒自己,宁愿吃一点亏,也不能为一点利益,想方设法地算计自己的朋友。那样你会失去朋友,失去他们的关怀以及他们对你的信任。算计别人,也许你得到了你想要的,但会失去你本来在别人那儿所拥有的。

一个精于算计的人,通常也是一个事事计较的人。算计容易让人失掉平静,处在一事一物的纠缠里。而一个经常失去平静的人,一般都会有较严重的焦虑症。如果一个人长期处于焦虑状态,不但谈不上快乐,甚至可以说是痛苦的。

爱算计的人在生活中是无法得到平衡和满足的,他们总是与别人闹意见,分歧不断,内心充满了冲突。

爱算计的人,必然是一个经常注重阴暗面的人,所以他们总在发现问题、发现错误,处处担心、事事设防,内心总是灰色的。

爱算计的人,心脏的跳动比平常人快,睡眠不好,失眠也总是与之相伴。消化系统易受损害,气血不调,免疫力下降,容易患神经、皮肤疾病。最可怕的是,他们总是怀疑一切,常常把自己摆在世界的对立面,这实在是一种莫大的不幸。他们的骨子里还贪婪,这使他们的生命变得没有色彩。

> 李梅才四十出头,却已未老先衰,病魔与她形影不离,折磨得她痛不欲生。了解她的人都会在同情之余加上一句感叹:"她太会算计了,是算计害了她。"
>
> 她与婆婆和妯娌的关系不好,一点鸡毛蒜皮的家庭利益,能让她琢磨成许多原则性的问题,亲情在她的算计中淡去,最后竟到了老死不相往来的地步。
>
> 在工作中,她也很会算计。特别是当单位评审职称、晋升干部、加薪评奖时,她会对上司和同事的一个脸色、一句不经意的话特别敏感,且能反复研究,并按照自己算计得出的结果,集中力量进行反击。于是,她自己人为地与同事之间画了一条防线,严防死守,还不时出击,最终是伤人也伤己。
>
> 她一个知心朋友都没有,没有和谐的工作环境和家庭环境,整日被算计的焦虑困扰着,常常是坐卧不宁,苦思冥想,处心积虑,最终导致了她脱发、消瘦、心律失常。过度的算计是会致人病、要人命的。

喜欢算计的人,容易对人、对事产生不满和愤恨,所以人际关系不佳,事情处理不好。这样的结果会使算计者穷尽心力,进行再算计、再反击,导致恶性循环。

《红楼梦》中的王熙凤就是个典型的善于算计的女人。她毒设相思局,弄权铁槛寺,弄小巧借剑杀人,瞒消息设奇谋,终于"机关算尽太聪明,反算了卿卿性命"。

刘备工于心计,直到临死前仍念念不忘束缚诸葛亮,给诸葛亮套上了一个紧箍咒,最后自己也因算计过度,付出了心血和生命。

人们常说:"大事聪明,小事糊涂。"算计的对立面是糊涂。对于大事,原则问题,应该头脑清醒,毫不含糊。对那些不中听的话和看不惯的事,装作没听见和没看见,这种"小事糊涂"的处世态度,不仅可以为你赢得良好的人际关系,也是健康长寿的秘诀之一。

如果一个人能做到"小事糊涂",心胸就会开阔,就会使他人感到可敬、可亲、可爱,从而使自己的内心获得温暖与满足。在遇到人际纷争的事情时,就能让人三分,息事宁人,使紧张的气氛变得轻松。特别是当处在困境或遭遇挫折时,糊涂更能帮助人消除心理上的痛苦和疲倦。

智者寄语

停止你的算计,用你的真诚去为人处世,相信你一定会生活在祥和的环境与气氛中,你自然也就会轻松愉快,健康长寿!

摈弃猜疑,迎来友谊

培根说:"疑心病是友谊的毒药。"

现实生活中,很多人存在着猜疑、不信任他人的不良心态。猜疑是人性的弱点之一,历来是害人害己的祸根,是卑鄙灵魂的伙伴。一个人一旦掉进猜疑的陷阱里,就会处处神经过敏,事事捕风捉影,对他人失去信任,对自己同样心生疑窦,不仅损害正常的人际关系,还损害自己的身心健康。

有这样一个故事:有一个人,丢失了一把斧子,他怀疑是他的邻居偷了。他留心观察,觉得邻居走路、说话、神态都像是偷了他的斧子,他肯定邻居就是小偷。不久,他在自家地里找到了斧子,再观察邻居,觉得他说话、走路、神态竟全然没了小偷的样子。

为什么这个丢斧者会对同一个人做出前后两种截然不同的判断呢?这足以说明猜疑是一种主观的想象和推测,它不是以客观事实为依据的。喜欢猜疑的人通常有以下几个特征:

一是没有健康的心理。别人善意的、正常的言行他们常常会歪曲地去理解。例如别人赞扬他,他会怀疑是在挖苦、讥讽他;别人批评他,他会认为是攻击他;别人不理他,他怀疑别人是在孤立他。过度猜疑使其心胸狭窄,无法容纳别人对他的正确评价。

二是想法过于主观。他们总是戴着"有色眼镜"去观察人,用别人的举动来验证而不是修正自己的看法,因而常常歪曲事实,对别人产生怀疑。

三是缺乏自信。他们总要以别人的评价来作为衡量自己言行的是非标准,很在乎别人的说长道短。当别人的态度不够明朗时,他就要从不利于自己的方面去猜疑、怀疑,自寻烦恼。

喜欢听信流言,不做调查分析,从而产生疑虑。任何时候,猜疑都是人际关系的大敌。它会破坏朋友间的友谊,疏远同学间的关系,无端地挑起同学和朋友间的矛盾纠纷,也很影响自己的情绪。生活在猜疑中的人,总是郁郁寡欢,缺少内心的宁静。如《红楼梦》中的林黛玉就是个疑心病很重的人。本来她的身体就弱,再加上常常在猜疑中度日,使自己情绪沮丧,常暗自垂泪,结果是身心俱损,不幸夭折。

日常生活中,常会遇到一些疑心很重的人,他们整天疑心重重、无中生有,认为人人都不可信、不可交。如看见几个人背着他讲话,就怀疑是在讲他的坏话;别人对他态度冷淡一些,又会觉得别人对自己有了看法等,他们总觉得别人在背后说自己坏话,或给自己使坏。喜欢猜疑的人总是特别留心外界和别人对自己的态度,有时别人脱口而出的一句话他也会琢磨半天,努力发现其中的"潜台词",这样的心态使他不能轻松自然地与人交往,久而久之不仅自己心情不好,也影响人际关系。

总是对别人无端地猜疑,说是无端,实则有端,猜疑源于褊狭的心性。"以小人之心,度君子之腹",疑心太重的人,总怕别人争夺自己的所爱、所求、所得,怕别人损害自己的利益,终日疑神疑鬼,顾虑重重。如果你总是对别人不放心,那么别人还能对你坚信不疑吗?虽然说防人之心不可无,但是如果时时提防、处处疑心,永远都不会交到知心朋友。

"宋有富人,天雨墙坏。其子曰:'不筑,必将有盗。'其邻人之父亦云。暮而果大亡其财,其家甚智其子,而疑邻人之父。"这就是众所周知的"智子疑邻"的故事。

由此可见,猜疑让善意被曲解为恶意,让好心被认为歹心,从而扭曲了事情的本来面目。

猜疑心重的人总是无中生有地起疑心,对人对事不放心,小心过甚。人有了猜疑之心,对待朋友、看待事物,就不能从客观实际出发,进行合乎逻辑的判断、推理,而是凭借一点表面现象,主观臆断,随意夸大,进而扭曲事物,得出一个不切实际的结论,或者先入为主,先设框框,然后察言观色;甚至无中生有,把幻觉当真,把一些毫无关系的现象也当作事实材料,生拉硬拽来作证据。

猜疑使人际交往中本来很小的疙瘩发展成长期的不和。自古以来,不知有多少人因为猜疑疏远了朋友,中断了友谊,甚至断送江山。猜疑不仅害己还殃人。

《三国演义》中有这样一段描写:曹操刺杀董卓败露后,与陈宫一起逃至吕伯奢家。曹吕两家是世交。吕伯奢一见曹操到来,本想杀一头猪款待他,可是曹操因听到磨刀之声,又听说要"缚而杀之",便大起疑心,以为要杀自己。于是不问青红皂白,拔剑误杀无辜。

由猜疑导致的悲剧数不胜数。只有摈弃它,才能获得朋友,才能迎来友好的人际关系。那么,如何才能摈弃它呢?

喜欢猜疑的人,首先要开阔自己的心胸,加强自身的修养,培养开朗、豁达、大度的性格。需要澄清的事实,诚恳同别人交换意见;对待鸡毛蒜皮的小事,就不要计较。不必在乎别人的态度与说法,"未做亏心事,不怕鬼敲门。""走自己的路,任别人去说吧!"这些话都是鼓励人们要心胸坦荡、豁达开朗的。人的一生,受他人的议论是在所难免的,只要时时检点自己的行为,相信别人不会跟自己过不去就可以了。相反,如果一切都要按别人的意志去做,自己又该怎么个活法?对似是而非的流言,不要偏听偏信,要用理智分析对待,静观事情的变化,不能感情用事。有些人一听到流言,就暴跳如雷,说风就是雨,迫不及待地找上门去争辩。最终却因为缺乏调查研究,很有可能找错了说理对象,反倒使自己陷入尴尬被动的局面。

过度的猜疑是自己折磨自己,"杯弓蛇影"的典故就是很好的例证。弓影投映在盛酒的杯中,好像小蛇在游动,饮者以为真的把"蛇"吞下去了,于是越想越恶心,结果害得自己重病一场。这就是所谓的天下本无事,庸人自扰之。一个人如果疑心太重,到头来只有自讨苦吃。

许多人都有猜疑别人的时候,有时疑心是人在社会生活中保护自己和预防性保护自己的正常心理活动。但疑心的程度有轻重。过于疑心和过于敏感就是不正常的了。

智者寄语

人生在世,你总要与别人打交道,如果你总是充满了猜疑,那你不可能在这个世界上安定地生存,甚至会被淘汰。生活中的欺骗毕竟是少数,更多的是美好,你多信任一个人,就多一个朋友,多一道交际的桥梁,也多一点成功的筹码。

第五章　对折磨你的人要谦虚

谦虚是开启成功之门的金钥匙

越是虚心好学的人就越知道谦卑,因此也就越有成就;越是渺小浅薄的人越自高自大,不可一世,也就越来越被人所摒弃,最终一事无成。

谦虚使人进步,骄傲让人倒退。越是谦虚的人,就越能获得大成就;一个目空一切的家伙,只会一事无成。

在一片广袤的森林里,有一棵小树很自傲,它经常看着脚下比它矮小许多的花草说:"看你们,真是太矮小了,看我,长得多么高,因为我离地面是那样的远。"它一面说着,一面脸上露出扬扬得意的表情。

在森林的另一个地方,有一株高大的千年古松,它常常举目遥望苍穹,并叹息谦卑地说:"和天空相比,我是这般渺小,离广阔的天空好远,还要多少年,我才碰得到天空的云彩呢?"

据说万物在选择自己的生长地的时候,上帝给了大家发言的机会,很多生物都根据自己的意愿被分配到了满意的去处。

轮到苹果了,苹果骄傲地说:"我希望被人们重视,人们都要抬起头来看我,我要高高在上,接受他们的注目。"

下一个发言的是西瓜,西瓜谦恭地说:"我不需要别人的仰望,但我想要结出累累的果实,无论长在哪里,我的果实都是甘甜的。"

于是苹果结在了树上,而且往往是越小的苹果结在越高的枝上,因为它们太小太高,所以收获的时候人们只是摘取那些大的坠在下面的,而把高高在上的放弃,任由其在枝头枯萎。西瓜则长在了田野里,因为它沉甸甸的无法抬头,所以经常是埋在野草中,但无论它埋在那里,人们总是能找到它。因为它太大了,人们舍不得丢弃。

一位年轻人曾经请教一位智者,怎样才能让别人发现自己的才华。老人没说话,只是请他坐下喝茶,年轻人焦急地坐下,老人开始往杯子里倒水,越倒越多,杯子满了,老人也没有停下来的意思,年轻人急忙说:"您没看到杯子已经满了吗?"老人继续倒,杯子里的水溢了出来,年轻人连说:"满了,满了。"老人住了手,说:"杯子并没有说它满了,你怎么知道?"年轻人不假思索地回答:"因为我看见了呀。"答毕,忽然满面通红,匆匆地走了。后来,这个年轻人虚心好学,努力增长自己的知识与才干,几年后,就成了单位里公认的最有才华的人。

一个人,如果总是希望自己成为一个知识渊博的人,成为一个受重视的人,于是迫不及待地向别人表现自己,这往往暴露了他最大的缺点,那就是他的学识还没有达到一定的高度。一粒谷穗,长得越饱满就压得越低,一棵果树,越是果实累累,就越会弯下腰。同样,一个成就越大的人越能感到自己的不足,所以他的态度也就越谦恭。

智者寄语

谦虚是开启成功之门的金钥匙。也许暂时你还没有取得成功,但只要你保持虚心好学的精神、谦恭有礼的态度,那么你就必定会成为一个受欢迎的人。

锋芒不可太露

唐先生毕业于某名牌大学,有过硬的管理才能和游刃有余的公关能力,但有一个缺点:争强好胜且易冲动。他毕业后分配到一个事业单位,爱才的领导容忍了他的缺点,年方28岁便被提拔为办公室主任。半年后,他像许多南下寻梦者一样,辞职南下"淘金"。

他被珠海市一中型合资企业相中,负责公司的宣传工作,当时他自己也这样考虑:应该好好干出一番事业来。刚进企业,写出来的文件颇受老总喜欢,老总多次当众夸奖他。但半年后,与他一起来的两个同事都升了,他的位置没有动,于是心里不免有了点不平衡,最后他与人事部经理当面冲撞起来。

按他的说法:"我豁出去了,不成功,便走人。"冲撞之后,老总找他谈话,意味深长地说:"小唐,请给我一个认识和了解你的机会。"老总准备再考察他一年半载,便提拔他为公司的公关部经理。年中薪资调整,他的工资翻了将近一番。这一变化带来的成功和喜悦没能维持多久,唐先生又有了新的不平衡。因为与他一起进来的同事又有了新变化,要么升职要么跳槽,而他仍旧原地踏步。

他觉得耐心和等待没有结果,于是又变得任性孤傲。一次休息日公司通知他加班,他为了维护自己的"权益"而严词拒绝,给公司高层领导造成极坏的印象,老总终于没有耐心继续对他进行考验了。从此他被打入"冷宫",自己觉得无趣,便主动辞职了。

纵使你才华横溢,也要一步步向上攀。如果你显露张狂的个性,企图一步登天,那么,你将摔得更加惨重。一个成熟的职业人应该懂得把握自己,懂得不断修整自己的个性。

一群猴子住在江边的一座山上。这座山飞瀑流泉,树木繁茂,风景十分秀丽。每年春天过后,满山遍野都长着野果。说不清是什么年月,一群猴子来到这山上安家落户,从此以后,一直过着不愁温饱、悠然自得的生活。

有一天,吴王带着随从乘船在江上游玩,当他在江两岸的奇山异峰中发现这风景秀丽的猴山时,感到异常兴奋。吴王令随从在猴山脚下的江边泊船,带领他们下船登山。

山上的猴子们往日的平和与宁静,突然被这么多上山来的人打破了。猴们面面相觑,它们吓得惊慌失措四下逃走,躲进荆棘深处不敢出来。

感谢折磨你的人

有一只猴子却与众不同,它从容自得地停留在原地,一会儿抓耳挠腮,一会儿手舞足蹈,满不在乎地在吴王面前卖弄着它的灵巧。吴王拉开弓,用箭射它,这只猴子并不害怕,吴王射过去的箭都被它敏捷地抓住了。吴王有些气恼,便命令随从们一起去追射这只猴子。面对这么多人射过去的箭,猴子难以招架,当即被乱箭射死。

吴王回头对他的随从们说:"这个猴子,倚仗自己的灵巧,不顾场合地卖弄自己,以至于就这样丢掉了自己的性命,真是可悲。你们都要引以为戒,千万不要恃才傲物,在人前显示和卖弄自己的一点雕虫小技。"

聪慧的人知道藏而不露;有了一点点本事就喜欢卖弄的人是愚蠢的,他们不是弄巧成拙被人笑话,就是最终落个失败的下场。

有一位出家师父喜欢云游四海,有一次他带着一位小弟子同行。这一天,他们在接近傍晚时仍找不着可以落脚之处,但因为已经走了一整天,两人就同时停下脚步来休息。这时候,太阳正要西下,弟子看到落日余辉映着满天彩霞,不禁赞颂说:"好圆好美的太阳啊!以前怎么我没注意到太阳如此的美好呀!"师父莞尔一笑说:"是呀!人们不也都说夕阳无限好吗?白天的太阳由光芒所组成,因此光芒四射,过于耀眼,而锋芒太露就会刺得人们睁不开眼睛,也就无从看清楚它的美。而夕阳,只有光没有芒,因此让人看了就觉得非常舒服,不仅是欣赏,而且还能深深地了解它的美。"

智者寄语

一个人就算是真的拥有真才实学,表现得再好,也要懂得适度的收敛,如果太过于重视自我地表现,就会忽略到他人的存在而变得自大骄傲,容易成为孤芳自赏的人。

低头认输是一种重要能力

如果把我们的人生比作爬山,有的人在山脚刚刚起步,有的人正向山腰跋涉,有的人已信步顶峰。但此时,不管你处在什么位置,请记住:要把自己放在山的最低处,即使"会当凌绝顶",也要会低头,因为,在你所经历的漫长人生旅途中,难免有碰头的时候。

有人问过苏格拉底:"你是天下最有学问的人,那么你说天与地之间的高度是多少?"苏格拉底毫不迟疑地说:"三尺!"那人不以为然:"我们每个人都有五尺高,天与地之间只有三尺,那还不把天戳个窟窿?"苏格拉底笑着说:"所以,凡是高度超过三尺的人,要长立于天地之间,就要懂得低头啊。"

人在30岁前,学会低头、懂得低头和敢于低头是非常重要的。尤其是在社会竞争激烈的今天,生命的负载过多,人生的负载太沉,低一低头,可以卸去多余的沉重;面对自身的不足,低一低头,就可以赢得别人的谅解和信任,除去不必要的纠纷。

要学会低头,就必须懂得低头是一种智慧,它需要求同存异、应时顺势、谦恭温良。要懂得低头,就必须理解低头是一种境界。在处理人与人之间的矛盾时,懂得低头,那是君子怀仁的风度,是创造和谐社会的必备品格;在处理人与社会的矛盾时,懂得低头,那是理性人生的闪光,是取得共赢的光明之路;在处理人与自然的矛盾时,懂得低头,那是避免盲目蛮干的镇静剂,是实现人与自然相融共荣的有效途径。

要敢于低头,就必须知道低头需要勇气。面对别人的批评时,我们要勇敢地承担责任,接受教训;面对强大的敌人和困难时,我们同样需要避其锋芒,保存实力,以图再战。

不是所有人都能学会低头、懂得低头和敢于低头。现实生活中,总有那么一些人缺乏低头的勇气,漠视低头的实践,结果不是碰壁,就是触网,对其教训颇深。其实,何必总是一副宁死不屈的倔犟样子,低一低头,给自己多一次机会,岂不是更好?

也许,当你明白了低头的智慧,当你从困惑中走出来时,你会发现,一次善意的低头,其实是一种难得的境界。低头并不是自卑,也不是怯弱,而是一种能力的体现。

低头是一种智慧,低头也是一种能力。有时,稍微低一下头,或许你的人生之路会走得更精彩。

适时认输,才能保存实力。美国有一位拳王说过,任何拳手都不可能打败所有的对手,好的拳手知道在恰当的回合认输。因为,及早认输,下次还有赢的机会,如果逞能,让对手把你打死了,或把你拖垮了,你不是连输的机会也没有了吗?

在人生的长河中,竞争是纷繁复杂的,其中不乏乱箭和暗器。面对不讲竞争规则的人,碰上怀着"谁也别想比我好"的病态心理的人,你斗得越勇,只会陷得越深。与其让生命的价值在乱斗中无端地折损,不如认个输,离开是非之地,用自己保存下来的实力,去寻找真正的竞技场。

当我们明白自己不如对手时,就应该认输。生活中常有竞争和角逐,但深知自己"斗"不过对手,还一味地跟人家"斗",这又有何益呢?"斗"得愈起劲,只会使自己输得更惨。选择认输,急流勇退,将使我们避开锋芒,以退为进,赢得潜心发展的主动权;将使我们得以冷静下来去认识差距,虚心向对手学习,从而有可能真正打败对手。

美国柯达公司在与日本富士公司竞争时,就颇有自知之明,勇于认输,不跟富士争"第一"。柯达公司甘拜下风,既减少了恶性竞争造成的大量人力物力浪费,又使他们能够根据自己的实际情况制定适宜的发展策略,还使他们老老实实向富士公司学习。结果柯达公司快速发展了,成了和富士公司难分伯仲的胶卷大王。

当我们知道自己不可能做到时,就应该认输。并不是所有的困难和挫折都可以逾越,并不是所有的机遇和好运我们都可以把握,在明知无力回天,败局已定时,我们应该认输。选择认输,不去坚持下完一盘根本下不赢的棋,将使我们及早从"死胡同"里走出来,避免付出更惨重的代价。

认输不是自甘消沉,它有积极进取的内涵,使人以退为进,赢得潜心发展的主动权,扬长避短,夺取成功。如果硬认死理,逞强好胜,盲目蛮干,一味地刚强,一味地硬撑,只会给自己带来不必要的伤害,甚至牺牲,最终输掉自己。只有做到审时度势,随机应变,刚柔相济,懂得认输,才能保护自己,使自己立于不败之地。

认输也是一种自我认识,一种积极的自我评价,在与别人竞争时,认同他人优势的同时,也看到了自己的缺陷与不足。有错误和不足并不可怕,只要学会认输、知道自省,就能避免铸成大错以至最终抱憾终身;只要学会认输,就能及时调整人生的航向,去争取"赢"的机遇和时间。

总之,认输不失为一种策略,它将使你彻底摆脱不健康的心理羁绊,使你调整好位置,进入最佳的心理状态,它造就的将是一片心灵的净区。人生有涯,时光匆匆,学会认输,将有助于二

感谢折磨你的人

十几岁的你在短暂的人生旅途中成为更大的赢家!

当我们知道自己不可能做到时,就应该认输。并不是所有的困难和挫折都可以逾越,并不是所有的机遇和好运我们都可以把握,在明知无力回天,败局已定时,我们应该认输。选择认输,不去坚持下完一盘根本下不赢的棋,将使我们及早从"死胡同"里走出来,避免付出更惨重的代价。

谦卑者其实最高贵

在秦始皇陵兵马俑博物馆,有一尊被称为"镇馆之宝"的跪射俑。它被誉为兵马俑中的精华,中国古代雕塑艺术的杰作。陕西省就是以跪射俑作为标志的。它左腿蹲曲,右膝跪地,右足竖起,足尖抵地。上身微左侧,双目炯炯,凝视左前方。两手在身体右侧一上一下做持弓弩状。

如今,秦兵马俑坑已经出土,清理各种陶俑1000多尊,除跪射俑外,皆有不同程度的损坏,需要人工修复。而这尊跪射俑是保存最完整的,仔细观察,就连衣纹、发丝都还清晰可见。这究竟为何呢?

专家告诉我们,这得益于它的低姿态。首先,跪射俑身高只有1.2米,而普通立姿兵马俑的身高都在1.8至1.97米之间。天塌下来有高个子顶着,兵马俑坑都是地下坑道式土木结构建筑,当棚顶塌陷、土木俱下时,高大的立姿俑首当其冲,低姿态的跪射俑受损害就小一些。其次,跪射俑做蹲跪姿,右膝、右足、左足三个支点呈等腰三角形支撑着上体,重心在下,增强了稳定性。

其实,处世也是如此,保持谦卑的姿态,避开无谓的纷争,就能避开意外的伤害,更好地发展自己。可是,现实生活中,人们想要一直维系谦卑的姿态却不是很容易。大多数人总是害怕别人看不到自己的成绩而忽略了自己,害怕不能得到别人的重视而给自己增加许多寂寞。

三国时期的祢衡,初见曹操,就把曹营文武将官尽数贬得一文不值,说:"荀或可使吊丧问疾,荀攸可使看坟守墓,程昱可使关门闭户,郭嘉可使白词念赋,张辽可使击鼓鸣金,许褚可使牧牛放马,乐进可使取状读招,李典可使传书送檄,吕虔可使磨刀铸剑,满宠可使饮酒食糟,于禁可使负版筑墙,徐晃可使屠猪杀狗;夏侯惇称为'完体将军',曹子孝呼为'要钱太守';其余皆是衣架、饭囊、酒桶、肉袋耳!"

他把别人看成豆腐渣,却大言不惭地声称自己:"天文地理,无一不通,三教九流,无所不晓;上可以致君为尧、舜,下可以配德于孔、颜,岂与俗子共论乎!"曹操自然没收留这个眼空四海的狂徒。他又去见刘表、黄祖,还是走一处骂一处,最后终于被黄祖砍了脑袋,为后人留下了个笑柄。

要衡量一个人是否真正能有所成就,就要看他能否有一直保持谦虚的能力。福特说:"那些自以为做了很多事的人,便不会再有什么奋斗的决心。有许多人之所以失败,不是因为他的能力不够,而是因为他觉得自己已经非常成功了。他们努力过、奋斗过,战胜过不知多少艰难困苦,流血牺牲,凭着自己的意志和努力,使许多看起来不可能的事情都变成了现实。然后他们取得了一点小小的成功,便经受不住考验了。他们懈怠起来,放松了对自己的要求,往后慢慢地下滑,最后跌倒了。古往今来,被荣誉和奖赏冲昏了头脑,并从此懈怠懒散下去,终致一事无成的人,真不知有多少……"所以,能够一直以谦卑的心态面对生活的人,总是少之又少。这也就看出了谦卑的难能可贵。

古人常说:"谦卑者其实最高贵。"这是因为谦卑是高贵者的通行证,君子懂得谦让,因此行万里也会路途顺畅。小人好争斗,因此还未动步,路已被堵塞。君子知道屈可以为伸,因而受辱时不反击;知道谦让可以战胜对手,因而甘居人下而不犹豫。到最后时,就会转祸为福,让对手知错而成为朋友,使怨仇不传给后人,而美名传扬,以至无穷。君子的道行不是很宽宏富足吗?况且君子能忍受纤微的嫌隙,因此没有打斗之类的纷争。小人不能忍受小忿,结果往往酿成更大的耻辱。

所以,无论何时何地,我们都应保持一颗谦卑的心,唯有如此,生命才能变得更长久,也更加有价值。

很多人的工作糟糕得一塌糊涂,但却想维持一种有格调的小资生活,甚至是贵族生活,这种情形造成的后果是他的经济情况越来越糟糕,最后达到崩盘的地步。

每个人在踏入社会之后,都必须放低身段,看清自己的现状,权衡自己的经济条件,若一味盲目地拔高自己的生活及地位,最终只能导致跌得更惨的后果。聪明人都知道,要把自己放在最低处。

有一家公司,老板是广东人,对下属非常严格,从不给一个笑脸,但也是个说一不二的人,该给你多少工资、奖金,从不会少你一分,因此下属都拼命地工作。

公司有个规定,不准相互打听谁得多少奖金,否则"请你走好"。虽然很不习惯,员工还是一直遵守着,努力克制着从小就养成的好奇心和窥私癖。有一个月,大家都发现自己的奖金少了一大截,开始不说,但情绪总会流露出来,渐渐地,大家都心照不宣了。

那天中午,吃工作餐的时候,大家见老板不在公司,就有人摔盆碰碗发脾气,很快得到众人的响应,一时抱怨声盈室。

有一位到公司不久的中年妇女,一直安安静静地吃饭,与热热闹闹的抱怨太不相称了,引起了大家的注意。

他们问她,难道你没有发现你的奖金被老板无端扣掉一部分吗?她不语,整个餐厅一下子安静下来,每个人都一脸的疑惑,每个人都在心里揣摩,人人都被扣了,为何她得以逃脱?不久,她被提升了,他们又嫉妒又羡慕,她的工资高出一大截来,还有奖金。

很久以后,大家才知道她当时是被扣得最多的一个,她是这样想的:这个月我一定做得不好,所以才只配拿这份较少的奖金,下个月一定努力。那时她工作近二十年的工厂亏损得已很厉害,常常发不出工资,她实在没办法,因为家庭负担太重,上有生病的老人,下有读书的孩子,还有因车祸落下残疾的丈夫,于是就出来打工了,收入比起以前的工资来要高出百十元钱,这让她喜出望外,非常珍惜这份工作,甚至有一种感激的心情。

后来,许多人离开了那家公司,跳了几次槽,却都没有得到一份满意的工作。但是,她一直固守在那儿,已经当上了经理助理,是标准的白领丽人。谁能想到几年前,她不过是人到中年的下岗女工呢?

因为将自己放在了最低处,所以这个中年妇女能够从一个下岗女工干到一个经理助理;因为将自己放在了最低处,所以会有更广阔的提升空间。

人的精神境界要高,越高越好,但人的行动及现实生活,要尽量放低,因为只有低到最低处,你向上的势能才更大更足。

愉快地接受他人的忠告

谦虚地听取别人的忠告是提高自身最好的方法了。

"谦虚一点,它可以使你有求必得。"这是2000多年前埃及的阿克图国王赠给他儿子的一个精明忠告。这一忠告在如今仍然十分有用。

我们每一个人都不可能获得这个世界上所有的知识,这时,谦虚地听取别人的忠告则是提高自身修养最好的方法。

罗斯福总统打猎的时候,会去请教一个猎人,而不是政治家。正如他有政治问题的时候,会去请教一个政治家,而不是一个猎人一样。

年轻时,罗斯福在一家牧场打工。一天,他跟一个小头目麦利在培德兰打猎,他们看见了一群野鸡,罗斯福便追着去打。

"不要打。"麦利冲他喊道。

罗斯福对这一忠告毫不理会。当他的眼睛正盯着野鸡的时候,忽然从树丛中跑出了一只豹子,从他面前掠过。罗斯福想拿出他的手枪,可是已经太迟了。要不是麦利及时开枪,罗斯福的命都可能没了。

麦利红着眼珠,责骂罗斯福是个头等的傻子,并以命令的口吻说道:"我每次叫你不要打的时候,你就要站着不动,懂吗?"

罗斯福安然地忍受着同伴的怒气,因为他明白同伴所说的是完全正确的。

日后他也认真地服从猎人的命令,他之所以服从是因为他知道猎人对于打猎具有比他更丰富的知识和经验。

或许,一个电影明星的演技无可挑剔,但是如果让他来证明剧本的好坏,恐怕只会糟蹋了那个剧本。同样,一个正直诚实的教师在教学方面成绩卓著,但是如果要他证明某种药品的好坏,恐怕也没有人能够相信他的判断。总之,我们总是会寻找专业领域的人士以获得有关专业方面的知识,这样才会得到有益的忠告。

一个人的人格好,并不代表其对于任何事物都有证明的资格。然而,我们在请教别人时最容易走错的路,就是我们总是找那些我们觉得令自己舒服的人,并且要那些人说我们是正确的。也就是说,通常我们在向人求教时,并不是想追求真正的智慧,或是利用长者已有的经验。我们不过是想让别人肯定我们的结论。如果我们得不到这种同情,就会按照自己的计划行事。

这并不是真正的谦虚,谦虚的态度应是无论你的感觉好坏,最重要的是求得真理,获取有价值的经验。虽然你可以找到某些赞同你的人,获得你所需要的肯定,然而,你却不知道你的看法是不是有可行性,有没有与真理接近。因此,我们要养成一种对于别人的意见无成见的态度,使我们的判断与感觉的好坏无关。

在我们接受忠告后,我们也要自己进行一番判断,然后再决定是接受还是拒绝。一旦我们接受了忠告,但是却把事情做错了,我们也不要责怪别人,因为接受忠告也是经过了我们自己的判断。如果我们一味地把责任归咎到别人身上,以后恐怕也没有人敢给我们提出意见和建议了。

孔子说:"三人行,必有我师焉。"我们要愉快地接受忠告,以谦虚的态度去对待它,以谨慎的态度去执行它,从中锻炼我们自己,提高自己。

用柔弱保全自己

在敌强我弱的情况下,收敛一下自己的锋芒,就可以达到麻痹敌人、保全自己的目的。

在我们所受的教育之中,都是教育人要表现坚强,不可柔弱;要表现聪明,不要愚鲁。但时常装装糊涂,反而会起到意想不到的效果。

下面,看一看老子对此有什么认识。

> 一次老子出去传道,路过一个私塾,见一位老先生正在给门生讲课,老先生津津有味地讲:"人要表现坚强,不可柔弱;人要表现聪明,不要愚鲁。"老子接言道:"非也,非也,刚强的容易折断,柔弱的能够保全。"门生马上跑过来,跪在老子面前,莫明其妙地说:"一般人都认为刚强好啊!"老子问道:"你的嘴里什么最硬?"门生张开大嘴,指着牙齿说:"牙最硬!""那么什么最软呢?"他又动了动舌头说:"舌头最软!"于是乎老子也张开嘴巴,指了指牙齿说:"你看到了我这年纪,牙齿全部都脱落了,舌头却完好无恙。"随后老子又把他引到一棵大树下,说:"你看大树要比地下的草刚强吧?"门生应道:"是啊!""那么,台风来的时候,大树经常被连根拔起,小草却完好无恙。风无形无体,却能够拔屋倒树;水可方可圆,能够环山襄陵。这不是说明了刚强的未必是刚强,柔弱的才是真正的强者吗?"老子继续讲道,"一般人认为聪明好,但一个智者应该表现愚鲁,大智若愚。"
>
> 接着,老子领着门生去见一个浅薄者:"请问,你诗、书、画都行吗?""哈、哈、哈,我诗、书、画都有研究!"老子又问他:"你最精的是什么?"他却无从回答,只能说:"我什……什么……都不精……"老子领着门生又去见一位高人,见他正在下棋,就说:"老先生,你诗、书、画都行吗?"老先生答:"对不起!我只懂得下棋,其他方面不行!"老子对他说:"你是围棋第一高手呢!"老先生马上应道:"我只是皮毛之见,什么都只懂一点点……"于是老子对门生说:"人不能处处装聪明,想面面俱到,路路皆通,结果变成肤浅之知,路路不通。"老子认为柔弱就能谦下不争,愚鲁就能弃华取实,一切依循自然。

这就是说,凡事避而不争,迂回前进,反而会有出其不意的效果。而一味地争强好胜,倒会让自己受到伤害。

在敌强我弱的情况下,收敛一下自己的锋芒,就可以起到麻痹敌人,保全自己的目的。

感谢折磨你的人

谦逊就像跷跷板

谦逊就像跷跷板,你在这头,对方在那头。只要你谦逊地压低了自己这头,对方就高了起来,而这最终会为你打开成长之门。

有人问苏格拉底是不是生来就是超人,他回答说:"我并不是什么超人,我和平常人一样。有一点不同的是,我知道自己无知。"这就是一种谦逊。无怪乎,古罗马政治家和哲学家西塞罗会说:"没有什么能比谦虚和容忍,更适合一位伟人。"

一颗谦逊的心是自觉成长的开始,也就是说,在我们承认自己并不知道一切之前,不会学到新东西。许多年轻人都有这种通病,他们只学到一点点东西,却自以为已经学到一切。他们封闭了心灵,再没有东西进得去;他们自以为是万事通,实则几乎一无所知。这就是他们所犯的最严重的错误。

西方哲学家卡莱尔说:"人生最大的缺点,就是茫然不知自己还有缺点。"因为人们只知道自我陶醉,一副自以为是、唯我独尊的态度,殊不知这种态度会遭到多数人的排斥,使自己处于不利地位。

老子曾用"水"来叙述处世的哲学:"上善若水,水善利万物而不争。"意思是说,上善的人,就好比水一样,水总是利万物的,而且水最不善争。它与天道一样恩泽万物,所以水没有形状,在圆形的器皿中,它是圆形;放入方形的容器,则是方形。它可以是液体,也可以是气体、固体。这正是我们必须学习的"谦逊"。

《荀子》中记载了一个故事:

> 有一天,孔子参观鲁国的宗庙,留意到一种叫"欹器"的装水容器,便叫弟子倒水进去。水一倒满,欹器立刻翻覆。孔子看了,便感慨地说:"啊!是装满就会翻覆的东西。"

《菜根谭》中有句话说:"欹器以满覆。"也是告诫人不可太自满,所谓"谦受益,满招损"就是这个道理。《易经》亦云:"人道恶盈而好谦。"你足以豪气万千,但绝不能傲气半分,纵然有超人的才识,也要虚怀若谷。

谦逊永远是一个人建功立业的前提和基础。不论你从事何种职业,担任什么职务,只有谦虚谨慎,才能保持不断进取的精神,才能增长更多的知识和才干。因为谦虚谨慎的品格能够帮助你看到自己的不足。永不自满,不断前进可以使人冷静地倾听他人的意见和批评,谨慎从事;否则,骄傲自大,满足现状,停步不前,主观武断,轻者使工作受到损失,重者会使事业半途而废。

> 肖恩是一个刚刚毕业的大学生,不但相貌英俊,而且热情开朗。他决定找一份能与人频繁交往的工作,以发挥自己的长处。很快,他就得到一个好机会——一家五星级宾馆正在招聘前台工作人员。
>
> 肖恩决定去试试,于是第二天清早就去了那家宾馆。主持面试的经理接待了他。看得出来,经理对肖恩俊朗的外表和富有感染力的热情相当满意。他拿定主意,只要肖恩符合这项工作的几个关键指标的要求,他就留下这个小伙子。
>
> 他让肖恩坐在自己对面,并且开门见山地说:"我们宾馆经常接待外宾,所有前台人员必须会说4国语言,这一指标你能达到吗?"

"我大学学的是外语,包括法语、德语、日语和阿拉伯语。我的外语成绩是相当优秀的,有时我提出的问题,教授们都支支吾吾答不上来。"肖恩回答说。事实上,肖恩的外语成绩并不突出,他是为了获取经理的信赖,在标榜自己。但显然,他低估了经理的智商。事实上,在肖恩提交自己的求职简历时,公司已经收集了他有关的详细信息,其中包括肖恩的大学成绩单。

听了肖恩的回答,经理笑了一下,那显然不是赏识的笑容。接着他又问道:"做一名合格的前台人员,需要多方面的知识和能力,你……"经理的话还没说完,肖恩就抢先说:"我想我是不成问题的。我的接受能力和反应能力在我所认识的人中是最快的,做前台绝对会很出色的。"

听完他的回答,经理站了起来,并且严肃地对他说:"对于你今天的表现,我感到很遗憾,因为你没能实事求是地说明自己的能力。你的外语成绩并不优秀,平均成绩只有70分,而且法语还连续两个学期不及格;你的反应能力也很平庸,几次班上的活动你都险些出丑。年轻人,在你想要夸夸其谈时,最好给自己一个警告,因为每夸夸其谈一次,你的综合分数都要被减去10分。"

在我们的生活中,像肖恩这样的人并不少见。很多人只知吹嘘自己曾经取得的辉煌,夸耀自己的能力和学识,以为这样可以博得别人的好感和赞扬,赢得别人的信任。但事实上,他们越吹嘘自己,越会被人讨厌;越夸耀自己的能力,越受人怀疑。

俄国作家契诃夫曾说:"人应该谦虚,不要让自己的名字像水塘上的气泡那样一闪就过去了。"如果你认为自己拥有广博的知识、高超的技能、卓越的智慧,但如果没有谦虚镶边的话,你就不可能取得灿烂夺目的成就。

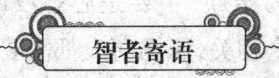

智者寄语

谦逊就像跷跷板,你在这头,对方在那头。只要你谦逊地压低了自己这头,对方就高了起来,而这最终会为你打开成长之门。

放下架子天地宽

摆架子的人只会使自己的就业之路越走越窄,因为你讲究"架子",计较"得失",就等于人为地给自己画了一个圈,限制了自己的手脚,而别人用起你来也会瞻前顾后、顾虑重重,会将目光投向他处;反之,则会给人一种具有良好团队意识的印象,同事间的关系也会融洽,别人乐于助你,你的发展机会就大得多。

摆架子其实就是一种极端不自信的表现,这其实是一种对自我的限制。自我认同越强的人,自我限制也越厉害,所以,博士不愿意当基层业务员,高级主管不愿意主动去找下级职员,知识分子不愿意去做不能用上所学知识的工作……因为他们认为,如果那样做,会有损他们的身份!殊不知,放不下架子,只会让机会白白从自己身边溜走。

放下架子并不是屈服的表现,而是为自己另寻一个生机。古时,司马相如、卓文君为了守护爱情放下架子,开小吃店维持生计;范蠡带了西施隐姓埋名,放下架子从商,而成为后来的陶朱公;越王勾践放下架子服侍吴王夫差,终于复国;宣统皇帝放下架子,在共和国成立之后当了中

感谢
折磨你的人

山公园园丁,从而延续生命;历代贤明帝王放下架子,微服出巡,与民同欢乐,共甘苦;环亚董事长郑绵绵,17岁时放下架子擦玻璃体会生活。

许多人不肯做一些工作,就是因为放不下架子,觉得这样是受屈辱,有一则这样的故事:

> 一个千金小姐随着婢女逃难,干粮吃尽后,婢女要小姐一起去乞讨,千金小姐说:"我可是个千金小姐!怎么能去乞讨呢!"便不再理会婢女。后果可想而知,贵为千金的小姐被饿死了,而婢女却拥有了一次重生的机会。

"架子"只会让人生之路越走越窄,这并不是说有"架子"的人就不能有得意的人生,但在非常时刻,如果还放不下架子,那么只会让自己无路可走。比如,博士如果找不到工作,又不愿意当业务员,结果便会因此而产生消极厌世的情绪,终成不了什么大事。而如果能放下架子,那么路就会越走越宽,因为路都是靠自己走出来的!

中国赴海外求学的留学生,近年来人数不断攀升。随着中国经济快速发展,国外市场相对降温,越来越多留学生毕业后,纷纷选择回国就业,使就业市场的"海归派"剧增。由于出国留学花费很大,留学生回国后,总希望立即找到高薪工作,先把学费赚回来。一位花了50万元在英国留学两年的"海归"说,他期待的月薪是1万元。但这往往与企业开出的条件有很大的落差。

上海的一项调查显示,有高达1/3的留学生找不到工作,这些待业的留学生,由于都在啃着老本,因此又被称为"海啃族"。《中国青年报》报道,一名中国名校大学生在2003年毕业后就前往英国一所优秀大学留学,学的是当时相当热门的金融专业。但是从2007年年初回国后,在将近一年的时间内,都没有找到理想的工作,只能待在家里,靠啃老本度日。

从职业规划的角度看,这样的"海啃族"主要是心态没调整好,是典型的"高不成低不就"。其实只要一份职业跟所学专业不完全相关,职场新人都需要从头学起。用人单位看到的是你名校的学历证书,但是却无法看出你有多强实力,能给企业创造多大价值。这些都需要在工作中证明。如果不能放下自己的架子,那么很可能会永无出头之日。

当今社会高材生比比皆是,大批有学历的人照样失业,找不到工作。如果他们能放得下架子,善待每一次良好的时机,从基层做起,总会有发光的那一刻的到来。因为,人生有一万种可能,谁都不知道下一种可能是什么。只要你放下了架子,一步一步地坚定地走下去,那么,路只会越走越宽,你就能越走越远。

"放下架子,甘当小学生",这是前辈们留下的优良传统。时下,由于"官本位"等封建思想的侵蚀,个别干部淡忘了做人民公仆的本质要求,养成了做官当"老爷"的恶习,群众私下形容他们"官不大,架子不小""水平不高,架子倒端得挺足"。出现了这样不和谐的干群关系,事业想要和谐发展根本是无稽之谈。

"架子"像一把无形的利剑,横在干群之间,即使是面对面,心却隔得很遥远。一个干部,能力有大小之分,但是否最终能造福社会,有所作为,有无"架子"关系甚大。可以说,凡是得到群众认可、成就一番事业的,都是没有"官架子"的人。如焦裕禄、孔繁森、郑培民、牛玉儒,没有一个是摆"架子"的。他们的高风亮节,如一座座丰碑耸立于人们心中。没有架子,才能广纳真言。你与群众交朋友,态度诚恳随和、热情谦虚,不拿腔拿调吓唬人,言谈举止群众接受得了,群众就敢和你说真话、吐真言。因为,他们知道,即使自己不小心说了几句"过头"的话,你也不会"秋后算账"。

放下架子,才能了解到真相。你把自己看作一个普通人,让群众感觉和你在一起,没有贵贱之分,喜欢和你拉家常,有什么话都想和你说说。这样一来,何愁不解民意呢!和群众打成一片,并不会因此而有失自己高贵的身份,反而会提高自己的身份。

放下架子,才能赢得真心。你把百姓当亲人,百姓才会把你当亲人。与群众亲密无间,情同手足,他们就乐于和你掏心窝子,把心交给你。

臧克家在纪念鲁迅的诗中写道:"俯下身子给人民当牛马的人,人民永远记住他。"此话同样也能揭示一个好官在老百姓心中架子和威信成反比的关系。

在现实生活中,虽然每一个人在职务高低,知识多寡,贫富差距,身体强弱,年龄长幼,性别等方面有不同,但在人格上都是平等的。人际交往中,不管对方职位高低、贵贱,都应给予应有的尊重,只有互相尊重才会有正确的自我认识。

事实证明,真正有才能的人就不会摆架子。朋友们,放下学历、背景、身份、地位的包袱吧,让自己回归到普通人行列中来,不在乎别人的目光和议论,大胆地从基层做起,从基础工作做起。这样,就业之路才会越走越宽,越走越顺畅。

智者寄语

放下架子,不要自己给自己设太多的屏障,放下架子,给自己一个和谐的工作环境。

第六章 感谢折磨你的人，他增进了你的心智

感谢否决你的人，加强了你的进取心

人与生俱来都有一种惰性，这种惰性在安乐中更是恣意疯长。就像生活在温饱中的人们不容易珍惜食物一样，生活一旦太安乐人们就会失去继续进取或者积极进取的决心。

只有吃不饱的人才会挖空心思想着怎么弄到食物；受到嘲讽的人，更愿意下定决心改变自己；一个东西越是无法拥有，人们就越愿意去争取；而一个人的能力被否决后，他才会想着如何努力进取超越他人。物极必反，否极泰来，人只有在遭遇命运变化时才会寻求自身的改变。当然，也有一些人很自觉，无论他们身处怎样的一个环境，经历怎样的变故，都会始终如一地坚持自己的想法。有些人在各种打击中变得更加勇敢，而有些人遭遇一点挫折便会将自己的懦弱表现得淋漓尽致。但是，大多数人都会因生活的变化而改变自己，尤其当一个人的能力得不到肯定，被否决的过程中发现自己的确存在很多不足后，他们改变自己的欲望将更加强烈。而正是这种改变，使他们拥有了一种全新的人生。所以，我们要感谢那些否决我们的人，是他们让我们知道什么是进取，并有了强而有力的成功欲望。

进取是成功的关键，也是你取得收获必备的精神。没有进取心的人，就像阳光失去了温度，水流失去了源头，候鸟失去了翅膀一样，没有热情，没有追求的目标，没有前进的动力，满足于现状，过一辈子死水一样的生活。

可以说，进取心是一种能力，但不是人人都有，尤其那些生活太过安乐，遭遇挫折和打击很少的人，更加缺乏这样的能力。

农夫在挑选精良种子的过程中，随手捡起一粒秕谷随同一把石子丢在了地上，没想到他丢的过程中，不小心将一颗饱满的种子也丢了出去。两颗谷子被石子打进了土壤里。

秕谷想：唉！农夫就那么轻易地将我否决在精良种子之外，估计我真没有什么发展前景。算了，就躺在这里安安稳稳睡大觉吧！不过转头又一想，正因为我没有很强的优势，所以才被人看不起。如果我躲在这里，那岂不是承认我真的很无能？不行，我得把根扎进泥土，努力地往上长，要走过春夏秋冬，要结出丰硕的果实，我一定要向农夫证明，秕谷也可以成为一颗精良的种子。

于是，它努力地向上生长，坚强地往地底深处扎根。秋天到来时，它终于长成了一株有着饱满果实的植物，里面的种子颗颗饱满精良。

那么再来看看那颗被农夫不小心带出去的饱满种子吧！它被埋在地底下后想：我若是向上长，可能会被石块挡住去路，我若是向下扎根，可能会伤及自己脆弱的神经。我若有幸长出幼芽，肯定会被风雨摧残，若开花结果，可能会被小孩子们折断，还是躺在这里舒服、安全。

于是，它便躺在自己的安乐窝里。一日，一只觅食的公鸡过来，在地上啄来啄去，便将它啄出来，吞进了肚子。

人们在没有经历挫折失败时，总是抱着侥幸心理。大概我一直持续这样的生活就不会遭遇什么失败和不幸，于是，就躲在自己的安乐窝里得过且过，可没想到越是害怕失败，失败越容易找上门来，越觉得安全的地方，常常越不安全。我们每一个人都有与生俱来的使命，那就是争取往优等人、优质人方向迈进，即便我们是一颗秕谷，一颗被人否决的种子，我们也不能认为自己就是秕谷。为了向自己，也向否决自己的人证明我们是优良的，我们就必须付出更多的努力去奋斗，去弥补不足，或者发展特长。但如果你因为没有被否决过，自我感觉良好，那么你就很难看到自己的不足和缺点，自我满足欲膨胀，很容易为自己的进取心设置路障。求证一些成功人士的案例，大多数有作为的人，都是被人否决过，或者贬低得一文不值，如爱迪生、达·芬奇、梅兰芳、大卫·科波菲尔、原一平等，几乎每一个名人或者成功者都曾因为长相被否决、能力被否决、智商被否决。从而促使他们努力地改变自己，用自己的成功推翻他人对自己的错误看法。

感谢那些否决我们的人，是他们触痛了我们要强的神经，加强了我们进取的决心。

智者寄语

进取是成功的关键，也是你取得收获必备的精神。没有进取心的人，就像阳光失去了温度，水流失去了源头，候鸟失去了翅膀一样，没有热情，没有追求的目标，没有前进的动力，满足于现状，过一辈子死水一样的生活。

做人要善良，但不能不分伪与诈

我国古代先贤孟子曾提出"性善论"之说。孟子认为，人性善是出于人的本性、天性，是每个人都普遍具有的心理活动，孟子称之为"良知""良能"。在我国几千年来的文化传统中，向善早已成为人们思想里根深蒂固的道德观念。不管是罪大恶极的犯人，还是涉世未深的懵懂少年，都知道"人应该向善"。

有人问世间最宝贵的是什么？雨果答道：善良。马克·吐温更认为善良可以使盲人"看到"，使聋子"听到"。善良的心，像真金一样闪光，像甘露一样纯洁、晶莹。善良的心胸是博大、宽宏的，能包容宇宙万物，造福于人类苍生。生命中因为有了善良，灵魂才能不断地升华，人生才经常充满喜悦。

确实如此，行善之人不求回报，却经常能收到意料之外的回馈，这也就是人们常说的因果循环的自然规律吧！但是，与孟子的"性善论"相反，荀子提出了"性恶论"，他认为人性本来就是恶的，也就告诉人们，做人不能太善良，要有"心计"，才不会被恶人所害。

究竟人性是善还是恶，并没有一个绝对的答案。人心有向善的一面，也有向恶的一面，想完全看清一个人，难之又难。不过，在现实生活中，背后下毒手的，阳奉阴违的，表里不一的，虚伪

感谢折磨你的人

欺诈的,比比皆是。跟这样的人处处言善,估计被卖了,还在帮人数钱呢!

在影视剧里,人性的善恶都被放大了,让我们看到了人性更真实的一面。剧中,女主角大都善良、美丽、识大体、顾大局,几乎拥有了中华民族所有的优秀传统美德。特别是当女主角遭到奸人迫害时,这种善良更是升华到了佛才能有的境界:宽恕。可是奸人并不这么想,只要你给他生存的机会,他就会想着法跟你过不去。尽管女主角曾经原谅过或是拯救过敌人,到头来,又会遭到敌人的迫害。

每次看到这种场景,相信很多人都会恨得牙痒痒。人应该向善,但是,如果善良过了头,就只能算是懦弱了。

有段时间,热播电视剧《美人心计》受人热捧,剧中窦漪房这个人物更是受到观众的普遍欢迎。她既不像传统女性那样善良完美,又不像吕后那样心狠手辣,歹毒无比,她游走在两个极端之间。对待爱人,她真诚;对待奴仆,她宽容;对待屡次背叛她的慎儿,她绝不留情。女人的善良、大气、威严、智慧,在她身上都体现得淋漓尽致。与其说《美人心计》描写的是古代宫廷内的勾心斗角,还不如说是一个古代职场人的奋斗史。

人生从某种角度来说,就是一场竞争,在了解自己、了解别人、了解社会的过程中不断完善自己,升华自己。既然有竞争,必然会存在冲突,那么就少不了会遭遇别人设下的陷阱和圈套。这个时候,我们就不能天真地认为善良可以感化对手。

存在这种天真想法的人,估计偶像剧看多了。这种戏剧化的情节,恐怕只有在小说或电视里才存在吧!生活是现实的,人们为了生存,为了自身的利益,可以不惜铤而走险,又有几个人肯顾你死活了。这话听起来似乎有些太悲观,但是,社会鱼龙混杂,稍不留心就有可能沦为别人利益的牺牲品,唯有小心,才能驶得万年船。所谓"害人之心不可有,防人之心不可无"。

在竞争中,对手什么招数都有可能使出来,我们也就需要想好各种应敌之策,来辨别真与假、伪与善,而不能仅靠善良打遍天下无敌手,况且,这样的时代就根本没有存在过。

比如,公司给了你一个去海外研修的机会,这个名额让很多人眼红,也许上司会把你叫过去说:"我信任的只有你,如果你这次主动让出名额,下次你会有更好的机会。"听到这样的话,你会怎么办?肯定会有人就此做出让步了,结果,你的牺牲成就了别人,而到下一次有这样的机会时,也许你已经离开了这个公司。

在如今这个商业化的时代里,竞争异常激烈,人们为了上位,各尽其能。利益冲突多了,人情味儿也就变淡了。越来越多的人变得冷漠,轻易不敢释放自己的善良。前几年发生过一幕惨剧,让人性的自私与不安全感充分地暴露了出来。

2011年10月13日17时30分许,一幕惨剧发生在佛山南海黄岐广佛五金城:年仅两岁的女童小悦悦走在巷子里,被一辆面包车两次碾压,几分钟后又被一小型货柜车碾过。而让人难以理解的是,7分钟内在女童身边经过的18个路人,竟然对此不闻不问。最后,一位捡垃圾的阿姨陈贤妹把小悦悦抱到路边,并找到她的妈妈。最后,小悦悦经医院全力抢救无效,永远地离开了这个世界。

小悦悦的死,拷问着人性的良知。虽然肇事者最后受到了应有的惩罚,但是,路人冷漠的心也是造成这个悲剧的间接原因。太多现实的例子,比如"碰瓷""讹人"事件频生,让人们不敢轻易相信他人。为了保护自己,人们的防御心理越来越强。

社会是向着文明发展的,但人性中有关恶的一面,不会随着社会的发展而消亡,只会换种形态存在。种种鲜活的例子向人们证明,做人需要懂得"心计",这样才不至于被人欺。虽然善良是社会一贯提倡的主题,我们也必然谨记遵守,只是需要多学会一些保护自己的手段。辨别伪与诈,才能避免在社会竞争的洪流中沦为别人的牺牲品。

智者寄语

确实,善良没错,人人都喜欢跟善良的人交往,因为他们不会故意害别人,宁愿自己吃亏也不愿别人吃亏。但是,任何事情都有一个度,一旦过火,事情就走向反面。

职场也有"宫心计",提防小人背后使坏

俗话说:"林子大了,什么鸟都有。"人的一生是摆脱不了小人的。特别是在职场,小人的伤害,往往让职场人头疼。前程无忧网曾做过一个调查:如果遇上抢功小人该怎么办?数据显示,有24.78%的人选择默默忍受;23.78%的人选择"直接向老板澄清事实";14.06%的受访者认为应该对小人的抢功行为进行反击;有13.66%的人认为,对付小人必须发挥群体的力量,使小人再无容身之地。当然也有比较中庸的做法——12.14%的人认为惹不起躲得起,不与小人计较;仅有0.92%的人表示会迫于压力与小人为伍。

小人无处不在,最让人烦恼的是他们做事从来不光明正大,习惯在背后做小动作,暗地里捣鬼,让人防不胜防。

王先生正为计划搁浅职位不保而苦恼着。这一切都来自他一位同事的陷害。当时,二人分别负责不同的项目,王先生负责的项目进展得较顺利些,如果他抢先一步完成项目,那么相对来说,他那位同事的压力就会大些,在公司的地位也会逊于王先生。

让王先生没想到的是,就在项目进行到关键时刻时,突然出现了一个无中生有的告发信,信中说他在项目中贪污,管理不善。于是,引发了上级单位的一轮调查,项目也被迫中止。虽然事后调查结果证明王先生是清白的,但是他的项目却因此受到了影响。与此同时,他的那位同事负责的项目却在这个时候提前完成了。

后来,王先生得知是那位同事背后捣的鬼,但又苦于没有可靠的证据,这件事也就不了了之了。

分析一下职场小人的成长,他们也不是天生小人,在经历过失败和痛苦的蜕变后,变成了阴险小人。这一切都源于利益的驱使。在如今竞争日益激烈的社会中,想要出人头地光靠辛勤的汗水是换不来的,有时需要耍一点心计,提高点警惕。当然,这并不是说让我们去做一个小人,而是在一个小人横行的社会里,我们应该学会如何避免自己受到伤害。

我们来看看一些职场人士对付小人的招数。

故事一:

小李在一家网络公司负责国外科技动态的翻译工作,时常通过网络获取信息。这一段时间,每当清晨打开电脑时,总是发现自己原来的设置被改动了,仔细查来,发现自己的电脑中竟然出现了黄色站点。按照公司规定,公司职工是不允许玩游戏的,更不用说黄色站点了。一旦发现,轻则罚款,重则开除。因为这是利用公司的资源来满足自己的欲望。

经过仔细的观察,小李发现自己的座位下面总是有烟灰。全室中只有宋某一人吸烟,

感谢
折磨你的人

并且是住在公司的,嫌疑最大。经过询问其他人员,确定就是他。于是,在又一次发现自己的电脑被用过之后,小李直截了当地对宋某说:"你愿意上网我管不着,但是不要动我的电脑,否则真出了问题你负不起这个责任。如果再动,别怪我直接找领导告你的黑状!"宋某以为小李只是猜测,故作生气地问道:"你凭什么认为是我动过你的电脑,你告我,我还告你呢。""这地上的烟头都是你的,全屋只有你一个人抽烟,我没冤枉你吧!"小李理直气壮地说。宋某一看被抓住把柄,默然无语。从此,小李的电脑安然无恙了。

故事中,小李遇到的小人是为了满足自己的私欲,而嫁祸他人。对于这样的人,如果我们一味容忍,只会给自己带来更大的伤害。因此,遇到这样的小人,我们就要表明强硬的立场,让小人自动退缩。如果这种方法不见效,那么,也要给他回去,或是向相关人员报告这种情况,以免恶人先告状,到时让自己百口莫辩。

故事二:

小赵是某机关单位的临时工。一天,他的一位朋友委托小赵打印一份稿件,按照市面收费标准付钱。小赵手头正紧,想也没多想,便一口答应下来了。

一天晚上,小赵正在加班赶私活,恰巧被同事小王撞上。为了避免小王说出去,小赵便将自己接私活的事和盘托出。小王听后,便随口说:"我正巧缺几张纸,你给我拿一下吧。"小赵为了讨好小王,只好照办。

没过多久,小王又让小赵帮忙复印一些客户的资料。公司有规定,客户的资料是不能随便透漏给别人的。小王看小赵面露难色,便凑近说:"你挣的零花钱还没有请我吃饭呢。"小赵只好违心地帮了这个忙。

当小王再次让小赵帮忙时,小赵终于忍不住了:"这个忙我不能帮,再帮下去我的饭碗就保不住了。"

小王冷笑了一声:"你不帮饭碗照样保不住。"小赵被他这么一激,也只好狠下心来说:"我不怕,大不了来个鱼死网破!"小王悻悻地走了。之后,他也没再找过小赵麻烦。

职场中有这样一类小人,自以为有对方的把柄在手,便一味要求对方做这做那,对方稍有不从,小人便以告发对方相威胁。遇到这样的小人,可以采用冷漠置之的方法,或者找出对方的"辫子",明确告诉对方,彼此都有"辫子"在手,大不了,闹得两败俱伤。小人见机行事的本领特别高,碰上这样的对手,他也就不敢再那么猖狂了。

对付小人的方法有很多种,有人总结为"敌进我退,敌驻我扰,敌疲我打,敌退我追"。也就是说,面对小人,我们首先要提高警觉,尽量不给小人可乘之机。但是,如果小人真的侵犯到你的利益了,绝不能手软,要给对方致命一击,让他记住这个教训。不过呢,所谓"明枪易躲暗箭难防",与小人斗法,想全身而退,或是正当防卫,还真不是件容易的事。小人最擅长放冷箭,你想以毒攻毒,恐怕招数也光彩不到哪去。可怜大多数人都很老实,这种下三滥的招数基本上不屑用。那该怎么办?只能同仇敌忾,联合大多数人一起对付小人。

既然大家组成联盟,一起对抗小人,难免又会有人软弱,中途退缩,如果统一战线无法建立,只好等老板英明裁决了。可偏偏老板在这件事上不英明,你又不想放弃这个饭碗,只好忍了。惹不起,还躲得起,尽量闪出小人的势力范围。如果躲都躲不过,那么,估计你该换工作环境了,在一个小人横行的公司是没什么出路的。

虽然斗不过小人,你也不用担心。多行不义必自毙,小人不会一直当道,自然有更多高手去收拾他们。

小人在我们的生活中随处可见,区别只是人们遇到的多寡不同而已。既然我们无法避免小人的出没,那么,在与他们相处的时候,要注意以下几点:

首先,用不着跟小人针锋相对,小人最擅长的就是报复,与他们明争的结果会让他们感受到更多的威胁,从而做出更多不理智的行为。

其次,如果不能避免与他们发生冲突,那就要做好躲暗箭的准备,以防小人背后使坏。

最后,可以适当关心一下小人。前面曾说过,小人不是天生就是小人,他们或许因为私利等原因,给别人造成伤害。如果双方发生矛盾时,能找到一个双赢的办法,让双方达成一致,就能避免很多恶性情况发生。

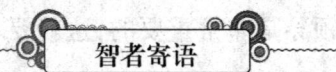

智者寄语

有的人看似光明磊落,却是一个十足的小人。与这些人相处,要掌握一定的策略和技巧,勤于检点,让小人无机可乘。以不变应万变,进则必胜,退则能忍,让一切在自己的掌控之中。

换位思考,站在领导角度想问题

林峰学的是经济管理专业,毕业后,他有两个选择,一个是到一所学校当老师,另一个是到一家大型物流公司任董事长助理。林峰毫不犹豫地选择了后者,在任职那天,前任助理告诉他:"小伙子,在这里简直就是浪费时间!"

所谓的助理其实就是个打杂儿的,主要负责收发公文、做会议记录、安排董事长的行程等。虽然他知道了自己以后的工作,但还是认为可以在这个当地赫赫有名的企业家身边学到东西。

同样的工作,在不同人的眼中却有着天壤之别。作为董事长助理,林峰每天都能接触到公司的决策文件,他从这种文件中认真地学习领导处理问题的思路。还有厚厚的会议记录,也让他认识到了一个企业是如何经营的。他常对别人说:"再没意思的工作,用老板的眼光来看待,也能看出价值所在。"

五年过去了,"说浪费时间"的那个助理不知去向,而李林已经成为一家年盈利超过1000万元的公司的老总。一个初出茅庐的小伙子,就是因为站在领导的角度看世界,努力学习、勤奋工作,最终才促成了他日后的辉煌!

站在领导的角度想问题,实质上就是一种换位思考,就是设身处地为领导着想。领导看待问题的角度肯定和你不一样,领导关注的绝对要比你更全面。作为一个下属,一个想成为领导臂膀,想打造自己权力后盾的下属,我们必须学会洞察领导的心理,站在领导的角度想问题。换位思考,让自己和领导站在同一思维起点上,也许你会发现自己越来越受领导"待见"了!

换位思考,也就是心理学上的"同理心",简单地讲就是站在对方立场思考问题的一种方式。具体来讲就是在沟通时把自己当成沟通对象。站在对方的角度看待问题。因为已经换位思考,所以也就很容易理解和接纳对方的心理。

沟通的最高境界是心与心的沟通,是真诚的沟通。在沟通中,同理心尤其重要。英国谚语说:"要想知道别人的鞋子合不合脚,穿上别人的鞋子走一走。"工作中出现沟通不畅的原因多半是因为所处不同的立场、环境所造成的。如果能用同理心换位思考,事情也许就会得到很好

感谢折磨你的人

的解决。

"换位"从客观上要求我们将自己的内心世界,如情感体验、思维方式等与对方联系起来,站在对方的立场上思考问题,从而与对方在情感上得到沟通!

换位思考是人际交往的基础,也是进行有效沟通的基石。具备"同理心"更容易获得领导的信任,这种信任并不是对个人能力、专业技能的信任,而是对人格、价值观、态度的信任。其中很重要的一点就是站在领导位置上看问题。

一个人在工作中,他的贡献或者他的价值,主要都是由他的领导来评价的,评价的标准自然也是领导设定的。领导是一个组织的主宰者,也是所有资源的分配者。资源怎么分配、分配的办法大多是由他说了算的,所以领导是非常重要的,这就要求我们重视领导、重视自己,更要重视从领导角度看待一切问题!

国际人力资源管理顾问安东尼博士在上人力资源管理课时说:"企业家是世界上最苦、最累、最孤独、最不容易的人。当你将一件事看成是事业的时候,就算有千万种困难,你都必须去解决;就算有多苦,你都要坚持下去;就算和你一起战斗的战友一个个舍你而去,只要你一息尚存,就必须熬下去。"

事实上,所有的领导都是如此,领导对自己的一切资源都视若生命,只有明白了这个道理,你才能真正做到换位思考。

有一位年近五旬的开发商,从楼盘打地基到100多栋楼拔地而起天天都在现场第一线指挥,从没休息过半天。一次,楼盘的游泳池刚建成,第一次灌了满池的水清洗消毒,但水却放不出去。工程师们百思不得其解,这时,满脸疲惫的老企业家指着池底说:"可能是下面的出水口堵塞了。"这些专业的工程师都说不可能,他二话没说就跳进了脏兮兮的游泳池,很快就从水里挖出一个塑料袋,"我没说错吧,就是这个袋塞住了出水口",全场寂然。

大家心里无比震撼,到底是什么原因驱使这个身价过亿的老板有如此勇气跳进满是苏打水、消毒水和泥沙的水池里呢?其实,只要做个换位思考,我们就不难发现问题的所在,但是又有多少人能真正像老板那样去为了工作"拼命"呢,只有把领导当做自己的朋友,而不是领导手中一只可有可无的棋子,才能成为领导重视的人,才能有更好的发展,才能打造属于自己的权力后盾!

那什么才是真正地站在领导的角度想问题呢?

不为失败找借口,不为成功找理由。你站在什么岗位上就该做好什么事,如果你的项目出了问题,那责任只能是你的。之所以失败,你就是最大的失误;如果成功了,也是你分内的事,会下蛋是一个母鸡应尽的责任和义务。所以检验你是不是真正把自己放在一个领导者的角度想问题,首先要看出了问题后你的态度。不为失败找借口,不为成功找理由,如果你还在找什么客观原因,那就说明你还没有真正站在一个领导的角度想问题!

是不是充分信任你的同事。如果一个工作需要你和同事一起完成,除了尽责做好自己的事,还要充分信任你的工作伙伴。领导看重的是结果,也就是最后你们拿出来的东西,对于过程老板一般是不会关注的,这就需要你多和同事合作,相信集体的力量,而不能搞什么"个人英雄主义"!信任你的伙伴,是完成一个工作的首要前提,更是站在领导者位置想问题的"试金石"!

要进入忘我的境界,投入一个公司或者单位,首先要把自己融入进去,记住,你已经不再是你自己了,而是一个团队的一分子。不能再想我要怎么怎么样,而要想我们怎么怎么样!假如你的公司是搞房地产的,看到一块地,你就应该考虑我们公司如何在这里建房子,而不是我买这块地要花多少钱!

换位思考,也就是心理学上的"同理心",简单地讲就是站在对方立场思考问题的一种方式。具体来讲就是在沟通时把自己当成沟通对象。站在对方的角度看待问题。因为已经换位思考,所以也就很容易理解和接纳对方的心理。

善于隐匿,谨防自己沦为"炮灰"

《三国演义》中,有一段"曹操煮酒论英雄"的故事,大家耳熟能详。

刘备受汉献帝器重,防曹操迫害,就整日在住处后园种菜。关羽和张飞二人不明白,责怪刘备不关心天下人事,反而做这些小事。刘备则说:"此非二弟所知也。"关、张二人便不再多言。

一天,关羽和张飞不在,刘备正在后园浇菜。许褚、张辽等人进入园中,邀请刘备去曹操处喝酒。二人对坐,开怀畅饮。酒至半酣,二人遥看天上变幻的风云,好像神话中传说的龙一样奇妙。曹操感叹地说:"龙这种东西,好比世上的英雄。使君啊,你来说说看,当今世上,有谁能够称得上英雄?"

刘备问:"袁术拥有淮南,兵广粮足,算得上英雄吗?"

曹操摇了摇头。

刘备又问:"荆州的刘表、益州的刘璋、江东的孙策,以及张绣、张鲁、韩遂等人,他们算得上英雄吗?"

曹操不停地摇头。

刘备又问:"袁术的堂兄袁绍,虎踞河北,麾下人才济济,应该算得上一个英雄吧?"

曹操说:"袁绍看上去厉害,其实胆子很小。虽然他有很多聪明的谋士,可他自己却欠缺一个领导人应有的决断能力。像他这种人啊,干起人事来总是不愿意付出,见到一点小利益却又不顾危险,不算是什么真英雄。"

"那么,究竟谁能够称得上当世英雄呢?"曹操用手指向刘备,然后又指指自己,说了一句令人莫名惊诧的话:"当今天下英雄,唯使君与操耳!"

刘备听了,心中一惊,手上拿的匙箸掉在了地上。当时正值大雨将至之际,突然雷声阵阵。刘备缓了一下神儿,从容地捡起匙箸,说:"被雷声惊着了。"曹操大笑:"没想到大丈夫也害怕打雷。"刘备赶忙说道:"圣人听到雷声,脸色都会变,更何况是我了。"刘备几句话,就把刚才失箸的事轻轻掩饰过了。曹操也没有怀疑。

刘备深知,在曹操的势力范围内,只要自己稍微表现得突出一点,就会招来杀身之祸。他能乖乖地躲在后园种菜,不过是麻痹曹操,使其放松戒心而已。刘备用的这招,便是藏巧于拙。

在《三国演义》中,有才能的人很多,有"心计"的人却不多。关羽、张飞二人也算有才,但却读不懂刘备的良苦用心;孔融、杨修也有才,他们却因为不善隐藏自己,死在才能之上。刘备看

感谢
折磨你的人

似有些软弱,却是真正有智慧之人,否则也不会在三国风流人物中脱颖而出,被曹操公赞为英雄。

有些人是真有本事,故意隐匿;有些人却狐假虎威,自以为了不起。前者为成大事,故意表现得谨小慎微;后者成不了大事,却故意制造声势,借此炫耀,以提高自己的地位。

春秋时期,齐国宰相晏婴有一个车夫总以为能给宰相驾车是很了不起的事。不仅在官道之上驾车如飞,即使在城里拥挤的街道上,也照样驾车如飞。遇有挡道行人,举鞭即打,如扫草芥,张口即骂,如训猪狗。

一天,车夫回到家里,妻子对他说:"晏子身为宰相,德高望重,我看他坐在车上,总是那么端庄谦虚。可你呢,一个车夫,却显得神气十足。你这个样子与晏子的形象太不相称了,就连我都感到羞愧!"车夫听了妻子的话,羞愧地低下了头。妻子接着说:"做人不能没有修养,你应该向晏子学习谦虚的修养才对呀。"妻子的话让车夫深受启发,从此以后,车夫也变得谦虚有礼了。

大人物尚且懂得谦虚做人,小人物却爱在人前夸耀,这都是人的虚荣心在作怪。纵观古今,很多实例证明,太过高调的炫耀,不但给自己带来不了荣耀,反而会成为大家攻击的对象。

《新闻晚报》上,曾报道过这样一则新闻:年仅20岁,住着豪宅,开着豪车,各类名牌堆满房间……一个名叫郭美美的女孩进入大众的视线。她将自己奢华的生活公开到网络上,特别是她称自己是"中国红十字会商业总经理",而在网络上引起轩然大波。尽管最后中国红十字会称"郭美美"与红十字会无关,新浪也对实名认证有误一事而致歉,但是"郭美美"这三个字已经成为网络炫富的代名词。

郭美美炫富了,结果呢?不但没有收到她所预期的那份虚荣,反而成为众人攻击的对象,而且中国红十字会也受其影响,损失惨重。在这件事中,郭美美得到了什么?除了成了网络红人,背负骂名之外,她什么都没得到。

无独有偶,"副县长女儿炫富"事件继郭美美事件后,也成为网络热议的焦点,网上爆料称某副县长女儿贴出来的照片中,右手挎一个橘红色爱马仕包,左手提一个LV大旅行包。结果引发网友纷纷质疑:副县长女儿的钱哪来的?

"副县长女儿炫富"无疑触痛了大众的神经。凡是与权力和财富沾边的新闻,都能引起人们极大的兴趣。这其中有真正的质疑者,也有幸灾乐祸唯恐天下不乱之人。尽管事后,当事人澄清,所谓"炫富"的包都是在淘宝网上买的山寨货,每个包的价格都在90元左右。但这件事却造成被波及的两家网店关门,副县长及其女儿陷入舆论的旋涡,纪检委介入调查。本想在大众面前秀一把,没想到,虚荣没捞到,却换来一些骂名。

真正富有的人大多很低调,他们不会有事没事拿自己的财富显摆,而会拿出一笔钱去做慈善。财富如此,才华也是如此。不善隐匿,还喜欢没事拿出来显摆,只会让自己沦为众矢之的。

老子曾说:"良贾深藏若虚,君子盛德容貌若愚。"也就是说,善于做生意的商人,总是隐藏其宝货,不让人们轻易见到;而君子之人,品德高尚,却表现得很愚笨。这就告诫人们,不要过多炫耀自己的能力,将欲望或精力不加节制地滥用,对自己是毫无益处的。

在旧时的一些店铺里,真正的宝物大多不摆在店内,真正遇到识宝的行家,老板才会把宝物拿出来。倘若把宝物随便摆在店内,岂不会遭贼惦记?

不管是商品,还是做人,都要如此。"满招损,谦受益。"说的也是这个道理。

其实,不把自己太当回事,坦诚而平淡地生活,没有人把你看成是卑微、怯懦和无能的。即便你是一颗钻石,在需要掩盖光芒的时候,不加收敛,也会遭到别人的嫉妒和仇视,很容易给自己招来无妄之灾。

藏巧于拙,低姿态是最佳的自我保护之道

春秋时期,一个木匠带着几个徒弟到齐国去:师徒一行走到山路的一个拐弯处,看见一座土地庙,旁边有一棵高大无比的栎树:大到什么程度呢?它的树荫可以容纳几千头牛在树下休息,树干又粗又直,在几丈高之后才能见到分枝,而这些树枝粗到可以用来做造船材料的就有好几十枝。许多路人都在围观,连声称奇,只有这个木匠瞄了一眼,扭头就走。

徒弟们不得其解,追上师父,问道:"生平从未见过这么高大华美的树木,师父怎么看都不看就走了呢?"

木匠回答:"这棵树没什么用。用来造船,船会沉;做棺材,棺材会腐烂;做器具,器具会破裂;做门窗,门窗会流出汁液;做柱子,柱子会被虫蛀。正是因为它没有用,才会这么长寿,这么高大。"

晚上,木匠梦见这棵大树对他说:"你怎么能说我没用呢?你想想看,那些所谓有用的橘树、梨树和柚树,在果实成熟时,就会被人拉扯攀折,树很快就会死掉。一切有用的东西无不如此。你眼中的无用,对我来说,正是大用。假如我像你所说的那样有用,岂不早就被砍了吗?"

木匠醒来,若有所悟。他把这个梦告诉了徒弟。徒弟问道:"它既然向往无用,为什么要长在土地庙旁边呢?"木匠答道:"如果它不是长在庙旁边,而是长在路中央,不也早就被人砍掉当柴烧了吗?"

当环境不利于生存时,许多人想明哲保身,但也需要大智大勇。强出头、锋芒毕露,还妄想不遭人忌,那是不太可能的。所以要学会放低姿态。

所谓的"低姿态",讲的是我们在社会交往中所表现出的平和、谦逊、圆融及忍让等言行举止。有些时候,这种低姿态对于保护自我是必不可少的。

初涉世的年轻人往往个性张扬,率性而为,不会委曲求全,结果可能是处处碰壁。而涉世渐深后,就知道了轻重,分清了主次,学会了内敛,少出风头,不生闲气,专心做事,保持生命的低姿态,避开无谓的纷争,避开意外的伤害,更好地保全自己,发展自己,成就自己。

低头认输,对一个人来说或许很难,因为我们自打出生起就被教育要坚强不屈,勇往直前,不准轻易认输,总之是打造一个硬汉的形象。然而,人生道路上,磕磕绊绊的事谁能遇不到?谁没做几件错误的事?明知错了还宁死不肯回头,那才是愚蠢。发现错误,敢于回头,这是种勇气,更是种智慧。人生的道路不可能是笔直的,需要走弯路的时候就选适当的小路,这样或许会更接近目标;前方无路可走的时候,不妨退回来,而退却,是为了更好的前进。

隋朝的时候,隋炀帝十分残暴。各地农民起义风起云涌,隋朝的许多官员也纷纷倒戈,转向农民起义军。隋炀帝的疑心很重,对朝中大臣,尤其是外藩重臣,更是易起疑心。唐国

感谢折磨你的人

公李渊(即唐太祖)曾多次担任中央和地方官,所到之处,有目的地结纳当地的英雄豪杰,多方树恩立德,因而声望很高,许多人都来归附。这样,大家都替他担心,怕遭到隋炀帝的猜忌。正在这时,隋炀帝下诏让李渊到他的行宫去觐见。李渊因病未能前往,隋炀帝很不高兴。当时李渊的外甥女王氏是隋炀帝的妃子。隋炀帝向她问起李渊未来觐见的原因,王氏回答说是因为病了,隋炀帝又问道:"会死吗?"王氏把这消息传给了李渊,李渊更加谨慎起来:他知道隋炀帝对自己起疑心了,但过早起事又力量不足,只好低头隐忍,等待时机。于是,他故意广纳贿赂,败坏自己的名声,整天沉湎于声色犬马之中,而且大肆张扬。隋炀帝听到这些,果然放松了对他的警惕。

试想,如果当初李渊不主动低头,很可能就被猜疑他的隋炀帝给除掉了,哪里还会有后来的太原起兵和大唐帝国的建立?

老子说,当坚硬的牙齿脱落时,柔软的舌头还在。柔弱胜过坚硬,无为胜过有为。我们学会在适当的时候保持适当的低姿态,绝不是懦弱畏缩,而是一种聪明的处世之道,是人生的大智慧、大境界。

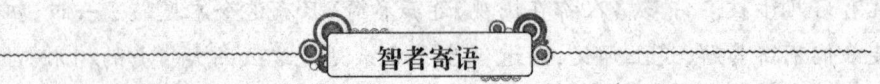
智者寄语

智者善屈尊,愚人强伸头。必要时要藏锋芒,收锐气,不要不分场合地将自己的才能让人一览无余。

暴露缺点并非坏事

近年来,军旅题材电视剧火爆荧屏,从《历史的天空》《激情燃烧的岁月》《突出重围》《垂直打击》《亮剑》再到《我的团长我的团》,收视率与口碑都取得了不错的成绩。细心的观众发现,这些军旅题材电视剧有一个显著的特点,就是抛弃了以往"高大全"式的虚假理想人物形象,塑造了一批有缺点的英雄人物形象。正是因为这些缺点,让观众看到了一批有血有肉、鲜活生动的形象。

《历史的天空》中,姜大牙"好起来像个大侠,坏起来像个强盗",是一个兼具豪气与匪气的人物。《激情燃烧的岁月》中的石光荣,草莽出身,性格粗鲁,为人固执,刚愎自用,虽然是战场上的常胜将军,但在处理与家人的关系中一直磕磕碰碰。《我的团长我的团》中的那些军人,目无军纪,酷似一群流民,许多人连枪都不会使,连常规的战法也不明白,见到了小鬼子吓得两腿发颤,只晓得逃窜,像一群没头的苍蝇。然而就是这样一群人却创造了一个奇迹:他们打败了侵略者,成为保家卫国的英雄。

《亮剑》中的李云龙更具传奇色彩,一个泥腿子出身、不按常理出牌的人,竟然成为敌人闻之丧胆的头号人物。写过《血色浪漫》的编剧都梁曾说,《亮剑》中李云龙形象跟以往军人不同的是"亦正亦邪",一方面是个铁血战士,另一方面又有农民式的狡猾性格,这在以前的作品中是鲜见的。剧中李云龙的扮演者李幼斌则认为,李云龙是"英雄"而不是"硬汉"。他的性格是多面的,打起仗来骁勇善战,跟上级常耍点心眼,是很歪很邪的那种。这样的形象就远比"三大纪律八项注意"的完美军人更有看点。

实际上,"金无足赤,人无完人",十全十美的人在这个世界上是不存在的,剧中那些英雄人物形象正是因为自身的不完美才让观众觉得真实、可爱。反而,太过完美的人物让人觉得虚伪、不真实。这种心理不仅在观看影视剧时有所体会,在人际交往中也有所体现。心理学研究表明,在人际交往中,人们并不喜欢那些在他人面前表现得完美无缺的人,而最受欢迎的恰恰是那些把真实的自我袒露在他人面前的、有一些小小缺点的人。

有位著名的心理学教授做过一个试验,他把四段情节类似的访谈录像放给被测试的对象:

在第一段录像中,接受主持人访谈的是个非常优秀的成功人士。他在自己所从事的领域里取得了辉煌的成就。面对主持人的提问,他表现得谈吐不凡,相当有自信。他的表现赢得台下观众阵阵掌声。

在第二段录像中,接受主持人访谈的也是位非常优秀的成功人士,当主持人向观众介绍他所取得的成就时,他表现得很紧张,而且略带羞涩。面对主持人的提问,他紧张得竟然碰倒了桌子上的咖啡。

在第三段录像中,接受主持人访谈的是位非常普通的人,他没有前两位成功人士那样有着骄人的成绩。在主持人的访谈中,他虽然不太紧张,也没有什么吸引人的发言,整个访谈平淡无奇。

在第四段录像中,接受主持人访谈的和第三段录像中所放的一样,也是个很普通的人。在采访的过程中,他表现得非常紧张,和第二段录像中一样,他也把身边的咖啡杯弄倒,浇湿了主持人的衣服。

四段录像放完后,教授让被测试者在这四个访谈对象中选择一个他们最喜欢的人,同时选出一位他们最不喜欢的人。

测试结果出来后,答案没什么悬念,第四段录像中那位先生成为测试者们最不喜欢的人。可令人奇怪的是,测试者们最喜欢的那个人不是第一段录像中那位几乎没有任何缺点的人,而是第二段录像中那位紧张、略带羞涩的成功人士。

这个试验印证了一个理论:对于那些成功人士来说,有些失误或细小的差错,比如打翻咖啡这样的小事,不但不会影响他在人们心目中的地位,反而让人们在心底感觉到他很真诚;而一个表现得越完美的人,越让人觉得不真实,这种不真实恰恰会降低他在人们心目中的信任度。

有位大学毕业生,在简历上写下了"不太合群"的弱点,有人提醒他,应该美化自己,怎么能暴露缺点呢!这名大学生没有听从大家的忠告,毅然写上了自己的弱点。然而意想不到的是,他被招聘单位录取了,录取的原因也很简单,倒不是因为他有多么优秀,而是因为他敢实事求是地说出自己的个性弱点,这种实事求是的精神恰是这个单位要求并欣赏的。看来,有时暴露自己某方面的弱点不但不会让自己处于劣势,反而是一种有益的处世之道。

其实,这个道理很简单,示弱可以减少很多不满和嫉妒。一些事业上的成功者,生活中的幸运儿,他们得到的一些东西往往是一些人渴望又达不到的。人们往往有一种"酸葡萄"的心理,吃不着葡萄,就说葡萄酸。既然这样,想要建立良好的人际关系,就要学会通过暴露一些缺点的方式将其消极作用减少到最低限度。

小王最近的工作老出问题,被经理批评了好几次。但他在这件事上并不辩解,反而恭恭敬敬地接受经理的批评。后来,同事们发现,小王跟经理的关系相处得很融洽。工作之余,俩人有说有笑,还常一起相约去吃饭。

同事们有些不解,好奇心比较强的小黄悄悄问小王是怎么搞定经理的。小王笑着说:"其实经理人不错,只是喜欢好为人师,爱摆弄领导权威罢了。我的业务能力一直都比较强,经理虽然也常赞许我,但是大家相处得很紧张。当我想明白了这点后,我会适当地示弱,常向经理请教问题,对于工作中出现的'失误',我也乐于接受他的批评。事实证明我是对的。接受过几次批评之后,我和经理交流得多了,以前的很多成见和误会也消除了,双方的关系反而变得很融洽。"

在处理与领导关系的问题上,小王表现得很聪明,他故意暴露一些无关痛痒的缺点,出点小洋相,让经理抓住一些"把柄",满足领导爱摆弄权威的虚荣心,结果营造出一个和谐的人际关系氛围。

智者寄语

在与人交往时,不用太在乎自己给对方的印象如何,只要真诚、有礼,即使暴露出一些缺点也无伤大雅,反而让大家看到你最真实的一面。

宁可得罪君子,也不要得罪小人

人际交往中,难免会得罪人。如果你得罪的是一个君子,只要你态度诚恳,及时认错,他们就能原谅你。但得罪小人,可就要小心着点了。

人们常说,宁可得罪君子,不可得罪小人。这话说得不是没有道理。在一般情况下,人们的普遍心理都是多一事不如少一事。小人却不同,他们有恃无恐,你越是躲着他,他越追着你不放,你越怕什么,他就给你制造什么。

人们常说"小人嘴脸",小人是什么嘴脸呢?用得着你的时候,他们能卑躬屈膝,一副奴才相地巴结你。用不着你的时候,他们也有过河拆桥,卸磨杀驴的气魄。什么"当面一套,背面一套""阳奉阴违",这都是小菜一碟,小人的本事不只这些。

看过《红楼梦》的人,会发现书中有两个典型的小人代表,一个是贾雨村,恩将仇报,落井下石;另一个是贾环,小人得志,上蹿下跳。相比之下,贾雨村比贾环更小人,贾雨村把落井下石美化成大义灭亲,把自个儿伪装得很高尚,不过伪装得再好,狐狸总是要露出尾巴的;而贾环曾经也是一个很单纯的孩子,想得到祖母和父亲的宠爱,但是因其是庶出的身份,所以他心理很不平衡,便千方百计想陷害宝玉,将其置之死地。后来,贾家落败,贾环又把巧姐卖到了妓女坊,幸好刘姥姥相救,巧姐才最终脱险。

小人的心理路程很复杂,他们大多都记仇,而且报复心极强。他们能将这种报复心理藏得极深,甚至能深入骨髓,等时机来到,立马跳出来,睚眦必报。如果你认为与小人搞好关系就能避免这一情况的发生,你就错了。恩将仇报的小人很多,只是他们大多情况下都伪装得很好,让人不易察觉。一旦他们露出真面目,他们绝不手软。

虽然我们对小人深恶痛绝,不愿意与其打交道,但是,不管你愿不愿意,都不可避免地要与小人打交道。当你在与小人打交道时务必考虑周全一点才好,最好不要与他发生正面的冲突。论实力,小人并不强大,但他们不择手段,什么下三滥的招数都可能使出来。如果冲突起来,纵使赢了小人,也会付出代价,惹得一身腥。因此,记住一点:"待小人要宽,防小人要严。"跟他们打交道时,少说多听,不轻易许诺,不轻易褒贬他人,对小人的缺点千万不要批评。特别是不要与小人有过密的交往,对于小人的一些无理要求,能办的一定要办,不能办必须婉言谢绝,绝对不能留下似是而非的话头。

平定"安史之乱"后,功高权重的郭子仪为防小人嫉妒,行事比以前更加低调。

一次,郭子仪生病了,朝中有一个地位比他低的官僚要来拜访。此人乃历史上声名狼藉的奸诈小人卢杞。他相貌奇丑,生就一副铁青脸,脸形宽短,鼻子扁平,两个鼻孔朝天,眼睛小得出奇,时人都把他看成是个活鬼。正因为如此,一般妇女看到他都不免掩口失笑。因家中侍女成群,郭子仪事先做了周密安排。郭子仪听到门人的报告,立即让身边人避到一旁不要露面,他独自在病榻等待。

卢杞走后,姬妾们又回到病榻前问郭子仪:"许多官员都来探望您的病,你从来不让我们躲避,为什么此人前来就让我们都躲起来呢?"郭子仪微笑着说:"你们有所不知,这个人相貌极为丑陋,而内心又十分阴险。你们看到他万一忍不住失声发笑,那么他一定会心存嫉恨。如果此人将来掌权,我们的家族就要遭殃了。"

后来,这个卢杞当了宰相,极尽报复之能事,把所有以前得罪过他的人统统陷害掉,唯独对郭子仪比较尊重,没有动他一根毫毛。

这件事充分反映了郭子仪对待小人的办法既周密又老练。也许你对小人的龌龊行径很不屑,但是你不得不承认,小人的阴险手段很高超。你任何的小疏漏,都可能成为小人置你于死地的借口。如果你不能和小人一样阴暗,你就不要得罪他。

想要避开小人,需要先了解小人,不是我们主动认输,而是实在没必要把精力浪费在一些没有意义的争斗上。那么,怎样识别小人呢?我们来看看高手支的招。

其一,看其心胸。

一般来说,小人都是心胸比较狭隘的人,他们之所以对人充满仇恨,就是因为他们不能对他人的优秀之处投以由衷的赞叹。只要一有可能就忍不住要去捣乱一番。因此从他们的心胸上可以看出是否是小人。

其二,看其对权力的态度。

不管在什么情况下,小人的注意力总会拐弯抹角地绕向权力,在当权者面前表现出一副奴才相十足的态度。尽管他们的言辞表面上是为当权者着想,实际上只想着当权者手上的权力和权力背后自己有可能得到的利益。因此看其对当权者的态度也会明白他们的特征。

其三,看其对麻烦事的态度。

生活中,许多人都是远离麻烦事,或者想法把大的麻烦事化小,小的麻烦事化了。可是,小人却不同,越是麻烦事掺和得越厉害,并且还要让麻烦变大升级。因为他们知道越麻烦越容易把事情搞混,越可以趁机取利。

其四,看其胆量。

小人其实在本质上是非常胆小的,他们不是明火执仗的强盗、杀人不眨眼的刽子手。他们的行动方式大都是鬼鬼祟祟的,因为担心他人报复自己便连续不断地伤害他人。这是他们缺少安全感的表现。

其五,看其手段。

小人在处于弱势时,总是极力装出一副十分委屈的样子,声音哽咽,双眼含泪,甚至下跪磕头。其实目的是骗取你的同情心。等他的目的达到后,马上又是一副趾高气扬的模样。而且小人善用谣言,以讹传讹制造混乱的气氛。

其六,看其下场。

小人终归是小人,他们根本就没有运筹帷幄的能力,也没有统领全局的大将风度,往往事情

感谢折磨你的人

被他们搞大后,他们会六神无主,不知如何控制局面。

通过以上这些方面,你可以观察到什么样的人符合小人的特征。

智者寄语

对付小人,既要有一定的原则,又要有一定的策略和技巧。如果你在做事的过程中能够识别小人,尽量不犯小人,让他们抓不住把柄,他们也无法给你制造太多的麻烦。

与上司抢风头,无异于自毁前程

乾隆年间,除了和珅、刘墉之外,纪晓岚因其过人的才智而名扬全国,他也深得皇上赏识。

一天,乾隆宴请大臣。当时,大臣们吃得很开心,饮得也很畅快。乾隆诗兴大发,出了一个上联:"玉帝行兵,风刀雨箭云旗雷鼓天为阵。"

乾隆皇帝问在座百官,谁能对出下联。许久,都没有人对出。看到这种情况,乾隆皇帝很高兴。为了显示自己的才华,他点名要纪晓岚对下联,如果纪晓岚对不出,看他出出丑也好。不料,纪晓岚不慌不忙,对出了下联:"龙王设宴,日灯月烛山肴海酒地当盘。"话音刚落,群臣一片赞叹。

乾隆皇帝却不高兴了。他面有怒色,半天不语。大家都很纳闷这皇上是怎么了。纪晓岚当然明白是自己得罪了皇上,便接着说:"圣上为天子,所以风、雨、云、雷都归您调遣,威震天下;小臣酒囊饭袋,所以希望连日、月、山、海都能在酒席之中。可见,圣上是好大神威,而小臣我只不过是好大肚皮而已。"

乾隆一听,立马笑了,连忙表扬纪晓岚,说:"饭量虽好,但若无胸藏万卷之书,又哪有这么大的肚皮?"

乾隆作为一个很有才华的一国之君,很喜欢卖弄他的文采,当然不希望被臣子比下去。而纪晓岚又确实是一个很有才华的人,如果纪晓岚太出众,抢了皇帝的风头,肯定会惹怒了皇上。还好,纪晓岚及时发现了自己的错误,并有意抬高乾隆,贬低自己。最后,君臣一唱一和,皆大欢喜。

其实,一个人的成长和进步都离不开领导者的栽培和提携。想要获得领导的欣赏,与之相处之时首要一点就是维护他的权威,懂得他内心深处的需求。只有体察到他的行事意图,才能够成为领导工作中的得力助手,不会因不慎的言辞使自己的事业横生枝节。

古人常用"伴君如伴虎"来表明臣子与君王相处时的微妙关系。今日身在职场,仍然要学会与领导相处的技巧。特别是一定要在各方面维护领导的权威,不要恃才傲物,成为领导眼中钉。对于工作中所取得的成绩,在给你带来一定的荣耀的同时,还不能忘了把这份荣誉归功于上司,把鲜花让给上司戴,把众人的目光引到上司身上。否则,独享荣耀的后果,会严重影响你在公司的人际关系。

艾米是某杂志社编辑,很有才华,她所负责的版面一直很受欢迎。在一次业内举办的评奖中,艾米获得了创新奖。她非常高兴。但不久之后,她就失去了笑容,原因是最近她的上司常给她脸色看。

朋友帮她分析。这次艾米得了创新奖,对整个杂志社来说,是一件好事,艾米因此获得了上级领导的表扬。杂志社除了给她发一大笔奖金外,还另外给了她一个红包,并当众表扬了她的成绩,说她是主编的料。没想到艾米一时高兴过了头,拿钱请了部门的同事,唯独忘了感谢自己的直接上司王主编。王主编认为艾米抢了他的风头,因此对她产生了戒备心理。

听了朋友分析,艾米才恍然大悟。

平心而论,艾米的成功是自己努力的结果。但是她犯了一个很低级的错误,拿了奖忘了上司的功劳。即使功劳都是她自己的,表面上她也必须将荣誉给自己的上司。这个道理很简单,艾米的锋芒对上司构成了威胁,使上司没有了安全感,艾米以后在人家手下自然没有好日子过了。

身处职场之中,争强好胜本没什么错,但如果你抢了上司的风头就有些不太明智了。上司能爬到今天的位置,都曾付出了数不清的艰苦与努力,自然会有一种无论在任何场合都想做主角的欲望,那么,你忽略上司的这种心理,只会惹来上司的愤恨。

如今,得罪上司会丢了饭碗,要是换在封建社会,可是会掉脑袋的。

富凯是法国国王路易十四的财政大臣。他是个生性爱挥霍的人,生活中经常充斥着奢华的宴会、漂亮的女人以及笙歌燕舞。富凯精明干练,是国王不可或缺的大臣,因此在首相马萨林去世时,他满心以为自己会被任命为继任者,没想到国王竟决定废掉首相的职位。

富凯怀疑自己已失宠,因此他决定策划一场前所未有、场面壮观的宴会来讨国王欢心。当时欧洲最显赫的贵族以及最伟大的学者都参加了这场盛大的宴会,宴会上的珍馐佳肴令客人们大开眼界。莫里哀甚至为了这次盛会写了一出剧本,并亲自表演。

宴会一直延续到深夜,宾主尽欢,所有人都认为这是最令人赞叹的盛事。然而,这次空前盛大、豪华的宴会并没有达到富凯的预期目的,他不但没有得到期望中的升职,反而在第二天一早就被国王下令逮捕了。

不久,富凯被以侵占国家财富的罪名囚禁,在一所与世隔绝的监牢里度过了人生最后的时光。

富凯为何会有如此下场?答案很简单。国王本来就傲慢自负,他不容忍别人在任何方面超过自己,富凯这一行为,只能是自取其辱。

身在职场中,如果不锋芒毕露,可能永远得不到重任;可是,锋芒太露又易招人陷害。锋芒毕露的人虽然取得了暂时成功,却为自己掘好了坟墓;虽然施展了自己的才华,却也埋下了危机的种子。所以,当你在工作上有特别表现而受到肯定时,千万记住不要锋芒毕露,否则这份锋芒会为你带来人际关系上的危机。

其实,没有特殊的原因,员工都非常尊重自己的上司。只是有时候,你不经意的行为就会让上司觉得你不尊重他。一旦给上司留下了这样的印象,你在上司心里就贴上了诸如"傲慢""狂妄"等标签。遇到那些人品不咋样的领导,他们还会背后给你穿小鞋,甚至找借口将你辞退。

电影《与时尚同居》就讲述了这样一个故事:某杂志副主编周小辉(周渝民饰),才华横溢,在出席一次活动时,因太过张扬,抢了上司的风头,结果遭受上司(谭咏麟饰)忌讳,被上司耍手段解雇。

抢上司的风头,无异于自毁前程。上司也是人,喜欢摆弄权威,特别是当员工对他们所说的话完全服从时,更会满足他们心里的那份虚荣心。因此,当员工面对上司发号施令的时候,要表

感谢折磨你的人

现出严肃的表情,并停止手头上的工作,保持安静,以示自己对上司的命令表示服从。如果此时再平和地看着上司,让上司感觉你很重视他的讲话,那么更会让上司觉得备受尊重。反之,当上司慷慨陈词的时候,你偷着做小动作,或者依然忙着工作,这就是明显不尊重上司的表现。上司也许嘴上不说什么,但是,你的"罪行"已经在他心里留下阴影了。在以后的日子里,他一定会找个机会"修理"你。所以,当上司发号施令的时候,一定不能犯这个低级错误。

即使上司给你安排的工作让你很不情愿,但仍然不要表现出一副爱答不理的模样。你的态度会让上司觉得很不舒服,似乎在针对他的工作,你就因此得罪他了。

有人深谙这种职场之道,因此在仕途发展上如鱼得水。

朝南和李鹏都毕业于名牌大学,两人刚入职时又都担任了总经理助理的职务,能力不相上下。但几年下来,两人的际遇却大不相同。朝南成了总经理身边的红人,从一个小职员升为部门经理,李鹏仍然是个普通职员。

为什么会这样呢?究其原因,就是两人在处理与领导关系上做法截然不同。朝南工作时总有不尽如人意的地方,每次总经理一点拨,他都能做得很完美。而李鹏不想劳烦总经理,就尽力把每次工作都做得挑不出毛病。

几年后,朝南受到重用,又高升了一步。有人便向他请教其中的奥秘,朝南微笑,道破天机:"如果你的水平、才能与领导一样高,甚至比领导还高明,那还要领导干什么?"

在领导身边工作,脑子要好使,机灵,会随机应变,否则会被领导认为是没用的人。但如果你太优秀,光芒四射,高人一筹,又会遭到领导的忌恨。朝南就是这样以退为进,主动贬抑自己来显示领导的高明,从而使领导获得了某种心理上的满足感和成就感,进而使自己晋升成功。

聪明的下属不一定非要揣摩清楚领导的意图,但是要了解领导那种微妙的心理,懂得如何适时地把自己的功劳归于上司。虽然这样做会有委屈自己和逢迎拍马之嫌,但这就是职场,谁让你是下属,而他是上司呢?做上司的光芒如果还不如下属夺目,这样他们颜面何存?因此,抢了上司的风头,会让上司感到恐惧和不安,上司自然容不下你。因此,你要做的就是想办法让你的上司看起来比自己要高明得多,不让他们觉得你对他是有威胁的。做到这些,你的职场之路会顺畅很多。

智者寄语

被人比下去是件很懊恼的事,但如果你的功绩超过领导,更是件愚蠢的事。因此即使你立了功,也不能居功自傲,独享荣誉,要恰到好处地把功劳让给上司。上司会觉得你很识时务,在以后的工作中,他会给你很多的好处和指点,你也能少走很多弯路。

第七章 感谢折磨你的人,他和你竞争双赢

感谢你的竞争对手

竞争对手,我们在生活中经常会遇到,但我们应该如何去对待我们的对手呢?许多人都视对手为眼中钉、肉中刺,欲除之而后快。其实这种做法是非常错误的,如果我们没有对手,也许就会走向极端,走向灭亡。

一位名叫朗凯宇的作家曾写过一篇名叫《对手》的小说:

志和文成为对手,是因为一个女同学。那是在读大学二年级的时候,他俩同时爱上了一个叫颖的女同学。颖是中共党员。她对他俩的条件要求非常明朗:谁成为一名中共党员,她就嫁给谁。

于是,志和文同时向党组织交了入党申请书。一年后,志成为一名党员。当文第二次向党组织递交申请时,志在讨论会上说文动机不纯,他是为了爱情。也许是命运注定,毕业后,他俩被分配在同一部门工作。他俩的争斗让颖生厌,结果谁也没有得到颖的爱情,得到的,只是彼此的怨恨。这怨恨使他俩留一个心眼去盯对方,一旦发现对方有什么纰漏,就毫不留情地捅出去。他俩的目标很明确。

志当上股长的时候,文无可挑剔地加入了中国共产党。

志无可挑剔地当上科长的时候,文也同样当上了股长。

他俩就这么相互盯着,相互攀升。

当志当上了处长时,文也当上了科长。

志当处长,有许多人送钱、送礼物给他,他都不敢要,他觉得文的一双眼睛正在盯着他。一回,他实在忍不住,心动了,收了人家送来的3000元。夜里,他做了个梦,梦见文高兴得哈哈大笑,说:"这回你完了,3000元已经够处罚条件了,你完了。"他吓出一身冷汗,第二天就把钱送到纪检部门去了。

文的机会也同样多。

就这样,他们以无可争议的清廉和才干,坐上了更高的职位,且得到了人们的尊敬。

眼下,他俩都到了要退休的年龄。

一天,两人相见,互望着对方,便禁不住紧紧拥抱,且激动得热泪盈眶。是的,没有这样

感谢
折磨你的人

的对手,谁敢说途中会怎样?

一生平安,得益于对手的"呵护"。

他们都深深地感激对方。

其实我们无论何时都应该感激对手,只有对手才让我们有危机感,我们才会不断地进取,以获取更大的成功。没有对手我们就不会有进步;没有对手我们就不会有今天的成就;没有对手我们就不会走向成功的道路。

其实我们无论何时都应该感激对手,只有对手才让我们有危机感,我们才会不断地进取,以获取更大的成功。

一个群体如果没有对手,就会因为相互的依赖和潜移默化而丧失灵活,丧失生机。

一个行业如果没有对手,就会因为丧失进取的意志,就会因为安于现状而逐步走向衰亡。许多人都把对手视为心腹大患,是异己,是眼中钉,是肉中刺,恨不得马上除之而后快。其实只要反过来仔细一想,便会发现拥有一个强劲的对手,反而倒是一种福分、一种造化。

因为一个强劲的对手,会让你时刻有种危机四伏感,它会激发起你更加旺盛的精神和斗志。

有时候,表面上看来,我们从对手身上得到的学习机会没有那么直接、明显,然而,仅仅是承受他带给我们的压力,就已是很宝贵的机会,可以对我们的成长起到很大的助益。不要随便把对手视为敌人或仇人,只有这样,我们才可以冷静地观察对方,客观地审视自己。也唯有这样,才能在与对手交手的过程中学到东西。

然而,很多人无法这样看待对手。由于对手和敌人往往只有一线之隔,甚至是一体两面,因而对手也很容易被视为仇人。很多人会带着各种情绪来看待对手,经常会这样想:敌人和仇人当然是不好的,哪有向他们学习的道理?

不少人在碰到对手的时候,首先是不屑一顾(觉得对手的实力不过如此),接下来是愤怒(发现这样的人竟然有很多人喜欢,还威胁甚至超越自己),最后则是不允许别人在自己面前说对手的只言片语。

其实,越是敌人和仇人,可学的东西才越多。因为对方要消灭你,一定是倾巢而出、精锐毕到。他们使出浑身解数的时候,也就是传授你最多招数的时候(敌人为了激怒你、伤害你而使出的一些手段,就是任何其他老师所不能教你的)。所以,如果你有个很强的对手,你应该从心底欢喜。就像每天要照照镜子一样,你每天都要仔细盯紧这个对手,好好欣赏他,好好向他学习。而最好的学习时间段,永远是你和他交手、被他击中的那一刻。

一个人有了对手,才会有危机感,才会有竞争力。有了对手,你便不得不奋发图强,不得不革故鼎新,不得不锐意进取,否则,就只有等着被吞并、被替代、被淘汰。

所以很多时候,将我们送上领奖台的,不是我们的朋友,而恰恰是我们的对手。那些让我们仇视的人,恰恰让我们一点一点地进步,并且能够体味到成功的甘甜。

尽管,我们说,在人生的路上,总是朋友陪在我们的身边,鼓励我们,支持我们,才使得我们从中获取前进的力量。可是,朋友给予的力量如同施舍,尽管我们也在接受,可是心里总会有一种感激。而这种感激,有时候会让我们觉得欠了朋友很多人情。可是对手就不一样了。

对手总是能够给你最强烈的刺激,让你的自尊心受挫,从而主动地去要求进步,以达到超过对方的效果。在这个过程中,因为你是主动地想要改变处境,所以进步的速度也就变得飞快,甚至超出了你的想象。

仇恨的力量是伟大的。可是这股力量,只有对手才能给你。所以,你真正仇视的人——你的对手,才是给予你最多动力的人。

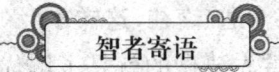

很多时候,将我们送上领奖台的,不是我们的朋友,而恰恰是我们的对手。那些让我们仇视的人,恰恰让我们一点一点地进步,并且能够体味到成功的甘甜。

没有永远的敌人,只有永远的朋友

有人说,这个世界上没有永远的敌人,也没有永远的朋友。有的只是永远的利益。

诚然,在政治是如此,在生意是如此,在生活的很多方面也是如此。但是,我们不要忘了,敌人和朋友有时候是可以互相转化的,多个朋友多条路,多个冤家多堵墙,朋友总会比敌人有用。一个成功者不是没有敌人,而是善于把敌人变成朋友,也就是所谓的借助敌人的势力来扩充自己。

每一个渴望成功的人都要明白这个道理:多交朋友,少树敌人。所谓的敌人就是指和你对立,站在你敌对方的人。任何人都有自己的立场,不管做什么都会有自己的对手,既然遇到"敌人"在所难免,我们一定要想办法去解决这个问题。

如何解决呢?不是让你去杀死对手、打垮对方,而是把双方的利害关系摆出来,用一些合适的方法去巧妙转化,把敌人、对手转化成朋友!

现代心理学认为,人际关系一个很重要的功能就是"产生合力",所谓的合力通俗点讲就是齐心协力共同完成一件事。随着社会分工的明细化,我们就会发现,人和人之间需要的不是对抗,而是合作。尤其是在事业刚刚起步阶段,我们必须借助他人的力量。单凭一个人的力量是根本无法取得事业上的成功的,只有合作,借助众人之力,才有可能获得更多的成就!因此,我们一定要避免树敌,多交朋友!

20世纪70年代,在华盛顿经常采访白宫的报纸主要是《华盛顿邮报》与《华盛顿明星新闻报》。1972年水门事件发生后,《华盛顿邮报》最早披露了这一事件,尼克松政府对此非常反感。此后,尼克松政府表示,只接受《华盛顿明星新闻报》的采访,再也不接受《华盛顿邮报》的采访了。

尽管《华盛顿邮报》与《华盛顿明星新闻报》是竞争对手,但是,在处理这件事情上,《华盛顿明星新闻报》表现得相当有修养。《华盛顿明星新闻报》对此发表社论说,它不会作为白宫的泄愤工具来反对自己的竞争对手,如果邮报记者不能进入白宫,那么他们也将停止采访该机构。这一立场获得了全世界媒体的支持和赞扬,结果,尼克松政府被迫改变了原来的立场。

在事业上我们同样会遇到这样的情况,比如,你与另外一家公司同样生产袜子,你们的产品都是供给大型超市或者商场。如果你们两家生产袜子的公司互为仇敌,进行恶劣竞争,最终得利的就是那些超市商场了,因为为了抢占市场份额,你们一定会互相压价,最终失利的还是自己。正所谓鹬蚌相争,渔翁得利。因此,我们才说没有真正的敌人,只有永远的朋友。对于竞争对手,我们要以朋友的心态去对待,最好是能和对方结成战略同盟,一起维护共同的利益!

在我们的事业之路上,总会遇到一些竞争对手,也就是同行。很多人认为,同行就是冤家,

感谢
折磨你的人

因此,对同行总有一种对立的情绪在里面,甚至是老死不相往来。实际上,这种做法是非常愚蠢的,要想做大做强,还是要和同行多多沟通、交往,这样才会对自己的事业有极大的帮助。

当你开始准备自己创业的时候,首先要做的就是了解你的竞争对手,去调查一下同行的情况。了解同行的信息是你生意成功的关键。因为同行的经营状况就是你日后经营的一个参照。只有多多了解同行的情况,你才能在经营方面学到一些经验,避免出现这样那样的错误,这样岂不是省了很多事,也能避免你在经商的道路上少走弯路!

那如何才能从同行那里得到你想要的东西呢?如何才能和同行和谐相处呢?这就需要一些技巧了。

首先,不能把同行当成冤家,而是要当成战略伙伴。竞争是竞争,但在必要的时候还要联合在一起,共同维护好市场秩序。竞争也不能出现相互诋毁、竞相降价的情况。要争取以质量、服务取胜,避免不必要的恶性竞争。

其次,吃点小亏。让你的同行多得一些好处。有时候,就算牺牲一点自己的利益,我们也要和同行搞好关系,以免同行在背后捅你一刀。比如遇到同行缺货的时候,不妨大方地为对方提供一些相关的货物或信息,更不能趁机抬高价格,心存大赚一笔的念头。想想看,那些经验老到的人不管生意成功与否都会面带微笑地说:"希望下次有合作的机会!"这就是聪明人的做法。

就像人们常说的那样:"商场上没有永远的敌人,只有永远的朋友。"也许,今天你和你的对手因为利益分配不均而争吵,或为了争夺一单生意而两败俱伤,但是,说不定明天你们双方就会结为联盟,双方又握手言和成为朋友。

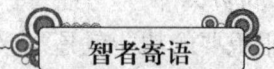
智者寄语

一个成功者不是没有敌人,而是善于把敌人变成朋友,也就是所谓的借助敌人的势力来扩充自己。

感谢你的敌人,他是你前进的动力

"感谢 CCTV,感谢 MTV,感谢 Channel V,感谢 SMG,能给我这个机会,感谢我的经纪公司,感谢父母,感谢我的歌迷,感谢所有支持我的人,谢谢大家!"

在一些颁奖典礼上,我们经常会听到这样的说辞,很多得奖者会在致辞的时候激动万分地念这么一长串名单,觉得这些人都是需要自己感谢的人。但是,人们往往会忘记感谢另一种人,那就是"折磨"我们的人,或者说是我们的敌人或对手。

假如你去问一个人,什么人能让他铭记一生,什么人能让他越来越聪明,什么人能让他吃一堑长一智,什么人能激发他无穷无尽的潜力,什么人能给他清醒的自我认识……他肯定不会说是自己的朋友,也不会说是自己的老师。

因为只有折磨你的人,只有你的敌人才有这样的本事让你刻骨铭心并且不断成长,就像电视剧《康熙王朝》中的康熙大帝一样,他高举酒杯,要感谢鳌拜、吴三桂、郑经、噶尔丹,甚至是那个假冒朱三太子的杨启隆。正是这些人让他一步步走向成熟,一步步巩固了政权,一步步成为顶天立地的帝王明君!

生活中我们不难发现,那些一生没有遇过什么压力、受过什么挫折的人,往往事业平平;而那些总是在困难和逆境中前行的人却总是能创造出辉煌的成就,所谓逆境出人才说的就是这个道理。平庸的人之所以平庸,除了智力、能力上的缺陷,更多的原因是因为害怕挫折,没有勇气面对生活中的磨难,即使能面对困难,也会被困难中的苦痛所击倒。

心理学知识和生活经验告诉我们,如果一个人惧怕痛苦、惧怕折磨,就会选择逃避。一旦你逃避,接着就会受到更多的折磨。因此,我们不能逃避困难,更不能逃避那些折磨你的人,而应该坦然面对,把这种折磨当成自己前进的机遇。

折磨是一种动力,更是生命的试金石。平静的湖水锻炼不出精干的水手;和平年代很难造就真正的英雄。只有在环境或对手的"折磨"中,我们才能认清自我、发展自我。当有一天你功成名就,你就会发现对你帮助最大的人不是你的合作伙伴,而是那些曾经"折磨"你的人,正是他们给了你一往无前的动力!

面对"折磨"你的人,我们不要心存怨恨,即使他毫不留情地谩骂过你,甚至给过你致命的打击。但你难免会产生一些小情绪,那么如何才能把自己从这些不良情绪中释放出来呢?

当领导批评你的时候,要坦然地去承受,并认认真真地记下来,并告诫自己下次不要再犯;当你身陷对手的打击时,一定要寻找好的解决办法去突破;当你遇到不可改变的困局时,你一定要先平静下来,然后去分析整个局面以寻找出路。对手能够打击你、折磨你,肯定是你存在漏洞,我们要做的就是寻找这些漏洞,亡羊补牢犹未晚,把自己的全部力量花在吸取教训上,你就会从"折磨"中释放出来!

韩信能受小流氓的胯下之辱才得以成大业;孙膑被同门庞涓残害接受膑刑,忍辱负重最终成为一代兵法家;塞万提斯曾被海盗俘获,卖到阿尔及利亚为奴,后又蒙冤入狱,但最终写出了《堂·吉诃德》这样的世界名著。数不胜数的名人志士从对手、敌人的折磨中找到了自我,做出了非凡的成就,成为人类历史的耀眼星斗!

如果你觉得这些名人离你太远,那就来看看我们的体育明星。2007年伊始,刘翔以7秒42的成绩战胜古巴小将罗伯斯,勇夺室内60米栏冠军并刷新了亚洲纪录。他的教练孙海平赛后在接受记者采访时说:"罗伯斯的出现给刘翔增加了压力,但也是一种动力,促使刘翔在今后的比赛中去创造更好的成绩。"之所以这样说,是因为罗伯斯在上次比赛中技压刘翔,他也被认为是刘翔未来最具实力的挑战者。或许正是因为有了这个强有力的竞争对手,刘翔才能跑得更快!

在现实生活中,我们要感谢自己的竞争对手,没有对手是可怕的,没有对手我们的意志会磨损,斗志也会减弱。不难发现,强者喜欢与强者过招,高手喜欢与高手合作。没有敌人,就少了目标;少了目标,就缺乏斗志;缺乏斗志,就没有动力。没有对手,强者也会变成弱者,更不要奢望什么成功了。

鲁迅先生说,真的猛士敢于直面惨淡的人生,敢于正视淋漓的鲜血!我们要做生活的强者,也要正视挫折,敢于面对敌人的折磨,就算折磨你的人在你最困苦的时候还要踏你一脚,也要去感谢他们。正是他们让你多经受了一次考验,使你在痛苦中不断壮大,因为有了敌人,我们才有了前进的动力,也才有可能成为一个顶天立地的强者!

感谢我们的敌人,因为他们的存在,我们才有了成功的喜悦;有了失败的悲伤,有了生存的压力;有了发展的动力。在每一场竞争结束的时候,有幸胜利的你,请不要忘了发自内心地感谢

感谢折磨你的人

你的敌人,因为他们是你成功的助推器!感谢折磨你的人,感谢你的敌人吧!

一位动物学家对生活在非洲大草原奥兰治河两岸的羚羊群进行过研究。他发现东岸羚羊的繁殖能力比西岸的强,奔跑速度也不一样,平均每分钟要比西岸的快13米。

几经努力,动物学家才明白,东岸的羚羊之所以强健,是因为在它们附近生活着一个狼群,西岸的羚羊之所以弱小,正是因为缺少这么一群天敌。

大自然的法则就是"物竞天择,适者生存"。没有竞争,就没有发展;没有对手,自己就不会强大;没有敌人,就不可能谈什么胜利。别再诅咒你的对手与敌人,应该感谢他们,是他们促成了你的成长。

古印度有位英勇无敌的王子,某次征战之后,率兵得胜回朝。在盛大的庆功宴上,王子谦逊地举起金杯,向前辈、大臣、在座的将士以及黎民百姓表示感谢,甚至连为他牵马的仆人也没忘记,这使得大家深深感动。此时,旁边坐着的老国王提醒道:"我的孩子,有一个最重要的人,你还没向他致谢呢。"那王子怔了半晌,终想不出,只好向父王请教。只听老人一字一句地说:"你的敌人。"

人的一生,无论顺利还是坎坷,注定要扮演"战士"角色,与大大小小对手或"敌人"相遇。战场上的真刀真枪自不必说,哪怕是在和平年代里,大到创新事业,小到一场牌局,同样需要艰苦奋战,才能稳操胜券。

在许多时刻,敌人和对手显得比朋友更真诚,当他打败你,绝对不会留什么情面。他嘲笑你时,那份冷酷刻骨铭心。是对手或敌人的强悍让我们昼夜习武,练成一身好功夫;是对手或敌人的狡诈,使我们时刻保持警觉之心;是对手或敌人的强大鞭策我们卧薪尝胆,韬光养晦;是对手或敌人的智慧激励我们不断学习、与时俱进;是对手或敌人的威胁警醒我们战战兢兢、如履薄冰;是对手或敌人的围追堵截才使我们不断否定自我,才使我们打败了真正的敌人——我们自己!还有是对手或敌人的暂时的麻痹或懈怠,才导致了我们的幸运和成功。难道不是吗?

在第27届奥运会上,孔令辉在男子乒乓球单打决赛中,艰难地以3:2战胜瓦尔德内尔后,拿了冠军。全国人民为之欢呼雀跃,而主持人白岩松却说了一句让我们难忘的话:"我们感谢瓦尔德内尔……"

是的,正如主持人白岩松所说,正因为有了瓦尔德内尔这么一个强大的对手,孔令辉多年来竞技水平才不断提高,垄断世界乒坛的中国队才找到了真正意义上的对手。这样的对手,可使我们更强大。所以,我们要感谢对手。

生活中,竞争是无处不在的,对手也是无处不在的。正因为对手的存在,你才产生要打败他而成为强者的念头。这是人渴望胜利的本性,也是社会赋予人夺取机会的条件。优胜劣汰,适者生存,这就是竞争,这就是要战胜对手的根本原因。有些对手阻碍我们成功,所以我们追求成功;有些对手阻碍我们生活,所以我们偏要活下去。因为谁也不想被淘汰出局,所以我们在对手的激励下变得越来越强大。

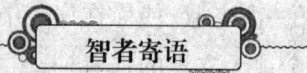

智者寄语

没有竞争,就没有发展;没有对手,自己就不会强大;没有敌人,就不可能谈什么胜利,别再诅咒你的对手与敌人,应该感谢他们,是他们促成了你的成长。

与其痛恨不如寻找他身上的优势

有一个进公司就被安排去清扫厕所的大学生,当他感觉自己的学历、人格受到严重的践踏,拿着洁厕液泄愤时,有一位老职员对他提出了喝马桶水的要求。"如果你真的觉得自己将马桶刷得很干净的话,那还怕喝这水吗?"对方说出这一席话后,这位大学生像是突然明白了什么,他向对方鞠躬,然后开始努力地擦洗马桶。从这一天开始,他认真地对待自己手头的每一份工作,将马桶洗到铮亮,墩布洗得干干净净,对待地板上的污垢也是一丝不苟。当他坦然地在别人面前舀起一勺马桶水喝下后,这个消息迅速在办公室走红,不久后他就被提升到一个重要部门担任重要工作。

也许践踏我们的人,他们身上存在某种优点,如果我们能关注这种优点并加以学习,一定能让自己获益。

无论对方仗着自己是公司的一把手、有别人无法超越的学历、能力、权力优势,还是仗着有靠山、是老板面前的红人等因素践踏你,你都可以去反抗,但用发怒、打斗、炒对方鱿鱼等方式对付对方的践踏,败的是你,助长的却是践踏者的气焰。

最理智的反抗是迅速在他身上捕捉你没有的优点优势,你可以虚心请教,甚至可以忍受对方的百般刁难。想想看,韩信忍受胯下之辱,刘备韬光养晦,都是以一时的失利等待未来的大作为。那么我们忍受对方的一时践踏,积极吸收对方身上的优势,努力让自己变得强大,当有一天我们超越对方后,给对方的打击是不是比你以其人之道还治其人之身来得更强烈?你用自己的实力强大了自己的薄弱。如果在你强大的同时,能以大度的包容之心原谅对方,那么对方一定会从以前的敌对,对你刮目相看,甚至于主动向你道歉,取得你的原谅。

那么,我们该通过哪些途径学习对方或他人的优势呢?

第一,话语。人类就是在不知不觉当中,不断地从谈话的对象那里吸收其优点,甚至想法的。"你个白痴,这么点小事都办不好!""就你这样还想做这件事情?""去帮我倒杯水来!""什么乱七八糟的,这也叫创意?"……大概听到这样的话,你第一时间的反应是气得半死,恨不得马上跟对方翻脸。如果我们忍一忍,在对方说完话后,心平气和地询问对方,让其给出建议和解决办法,当你用自己的诚恳态度与对方说话时,对方反而会因自己的口无遮拦变得不好意思,也或者为显摆自己的强大,滔滔不绝地给出一堆建议。既然他把你说得一文不值,说明他一定有比你强的地方,既然有强的地方,我们吸取过来补足自己的不足岂不是更好?

第二,行为。那些喜欢践踏他人的人,他们虽然看不起比自己弱小的人,但对于比自己强的人常常阿谀奉承,甚至崇拜之至,所以借用他,我们可以了解其他人的优势所在。偷师学艺是你自我强大、摆脱受人欺压并出人头地的关键。

也许你会糊涂,学习也要向那些品质高尚、能力出众的人学习,跟一个践踏自己的人学习,能学到什么?事实上,你学习对方,并非学习他藐视他人、损伤他人自尊心及虚荣心的做法,而是吸取他的优势为己所用。

智者寄语

学习的目的在于,当某一天你变得强大时,对方可能还会利用自己的优势跟你抗衡,但是,当他发觉你已经具备了他所有的优势,甚至更胜一筹后,他还拿什么跟你抗衡?

跟高手对弈，才能变成高手

商场之中，真正的"大鳄"不会顾及"虾米""小鱼"，他们只会与同为"大鳄"的他人搏杀，因为他们希望给自己找到一个强有力的对手，从中吸取对方的养分，来补给自己的不足。

史玉柱和陈天桥就是这样两个对手：一个是拥有百亿资产的巨人集团老总，一个是曾经的中国首富、盛大集团董事长；一个40多岁，一个30出头。他们在不同的领域发家，却因为网游进行了一场"大战"。

陈天桥是网游发家的"鼻祖"。2002年盛大运营的网络游戏《传奇》在线人数突破50万，月平均销售额千万元，在中国拥有65%以上的市场占有率，成为中国互动娱乐产业的领军者。随着盛大上市，陈天桥一夜之间成为拥有90亿元人民币的中国首富。

史玉柱先做电脑汉卡，再经营脑白金、黄金搭档，在保健品行业杀出一片天后，又转投网游世界。史玉柱本身就是游戏迷，为了使自己的级别升高，还雇人替自己打怪，增加级别。他曾经向陈天桥请教过网游的问题，完全是一副外行的样子，可是陈天桥怎么也没想到的是，这个游戏的"门外汉"竟然会变成他日后最大的竞争对手。

史玉柱当然不敢轻视陈天桥，为了与陈天桥等"大佬"级人物竞争，他在首次推出自己的网游《征途》时即宣称免费，却因为消息走漏，陈天桥率先宣布自己公司的游戏免费，抢得部分先机。免费带来的直接后果是收入减少，盛大第四季度网游收入比上季度锐减30.4%，而因为《征途》从最初的设计就遵循"永久免费，靠卖道具赚钱"的原则，所以并未受到丝毫影响，反而因此大赚一笔，真正地抢得先机，打响进军网游界的头炮。为了继续和陈天桥竞争，史玉柱投入巨额资金。"网游就是烧钱的，没有几千万，你就没法把设备硬件配齐。""前面4000W大部分都花在薪水上，200多人在干活，这些人没有八千一万养不起。""优秀的游戏设计师价值千万年薪。"

史玉柱还通过一系列的创新赶超对手，而这些措施的实施，每一项都需要大量的投入。高财力的消耗，几乎让史玉柱走入了绝境。

竞争是残酷的，可是在竞争中，史玉柱一直在思考，怎样才能突破对手的围追堵截。胜与败之间，史玉柱变得成熟了。他终于明白了怎样经营游戏行业，并一举超过了他的对手陈天桥。

很多人说，史玉柱之所以取得今天的成功，与他性格中的"好赌"有关：永不服输，不畏惧行业先驱，即使没有十足的把握，也要拼出一片天。在与陈天桥的这场网游大战中，史玉柱是胜利者，他的种种招数令盛大掌门人有些招架不住，体现自己价值的同时，也获得了高额利润。其实，在我们看来，史玉柱从开始不懂游戏，到开始玩游戏，最后经营游戏的成熟过程，其中有一个不可忽视的原因，就是他有着一个强大的对手——陈天桥。

史玉柱在与陈天桥的竞争中，看到了自己的不足，也看到了自己的优势。尽管这个对手非常强大，随时都可能给他致命的一击，可是当他从对方的手底下找到了突破的先机时，他本身也就变得越来越强大了。

智者寄语

一个想做大事的人，必须要选择一个好的对手，只有在跟高手的对弈中，你才能逐渐地完善自己，并最终成为一个高手。

化干戈为玉帛，巧妙化敌为友

曾有一份调查显示，约六成的职场白领每星期都会生一次气，甚至一成半的人每天都在生气。想想也是，每天一早就要忍受塞车之苦，到了办公室还要面对自己讨厌的同事，更难受的是和自己处处作对的同事竟然升迁了，各种各样的负面情绪积压在一起，想不生气都难了。这项调查也发现，每天生气的人除了有健康上的困扰和种种负面情绪，如忧郁、焦虑、恐惧等，最可怕的还是敌对情绪，对同事、上司充满了敌意。

办公室向来就是"是非"多发地段，在这样的环境里工作，难免会遇敌，竞争对手很容易演化成生死之敌。但是，我们不能任由这种敌对情绪滋生，不管怎样，同事之间没有必要拼个你死我活。双方刀光剑影，虽然一时解了心头之恨，但假若自己技不如人，败下阵来，倒霉的还是自己。在职场中生存，我们最好不要树敌，即使遇到了敌对的人，也要利用各种各样的方法去化敌为友，毕竟良好的人际关系、适当的情绪管理，才是为工作提供动力的良方！

当然，良好的人际关系并不意味着你要喜欢所有的人，也不意味着所有的人都会喜欢你。如果你认为某些同事或者上司是非常有价值的朋友，那就应当细心地照料这种友情。除此之外，对那些自己容易产生矛盾的人也要学会用心理战术化敌为友。

职场争斗在所难免，很多职场人士遇到这种情况发生，第一个反应就是避而远之，希望自己不要卷入尔虞我诈之中。遗憾的是，几乎所有想明哲保身、置身事外的上班族最后还是不能脱离这个是非圈，甚至可能莫名其妙地连工作都丢了。所以，逃避不是解决问题的办法，避无可避，我们就要鼓起勇气去坦然面对，争取把敌对关系转化为合作关系。

几个月前，阿兰到一家化妆品公司担任市场部经理，老板给他指定了试用期的考核题目，提交一份当前化妆品市场的调研报告。为了写好这份报告，阿兰几乎跑遍了上海所有的大型化妆品市场，尽管碰了很多钉子、挨了很多白眼，最后还是收集齐了详细的资料。

阿兰回公司后，就开始认真地整理、归纳这些资料。整理完成后，阿兰开始写这份难度很大的调研报告。眼看要大功告成的时候，跟她一起应聘的阿珍央求阿兰指导指导她，因为俩人是同乡，还是一起应聘来的，阿兰也没有太放在心上，就让阿珍随意翻看了这些辛辛苦苦收集来的资料。阿珍不仅看了资料，甚至还看了她写的报告。阿兰当时也没在意，还热情地、毫无保留地指点了阿珍。

当阿兰把自己整理好的报告交给老板时，一件令人意想不到的事发生了。老板浏览了一下阿兰的报告，就开门见山地对她说："你写的这篇报告很翔实也很到位，有一些自己独到的见解，可是，很多内容都和阿珍重复。你和她是不是一起去调研的啊？这次就算了，以后希望你不要再这样了。独立工作和独立思考还是很重要的……"阿兰哑口无言，不知道自己说什么了。本来是自己的东西，却被别人抢先一步，真是该死。

是啊，职场中这样的事可以说是屡见不鲜，甚至可以说每天都在发生。也许，职场上的敌人就是这么产生的，这个案例中，阿兰是受害者，如果你是阿珍，想和阿兰化敌为友，该怎么办呢？

同事在一起需要相互合作、相互帮助，当你在工作中需要别人的帮助，而这个人却与你有些不和，你该做些什么？显然，我们不能放弃，放弃很容易，但会使你失去一个得力的伙伴。我们

感谢折磨你的人

应该做的是化敌为友，使他成为我们的朋友。下面这三个方法也许能帮你实现这一目的。

一是勇于承认自己的错误之处。要获得谅解，首先要承认自己的错误，不要有"这样别人会看不起我"的想法。就算你的同事和你的意见相左，对其提出的看法，我们也应当表示理解。如果是自己错了，那就要勇敢地承认，这不意味着你举手投降，而是你肯接受对方的表现。我们首先应该考虑的是对方所说的话中包含的信息，而不是说话的某个人。承认你错了，常常能够让对方沉默，这是化解敌意的好方法。

二是对威胁性的问题不要理会。有时，我们会听到同事问一些威胁性的问题，比如："你以为你是李嘉诚吗？""你知道什么是调研报告吗？""你到底学没学过电脑维修啊？"这些问题其实根本就不是在询问什么信息，只是为了激怒你，让你失去平和的心态。这时，我们怎么回答呢？——不要带着任何感情色彩去回答，索性假装什么也没听到，你只管问他工作上的事就可以了，这样，你不给他向你破口大骂的机会，就会减少对方的敌意。

三是让对方知道你非常需要他。不管你是否真的很需要对方，也要表示出来，我们的目的是利用这样的方法去抬高对方的自尊，让对方高兴，这样就可以避免敌意的产生和激化。你需要他，他就会感到自己的重要性，这样无形中就能减少或消除一些敌对情绪。你可以诚恳地对他说："我的工作有好几个难题，需要你提供意见，需要你指导我。"这样一说，对方也不好意思再和你为敌了。

如果双方产生了冲突，短时间内很可能都不好意思或不愿接触，时间一长就会更加生疏，再解决也就更难了。想打破这种僵局，可以采用这些方法：退让、时间缓冲、模糊焦点、转化利害关系、冷静倾听等。还有一种很有效的方法，就是"借助暗示法"——借由他人之口或他人的意见拐弯抹角地传达你的善意，这样不但能化解对方的怒气，还能赢得他的信赖。

智者寄语

想要化敌为友，化干戈为玉帛，就要先让自己的情绪稳定下来，然后洞悉对方的心理，接着伺机而动，巧妙地化解对方的敌意。

与其你死我活，不如合作双赢

商场上有句俗话："同行是冤家。"不错，你的同行的确就是你的竞争对手。在抢占市场时，你们的确是冤家。但是，不可否认的是，如果没有竞争对手，只有个人垄断，那将会导致不思发展的后果。有时候，要想使自己变得更强更好，你必须要善待自己的对手。那你要怎样接近自己的对手呢？这就要求你抛弃虚荣心理，主动和对方接触，你才能接近对手，并了解对手，学习对手，最终达到双赢的效果。

有个名叫西拉斯的人，在一个小镇上开一家杂货铺。这铺子是他爸爸传下来的，他爸爸又是从他爷爷手里接过来的。他爷爷开这铺子的时候南北两边正在打仗。

西拉斯买卖公道，信誉很好。他的铺子对镇上的人来说就像手足，不可缺少。西拉斯的儿子在长大，小铺子就要有新的接班人了。

可是有一天，一个外乡人笑嘻嘻地来拜访西拉斯，情况便变得严重了！此人说，他想买下这铺子,请西拉斯自己作价。

西拉斯怎么舍得?即便出双倍价格他也不能卖!这铺子不光是铺子呀,这是事业,是遗产,是信誉!

外乡人耸耸肩,笑嘻嘻地说:"抱歉,我已选定街对面那幢空房子,粉刷一番,弄得富丽堂皇,再进些上好货品,卖得更便宜,那时你就没生意了!"

西拉斯眼见对面空房贴出了翻新告示,一些木匠在里面锯呀刨呀,有一些漆匠爬上爬下,他的心都碎了!他无可奈何却又不无骄傲地在自家店门上贴了张告白:敝号系老店,95年前开张。

对面也换了一张告白:敝号系新店,下礼拜开张。

人们对比读了,无不痴痴暗笑。

新店开业前一天,西拉斯坐在他那阴暗的店堂里想心事,他真想破口把对手臭骂一顿,幸亏西拉斯有个好妻子。

"西拉斯,"她用低低的声音缓缓地说,"你巴不得把对面那房子放火烧了,是不是?"

"是巴不得!"西拉斯简直在咬牙切齿,"烧了有什么不好?"

"烧也没用,人家保险过。再说,这样想也缺德。"

"那你说我该怎么想?"西拉斯冒着火。

"你该去祝愿。"

"祝愿大火来烧?"

"你总说自己是个厚道人,西拉斯,可一碰到切身事就糊涂。你该怎么做不是很清楚吗?你应该祝愿新店开业成功。"

"你是脑筋出了窍吧,贝蒂。"

说虽这么说,西拉斯决定去一次。

第二天早晨新店还没开门,全镇人已等在外边。大家看着正门上方赫然写着:"新新杂货店"几个金字,都想进去一睹为快。

西拉斯也在人群中,他快快活活地跨到台阶上大声说:"外乡老弟,恭喜开业,谢谢你给全镇人带来方便!"

他刚说完便吃了一惊,因为全镇人都围上来朝他欢呼,还把他举起来。大家跟他进店参观。谁都关心标价,谁都觉得很公道。那外乡老板笑嘻嘻地牵着西拉斯的手,两个生意人像老朋友。

后来,两家生意都做得兴隆,因为小镇一年比一年大。

故事给我们一个很好的启示:

一个能容忍对手发展的人,不但是一个胸襟宽广的人,还是一个具有远见的人。让竞争对手时刻在背后激励自己、鞭策自己,使自己不能有片刻懈怠,努力向前发展,达到双赢目的,实在是再好不过。

放下自私和虚荣,主动接受对方。"尺有所短,寸有所长",只要你诚心结交,对方也会坦诚相待,你就会从对手身上学到长处,从而更有利于自己的发展。

一个能容忍对手发展的人,不但是一个胸襟宽广的人,还是一个具有远见的人。

在小镇的步行街上,有一个卖早点的老头,一年四季都卖豆浆油条,因为他的早点味道

感谢
折磨你的人

好,分量足,也没人和他抢生意,一直都很赚钱,一天下来,最少能赚100块钱。

忽然,这天步行街上来了个小伙子,他看到卖早点的就一个老头,就也卖起了豆浆油条。两个人自然就产生了竞争,自从这个年轻人来了以后,老头就气不打一处来,特别是看到很多人去买小伙子的豆浆油条,老头眼睛都快冒火了,他觉得这个小伙子抢了他的好买卖,是个缺德带冒烟的人。

于是,老头就开始扯着嗓子夸自己的豆浆油条,还话里话外地挤对小伙子,说小伙子的坏话。小伙子一听,非常来气,但对一个老人家也不好说什么,于是狠狠心开始降价,果然,降价后顾客明显又多了起来。

老头一看顾客都跑小伙子那去了,干脆买三赠一:买三根油条送一杯豆浆,别说这招还真管用,老头的生意又火了起来,可惜收入却少了很多。现在顾不上了,就算不赚钱也要赶跑这个小伙子,老头心想。

就这样,老头和小伙子每天都在想着法儿地作斗争,今天送白糖,明天加果汁,生意是越来越难做,钱也越来越难赚,两个人每天早上都带着一肚子气做生意,招呼顾客的时候也是一副气呼呼的样子,渐渐地顾客也不爱来买他们的早点了。

不久前,老头的儿子从省城回来了。他观察了几天,发现了自己父亲和那个小伙子的敌对情绪,就想了个办法开导他们。这天,在父亲和小伙子收摊的时候,他叫住了他们。他对小伙子说:"你和我爸每天这样斗来斗去都不赚钱,我爸岁数大了,时间长了会气病的。而且你们这样竞争下去,你俩都得收摊子。你们就不想着和和气气都多挣点钱?我想了个办法,你看中不中。"

小伙子半信半疑地说:"那你说说看,我也不想和一个老人家整天斗来斗去啊!"老头的儿子说:"这样啊,你看能不能把豆浆和油条分开卖,一个人卖油条,一个人卖豆浆。人们一般都是油条和豆浆搭配着吃,你和我爸合作一下,这样两个人都有生意,都能赚钱,怎么样?"看小伙子还在迟疑,他又接着说:"再说了,你们也别光卖豆浆油条啊,还可以一人卖饼,一人卖面条。这样既避开了竞争,又能相互补充,大家都有钱赚。"小伙子一听确实是这么回事,于是,老头和小伙子就成了合作伙伴,双方的生意也越来越好了。

有这样一句话,最好的竞争,就是避免竞争。化解敌对关系的最好方法就是不产生敌对关系。这就是我们所说的合作双赢。激烈的竞争,还不如真诚的合作,合作才能保证利益。总是搞敌对,双方都会受到伤害,难免会陷入"你死我活"的竞争恶圈中。

职场如战场,但毕竟不是战场。在战场上,敌对双方不是你死就是我亡,不消灭对方就会被对方消灭。而职场竞争却不一定如此,大家还要合作,何必非得争个鱼死网破、两败俱伤呢?在职场中,个人和个人之间,团体和个体之间的依存关系还是非常紧密的,任何你死我活的游戏对我们自身都是不利的。就算你打败了对手,也会自损七分。

所以,在职场中,我们和对手之间最好的方法还是避免敌对,采用"双赢"的合作策略。这不代表我们没有实力去打倒对手,而是为了利益的需要。打败对手需要付出的成本和双赢得到的利益相比,孰重孰轻,相信你也知道了。

有这样一则寓言故事。一只老虎和一只狼同时发现一只鹿,于是就商量好共同追捕这只鹿。它们开始合作得很好,当狼把鹿扑倒后,老虎就上去一口把鹿咬死,但这时,老虎起了贪心,他不想和狼平分这只鹿,于是就想把狼也咬死,狼当然不甘心。于是拼命地抵抗。

最后,老虎终于咬死了狼,可自己也深受重伤,嘴裂开很大一个口子,也无法享受美味了。试想一下,如果老虎不起贪心,而是和狼共同分享那只鹿,岂不皆大欢喜?这个故事说的就是双赢胜过你死我活的道理!

在职场中,我们不可能将对方彻底打垮,就算你赢了,除了浪费成本,还会受到对方的记恨。而且和对方关系好的人必将成为你潜在的危机,说不定什么时候就会跳出来咬你一口,让你死无藏身之地!

也许,在和对手进行斗争的时候,还可能发生意外,即使你是强者,也会被加入的第三方渔翁得利。所以,不管从什么角度看,这种"你死我活"的斗争在实质利益、长远利益上来看都是不可取的,因此我们还是要相信"双赢",化敌为友,让彼此成为战略合作伙伴。总而言之,"双赢"是一种良性的竞争,更适合职场的竞争!

智者寄语

我们还是要相信"双赢",化敌为友,让彼此成为战略合作伙伴。